国家林业和草原局普通高等教育"十四五"规划教材

兽医病理解剖学

金天明　童德文　主编

中国林业出版社
China Forestry Publishing House

内 容 简 介

本教材在内容上涵盖了兽医病理解剖学的基本知识点，系统介绍了动物疾病的病理学特征、鉴别诊断要点及研究方法。本教材共18章，包括绪论、局部血液循环障碍、细胞和组织损伤、结缔组织损伤、细胞凋亡、适应与修复、炎症、肿瘤、分子病理与免疫病理、心脏血管系统病理、造血与免疫系统病理、呼吸系统病理、消化系统病理、泌尿系统病理、生殖系统病理、内分泌系统病理、神经系统病理、运动系统和体被系统病理。本教材可供高等农业院校动物医学类专业本科生使用，同时还可作为兽医学相关学科研究生和成人教育类学生的教学用书，也可作为有关科研、生产、检验检疫等单位科技人员的参考书和工具书。

图书在版编目（CIP）数据

兽医病理解剖学 / 金天明，童德文主编. -- 北京：中国林业出版社，2024.9. --（国家林业和草原局普通高等教育"十四五"规划教材）. -- ISBN 978-7-5219-2880-8

Ⅰ. S852.31

中国国家版本馆 CIP 数据核字第 2024GM8704 号

策划编辑：李树梅　高红岩
责任编辑：李树梅
责任校对：苏　梅
封面设计：睿思视界视觉设计

彩图

出版发行：中国林业出版社
　　　　　（100009，北京市西城区刘海胡同7号，电话83143531）
电子邮箱：jiaocaipublic@163.com
网　　址：https://www.cfph.net
印　　刷：北京中科印刷有限公司
版　　次：2024年9月第1版
印　　次：2024年9月第1次印刷
开　　本：787mm×1092mm　1/16
印　　张：21
字　　数：548千字
定　　价：69.80元

《兽医病理解剖学》编写人员

主　　编　金天明(天津市农业科学院)
　　　　　　童德文(西北农林科技大学)
副 主 编　(以姓氏笔画为序)
　　　　　　王龙涛(吉林农业大学)
　　　　　　王桂花(山东农业大学)
　　　　　　白　瑞(山西农业大学)
　　　　　　刘建钗(河北工程大学)
　　　　　　李　宁(山东农业大学)
　　　　　　张　黎(山西农业大学)
　　　　　　张东超(天津农学院)
　　　　　　张勤文(青海大学)
　　　　　　陈立功(河北农业大学)
　　　　　　苗丽娟(吉林农业科技学院)
　　　　　　赵晓民(西北农林科技大学)
　　　　　　郭红瑞(四川农业大学)
　　　　　　黄　勇(西北农林科技大学)
　　　　　　常灵竹(沈阳农业大学)
　　　　　　翟少华(新疆农业大学)
主　　审　王雯慧(甘肃农业大学)

前 言

兽医病理解剖学是研究患病动物器官、组织和细胞形态学变化及其发生原因和发病机制的重要基础兽医科学，通过对病理变化的观察和分析，从形态学角度揭示疾病的本质和发生、发展及转归的规律，为疾病的预防、诊断和治疗提供依据。兽医病理解剖学是动物医学类专业的一门重要的专业基础课程，具有很强的理论性和实践性，作为桥梁性课程，与动物医学类专业其他各门课程之间具有广泛而紧密的联系，通过学习兽医病理解剖学，为后续临床兽医学和预防兽医学等专业课程的学习奠定坚实基础。

本教材在内容上涵盖了兽医病理解剖学的基本知识点，系统介绍了动物疾病的病理学特征、鉴别诊断要点及研究方法。全书共18章，包括绪论、局部血液循环障碍、细胞和组织损伤、结缔组织损伤、细胞凋亡、适应与修复、炎症、肿瘤、分子病理与免疫病理、心脏血管系统病理、造血与免疫系统病理、呼吸系统病理、消化系统病理、泌尿系统病理、生殖系统病理、内分泌系统病理、神经系统病理、运动系统和体被系统病理。本教材坚持理论联系实际和基础服务临床的宗旨，强化兽医病理解剖学的临床应用意义，较全面地反映了兽医病理解剖学最新前沿科研成果和研究进展，突出学科的时代特征，并在各章内容中突出兽医病理解剖学与后续学科和专业的相关性，加大临床案例的引用，注重传统内容与最新进展的结合、理论与实践的结合、形态与机能的结合，确保本教材具有更加广泛的实用性。

本教材每章均列有本章概述，并以知识卡片的形式对兽医病理解剖学中不易展开的新概念、新发现、新进展和具有里程碑意义的重大事件，以及某些动物疾病案例等知识点进行了拓展，同时增加了兽医病理解剖学术语的中英文名词对照，以便于学生主动学习和提高专业英语的阅读理解能力。在每章末列有作业题，便于学生自查自测。

作为国家林业和草原局普通高等教育"十四五"规划教材，坚决贯彻落实党的二十大关于"教育、科技、人才是全面建设社会主义现代化国家的基础性、战略性支撑"的精神。全书鼎成以人民为中心的发展理念，坚持科技是第一生产力、人才是第一资源、创新是第一动力，深入实施科教兴国战略、人才强国战略、创新驱动发展战略，开辟发展新领域新赛道，不断为我国畜牧兽医领域注入新动能、赋予新优势。全书具有结构严谨、重点突出、内容翔实、层次分明、图文并茂和简明扼要等特点，融系统性、科学性、先进性和实用性于一体，具有较高的理论教学意义和实践应用价值，可供高等农业院校动物医学类专业本科生作为教材使用，同时可作为兽医学相关学科研究生和成人教育类学生的教学用书，也可作为有关科研、生产、检验检疫等单位科技人员的参考书和工具书。

本教材的17位编者来自全国12所高等农业院校的一线主讲教师，是所在院校的教学和科研骨干，具有丰富的教学、科研和临床实践经验，为高质量地完成本教材的撰写任务奠定了坚实的人才基础。本教材编者认真查阅和收集资料，整理文字和图片，为本教材的撰写工作作出了重要贡献。最后，还要特别感谢甘肃农业大学王雯慧教授对本教材进行了全面细致的审读，并为编写工作提出了许多建设性意见。天津市教育招生考试院陈义为本教材进行了制图和修图。

诚然，追求完美是我们的共同目标，但书中纰漏和瑕疵在所难免，因此，在本教材出版后，我们将一如既往地虚心汲取同行和读者的建议，使教材日臻完善，力求成为经得起时间检验的一部优秀教材。

《兽医病理解剖学》全体编者
2024 年 7 月 15 日

目 录

前 言

绪 论 1

第一章 局部血液循环障碍 5
第一节 充血 5
第二节 局部缺血 10
第三节 出血 11
第四节 血栓形成 13
第五节 栓塞 16
第六节 梗死 17
第七节 水肿 20

第二章 细胞和组织损伤 25
第一节 细胞损伤的病因和发生机理 25
第二节 细胞损伤的形态学变化 31
第三节 变性 39
第四节 坏死 47
第五节 病理性物质沉着 52

第三章 结缔组织损伤 60
第一节 纤维的损伤 60
第二节 基质的损伤 69
第三节 基底膜的损伤 71

第四章 细胞凋亡 77
第一节 细胞凋亡概述 77
第二节 细胞凋亡发生的分子机理 81
第三节 细胞凋亡的生物学和病理学意义 90
第四节 细胞凋亡常用的检测方法 92

第五章 适应与修复 95
第一节 再生与增生 95
第二节 肉芽组织与创伤愈合 103
第三节 肥大与萎缩 105

第四节　化生 …… 109

第六章　炎症 …… 112
第一节　炎症的概念和发生原因 …… 112
第二节　炎症介质 …… 113
第三节　炎症反应的基本病理变化 …… 119
第四节　炎症的局部表现和全身性反应 …… 130
第五节　炎症的类型 …… 131

第七章　肿瘤 …… 139
第一节　肿瘤的概念 …… 139
第二节　肿瘤的病因和发生机理 …… 140
第三节　肿瘤的特性 …… 144
第四节　肿瘤的命名和分类 …… 149
第五节　良性肿瘤与恶性肿瘤的特征 …… 150
第六节　畜禽的常见肿瘤 …… 151

第八章　分子病理与免疫病理 …… 159
第一节　基因突变 …… 159
第二节　DNA损伤与修复 …… 162
第三节　组织损伤的免疫机制 …… 166
第四节　自身免疫性疾病 …… 173
第五节　免疫缺陷病 …… 175

第九章　心血管系统病理 …… 179
第一节　心脏病理 …… 179
第二节　血管病理 …… 187
第三节　心血管系统先天性缺陷 …… 191

第十章　造血与免疫系统病理 …… 193
第一节　骨髓炎 …… 193
第二节　脾炎 …… 194
第三节　淋巴结炎 …… 196
第四节　鸡传染性法氏囊炎（病） …… 199
第五节　造血与免疫系统的常见肿瘤 …… 200

第十一章　呼吸系统病理 …… 203
第一节　上呼吸道炎症和气管支气管炎症 …… 203
第二节　肺萎陷与肺膨胀不全 …… 206
第三节　肺气肿 …… 207
第四节　肺水肿 …… 209
第五节　肺炎 …… 210
第六节　胸膜炎 …… 218

第十二章　消化系统病理 ········· 221
第一节　胃肠病理 ············ 221
第二节　肝炎 ·············· 231
第三节　肝坏死 ············· 237
第四节　肝硬变 ············· 239

第十三章　泌尿系统病理 ········· 245
第一节　肾炎 ·············· 245
第二节　肾病 ·············· 254
第三节　尿毒症 ············· 257
第四节　膀胱炎和尿石病 ········ 260
第五节　囊肿肾、肾胚细胞瘤及膀胱癌 · 262

第十四章　生殖系统病理 ········· 265
第一节　子宫疾病 ············ 265
第二节　卵巢疾病 ············ 267
第三节　乳腺疾病 ············ 269
第四节　睾丸和附睾疾病 ········ 273

第十五章　内分泌系统病理 ······· 275
第一节　垂体疾病 ············ 275
第二节　甲状腺疾病 ··········· 278
第三节　肾上腺疾病 ··········· 283

第十六章　神经系统病理 ········· 286
第一节　神经系统疾病的基本病理变化 · 286
第二节　脑炎 ·············· 293

第十七章　运动系统和体被系统病理 ··· 298
第一节　骨炎 ·············· 298
第二节　关节炎 ············· 299
第三节　肌炎 ·············· 301
第四节　腱鞘炎与肌腱炎 ········ 302
第五节　蹄炎 ·············· 303
第六节　体被系统的疾病 ········ 304

参考文献 ················ 310

中英文名词对照 ············· 312

绪 论

【本章概述】兽医病理解剖学(veterinary pathological anatomy)是兽医病理学的重要分支，主要从器官、组织和细胞形态结构改变的角度研究动物疾病的病因、发生机理、病理变化和转归规律，同时为诊断、治疗和预防动物疾病提供理论依据。本章主要论述兽医病理解剖学的性质和任务、基本内容、在动物医学类专业课程设置中的地位、研究方法，以及学习兽医病理解剖学的指导思想和方法，并介绍其发展简史及展望。

一、兽医病理解剖学的性质和任务

兽医病理解剖学的根本任务是探索动物疾病病因、发生机理，以及患病机体形态结构的变化，通过对病理变化的观察和分析，阐明动物疾病发生、发展及其转归的规律，为动物疾病的病理诊断、预防和治疗提供依据。通过本课程的学习，让学生了解并掌握兽医病理解剖学的基本概念、疾病的基本病理过程，为动物疾病的预防和临床诊疗提供科学的理论依据和临床指导，同时为后续临床课程的学习奠定基础。

二、兽医病理解剖学的基本内容

兽医病理解剖学的基本内容包括基础病理学和系统病理学，本教材中第一章至第七章为基础病理学内容，主要研究动物机体细胞、组织和器官对病因的基本反应及其一般规律，阐述动物疾病过程中发生的各种基本病理变化及其发生机理；第八章至第十七章为系统病理学内容，在基础病理学基础上，阐述动物疾病过程中机体各器官系统常见的病理变化和转归规律。

三、兽医病理解剖学在动物医学类专业课程设置中的地位

在动物医学类专业课程设置中，兽医病理解剖学是具有临床性质的动物医学基础课程，以"桥梁"作用连接动物医学基础课程和临床课程。兽医病理解剖学的内容和任务决定了它的学习必须具备动物解剖学、动物组织胚胎学、动物生物化学、动物生理学、兽医微生物学和兽医免疫学等课程的基础理论知识，并结合这些课程的知识和技能研究疾病的原因、发生、发展过程、形态结构改变及对机体的影响；同时又为兽医临床诊断学、兽医内科学、兽医外科学、兽医传染病学、兽医寄生虫病学和动物性食品卫生学等兽医临床课程的学习奠定良好的基础。更重要的是，兽医病理解剖学可借助尸体剖检、活体组织检查和现代分子生物学方法等进行动物疾病的临床检测和分析，对动物疾病做出较为全面的病理诊断，常被视为动物疾病诊断的"金标准""权威诊断"或"最终诊断"。此外，它还能对各种动物疾病的预防和临床治疗提供指导，在生物科学研究中应用也非常广泛。

四、兽医病理解剖学的研究方法

兽医病理解剖学的研究方法除了采用传统的大体解剖观察、组织细胞观察和临床细胞学

观察等，随着细胞生物学、分子生物学、实验动物学的发展以及现代科学技术和仪器的应用，还建立了免疫组织化学、激光扫描共聚焦显微镜技术和流式细胞术等更加精准的检测方法，为动物疾病的病因、发生、发展规律的研究和诊断提供更加完善的保障。

(一)肉眼观察

肉眼观察主要是利用肉眼或借助放大镜、尺、秤等工具，观察和检测患病动物器官和组织的大小、形状、质量、色泽、质地、表面和切面的变化。肉眼观察病变的整体形态和重要性状是微观检查的基础。

(二)光学显微镜观察

光学显微镜观察主要在组织、细胞的水平上，运用组织切片或细胞涂片等方法对病变进行观察，由于分辨率比肉眼增加了数百倍，极大地提高了诊断的准确性。常用的组织切片技术是石蜡切片，染色方法是苏木精-伊红染色法(hematoxylin-eosin staining，H.E.)，近年来冰冻切片也越来越多地应用于动物疾病的快速诊断。到目前为止，传统的组织学观察方法仍然是病理学研究和诊断无可替代的最基本方法。

(三)电子显微镜观察

应用透射和扫描电子显微镜观察细胞内部和表面的超微结构变化，从亚细胞甚至大分子水平上了解组织细胞的形态和机能变化，使之能更加确切地诊断疾病，也更能加深对疾病本质的认识。但由于放大倍数太大，只见局部不见全局，加之许多超微结构变化没有特异性，常给诊断带来困难。因此，必须以肉眼观察病变和光镜观察的组织学病变为基础，电子显微镜观察才能起到更重要的辅助诊断作用。

(四)化学观察

1. 组织细胞化学观察

组织细胞化学观察是指运用化学原理，用能与组织细胞的某些化学成分发生化学反应，且在局部显色的化学试剂来显示组织细胞内某些化学成分(如蛋白质、核酸、糖原等)的变化。其中，观察组织切片的称为组织化学(histochemistry)；观察涂抹细胞(脱落、穿刺及积液中的细胞等)或培养细胞的称为细胞化学(cytochemistry)，如显示糖原的过碘酸雪夫(periodic acid Schiff，PAS)染色法、核酸的甲基绿-派洛宁(methyl green-pyronin，MGP)染色法、结缔组织的Masson三色染色法等。

2. 免疫组织细胞化学观察

利用抗原-抗体特异性结合的原理建立起来的一种组织化学技术，是通过带显色剂标记的特异性抗体在组织细胞抗原表位通过抗原抗体反应和组织化学的呈色反应，对相应抗原进行定性、定位、定量测定，如免疫酶组化技术。

(五)诊断细胞学

诊断细胞学是以观察细胞的结构和形态变化来研究和诊断临床疾病的一门学科，又称临床细胞学，它是病理学的一个重要组成部分。诊断细胞学根据细胞标本来源的不同又可分为脱落细胞学和针吸细胞学两大类。

脱落细胞学是利用生理或病理情况下自然脱落下来的细胞标本作为研究对象，如痰、胸腹水、胃液、尿液、宫颈涂片等的检查。

针吸细胞学是利用细针穿刺，吸取病变部位的少量细胞标本作为研究对象，如淋巴结、甲状腺、乳腺肿块穿刺及内脏穿刺等标本的检查。诊断细胞学检查方法简便易行，结果又较为可靠。目前，已成为恶性肿瘤早期诊断的重要手段之一，广泛应用于临床肿瘤普查。

(六)激光扫描共聚焦显微镜技术

激光扫描共聚焦显微镜(confocal laser scanning microscopy，CLSM)技术是在传统光学显微镜基础上，以激光作为光源，采用共轭聚焦原理和装置，并利用计算机对所观察的对象进行数字图像处理观察、分析和输出。激光扫描共聚焦显微镜可在亚细胞水平观察细胞形态和生理信号变化，对样品进行断层扫描和成像，将形态学研究从二维平面水平提高到三维立体水平；还可对活细胞进行无损伤观察，极大地丰富了人们对细胞生命现象的认识，已经成为病理学研究的必备工具。

(七)流式细胞术

流式细胞术(flow cytometry，FCM)是可以对细胞或亚细胞结构进行快速测量分析和分选的新型技术。其可测量细胞大小、内部颗粒的形状，还可检测细胞表面和细胞浆抗原、细胞内核酸含量等，每秒能分析数万个细胞，可同时进行多参数测量；还可对活细胞进行快速分类收集，在细胞周期与细胞凋亡等研究中被广泛应用。

(八)动物细胞与组织培养技术

动物细胞与组织培养(animal cell and tissue culture)技术是指在无菌环境下，将动物体内部分组织细胞取出，人工模拟体内的生理环境，使其生存、生长并维持结构和功能的技术。该方法具有培养条件可人为控制且便于观察检测等特点，既可在体外对细胞进行生命活动、细胞癌变等问题研究，还可施加实验因子进行形态、生化、免疫、分子生物学观察，已广泛应用于病理学的各个研究领域。

五、学习兽医病理解剖学的指导思想和方法

兽医病理解剖学作为一门形态学课程，具有很强的直观性和实践性，要求学生在扎实学习理论的同时，更要注重培养识别患病机体组织、器官和细胞形态改变的能力，以及利用机体细胞、组织和器官的病理变化分析疾病的病因、发生机理，并进行病理学诊断的能力。学习兽医病理解剖学要以辩证统一的观点和方法，分析动物疾病的局部与整体、宏观与微观、动态与静态之间的关系，辨明动物疾病的主次矛盾相互转化及原因和结果之间的相互转化关系，对患病动物机体的形态和机能变化有对立统一的认识。

兽医病理解剖学以动物解剖学、动物组织与胚胎学、动物生理学、动物生物化学及兽医微生物学等为基础来阐述机体在病因的作用下所发生的形态、机能的异常变化，与基础知识结合紧密，理论性极强。同时，兽医病理解剖学又与兽医传染病学、兽医寄生虫病学、兽医内科学和兽医外科学等兽医临床课程有密切联系，直接为疾病的诊断、治疗和预防服务，故其实践性和应用性也很强。学生在学习此课程时应注意：熟悉兽医病理解剖学理论，在观察认识标本和切片时联系理论，从而对课本知识、形态描述和理论概念加以理解、巩固和掌握；熟练掌握病理形态学观察、描述及诊断方法，对病理标本按一定的顺序进行全面细致的观察，并准确而简练地描述病理变化；为了更确切地认识和掌握病理变化，还应具备对所观察的各种病理变化进行分析、综合、比较、鉴别的能力，并能根据病理变化的发生、发展过程，功能障碍与整体的相互联系，培养科学的思维能力。

六、兽医病理解剖学的发展简史及展望

病理学(pathology)是源于希腊字根 pathos 和 logos，意为疾病的研究，是研究疾病的病因、发生机理、形态改变及相关器官功能变化的一门学科。其发展简史也是人类在认识疾病过程中唯物论和辩证法不断战胜唯心论和形而上学的历史缩影。

在远古社会，原始人类对自然的认识有限，对疾病的治疗常以巫术或僧侣医学等超自然力方法为主。直到公元前 430 年，"医学之父"古希腊名医 Hippocrates 积极探索人的机体特征和疾病的成因，在《人和自然》一书中提出了疾病的"体液学说"，认为机体最重要的四种体液是血液、黏液、黄胆汁和黑胆汁；当四种体液配合得当时，机体便是健康；体液不平衡时，导致疾病，形成了体液病理学。这是首次将哲学思想导入病理学，虽对疾病成因的解释并不正确，却把人们对疾病的认识从鬼神中解放出来。

1761 年，意大利医学家 Morgagni 根据积累的尸检材料发表了《疾病的部位和病因》一书，描述了梅毒、心脏病、肺炎等各种疾病病变，将解剖学改变与死者生前出现的异常症状联系起来，并讨论了疾病病因与解剖学异常之间的关系，提出疾病常在一定器官形成相应病变的理论，从而创立了器官病理学，为病理解剖学奠定了基础，也标志着病理形态学的开端。因此，Morgagni 也被誉为"病理学之父"。

19 世纪中叶，德国病理学家 Virchow 根据对大量尸体解剖材料的显微镜观察，于 1858 年出版了著名的《细胞病理学》，描述了病变部位的细胞和组织结构的变化，提出了细胞病理学的理论，认为细胞的改变和细胞的功能障碍是一切疾病的基础，并指出了形态学改变与疾病过程和临床表现之间的关系。细胞病理学的问世，是病理学发展史上具有里程碑意义的壮举，时至今日，这一学说还继续影响着病理学的理论和实践。

随着现代科学技术的发展，病理学新技术和新方法不断涌现。20 世纪 40 年代电子显微镜的问世，把对病理学的研究从细胞学水平提高到亚细胞水平，由此建立了超微病理学（ultrastructural pathology）。与此同时，一些新学科如现代免疫学、细胞生物学、分子生物学和现代遗传学的兴起和发展，以及免疫组织化学、流式细胞术、图像分析技术、细胞化学和现代网络技术等相关新科技向病理学渗透，使病理学向更广、更深、更高水平拓展，并出现一些新的领域或分支，如免疫病理学（immunopathology）、比较病理学（comparative pathology）、遗传病理学（genetic pathology）、分子病理学（molecular pathology）、定量病理学（quantitative pathology）、远程病理学（telepathology）和数字病理学（digital pathology）等，这些新领域的兴起对病理学的发展起到极大的促进作用。

与此同时，兽医病理解剖学伴随着病理学的发展而发展起来。虽然新技术的涌现为兽医病理解剖学带来了革新和发展，使人们对动物疾病的认识从表型向基因型过渡，从病理形态学向病因发病学过渡，使兽医病理诊断从主要依从于经验向循证病理学过渡，从而促进兽医病理解剖学诊断和研究的飞速发展，但也决不能忽视对传统兽医病理形态学技术的强调和巩固，因为新技术只是在传统兽医病理学基础上对动物疾病认识的深化，而非取代。开发和建立适用于动物疾病诊断的新方法、新技术，将之与传统兽医病理形态学技术有机结合，更清楚地阐明动物疾病的发病原因和发病机制、更快速准确诊断疾病一直是当代兽医病理学工作者努力奋进的目标。兽医病理工作者只有积极学习、掌握和运用多学科的技术，才能使兽医病理技术不断扩展、深化、提高，促进兽医病理学的发展。

作业题

1. 什么是兽医病理解剖学？其主要研究内容有哪些？
2. 兽医病理解剖学在动物医学类专业中的地位如何？
3. 常用于动物疾病诊断的兽医病理解剖学研究方法有哪些？

（张 黎）

第一章

局部血液循环障碍

【本章概述】细胞和组织的健全不仅依赖完整的血液循环运送氧气，同样依赖体液等内环境的稳定。血液循环的正常运行，对动物机体生命活动及各器官、组织和细胞机能的正常维持是十分必要的。如果血液循环发生障碍，必将引起器官、组织和细胞的代谢紊乱、功能失调甚至形态结构改变。充血、缺血、出血、血栓、栓塞、梗死及水肿的发生都可能是由于血液循环或体液平衡障碍所引起。局部血液循环障碍主要包括：组织、器官内循环血量异常，血量增多引起充血，血量减少则出现缺血；血管壁完整性或通透性改变，使血液成分逸出血管外而导致出血和水肿；血液内出现异常物质，血液固有成分析出形成血栓；不溶于血液的物质阻塞局部血管造成栓塞，并进一步引起局部组织缺血甚至梗死。

血液循环障碍可分为全身性和局部性两种类型。全身性血液循环障碍发生于心力衰竭及全身性血管功能紊乱的情况下，具有全身化的特点，常伴有血液量和质的变化；局部性血液循环障碍是指个别器官或局部组织的循环障碍，如局部血量的异常（充血、缺血）、血液性状和血管内容物的改变（血栓形成、栓塞）、血管通透性或完整性的改变（出血、水肿）等。全身性血液循环障碍与局部性血液循环障碍在具体表现及对机体的影响上虽有不同，但二者之间的关系十分密切。全身性血液循环障碍时，如急性心力衰竭常通过肺脏、肝脏等局部器官的淤血和水肿表现出来；局部较大血管破裂时，血液流失，血量急剧减少，可引起全身性贫血甚至休克。本章主要论述局部血液循环障碍的病因和类型、病理变化、结局和对机体的影响。

第一节 充 血

局部组织、器官由于血管扩张含血量增多的现象，称为充血（hyperemia）。充血可分为动脉性充血和静脉性充血。

一、动脉性充血

动脉性充血（arterial hyperemia）简称充血，是指局部器官或组织的小动脉及毛细血管扩张，输入过多的动脉血液的现象，又称主动性充血（active hyperemia）（图1-1）。

(一)病因与类型

动脉性充血又可分为生理性充血和病理性充血。

1. 生理性充血

在生理状态下，当器官、组织的功能活动增强时常发生生理性充血，如妊娠子宫充血、食后胃肠充血、运动时横纹肌充血等。

2. 病理性充血

病理性充血常见于以下各种病理过程中。

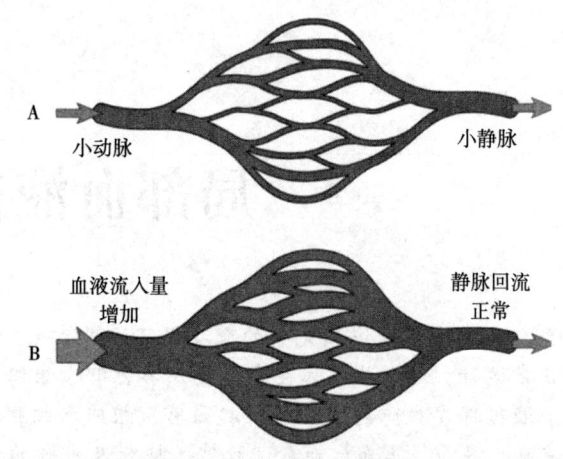

图 1-1 动脉性充血模式图
A. 正常血流；B. 动脉性充血

(1) 炎性充血

炎性充血是指由于致炎因子刺激血管舒张神经或麻痹缩血管神经及一些炎症介质的作用而引起的充血。炎性充血是最常见的一种病理性充血，尤其是在炎症早期或急性炎症时表现明显，故充血是炎症的标志之一。

(2) 刺激性充血

刺激性充血是指摩擦、温热、酸碱等物理或化学因素刺激引起的充血。这类充血的机理同炎性充血。

(3) 减压后充血

减压后充血是指因长期受压而引起局部缺血的组织血管张力降低，一旦压力突然解除，小动脉反射性扩张而引起的充血，又称缺血后充血。例如，胃肠臌气或腹水时，如果迅速放气或抽水，腹腔内的压力会突然降低，腹腔内原本受压的动脉因为含血量瞬时增多而发生扩张充血。这种充血易造成其他器官(如脑)、组织的急性缺血，严重时会危及生命。故施行胃肠穿刺放气和抽取腹水时不要过于迅速。

(4) 侧支性充血

侧支性充血是指当某一动脉腔受阻引起局部缺血时，缺血组织周围的动脉吻合支发生扩张充血，借以建立侧支循环，以代偿受阻血管的供血不足。

(二)病理变化

剖检：局部器官或组织由于小动脉和毛细血管扩张，流入大量含氧合血红蛋白的动脉血液，所以表现鲜红色；由于含血量增多，血压增高，血液渗出，所以表现略肿大；由于动脉性充血时血流速度加快，代谢旺盛，机能增强，产热也增多。

镜检：小动脉和毛细血管扩张，数量增多，管腔内充满大量红细胞。若为炎性充血时，还可见渗出、出血和实质细胞变性、坏死等变化。

值得注意的是，动物死亡后常受以下两个方面的影响，使充血现象表现很不明显。

①动物死亡时，动脉发生痉挛性收缩，使原来扩张充血的小动脉变为空虚状态。

②动物死亡时，心力衰竭导致的全身性淤血及死后的沉积性淤血，掩盖了生前的充血现象。

(三)结局和对机体的影响

充血是机体防御和适应性反应之一。充血时，由于血流量增加和血流速度加快，一方面，可向局部输送更多的氧、营养物质和抗病因子等，从而增强局部组织的抗病能力；另一方面，可将局部产生的代谢产物和致病因子及时排出，这对消除病因和修复组织损伤均有积极作用。根据这一原理，临床上常用理疗、热敷和涂擦刺激剂等方法治疗某些疾病。但充血对机体也有损伤的一面，若病因作用较强或时间较长而引起持续性充血时，可造成血管的紧张度下降或丧失，血流逐渐缓慢，进而发生淤血、水肿和出血等病理变化。此外，由于充血发生的部位不同，对机体的影响也有很大差异。例如，日射病时，脑部发生严重充血，常可因颅内压升高而使动物发生神经系统机能障碍，甚至昏迷死亡。

【知识卡片】

日射病与热射病的区别

日射病和热射病从本质上讲，都是引起机体体温升高，甚至体温调节功能障碍的急性病症。日射病是因为日光直射动物的头部，使脑部充血甚至出血而引起的神经系统机能障碍的疾病。热射病是当外界温度过高、相对湿度过大，使身体产热或吸热增多及散热减少，从而引起体内一种积热的疾病。这两种疾病在临床上都称为中暑，其特征为体温显著升高，血液循环障碍，甚至一些动物伴有一定的神经症状，多在七八月中午或者下午发病。

二、静脉性充血

静脉性充血（venous hyperemia）简称淤血（congestion），是指由于静脉血液回流受阻，血液淤积在小静脉及毛细血管内，使局部器官或组织血量增多的现象，又称被动性充血（passive hyperemia）（图1-2）。

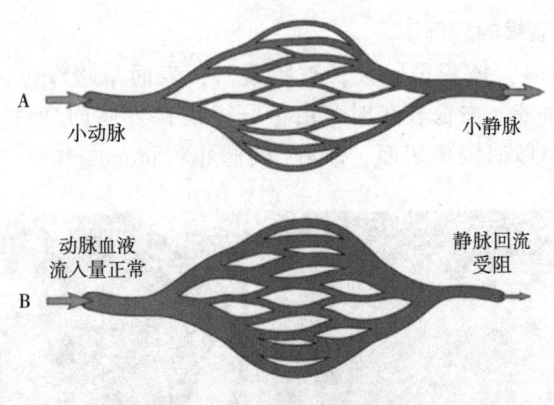

图1-2 静脉性充血模式图
A. 正常血流；B. 静脉性充血

（一）病因与类型

根据淤血范围，淤血可分为全身性淤血和局部性淤血。全身性淤血是由于心脏机能衰竭、胸膜及肺脏疾病，使静脉血液回流受阻而发生；局部性淤血的病因各异，如静脉受压、管腔变窄、血栓、栓塞、静脉内膜炎等所致的局部静脉血液回流障碍均可引起局部性淤血。

（二）病理变化

剖检：淤血器官或组织的体积增大，质量增加，表面呈暗红色或紫红色，指压褪色，切面流出暗红色的血液。若淤血发生在体表（皮肤与可视黏膜），这种变化更为明显，称为发绀（cyanosis）。淤血组织代谢降低，产热减少，故温度降低，机能减退。

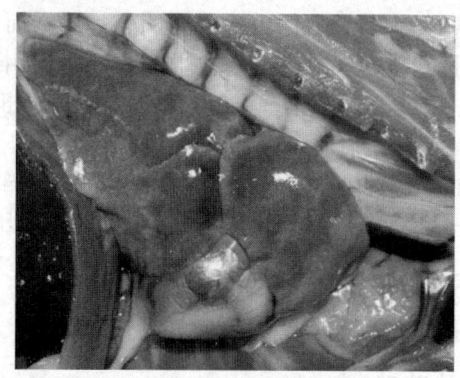

图 1-3 急性肺淤血（James F. Zachary，2017）

镜检：淤血器官或组织的小静脉和毛细血管扩张，充满红细胞。慢性淤血常继发水肿、出血、细胞变性、坏死、纤维结缔组织增生等变化。在所有的器官和组织中，肺脏与肝脏最易发生淤血，病理变化也最为明显。

1. 肺淤血

肺淤血主要由于左心机能不全，肺静脉血液回流受阻所致。

（1）急性肺淤血

剖检：肺脏呈紫红色，体积膨大，质地稍变韧，质量增加，被膜紧张而光滑，切面流出大量混有泡沫的血样液体（图1-3）。

镜检：肺内小静脉及肺泡壁毛细血管高度扩张，充满大量红细胞；肺泡腔内出现淡红色的浆液和数量不等的红细胞。

（2）慢性肺淤血

剖检：肺脏长期淤血时，可引起肺间质结缔组织增生，同时常伴有大量含铁血黄素在肺泡腔和肺间质内沉积，使肺发生褐色硬化（brown induration）（图1-4）。

镜检：肺泡壁毛细血管扩张充血，肺泡壁变厚和纤维化；肺泡腔内出现红细胞、水肿液及心力衰竭细胞。

2. 肝淤血

肝淤血多见于右心衰竭的病例。

剖检：急性肝淤血时，体积稍肿大，被膜紧张，表面呈暗红色，质地较实（图1-5）。切面流出大量暗红色血液。淤血较久时，由于肝组织伴发脂肪变性，故在切面可见到红黄相间的网格状花纹，形似槟榔切面，故有"槟榔肝"（nutmeg liver）之称（图1-6A和B）。

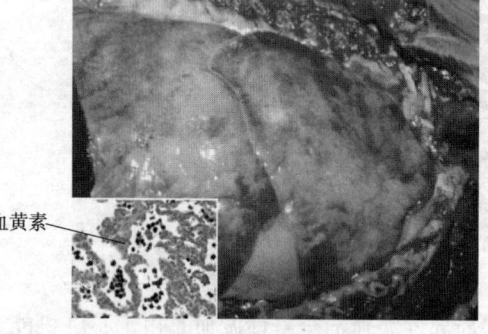

图 1-4 犬慢性肺淤血、水肿（James F. Zachary，2017）（普鲁士蓝染色）

含铁血黄素

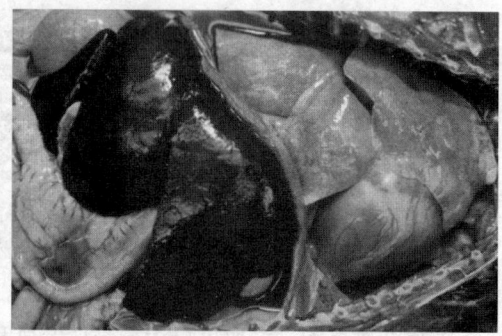

图 1-5 犬急性肝淤血（James F. Zachary，2017）

镜检：可见肝小叶中央静脉及肝窦扩张，充满红细胞（图1-6C）。发生槟榔肝时，肝小叶中心部的窦状隙及中央静脉显著充血，因此处肝细胞受压迫而发生萎缩或消失，而周边肝细胞因缺氧常发生脂肪变性（图1-6D）。长期肝淤血时，在实质细胞萎缩消失过程中，局部纤维结缔组织增生，网状纤维胶原化，导致淤血性肝硬化。

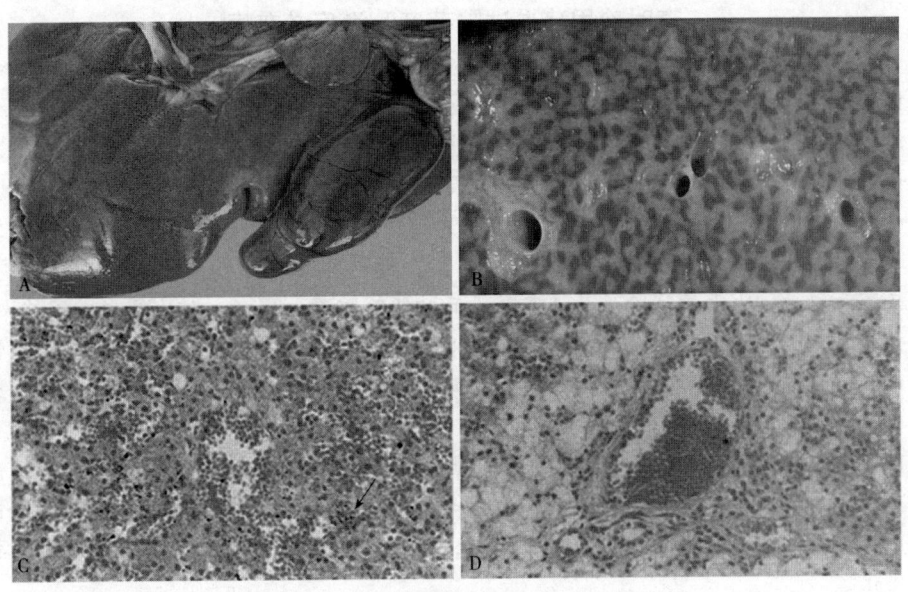

图 1-6 慢性肝淤血（Dutra F，2016）
A. 慢性肝淤血的肝脏；B. 慢性肝淤血的肝脏切面；C. 中央静脉和肝血窦充满红细胞，肝细胞坏死，肝小叶周边区域可见心力衰竭细胞中棕黄色的含铁血黄素颗粒（黑色箭头）（H.E.×400）；
D. 小叶间静脉充满红细胞，肝小叶周边区域的肝细胞发生脂肪变性（H.E.×400）

（三）充血与淤血的区别

充血：一般范围局限，色鲜红，温度较高，血管搏动明显，机能活动增强，常伴发于炎症过程，发生快，易消退，属急性充血，也可见于正常生理条件下。

淤血：范围一般较大，有时波及全身，淤血组织体积增大明显，色暗红，位于体表时温度降低，机能减退，淤血发展较缓慢，持续时间较长，多属慢性充血。淤血易继发水肿和出血，实质萎缩而间质增生，淤血组织若有损伤，不易修复且易继发感染，并且可发生于动物死后。

（四）结局和对机体的影响

淤血对机体的影响取决于淤血的范围、时间、发生速度及侧支循环建立等情况。当急性局部淤血的病因去除后，可以完全恢复。如果淤血持续时间过长，侧支循环又不能很好建立时，淤血局部除水肿和出血外，还可发生血栓，表现为实质细胞变性、坏死，间质增生及器官硬化等。

【知识卡片】

心力衰竭细胞与含铁血黄素

左心衰竭引起慢性肺淤血时，常在肺泡腔中见到含有含铁血黄素的巨噬细胞，因此称为心力衰竭细胞。

当机体内发生出血时，巨噬细胞吞噬红细胞并由其溶酶体降解红细胞，红细胞血红蛋白的 Fe^{3+} 与蛋白质结合，形成铁蛋白微粒，铁蛋白微粒聚集形成聚合体，H.E.染色后铁蛋白微粒形成的聚合体在光镜下显示为棕黄色，因此称为含铁血黄素。含铁血黄素是一种不稳定的铁蛋白聚合体，含铁质的棕色色素。

李时珍用猪血试野苎麻叶治疗淤血症

李时珍(1518—1593年)是明代著名医药学家,被后世尊为"药圣",所著的《本草纲目》对后世的医学和药物学研究意义深远。

李时珍特别注重实践,经常创造出一些奇特方法来验证中药功效。一次,李时珍发现一本书上说野苎麻叶可以治疗淤血症。于是,找了两杯生猪血来做试验。第一杯生猪血中放了野苎麻叶的粉末,另一杯则什么都没有放。过了一会儿,放了野苎麻叶粉末的生猪血没有凝固,而作为对照比较的那杯生猪血却很快凝固了,野苎麻叶治疗淤血的功效得到初步证实。李时珍又深入思索:上面的试验只是证实野苎麻叶能够防凝,那么,对已经形成了的淤血块,它又有什么作用呢?随后,李时珍又把野苎麻叶粉末加至刚刚凝固的血块中,血块竟慢慢地溶化成血水!这进一步证实野苎麻叶还具有化瘀的作用。这个病理和药理学试验用今天的标准来衡量也是有一定水平的。

中医药学在我国有悠久的历史,为中国乃至全世界人民的健康带来福音。我们的先辈们用尽毕生心血为后人留下无尽医学财富,古有李时珍、孙思邈、华佗,今有屠呦呦等医药学家,他们为全世界展示了中医药学的博大精深,我们在不断创新的同时,应坚信和发扬传统中医药文化。

第二节　局部缺血

机体局部组织、器官因动脉血液流入量的减少而引起的缺血,称为局部缺血(ischemia)。

(一)病因和发生机理

局部组织由于动脉管腔闭塞、狭窄等造成动脉血液流入量减少,均可引起局部缺血。

1. 动脉痉挛性缺血

动脉痉挛性缺血是因刺激因素(低温、化学物质和创伤等)作用于缩血管神经,反射性引起动脉管壁的强烈收缩(痉挛),造成局部血液流入减少或完全停止。

2. 压迫性缺血

压迫性缺血是由于机械性外力(肿瘤、腹水)等压迫动脉血管,所引起的局部缺血。临床上由于患病动物长期躺卧,髂骨外角等处皮肤容易引起褥疮。这是由于卧侧血管受到压迫,局部缺血的结果。所以,对于躺卧的患病动物,应经常改变卧位,避免由于压迫性缺血发生褥疮。

3. 动脉阻塞性缺血

动脉阻塞性缺血是由于动脉管腔内出现血栓、栓塞、脉管炎等病理变化,使管腔狭窄或阻塞,引起的局部器官、组织缺血。

4. 代偿性缺血

代偿性缺血又称侧支性缺血。局部器官、组织充血时,往往会造成其他器官、组织出现代偿性缺血。例如,迅速排出胸水或腹水时,胸腔或腹腔内的压力突然消失,其中受压的动脉发生麻痹性扩张、充血。

(二)病理变化

剖检:缺血组织因含血量减少而体积缩小,颜色变淡,显露出组织的原有色彩,如肺脏呈灰白色、肝脏呈褐色、皮肤黏膜呈苍白色等。缺血组织局部温度降低,质地柔软,被膜起皱褶。切面仅流出少量血液或无血。

镜检：血管空虚、变细、数量减少。细胞常发生变性、坏死。

(三)结局和对机体的影响

局部缺血的后果与组织对缺血的耐受性、缺血程度、持续时间及能否建立侧支循环等因素有关。不同的组织、器官对缺血的耐受性不同，例如，皮肤和结缔组织等可以耐受较长时间缺血而不发生变化或发生轻微变化；而脑组织对缺血的耐受能力很差，一般在血液循环停止 5~10 min 后发生不可逆的变化，因为神经细胞对缺氧的耐受力最弱。如果缺血程度较轻、持续时间短，又有较好的侧支循环时，缺血组织可以恢复正常。否则，组织由于缺氧和代谢障碍，可发生萎缩，当血流完全断绝后，即发生坏死。

第三节 出 血

血液从血管或心脏逸出的过程称为出血(bleeding)。根据出血的来源可分为动脉出血(arterial bleeding)、静脉出血(venous bleeding)、毛细血管出血(capillary bleeding)和心脏出血(heart bleeding)；根据出血的部位可分为外出血和内出血；根据出血的原因可分为破裂性出血和渗出性出血。

(一)病因、发生机理和病理变化

1. 破裂性出血

破裂性出血是指心血管壁的完整性遭到破坏而引起的出血。

(1)破裂性出血的病因

①机械性损伤：挫伤、刺伤、咬伤、手术伤和摔伤等。

②侵蚀性损伤：常见于机体外部，有时也见于机体内部，如创伤性网胃炎、创伤性心包炎、肺结核损伤引起的吐血、胃溃疡和恶性肿瘤引起的出血等。

③血管壁病理变化：动脉瘤、动脉硬化等引起血压突然增高时，压迫血管引起破裂。

(2)破裂性出血的病理变化

①外出血：出血发生于体表。动脉发生出血时常呈喷射状。

②内出血：出血发生于体内，有以下多种表现形式。

血肿：血液积聚于组织间隙并形成肿块。

腔积血：血液从心脏或血管出来流入体腔，如胸腔积血、腹腔积血、心包积血、肾盂积血。

溢血：血液较大面积弥散在组织间隙，无明显界限，且伴有组织损伤，如脑出血。

血尿：血液混于尿。

血便：血液混于粪便。

2. 渗出性出血

渗出性出血是指毛细血管和微静脉壁的通透性升高，红细胞渗出的现象。这是临床上最常见的出血类型。

(1)渗出性出血的病因

①血管通透性升高：是引起渗出性出血的最常见原因。传染病(如鸡新城疫、猪瘟、兔瘟等)、寄生虫病(如球虫病、焦虫病)、中毒病(如霉菌毒素中毒)、淤血、炎症等都可引起毛细血管的损伤而发生渗出性出血。

②血小板生成障碍或过度消耗：如弥散性血管内凝血。

③凝血因子缺乏：如维生素 K 缺乏、重症肝炎和肝硬化时凝血因子合成障碍。

(2) 渗出性出血的病理变化

①出血点(petechiae)：直径不大于 1 mm(图 1-7~图 1-9)。

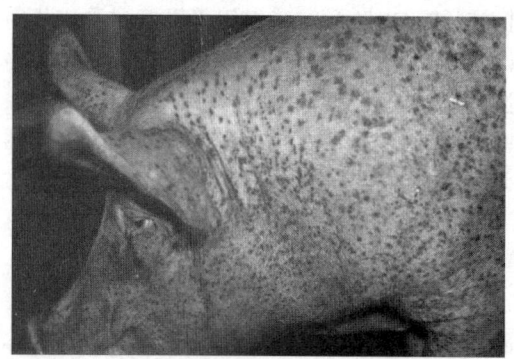

图 1-7　猪皮肤出血(大量的出血点和出血斑)

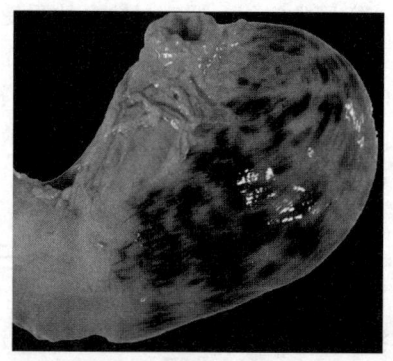

图 1-8　犬胃浆膜出血(James F. Zachary, 2017)

②出血斑(ecchymosis)：直径为 1~10 mm(图 1-8、图 1-9)。

③出血性浸润(haemorrhagic infiltration)：又称紫癜，是指血液弥散性浸润于血管附近的组织内，组织间隙有大量红细胞，呈大片暗红色。

④出血性素质(hemorrhagic diathesis)：是指机体有全身性出血倾向。

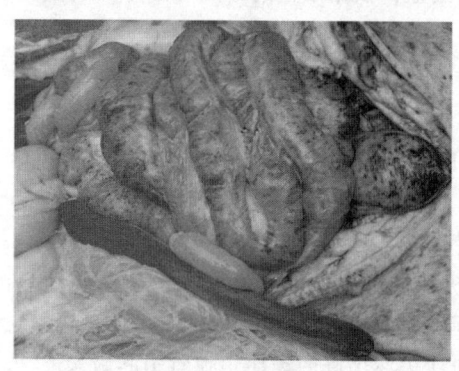

图 1-9　肠出血

(二)出血与其他病理变化的鉴别

充血与出血在临床上易造成混淆，应注意鉴别。动物生前濒死期时，手压褪色者为充血；手压不褪色者为出血，且出血边界一般较明显。肺脏淤血时，外观呈暗红色斑点状，易误认为是出血；胃肠淤血的动物在死后常发生溶血，也易误认为是出血。实际上，在某一病理变化组织内充血和出血往往同时存在，故用肉眼鉴别充血和出血有时是很困难的，可借助显微镜进行鉴别。另外，淤血组织、器官上的出血不易辨认，要仔细观察，确诊需进行病理组织学检查。

血肿很容易和肿瘤混淆，血肿早期呈暗红色，后期因红细胞崩解，血红蛋白分解成含铁血黄素和橙色血质，颜色变为淡黄色，个体逐渐缩小。而肿瘤一般颜色不变，体积逐渐增大，必要时可穿刺检查。

(三)结局和对机体的影响

出血对机体的影响，取决于出血发生的病因、部位、出血量、出血速度和持续时间。当心脏或一些较大的动脉发生破裂而出血时，常在短时间内引起大量失血，若抢救不及时，失血量超过机体总血量的 1/3~1/2 时，血压则急骤下降，易发生休克甚至死亡。一般情况下，体表的小血管发生破裂出血时，因其可自行止血，故对机体的影响不大。例如，渗出性出血的过程比较缓慢，出血量较少，一般不会引起严重的后果；如果出血发生在脑或心脏，即使是出血量很少，也经常会造成严重的后果，甚至导致患病动物死亡。流入体腔或组织内的血液，可逐步被吸收、机化或形成包囊。

第四节 血栓形成

在活体的心血管系统内，由于某些病因的作用，流动的血液中发生血小板聚集、纤维蛋白聚合形成固体物质的过程，称为血栓形成（thrombosis）。形成的固体物质，称为血栓（thrombus）。

(一) 病因和发生机理

在生理状态下，血液中的凝血系统和纤溶系统通常处于动态平衡，所以血液在心血管系统内保持流动状态。如果在某些因素影响下，这种平衡状态被打破，凝血系统的活性居主导地位时，血液便可在活体的心脏或血管内形成固体物质，即形成血栓。

1. 心血管内膜损伤

血栓形成是凝血系统被激活的结果，而心血管内膜的损伤则有利于凝血系统的激活和血液凝固，同时也是血栓形成的最重要和最常见的病因。

心血管内膜损伤时，内皮细胞发生变性、坏死、脱落，内皮下的胶原纤维裸露，从而激活血小板和内源性凝血系统的凝血因子Ⅻ，启动内源性凝血系统。损伤的心血管内膜释放组织凝血因子，激活凝血因子Ⅶ，启动外源性凝血系统。受损伤的心血管内膜变粗糙，使血小板黏附于裸露的胶原纤维上。

心血管内膜的损伤多见于炎症，如猪丹毒时的心内膜炎，也见于血管结扎、缝合等部位。

2. 血流状态改变

血流状态改变主要是指血流变慢、漩涡形成等。正常时，血液中的有形成分（如红细胞、白细胞、血小板）在血流的中轴流动（简称轴流），血浆在周边部流动（简称边流），边流的血浆将血液有形成分与血管壁分隔开。当血流变慢或有漩涡时，血小板便离开轴流而进入边流，增加了与血管内膜接触的机会，使其黏附在内膜上的可能性增加。此外，血流变慢使被激活的凝血酶和其他凝血因子不易被稀释、冲走，因此，使其在局部的浓度升高。

血流变慢，多见于心机能不全导致的静脉血回流受阻。据统计，动物发生静脉血栓的概率是动脉的4倍，而下肢发生静脉血栓的概率又是上肢静脉的3倍。这些事实均表明，血流变慢是血栓形成的重要因素。

3. 血液性质改变

血液性质改变主要是指血液凝固性增高，常见于血小板和凝血因子增多。例如，在严重创伤、产后及大手术后，血栓形成较为常见，这是由于此时血液中血小板数量增多，黏性增高，血浆中凝血因子Ⅻ、Ⅶ及纤维蛋白原、凝血酶原含量均增加所致。

(二) 静脉血栓的形成过程

1. 血栓头部的形成

血栓形成首先是血小板从轴流进入边流，黏附于受损的血管壁上，形成小丘，随着析出和黏附的不断进行，小丘逐渐增大，并混入少量白细胞和纤维蛋白，形成了血栓的头部，即白色血栓（图1-10A）。

2. 血栓体部的形成

白色血栓突入血管腔内，使血流变慢并出现漩涡，使血小板进一步大量析出和凝集，如此反复进行，结果形成若干与血管壁垂直且相互吻合的分支状小梁，形似珊瑚，并在其表面附着许多白细胞。小梁间的血流逐渐变慢，血液中的凝血系统被激活，使纤维蛋白大量形成，并在小梁之间构成网状结构，网状结构的网眼内网罗大量红细胞和少量白细胞，于是形成红白相间、表面呈波纹状的混合血栓，即血栓的体部（图1-10B和C）。

3. 血栓尾部的形成

混合血栓进一步增大并顺血流方向延伸，最后完全阻塞血管腔，导致血流停止。其后部血管腔内的血液迅速凝固，形成红色血栓，即血栓的尾部（图1-10D）。

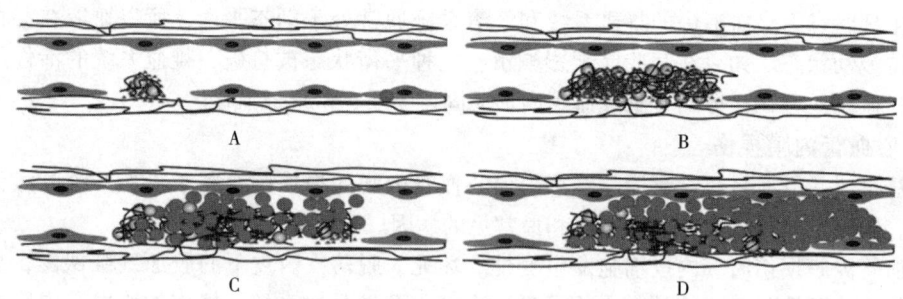

图1-10 静脉血栓的形成过程示意图

A. 血管内膜粗糙，血小板沉积，形成小丘；B. 小丘变大，形成小梁，小梁间形成纤维蛋白网，网罗白细胞；C. 小梁越来越大，纤维蛋白网眼内充满红细胞；D. 血管腔阻塞，局部血流停止，使血液凝固

（三）血栓的类型

根据血栓的性状，可将其分为以下四种类型。

1. 白色血栓

心脏和动脉内的血栓主要是白色血栓（white thrombus），白色血栓牢固地黏附于心瓣膜及血管壁上，不易被速度较快的血流冲走。血栓色白、质实、表面粗糙，常呈小结节状或赘生物状。显微镜下，白色血栓主要由血小板和纤维素构成。

2. 红色血栓

红色血栓（red thrombus）又称凝固血栓（coagulation thrombus）。当血栓完全阻塞血管腔，导致血流停止，其后部血管腔内血液迅速凝固，所形成的血栓为红色血栓。这种血栓与生理性的凝血相同，首先是纤维素析出，然后由红细胞、白细胞凝集形成血栓。

3. 混合血栓

混合血栓（mixed thrombus）包括上述两种血栓成分。静脉内的血栓结构一般较为完整，具有白色血栓、混合血栓和红色血栓（图1-11）。

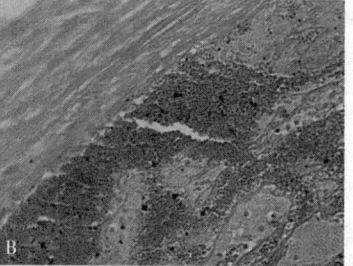

图1-11 马肺静脉混合血栓（James F. Zachary，2017）

A. 马肺静脉血栓；B. 显微镜下可见血栓附着在静脉血管壁上，血栓含白色血栓和红色血栓（H.E.×400）

4. 透明血栓

透明血栓（hyaline thrombus）又称微血栓（microthrombus），发生于微循环的小静脉、微静脉和毛细血管内，是由纤维蛋白沉积和血小板凝集形成的均质透明的微小血栓，只能在显微镜下看到。在一些败血性传染病、中毒病、药物过敏、创伤、休克等疾病过程中，常广泛地出现在许多器官、组织的微循环血管内，导致一系列病理变化和严重后果，最常见于弥散性血管内凝血（disseminated intravascular coagulation，DIC）（图1-12）。

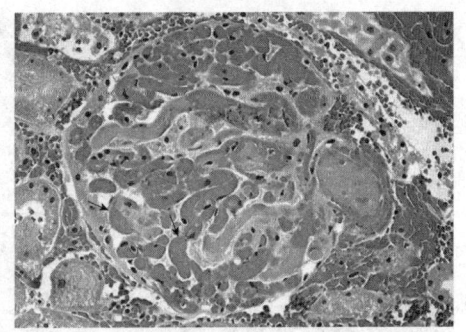

图1-12 犬弥散性血管内凝血引起的肾小球透明血栓（James F. Zachary，2017）（H. E. ×400）

【知识卡片】

血栓与死后凝血块的区别

血栓形成后，由于纤维蛋白收缩和水分逐渐被吸收，所以血栓表面粗糙不平，水分较少，缺乏弹性，紧紧附着在心壁或血管壁上，不易剥离。死后凝血块呈暗红色、表面光滑、结构一致、松软有弹性，与心血管壁不粘连，容易剥离。如果动物的死亡经过较长，血凝过程较慢，由于重力的作用，红细胞逐渐下沉，凝血块会分成两层，上层为淡黄色，下层为暗红色，称为鸡脂样凝血块，可出现在心脏和大血管内，这在动物尸体剖检时经常见到。血栓和死后凝血块的主要区别见表1-1所列。

表1-1 血栓和死后凝血块的主要区别

	表面	硬度	颜色	与血管的关系	组织结构
血栓	粗糙不平	硬而脆弱，缺乏弹性	红色和灰白色呈层状交替	不易与血管壁剥离，机化后与血管壁粘连	具有血栓的结构
死后凝血块	光滑	柔软有弹性	暗红色，红白两层（鸡脂样凝血块）	易与血管壁剥离	无结构

(四)血栓的结局

1. 血栓软化

血栓软化又称血栓自溶，是指血栓内白细胞崩解后释放出纤维蛋白溶解酶，可使纤维蛋白变为可溶性多肽而溶解。血栓软化后全部被吸收或被血流带走，其中，较大的血栓由于部分软化后易被血流冲击而脱落，形成栓子，随血流运行，可引起栓塞。

2. 血栓机化与再通

血栓形成后数天内，肉芽组织就由血管壁向血栓内生长，肉芽组织逐渐取代血栓，称为血栓机化（thrombus organization）。机化的血栓与血管壁紧密粘连，不再脱落。在血栓机化过程中，由于水分被吸收，血栓干燥收缩或部分溶解，故在血栓与血管壁之间出现裂隙，于裂隙覆盖增殖的内皮细胞，最后形成与原血管相通的一个或数个小血管，从而使部分血流得以恢复，这种现象称为再通（recanalization）（图1-13）。

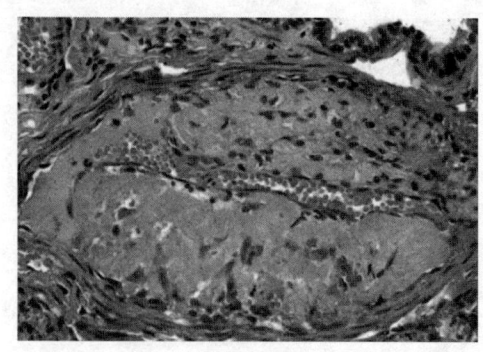

图1-13 猫血栓再通(James F. Zachary, 2017)
血栓发生机化，可见大量的成纤维细胞、炎性细胞，中间有新生的毛细血管穿过血栓（H.E.×400）

3. 血栓钙化

少数不能被软化或机化的血栓，发生钙盐沉着，有的形成坚硬的石样物质，称为血栓钙化。

（五）血栓对机体的影响

血栓形成对机体有利也有弊。有利是在血管破裂处形成血栓，具有止血作用；炎灶周围形成血栓，可阻止病原扩散。弊端是在血管内形成血栓可堵塞血管，甚至阻断血流，引起器官、组织缺血、梗死；心瓣膜上的血栓，因血栓机化导致瓣膜肥厚、皱缩、变硬，形成瓣膜性心脏病。另外，血栓易脱落，随血流运行，在某些部位形成栓塞，造成广泛性梗死。

第五节 栓 塞

在循环系统血液内出现不溶性的异物，随血流运行阻塞血管腔的过程，称为栓塞（embolism），这种不溶性的异物称为栓子（embolus）。栓子可以是固体、液体和气体，其中以血栓性栓子最为常见。

（一）栓子的类型

1. 内源性栓子

（1）血栓性栓子

血栓软化脱落，形成血栓性栓子，随血流运行，可能阻塞其他小血管，形成血栓性栓塞。

（2）组织性栓子

破裂的组织块或骨折后产生的脂肪滴、肿瘤细胞团等进入血管，随血流或淋巴流运行到一定部位，阻塞血管，形成组织性栓子。这也是恶性肿瘤转移和扩散的主要方式。

2. 外源性栓子

（1）空气性栓子

静脉注射不慎或大静脉损伤，由于负压，空气从破裂口处进入血管，随着血液运行，阻塞小血管，形成空气性栓子。

（2）生物性栓子

细菌团块、寄生虫体或虫卵等也可进入血液或淋巴，形成生物性栓子。

（二）栓子的运行途径

一般情况下，栓子的运行途径与血流方向一致。

1. 顺行性运行

①左心和体循环动脉内的栓子，栓塞体循环中口径与其相当的动脉分支。
②体循环静脉和右心内的栓子，栓塞肺动脉主干或其分支。
③肠系膜静脉或脾静脉内的栓子，栓塞肝内门静脉分支。

2. 逆行性运行

逆行性运行多在罕见的情况下发生。例如，下腔静脉内的栓子，在剧烈咳嗽、呕吐等胸、腹腔内压力骤增时，可能逆血流方向运行，栓塞肝脏、肾脏和髂静脉所属分支。

3. 交叉性运行

交叉性运行多在心脏房间隔或室间隔缺损时，心腔内的栓子有时可由压力高的一侧通过缺损进入另一侧，再随动脉血流栓塞相应的分支，也称反常栓塞。

(三)栓塞对机体的影响

栓塞对机体的影响主要取决于栓塞发生部位和栓子的大小、数量及其性质。如果脑和心脏血管发生栓塞，会造成严重后果，甚至导致动物突然死亡；小气泡、小脂滴易被吸收，对机体的影响较小；细菌团块或瘤细胞所造成的栓塞，除造成栓塞处的血管堵塞外，还会形成新病灶，使病理变化蔓延。

【知识卡片】

血栓栓塞形成的机制

19世纪，德国病理学家 Rudolph Virchow 开始了血栓形成领域的研究。在他的经典论著中这样写道：软化的血栓末端脱落下大小不一的小碎片，随血流到达远端的血管，这引起了常见的病理过程，这一过程命名为栓塞。Rudolph Virchow 还发现这些栓子部分来源于肺血管上游的血管系统，如静脉或右心，这些栓子顺着血流被输送到肺血管。

1880年，Rudolph Virchow 的理论得到临床印证。很多科学家的研究进一步证实静脉血栓形成是一种严重疾病，常导致死亡，因为血栓碎块会发生脱落并堵塞肺动脉分支。当肺动脉主要分支被堵塞时，会导致这部分血管压力急剧上升，这时右心必须加强做功以保证循环供血，但有时会导致心脏骤停。

第六节 梗 死

活体内局部器官或组织由于动脉血流中断而导致的缺血性坏死，称为梗死(infarction)。

(一)病因和发生机理

任何造成动脉血管闭塞而导致组织、器官血流中断的原因均可引起梗死。其中，最常见的有以下三方面。

1. 动脉阻塞

动脉阻塞是导致梗死的直接原因，血栓栓塞导致的动脉血流中断或灌流不足是梗死形成的最常见原因。除肠系膜静脉外，静脉血栓的形成一般不引起梗死，只引起淤血、水肿。

2. 动脉受压闭塞

动脉受压闭塞是指由于机械性外力，如肿瘤、肠扭转、肠套叠、嵌顿疝等压迫动脉血管，可引起局部贫血，甚至血流中断，导致梗死。

3. 动脉持续性痉挛

动脉持续性痉挛是指当某种刺激因素(低温、化学物质和创伤等)作用于缩血管神经，可反射性引起动脉管壁持续性的强烈收缩(痉挛)，造成局部血液流入减少或完全停止。

(二)形成条件

1. 组织、器官的供血特性

有双重供血或侧支循环丰富的组织、器官不易发生梗死，如果其中一条动脉阻塞，那么另一条动脉可以维持供血。例如，肺脏由肺动脉和支气管动脉双重供血，肺动脉小分支的血栓性栓塞不会引起梗死。肝脏由肝动脉和门静脉双重供血,因此,肝内门静脉阻塞一般不会发生肝梗死,但肝动脉血栓性栓塞,偶尔会造成梗死。前肢由平行走向的桡动脉和尺动脉双重供血,之间有丰富的吻合支,因此,前肢很少发生梗死。而肾脏、脾脏及脑等器官无双重供血,动脉的吻合支少,侧支循环不丰富,因此,易发生梗死。

2. 局部组织、器官对缺血的敏感程度

神经细胞和少突胶质细胞对缺血的耐受性较低,缺血 3~4 min 即可导致梗死。心肌缺血 20~30 min 即发生心肌梗死。骨骼肌和纤维结缔组织对缺血耐受性较强,一般缺血 2 h 以后方可导致梗死。

3. 动脉血流的中断速度

如果动脉血流缓慢地中断,可逐渐建立侧支循环,不易发生梗死。

4. 血液含氧量

严重贫血、失血、心功能不全时,血氧含量降低,即使动脉血流部分中断,也可引起局部组织、器官梗死。

(三)类型和病理变化

根据梗死灶的性质和特点,将梗死分为贫血性梗死、出血性梗死和败血性梗死。

1. 贫血性梗死

贫血性梗死(anemic infarct)多发生于肾脏、心脏和脑等组织结构致密、侧支循环不丰富的实质器官。当动脉闭塞后,血流断绝,而且周围的吻合支反射性痉挛收缩,使阻塞区域原有的少量血液不但被挤出,侧支的血液也不能进入,导致局部组织高度贫血而梗死,梗死部位表现苍白,故又称白色梗死(white infarct)。

(1)剖检

①梗死灶的形状:与阻塞动脉的分布区域一致。例如,肾、脾贫血性梗死灶呈锥体状,锥体底部为肾、脾表面,锥体尖端指向血管堵塞部位(图 1-14A),这是动脉血管从器官的门部进入,然后向器官的表面呈树枝状分布的结果;心肌梗死灶呈不规则的地图状;脑梗死灶不规则。

②梗死灶的质地:取决于坏死的类型。例如,肾脏、脾脏、心肌等凝固性坏死时,由于组织崩解,局部胶体渗透压升高而吸收水分,使局部肿胀,因此,梗死灶稍隆起,略微干燥,质地变硬;梗死时间较久时,梗死灶由于发生机化而表现为干燥,质地变硬,表面凹陷。脑组织的梗死为液化性坏死。

③分界性炎:梗死灶与周围健康组织交界处,常有一个明显的充血出血带。随后,炎症细胞浸润,红细胞逐渐分解,变成棕黄色的带。

(2)镜检

梗死区原组织结构轮廓尚可辨认,但微细结构模糊不清。例如,肾贫血性梗死时,肾小管上皮细胞变性、死亡、脱落。严重时,肾小管上皮细胞全部脱落,只留下肾小管的轮廓(图 1-14B)。

2. 出血性梗死

出血性梗死(hemorrhagic infarct)多见于组织疏松、血管吻合支丰富的器官,如肺、脾、肠管等部位。在发生梗死前,这些器官就已处于高度淤血状态,梗死发生后,大量红细胞进入梗死区,使梗死区外观呈暗红色或紫色,因此,出血性梗死又称红色梗死(red infarct)。

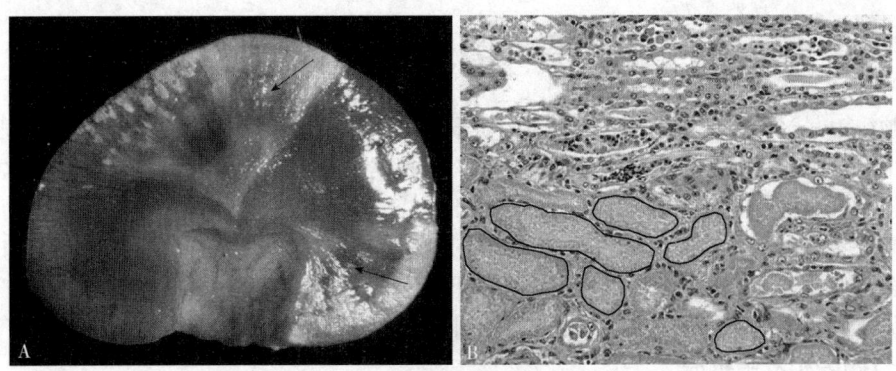

图 1-14　肾贫血性梗死(James F. Zachary，2017)

A. 梗死区呈三角形，尖端指向肾门，梗死区颜色变为黄白色；B. 肾小管上皮细胞死亡、
脱落，只留下管腔轮廓(H. E. ×400)

(1) 剖检

梗死灶切面湿润，呈黑红色，与周围组织界限清楚，梗死灶的形状也与血管的分布区域相同(图 1-15A)。

(2) 镜检

肺泡腔内除有脱落坏死的上皮细胞和巨噬细胞外，尚有大量红细胞弥散存在(图 1-15B)。

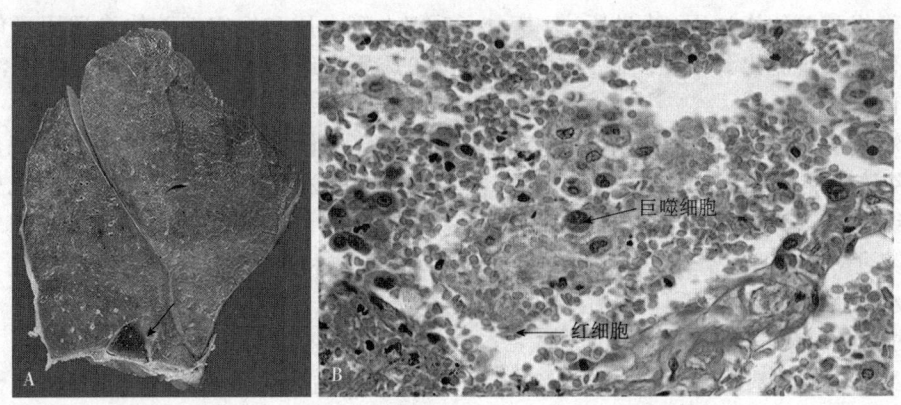

图 1-15　肺出血性梗死(James F. Zachary，2017)

A. 肺出血性梗死(箭头)；B. 肺泡壁上皮细胞死亡，肺泡腔内充满大量的红细胞、
炎性细胞和坏死的肺泡壁上皮细胞(H. E. ×400)

3. 败血性梗死

败血性梗死(septic infarct)是指由化脓性细菌团块阻塞血管而引起的梗死，梗死灶迅速发生化脓性炎症。常见于急性感染性心内膜炎，含细菌的栓子从心内膜脱落，顺血流运行而引起相应器官、组织动脉栓塞所致。

(四) 结局和对机体的影响

结局和影响取决于梗死灶的部位和大小、栓子的性质及器官、组织的解剖生理特点。一般性的小梗死灶，可自溶软化后吸收，稍大的梗死灶可被机化而形成瘢痕。心脏、脑等重要器官的梗死灶，即使很小，也会引起严重的机能障碍，甚至危及生命。

第七节 水 肿

水肿(edema)是指组织液在组织间隙中积聚增多。如果组织液积聚在体腔则称为积水(hydrops)，如胸腔积水、腹腔积水、心包积水等。常根据水肿发生的原因将其分为心性水肿、肾性水肿、肝性水肿和炎性水肿等。

水肿并不是一种独立的疾病，而是伴发于许多疾病的一个重要的病理过程。例如，全身性水肿多伴发于心力衰竭(心性水肿)和全身营养不良(营养不良性水肿)等疾病过程；局部性水肿常见于器官、组织的局部性炎症(炎性水肿)等情况。

(一)病因和发生机理

正常动物组织液的含量是相对恒定的，主要依赖于血管内外和体内外液体交换的平衡，一旦这种平衡发生失调，就有可能导致水肿。因此，水肿的主要原因是组织液循环障碍和机体水、钠潴留。

1. 组织液循环障碍

组织液循环是指毛细血管动脉端的血液成分通过血管壁进入组织间隙，而在静脉端又从组织间隙通过血管壁和淋巴管回流入血液的生理过程。在生理状态下，组织间隙内的液体与血液的液体成分不断地进行交换，使组织液的生成和回流始终处于动态平衡。一般认为，影响这个平衡的因素有四种：毛细血管血压、血浆胶体渗透压、组织液流体静压和组织液胶体渗透压(滤过压)。其中，毛细血管血压和组织液胶体渗透压可使血液内的液体由血管滤出到组织间隙，而血浆胶体渗透压和组织液流体静压可使组织液回流到血管内。

此外，正常的淋巴循环对于维持组织液循环的平衡也十分重要，因为由动脉端滤出而生成的组织液不能全部由静脉端回收，而有一定量的组织液必须经组织之间的毛细淋巴管来回收。组织液循环障碍是指在致病因素的作用下，组织液的生成和回流发生异常，使组织液在组织间隙过多潴留的现象。无论何种因素导致组织液生成和回流的各个环节遭受损伤者，都可引起水肿。造成组织液循环障碍的常见因素有以下几种。

(1)毛细血管通透性增大

毛细血管是由基底膜、内皮细胞和连接内皮细胞的黏合物质所构成。正常时只允许水分、电解质及葡萄糖等小分子自由通过，可阻止大分子蛋白质滤出。当毛细血管壁受到损伤导致其通透性增高时，就会有较大量的蛋白质渗透到组织间隙。其结果，一方面使血管内胶体渗透压降低，减弱组织液回流动力；另一方面又使组织间隙的胶体渗透压升高，增加了血管中液体外渗的动力。于是就有较多的液体弥散到组织间隙，此时，倘若淋巴回流不足以运走这些液体，就会出现水肿。临床上的许多致病因素(如创伤、静脉淤血、缺氧、组织损伤、炎症)及其所释放的组胺和血管活性肽及过敏反应等，均可使毛细血管通透性增大而引起水肿。

(2)组织液胶体渗透压升高

组织液胶体渗透压具有阻止组织液进入淋巴管和回流入血管的作用，故当其升高时，可使大量的组织液潴留在组织间隙而引起水肿。

组织液胶体渗透压升高主要见于炎灶。因局部组织分解代谢加强，使许多大分子化合物(主要是大分子蛋白质)分解为小分子化合物；或因局部组织细胞大量坏死、崩解，离子释放，可使局部渗透压升高。此外，炎症时，常有多量血管活性物质或不完全代谢产物等化学物质直接导致毛细血管通透性增大，于是大量血浆蛋白渗入组织间隙，使组织液胶体渗透压升高而引起水肿。

(3) 血浆胶体渗透压降低

血浆胶体渗透压是使组织液回流入血管的主要动力，当其压力降低到难以使组织液回流入血管的时候，就会导致水肿。血浆胶体渗透压主要由血浆中的蛋白质形成，特别是依靠白蛋白（分子小，数量多，占全部血浆胶体渗透压的80%~85%）来维持，所以凡能引起血浆中蛋白质减少的任何因素，都是引起水肿的原因。在临床上引起血浆中蛋白质减少的主要原因包括蛋白质摄入减少、机体对蛋白质吸收障碍和蛋白质消耗过多等疾病。

(4) 静脉压升高

低静脉压是组织液回流入血管的重要保证。若静脉压升高，导致组织液回流障碍，可引起水肿。引起静脉压升高的直接原因是淤血。淤血时，一方面可使静脉和毛细血管的流体静压都升高；另一方面毛细血管又因缺氧而致其管壁通透性增大，这样就可使血液中的液体从毛细血管的滤出量大为增加，而组织液回流到血管的量却明显减少，此时若伴有淋巴回流障碍，即可导致过多的液体潴留在组织间隙而发生严重的水肿。此外，静脉的血栓阻塞或肿瘤、异物压迫静脉时，也可使静脉压升高而引起水肿。

(5) 淋巴回流受阻

淋巴循环正常时，即使组织液生成增多，也完全可以通过淋巴循环的增强而消散。但淋巴管发炎或因异物、肿瘤的压迫和被寄生虫体等阻塞时，均可导致淋巴回流受阻。一方面使组织液不能经淋巴回流入血而致组织液潴留过多；另一方面从毛细血管漏出的蛋白质也不能由淋巴管运走，导致组织液的胶体渗透压升高，反过来又促进了血浆的液体成分滤过到组织间隙，从而引起水肿。

2. 机体水、钠潴留

动物摄入和排出的水量始终保持动态平衡，维持体液总量和组织液量的相对恒定。这种动态平衡的维持，以肾脏对钠、水的排泄调节最为重要。当肾脏发生疾病时，机体组织内外液体交换平衡被破坏，促使水、钠在体内潴留而发生水肿。

肾脏疾病的种类虽然很多，但只有影响肾小球滤过机能和肾小管重吸收机能的疾病，才能引起水、钠在体内潴留而形成水肿。

(1) 肾小球滤过率下降

肾小球滤过作用受有效滤过压、肾血流量及肾小球滤过膜通透性等因素的影响。一般认为，造成肾小球滤过率下降的主要原因包括广泛性肾小球病理变化、有效循环血量减少和肾小囊内压升高等。例如，急性肾小球肾炎时，毛细血管球的内皮细胞肿胀，使管腔狭窄或阻塞，一方面使血流受阻，另一方面也可使滤过面积减少而阻碍滤过；慢性肾小球肾炎时，常因大量肾单位严重破坏而影响肾小球的滤过机能。此外，肾盂或输尿管因结石等造成阻塞时，可使肾小囊内压升高，也可影响肾小球的滤过机能，使滤过率降低。

(2) 肾小管重吸收能力增强

肾小管重吸收能力增强是引起水、钠在体内潴留的重要环节。造成肾小管重吸收增多的主要因素有以下两方面。

①醛固酮、抗利尿激素（antidiuretic hormone，ADH）增多：肾上腺皮质分泌的醛固酮和丘脑下部视上核细胞分泌并通过神经垂体释放的抗利尿激素，对保证体内水及电解质的平衡、血液渗透压的恒定和细胞外液的量均有重要作用。醛固酮具有促进远曲小管对钠重吸

收的作用，因此，当醛固酮分泌增多时，可引起钠在体内潴留。而抗利尿激素具有促进远曲小管和集合管重吸收水的作用，其分泌增多常发生于血浆渗透压升高和循环血量不足的情况。例如，当血浆渗透压升高时，可直接刺激丘脑下部的渗透压感受器，反射性地引起垂体后叶分泌抗利尿激素；血容量或有效循环血量下降时，则可通过容量感受器（位于左心房），反射性地引起抗利尿激素分泌增多，从而增加肾小管上皮细胞膜的通透性，促进其对水的重吸收。

②肾血流的重新分布：在水、钠潴留过程中占重要的位置。肾单位分为皮质肾单位和髓旁肾单位。皮质肾单位主要位于肾皮质的外2/3区，输入血管粗大，血压高，血流量大，但其髓襻短，其生理功能主要是生成原尿，即滤过率大、回收能力差。髓旁肾单位大多位于肾皮质部的内1/3区，输入血管细长，血压低，血流量少，仅占肾血流量的10%。髓旁肾单位的髓襻长，可伸入髓质深部，其生理功能主要是浓缩和回收原尿，即滤过机能弱、回收能力强。由此可知，这两种肾单位所占的比例与排水、钠的量有很大的关系。正常时，肾血流量大部分通过皮质肾单位，只有少量通过髓旁肾单位。而在病理情况下，常可出现皮质肾单位血流量明显减少，而髓旁肾单位血流量明显增多，即血流重新分布的现象，结果引起水、钠在体内潴留而发生水肿。

水肿在发生和发展过程中，往往是多种因素先后或同时发挥作用，这些因素之间往往又有着密切的联系，经常是组织液循环障碍发生后，造成有效循环血量减少，从而导致肾脏排水、钠减少，使水、钠在体内潴留，其结果是又加重了水肿。此外，有时即便是同一因素，但在不同的个体或不同的条件下，其所起的作用各异，即可能在某一水肿过程中起主导作用，而在另一种水肿过程中则起次要作用。因此，在临床实践中，必须针对不同类型的水肿或水肿发生的不同个体，进行具体的分析和判断。

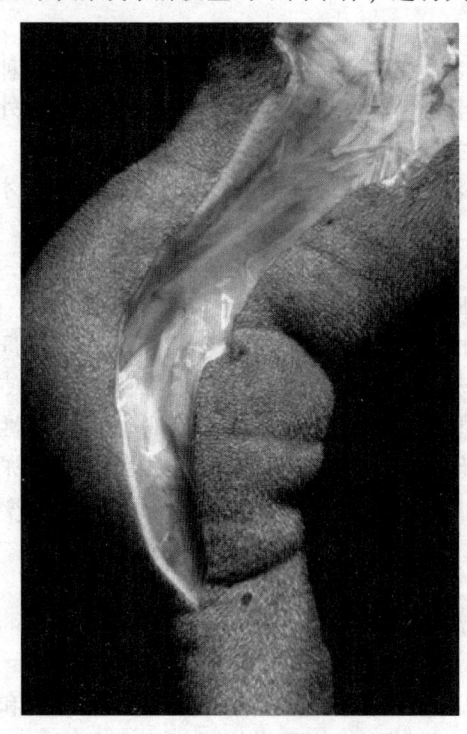

图1-16 犬皮下水肿（James F. Zachary，2017）

（二）病理变化

1. 皮下组织水肿

皮肤肿胀、颜色苍白、弹性降低、指压留痕，切开时有水肿液溢出，皮下水肿组织呈胶冻样（图1-16）。

2. 黏膜水肿

水肿部隆起，黏膜呈半透明胶冻状，有时形成水泡。

3. 肺水肿

肺脏的血管丰富，血管通透性较大，肺组织结构疏松。另外，肺组织容易受到疾病侵害，所以肺脏特别容易发生水肿。肺脏水肿时，水肿液聚积于肺泡腔内，使肺脏明显肿胀，质地变实，质量增加，被膜湿润光亮，小叶间质增宽呈半透明，切开时从切面和支气管流出泡沫样液体（图1-17）。

4. 实质器官水肿

心脏、肝脏、肾脏等实质器官病理变化不明显，仅见稍肿胀，色变淡，切面较湿润。

5. 浆膜腔水肿(积液)

浆膜腔水肿(积液)即心包积液、胸水和腹水。非炎性水肿的水肿液清亮或呈淡黄色(漏出液,如肉鸡腹水综合征产生的腹水),相对密度低于1.018,体外不凝固,犬腹腔积液如图1-18所示;炎性水肿的水肿液比较混浊(渗出液,如大肠埃希菌引起的肉鸡腹水),相对密度大于1.018,体外易凝固,其中,常混有絮状纤维素和炎性细胞。

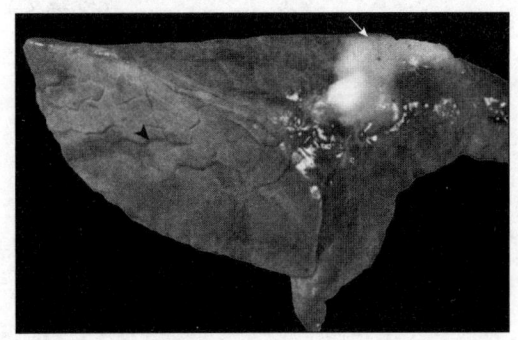

图1-17　猪肺脏水肿(James F. Zachary,2017)
→切开后切面流出的泡沫样液体;▶肺泡间隔增宽

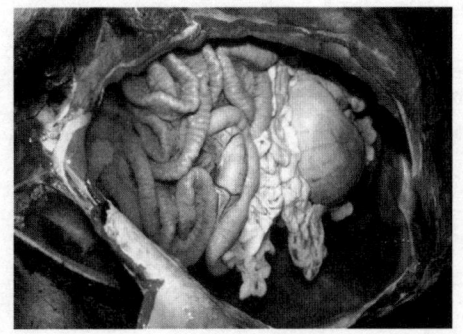

图1-18　犬腹腔积液(James F. Zachary,2017)

(三)水肿对机体的影响

水肿对机体的影响因病因、发生部位、水肿液性质、水肿严重程度和持续时间的不同而不同。总的来说,水肿常给机体带来不同程度的危害。又因水肿是某些疾病的伴发症之一,所以常可使原发病变加重。水肿对机体的损伤主要表现为以下两个方面。

1. 引起局部组织机能障碍

例如,鼻黏膜水肿可影响呼吸;心包积水可影响心脏功能。

2. 引起局部组织代谢障碍

水肿不仅可造成局部组织缺氧,而且水肿液可使局部组织与血管之间进行物质交换的距离加大和时间延长。由于局部组织的代谢能力降低,所以导致抗感染的能力降低,再生能力也减弱,使机体易继发感染(如皮肤水肿或肺脏水肿时常伴发细菌或病毒感染)或使已发生的外伤和溃疡难以愈合。

水肿是一种可逆性病理变化,只要除去病因,心机能增强,循环获得改善,水肿液即可被吸收,由水肿引起的组织改变也可完全恢复。但在长期水肿的病灶,组织因缺氧而继发结缔组织大量增生,最终可使组织、器官发生硬化。

作业题

1. 动脉性充血的病因和类型有哪些?
2. 试述动脉性充血与静脉性充血的病理变化特点。
3. 试述肺淤血与肝淤血的病理变化特点。
4. 什么是缺血?缺血的病因和发生机理是什么?
5. 比较缺血、动脉性充血和静脉性充血的病理变化特点。
6. 试述血栓形成的条件和过程。
7. 比较血栓与死后凝血块的区别。
8. 试述血栓的结局及其对机体的影响。

9. 试述栓子的类型及其运行途径。
10. 试述栓塞的种类及其发生原因。
11. 试述梗死的病因、类型和病理变化特点。
12. 试述出血的类型和发生机理。
13. 试述水肿的发生机理和病理变化特点。

(童德文)

第二章

细胞和组织损伤

【本章概述】细胞是构成动物有机体的基本生命单位。动物机体组织和器官损伤最早始于细胞损伤。正常细胞、组织和器官可以对体内外环境变化等刺激做出不同的代谢、功能和形态的反应性调整。若上述刺激超过了细胞、组织和器官的耐受与适应能力，则会出现代谢、功能和形态的损伤性变化。因此，细胞和组织损伤属于疾病的基本病理变化。细胞损伤的表现可因其原因和程度不同而异，较为轻度的损伤大都是可逆的，即可逆性细胞损伤(reversible cell injury)，在形态上表现为细胞的变性，包括颗粒变性、水泡变性、脂肪变性、玻璃样变性和淀粉样变性等；严重的即为不可逆性细胞损伤(irreversible cell injury)，表现为细胞死亡。细胞损伤时，其细胞核、细胞浆、细胞膜和细胞器都可出现一系列的超微结构变化。正常的细胞、适应的细胞、可逆性损伤细胞和不可逆性损伤细胞在形态学上有一个相互联系的变化过程，在一定条件下可以相互转化，其界限有时不甚清楚。一种具体的刺激所引起的是可逆性细胞损伤还是不可逆性细胞损伤，不仅由刺激的性质和强度决定，还与受累细胞的易感性、分化、血液供应、营养，以及细胞以往的状态有关。例如，心肌细胞在受到某种刺激时，如发生适应主要表现为细胞肥大，可逆性细胞损伤又可表现为水泡变性，不可逆性细胞损伤则表现为细胞坏死。

本章主要论述细胞和组织损伤的形态与结构变化。动物疾病时可发生各种各样的损伤，但这些损伤又具有某些共同的规律，认识这些损伤性变化的规律，对于深入理解疾病的发生机理和转归均有重要的意义。

第一节 细胞损伤的病因和发生机理

细胞在各种刺激作用下所发生的形态、功能和生存状态的改变，称为细胞损伤(cell injury)。当刺激所引起的细胞内外环境的改变超过了细胞的适应能力，便可引起细胞损伤。细胞损伤的方式和结果，不仅取决于引起损伤因素的性质、持续时间和强度，也取决于损伤细胞的种类、所处状态、适应性和遗传性等。

一、细胞损伤的病因

凡是引起疾病的原因，也能引起细胞损伤，既包括物理性因素、化学性因素、生物性因素和营养性因素等外界致病因素，又包括遗传性因素、免疫、神经内分泌、年龄、性别等机体内部因素，以及社会因素等。上述原因可相互作用或互为因果，导致细胞损伤的发生与发展。

引起细胞损伤的原因可归纳为以下几类。

(一)物理性因素

物理性因素如机械外力、高温、低温、辐射和电击等均可造成细胞的严重损伤。机械外力可直接造成大量的细胞破裂和死亡。高温使细胞内的主要酶和蛋白质发生变性。持续的低温可损伤血管，加速细胞损伤反应，或使酶失去活性。过冷可使细胞浆内形成冰晶造成细胞膜破裂。电流通过动物组织，首先，通过机体外部的皮肤屏障（皮肤具有高电阻性）时可产生大量的热量，导致烧伤；其次，一旦电流进入动物机体，则会通过阻力最小的组织传导（尤其是神经系统）。在神经系统中，脑干神经细胞呼吸功能、心脏传导系统或神经肌肉衔接的脉冲中断会导致细胞和组织间接损伤，也可改变神经和肌肉的传导性。电离辐射可造成细胞内的水发生电解，同时产生高反应性的自由基从而损伤细胞。多种形式的辐射可损伤细胞的遗传物质，导致生殖细胞死亡、遗传缺陷和肿瘤形成。

(二)化学性因素

化学性因素是指化学物质通过多种机制改变细胞的稳态，影响细胞生存。化学物质（包括药物和毒素）可阻断或刺激细胞膜受体，改变特异性酶系统，产生毒性自由基，增加细胞膜通透性，损伤线粒体，调控代谢途径，损伤染色体和细胞结构成分。细胞对化学性因素损伤的易感性取决于有丝分裂率及其结合、吸收、浓缩或代谢化学物质的能力等因素。

(三)生物性因素

生物性因素是指病毒、细菌、真菌、寄生虫等病原微生物及其产生的毒素和代谢产物。

病毒是专性细胞内寄生的一种微生物，可利用宿主的细胞酶系统合成病毒自身蛋白和遗传物质，同时产生有害物质破坏宿主细胞的遗传物质。病毒引起的细胞变化，从感染到细胞死亡或引起癌变等表现形式各异。

细菌及其毒素对特异性宿主细胞的作用（梭菌感染、肠毒性大肠埃希菌感染），或过强的炎症反应或对细菌繁殖不可控制的无效炎症反应均可造成细胞损伤。

真菌对机体的清除作用具有一定的抗性，可导致机体发生进行性的慢性炎症反应，同时伴有宿主组织正常功能的损害；原生动物在特异性宿主细胞中的复制，通常会导致被感染细胞破坏；后生动物的寄生会引起炎症反应、组织破坏并影响宿主营养物质的利用。

(四)免疫功能异常

免疫是一把"双刃剑"，它能保护身体免受各种伤害，但其本身也可导致细胞损伤，如过敏反应、自身免疫性疾病等。一些针对肾小球基底膜的变态反应，可造成弥散性肾小球肾炎；针对自身组织发生的自身免疫反应，如红斑狼疮、类风湿性关节炎等，均可造成细胞及组织损伤。机体存在免疫缺陷或处于免疫抑制状态时，其对病原微生物的易感性会大大增强。免疫反应过强也可造成细胞乃至机体损伤，例如，某些微生物感染机体后，可使机体迅速、大量释放多种细胞因子，形成细胞因子风暴（cytokine storm），使机体出现急性呼吸窘迫综合征（acute respiratory distress syndrome，ARDS）和多器官衰竭综合征（multiple organ dysfunction syndrome，MODS），严重时可导致机体死亡。

淋巴组织或其产物先天性或后天性缺陷时，免疫系统失去对感染因素和其他抗原的反应。例如，裸鼠胸腺发育不全和阿拉伯驹的复合性免疫缺陷。患病动物在微生物感染的早期就会死亡。而后天性免疫缺陷病是暂时的，是由于病毒的感染、化学物质或药物作用，使淋巴组织受到损伤引起的。

过敏性反应（如猫的哮喘和跳蚤过敏性皮炎），在血清补体和炎症反应的作用下，机体免疫系统的功能明显增强，这些反应通常会导致肾脏、皮肤和关节严重损伤。

(五)遗传变异

正常的遗传机制对细胞稳态的维持非常重要。遗传变异既可引起器官发育异常（折耳猫骨关节炎），又可引起分子水平的异常（苏格兰折耳猫 *TRPV4* 基因发生突变）。突变可能会造成决定细胞正常功能的主要蛋白质（酶）缺失或与细胞的生存不相容，如凝血因子缺乏（血友病）、溶酶体贮存病（甘露糖苷病）、阿拉伯驹的复合性免疫缺陷和胶原合成障碍（皮肤脆裂症）。除引起显性遗传疾病外，一些遗传类型使宿主对特定类型的内源性或外源性疾病具有倾向性，这种情况常被称为遗传倾向。遗传缺陷可引起功能蛋白的缺乏、先天性或后天性酶合成障碍、错误折叠蛋白增多等，可使细胞乃至机体的生命活动出现异常。当 DNA 损伤无法修复时，会触发细胞甚至机体死亡。

（六）营养物质缺乏或过量

营养物质缺乏或过量都会导致细胞损伤，引起动物发病。当短期营养物质不足时，可通过糖酵解、脂解作用和肌肉蛋白质分解代谢来维持动物短期的生存需求；当长期营养物质不足时，会导致细胞和组织萎缩。例如，动物饲料中缺乏硒和维生素 E 时，谷胱甘肽过氧化物酶活性降低，细胞膜结构受过氧化物损害，可引起肌肉凝固性坏死，发生白肌病。饲料中缺乏蛋白质，会严重影响动物的生长发育。动物缺钙和维生素 D_3 时，会影响骨骼发育，出现佝偻病，并极易发生骨折。鸡缺乏维生素 B_1 时，会引起神经炎。相反，能量过剩会使细胞内糖原和脂类物质蓄积，导致肥胖和代谢紊乱，并发肥胖相关的多种疾病（如心血管系统疾病、脂肪肝）。

二、细胞损伤的发生机理

细胞损伤是一个发展的过程。损伤始于细胞代谢与功能的变化，而无形态学改变。如果致病因素持续作用或其作用增强，则可引起形态学改变，这是可复性损伤阶段，只要病因消除，细胞的形态结构、功能和代谢均可恢复正常。若致病因素的作用持续更久或作用更强，损伤便可进入不可修复阶段，细胞结构破坏、功能丧失、代谢停止，即发生坏死。

各种原因引起的组织细胞损伤的分子机制相当复杂，不同原因引起细胞损伤的机制也不尽相同，不同类型和不同分化状态的细胞对同一病因的敏感性各异。细胞对不同损伤因子的反应取决于损伤因子的类型、持续时间和损伤因子的数量。受损伤细胞的最终结局因细胞类型、细胞所处状态和其适应性的不同而有差异。细胞损伤的机制主要体现为细胞膜的破坏、活性氧类物质（氧自由基等）增多、细胞内高游离钙、缺氧、化学毒性损伤和遗传物质变异等几个方面，它们常相互作用或互为因果地导致细胞损伤。

（一）ATP 损耗

机体的任何正常生命活动，如蛋白质合成、脂肪生成和膜运输等，都需要消耗 ATP。氧化磷酸化是细胞生产能量的主要方式，而缺氧会使机体获取能量的方式，从糖的氧化磷酸化转变为无氧酵解，产能效率大大降低。无氧酵解可使机体的糖原和脂肪贮存迅速减少，肌肉蛋白质被分解，并产生多量乳酸和无机磷酸盐，最终会降低细胞内的 pH 值，使许多酶活性降低甚至失活。

ATP 耗竭及合成减少，与缺氧、化学毒性损伤、营养物质供应减少、线粒体损伤等因素有关。随着能量供应减少，钠-钾泵不能正常工作，细胞不能维持脂膜（包括细胞膜）两侧的离子浓度差，水和 Na^+ 进入细胞，内质网膨胀，细胞体积肿胀，发生水泡变性；钙泵失效，大量细胞外及细胞器中的 Ca^{2+} 进入细胞浆，可大量激活依赖 Ca^{2+} 的蛋白酶，使细胞无法存活；核糖体从粗面内质网脱落，蛋白质合成减少，最终导致细胞结构被破坏。随着缺血、缺氧的持续，蛋白质合成系统受到伤害，新生成的蛋白质常发生错误折叠，细胞内原有的蛋白质也会发生错误折叠，从而引发细胞的未折叠蛋白反应（unfolded protein reaction, UPR），导致细胞损伤甚至死亡。

未折叠蛋白反应是一种由内质网腔中未折叠或错误折叠蛋白聚集而激活的细胞应激反应，这一机制在酵母、蠕虫及哺乳动物中均高度保守。未折叠蛋白反应可产生四种作用：①停止蛋白质合成，力图恢复细胞的正常功能；②降解错误折叠的蛋白质；③激活信号通路，增加参与蛋白质折叠的分子伴侣；④如果一定时间内以上三个目标均不能达成，未折叠蛋白反应则诱导细胞凋亡。

细胞中ATP耗尽的结局是细胞死亡。一般来说，细胞中ATP下降到正常值的5%~10%时，可严重威胁到细胞的存活。

(二)线粒体损伤

线粒体是细胞氧化磷酸化的主要场所，是细胞ATP的主要来源。线粒体可被细胞浆内的Ca^{2+}、活性氧物质和缺氧所破坏，几乎对所有类型的有害刺激(包括缺氧和毒素)都很敏感。线粒体损伤通常导致线粒体膜形成高传导通道，称为线粒体膜通透性转换孔(mitochondrial permeability transition pore，MPTP)。该通道的开放导致线粒体膜电位丧失、氧化磷酸化障碍和ATP的逐渐耗尽，最终导致细胞坏死。线粒体含有几种能激活凋亡途径的蛋白质，如细胞色素c(cytochrome c，Cyt c)。细胞色素c在细胞生存和死亡中起关键的双重作用：①参与细胞能量产生和其他生命活动；②当线粒体受损严重时，发出凋亡信号，使细胞凋亡。另外，线粒体受损可释放活性氧，造成细胞损伤。正常情况下，线粒体损伤会立即触发线粒体自噬(也称线粒体吞噬)，清除受损的线粒体。

(三)钙稳态丧失

细胞中的磷脂、蛋白质、ATP和DNA等可被细胞浆内磷脂酶、蛋白酶、ATP酶和核酸酶等降解，此过程需要游离钙的活化。正常时，细胞内游离钙与细胞内钙转运蛋白结合，贮存于内质网、线粒体等钙库内。细胞膜上的ATP钙泵和钙离子(Ca^{2+})通道，参与细胞浆内低游离钙浓度的调节。细胞缺氧、中毒时，ATP减少，Ca^{2+}交换蛋白直接或间接被激活，细胞膜通透性增高，Ca^{2+}从细胞内泵出减少，Ca^{2+}内流，加之线粒体和内质网快速释放Ca^{2+}，导致细胞浆内继发游离钙增多，上述酶类的活化引起磷脂、蛋白质、ATP和DNA等被降解，使细胞受损。细胞内游离钙浓度通常与细胞结构特别是线粒体的功能损伤程度呈正相关。大量钙流入导致的细胞内高游离钙(钙超载)，这是许多因素损伤细胞的终末环节，并且是细胞死亡过程中导致其生物化学和形态学变化的潜在介导者。

(四)氧化自由基损伤

含有不成对电子的原子或分子称为自由基(free radical)。少量且受控制的自由基对机体是有益的，它们可传递能量、杀灭细菌和寄生虫，还能参与排除毒素。当机体内自由基超过一定数量，并且活动失去控制，就会破坏正常生命活动，给机体带来疾病。由氧分子形成的自由基统称氧自由基(oxygen derived free radicals)。生物体内的自由基主要是氧自由基，如超氧阴离子自由基、羟自由基、过氧化脂质、二氧化氮和一氧化氮自由基，加上过氧化氢、单线态氧和臭氧等，统称活性氧(reactive oxygen species，ROS)。当氧自由基生成过多或清除系统无效时，导致细胞内自由基过量，称为氧化自由基损伤(氧化应激)。过多的氧自由基破坏细胞的膜结构和功能，引起线粒体损伤，断绝细胞能源，毁坏溶酶体，使细胞自溶。氧自由基还危害机体的非细胞结构，破坏血管壁的完整性，易发生血细胞漏出、体液渗出，导致水肿和紫癜等。氧自由基可攻击细胞膜的脂肪酸，产生过氧化物，侵害核酸、蛋白质等，引发一系列细胞损伤。

组织缺血后血流供应恢复，出现过量自由基攻击存活的细胞，反而加剧组织损伤的现象，称为缺血/再灌注损伤（ischemia/reperfusion injury，I/R）。在创伤性休克、外科手术、器官移植、烧伤、冻伤和血栓等引起的血液循环障碍时，都会出现主要由活性氧自由基导致的缺血再灌注损伤。

外界环境中的辐射、空气污染、农药等都会使机体产生过多氧自由基，使核酸突变，机体患病，加速衰老。

（五）细胞膜损伤

细胞膜是保持细胞生命活动的基本结构，在与外界互通信息、物质交换、免疫应答、细胞分裂与分化等方面发挥着重要作用。许多细胞内外的有害因素，如机械力的直接作用、酶的溶解、缺血、缺氧、活性氧类物质、细菌毒素、病毒蛋白、补体成分、离子泵和离子通道的化学损伤等，都可破坏细胞膜结构的完整性和通透性，影响细胞膜的基本功能。早期发生的选择性膜通透性的丧失，最终可导致明显的细胞膜损伤。细胞膜损伤的主要机制涉及自由基的形成和继发的脂质过氧化反应，从而导致进行性膜磷脂减少，磷脂降解产物堆积，细胞膜离子泵及钙调磷脂酶激活。细胞膜与细胞骨架分离，也使细胞膜易受拉力损伤。因此，细胞膜破坏常常是细胞损伤，特别是细胞早期不可逆性损伤的关键环节。

（六）DNA 损伤

造成 DNA 损伤的原因很多，可分为外源性和内源性因素两大类。

外源性因素是引起 DNA 损伤的主要方面，如病毒、药物、物理和化学诱变剂等。其中，阳光中的紫外线、各种电离辐射等，会在细胞中产生活性氧，导致 DNA 单链或双链断裂；化学诱变剂可攻击 DNA 碱基上共价结合的烷基基团，使 DNA 碱基发生甲基化或乙基化；亚硝胺类在机体代谢中产生烷化剂（如重氮烷），通过烷化作用，使 DNA 产生不可修复的变化而致癌；多环芳烃（polycyclic aromatic hydrocarbons，PAH）中的苯并芘，可在混合功能氧化酶的作用下，形成环氧化物，造成 DNA 等大分子损伤。

内源性因素（如代谢和生化反应等）也可造成 DNA 损伤。机体正常代谢产生的活性氧同样能造成 DNA 分子损伤。DNA 酶切割 DNA 链上的碱基时，可在某种情况下出现错误。哺乳动物细胞大量存在的脱嘌呤和脱嘧啶现象，也会形成点突变。

当 DNA 严重损伤，细胞不能修复或修复过程中出现差错时，可导致以下后果：①发生致死性突变，触发细胞凋亡；②使细胞发生癌变；③改变细胞的基因型（genotype），进而改变机体的表型（phenotype），甚至使动物出现畸形；④使细胞丧失某些功能；⑤发生有利于物种生存的结果，使生物进化。

（七）化学性损伤

化学性损伤（包括化学物质和药物的毒性作用）日益成为致细胞损伤的重要因素。化学物质诱导细胞损伤的一般机制有以下几种。

1. 直接损伤作用

强酸或强碱可直接造成细胞和皮肤黏膜的结构破坏，产生损伤作用。一些化学物质与某些关键分子结合后，可直接损伤细胞。氯化汞中毒时，汞与细胞膜蛋白的巯基结合，导致细胞膜通透性增加，抑制离子转运；氰化物毒害线粒体细胞色素氧化酶，抑制氧化磷酸化；许多抗肿瘤化疗药物和抗生素药物，可通过细胞毒性作用直接引起细胞损伤。

2. 与生物大分子结合

（1）与蛋白质结合

某些化学毒物，通过与蛋白质的功能基团共价结合，影响该蛋白的结构和功能，导致组织细胞损伤，如光气（$COCl_2$）中毒。光气分子中的羰基与肺组织的蛋白质、酶等结合，发生酰化反应，使肺泡上皮细胞和毛细血管受损，通透性增加，导致化学性肺炎和肺水肿。

(2) 与核酸结合

多数化学毒物通过其活性代谢产物与核酸碱基共价结合，使碱基受损，引起"三致"（致畸、致癌、致突变）等严重后果。化学毒物直接与核酸共价结合的情况较少见。DNA 加合物（adducts）可改变正常的蛋白质与 DNA 之间的相互作用，引起细胞毒性，并诱导变异，引发肿瘤。例如，硫芥等糜烂性毒剂可与 DNA 结合，发生烷化作用而引起中毒；芳香胺可引起碱基置换，使 *ras* 等癌基因活化。

(3) 与脂质结合

某些物质（如氟烷、乙烯叉二氯等）的活性代谢物可与细胞膜的乙醇胺共价结合，从而影响膜的功能。

3. 干扰受体-配体的相互作用

许多化学毒物可干扰受体-配体的相互作用，使某些信号物质的生物学功能丧失。例如，失能性毒剂毕兹（二苯乙醇酸-3-奎宁环酯）等，可阻断乙酰胆碱与胆碱能受体的结合，从而产生失能作用。

4. 干扰易兴奋细胞膜的功能

某些化学毒物可以多种方式干扰易兴奋细胞膜的功能。例如，蛤蚌毒素可通过阻断易兴奋细胞膜上的钠离子通道，产生麻痹效应。

5. 干扰细胞能量产生

某些化学毒物可干扰线粒体的氧化磷酸化，影响 ATP 合成。例如，氰化物和一氧化碳等全身性毒剂，可分别抑制呼吸链中的不同环节，致使 ATP 生成减少；亚硝酸盐可将血红蛋白的 Fe^{2+} 氧化为 Fe^{3+}，使血红蛋白变为高铁血红蛋白而失去携氧能力，最终影响组织细胞 ATP 的合成。

(八) 细胞内物质蓄积

细胞内各种物质的异常蓄积是细胞代谢紊乱的重要表现。大多数细胞内物质蓄积可归因于以下四种类型：①正常内源性物质的正常或加速产生，但细胞新陈代谢的速度不能及时清除，如肝脏的脂肪变性和肾小管中的再吸收蛋白滴；②正常内源性物质因其代谢酶缺陷而在细胞内累积，这种缺陷通常是遗传性的，如溶酶体酶缺陷所引起的溶酶体贮积病（lysosomal storage diseases，LSDs）；③突变基因的表达产物等异常内源性物质，由于蛋白质折叠和转运缺陷不能被有效降解，致使异常蛋白质蓄积，如突变的 α1-抗胰蛋白酶在肝细胞内蓄积，以及各种突变蛋白导致中枢神经系统的退行性疾病；④某种情况下，碳颗粒、二氧化硅等外源性异常物质进入细胞，由于细胞内没有降解它们的酶，也不能将其转移到其他位置，导致这些物质在细胞内蓄积（如矽肺等）。

无论细胞内蓄积物的性质和来源如何，其在细胞内过量贮存往往意味着细胞功能紊乱和结构破坏，某些情况下可导致细胞、组织甚至机体的死亡。

(九) 细胞衰老

细胞衰老是指随着时间的推移，细胞增殖与分化能力和生理功能逐渐衰退的过程。对多细胞生物而言，衰老细胞的数量随机体年龄的增大而增加，但机体的衰老并不等同于其所有细胞的衰老。

细胞衰老在机体的整个生命周期中都可以发生（包括胚胎发生期间）。细胞衰老通常由损伤性刺激引起，包括端粒缩短（复制衰老）、DNA 损伤（DNA 损伤诱导衰老）和致癌信号转导（癌基因诱导衰老）。

复制衰老（replicative senescence）是指正常非恶性肿瘤细胞在 50 余次分裂后，会停止体外分裂，退出细胞周期（称为海弗利克极限，Leonard Hayflick limit），导致无法产生新的细胞来取代受损的细胞，从而触发衰老的现象。复制衰老由端粒缩短所诱导，端粒是存在于染色体线性末端的短重复 DNA 序列（人类为 TTAGGG）。当体细胞复制时，端粒的一小部分没有参与复制，端粒逐渐缩短，最终达到一个临界长度，致使染色体末端无法受到保护，被视为断裂的 DNA，由此激活 DNA 损伤反应，导致细胞周期停止。

DNA 损伤诱导衰老是指自由基可导致 DNA 断裂和基因组不稳定，进而影响细胞功能，这是细胞衰老的重要原因。

癌基因诱导衰老是指某些癌基因的过度表达和抑癌基因的失活，可作为信号诱导细胞衰老，以防止其转化为恶性肿瘤细胞，这是一种强效的细胞自主抗癌机制。

细胞衰老是细胞的结构和功能性损伤积累至一定程度的结果。在功能上，表现为线粒体呼吸速率减慢、氧化磷酸化减少；酶活性及受体蛋白结合配体的能力下降，最终导致细胞功能降低，细胞增殖出现抑制，细胞生长主要停滞在 G_1 期，不能进入 S 期，或停滞在有丝分裂后期。在形态上，细胞中出现不规则的和不正常分叶的核及多形性空泡状线粒体，内质网减少，高尔基体变形；色素、钙、各种惰性物质沉积；出现因自由基损伤所引起的细胞膜性结构的改变，如膜脂过氧化。

近年的研究发现，某些衰老的细胞还出现异常染色体、染色体端粒缩短及基因组的改变等现象。一些遗传性疾病可导致细胞早衰现象，表明细胞的衰老受基因的调节与控制。细胞衰老会出现参与构成细胞结构物质（如蛋白质、脂类和核酸等）的损伤，细胞代谢能力下降。细胞衰老的形态变化，主要表现在细胞出现皱缩、细胞膜的通透性及膜的脆性增加、核膜内折、大多数细胞器数量减少，但溶酶体数量增加，出现脂褐素等胞内异常沉积物，最终出现细胞凋亡或坏死。

细胞的寿命由细胞内发生的损伤与抗损伤的平衡所决定的。随着年龄的增长，机体所有器官、组织细胞的亚致死性损伤逐渐积累，细胞对损伤的反应能力不断下降，最终导致细胞衰老或死亡。

第二节　细胞损伤的形态学变化

动物细胞是由细胞膜、细胞核和细胞浆及其在结构及功能上密切相关的部分组成。在位于细胞膜与细胞核之间的细胞浆中分布着由细胞膜内陷所形成的内膜系统（细胞器），各种细胞器分别进行着大量复杂的生化反应，发挥各自的生理功能，维持细胞和机体的生命活动。当细胞受到损伤时，细胞器的形态结构将发生各种形式的改变，功能出现异常。因此，细胞器的形态结构改变是各种细胞和组织损伤的超微形态学基础。

一、细胞核

细胞核（nucleus）是真核细胞内最大、最重要的细胞器，是细胞代谢、生长及繁殖的控制枢纽，是遗传信息的载体。所有真核细胞除哺乳动物成熟的红细胞等极少数细胞外，都含有细胞核，无核细胞不能增殖。哺乳动物红细胞成熟期失去细胞核，寿命为 120 d 左右，不能继续增殖。

细胞核的病变主要包括细胞核大小和数量改变、细胞核形态改变、核仁变化、核仁变化和出现核内包涵体等。

(一)细胞核大小和数量改变

细胞核的大小通常反映其功能和活性状态。细胞功能旺盛时,细胞核增大、淡染,核仁也增大、增多。如果这种状态持续较久,则可出现多倍体核或形成多核巨细胞。多倍体核在正常情况下可见于某些功能旺盛的细胞,例如,肝细胞中约20%为多倍体核;晚期肝炎及实验性肝癌前期均可见多倍体核肝细胞明显增多。

特殊肉芽组织(肉芽肿)中,巨噬细胞相互融合,形成多核巨细胞(如Langhans细胞,也称郎格罕细胞),细胞核数量可达数十个,甚至上百个。

当细胞受损或功能下降(器官萎缩)时,核变小,染色质致密,细胞核深染,与此同时核仁也缩小。某些情况下,细胞受损时也可见核增大现象(如细胞水肿),这主要是细胞能量匮乏或毒性损伤所致,是核膜受损导致水和电解质运输障碍的结果。

(二)细胞核形态改变

细胞核的形态随细胞所处的周期阶段各异,细胞分裂期看不到完整的细胞核,其形态描述通常以间期核为准,通常呈圆形或椭圆形。

细胞损伤时,一般是细胞膜和细胞器首先发生改变,最后在细胞凋亡或坏死时才出现细胞核的病变。在病理状态下,细胞核则出现内陷,变成不规则形状。有时因核的表面出现多个深浅不一的凹陷而呈脑回状,故称脑回状核。肿瘤细胞核常呈现核分裂象增多,核膜异常凸出、内陷或扭曲,有时形成很深的裂隙(核裂)等。病毒感染时,受感染细胞核的形态常发生改变,例如,核染色质边集,核膜内陷,核膜变成特殊的夹层,核周间隙扩张肿大,核孔增多、增大,核外膜空泡变性,核膜断裂、崩解以致核染色质外溢等。

(三)核仁变化

核仁(nucleolus)为核蛋白体RNA转录和转化的场所,在蛋白质合成中起主要作用。核仁除含有蛋白样的均质性基质外,电镜下核仁主要由线团状或网状电子致密的核仁丝(nucleolonema)和网孔中无结构的电子密度低的无定形部(pars amorpha)组成。核仁无界膜,直接悬浮于细胞核内。核仁的大小和(或)数量常反映细胞的功能活性状态,故大而多的核仁是细胞功能活性高的表现,反之,则表明细胞功能活性低。

病理情况下,核仁可发生体积、数量、形状的改变,以及核仁边移、分离、解聚、碎裂及空泡变性等变化。核仁增大见于增生活跃并且蛋白质合成增多的细胞,如胚胎细胞、干细胞、肿瘤细胞和肝部分切除后的再生肝细胞。在很多恶性肿瘤细胞内可见核仁增大、增多和形状不规则。当细胞的蛋白质合成降低或停止时,核仁发生退化,表现为核仁体积缩小。

(四)核内包涵体

细胞损伤时,核内出现正常成分以外的各种物质,称为核内包涵体(intranuclear inclusions)。核内包涵体分为胞浆性核内包涵体和非胞浆性核内包涵体。

胞浆性核内包涵体是指在细胞核内出现胞浆中的细胞器,如线粒体、内质网断片、溶酶体、糖原颗粒等的现象。真性胞浆性核内包涵体是在细胞有丝分裂末期,胞浆内某些成分被封入正在形成的子代细胞核内,以后出现于子代细胞核中,某些致癌剂可引起此变化。假性胞浆性核内包涵体是由于胞浆成分隔着核膜向核内内陷,使内陷处的核膜紧靠并逐渐融合而成,其中的胞浆成分常呈变性性改变。

非胞浆性核内包涵体又称异物性核内包涵体。该类核内包涵体有多种,如在铅、铋、金等重金属中毒时，核内可出现丝状或颗粒状含有相应重金属的包涵体；糖尿病时，肝细胞核内出现较多糖原颗粒沉着，在石蜡切片中，由于糖原被溶解，核内可出现大小不一的空洞，称为糖尿病性空洞核；DNA病毒感染细胞后，核内除了有病毒粒子外，常可见核内出现特殊的包涵体，呈球形、线管状、线状、脂滴状、奇异状的结构，有的则出现特殊的板层结构。特定细胞中出现包涵体，是某些病毒性疾病的标志性病变，例如，狂犬病病毒感染时大脑皮层海马角锥状细胞和小脑浦肯野细胞浆内出现内基氏体（negri body）。

(五)死亡细胞核的超微变化

细胞凋亡时，核染色质凝集成块并发生迁移，靠近核膜并向核的一端集中，形成新月形高致密度的染色质帽，称为"成帽现象"。肝细胞凋亡时，核仁上部常染色质凝聚成块状，电子密度比异染色质高，并逐渐延伸至整个核内。与其他细胞比较，肝细胞凋亡时染色质边集不明显，"成帽现象"不太典型。核基质中核糖核蛋白由原来的均匀颗粒状，凝集成大小不等的异染色质样纤维块状物。与此同时，核膜孔消失，双层核膜开始降解，界限变得模糊，核膜间隙增宽，且不均匀。有时核膜皱缩，并出现缺损。核仁消失是细胞凋亡最早的变化之一，可发生在核染色质变化之前。随着凋亡的发展，逐步出现核膜破裂，凝聚的染色质散布到细胞浆内，与细胞浆成分一起形成凋亡小体。

核固缩(karyopyknosis)、核碎裂(karyorrhexis)、核溶解(karyolysis)为细胞坏死时在光学显微镜下的形态学标记。电镜下，核固缩表现为染色质在核浆内聚集成致密浓染的大小不等的团块状，然后整个细胞核收缩变小，最后仅留下一致密的团块；核碎裂时可见染色质逐渐边集于核膜内层，形成较大的高电子密度的染色质团块；核溶解时可见核内染色质在DNA酶的作用下全部溶解、消失，仅存核的轮廓。在核染色质溶解消失后，核膜也很快在蛋白水解酶的作用下溶解消失。

二、细胞浆

(一)糖原

糖原(glycogen)是碳水化合物形成的多糖在动物细胞内的贮存形式。普遍存在于多种细胞的细胞浆中，以肝脏、肌肉和肾上腺皮质细胞内尤为丰富。糖原颗粒可分为单个糖原粒(β型糖原粒)和簇状糖原粒(α型糖原粒)。簇状糖原粒是由无数小颗粒聚集而成的玫瑰花样大颗粒。细胞中糖原的数量和种类因组织和代谢不同而异，在某些病理条件下也会发生相应的变化。例如，肌组织中正常时为单个糖原粒，但在横纹肌肉瘤内，除含有更多的单个糖原粒外，还可见到簇状糖原粒。肾脏的情况与此相似，正常时肾小管上皮细胞内基本都为单个糖原粒，仅集合管的一些细胞含有少量簇状糖原粒。但在糖尿病患者的肾脏中，肾小管上皮细胞里可见混在一起的簇状糖原粒和较大的单个糖原粒。糖原包含物常见于无活力的退变细胞和衰老细胞，如软骨细胞、中性粒细胞和成纤维细胞等。

(二)脂质

细胞内的脂质(lipid)以脂滴的形式存在，圆形、无界膜、电子致密度均匀，但深浅不一。电子致密度的大小与其不饱和脂肪酸含量高低有关，当其含量高时致密度就大，因为它与锇的亲和力较强。与一开始即用四氧化锇固定的材料相比，在戊二醛固定的组织里，脂滴电子致密度有降低的趋势。在高倍镜下，有时脂滴周围可见一层膜样结构，实际上是一个嗜锇"环"，此"环"不具备单位膜结构。但脂质体(liposome)则是细胞浆中有界膜的脂滴，不过这种界膜严格说是囊泡化了的内质网膜。细胞内脂滴的大小和数量可因生理和病理状态不同各异。肝脏、心脏、肾脏发生脂肪变性时，其实质细胞内出现大脂滴积聚，表明已发生明显的脂肪代谢障碍。脂滴除在细胞浆中出现外，有时也见于细胞的其他结构，如细胞核、线粒体、内质网、高尔基复合体和溶酶体内。

(三) 蛋白质

细胞浆中的蛋白质包含物可表现为絮状或结晶状等形态，与细胞其他结构中的包含物相似。絮状包含物有单层界膜，呈絮状，有一定致密度，见于蛋白尿的肾小管上皮细胞等部位。结晶状包含物也是蛋白质性质，可来源于内质网、线粒体或细胞核，即为这些结构内结晶状包含物的易位，或直接在细胞浆中形成。结晶状包含物见于人睾丸间质细胞浆（偶见于核内）中无界膜的 Reinke 结晶体。Reinke 结晶体还发现于卵巢支持间质细胞瘤（arrhenoblastoma）的莱迪希氏细胞（Leydig's cells，即间质细胞）、卵巢门细胞（ovarian hilar cells）和睾丸间质细胞瘤的瘤细胞。此外，细胞浆结晶状包含物也见于犬、小鼠和人的多种正常和病理组织（肝、胰、神经、血液、淋巴、肿瘤等）细胞中。例如，在淋巴细胞中观察到含有免疫球蛋白的结晶体，以及用长春花生物碱处理人的白细胞后，出现由微管组成的小管蛋白结晶体（tubulin crystals）。

(四) 病毒

病毒包涵体（viral inclusions）可见于核内或内质网内，也见于细胞浆。镜检时，病毒包涵体不一定都能看到，将在光学显微镜下观察到的称为包涵体（inclusion bodies），形状呈圆形或卵圆形，嗜酸或嗜碱性，由于收缩其周围可能有亮晕。除黏液病毒（myxovirus）外，所有 RNA 病毒都是在细胞浆内装配的，有些包涵体只能在电镜下观察到，然而许多小的未被包裹的 RNA 病毒（如呼肠弧病毒）却能产生颇大的包涵体，在光学显微镜下非常明显。电镜下，包涵体常由数量不等的病毒颗粒积聚而成，但有时则为病毒核蛋白构成的微管聚集物。

(五) 黑色素

黑色素（melanin）形成并存在于一些正常组织（如虹膜、视网膜、表皮）的黑色素细胞（melanocyte）中，在电镜下呈高致密度的均质颗粒状小体，称为黑色素体（melanosome）。黑色素体直径约 5 nm，有界膜，可单个存在，但多积聚在一起并被单层界膜所包裹，又称黑色素体复合体（melanosome complex）或复合黑色素体（compound melanosome）。黑色素体正常时，其微丝有规律地紧密排列或呈板层状。但在黑色素瘤和恶性黑色素瘤的瘤细胞中的大量黑色素体形态多样，呈颗粒状、圆球形、杆状、不规则形等。黑色素体的多形性和内部结构紊乱是恶性黑色素瘤的主要超微结构特征。

此外，细胞浆中还可见到细菌、原虫等多种包涵体。

三、细胞膜

细胞膜是包于细胞表面，将细胞与周围环境分隔开的弹性薄膜。许多特定组织的细胞膜可向外形成大量的纤维突起（微绒毛、纤毛），或向内形成各种形式的内褶，便于其功能活动。相邻细胞的细胞膜之间还可形成闭锁小带、附着小带、桥粒和缝隙连接等各种结构，以保持细胞间的联系。细胞膜又是细胞的机械性和化学性屏障，具有一系列重要生物学功能，例如，细胞内外的物质交换，细胞的运动、识别、生长调控，以及免疫反应和各种表面受体形成等。在各种致病因子的损伤作用下，细胞膜可以发生相应的病理变化。

(一) 细胞膜形态结构改变

细胞膜位于细胞的表面，与细胞外环境直接接触。在机械力的作用下或细胞强烈变形时，可引起细胞膜的破损，表现为线样膜性结构出现中断，失去连续性，或在膜破损处出现大小不等的膜性囊泡。细胞间连接也是一些致病因素经常损伤的部位。例如，在缺氧、低温和铅中毒时，细胞间连接破坏而发生分离。在细胞恶性病变时，其细胞间连接也发生改变。多数情况下，细胞间各种类型的连接都有减少趋势，如皮肤鳞状细胞癌中桥粒明显减少。

(二)细胞膜的特化结构

在致病因子的作用下，细胞游离表面特化结构发生改变或消失（如微绒毛及纤毛可发生倒伏、粘连、断裂及缺失等变化）。例如，某肠道病毒感染肠黏膜上皮细胞后，可引起肠黏膜上皮细胞表面的微绒毛出现明显的断裂、缺失，进而使上皮细胞吸收功能下降，导致大量液体潴留于肠腔而引起腹泻；慢性炎症可使呼吸道黏膜上皮细胞的纤毛发生肿胀、变短、变粗，排列紊乱，运动障碍，致使纤毛排出分泌物的功能发生障碍；慢性炎症反复发作和维生素A缺乏时，呼吸道黏膜上皮常发生鳞状上皮化生，纤毛消失；某些病原感染时，位于细胞膜外侧的细胞衣（多糖萼）也可发生改变。例如，感染沙门菌的肠黏膜上皮细胞的细胞衣变薄甚至缺失；旋毛虫感染时，骨骼肌细胞的细胞衣明显增厚。

四、细胞器

(一)线粒体

线粒体(mitochondrion)是细胞内脂肪氧化、三羧酸循环、呼吸链电子传递和氧化磷酸化的部位。线粒体是对各种损伤最为敏感的细胞器之一，当细胞的微环境发生改变或应激时，可发生适应性变化；但在各种有害因素的作用下，又很容易出现损伤性变化。线粒体发生的主要变化有线粒体肿胀、线粒体肥大和增生、巨线粒体、线粒体内糖原包涵物。

1. 线粒体肿胀

线粒体肿胀是细胞损伤时最常见的线粒体病变，任何能破坏线粒体氧化磷酸化功能的有害因子，都能破坏线粒体膜的渗透性，引起水和电解质平衡紊乱，最后导致线粒体肿胀。线粒体肿胀分嵴型肿胀和基质型肿胀两种类型。嵴型肿胀较少见，主要局限于嵴内隙，使嵴内间隙增宽，形成大小不一、形状不规则的空泡，其周围的基质因电子密度升高而变得致密。嵴型肿胀一般多为可复性，但膜严重损伤时，可经过混合型而过渡为基质型。基质型肿胀较为常见，基质型肿胀时线粒体变大、变圆，基质变淡，嵴变短、变少甚至消失。在极度肿胀时，线粒体可转化为无结构的小空泡状，其界膜可因高度肿胀而破裂。光学显微镜下，颗粒变性细胞中的细颗粒即为肿大的线粒体。引起线粒体肿胀的病因有缺氧、毒物和渗透压改变等。线粒体肿胀多为可逆性改变，只要损伤较轻，在病因消除后，一般都能恢复。

2. 线粒体肥大和增生

线粒体肥大时体积增大，数量正常或增多。但基质不被稀释，且无电子密度降低现象。而线粒体增生是细胞内线粒体的数量增多。一般情况下，二者同时存在。线粒体增生是对慢性非特异性细胞损伤的适应性反应或细胞功能升高的表现。

3. 巨线粒体

巨线粒体是指线粒体体积明显增大或特别巨大，常见于细胞功能增强的情况。这些线粒体通常呈圆形或圆形具有规则的边缘，但有些呈分叶状，具有不规则的外形。通常一个细胞内仅有1~2个巨线粒体，其内部嵴的数量增多，有时形成皱褶，基质通常较致密并具有明显的致密颗粒。

4. 线粒体内糖原包涵物

线粒体内糖原包涵物在形态学上与细胞浆内普通糖原内含物相似，但可分为真包涵物和假包涵物。真包涵物通常按照以下几种形式存在：小簇糖原颗粒位于扩张的嵴内间隙，成簇糖原颗粒位于内室基质中，较大的糖原沉积物有一层膜包裹。假包涵物是由双层线粒体膜将其与线粒体基质分开而形成的。电镜下，线粒体内脂质包涵物与细胞浆内的形态相似，可以单个或多个形式存在，为圆形或不规则形，中等至高电子密度，缺乏界膜。当有疑似脂质包涵体但不能肯定其脂质性质时，称其为致密包涵物。线粒体膜损伤时，可形成髓鞘样层状结构。

（二）内质网

内质网（endoplasmic reticulum，ER）是由生物膜构成的互相连通的片层隙状或小管状系统，膜片间的间隙空间称为池，通常不与细胞外隙和细胞浆基质直接相通。这种细胞内的膜性管道系统，一方面构成细胞内物质运输的通道，另一方面为细胞内各种酶反应提供广阔的反应面积。内质网与细胞膜、高尔基体及核膜相连接，使之成为通过膜连接的整体。

内质网分为粗面内质网（rough endoplasmic reticulum，RER）和滑面内质网（smooth endoplasmic reticulum，SER）两种。粗面内质网又称糙面内质网或颗粒型内质网，附着有大量核糖体，形态上多为排列整齐的扁囊。滑面内质网上无核糖体，所以也称光面内质网或非颗粒型内质网，电镜下呈光滑的小管、小泡样网状结构，常与粗面内质网相通。

内质网属于比较敏感的细胞器，在各种因素（如缺氧、射线、化学毒物和病毒等）作用下，会发生病理变化，如内质网扩张、肥大和某些物质的累积。当一些感染因子刺激某些特定细胞时，会引起这些细胞的内质网变得肥大。

1. 粗面内质网主要病变

（1）粗面内质网肿胀

粗面内质网肿胀是一种水样变性，主要是由于水分和钠的流入，使内质网形成囊泡，这些囊泡还可互相融合成更大的囊泡。如果水分进一步聚集，可导致内质网肿胀、破裂。肿胀是粗面内质网发生的最普遍的病理变化，病变内质网腔扩大并形成空泡，而核糖体从内质网膜上脱落下来，这是粗面内质网蛋白质合成受阻的形态学标志。

（2）粗面内质网脱粒

当粗面内质网脱颗粒时，粗面内质网细胞浆面上的核糖体数量明显减少，呈稀疏分布，而细胞浆基质内核糖体数量则增多。核糖体以两种形式存在，一种是单颗粒状，称为单核体；另一种是若干核糖体颗粒聚集成簇，呈菊形团状、线圈状或螺旋状，称为多聚核糖体。当多聚核糖体断裂，核糖体颗粒散落入胞浆基质中，导致胞浆基质内散布着大量游离的单核糖体颗粒，这种现象称为多聚核糖体解聚。在四氯化碳中毒的肝细胞和维生素 C 缺乏的成纤维细胞中都可见多聚核糖体解聚。

（3）粗面内质网池内隔离

粗面内质网扁池扩张，带有核糖体的膜突入扩张的池内，切面如同岛状，膜性小管和小泡游离在池内。

（4）粗面内质网对合池

平行的两片粗面内质网紧密靠拢，内侧面核糖体消失，称为对合池。也可有三片或多片紧密靠拢的，称为三合池或多合池。

（5）粗面内质网增生或减少

在蛋白质合成和分泌活性高的细胞（如浆细胞、胰腺腺泡细胞、肝细胞等）及细胞再生和病毒感染时，粗面内质网有增多现象。糖尿病大鼠的视神经细胞胞浆中，粗面内质网减少且变形。另外，某些毒素中毒可导致细胞内粗面内质网减少。

2. 滑面内质网主要病变

(1) 滑面内质网增生

乙肝病毒性肝炎时,电镜下可见细胞内滑面内质网增生。利福喷丁是新型长效抗结核抗生素,它能显著诱导小鼠肝细胞滑面内质网增生。肝脏解毒作用增强时,肝细胞内滑面内质网增多;肾上腺皮质瘤细胞内滑面内质网也增多。

(2) 肌浆网水肿

肌浆网由滑面内质网特化形成,通过释放、回收钙离子,传递膜电位,从而引发肌肉收缩。肌细胞缺氧、中毒时,肌浆网发生水肿。

(三) 高尔基体

高尔基体(golgi complex)由扁平状囊膜和大小不等的囊泡组成,其主要功能是在合成复合蛋白质过程中通过添加碳水化合物分子,形成分泌小泡和溶酶体。在病理情况下,高尔基体的病理变化主要包括高尔基囊泡扩张、高尔基复合体肥大或萎缩及成分的质和量改变。

高尔基囊泡扩张可同时伴随着内质网扩张和/或线粒体肿胀,严重情况下,囊泡膜出现断裂,导致结构破坏,如组织细胞缺氧、缺血等。

高尔基体肥大表现为扁平囊和伴随的大泡、小泡数量增加或高尔基复合体增多而占据细胞浆的大部分。在细胞功能亢进或代偿性功能亢进时,高尔基体可发生肥大。例如,大鼠实验性肾上腺皮质再生过程中,在垂体前叶分泌促肾上腺皮质激素的细胞,其高尔基体显著肥大,囊泡增多;而当再生即将完毕时,促肾上腺皮质激素水平下降,高尔基体又恢复至正常水平。高尔基体萎缩表现为高尔基体成分(如囊泡或空泡等)体积变小、数量减少,以致该细胞器在细胞内所占的区域缩小;高尔基体严重萎缩时(各种毒性物质作用于肝细胞),导致结构破坏甚至消失。

高尔基体具有运输、分泌脂质和脂蛋白的功能。当高尔基体内富含不饱和脂肪酸的脂质时,可见大量电子致密颗粒,如大鼠肝细胞;当高尔基体内富含饱和脂肪酸的脂质时,可见低电子密度颗粒,如兔肝细胞。在各种毒性因子(如四氯化碳)的作用下,可能会诱发脂肪肝,这时肝细胞内质网中脂滴的大小和数量明显增加,同时,高尔基体内脂质和脂蛋白的含量也增加,并输送到扩张的囊泡中。

(四) 溶酶体

溶酶体(lysosomes)是细胞浆内由单层脂蛋白膜包绕的,含有一系列酸性水解酶的细胞器,主要用于消化和清除多余或损坏的细胞器及病原微生物等。

1. 溶酶体分类

按其发育阶段,可将其分为初级溶酶体和次级溶酶体两种类型。

①初级溶酶体:含有新形成的溶酶体水解酶,属于不参与细胞内消化过程的溶酶体。例如,中性粒细胞中的嗜天青颗粒、嗜酸性粒细胞中的颗粒,以及巨噬细胞和一些其他细胞中的高尔基小泡。

②次级溶酶体:除含有溶酶体水解酶外,尚含有其他外源性或内源性物质,以及参与细胞内消化过程的溶酶体,即含有溶酶体酶的各种吞噬体,因而称为吞噬溶酶体,是由吞噬体与初级或次级溶酶体融合而成。

2. 溶酶体的病理变化

溶酶体是极为重要的细胞器,参与细胞的一系列生物功能和无数的物质代谢过程,当其功障碍时将导致细胞的病理变化,因此,在许多疾病的发病机制中具有重要意义。溶酶体在细胞病理学中的主要作用可归纳为七个方面:损伤组织的自溶;自噬体的形成;在细胞内释放水解酶造成细胞损伤；在细胞外释放水解酶使结缔组织基质损伤；在细胞内消化致病微生物；溶酶体因先天性缺乏必要的酶而不能分解聚集在溶酶体里的某些物质而造成"贮存病"；在胎盘内不能进行组织细胞内消化作用，导致胎儿畸形等。溶酶体的病理变化主要有以下三个方面。

(1) 溶酶体的病理性贮积

在某些病理情况下，当进入细胞的物质量过多而超过溶酶体的处理能力时，导致其在细胞内贮积，电镜下见到的玻璃样小滴即为载有蛋白质的增大的溶酶体。各种原因引起的蛋白尿时，可在肾近曲小管上皮细胞中见到玻璃小滴状蛋白质的贮积(即玻璃样变性)。

(2) 溶酶体的破裂与矽肺

矽肺形成的原因主要是由于溶酶体的破裂。当肺部吸入矽尘颗粒后，矽尘颗粒便被巨噬细胞吞入，形成吞噬小体，吞噬小体与溶酶体融合形成吞噬性溶酶体。矽尘颗粒中的二氧化矽在溶酶体内形成矽酸分子，矽酸分子能以其羧基与溶酶体膜上的受体分子形成氢键，使溶酶体膜变构而破裂，大量水解酶和矽酸流入细胞浆内，造成巨噬细胞死亡。由死亡细胞释放的二氧化矽被正常细胞吞噬后，将重复上述过程。巨噬细胞的不断死亡会诱导成纤维细胞增生并分泌大量胶原物质，使吞入二氧化矽的部位出现胶原纤维结节，导致肺弹性降低，功能下降，形成矽肺。

(3) 溶酶体酶释放使周围成分损伤

当溶酶体膜损伤及通透性升高时，水解酶逸出，相应细胞发生自溶或损伤细胞间质。当溶酶体酶释放，受损细胞的大分子成分被水解酶分解为小分子物质，尤其是细胞发生局灶性坏死时，细胞浆内形成自噬泡，自噬泡与溶酶体结合形成自噬溶酶体，若水解酶不能将其中的结构彻底消化、溶解，则自噬溶酶体可转化为细胞内的残余小体，如某些长寿细胞中的脂褐素。当溶酶体酶释放至细胞间质时，可对间质成分造成破坏，例如，类风湿性关节炎时，关节软骨细胞的损伤就被认为是由于细胞内的溶酶体膜脆性增加，溶酶体酶局部释放所致，释放出的酶中含有胶原酶，对软骨细胞造成侵蚀。消炎痛和肾上腺皮质激素因具有稳定溶酶体膜的作用，所以被用来治疗类风湿性关节炎。

(五) 微丝、中间丝和微管

微丝(microfilaments)、中间丝(intermediate filaments)和微管(microtubules)这三种结构均由蛋白质亚单位组成，广泛存在于真核细胞中，在细胞骨架的形成和细胞移动过程中发挥重要作用。

肌动蛋白微丝结构的基本成分是肌动蛋白和肌球蛋白。其病理变化主要包括数量的增多或减少、排列紊乱、溶解和聚集等。在肌细胞中出现细胞内微丝增多时，可能是机械性负荷过重造成的肌细胞受损；如出现在病毒性肝炎过程中的再生肝细胞中，这可能是肝细胞功能代偿性的表现。

中间丝直径为 10 nm 左右，在细胞形态和移动过程中起着重要作用。更重要的是，中间丝与细胞分化、细胞内信息传递、核内基因传递及表达等重要生命活动有关。中间丝的结构改变包括数量改变、类型转换、蛋白异常等。

微管基本结构的改变包括数量改变、排列紊乱和蛋白成分异常等。其中，微管数量减少是恶性转化细胞的一个重要特征，表现为微管数量为正常细胞的一半，甚至缺失；微管排列紊乱常表现为由三联微管组成的中心体失去正常细胞内的相互垂直排列形态，微管分布达不到质膜下的溶胶层，使细胞形态和细胞器运动发生异常(如肿瘤细胞)；微管蛋白质成分改变会影响细胞周期，进而影响细胞增殖。

第三节 变 性

在致病因素作用下,细胞物质代谢发生障碍,细胞理化性质发生改变,在细胞内或细胞间质出现某些异常物质或正常物质蓄积过多的病理现象,称为变性(degeneration)。变性是细胞对各种损伤所产生的最基本的也是最常见的一种应答反应,是细胞的功能和物质代谢障碍在形态学上的反映。

一、颗粒变性

颗粒变性(granular degeneration)是一种常见的轻微的细胞变性,其特征是变性细胞体积肿大,细胞浆内出现细小的红染颗粒。由于剖检观察变性部位肿胀,混浊无光泽,故又称混浊肿胀(cloudy swelling),简称浊肿。

(一)病因和发生机理

缺氧、中毒和感染等致病因素均可引起颗粒变性,通常出现在急性病理过程。上述致病因素可直接损伤细胞膜的结构,也可破坏线粒体氧化酶系统,使三羧酸循环发生障碍,ATP生成减少,使细胞膜上的钠泵不能将钠离子运出细胞外。另外,无氧酵解酶活性升高,在细胞内产生和蓄积大量的中间代谢产物(如无机磷酸盐、乳酸和嘌呤核苷酸等),使细胞渗透压升高,水分进入增多而发生细胞肿大,较多水分进一步进入线粒体和内质网等细胞器,使其肿胀和扩张,甚至形成囊泡,即镜检所见的细小颗粒。

(二)病理变化

颗粒变性多发生于肝细胞、肾小管上皮细胞和心肌细胞。

剖检:病变轻微时,剖检病变不明显。严重时,可见病变器官肿大,色泽变淡且无光泽,呈灰黄色或土黄色,质脆易碎,切面隆起,病变组织相对密度比正常降低。

镜检:变性细胞肿大,细胞浆内出现细小颗粒,H.E.染色呈淡红色(图2-1)。严重时,细胞核肿大,染色质淡染或溶解,核膜破裂而核消失。电镜下变性细胞的线粒体肿胀、嵴变短、数量减少;内质网和高尔基复合体扩张,粗面内质网脱颗粒;糖原减少,自噬体增多。肿胀的线粒体、扩张的内质网和高尔基复合体等镜检可见细小颗粒。

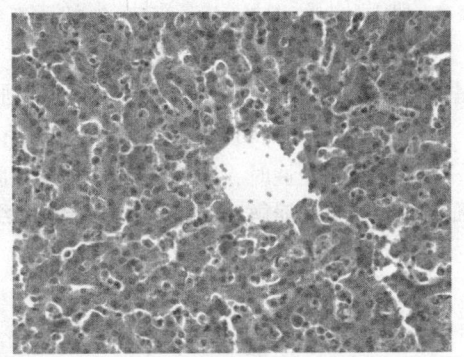

图2-1 肝细胞颗粒变性(白瑞;H.E.×400)

(三)结局和对机体的影响

颗粒变性属于较为轻微的变性,是一种可逆性的变化。当病因消除后,变性细胞可恢复正常的结构和功能。如果病因持续作用,发生颗粒变性器官的功能出现一定程度的降低。例如,心肌颗粒变性时,其收缩功能减弱;肾小管上皮细胞颗粒变性时,可出现蛋白尿,进一步发展可演变为水泡变性,严重时可导致细胞坏死、溶解。

二、水泡变性

水泡变性(vacuolar degeneration)一般由颗粒变性发展而来,因变性细胞内水分明显增多,在细胞浆中形成大小不等的水泡,细胞呈空泡状,故又称空泡变性或水样变性(hydropic degeneration)。

(一)病因和发生机理

病因和发生机理与颗粒变性基本相同。两种变性属于同一疾病过程的不同发展阶段,病变较轻时呈颗粒变性,而严重时则发生水泡变性。

(二)病理变化

水泡变性多见于被覆上皮细胞、肝细胞、肾小管上皮细胞和心肌细胞。此外,也见于神经节细胞、白细胞和肿瘤细胞等。

剖检:实质器官的水泡变性基本与颗粒变性相似,只是病变程度较重。被覆上皮发生严重的水泡变性时,在皮肤和黏膜能形成肉眼可见的水疱。

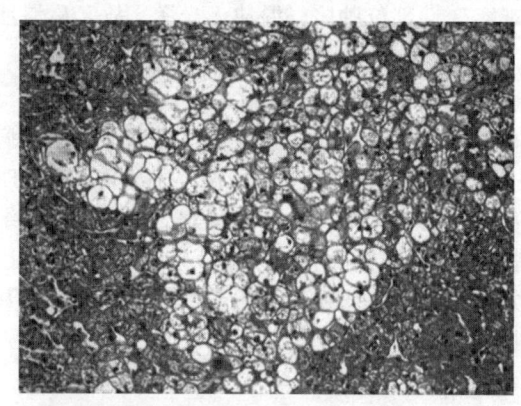

图 2-2　肝细胞水泡变性(James F. Zachary, 2017)
肝细胞肿胀,细胞浆内多量大小不等的空泡,呈蜂窝状或网状,细胞核悬浮其中(H. E. ×400)

镜检:显微镜观察,变性细胞肿大,细胞浆淡染,并出现大小不等的水泡,水泡之间由残留的细胞浆分隔,因此,呈蜂窝状或网状外观,随后小水泡相互融合成大水泡,甚至整个细胞被水泡充盈,细胞浆的原有结构被完全破坏,细胞核悬浮于中央。严重水泡变性时,细胞显著肿大,细胞浆空白,此时变性的细胞像充满气体的气球,故称为气球样变(图 2-2)。高度肿胀的细胞破裂崩解后,形成细胞碎片,同时水分进入细胞间质。

电镜观察,细胞明显肿大,基质疏松变淡,线粒体高度肿胀,嵴变短甚至消失。严重时线粒体破裂,内质网极度扩张并破裂或呈囊泡状,扩张的粗面内质网伴有核糖体脱颗粒现象,高尔基复合体的扁平囊也发生扩张。

(三)结局和对机体的影响

轻微水泡变性时,随着病因的消除细胞可以恢复至正常的结构和功能,严重水泡变性的细胞可发生坏死崩解。水泡变性的器官和组织一般发生不同程度的功能障碍。

三、脂肪变性

脂肪变性(fatty degeneration)简称脂变,是指变性细胞的细胞浆内有大小不等的游离脂肪滴蓄积。蓄积的脂肪主要成分为中性脂肪(甘油三酯),也可能是磷脂及胆固醇等类脂质,或为二者混合物。脂肪变性常发生于代谢旺盛和耗氧多的器官,最常见于肝脏,也可以见于肾脏、心脏等器官的实质细胞。

(一)病因和发生机理

脂肪变性也是一种常见于急性病理过程的细胞变性。在急性热性传染病、中毒、败血症、缺氧、饥饿、缺乏必需的营养物质等情况下,都可能出现脂肪变性。脂肪变性往往和颗粒变性同时或先后发生(一般先发生颗粒变性,后发生脂肪变性)在同一器官。上述各类病因引起脂肪变性的发生机理并不相同,但脂肪变性的发生通常是受损伤细胞的结构脂肪和脂肪代谢被破坏的结果,其发生机制归纳起来主要有以下四个方面。

1. 中性脂肪合成过多

中性脂肪合成过多,常见于饥饿或某些疾病造成的饥饿状态。例如,糖尿病和乳牛酮病

(ketosis)导致糖的利用发生障碍时，机体需要利用脂肪供给能量，过多地使贮存脂肪发生分解，释放出大量的脂肪酸进入肝脏，使肝脏合成脂肪增多，超过了肝脏将其氧化利用和酯化合成脂蛋白输送出去的能力，以致脂肪在肝内蓄积。同样，食物中脂肪过多，也可引起肝脏脂肪变性。

2. 脂蛋白合成障碍

脂蛋白合成障碍，使肝细胞无法将脂肪输出。缺乏合成磷脂的必需物质（包括胆碱、蛋氨酸的甲基、胰腺的抗脂肪肝因子等），均能影响磷脂和脂蛋白的合成，从而导致脂肪变性。例如，鸡脂肪肝综合征的肝脏发生弥散性脂肪变性，肝脏的脂肪含量可从正常的5%增加到30%，主要是由于饲料中缺乏胆碱或蛋氨酸所致。除此之外，某些毒素（黄曲霉毒素等）通过破坏内质网或抑制某些酶的活性，使脂蛋白的合成和一些必需蛋白质的合成障碍，也能导致甘油三酯在肝细胞的胞浆内蓄积。

3. 脂肪酸氧化障碍

脂肪酸氧化障碍使细胞对脂肪的利用率下降。例如，白喉外毒素可干扰脂肪酸的氧化过程；缺氧也可影响脂肪酸的氧化。由脂肪酸转化成甘油三酯是一个耗能的酯化过程，因此，造成线粒体损伤的病因（缺氧、中毒、感染）或引起生物氧化障碍的因素（辅酶、叶酸、烟酸等缺乏）都可能使ATP的生成减少，细胞内能量不足，导致脂肪酸酯化障碍，引起脂肪在肝内积聚。

4. 结构脂肪破坏

细胞结构脂肪破坏常见于感染、中毒和缺氧等过程，此时细胞的结构脂蛋白崩解，脂质析出形成脂滴。

（二）病理变化

剖检：轻度脂肪变性时，器官无明显变化；重度脂肪变性时，器官体积增大、颜色淡黄、边缘钝圆，切面有油腻感。

镜检：可见细胞浆中出现大小不等的球形脂滴，大者可充满整个细胞而将细胞核挤至一侧。

在石蜡切片常规H.E.染色中，细胞内的脂滴被有机溶剂溶解而呈界限清楚的空泡状（图2-3）。为鉴别脂肪变性、糖原沉积和水泡变性，可将新鲜组织制作成冰冻切片，采用苏丹Ⅳ或油红O进行染色，这两种染料可将脂肪滴染成橘红色。PAS（periodic acid schiff）染色法通常用于鉴定组织中是否有糖原沉积。如果经上述染色法排除脂肪变性或糖原沉积，则可判定细胞中空泡为水泡变性。

电镜下可见脂滴聚集在内质网中，细胞浆内脂肪成分聚成脂质小体，进而融合成镜检可见的脂滴。严重时，脂滴可以通过核孔进入细胞核内。部分细胞器发生脂肪变性，如粗面内质网脱粒、线粒体肿胀变形、糖原消失和出现吞噬脂滴的溶酶体等。

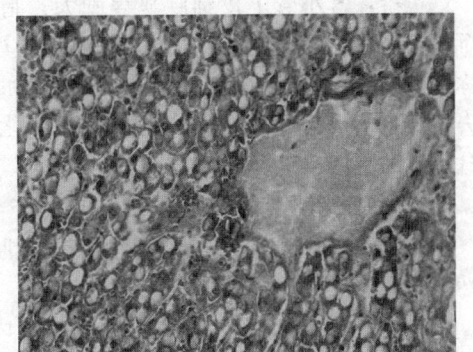

图2-3 肝细胞脂肪变性（白瑞）
中央静脉周围的肝细胞中含有脂肪滴，细胞核被挤于细胞浆的一侧（H.E.×400）

（三）常见器官的脂肪变性

1. 肝脏脂肪变性

肝脏是脂肪的中间代谢器官，也是最容易发生脂肪变性的器官，而且程度也比其他器官严重。

剖检：肝脏变性轻微时，无明显异常，但色泽较黄。病变严重时，体积肿大，质地松软易碎，呈灰白色或土黄色，切面上肝小叶结构模糊，有油腻感，有的甚至质脆如泥。如果发生肝脏脂肪变性的同时，又伴有慢性肝淤血，在肝脏切面上可见暗红色的淤血和黄褐色的脂变相互交织，形成类似槟榔切面的花纹色彩，称作"槟榔肝"（nutmeg liver）（图2-4）。

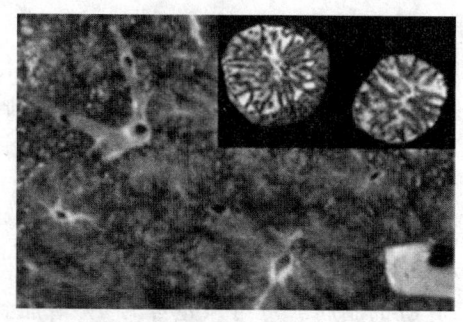

图2-4 槟榔肝（James F. Zachary, 2017）

镜检：肝细胞的细胞浆内出现大小不等的脂滴。因为脂滴周围由表面张力高的磷脂层包裹，所以脂滴呈球状，游离在细胞浆中。小的脂滴互相融合成较大脂滴，细胞核常被挤于一侧，以致整个细胞变成充满脂肪的大空泡（见图2-3）。一般而言，小的脂滴变性是细胞急性代谢障碍的特征，大的脂滴变性常是慢性中毒或病毒感染的表现。脂肪变性部位因病因不同表现各异。在慢性肝淤血时，肝小叶中央区缺氧较重，故脂肪变性首先发生于小叶中央区；有机磷中毒时，小叶周边的肝细胞受累明显，这可能是此区域的肝细胞对磷中毒较为敏感；严重中毒和传染病时，脂肪变性常累及全部的肝细胞。弥散性肝细胞脂肪变性称为脂肪肝，重度肝脂肪变性可发展为肝坏死和肝硬化。

2. 肾脏脂肪变性

肾脏脂肪变性主要发生在肾小管上皮细胞内。在严重贫血、缺氧和中毒过程中，或肾小球毛细血管通透性升高时，肾小管尤其是近曲小管上皮细胞可吸收漏出的脂蛋白而发生脂肪变性。

剖检：肾脏稍肿大，表面呈淡黄色或泥土色，切面皮质部增宽，常见黄色的条纹或斑纹。

镜检：肾小管上皮细胞显著肿大，脂滴主要沉积于肾近曲小管上皮细胞的基底部。严重时，弥散分布在上皮细胞内，细胞的刷状缘和基纹消失，细胞核也呈现不同程度的退行性变化。集合管上皮细胞内也出现脂滴（图2-5）。

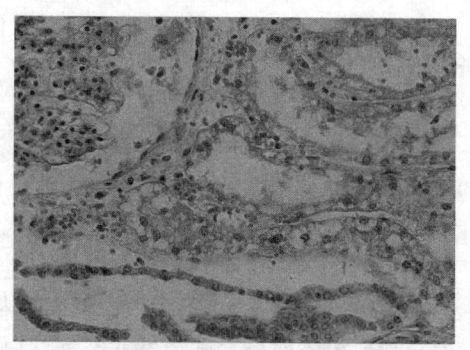

图2-5 肾小管上皮细胞脂肪变性（白瑞）

肾小管上皮细胞肿大，细胞浆内有大小不等的圆形空泡（脂滴），细胞核被挤于一侧，肾小管管腔缩小，且不规则（H. E. ×400）

3. 心肌脂肪变性

心肌在正常情况下含有少量脂滴，脂肪变性时，脂滴明显增多。心肌脂肪变性分为局灶性变性和弥散性变性两种类型。

剖检：局灶性脂肪变性常累及左心室内膜和乳头肌部位，变性的心肌呈黄色，在红褐色心肌纤维的背景上出现红黄相间的虎皮样条纹或斑块，故称"虎斑心"（tiger heart）。多见于冠状循环慢性淤血（如慢性心力衰竭）、严重贫血、中毒和恶性口蹄疫等疾病。弥散性心肌脂肪变性常侵犯两侧心室，心肌呈淡黄色，质地松软脆弱。多见于有机磷、砷、氯仿中毒和严重缺氧等。

镜检：脂肪变性的心肌细胞内出现细小的半球状脂滴，呈串珠状排列于心肌的肌原纤维之间，心肌纤维横纹被掩盖，细胞核有不同程度退行性变化。

【知识卡片】

心肌脂肪浸润

心肌脂肪浸润(fatty infiltration)是指脂肪细胞出现在正常时不含脂肪细胞的器官间质内，主要发生于心脏、胰腺、骨骼肌等组织。经常可以看到某些萎缩的组织被脂肪细胞所替代，有时也使用脂肪替代(fatty replacement)这个名称。因此，心肌脂肪浸润与心肌脂肪变性有本质上的区别。例如，心脏发生脂肪浸润时，蓄积的脂肪细胞可以通过心壁，剖检上可见心内膜下方的脂肪组织沉着区，镜检心肌纤维之间出现脂肪组织。心肌脂肪浸润多见于高度肥胖的病例，多数情况下无明显的临床症状，重度心肌脂肪浸润可致心脏破裂，引发猝死。

脂肪浸润有一种形式称为脂肪增生(steatosis)。由于脂肪增生，肌肉中显示大片的苍白或斑驳状的区域，这种变化可发生在牛和猪后肢的厚层肌肉、腰肌和肩肌。脂肪浸润一般不影响功能，最常见于老龄动物和肥胖动物，可能是老龄动物的间叶细胞处理循环脂肪的功能降低的一种表现。

(四)结局和对机体的影响

脂肪变性是一种可复性的病理过程，其损伤程度虽较细胞颗粒变性重，但在病因消除后，细胞的功能和结构通常仍可恢复正常。严重的脂肪变性可发展为坏死。发生脂肪变性的器官，其生理功能降低。例如，肝脏脂肪变性可导致糖原合成和解毒能力降低；严重的心肌脂肪变性可使心肌收缩力减退，引起心力衰竭。

四、玻璃样变性

玻璃样变性(hyaline degeneration)又称透明变性或透明化(hyalinization)，是指在细胞间质或细胞内出现一种镜检呈均质、无结构、半透明的玻璃样物质的病理现象。玻璃样物质即透明蛋白或透明素(hyalin)，可被伊红或酸性复红染成鲜红色。

细胞外的透明蛋白种类很多，主要包括：①瘢痕组织和肿瘤中的胶原(结缔组织中的透明蛋白)；②动脉硬化、肾小球硬化和许多上皮组织下方的基底膜增厚；③肾小管中的血浆蛋白凝结物(称为透明管型)。细胞内的透明蛋白，常见的是肾小管上皮细胞和肝细胞内的透明蛋白小滴(hyaline droplet)，以及浆细胞细胞浆内的复红小体(Russell 小体)。透明蛋白是细胞或其产物发生物理变化而融合成的一种无结构的均质性团块，已丧失其原来的特性。

(一)病因与类型

根据病因及发生部位可将玻璃样变性分为以下三种类型。

1. 细胞内透明滴样变性

细胞内透明滴样变性(hyaline droplet degeneration)指在变性细胞的细胞浆中出现大小不一的嗜伊红圆形小滴。细胞内透明滴样变性是由细胞从周围体液中吸收的或自身产生的过量蛋白质所形成的。例如，肾小球肾炎或其他疾病过程中伴有明显的蛋白尿时，肾小管上皮细胞内常发生这种变化。

镜检：肾小管上皮细胞肿胀。细胞浆中充满大小不一的嗜伊红圆球状颗粒，颗粒边缘整齐光滑，似水滴，有透明感。大的可超过红细胞，小的如颗粒变性(图 2-6)。

酒精中毒时，肝细胞核周围细胞浆内也可出现不规则的嗜伊红玻璃样物质。电镜下该物质由密集的细丝构成，可能是由于细胞内微管和微丝发生改变引起的，此结构在超微病理学中被称为 Mallory 小体或酒精透明小体(alcoholic hyaline body)。

另外，被覆上皮的角化也属于玻璃样变性，浆细胞中的复红小体也是一种透明小体，其实质是免疫球蛋白的凝集物。

2. 血管壁玻璃样变性

血管壁玻璃样变性包括由各种原因引起的动脉管壁玻璃样变性，它们在组织学上的共同特点是小动脉的膜结构被破坏，平滑肌纤维变性和结构消失，变成致密而无定形的透明蛋白，伊红深染，PAS 染色阳性。这种病变表示肌纤维溶解或动脉壁中发生血浆蛋白渗透和浸润。

血管壁玻璃样变性常发生在脾脏、心脏、肾脏等器官的小动脉，分为急性变化和慢性变化两个过程。急性变化的特征是管壁坏死和血浆蛋白渗出，浸润在血管壁内，如发生在坏死性动脉炎和血管壁纤维素样坏死等。慢性变化为急性变化损伤后的修复过程，最后导致动脉硬化，管壁增厚、均质，管腔变窄(图2-7)。动物临床上常见的是急性变化，慢性变化仅见于犬的慢性肾炎。

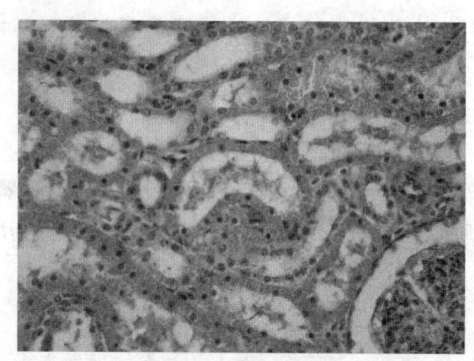

图 2-6　肾小管上皮细胞内透明滴样变性
　　(白瑞；H. E.×400)

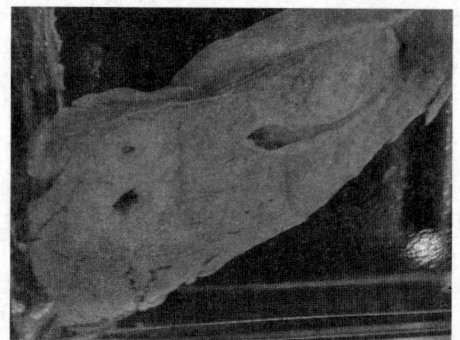

图 2-7　动脉血管玻璃样变性(白瑞)

动脉血管壁玻璃样变性的染色和形态变化决定于血管壁病灶中的主要成分。在急性病变时，血浆蛋白及脂肪渗入中膜，造成管壁增厚、层次不清和结构消失。应用免疫组化技术可以发现纤维蛋白原、白蛋白及各种球蛋白，但一般不存在黏多糖。

动物血管壁发生玻璃样变性的最普通原因是炎症性病变。例如，马病毒性动脉炎、牛恶性卡他热、鸡新城疫、鸭瘟、慢性肾炎等疾病均发生动脉炎症，在炎症基础上导致血管壁玻璃样变性。有些化学药品和毒素(如细菌内毒素、生物碱等)，对血管内皮细胞具有毒性作用，可以使肌型动脉的中膜发生急性坏死和玻璃样变性。

大多数能引起肌型动脉管壁坏死和玻璃样变性的物质的作用机制都是损伤内皮屏障，因为内皮屏障保护下层的中膜需要从血管腔内弥散入血管壁的氧和营养物质来维持正常代谢。当这些物质渗入中膜的量不足时，肌纤维就容易发生变性。如果血管通透性增高，血浆蛋白能自由地渗入中膜时，就会发生严重的玻璃样变性。

3. 纤维结缔组织玻璃样变性

纤维结缔组织玻璃样变性常见于瘢痕组织、纤维化的肾小球、动脉粥样硬化的纤维性瘢块等。

剖检：变性部位呈灰白色半透明状，质地坚实，缺乏弹性。

镜检：纤维细胞明显变少，胶原纤维增粗，并互相融合成为带状或片状的均质半透明状，失去纤维性结构。

纤维结缔组织发生玻璃样变性的机制尚不十分清楚。一种观点认为，在纤维瘢痕化过程中，胶原蛋白分子之间的交联增多，胶原纤维互相融合，其间夹杂积聚较多的糖蛋白，形成玻璃样物质；另一种观点认为，可能是由于缺氧、炎症等原因造成组织营养障碍，局部组织pH值降低或温度升高，使纤维组织中的胶原蛋白发生变性，沉淀变成明胶，致使胶原纤维肿胀、变粗并相互融合，成为均匀一致、无结构的半透明状态。

(二)结局和对机体的影响

轻度玻璃样变性是可以恢复的，但玻璃样变性严重的组织容易发生钙盐沉着，导致组织硬化。小动脉壁玻璃样变性时，管壁增厚、变硬，管腔变狭，甚至闭塞，可引起相应器官的缺血甚至坏死的病理过程，称为小动脉硬化症(arteriolosclerosis)。例如，猪瘟时，脾脏的梗死便是由中央动脉玻璃样变性所致。血管硬化若发生在重要器官(如心脏和脑)时，则可危及生命。结缔组织玻璃样变性可使组织变硬、失去弹性，引起不同程度的功能障碍。肾小管上皮细胞内透明滴样变性一般无细胞功能障碍，玻璃滴状物可被溶酶体消化。而浆细胞中形成的复红小体则可视为浆细胞免疫合成功能旺盛的一种标志。

五、淀粉样变性

淀粉样变性(amyloid degeneration)也称淀粉样变(amyloidosis)，是指细胞间质内出现的淀粉样物在某些器官的网状纤维、血管壁或组织间沉着的一种病理过程。淀粉样物是一种细胞外结合黏多糖的糖蛋白。

镜检：脾脏淀粉样变性中可见呈不规则的均质红染的条索或团块状淀粉样物，弱嗜酸性(图2-8)。刚果红染色时，淀粉样物变为橘红色(即刚果红嗜性)。淀粉样物在偏振光下具有典型的苹果绿双折光特性，在刚果红染色后尤其明显。

(一)病因和发生机理

淀粉样变性多发生于长期伴有组织破坏的慢性消耗性疾病和慢性抗原刺激的病理过程。例如，慢性化脓性炎症、骨髓瘤、结核、鼻疽，以及制造免疫血清的动物等。此外，鸭有一种自发性的全身性淀粉样变性，国内已有报道。

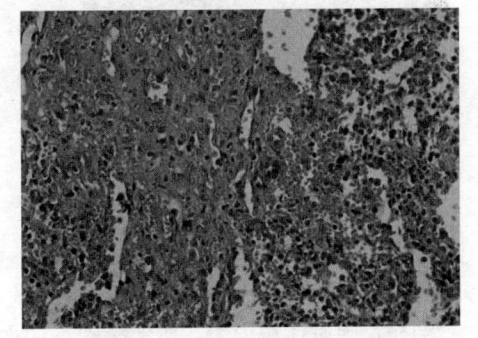

图2-8 脾脏淀粉样变性(白瑞)
淀粉样物沉着在脾髓细胞之间的网状纤维上，呈不规则的均质红染的条索或团块状，沉着部淋巴细胞萎缩消失(H.E.×400)

淀粉样物的形成机制包括：①错误折叠蛋白的自我复制(如朊病毒病)；②未能降解的错误折叠蛋白的积累；③基因突变导致蛋白错误折叠；④细胞合成的蛋白质生成过多(如浆细胞瘤)；⑤蛋白质组装过程中伴侣蛋白或其他必要成分的丢失。淀粉样物通常由未折叠或部分折叠的肽段形成，多肽链有序排列形成纤维状结构(不受氨基酸序列影响)，富含交叉的β-折叠(与纤维方向垂直)，这一结构是淀粉样蛋白自我复制的基础。

根据淀粉样蛋白前体肽的生化特征，可将其分为不同类型。轻链(light chain)淀粉样物是由浆细胞产生的免疫球蛋白轻链构成。在轻链淀粉样变(light chain amyloidosis)中，异常浆细胞分泌的轻链片段进入循环血液，导致淀粉样蛋白在全身各处沉积。由浆细胞瘤所引起的淀粉样物沉积称为原发性淀粉样变。虽然轻链淀粉样变可呈全身性发生，但在一些髓外(如皮肤)浆细胞瘤中，轻链淀粉样物仅沉积在肿瘤基质。炎症反应引起的全身性淀粉样变称为继发性淀粉样变。血清淀粉样蛋白A(serum amyloid A)(主要由肝脏产生)被切割成大小不等的片段，在肾脏(肾小球肾炎)、肝脏(狄氏隙)和脾脏等部位沉积。在沙皮犬和阿比西尼亚猫可发生遗传性淀粉样蛋白 A 沉积症，淀粉样蛋白 A 主要沉积在肾髓质的间质，而不是肾小球。

（二）病理变化

淀粉样变性常发生于肝脏、脾脏、肾脏和淋巴结等器官。

1. 肝脏淀粉样变性

剖检：肝脏肿大呈黄色或棕黄色，有时夹杂有黑红色出血斑点，质软易碎，切面结构模糊，似脂肪变性的肝脏（图 2-9）。淀粉样物大量沉着的肝脏易发生肝破裂，造成大出血而发生死亡。

镜检：淀粉样物主要沉着在肝细胞索和窦状隙之间的网状纤维，形成粗细不等的条纹或呈毛刷状，在 H.E. 染色切片中呈粉红色。随着淀粉样物沉着增多，肝细胞受压而逐渐萎缩，甚至消失，窦状隙也因受挤压而变小。严重时，整个肝小叶全部或大部分被淀粉样物所取代，仅能在大片淀粉样物中找到少数已经变性或坏死的肝细胞（图 2-10）。

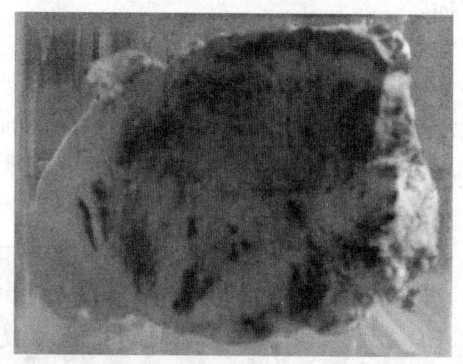

图 2-9　肝脏淀粉样变性（白瑞）

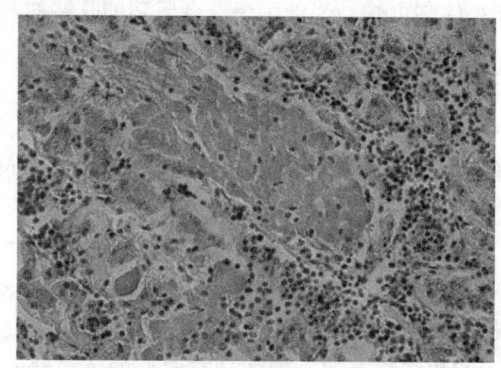

图 2-10　淀粉样物（白瑞）

淀粉样物呈均质红染，团块状（H.E.×400）

2. 脾脏淀粉样变性

脾脏是淀粉样变性的多发部位。

剖检：脾脏体积增大，质地稍硬，切面干燥，淀粉样物在脾脏中主要沉着在淋巴滤泡的周边、中央动脉壁的平滑肌和外膜之间及红髓的细胞间，其中以淋巴滤泡周边沉着量最多。在 H.E. 染色切片上可见淀粉样物呈粉红色的大团块，周围因网状细胞包围使淋巴滤泡和红髓逐渐萎缩消失。严重时，仅见少量红髓和脾小梁残存于粉红染的淀粉样物中。当淀粉样物沉着于脾淋巴滤泡时，呈透明灰白色彩粒状，外观如煮熟的西米，故称"西米脾"（sago spleen）。若淀粉样物弥散地沉积于红髓部位，则呈不规则的灰白色区，未沉着区域仍保留脾髓固有的暗红色，二者相互交织呈火腿样花纹，又称"火腿脾"（bacon spleen）（图 2-11）。

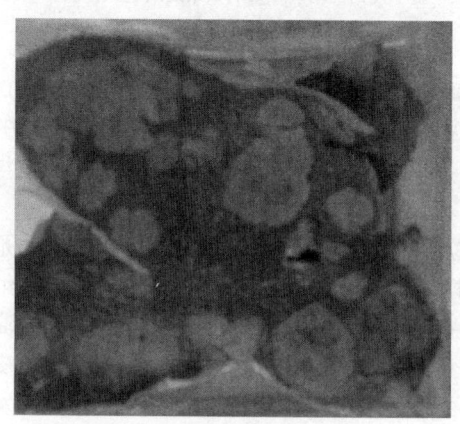

图 2-11　脾脏淀粉样变性（白瑞）

3. 肾脏淀粉样变性

剖检：肾脏体积增大，色泽变黄，表面光滑，被膜易于剥离，质脆。

镜检：肾小球毛细血管的管壁间出现粉红色

的团块状物质。有时也可见于肾球囊壁的基膜和肾小管的基底膜上。严重时整个肾小球可以完全被淀粉样物所取代。

4. 淋巴结淀粉样变性

剖检：淋巴结肿大，呈灰黄色，质地较坚实，易碎裂。切面呈油脂样。

镜检：淀粉样物沉着在淋巴窦和淋巴滤泡的网状纤维上。严重时，整个淋巴结沉着大小不等的粉红染色的淀粉样物团块，淋巴实质萎缩消失。

(三)结局和对机体的影响

变性初期，病因消除后淀粉样物可被清除，病变可恢复。淀粉样变性是一种进行性过程，原因是淀粉样物分子对吞噬作用和蛋白分解作用有很强的抵抗力，以致网状内皮系统不能有效地将其清除掉。肾小球淀粉样变性时，可使血浆蛋白大量外漏造成肾小球闭塞，导致肾小球滤过率下降，引起尿毒症；肝脏发生淀粉样变性时，可引起肝功能下降，严重时可造成肝破裂。

第四节 坏 死

活体内局部组织细胞的病理性死亡称为坏死(necrosis)。坏死可由强烈的致病因素直接引起，但大多数情况是由可逆性损伤发展而来。坏死细胞在溶酶体酶的作用下发生溶解而呈现出形态学变化。炎症时，坏死细胞及周围渗出的中性粒细胞释放溶酶体酶，可促进坏死的进一步发生和局部实质细胞溶解，因此，坏死同时累及多个细胞。

(一)病因和发生机理

坏死发生的原因有机械性、物理性、化学性、生物性、血管源性、神经营养及过敏原性因素等。在疾病过程中，任何致病因素作用只要达到一定的强度或持续相当的时间，均可使细胞、组织代谢完全停止，引起细胞坏死。

1. 机械性因素

挫伤、创伤、压迫等均能引起细胞死亡。

2. 物理性因素

高温、低温、射线等均可直接损伤细胞引起坏死。高温可使细胞内蛋白质(包括酶)变性、凝固；低温能使细胞内水分结冰，破坏细胞浆胶体结构和酶的活性，造成细胞坏死；射线能破坏细胞的 DNA 或与 DNA 有关的酶系统，从而导致细胞坏死。

3. 化学性因素

强酸、强碱、某些重金属盐类、有毒化合物、有毒植物等均能引起细胞坏死。强酸、强碱、重金属盐等可使细胞蛋白质及酶的活性发生改变；氰化物可以灭活细胞色素氧化酶，使细胞有氧氧化发生障碍；四氯化碳能破坏肝脏脂蛋白结构，使细胞坏死。

4. 生物性因素

各种微生物和寄生虫毒素能直接破坏宿主的酶系统、代谢过程和膜结构，引起细胞坏死。细菌菌体蛋白引起的变态反应也是引起组织、细胞坏死的原因。

5. 血管源性因素

动脉受压、长时间的痉挛、血栓形成和栓塞等可导致局部缺血或细胞缺氧，使细胞的有氧呼吸、氧化磷酸化及 ATP 酶生成障碍，导致细胞代谢障碍，引起细胞坏死。

6. 神经营养因素

当中枢神经和外周神经系统损伤时，相应部位的组织细胞因缺乏神经因子和兴奋性冲动而发生萎缩、变性，引起细胞坏死。

7. 过敏原性因素

过敏原性因素是指能引起过敏反应而导致组织、细胞坏死的各种抗原(包括外源性和内源性抗原)。例如，弥散性肾小球肾炎是由外源性抗原引起的过敏反应，此时的抗原与抗体结合成免疫复合物并沉积于肾小球，通过激活补体，吸引中性粒细胞，释放其溶酶体酶，导致基底膜破坏，引起细胞坏死和炎症反应。

(二)病理变化

细胞坏死的病理变化是一个极其复杂的过程，如果死亡很快，如氰化物作用于细胞色素氧化酶引起的坏死，细胞病变常不明显，甚至用常规亚显微技术也看不见明显变化。相反，如死亡过程较长，病变则较明显而广泛。

细胞坏死的变化表现在细胞核、细胞浆及间质的改变。

1. 细胞核的变化

细胞核的变化是镜检判定细胞坏死的主要标志，表现为以下几个方面。

(1)核浓缩(karyopyknosis)

细胞核染色质DNA浓聚、皱缩，使核体积缩小，嗜碱性增强，提示DNA转录合成停止。

(2)核碎裂(karyorrhexis)

由于核染色质崩解和核膜破裂，细胞核发生碎裂，使核物质分散于细胞浆中，也可由核浓缩裂解成碎片而来。

(3)核溶解(karyolysis)

在DNA酶的作用下，染色质DNA分解，核染色质嗜碱性减弱，以致核蛋白溶解，仅能见到核的轮廓，最后核完全消失。

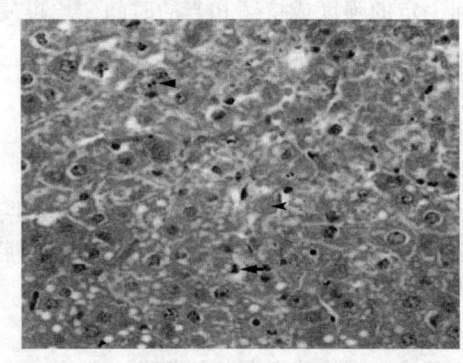

图2-12 肝细胞坏死(白瑞)
核碎裂(◄)、核浓缩(►)、核溶解(◄)(H.E.×400)

核浓缩、核碎裂、核溶解的发生不一定是循序渐进的过程。不同病变及不同类型的细胞死亡时，核的变化也有所区别。它们各自的形态特点如图2-12所示。

2. 细胞浆的变化

细胞坏死后，细胞浆首先发生改变。坏死细胞因核糖体消失、蛋白变性、糖原颗粒减少等而呈现嗜酸性增强。然后细胞浆中出现颗粒和不规则空隙，这是由于细胞浆结构破坏崩解。最后细胞破裂，整个细胞轮廓完全消失，变成一片红染的细颗粒状物质。有时单个细胞(如肝细胞)坏死后，细胞浆水分逐渐丧失，细胞核破坏消失，细胞浆伊红深染，整个细胞变成红色无结构小球状，称为嗜酸性坏死。

电镜下可见坏死细胞结构模糊，细胞膜边界不整齐，显有突起，细胞间连接消失。细胞浆浓缩、均质化或空泡化，线粒体肿胀，形成镜检可见的嗜伊红性颗粒，有时发生浓缩或溶解，细胞浆中出现充满碎屑的自噬泡和细胞溶酶体。细胞核浓缩、破裂和溶解，核膜折叠和溶解。严重时细胞核、细胞浆完全消失。

3. 间质的变化

由于间质比实质细胞对损伤的耐受性强，因此，间质出现损伤的时间要晚于实质细胞。

随后，在各种水解酶的作用下，间质中的细胞、纤维及基质均可发生变性、坏死性改变。间质细胞的变化与上述细胞变化相同，而胶原纤维先是发生肿胀，继而崩解或断裂，相互融合，失去原有的纤维性结构，变成均质、暗红、无结构的纤维素样物质，即纤维素样坏死或纤维素样变(见第三章胶原纤维坏死)。网状纤维与弹性纤维也会伴有不同程度的坏死性变化。有时由于伴发血管的渗透性改变，血浆中的纤维蛋白同时渗出，与坏死的胶原纤维融合在一起，无法区别。最后，坏死的细胞与崩解的间质融合成一片无结构的颗粒状红染物质，这种现象常见于一般凝固性坏死的组织。

必须应用特殊染色方法，才能观察到间质中的网状纤维的坏死变化。用银染法可以发现网状纤维初期膨胀变粗，最后断裂、溶解和消失。

(三)坏死的类型

根据组织坏死后的形态特征，坏死主要分为以下三种类型。

1. 凝固性坏死

凝固性坏死(coagulation necrosis)以坏死组织发生凝固为特征。其发生机制是由于致病因子使组织失去水分，细胞浆蛋白质凝固，细胞溶酶体酶含量少或水解酶受到损害，导致坏死组织不被分解。坏死组织发生凝固也可能与病因直接作用下组织蛋白发生变性凝固有关。

剖检：坏死组织早期因吸收周围的组织液而显肿胀，质地干燥、坚实，坏死区界限清楚，呈灰白色或黄白色，无光泽，周围常有暗红色的充血与出血带。

镜检：坏死组织结构的轮廓尚在，但实质细胞的正常结构已消失，坏死细胞核完全崩解消失，或有部分核碎片残留。细胞浆崩解，融合成一片淡红色、均质、无结构的颗粒状物质。常见的组织凝固性坏死有以下三种类型。

(1)贫血性梗死

贫血性梗死是一种典型的凝固性坏死。

剖检：坏死区呈灰白色、干燥，早期肿胀，稍突出于脏器的表面，切面呈楔形或不规则形，周界清楚。

镜检：坏死初期的组织结构轮廓仍保留，如肾小球和肾小管的形态依然隐约可见，但实质细胞的正常结构已破坏消失。坏死细胞核完全崩解消失，或有部分碎片残留，细胞浆崩解融合成一片淡红色、均质、无结构的颗粒状物质。

(2)干酪样坏死

干酪样坏死(caseous necrosis)的特征是坏死组织崩解彻底，常见于结核分枝杆菌引起的感染。除凝固的蛋白质外，坏死组织还含有多量脂类物质(来自结核分枝杆菌)。

剖检：外观呈黄色或灰黄色，质地柔软、致密，形似奶酪(图2-13)，故称为干酪样坏死。这是由于存在特殊的脂类和结核分枝杆菌的糖类及磷酸盐等可抑制白细胞溶酶体酶的蛋白溶解作用，阻止了坏死组织的液化过程，因而能长期保留其干酪样的凝固状态而不溶解。

镜检：组织的固有结构完全破坏消失，实质细胞和间质都彻底崩解，融合成均质嗜伊红的无定形颗粒状物质。如果坏死灶中有其他细菌继发感染，引起中性粒细胞浸润时，干酪样物质可以迅速软化。例如，结核病病灶部位的空洞形成，通常是干酪样坏死继发软化产生的。

(3)蜡样坏死

蜡样坏死(waxy necrosis)是肌肉组织发生的一种凝固性坏死。

剖检：肌肉肿胀、混浊、无光泽、干燥、坚实，呈灰黄色或灰白色，外观犹如石蜡，故又称蜡样坏死(图2-14)。此种坏死常见于动物因维生素E和硒缺乏所致的白肌病。

镜检：肌纤维肿胀，细胞核溶解，横纹消失，细胞浆变为红染、均匀、无结构的玻璃样物质。

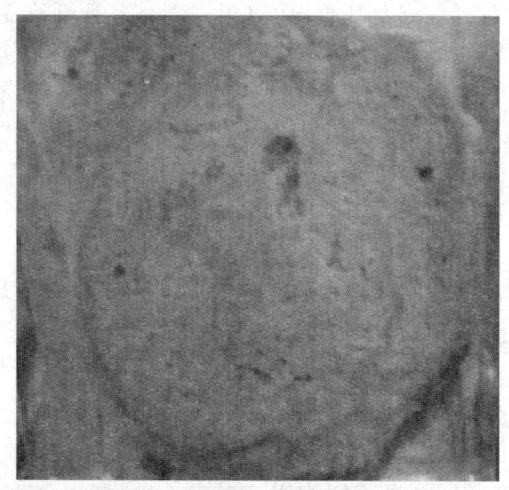 

图 2-13　牛肺结核（白瑞）　　　　图 2-14　肌肉蜡样坏死（白瑞）

2. 液化性坏死

组织坏死后，在蛋白水解酶作用下发生溶解液化，称为液化性坏死（liquefactive necrosis）。此种坏死主要发生于富含磷脂和水分，而蛋白质少的神经组织。其他器官仅在因某种原因水分从周围组织进入坏死组织后方可出现。脑组织蛋白质含量少，水分和磷脂类物质含量多，磷脂对凝固酶有抑制作用，脑组织坏死后很快液化，故又称脑软化。此外，化脓性炎时，中性粒细胞崩解，释放出大量的蛋白分解酶，使坏死组织迅速溶解，与渗出液等组成脓汁。

镜检：神经组织液化后形成网状软化灶，或进一步分解为液体，形成空洞。例如，马镰刀菌毒素中毒、雏鸡维生素 E 和硒缺乏症均可引起脑液化性坏死。

脂肪坏死（fat necrosis）是脂肪组织的一种分解变质性变化，也属于液化性坏死。常见的有胰性脂肪坏死和营养性脂肪坏死。胰性脂肪坏死又称酶解性脂肪坏死，是胰酶外溢并被激活而引起的脂肪组织坏死，常见于胰腺炎或胰腺导管损伤。此时，脂肪被胰脂肪酶分解为甘油和脂肪酸，前者可被吸收，后者与组织中的钙结合形成不溶性的钙皂。

剖检：脂肪坏死部为不透明的白色斑块或结节。

镜检：脂肪细胞只留下模糊的轮廓，内含粉红色颗粒状物质。H. E. 染色，脂肪酸与钙结合形成深蓝色的小球。

营养性脂肪坏死多见于患慢性消耗性疾病而呈恶病质状态的动物，全身各处脂肪，尤其是腹部脂肪（肠系膜、网膜和肾周围脂肪）发生坏死。脂肪坏死部初期为散在的白色细小病灶，以后逐渐增大为白色坚硬的结节或斑块，并相互融合。陈旧的坏死灶周围有结缔组织包囊形成。其发生机制尚不完全清楚，可能与大量动用体脂且脂肪利用不全，致使脂肪酸在局部蓄积有关。

3. 坏疽

组织坏死后受外界环境影响和腐败菌感染而引起的继发变化，称为坏疽（gangrene）。

病变部位色泽晦暗，呈黑褐色或黑色，这是由于腐败菌分解坏死组织产生的硫化氢与血红蛋白中分解出来的铁结合，形成黑色的硫化铁的结果。坏疽常发生在容易受腐败菌感染的部位，如四肢、尾根及与外界相通的内脏器官（肺脏、肠、子宫）等。按其原因及病理变化可将坏疽分为干性坏疽、湿性坏疽、气性坏疽三种类型。

(1) 干性坏疽

干性坏疽(dry gangrene)多发生于体表皮肤，尤其是耳壳边缘、四肢末端和尾尖。其特点是坏死部位皮肤干燥、变硬，呈褐色或黑色，与相邻健康组织之间有明显的炎症分界线。这是由于坏死组织暴露在空气中，水分逐渐蒸发而变得干燥，故腐败菌不易大量繁殖而腐败过程轻微，坏死组织的自溶分解也被阻抑。干性坏疽常发生于某些传染病(猪丹毒、猪钩端螺旋体病等)和冻伤。另外，衰竭动物长期躺卧时发生的褥疮也属于皮肤的干性坏疽。

(2) 湿性坏疽

湿性坏疽(moist gangrene)又称腐败性坏疽，是指坏死组织在腐败菌作用下发生液化。常见于与外界相通的器官，如肺脏、肠、子宫等，也可发生于动脉阻塞及静脉回流受阻的肢体。坏死组织含水分较多，适合腐败菌繁殖，故腐败严重。湿性坏疽的组织柔软、崩解，呈污灰色、蓝绿色或黑红色糊粥样。由于蛋白质经腐败菌分解产生吲哚、粪臭素等，使局部散发恶臭气味。湿性坏疽发展较快并向周围组织蔓延，故坏疽区与健康组织之间的分界不明显。同时，组织腐败分解的毒性产物和细菌毒素被机体吸收，可引起严重的全身中毒。湿性坏疽常见于牛、马的肠扭转、肠套叠，以及异物性肺炎、腐败性子宫内膜炎和乳腺炎等，属于炎症过程继发感染的结果。

(3) 气性坏疽

气性坏疽(gas gangrene)为湿性坏疽的一种特殊类型，即在不同部位的皮肤和肌肉形成黑褐色肿胀，周围组织中有气泡。主要见于严重的深部刺创(如阉割、枪伤等)和厌氧菌(如恶性水肿梭菌、产气荚膜梭菌等)感染。组织分解同时产生大量气体，使坏死组织变成蜂窝样，呈污秽的暗棕黑色，用手按压有捻发音；切开流出多量具酸臭气味并含有气泡的混浊液体。气性坏疽发展迅速，其毒性产物吸收后可引起全身中毒，常导致动物死亡。

(四) 结局和对机体的影响

坏死的结局取决于坏死的原因、局部状态和机体的全身状况。坏死组织作为机体内的异物，与其他异物一样刺激机体发生防御性反应，机体通过多种方式对坏死组织加以处理和清除。

1. 溶解吸收

较小的坏死灶可崩解或经中性粒细胞释放的蛋白溶解酶分解为小的碎片或完全液化，经淋巴管、小血管吸收，不能吸收的细胞碎片由巨噬细胞吞噬清除，缺损的组织由周围健康细胞再生或形成肉芽组织进行修复。

2. 腐离脱落

皮肤或黏膜上较大的坏死灶不易完全吸收，多为腐离脱落结局。由于坏死组织分解产物的刺激作用，坏死组织与周围健康组织之间发生反应性炎症，表现为血管充血、浆液渗出和白细胞游出。渗出的大量白细胞可吞噬坏死组织碎片，并释放蛋白溶解酶，将坏死组织边缘溶解液化，促使坏死组织与周围健康组织分离，进而发生脱落或排出，形成组织缺损。坏死组织腐离脱落后在该处留下缺损，浅层称为糜烂(erosion)，深层称为溃疡(ulcer)。组织坏死后形成的开口于皮肤黏膜表面的深在性盲管，称为窦道(sinus)。连接两个内脏器官或从内脏器官通向体表的通道样缺损，称为瘘管(fistula)。肺脏、肾脏等内脏坏死物液化后，经支气管、输尿管等部位排出，所残留的空腔称为空洞(cavity)。

3. 机化和包囊形成

当组织坏死范围较大，不能完全溶解吸收或腐离脱落时，可以由周围新生的毛细血管和成纤维细胞形成的肉芽组织逐渐生长并取代的过程，称为机化(organization)。如果坏死组织不能被完全机化，则可由周围新生肉芽组织将其包裹，称为包囊形成(encapsulation)。

4. 钙化

凝固性坏死物很容易发生钙盐沉着，即钙化(calcification)。例如，结核、鼻疽病的坏死灶、寄生虫的寄生灶均易钙化。

第五节 病理性物质沉着

病理性物质沉着是指某些病理性物质在器官、组织或细胞内的异常沉积。其发生机理较为复杂，目前尚不十分清楚。机体细胞具有摄食、消化和贮存等功能。这些功能的正常进行，需要溶酶体的参与，溶酶体内含多种水解酶，能够溶解、消化多种大分子物质，如蛋白质、核酸与糖类，但细胞的摄食和消化作用是有一定限度的，如果上述物质过多，不能被溶酶体酶所消化时，便会在细胞内沉积。因此，病理性物质沉着往往发生在细胞溶酶体超负荷的情况下。外源性物质(如色素、无机粉尘和某些重金属等)也可积聚在细胞浆中。病理性物质沉着常见有病理性钙化、结石形成、痛风和病理性色素沉着。

本节主要叙述病理性钙化和结石形成。

一、病理性钙化

在血液和组织内的钙以两种形式存在，一部分为 Ca^{2+}，另一部分是和蛋白质结合的结合钙。在正常情况下，动物体内仅在骨和牙齿内的钙盐呈固体状态存在，称为钙化(calcification)，而在其他组织、细胞中，钙质一般均以离子状态出现；在病理情况下，钙盐析出呈固体状态，将沉积于除骨和牙齿外的其他组织、细胞内的称为钙盐沉着或病理性钙化(pathological calcification)。沉着的钙盐主要是磷酸钙，其次是碳酸钙，还有少量其他钙盐。

(一)病因和发生机理

病理性钙化的发生机制较为复杂。为了便于理解，先了解钙磷正常生理代谢过程。

血液中钙磷的含量比值是恒定的，二者的乘积常保持一定数值，即 $Ca^{2+} \times PO_4^{3-} = 35$。这个数值称为钙磷溶解度乘积常数。即当血液中乘积常数大于 35 时，在一定条件下，钙磷以骨盐形式沉积于骨组织中；当乘积常数小于 35 时，则可影响骨的钙化，甚至促使骨盐溶解。血钙浓度通常维持在一定范围内，血钙平衡与钙的吸收、利用和排出有很大的关系，同时受多种因素的影响，特别是维生素 D 及甲状旁腺激素对钙的代谢起着重要作用。维生素 D 可直接促进钙在肠道内的吸收，而甲状旁腺激素则通过促进影响血钙吸收的因素从而间接地影响血磷，反之亦然。如果血钙降低，血磷含量则增高；相反，血钙升高时则伴有血磷含量的降低，以维持钙磷溶解度乘积常数恒定。无论生理性钙化还是病理性钙化，都是组织液中呈离解状态的 Ca^{2+} 和 PO_4^{3-} 相结合而发生的沉淀所致。当 Ca^{2+} 和 PO_4^{3-} 的浓度在组织液中的乘积超过其溶解度乘积常数时，局部组织就会发生磷酸钙的沉着。

病理性钙化可分为营养不良性钙化(dystrophic calcification)和转移(迁徙)性钙化(metastatic calcification)两种类型。前者主要发生在局部组织变性坏死的基础上，由于局部组织的理化环境改变而促使血液中 Ca^{2+}、P^{5+} 析出和沉积；后者发生在高血钙的基础上，当血液中 Ca^{2+} 浓度升高时，钙盐可沉着在多处健康的器官与组织中。两种钙化的形态表现基本相同，但其发生机制及对机体的影响则不同。

1. 营养不良性钙化

营养不良性钙化(dystrophic calcification)可简称为钙化,是指钙盐沉着在变性、坏死组织或病理性产物中的异常钙盐沉积。包括:①各种类型的坏死组织,如结核病干酪样坏死灶、脂肪坏死灶、梗死灶、干涸的脓液等;②玻璃样变或黏液样变的组织,如玻璃样变或黏液样变的结缔组织、白肌病时坏死的肌纤维;③血栓;④死亡的寄生虫(虫体、虫卵)、死亡的细菌团块;⑤其他异物等。这种钙化并无全身性钙磷代谢障碍,机体的血钙并不升高,而仅是钙盐在局部组织的析出和沉积。营养不良性钙化的机制尚未完全清楚,一般认为,钙化的发生与坏死局部的碱性磷酸酶升高有关。碱性磷酸酶能水解有机磷酸酯,使局部 PO_4^{3-} 增多,进而使 Ca^{2+} 和 PO_4^{3-} 浓度的乘积超过其溶解度乘积常数,于是形成磷酸钙沉淀。碱性磷酸酶的来源有两个:一是从坏死细胞的溶酶体释放出来,二是吸收了周围组织液中的磷酸酶。此外,这种钙化可能与局部 pH 值的变化有关。即变性、坏死组织的酸性环境先使局部钙盐溶解, Ca^{2+} 浓度升高,以后由于组织液的缓冲作用,病灶碱性化,使钙盐从组织液中析出并沉积于局部。还有人认为,某些坏死组织对钙盐具有吸附性或亲和力。有资料表明,凡组织或其分泌物的质地均匀而呈玻璃样(如玻璃样变的组织),则钙盐均易沉着。例如,白肌病时的变性肌纤维。又如,脂肪组织坏死后发生的钙化是由于脂肪分解产生甘油和脂肪酸,后者和组织液中的 Ca^{2+} 结合,形成钙皂,钙皂中的脂肪酸又被 PO_4^{3-} 或 CO_3^{2-} 所替代,最后形成磷酸钙和碳酸钙而沉淀下来。

2. 转移性钙化

转移性钙化(metastatic calcification)是指由于血钙浓度升高,以及钙磷代谢紊乱或局部组织 pH 值改变,使钙在未损伤组织中沉着的病理过程。一般比较少见,主要是由于全身性钙磷代谢障碍,血钙和/或血磷含量增高时,钙盐沉着在机体多处健康组织中所致。钙盐沉着的部位多见于肺脏、肾脏、胃肠黏膜和动脉管壁。

血钙升高常见的原因有:①甲状旁腺功能亢进(当甲状旁腺瘤或代偿性增生时)。甲状旁腺激素(parathyroid hormone, PTH)分泌增多,甲状旁腺激素可快速直接作用于骨细胞并激活腺苷酸环化酶,使磷酸腺苷(camp)增多,导致线粒体等胞内钙库释放 Ca^{2+} 进入血液。甲状旁腺激素的持续作用,一方面,能抑制新骨形成及通过酶系统促使破骨细胞活动加强,使破骨细胞增多,导致骨质脱钙疏松,引起血钙升高;另一方面,甲状旁腺激素作用于肾小管,可抑制肾小管对 PO_4^{3-} 的重吸收,使 PO_4^{3-} 从肾脏排出增多,血液中 PO_4^{3-} 浓度降低,这就造成血液中 Ca^{2+} 与 PO_4^{3-} 浓度的乘积下降,导致骨内钙盐分解,使血钙升高。血钙升高也和尿中排出的钙减少有关,因为甲状旁腺激素能够促进肾小管对钙的重吸收。②骨质大量破坏(常见于骨肉瘤和骨髓瘤)。骨内大量钙质进入使血钙浓度升高。③接受维生素 D 治疗或摄入维生素 D 量过多。可促进钙从肠道吸收和磷酸盐从肾排出,使血钙增加,甲状旁腺激素也具有同样的作用。

转移性钙化常发生的部位有明显的选择性,说明转移性钙化除全身性因素,即血钙升高等原因外,可能还与局部因素有关。例如,转移性钙化易发生于肺脏、肾脏、胃黏膜和动脉管壁等处,可能与这些器官、组织排酸(肺脏排碳酸、肾脏排氢离子、胃黏膜排盐酸)后使其本身呈碱性状态,而有利于钙盐沉着有关。又如,胃黏膜壁细胞代谢过程中产生的二氧化碳和水在碳酸酐酶的作用下形成碳酸,后者又解离为 H^+ 和 HCO_3^-, H^+ 与 Cl^- 合成盐酸被排出,而 HCO_3^- 与 Na^+ 结合为碳酸氢钠,故胃黏膜呈现碱性。肾小管钙化还与局部 Ca^{2+}、P^{5+} 浓度增高有关。转移性钙化也可发生于肌肉和肠等部位。软组织发生广泛性钙化的机制尚不清楚,一般认为是由于饲料中镁缺乏、慢性肾病和植物中毒等引起的。某些植物毒素有生钙作用,例如,动物采食茄属、夜香树和三毛草属植物时,出现高血钙、高磷酸盐血和广泛的钙化。毒素有维生素D样作用,可引起软组织钙化和进行性衰弱。这些植物的叶中含有一种类似1,25-二羟胆钙化醇(维生素D的活性代谢产物)的类固醇糖苷轭合物,可刺激钙结合性蛋白质的合成,并增强肠道对钙的吸收。

(二)病理变化

广泛的转移性钙化称为钙化病(calliopsis)。无论营养不良性钙化还是转移性钙化,其病理变化基本相同。病理性钙化病变程度与钙盐沉着量有关。

病理性钙化是由钙盐逐渐积聚而成的,因此,它是一种慢性病理过程。早期或钙盐沉着很少时肉眼很难辨认,通过镜检才能识别。若钙盐沉着较多,范围较大时,则肉眼可见。

剖检:钙化组织呈白色石灰样的坚硬颗粒或团块,触之有砂粒感,刀切时发出磨砂声,甚至不易切开,或使刀口转卷、缺裂。例如,宰后牛和马肝脏表面形成大量钙化的寄生虫小结节,此类病变常称为砂粒肝(图2-15)。

镜检:在H.E.染色切片中,钙盐呈蓝色颗粒状(图2-16)。严重时,呈不规则的粗颗粒状或块状,如结核坏死灶后期的钙化。如果钙盐沉着很少,有时易与细菌混淆,但细心观察,钙盐颗粒粗细不一。如果做进一步鉴别,可采取硝酸银染色法(Von Kossa 反应),钙盐所在部位呈棕黑色。

图2-15 砂粒肝(白瑞)

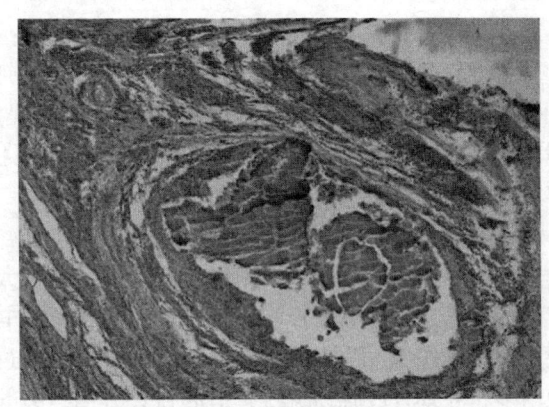

图2-16 寄生虫钙盐沉积(白瑞)
肝脏组织中的钙化灶,外围有结缔组织形成的
包囊(H.E.×100)

转移性钙化常沉着在某些健康器官,尤其是肺泡壁、肾小管、胃黏膜的基底膜和弹力纤维上。沉着的钙盐呈均匀或不均匀分布。若细胞内钙化时,钙盐往往沉着在细胞器,特别是线粒体上。

(三)结局和对机体的影响

钙化的结局和对机体的影响视具体情况而定。少量的钙化物,有时可被溶解吸收,如小鼻疽结节和寄生虫结节的钙化。若钙化灶较大或钙化物较稳定时,则难以完全溶解、吸收,使器官、组织的功能降低,这种病理性钙化灶对机体来说是一种异物,能刺激周围的结缔组织增生,并将其包裹起来。

一般来说,营养不良性钙化是机体一种防御适应性反应。通过钙化及钙化后引起纤维结缔组织增生和包囊形成,可以减少或消除钙化灶中病原和坏死组织对机体的继续损害,它可使坏死组织或病理产物在不能完全被吸收时变成稳定的固体物质。例如，结核结节的钙化可使结核菌固定并逐渐失去活力。但该菌在钙化灶中可存活很长时间，一旦机体抵抗能力下降，则可能再度繁殖而复发。钙化严重时，易造成器官、组织钙化，功能降低，并导致其他病变的发生。

转移性钙化的危害性取决于原发病，常给机体带来不良影响，其影响程度取决于钙化发生的部位和范围。例如，血管壁发生钙化时，可导致管壁弹性减弱、变脆，影响血流，甚至出现血管破裂；脑动脉壁发生钙化时，血管变硬、变脆、失去弹性，易发生破裂，引起脑出血。

二、结石形成

在腔状器官或排泄管、分泌管内，体液中的有机成分或无机盐类由溶解状态变成固体物质的过程，称为结石形成（calculosis），形成的固体物质称为结石（concretion, calculus）。家畜的结石最常发生于消化道、胆囊、胆管、肾盂、膀胱、尿道、唾液腺及胰腺的排泄管中。犬、猫的结石最常见于膀胱、肾盂、尿道、胆囊的排泄管中。

(一)病因和发生机理

结石的种类较多且成分各异，因而其发生原因和机制也不尽相同。一般来说，结石形成都与局部炎症有关，当囊腔器官或排泄管的管壁发生炎症时，其中脱落的细胞成分或渗出的物质就可成为结石的核，随后在核的表面可吸附无机盐类和一些胶体物质，并逐步增大形成结石；此外，机体内排泄物或分泌物中水分被吸收或盐分浓度过高时，也可使盐类浓缩形成结石。这里叙述的仅是在各种结石形成过程中比较重要的共同因素，至于某种结石的独特成因，将在谈及具体结石时再做介绍。

1. 胶体状态的改变

结石形成是盐类从液体中析出的结果。在正常情况下，分泌液或排泄物中的矿盐晶体受到胶体的保护，即使在液体中呈过饱和状态，也不发生结晶沉淀。但是这种平衡是脆弱的，一旦平衡紊乱，便有矿盐结晶析出，生成沉淀。溶液中的盐类浓度升高和胶体降低都是平衡紊乱的原因。局部组织感染发生炎症，可使胶体降低，对矿盐的保护作用减弱，同时炎性渗出物又可构成结石的有机核，进一步促进结石的形成。

2. 有机核的形成

炎症渗出物、细菌团块、脱落的上皮细胞、小的血凝块、黏液，以及胶体状态紊乱使溶胶变成凝胶并形成胶体性凝块等，均可成为结石的有机核。有机核的表面可吸附矿盐结晶和集聚凝固的胶体。结石本身是一种异物，可刺激组织发生炎症，炎性渗出物又在结石的表面构成一层有机基质，使矿盐结晶吸附沉着，循此往复，结石逐渐增大，形成具有同心轮层状结构的结石。

3. 排泄通道阻塞

在排泄通道阻塞时，内容物滞留，水分被吸收，分泌物浓缩，使其中盐类浓度升高，破坏了胶体的保护作用，于是盐类结晶沉淀。当动物运动不足或粗饲料缺乏时，胃肠内容物滞留、浓缩，以及胆道感染和狭窄所致的胆汁淤滞和浓缩等，均可使其内容物中的盐类浓度升高，从而结晶析出。

4. 矿物质代谢障碍

甲状旁腺功能亢进时，由于骨中大量的钙被析出，血液和细胞外液中的 Ca^{2+} 浓度升高，从而使分泌物中的钙盐浓度也升高。当饲料中磷钙不平衡（高磷）时，PO_4^{3-} 与 Ca^{2+} 结合成不溶性磷酸钙，降低了钙的吸收，引起低钙血症。低血钙刺激甲状旁腺增生的同时，又可增加钙在分泌物中的浓度，促使钙盐结晶沉淀。肠道内不溶性磷酸钙的存在，更有利于肠结石的形成。

（二）结石的种类、病理变化和对机体的影响

结石的种类有多种，最常见的有肠结石、尿石、胆石、唾石和胰腺结石等。

1. 肠结石

肠结石(enterolith)即肠石，是一种有核心的轮层状结构的坚硬形成物。主要发生在马、骡等的大肠，呈淡灰色，圆形、卵圆形或不规则形（图2-17）。其大小、质量与数量可因病例各异，而且差异很大。由于肠道的蠕动，结石表面受到反复摩擦，因此，比较光滑。结石切面的中心为异物（木片、石片、玻璃片和炎性渗出物等）与浸透钙盐的胶体所构成的核心，外围是呈轮层状沉着的矿盐。肠石的主要成分以磷酸铵镁为主，另外，还含有磷酸钙、碳酸钙、磷酸镁、硅酸钙等矿盐。磷酸镁存在于多种饲料中，在麸皮中含量最多，在胃中经胃酸作用后溶解，在小肠内被吸收。例如，饲喂大量麦麸又伴有胃肠道功能障碍（如慢性卡他性胃肠炎），胃酸分泌不足，肠道运动迟缓，则未溶解的磷酸镁进入大肠。麦麸蛋白质含量较高，在大肠内经细菌作用形成大量铵。慢性大肠炎更易促进铵的形成。磷酸镁和铵结合成不溶性磷酸铵镁，为结石形成提供了材料。当上述条件具备时，就可形成肠石。小肠蠕动较快，不利于细菌对蛋白质的分解和铵的形成，因此，小肠不形成结石。

图2-17 斑马肠结石（白瑞）

此外，在胃肠内可出现毛结石和植物粪石这两种假性结石。

毛结石(piliconcretion)主要见于反刍动物的前胃，也见于猪的结肠和单蹄动物的大肠，特别是在饲料缺乏矿物质或矿物质不平衡时，羔羊可能出现异食现象，舔食母羊的被毛，在前胃中形成毛球。

植物粪石(phytobezoar)多见于马、羊和鹿的大结肠，主要由植物纤维和少量矿物质等构成。结粪块是没有消化的饲料黏聚粪便、异物所构成，有时也见于犬、猫。

毛结石和植物粪石的外表常呈黑色、灰黄色或灰白色，似干牛粪，因其主要成分不是矿盐结晶而是毛发和植物纤维，故其质地松软，质量较轻，能用火点燃，称为假性结石。

肠结石、毛结石和植物粪石对机体的影响取决于结石的数量、大小和性质。少量小结石可随粪便排出体外。马、骡发生较大的肠结石，可压迫肠壁，引起肠壁损伤、溃疡、坏死甚至穿孔，也可阻塞肠腔的狭窄部，引起肠梗阻，诱发疝痛，后果严重。而毛结石和植物粪石因胃肠蠕动，可驱使其在腔内来回移动，因此，表面光滑，不致损伤胃肠壁。这类假结石如果体积小，游离在肠腔内不会引起太大伤害；当前胃收缩而进入皱胃时，可阻塞幽门出口。

此外，如果上述结石体积大、数量多、排出困难而阻塞肠管，也会引起严重后果。

2. 尿石

尿石(urolith)是指在肾盂、膀胱和尿路中形成的结石，是肉眼可见的尿酸盐、尿蛋白和含蛋白质碎屑的集合物。多见于反刍动物和马，杂食动物与肉食动物少见。尿石的数量和大小差异很大，小的尿石常为球形，大的尿石外形与所在空腔的形状相一致，即呈肾盂、输尿管

和膀胱的形状。成分不同的尿石，有其特殊的外观。草酸盐尿石硬而重，白色至淡黄色，表面有的光滑(图 2-18)，有的粗糙或呈锯齿状。尿酸盐结石大部分由铵盐或钠盐组成，这类结石一般较小，坚硬或中等硬度，呈黄褐色，球形或不整形。磷酸盐尿石正常为许多砂粒状小结石，白色或灰白色，质脆，轻压即碎(图 2-19)。

图 2-18 草酸盐膀胱结石(白喜云)　　　图 2-19 磷酸盐膀胱结石(白瑞)

尿石形成的机制尚不十分清楚。有些因素如维生素 A 缺乏、钙磷比例失调、激素、尿路感染、饮水中某些矿物质含量过高，均有利于尿石的形成。

维生素 A 缺乏时，尿路的黏膜上皮可发生角化而脱落，构成结石的核心，为矿盐的进一步沉着提供了基础。饲养粗放的牛、羊，因饲料中维生素 A 缺乏，较易形成尿石。高精饲料易使其钙磷比例失调，摄入高磷低钙饲料可增加尿液中磷的排泄量；当动物对蛋白质和镁的摄入量同时增加时，尿中除磷酸盐以外，氨和镁的含量也可增高，在适宜的碱性环境下，可生成多量的、不溶性的磷酸铵镁，并在肾脏和膀胱中析出。例如，舍饲羊由于饲喂精饲料或玉米过多常引起尿路结石。此外，激素也对结石形成起到重要作用。例如，甲状旁腺功能亢进和雌激素分泌过多均可促进结石形成。磺胺类药物应用过量也有促进结石形成的作用。

尿路感染时，炎症渗出物、变性坏死脱落的上皮细胞和脓细胞，以及细菌团块等都可构成结石的核，有利于尿石形成。此外，在细菌感染时，尿素被细菌分解而产生氨，使尿液变成碱性，而碱性尿液则有利于磷酸钙、磷酸镁与磷酸铵的沉淀。水中矿物质含量过高时，动物尿液中的矿物质浓度也可随之增加，也有利于尿石的形成。

肾盂结石可引起肾盂积水、肾萎缩乃至尿毒症。这种结石如果下移至输尿管，可将其阻塞并引起剧烈的疼痛；尿道结石可能阻塞公畜尿道的"S"状弯曲而引起尿闭，引起尿潴留和膀胱扩张，严重的可导致膀胱破裂和尿毒症。尿石可刺激局部黏膜组织，引起出血、溃疡和炎症。

3. 胆石

胆石(cholelith)是指在胆囊和胆管中形成的结石。牛和猪较常见，牛的胆石中医称为牛黄，而绵羊、犬和猫等很少发生。结石的形状很不一致。胆囊内的结石，通常呈梨形、球形或卵圆形；胆管内的结石通常呈柱状。胆石的大小和数量差异也很大，直径从数毫米到几厘米，数量从一个到上百个。胆石的成分包括胆固醇、胆色素及钙盐，有的由单一成分构成，但多为混合性。胆石的硬度、色泽和内部结构因其成分不同而异。胆固醇结石通常单个存在，呈白色或黄色，圆形或椭圆形，表面光滑或呈颗粒状，切面略透明发亮呈放射状；胆红素结石通常很小，色深（绿色至黑色），常为数个，圆形或多面形，易碎裂；钙结石由碳酸钙和磷酸钙构成，灰白色，大而坚硬，可在胆囊内形成；混合性胆石由胆固醇、胆色素和钙盐三者或其中两者组成。

　　胆石的成因和机制尚不完全明了，一般是多种因素共同作用的结果。目前认为胆汁理化状态的改变、胆汁淤滞和感染是胆石形成的基本因素。胆石的发生原因通常是胆囊和胆管的炎症。细菌感染引起胆囊炎，胆囊黏膜由于炎性水肿和慢性纤维增生而增厚变粗糙，引起胆汁的淤滞；另外，炎症时渗出的细胞和脱落的上皮细胞，以及寄生虫的残体和虫卵等均可作为结石的核心，促进胆石的形成。反刍动物肝片吸虫性胆管炎也能伴发结石形成。偶尔饲料颗粒、砂粒在胃肠强烈蠕动下，可从十二指肠的华氏乳头压入胆总管，构成结石核。此外，胆汁成分的改变及胆汁淤滞对胆石的形成也起着一定作用。正常肝细胞中的游离胆红素与葡萄糖醛酸结合形成水溶性的酯型胆红素（结合胆红素），有些肠道细菌（如大肠埃希菌等）可产生葡萄糖醛酸酶，能分解酯型胆红素，使不溶于水的游离胆红素释放并析出，与胆汁中的钙结合，形成不溶性的胆红素钙（胆红素性结石）。当红细胞大量破坏时，游离的胆红素增多（溶血性黄疸），胆汁内钙量和胆汁的酸度增加等均可促进胆红素结石的形成。胆固醇在胆汁内被胆盐及脂肪酸维持在溶解状态，胆汁作为溶剂的作用，主要取决于能皂化的脂肪酸部分。如果脂肪酸不能维持胆固醇于溶解状态，胆石就容易形成。当长期摄取高胆固醇饲料和肝脏合成的胆固醇量过多，均可使胆汁中的胆固醇的绝对含量增加，使之处于过饱和状态。某些肠道疾病时，由于胆酸盐大量丢失，也会使胆固醇处于相对饱和的状态。这些因素均可以使胆固醇析出并凝集，形成结石。胆汁淤滞时，胆盐易被吸收，留下大量能形成胆石的残渣。

　　胆石对机体的影响因其形成的部位和大小不同而异。位于胆囊内的小结石，有时不引起任何症状。但较大的胆石常可与胆囊炎相互促进，使病情发展，即胆石加重胆囊炎又促进胆石的增大。胆管内的结石可引起胆管发炎，并常阻塞胆管引起黄疸。

4. 唾石和胰腺结石

　　唾石（sialith）又称唾液腺结石，是腮腺、舌下腺和颌下腺的排泄管中的结石，常见于马、驴、牛，其次为绵羊，其他动物少发。唾石质地坚硬、白色、表面光滑，常为单个，呈圆柱状。断面呈轮层状，其中常有异物作为结石的核。唾石的主要成分是碳酸钙，质量差异很大，轻者不到1 g，重者可达2 000 g以上。绝大多数位于排泄管的出口处，可能引起唾液滞留，并使唾液腺易受感染与发炎。

　　胰腺结石（pancreolith）罕见，主要发生于牛。结石颜色为纯白色、灰白色或黄白色，呈球形、立方形或柱状，体积从粟粒到莲子或更大，数量可多达几十个甚至几百个，质地坚硬，断面呈轮层状。结石的主要成分由碳酸钙、磷酸钙、草酸钙以及各种有机物质（如卵磷脂、白蛋白、胆固醇等）组成。

作业题

1. 名词解释：细胞损伤、变性、坏死、坏疽、机化、结石形成。
2. 简述细胞损伤的病因和发生机理。
3. 简述细胞损伤的超微结构变化特点。
4. 简述颗粒变性与水泡变性的剖检和组织学变化异同。
5. 简述脂肪变性与水泡变性的剖检和组织学变化的区别。
6. 简述虎斑心的剖检和组织学变化特点。

7. 简述心肌脂肪变性与脂肪浸润的区别。
8. 简述玻璃样变性的组织学变化。
9. 简述脾脏淀粉样变性的病理变化。
10. 简述坏死的病因和发生机理。
11. 简述坏死的基本病理变化。
12. 简述坏死的类型和发生机理。
13. 简述贫血性梗死坏死区的病理变化。
14. 简述干酪样坏死的剖检和组织学变化。
15. 简述蜡样坏死的剖检和组织学变化。
16. 简述坏疽的分类和基本病理变化。
17. 简述干性坏疽易发生部位和病理变化。
18. 简述湿性坏疽易发生部位和病理变化。
19. 简述气性坏疽的病因。
20. 简述气性坏疽的病理变化。
21. 简述结石的类型和发生机理。
22. 肠结石的类型有哪些?并简述各自特点。

(白 瑞)

第三章
结缔组织损伤

【本章概述】结缔组织又称支持组织，在动物体内分布极广，具有填充、支持、连接、营养、贮水、保护、防御和修复等功能。广义的结缔组织包括固有结缔组织、骨、软骨组织、血液和淋巴液。固有结缔组织由细胞和细胞间质构成，特点是少量细胞分散在大量细胞间质（主要包括纤维、基质和基底膜）中。当机体受到病理性损伤时，除器官的实质成分发生各种损伤外，结缔组织也常会出现多种形式的病理变化。通常将以原发性结缔组织炎症和纤维素样坏死为病变特点的一类疾病统称结缔组织病（connective tissue disease），也称胶原病（collagen disease）。研究表明，牛恶性卡他热、马传染性贫血、猪丹毒（慢性关节炎型）、犬系统性红斑狼疮、水貂阿留申病等疾病均具有结缔组织病的相关病理变化，这些变化不仅十分明显，而且具有特征性。此外，结缔组织的损伤除作为一些疾病的基本病变外，还参与较多疾病的病理过程。因此，结缔组织的损伤在疾病发生、发展和结局中都具有重要意义。本章主要讨论固有结缔组织中纤维、基质和基底膜损伤的病因和发生机理及其对机体的影响。

第一节 纤维的损伤

细胞间质中的纤维包括胶原纤维（collagenous fiber）、弹性纤维（elastic fiber）和网状纤维（reticular fiber）。纤维的损伤包括纤维形态、大小、数量、结构及其理化特性等方面的改变。在疾病过程中，纤维的异常改变可通过特殊染色方法进行检测。

一、胶原纤维异常

分散于基质中的胶原纤维多呈波浪状，长度不一、粗细不等，有分支，具有一定的弹性和韧性。每条胶原纤维由更细的原纤维（原胶原）组成。在病理过程中，胶原纤维的异常包括胶原纤维数量改变（胶原纤维减少和胶原纤维过多）和形成障碍（胶原纤维缺损），以及结构和理化性质的改变（胶原纤维玻璃样变和胶原纤维坏死）。

【知识卡片】

胶原纤维的生物合成过程

胶原蛋白（collagen）是动物体内最常见的蛋白之一，为所有多细胞生物提供细胞外支架。胶原蛋白的三螺旋结构由三条含 Gly-X-Y 重复序列的多肽 α 链构成。约 30 条 α 链参与构成了至少 14 种不同的胶原蛋白。机体内含量最丰富的 Ⅰ 型、Ⅱ 型、Ⅲ 型胶原蛋白属于纤维性（或间质性）胶原蛋白；Ⅳ 型、Ⅴ 型、Ⅵ 型胶原蛋白属于非纤维性（或无定形）胶原蛋白，上述蛋白存在于间质内和基底膜。胶原蛋白主要由成纤维细胞产生，但平滑肌细胞、脂肪细胞、网状细胞、软骨细胞和成骨细胞也能产生胶原蛋白。

胶原纤维整个形成过程可分为细胞内前胶原合成阶段和细胞外胶原蛋白分子聚合为胶原

微纤维阶段。在细胞的粗面内质网上,以相应的 mRNA 作为模板,首先合成前 α-肽链,三条多肽链可能是同时形成的,且能立即生成一个呈三股螺旋状的前胶原。其次,在粗面内质网囊腔中,脯氨酰羟化酶、赖氨酰羟化酶分别将脯氨酸、赖氨酸残基羟化成羟基脯氨酸和羟基赖氨酸。在羟化过程中,上述羟化酶需要氧、Fe^{2+} 和维生素 C 作为辅助因子,需要 α-酮戊二酸作为辅助底物。羟基赖氨酸的主要作用在于建立分子间的交联,因此其对胶原蛋白分子组成的三股绳索状构型及其稳固性具有十分重要的意义,因为它会以羟基参与氢键的形成。继羟化之后,很快完成羟基赖氨酸残基的糖化过程。合成的前胶原蛋白分子,通过粗面内质网的囊泡同细胞膜直接接触、融合后被移出细胞,或先从粗面内质网到滑面内质网和高尔基体,再完成分泌外排。前胶原蛋白分子两端肽链的伸展部分被细胞外液中的氨基端肽内切酶和羧基端肽内切酶切除,即形成胶原蛋白分子。此时,胶原蛋白分子可自行聚合成不稳定的胶原微纤维,这一过程须通过共价交联:含有 Cu^{2+} 的赖氨酰氧化酶(单胺氧化酶,MAO)催化胶原蛋白分子两端的赖氨酸或羟基赖氨酸残基在 ε 位脱氨基并氧化产生醛基,后者可与分子内另一条 α-肽链的类似醛基或另一胶原蛋白分子中的 α-氨基缩合,甚至还可与附近的组氨酸残基的亚氨基缩合,形成共价键。通过分子内和分子间的共价交联,胶原微纤维的韧性和抵抗力均得以加强。最后,由胶原微纤维形成难溶解的胶原纤维。

(一)胶原纤维减少

组织中胶原纤维含量取决于胶原合成与分解的速率之比,二者处于动态平衡时,胶原纤维含量相对恒定。若分解过度或合成障碍,则会使胶原纤维减少和稳定性改变;反之,则形成过多的胶原纤维。

1. 病因和发生机理

(1)胶原合成障碍

引起胶原合成障碍的常见病因包括:①摄入蛋白质不足时,常伴有赖氨酸缺乏,从而影响胶原的合成,表现为骨骼和牙齿生长迟缓。②缺乏维生素 C 时,引起细胞内前胶原的合成障碍和排出障碍,致细胞外胶原微纤维减少。因此,维生素 C 与组织完整性的保持及创伤愈合有关。③机体缺氧时,赖氨酰羟化酶和脯氨酰羟化酶的活性降低,胶原合成减少,使创伤和溃疡难以愈合。④糖皮质激素应用过多或发生皮质醇增多症时,糖皮质激素可抑制前胶原合成,导致机体胶原萎缩,皮肤变薄、弹性降低,易受伤出血,伤口难以愈合,骨质变得疏松。⑤缺铜或长期应用某些排铜药物(如青霉胺)时,赖氨酰氧化酶的活性降低,引起胶原蛋白分子的交联障碍,从而影响胶原合成,并降低胶原稳定性。例如,降压药肼屈嗪除能与铜络合而抑制赖氨酰氧化酶的活性外,还能与胶原分子中的醛基结合,使胶原分子的抗原性改变,机体可因自身免疫反应而表现红斑狼疮样症状。⑥缺铁或内服过量肼屈嗪时,肼屈嗪可与 Fe^{2+} 络合或与带有酮基的 α-酮戊二酸结合,进而影响脯氨酰羟化酶和赖氨酰羟化酶的活性,使胶原合成受到影响。

(2)胶原分解过度

胶原分解过度的主要原因是胶原蛋白水解酶(简称胶原酶)生成过多或胶原酶活性增强。胶原酶是唯一能作用于胶原组织螺旋结构的酶,可在生理 pH 值及温度状态下水解天然胶原纤维。在健康机体中,胶原酶对胶原纤维的正常代谢起着重要作用。人体内源性胶原酶与胶原分子可在细胞内共同合成,前者以酶原形式存在。胶原酶主要存在于间充质细胞(包括其衍生的成纤维细胞、粒细胞及关节滑膜等)、各种上皮细胞(眼角膜、牙龈、皮肤及消化道黏膜等)及来源于上述组织的肿瘤细胞。此外,骨组织和产后子宫也有胶原酶存在。随着局部组织温度升高,胶原酶的活性可增强,故局部组织的炎症及其他原因引起的局部温度增高均可加强其中胶原的分解。

胶原蛋白中含有大量羟化脯氨酸，其分解后产生的单个羟化脯氨酸不能用来重新合成胶原蛋白，仅小部分在肝内代谢，大部分随尿液排出体外。因此，临床诊断过程中可依据尿液中羟化脯氨酸含量来推断胶原蛋白分解程度。发生广泛性炎症、变形性骨炎、继发性癌和其他骨的破坏性疾病的机体，尿液中羟化脯氨酸的含量均有不同程度的升高。此外，处于生长发育阶段的幼龄动物因胶原合成增强，其尿液中羟化脯氨酸的含量也可能增多。

【知识卡片】

基质金属蛋白酶

目前，在脊椎动物中已分离鉴定出基质金属蛋白酶（matrix metalloproteinase，MMPs）家族的 28 个成员（MMP-1~28），至少 23 个在人体组织中表达，各成员结构相似，均由信号肽序列、前肽区、催化活性区、铰链区和血红素域 5 个功能不同的结构域组成，其中催化活性区具有 Zn^{2+} 和 Ca^{2+} 离子结合位点，通过与 Zn^{2+} 结合发挥酶催化作用，与 Ca^{2+} 结合则有助于其稳定，而血红素域赋予其底物特异性。MMPs 家族各成员在上述结构的基础上又各有差异。根据结构域及作用底物的不同，MMPs 可被分为六类：胶原酶（MMP-1、MMP-8、MMP-13 和 MMP-18）、明胶酶（MMP-2 和 MMP-9）、间质溶解素（MMP-3、MMP-10 和 MMP-11）、基质溶解因子（MMP-7 和 MMP-26）、膜型 MMPs（membrane-type MMPs，MT-MMPs）（MMP-14~17、MMP-24 和 MMP-25）、其他 MMPs（MMP-12、MMP-19~23、MMP-27 和 MMP-28）。

MMPs 的表达和活化对许多正常生理过程至关重要。MMPs 可降解细胞外基质（extracellular matrix，ECM）蛋白（如胶原蛋白和弹性蛋白），打破细胞间连接，促进细胞增殖、迁移和分化，影响细胞表面的生物活性分子，调节各种细胞和信号通路，加工信号分子（如白细胞介素），调节其活性，因此 MMPs 在胚胎发生、血管形成、创伤修复、白细胞浸润和组织炎症等过程中均发挥着重要作用。

2. 病理变化

剖检：胶原纤维减少的组织结构疏松，或表现为生长发育不良。

镜检：局部组织常见坏死等病理变化；有时胶原纤维数量明显减少（图 3-1），其排列、形状和大小也可能出现异常，溶解或崩解的胶原纤维呈无结构的纤维素样碎片。

3. 结局和对机体的影响

胶原纤维减少可见于多种疾病过程中，引起某些器官或组织的结构和功能异常。胶原酶生成过多在许多疾病的发生发展中发挥了重要作用。有时，胶原酶生成过多对机体也可表现出有利的一面。例如，创伤或手术切口愈合时，伤口边缘的上皮细胞和邻近的间叶细胞会生成较多胶原酶，以分解局部胶原，不仅能防止肉芽组织过度生长和瘢痕化，还可为上皮再生创造条件。但在某些病理条件下，因产生胶原酶过多或胶原酶活性增强，使胶原分解加快，从而引起组织损伤或疾病恶化。例如，慢性猪丹毒或人的类风湿性关节炎，关节软骨的破坏与增生的滑膜所产生的大量胶原酶对纤维的分解密切相关。牙龈上

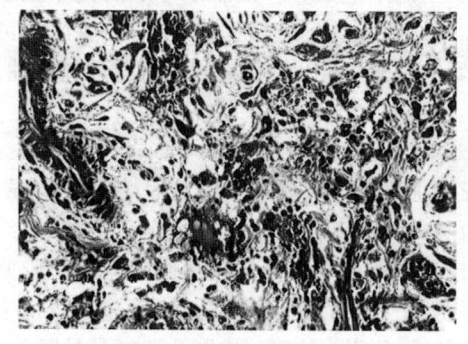

图 3-1　胶原纤维减少（陈怀涛，2013）
兔黏液瘤中胶原纤维稀疏（H.E.A.×400）

皮、增生的成纤维细胞及局部的细菌均可释放胶原酶，使胶原分解，引起慢性牙周病的齿槽破坏与牙齿松动。许多急性炎症过程中，渗出的中性粒细胞产生大量胶原酶，可加快发炎部位的胶原分解。有些恶性肿瘤的浸润性生长与肿瘤细胞产生的胶原酶有关。当椎间盘内环境发生改变或受到机械作用时，椎间盘纤维细胞崩解，释放出的酶激活物进入基质，使处于酶原状态的胶原酶被激活，胶原纤维发生降解，引发椎间盘自溶现象，使纤维环强度下降，出现裂隙或破裂，进而引起相应的临床症状。

(二)胶原纤维过多

胶原纤维过多又称纤维化(fibrosis)，是指由于胶原纤维合成过度或分解障碍，导致组织中胶原纤维异常增多，并对器官、组织功能带来不良影响的一种病理现象。

1. 病因和发生机理

纤维化通常不是由原发性胶原代谢异常引起的，主要见于损伤的过度修复过程或某些慢性疾病中。纤维化与结缔组织细胞合成胶原的功能加强或胶原分解障碍有密切关系。而这种功能的加强，主要与坏死组织、病理产物、寄生虫和受损组织产生的胶原刺激因子有关。现已发现，纤维化时参与胶原合成的有关酶的活性常会升高。例如，发生肝硬化时，肝组织中脯氨酰羟化酶和赖氨酰氧化酶的活性均升高；摄入胆碱不足或长期服用酒精等，也可使肝组织中脯氨酰羟化酶的活性显著升高，从而引起纤维化。因此，参与胶原合成的酶活性升高在营养不良性和中毒性肝硬化的发生发展中具有重要作用。纤维瘤、平滑肌瘤和胆管癌中也有胶原纤维大量增生，其原因均与瘤细胞中参与胶原合成的酶活性升高有关。

纤维化除了与胶原纤维合成过多有关外，还与胶原分解相对减少有关。例如，动脉硬化的发生与胶原分解减少有关。通常情况下，胶原分解主要依靠胶原酶和弹性蛋白酶的催化，成纤维细胞、巨噬细胞和肝细胞等均可分泌胶原酶，将胶原分解为多肽片段，再被巨噬细胞吞噬后在溶酶体中得以完全降解。在某些病理情况下，如果胶原酶和弹性蛋白酶缺乏或异常，使胶原分解障碍，从而导致纤维化。由慢性肝损伤引起的肝硬化，既与纤维成分的大量增生有关，也与肝细胞合成胶原酶的能力下降有密切关系。

2. 病理变化

剖检：纤维化的局部组织质地变硬，呈灰白色，表面多高低不平。

镜检：间质见排列呈条索状或丝网状的胶原纤维(图 3-2)，纤维间有少量成纤维细胞；同时可见数量不等的淋巴细胞和其他炎性细胞浸润。因胶原纤维的比例超过正常组织，正常组织因受到挤压而发生萎缩，甚至消失。

骡发生皮下纤维瘤时，胶原纤维增多(图 3-3)。

3. 结局和对机体的影响

多数情况下，成纤维细胞及其纤维增生是机体的一种适应性反应或者是改造病理产物的措施，如肉芽组织形成及随后的瘢痕化、机化和包囊形成等。但纤维化常对所损伤器官、组织的功能造成不良影响。例如，慢性肝炎或其他肝损害引起的肝硬化，可造成门静脉系统循环障碍和肝功能降低；肺肉变致使肺脏气体交换功能降低并继发心力衰竭；肾硬化致泌尿功能障碍，多引发尿毒症；关节、心内膜、皮肤、淋巴结、脾、胃肠道等器官的慢性炎症都有可能造成器官本身的结构改变及其功能异常。

(三)胶原纤维缺损

胶原纤维缺损是一种真正的结缔组织病，是由于参与胶原纤维合成的某些酶发生障碍，致使胶原纤维的结构和功能出现异常。

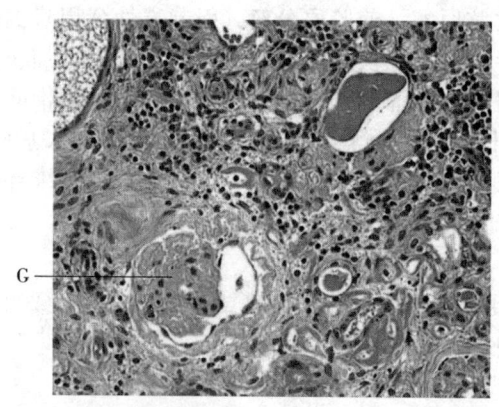

图 3-2 肾纤维化（M. D. McGavin）
犬肾间质纤维化，淋巴细胞浸润；G. 肾小球硬化症（H.E.×400）

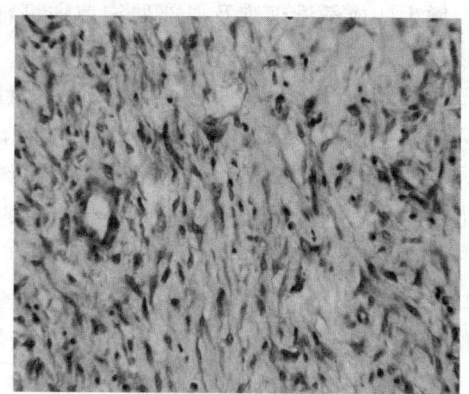

图 3-3 胶原纤维增多（河北农业大学兽医病理学实验室）
骡皮下纤维瘤组织中胶原纤维致密，排列成束状（H.E.×400）

1. 病因和发生机理

胶原纤维缺损的主要原因是参与胶原合成的某些酶有先天性缺陷，包括酶量减少和酶活性受抑制。例如，动物的山黧豆中毒、皮肤脆裂症、人和动物的埃-当二氏综合征（Ehlers-Danlos syndrome）等。

给2日龄雏鸡实验性饲喂山黧豆的种子时，能引起胶原纤维缺损，其发生机理是山黧豆的毒性因子β-氨基丙腈能强烈抑制赖氨酰氧化酶的活性，使胶原蛋白分子间及分子内的交联发生障碍，引起胶原纤维结构改变，坚韧性消失，弹性纤维也发生类似的变化。因此，出现皮肤脆弱、关节松弛与脱位、脊柱变形、动脉瘤或动脉破裂等症状。赖氨酰氧化酶、赖氨酰羟化酶的先天性缺损也偶有发生，其主要症状同上。

皮肤脆裂症是一种常染色体隐性遗传病，为胶原纤维缺损的另一典型病症。本病主要见于犊牛，也见于马、羔羊和猫，是由于胶原形成酶缺损所致。实验表明，病牛皮肤的成纤维细胞培养物里所含的氨基端肽内切酶只有健康牛的10%~20%，所以大部分前胶原蛋白分子仍保留着氨基端前肽，造成胶原蛋白分子形成不足，且肽链的连接稳定性降低，故影响进一步聚合成胶原微纤维。患病动物的皮肤十分脆弱，容易出现撕裂、出血。另外，除骨以外的其他结缔组织均很脆弱。

埃-当二氏综合征是一种有遗传倾向并影响结缔组织的疾病，与胶原代谢缺陷相关。患部皮肤弹力过度伸展，触摸柔软，犹如天鹅绒感。因皮肤过度伸展，故易碰伤形成伤口、血管脆易破裂、皮肤青肿，常并发关节脱臼、心血管、胃肠道可膨大呈现管壁瘤、胃肠憩室、膀胱憩室或破裂穿孔等。根据临床特点与遗传学特征，已将该病分为11个亚型。目前，病因尚不十分清楚，一般认为是中胚层细胞发育不全致胶原蛋白转录和翻译过程缺陷或翻译后各种酶缺陷从而引起胶原蛋白合成障碍，该病常见于马、貂、兔、犬和猫等。

2. 病理变化

剖检：病变组织中结缔组织含量较少，结构较为疏松，与其他组织的连接稳定性降低，骨质疏松。

镜检：胶原纤维明显减少（图3-4）。电镜下可能发现一些大小、形状和细微结构均有异常

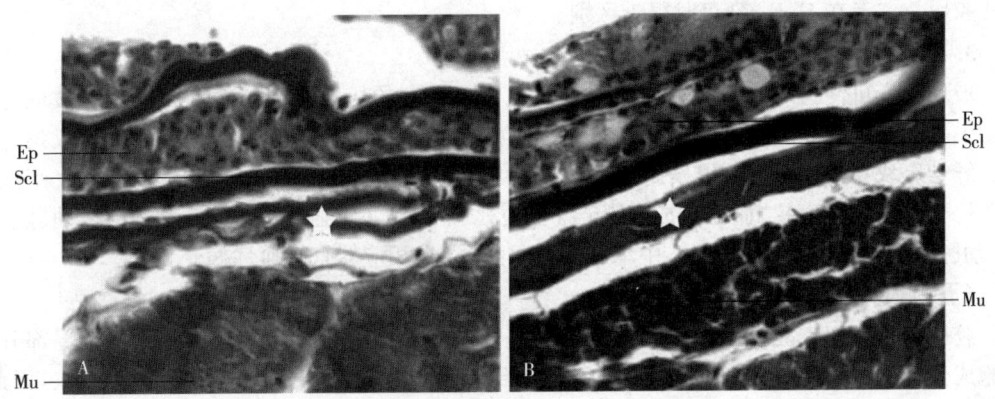

图 3-4 胶原纤维缺损（Gistelinck C，2018）
A. 埃-当二氏综合征模型动物斑马鱼皮肤真皮层胶原纤维变薄（星号位置）；B. 正常对照
Ep. 表皮；Scl. 鱼鳞；Mu. 肌纤维（马氏三色染色）

的胶原纤维和胶原微纤维。有些纤维似无任何形态及结构改变。但胶原纤维容易被酸溶解，甚至很多新生的胶原都能在生理盐水中发生溶解。

3. 结局和对机体的影响

由胶原纤维缺损所引起的病变在临床上常出现比较明显的症状，但很容易忽视它们和结缔组织异常之间的关系。胶原纤维缺损对机体的影响可因病变部位不同而异，但由于都能引起组织韧性降低、结构脆弱，因此在临床上多表现为病变组织易出现撕裂、出血、关节松弛甚至脱位、脊柱变形、动脉瘤或动脉破裂等。

(四)胶原纤维玻璃样变

胶原纤维异常增多，互相融合形成一种嗜伊红玻璃样物质，称为胶原纤维玻璃样变（collagenous fiber hyaline degeneration）或透明化（hyalinization）。

1. 病因和发生机理

胶原纤维玻璃样变是在胶原纤维增多的基础上形成的，因此，二者的发病原因基本相同。胶原纤维玻璃样变最常见于老化的瘢痕组织、老龄动物卵巢白体、萎缩子宫、乳腺间质、动脉粥样硬化的纤维斑块、纤维化的肾小球、包囊、机化灶和慢性炎症的后期等。其发生机理可能是胶原合成过程增强，纤维增生；结缔组织老化，血管数量减少，局部血液循环不良，血管壁通透性增大，血浆蛋白渗出，沉积于胶原纤维之间，并相互融合；也可能是由于变性胶原纤维的蓄积与融合。

2. 病理变化

剖检：玻璃样变的组织呈灰白色，质地致密坚实，弹性消失。

镜检：病变组织中的胶原纤维失去正常网状结构，变成均质、嗜伊红的无结构物质（图 3-5）。发生慢性肾炎的肾小球可见均质、嗜伊红、团块状玻璃样物质，这种玻璃样物质包括两部分，分别是以基底膜样物质为代表的肾小球残余和肾小球囊壁细胞产生的透

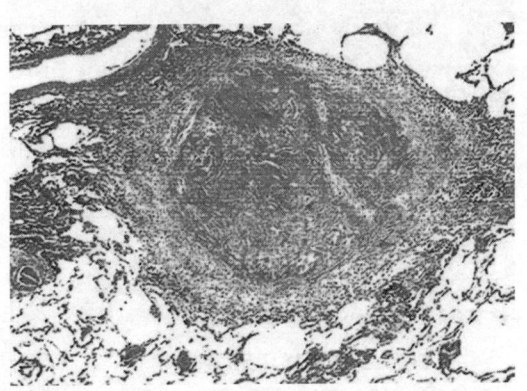

图 3-5 胶原纤维玻璃样变（步宏，李一雷，2018）
纤维性硅结节内的部分胶原纤维发生玻璃样变（H.E. 染色）

明化胶原，二者在 H.E. 染色时很难区别。

3. 结局和对机体的影响

玻璃样变可使组织变硬，失去弹性，引起不同程度的机能障碍。例如，肾小球玻璃样变后则失去其泌尿机能，可导致尿毒症；动脉粥样硬化的纤维斑块深层细胞坏死可形成粥样斑块，纤维斑块和粥样斑块的继发病变常见斑块内出血（导致急性供血中断）、斑块破裂（形成胆固醇栓子，引发栓塞）、血栓形成（引起器官梗死）、钙化（致血管壁变硬、变脆）、动脉瘤形成（动脉瘤破裂可引起大出血）、中动脉的管腔狭窄（致相应器官缺血性病变）。

（五）胶原纤维坏死

胶原纤维坏死（collagenous fiber necrosis）是指胶原纤维发生断裂、崩解，并伴有局部其他细胞成分坏死等病理变化。由于坏死的胶原纤维在形态和染色特性上与纤维素很相似，因此，又称纤维素样变性（fibrinoid degeneration）或纤维素样坏死（fibrinoid necrosis）。胶原纤维坏死是胶原纤维最严重的病理变化，是结缔组织疾病的重要特征性病变，也是间质和血管壁坏死的主要表现。

1. 病因和发生机理

胶原纤维坏死的原因十分复杂，见于某些变态反应性疾病（如风湿病、类风湿性关节炎、结节性多动脉炎、新月体性肾小球肾炎、系统性红斑狼疮）、传染病（如严重急性呼吸综合征、鸡新城疫、猪瘟、猪丹毒、炭疽、牛恶性卡他热、牛传染性胸膜肺炎、马传染性贫血、水貂阿留申病）和非传染病（如 X 射线损伤）等。

纤维素样坏死的发生机理可能与抗原-抗体复合物引发的胶原纤维肿胀、崩解，结缔组织免疫球蛋白沉积或血浆纤维蛋白渗出和变性有关。也有人认为，平滑肌是血管壁纤维素样物质的来源之一，因此，纤维素样坏死是一个描述形态学变化的名词，并不是单一的病理变化，而是包括各种组织在各不相同的情况下所发生的多种变化。

2. 病理变化

结缔组织和小血管壁发生的纤维素样坏死，均表现为局部组织结构破坏，变成模糊而散乱的细条状或颗粒状物质，H.E. 染色呈鲜红色，其形态和染色特性均与纤维素样坏死相似（图 3-6）。

应注意，胶原纤维玻璃样变和胶原纤维坏死的区别。玻璃样变的胶原纤维非常稳定，例如，老龄动物卵巢中的白体可存在多年；坏死的胶原纤维则很快被清除或机化。玻璃样变的胶原纤维能保持正常胶原纤维的染色特性，用 Van Gieson 法可染成红色；坏死的胶原纤维因失去了胶原纤维的染色特性，故经 Van Gieson 法染色其呈阴性，其与纤维蛋白相似，PAS 反应呈阳性，伊红染色时很鲜艳。

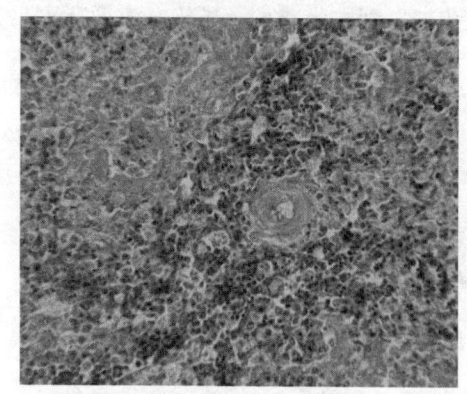

图 3-6　纤维素样坏死（陈立功）
新城疫病毒感染鸡脾脏中央动脉坏死，组织结构破坏，呈纤维素样（H.E.×400）

3. 结局和对机体的影响

风湿病引起的急性期风湿性动脉炎，血管壁发生纤维素样坏死；后期血管壁因发生纤维化而增厚，管腔狭窄，可并发血栓形成。严重急性呼吸综合征时，肺小静脉纤维素样坏死并伴有血栓形成。

二、弹性纤维异常

弹性纤维的异常包括弹性纤维过多、数量减少,弹性纤维的变性和坏死。

动物体内的弹性纤维在形态与染色特性方面与胶原纤维有一定相似性,在分布上也和胶原纤维网织在一起,形成一种有弹性的网状结构。弹性纤维除分布于结缔组织外,主要存在于大血管(主动脉及其大分支)、皮肤、子宫、韧带、肺泡隔、弹性软骨等处。弹性纤维呈均质状,且有折光性,伊红染色呈深红色,地衣红染色呈深棕色,Weigert 雷琐辛-品红法染色则呈黑色。

电镜下,弹性纤维由两部分组成。中间为均质的弹性蛋白,外围是短的微丝,直径 10~12 nm,其成分为糖蛋白。与胶原蛋白相似,弹性蛋白一级结构中 1/3 为甘氨酸,富含脯氨酸和丙氨酸。与胶原蛋白不同,弹性蛋白只含极少的羟化脯氨酸且无羟化赖氨酸残基。成熟的弹性蛋白利用交联结构调节其弹性。在弹性纤维形成过程中,其外面的微丝很多,但随着纤维的成熟和老化,微丝则逐渐减少,而里面的弹性蛋白和包进去的微丝却越来越多。弹性纤维对酸、碱抵抗力强,不易被它们溶解。

1. 病因和发生机理

有关弹性纤维异常的原因和发生机理研究较少。弹性纤维主要由成纤维细胞产生,但在有些情况下,平滑肌细胞也能产生,如主动脉壁发生的粥样斑块。有人认为,在真皮的瘢痕组织里不再形成弹性纤维,但历时较久的瘢痕里同样会出现弹性纤维,且具有弹性纤维的染色性。此外,在发生光化性弹性组织变性和弹性纤维假黄瘤(弹性痣)等情况下,皮肤会出现弹性纤维过多的现象。由于在电镜下已发现有些弹性纤维是由典型的具有横纹的胶原微纤维构成的,因此,应将真正的弹性纤维和变化了的胶原纤维区别开来。一般来说,弹性纤维的变化多伴随于其他病理过程中。例如,牛肺结核的干酪样坏死灶中可见弹性纤维崩解、消失;项韧带的化脓性炎症或项瘘的病灶内的弹性纤维常发生溶解;血管壁纤维素样坏死灶中可同时出现弹性纤维断裂。

弹性纤维异常也可表现为以弹性纤维变化为主的综合性病理过程。例如,溶酶体的弹性蛋白酶能引起弹性纤维溶解和破坏;有些影响胶原合成的因子(如山黧豆毒性因子)也能影响弹性蛋白的形成。此外,在弹性纤维形成过程中,需要赖氨酰氧化酶参与,若此酶缺乏或活性降低,或其辅助因子铜缺乏,则弹性纤维形成发生障碍,其数量减少,结构发生改变。

2. 病理变化

皮肤会出现弹性纤维过多。皮肤失去弹性,弹性纤维数量减少。弹性纤维大小、形态、排列和染色性等方面发生异常现象,称为弹性纤维变性(elastosis)。若该病变继续发展,则弹性纤维发生崩解、坏死和溶解。

3. 结局和对机体的影响

肺炎病例中,细支气管壁的弹性纤维被弹性蛋白酶所破坏,可继发肺气肿;山黧豆毒性因子影响弹性蛋白的形成,导致动脉壁强度减弱,可引起壁间动脉瘤;松皮病(一种遗传性酶缺乏病)病例的皮肤失去弹性,肺发生肺泡性肺气肿。

三、网状纤维异常

网状纤维异常包括网状纤维的理化性质和形态结构的改变。例如,染色性改变(银染消失),纤维增多或减少、断裂、坏死和溶解等。

在形态学方面,网状纤维(直径 0.2~1.6 μm)较胶原纤维(直径 1~20 μm)更细。在理

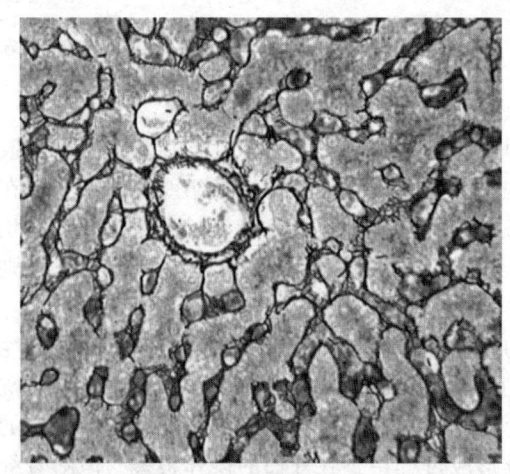

图 3-7 肝脏网状纤维银染（M. D. McGavin）
犬肝脏网状纤维银染呈黑色

化性质方面，网状纤维与胶原纤维的不同之处：网状纤维有一定弹性；在稀酸中不膨胀，水煮不成胶，不含羟基脯氨酸，但有4%碳水化合物；对兔有抗原性；银染（图3-7）呈黑色，而胶原呈棕黄色。网状纤维的嗜银性和PAS反应阳性的基础是其所含的糖蛋白。由此看来，两种纤维在物理、化学、组织学及抗原性方面均有一定差异。网状纤维的主要成分是Ⅲ型胶原蛋白，因此，具有胶原微纤维的特异横纹。更为重要的是，网状纤维可随年龄的增长而变为胶原纤维。

1. 病因和发生机理

网状纤维主要由网状细胞产生，其功能主要是参与构成实质细胞的支架。网状纤维多分布在骨髓、脾脏和淋巴结内的网状组织及结缔组织与其他组织交界处，疏松结缔组织内的网状纤维常沿小血管分布。此外，肝脏、肺脏、肾脏等内脏器官内也有网状纤维分布。由于网状纤维分布较广，因此，有关网状纤维异常的病因和发生机理较复杂，如引起骨髓、脾脏、淋巴结、肝脏、肺脏、肾脏等器官异常的病因和发生机理均可能是介导网状纤维异常的病因和发生机理。

在某些病原微生物（兔出血症病毒、鹅星状病毒、禽白血病病毒、马立克氏病病毒、阿留申病病毒）、致瘤因素及其他有害因子作用下，网状纤维的理化性质和形态结构都会发生变化。此外，网状纤维异常也见于隐睾症，如子午岭黑山羊。

2. 病理变化

剖检：脾脏肿大，充血，质地松软。

镜检：银染着色不佳，网状纤维的肿胀、坏死、崩解，或局部网状纤维转变成胶原纤维。兔病毒性出血症脾脏、脾窦窦壁及脾髓网状纤维发生纤维素样变性，呈丝网状红色，银染时嗜银性减弱、松散、断裂。鹅星状病毒感染鹅脾脏中网状纤维断裂、数量减少。淋巴细胞性白血病病灶内网状纤维明显减少，残留的纤维断裂、崩解。骨髓瘤病灶内瘤细胞密集，间质少，网状纤维较少（图3-8）。鸡马立克氏病瘤细胞增生区里的网状纤维增多。阿留申病病毒感染水貂肾网状纤维断裂、排列紊乱。血管肉瘤组织中内皮细胞周围可见网状纤维环。慢性粒细胞白血病（chronic myelogenous leukemia，CML）骨髓见巨核细胞和网状纤维的增生。

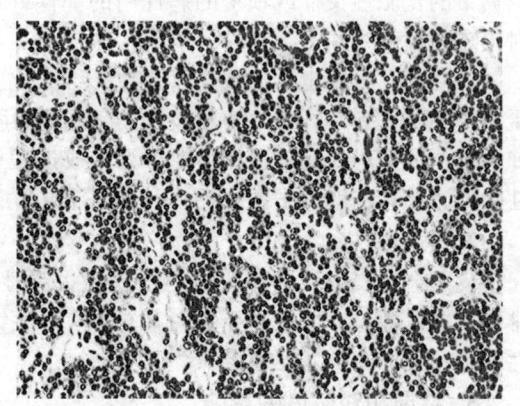

图 3-8 网状纤维减少（陈怀涛，2013）
骨髓瘤瘤细胞分化程度不同，瘤细胞间见少量网状纤维（H. E. ×400）

3. 结局和对机体的影响

网状纤维的异常会进一步引起细胞、组织、器官及整个机体的功能障碍。例如，构成上皮细胞基底膜网板的网状纤维若发生断裂或溶解，会导致基底膜通透性异常，使上皮细胞和组织间的物质和气体交换发生障碍，最终引起细胞变性，甚至坏死脱落。

分布在管状结构和细胞外围的网状纤维不仅起支持作用，还会以其具有的弹性来调节管状结构的口径和细胞的体积，利于功能的更好发挥。如果这些纤维崩解、断裂，则必然会影响组织细胞的功能。例如，网状纤维异常的肾小管和毛细血管就不能根据功能需要而扩张或收缩；网状纤维的异常还可能影响机体的造血功能。

在淋巴造血器官中，网状纤维主要分布在网状细胞、淋巴细胞和各种血细胞之间。研究表明，造血器官基质中的网状细胞可能参与造血微环境的调节，而网状纤维的异常可使网状细胞的功能发生障碍，并间接影响造血过程，这种异常也可对造血干细胞产生有害的作用。在淋巴结、脾脏和腔上囊等淋巴器官，网状纤维异常所造成的后果可能更为严重，因为它会直接影响淋巴细胞的生成及其作用的发挥，使机体免疫力降低，容易罹患疾病。

第二节 基质的损伤

基质的损伤主要包括基质解聚、基质积聚和基质减少。

一、基质解聚

在病因作用下，基质的网架状结构发生断裂、崩解，其固有的胶态变得稀薄多汁，称为基质解聚（matrix depolymerization）。基质解聚可以发生在基质蛋白聚糖的各种分子环节上，但以糖胺聚糖（glycosaminoglycan，GAG），尤其是透明质酸的变化最为重要。

糖胺聚糖分子有多个类别，但以双糖为基本单位聚合后形成的多聚长链化合物为主，而且在双糖的基本结构单位中，总有一个氨基己糖，而另一个则是 D-葡萄糖醛酸、L-艾杜糖醛酸或 D-半乳糖。由于这些多糖均含有多个糖醛酸、硫酸酯等酸性基团，故又称酸性氨基己多糖或者多阴离子氨基己多糖。在活体组织中，这些基团的阴离子能与组织间液中无机盐的阳离子（如 Ca^{2+}、Mg^{2+}、Na^+、K^+等）和极性的水分子结合，当与水分子结合时形成结合水，保持了水作为溶剂的性质，并由此对局部的水盐代谢和运输发挥一定的调节作用，可进一步影响组织液的渗透压。

1. 病因和发生机理

引起基质解聚的主要原因是透明质酸酶。透明质酸酶存在于一些致病菌、恶性肿瘤细胞和某些昆虫的毒液中，由于透明质酸酶能使基质中的透明质酸分解，因此，使基质由凝胶态变为溶胶态，引起组织的黏滞性降低。

2. 病理变化

剖检：组织或器官的细胞间质湿润、结构疏松，极易撕裂或分离。

镜检：组织结构松散，细胞间距增大。间质呈溶解状，并有明显的裂隙。胶原纤维减少、断裂或完全溶解消失，病变局部仅遗留淡染的蛋白样物质。

3. 结局和对机体的影响

糖胺聚糖对调节细胞间液的水盐平衡和渗透压的维持具有重要作用。基质中的糖胺聚糖发生解聚时，可能导致水盐代谢发生障碍和渗透压平衡失调。此外，由于基质特有的网状结构被破坏，其黏滞性降低，亲水性减弱，血浆蛋白易于漏出血管，大分子蛋白可在基质中移动扩散，从而引起组织水肿。

另外，糖胺聚糖的亲水性和网状结构均可增加基质的黏稠度，透明质酸因其分子质量很大，又是基质糖胺聚糖的主要成分，故其作用显得更为重要。黏稠或胶样的细胞间质显然对防止细菌和肿瘤细胞的扩散蔓延具有屏障作用。但在体外的透明质酸酶能够使含有透明质酸的基质解聚。这种作用也见于体内，在皮下注射透明质酸酶和染料的混合液后，染料在组织内的扩散速度会明显加快。因此，在临床上可根据治疗的需要，在皮下注射液中加入适量的透明质酸酶以促进药物的扩散和吸收。此外，透明质酸酶是某些病原在自然感染扩散中的重要因素，但它并不是所有病原在体内的唯一扩散因子。

二、基质积聚

在生理情况下，结缔组织中基质的含量是相对恒定的。结缔组织中基质增多或贮留称为基质积聚（matrix accumulation）。通常所说的黏液样变性，实际上就是基质积聚的一种重要表现。

1. 病因和发生机理

基质的蛋白聚糖是由间充质细胞分化而来的一些细胞（如成纤维细胞、平滑肌细胞和脂肪细胞）所产生并降解的，因此基质积聚的发生与这些细胞功能的异常有密切关系。引起基质积聚的原因较多，但主要是营养不良、缺氧、中毒、血液循环障碍和某些激素的作用。

①严重的营养不良、缺氧、中毒和血液循环障碍时，脂肪和疏松结缔组织均可发生基质积聚。此时的病变组织呈胶冻样，质地柔软、透明、多汁，这种变化通常称为黏液样变性（mucoid degeneration）或胶样水肿（gelatinous edema）。它是由于血浆胶体渗透压降低，局部组织间含水量增多及大量黏液样物质沉积所致。脂肪组织的黏液样变性实为脂肪组织萎缩，属于一种适应性反应。

②甲状腺功能低下时，透明质酸酶活性受到抑制，含有透明质酸的黏液样物质及水分在皮肤及皮下蓄积，所形成的特征性病理变化，称为黏液水肿（myxedema）。此外，其他一些激素（如雄激素、雌激素等）也能引起动物结缔组织的基质积聚，如公鸡的鸡冠和动情期猴的皮肤。

③基质积聚还见于一些间叶组织肿瘤，如纤维瘤、纤维肉瘤、软骨瘤、脂肪瘤和兔黏液瘤等，或见于慢性猪丹毒时病变的心瓣膜、风湿病灶和动脉粥样硬化斑块等。在急性风湿病的变质渗出期，病变的结缔组织基质中常出现黏液样变性，经组织化学证明是基质中糖胺聚糖蓄积所致。

2. 病理变化

剖检：发生基质积聚的结缔组织和肿瘤呈多汁、半透明的胶冻样或黏液样。

镜检：发生基质积聚的细胞肿胀、分散；苏木精-伊红-奥辛蓝染色法（hematoxylin-eosin-Alcian blue staining，H.E.A）染色时间质可见较多的淡蓝色黏液基质（图3-9）。由于基质中的糖胺聚糖带有许多酸根（糖醛酸和硫酸酯），因此，容易被带正电荷的碱性染料着色。奥辛蓝和胶体铁对糖胺聚糖有特别强的亲和力，前者可将其染成蓝色，后者与带阳离子电荷的铁离子结合后，再加入亚铁氰化钾，可产生普鲁士蓝。如以甲苯胺蓝和天青A染色，则糖胺聚糖呈现异染性，即染成红色或紫红色。

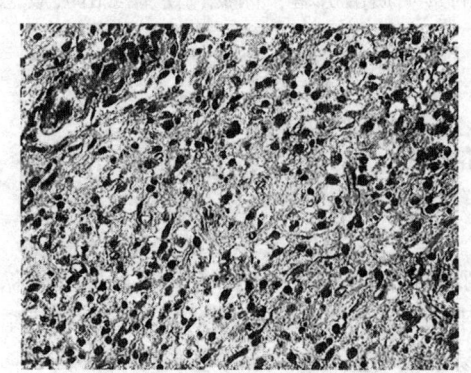

图3-9 基质积聚（陈怀涛，2013）
犬黏液肉瘤，间质见较多黏液样物质（H.E.A.×400）

3. 结局和对机体的影响

甲状腺功能降低导致的水肿在病因消除后可以自行消退。黏液样水肿若长期存在，则可引起纤维组织增生，导致硬化；卵巢分泌的弛缓素能在怀孕末期促使耻骨联合松弛和子宫颈扩张，以利于分娩；在慢性猪丹毒时，心瓣膜处增生的结缔组织常发生黏液样变性，由于瓣膜结构改变，导致瓣膜闭锁不全和瓣孔狭窄；急性风湿病的变质渗出期，病变的结缔组织基质中常出现黏液样变性，随后，病变部位可发生胶原纤维坏死。

三、基质减少

基质减少是指结缔组织中基质含量下降。基质减少常随着年龄增加和机体衰老而出现，并逐渐发展为一种全身性变化。因此，基质减少是机体组织物质代谢和活力下降的明显标志之一，研究这一现象对揭示长寿的机理具有重要意义。

基质减少在生理和病理情况下都可以发生，据此，可将其分为以下两类。

1. 生理性基质减少

动物因其年龄增长而发生的基质减少即为生理性基质减少。研究发现，结缔组织中的基质含量会因动物年龄的增加而逐渐减少，同时蛋白聚糖的硫酸化也会加强，造成基质中各种糖胺聚糖的相对比例发生改变。在幼龄动物的皮肤中，糖胺聚糖含量较高，其中以透明质酸为主，硫酸皮肤素很少。随着年龄的不断增长，皮肤中糖胺聚糖含量下降，透明质酸则大大减少，而硫酸皮肤素相对增多。心脏基质的变化与此一致。在椎间盘的髓核里，随年龄而不断增多的是硫酸角质素。

2. 病理性基质减少

基质减少也见于某些病理情况下，并可对局部组织造成病理性损害。例如，在慢性猪丹毒关节炎及犬系统性红斑狼疮关节炎时，由于发炎的关节腔中溶酶体释放的透明质酸酶使透明质酸过度分解，关节液中的糖胺聚糖（主要为透明质酸，其次为硫酸软骨素）含量减少，关节液的黏滞性降低，其润滑、缓冲及保护作用均受影响，因此关节面易受磨损而退化。但也有人认为，关节液黏滞性下降可能是由于病理状况下滑膜细胞合成了不完全的透明质酸造成的。

【知识卡片】

基　　质

基质（matrix）是一类没有固定形态结构的复杂物质，主要由生物大分子和一些水溶性小分子物质（如无机盐、葡萄糖、维生素、激素等）共同组成。基质中的生物大分子主要为蛋白聚糖，其中的聚糖部分为糖胺聚糖，包括硫酸软骨素A和C、硫酸皮肤素、硫酸角质素以及不含硫酸根的透明质酸。在这些糖胺聚糖中，以透明质酸最为重要。一般认为，蛋白聚糖的蛋白部分是一种糖蛋白。在间质中，大分子的透明质酸弯曲盘绕成网状，上面结合着作为支架的蛋白质分子，而后者又连接了许多含有硫酸根的糖胺聚糖，这样便构成了微细网孔状分子筛，即物质交换的场所。

第三节　基底膜的损伤

基底膜（basal membrane）又称基膜（basement membrane），是介于某些细胞基底部与结缔组织之间的一层非细胞性薄膜，是体内常见的一种细胞支架。基底膜厚度50~100 nm，组成成分约50种，其主要成分包括四种，分别是Ⅳ型胶原、层粘连蛋白、巢蛋白和基底膜蛋白多糖。其中，巢蛋白和基底膜蛋白多糖可以介导Ⅳ型胶原与层粘连蛋白形成超分子网络，相互交联，共同维持着基底膜的稳定性。Ⅳ型胶原作为基底膜的核心成分，约占50%，不仅其含量最多，还发挥着以下几个方面的核心作用：①通过其稳定的超分子结构，维持基底膜的稳定性；②类似于支架，可以与其他基底膜成分结合；③在介导与细胞间生物学过程中发挥重要作用。此外，Ⅳ型胶原的生物学过程为：一方面通过自身组装而成的网络结构，以支撑基底膜的稳定性；另一方面介导细胞与细胞间及细胞与基底膜间的相互作用，为细胞生长提供稳定的微环境，从而对细胞的迁移、增殖、分化发挥重要作用。实际上，其在疾病中也行使着重要作用。肾小球基底膜是肾脏最重要的屏障系统，肾小球基底膜受损可使其通透性发生改变，当某些因素引起肾小球基底膜通透性增高时可导致尿微量白蛋白排出。肾小管基底膜是肾小管最有效的屏障系统，完整的基底膜能够防止肾小管腔内的病原体进入间质，它可以在中毒性肾小管坏死时为肾小管上皮细胞再生提供支架，但在缺血性坏死过程中它没有这一功能。肾小管基底膜损伤包括基底膜破裂（如见于缺血性肾小管坏死）和基底膜增厚（如山羊景泰蓝肾脏）。

由于传染病、遗传性缺陷、某些代谢性疾病、免疫复合物或炎症等的破坏，一方面可使基底膜丧失部分分子筛作用；另一方面由于基底膜结构的破坏，使某些原本不溶性的蛋白质分子变成可溶性抗原，从而导致自身免疫性损伤。表现基底膜特征性变化的疾病主要见于某些代谢病、免疫性疾病，也见于遗传性疾病和传染病（表3-1）。

表3-1 具有基底膜损伤的部分疾病

类型	疾病
代谢性疾病	糖尿病
	饥饿
免疫性疾病	肾小球疾病
	急性弥散性增生性肾小球肾炎
	快速进行性肾小球肾炎（新月体性肾小球肾炎）（Ⅰ型和Ⅱ型）
	膜性肾小球病
	膜增生性肾小球肾炎Ⅰ型
	良性天疱疮
	气喘病
遗传性疾病	奥尔波特综合征
	家族性遗传性甲-骨发育不良综合征
传染病	兔病毒性出血症
	马传染性贫血
	水貂阿留申病

一、代谢性疾病

代谢性疾病中最具有代表性的是糖尿病，人和动物均可发生，后者包括马、牛、犬、猫、天竺鼠、大鼠、小鼠和猴等。糖尿病分原发性和继发性两种类型。糖尿病主要特点是高血糖和糖尿，临床表现为多饮、多食、多尿和体重减少，即"三多一少"，可使一些组织或器官发生形态结构改变和功能障碍，并发酮症酸中毒、肢体坏疽、多发性神经炎、失明和肾衰竭等。其中，基底膜增厚是一种显著的形态表现，多见于毛细血管，尤以肾脏毛细血管的基底膜增厚最为普遍。2型糖尿病患者慢性肺损伤的超微病理特点包括肺泡上皮和肺毛细血管内皮间基底膜弥散性增厚，呈"洋葱皮"样改变，基底膜周围蛋白质沉着，胶原纤维增生与基底膜混合在一起。在肺上皮细胞和肺微血管内皮间和微血管周围远端所见高电子密度的不规则沉积物可能为糖基化蛋白及相关产物，电子透明沉积物也可能为葡萄糖、果糖和山梨醇等小分子物质。肺泡毛细血管内皮细胞基底膜增厚的原因是内皮细胞反复修复坏死又多次新生造成的。

长期饥饿可导致多种器官发生萎缩，同时有些器官基底膜常见增厚，并出现胶原和基质蛋白聚糖过度沉着。

由于铁蛋白和含铁血黄素的沉积，引发山羊景泰蓝肾脏。剖检：山羊肾脏皮质呈浓烈的黑色或棕色，髓质未见肉眼病变。镜检：肾小管基底膜增厚。

血管基底膜是一种复杂的致密网状结构，其组成成分包括：层粘连蛋白、Ⅳ型胶原蛋白及纤维连接蛋白等。血管基底膜的降解与Ⅳ型胶原蛋白α1的破坏有关，后者作为Ⅳ型胶原的主要成分与基质金属蛋白酶9的生物学功能密不可分。基质金属蛋白酶9是Ⅳ型胶原酶，其在基底膜降解中起关键作用，因为基底膜中含有胶原，尤其是Ⅳ型胶原，因此，可被基质金属蛋白酶9降解。研究证实，慢性低氧情况下，大鼠骨髓微血管基底膜降解与IL-6/JAK2/STAT3/MMP-9通路有关。基质金属蛋白酶9的高表达，会导致大鼠骨髓血管基底膜发生降解。透射电镜下，骨髓微血管的基底膜不均匀，变薄且不连续。

二、免疫性疾病

免疫性疾病中对基底膜变化研究最多的是肾小球肾炎和气喘病等。

1. 肾小球肾炎

动物肾小球肾炎的常见原因是细菌(链球菌、葡萄球菌、肺炎球菌等)或病毒感染，也见于某些寄生虫病和恶性肿瘤等。常见的病毒病有猪瘟、非洲猪瘟、马传染性贫血、牛病毒性腹泻、犬传染性肝炎、猫白血病等。在病理学上，肾小球肾炎以肾小球上皮细胞和内皮细胞基底膜及系膜毛细血管基底膜增厚、疏松为主要特征。这种病理变化的基础除基底膜物质分泌过多及血浆蛋白沉积过多外，主要是出现免疫反应产物，一种为循环免疫复合物(图3-10)，另一种为抗肾小球基底膜抗体(图3-11)。此外，补体-白细胞介导的细胞免疫可能是未发现抗体反应的肾炎发病的主要机制。

急性弥散性增生性肾小球肾炎多与链球菌感染有关，在动物也见于绵羊妊娠毒血症、犬糖尿病、慢性病毒感染和子宫积脓等疾病过程中。电镜下循环免疫复合物表现为高电子密度的沉积物，通常呈驼峰状。沉积物多位于脏层上皮细胞和肾小球基底膜之间，也可位于内皮细胞下、基底膜内或系膜区。免疫荧光法可见毛细血管基底膜表面有大小不等的颗粒状荧光物沉积，这些物质主要是免疫球蛋白IgG和补体C3。快速进行性肾小球肾炎(新月体性肾小球肾炎)分为三种类型：Ⅰ型为抗肾小球基膜抗体引起的肾炎，免疫荧光法检查常在肺泡基底膜和肾小球基膜上见到线性荧光，表明该处存在抗基底膜抗体，有的患者可并发肺出血，该病变称为肺出血肾炎综合征(goodpasture syndrome)；Ⅱ型为免疫复合物性肾炎，免疫荧光法检查显示颗粒状荧光；Ⅲ型为免疫反应缺乏型肾炎，免疫荧光不能显示病变肾小球内有抗肾小球基底膜抗体或抗原-抗体复合物沉积。

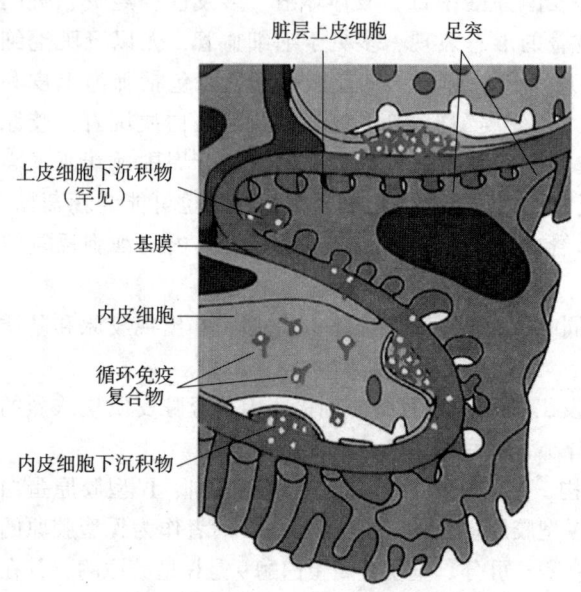
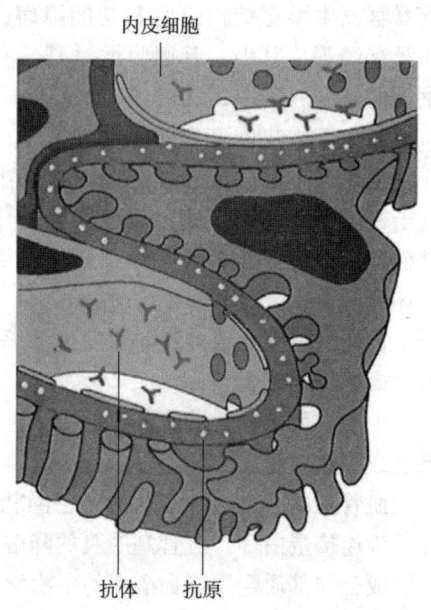

图 3-10 循环免疫复合物性肾炎示意图(步宏，李一雷，2018)

图 3-11 抗肾小球基底膜抗体引起的肾炎示意图(步宏，李一雷，2018)

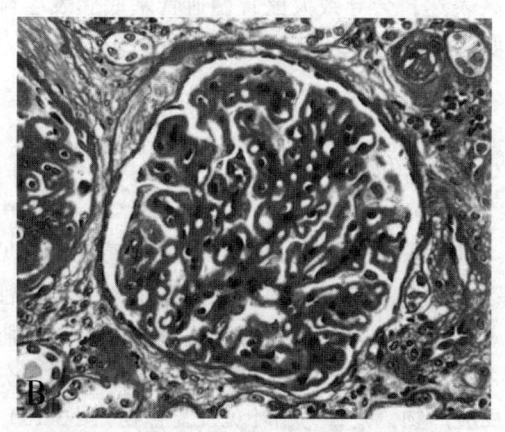

图 3-12 肾小球基底膜增厚(Cotran R S et al., 2002)

膜性肾小球肾炎的肾小球基底膜弥散性增厚(PAS 染色)

膜性肾小球病时，早期镜检肾小球病变不明显，后期肾小球毛细血管壁弥散性增厚，PAS 染色见基底膜增厚(图 3-12)。电镜观察时，基底膜与上皮细胞之间有大量的电子致密沉积物，沉积物之间基底膜样物质增多，形成钉状突起；增厚的基底膜使毛细血管管腔缩小，最终导致肾小球硬化。膜增生性肾小球肾炎 I 型由免疫复合物沉积引起，同时伴有补体的激活，组织学特征为肾小球基底膜增厚、肾小球细胞增生和系膜基质增多。

补体-白细胞介导的机制是引起肾小球病变的一个重要途径。补体激活后产生 C5a 等趋化因子，引起中性粒细胞浸润，中性粒细胞释放的蛋白酶使肾小球基底膜降解。由补体 C5~C9 构成的膜攻击复合体可上调上皮细胞表面的转化生长因子受体的表达，使细胞化的基质合成过度，肾小球基底膜增厚。

2. 气喘病

本病多见于人，也见于牛、马等。

(1) 人的气喘病

该病是一种由多因子(如空气污染、心理应激反应和呼吸道感染)共同作用所致的慢性疾病，其中最重要的因子可能是一些变应原。急性发作的病因可能与反应素 IgE 有关，因为它能长期固着于细胞上，使器官对特定抗原敏感。患有变态反应介导的气喘病患者，其 IgE 水平均升高。这种变应原-反应素反应能引起多种免疫介质的释放，导致支气管痉挛。

慢性气喘病患者的支气管基底膜都有不同程度的增厚。引起基底膜增厚的原因尚不完全清楚，但有可能是支气管上皮细胞因亚致死量重复伤害引起基底膜过度分泌的结果。

(2) 动物的气喘病

本病主要见于牛和马，偶见于猫和犬。犬实验性气喘病在病因学和病理学上与人的气喘病相似，可能也是一种超敏性肺泡炎。此外，牛和马的几种肺泡炎或肺炎的发病原因，与人的部分免疫复合物肺泡炎相同或相似（表 3-2）。

表 3-2 各种形态的免疫复合物肺泡炎及其原因

疾病	抗原来源	抗原
马肺气肿	空气污染物	曲霉菌、链格孢菌、着色芽生菌等真菌的孢子
牛变态反应性肺泡炎	发霉干草	干草小多孢子菌、普通嗜热放线菌等真菌的孢子
马变态反应性肺泡炎	发霉干草	干草小多孢子菌、普通嗜热放线菌、烟曲霉等真菌的孢子，鸡粪，鸡血清，其他有机粉尘
农民肺	发霉干草	干草小多孢子菌的孢子
蘑菇工人肺	堆肥	糖嗜热放线菌的孢子
养鸟人肺	干鸟粪	鸟蛋白质
鸽育种者肺	鸽粪和皮毛垢	鸽蛋白质
蔗尘肺	发霉甘蔗	普通嗜热放线菌的孢子

牛和马的变态反应性肺泡炎与吸入普通嗜热放线菌和干草小多孢子菌等的孢子密切相关，在发病学上可能属于发生在肺泡壁上的Ⅲ型变态反应或阿瑟斯反应，即存在肺泡上的抗原与 IgM 和 IgG 结合后，进一步激活补体，引起中性粒细胞积聚。若 IgE 和 IgG 同时存在，当再次接触抗原时，就会出现双相应答。用免疫组织化学法检查发现，随着免疫复合物的沉着和纤维蛋白浸润，变态反应性肺泡炎动物的肺泡基底膜会增厚。

根据研究，甘肃省河西地区马属动物的气喘病是一种由有机尘和无机尘引起的混合性尘肺。前者主要由寄生于霉败饲草中的普通嗜热放线菌、干草小多孢子菌、热吸水链霉菌与高大毛霉菌等引起；后者为从外界环境土壤中吸入的铝硅酸盐化合物。镜检可见单核-巨噬细胞性间质性肺炎、肺泡炎、尘细胞结节、慢性支气管炎及其周围炎和肺泡气肿等变化。用上述放线菌和真菌抗原在兔上成功复制出和自然病例相似的马"农民肺"病变。

三、遗传性疾病

奥尔波特综合征（Alport syndrome）是一种原发性肾小球病变，进行性肾功能衰竭是该遗传性疾病的特征之一。超微结构显示，肾脏的特征性变化为肾小球基底膜结构被破坏，使致密层失去连续性，严重者基底膜表现异常增厚。典型的变化是上皮和内皮的基底膜不能正常融合，形成特征性的分裂景象，表现为多层结构，中间散在分布着颗粒和脂类小滴。系膜毛细血管基底膜也出现增厚、多层，但程度较轻。

家族性遗传性甲-骨发育不良综合征是一种家族性以甲及多骨发育不良为主的遗传性综合病征，可继发关节病变。此外，30%患者表现无症状蛋白尿。光镜下可见部分肾小球毛细血管壁增厚，在硬化区可见非特异性局灶节段性肾小球沉积。电镜下的特征性变化是肾小球基底膜出现局限性疏松区，膜内沉积，伴有胶原显现并呈间发性。

四、传染病

阿留申病病毒感染貂血液中出现特异性抗体，抗体可与病毒相互作用，形成病毒-抗体-补体免疫复合物，该复合物沉积在肾小球毛细血管壁，引发肾小球肾炎，肾小球毛细血管壁基底膜因免疫复合物沉积发生不均匀的增厚，其横断面呈"铂金耳"状。马传染性贫血部分肾小球毛细血管基底膜增厚，细胞肿胀、增生。兔病毒性出血症肾脏毛细血管内皮细胞肿胀，其基底膜增厚。

作业题

1. 名词解释：结缔组织病（胶原病）、胶原纤维过多（纤维化）、胶原纤维玻璃样变（透明化）、胶原纤维坏死（纤维素样变性或纤维素样坏死）、弹性纤维变性、基质解聚、基质积聚、黏液样变性（胶样水肿）。
2. 固有结缔组织中纤维的病理变化主要有哪几类？简述各自特点。
3. 简述胶原纤维玻璃样变的病理变化。
4. 简述纤维素样坏死的组织学变化。
5. 简述基质损伤的类型。
6. 简述基质解聚的病理变化。
7. 简述基质积聚的病理变化。
8. 简述基质减少的病理变化。
9. 简述肾小球肾炎时基底膜的主要病理变化。

（陈立功）

第四章

细胞凋亡

【本章概述】机体内细胞终究要发生死亡，有些死亡是生理性的，有些死亡则是病理性的。有关细胞死亡过程的研究一直是生物学和医学研究的热点。目前，人们发现的细胞死亡方式包括坏死（necrosis）、凋亡（apoptosis）、焦亡（pyroptosis）、铁死亡（ferroptosis）和自噬性程序性细胞死亡等。细胞凋亡是目前研究最为广泛的一类。细胞凋亡现象最早是Kerr在1965年观察到的，并于1972年将这一现象定名为细胞凋亡。细胞凋亡是一种自然现象，在多细胞生物的生长、发育和死亡等过程中都存在。细胞凋亡对于多细胞生物个体生长发育的正常进行，自稳平衡的保持，抵御外界各种因素的干扰及在胚胎发育、造血和免疫系统的成熟，还有维护正常组织和器官的细胞恒定与生长平衡乃至机体衰老方面都起着重要的作用。

第一节 细胞凋亡概述

一、细胞凋亡的概念

细胞凋亡是指在一定的生理或病理条件下，为维持机体内环境的稳定，由基因控制的细胞自主的、有序性的细胞死亡形式，又称程序性细胞死亡（programmed cell death，PCD）或基因调控的细胞自杀等。

相对于通过有丝分裂进行的细胞增殖活动，细胞也发生程序性死亡，就像树叶和花的自然凋落一样，所以借用希腊语"apoptosis"来表示这种生物学现象。凋亡细胞如同自然凋谢的树叶一样，在本质上是一种生理性死亡。

细胞凋亡现象最早是由Kerr在1965年观察到。他发现大鼠肝细胞在局部缺血条件下连续不断地转化为小的圆形的细胞浆团，这些细胞浆团是由膜包裹的细胞碎片（包括细胞器和染色质）组成，当时他称这种现象为皱缩型坏死。但后来，他觉得这一名称并不恰当，因为这些圆形细胞浆团是在生理条件下产生的。经过深思熟虑后，他于1972年将这一现象重新命名为细胞凋亡。此后，细胞凋亡很快就受到各国科学家的重视，进行了深入的研究。1991年Ellis在线虫体内发现了几个参与细胞凋亡的基因后，人们才逐渐认识到凋亡的复杂机制特征及其对生命存在的特殊生物学意义。它与细胞分裂、增生、分化等理论一样，同属生物学和医学中重要的基本生命规律。抑制或诱导细胞凋亡均有重大医学价值，特别是肿瘤的研究中，因此已成为一个研究热点。2002年10月，英国科学家Sydney Brenner、H. Robert Horvitz和美国科学家John E. Sulston因发现器官发育和程序性细胞凋亡的基因规律而共同获得了2002年诺贝尔生理学或医学奖。

细胞凋亡与疾病关系的研究已取得长足的发展。关于细胞凋亡的研究成果，将为人类某些重大疾病的治疗和控制提供有力的武器。

二、细胞凋亡的形态学特征

在出生后的多细胞生物体内自然发生的细胞凋亡,其分布特点多为散在性的单个细胞。而实验性培养细胞或受治疗的体内外肿瘤细胞,由于施加因素的干扰,可以发生连续成片的细胞凋亡。细胞凋亡时会呈现出一系列特征性的形态学变化,主要包括细胞皱缩(cell shrinkage)、染色质凝聚(chromatin condensation)、凋亡小体形成(apoptotic body formation)、细胞骨架解体等,其中以细胞核的变化最为显著。

光镜下,可见凋亡细胞收缩变圆,细胞浆嗜酸性增强,核圆缩、碎裂或消失(图 4-1),整个细胞可形成嗜酸性小体。

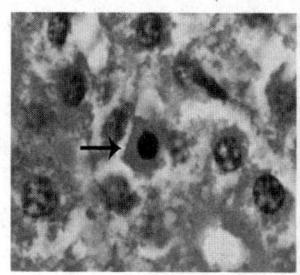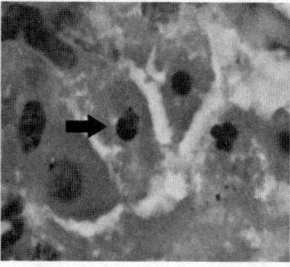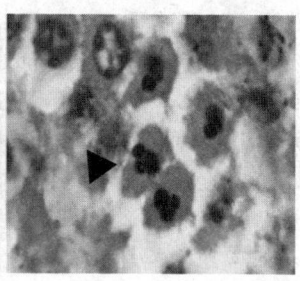

图 4-1 细胞凋亡光镜图
凋亡细胞呈现独立的圆形细胞,细胞核浓缩蓝染,细胞浆浓缩红染(→);凋亡细胞的细胞核边聚呈新月型(➡);凋亡细胞的细胞核被裂解成多个凋亡小体(▶)(H. E. ×1 000)

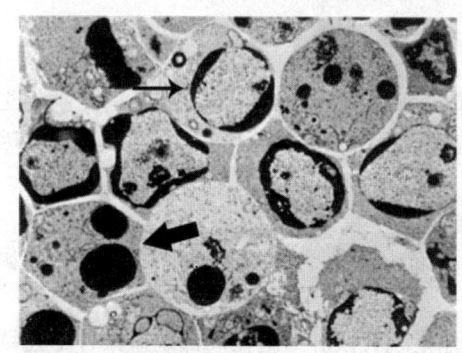

图 4-2 细胞凋亡电镜图(Vinay Kumar,2005)
早期凋亡细胞,细胞核边聚(→);凋亡小体(➡)

透射电镜下,可见早期凋亡细胞收缩变圆,与邻近细胞脱离,微绒毛消失,细胞浆变致密,其中线粒体、内质网及溶酶体等细胞器无明显变化。细胞核染色质凝集并附着于一侧核膜下,形成马蹄形或半月状凝集(图 4-2)。进而,细胞膜多处向细胞浆内深陷或呈圆顶状向外突出"发芽"。后者可能是由于 Ca^{2+} 活化钙依赖性半胱氨酸蛋白酶等破坏了细胞骨架结构,使细胞膜外突"发芽"。中、后期凋亡细胞,细胞核逐渐碎裂成小片状,由核膜包裹。胞体进一步凝缩,并从"发芽"的根部或胞膜深陷处断离下来,形成大小不等的胞体片块,均有完整的细胞膜包裹着,内含浓缩的细胞浆、完整的细胞器或细胞核碎块等,形成凋亡小体(apoptotic body)(图 4-2)。严重时,整个细胞均裂解成大小不等的凋亡小体。有时细胞体只固缩不裂解,核碎裂消失,形成一个全细胞性的凋亡小体,即光镜下的嗜酸性小体。扫描电镜下,凋亡小体呈球形突出于细胞表面,细胞其他部分可见胞膜内陷。

细胞凋亡的发生过程,在形态上可分为三个阶段。

(一)凋亡的起始

这一阶段的形态学变化表现为细胞表面的特化结构(如微绒毛)的消失,细胞间接触的消失,但细胞膜依然完整,未失去选择通透性;一些与细胞间连接有关的蛋白质从凋亡细胞的膜上消失,但正常情况下位于细胞膜内侧的磷脂酰丝氨酸(phosphatidylserine,PS)则从细胞膜的内侧翻转到细胞膜的表面,暴露于细胞外环境中,胞膜呈现空泡化(blebbing)和出芽(budding);细胞浆中,线粒体大体完整,但核糖体逐渐从内质网中脱离,内质网囊腔膨胀,并逐渐与质膜融合；染色质固缩，形成新月形帽状结构等形态，沿着核膜分布。这一阶段经历数分钟，然后进入第二阶段。

(二)凋亡小体的形成

首先，核染色质断裂成大小不等的片段，与某些细胞器(如线粒体)一起聚集，为反折的细胞膜所包围。从外观上看，细胞表面产生了许多泡状或芽状突起。以后，逐渐分割形成单个的凋亡小体。

(三)凋亡小体被吞噬、消化

凋亡小体先被吞噬而后溶解，这是一种保护现象，可使周围组织免受死亡细胞释放的内容物引起的可能损害。承担吞噬任务的细胞不限于专职的吞噬细胞，而主要依赖于邻近固有的各种细胞，包括单核巨噬细胞、上皮细胞、血管内皮细胞，甚至是肿瘤细胞等，尤其是上皮细胞的吞噬活性非常明显，所以凋亡组织通常不引起炎症反应。从细胞凋亡开始，到凋亡小体的出现仅数分钟，而整个细胞凋亡过程可能延续 4~9 h。

三、细胞凋亡的生化特征

细胞凋亡的一个显著特征就是细胞染色质的降解。1980 年，Wyllie 等首次报道了体外培养的小鼠胸腺细胞在糖皮质激素的诱导下可以发生特征性的降解。此后，将细胞染色质 DNA 的特征性降解作为细胞程序性死亡的一个重要的实验判断依据而得到广泛应用。到目前为止，DNA 特征性的片段化降解仍然为确证程序性细胞死亡的一种有效手段。

凋亡细胞核 DNA 的超螺旋(Ⅱ级)结构，在活化了的核酸内切酶(endonuclease)的作用下，被随机降解为一系列规则的多聚核苷酸片段。这些片段均为 180~200 bp(碱基对)的整倍数，凋亡细胞的这种 DNA 片段化(DNA fragmentation)结果在琼脂糖凝胶电泳时，表现出特征性的 DNA 梯状条带(DNA ladder)(图 4-3)。由于 DNA 梯状条带具有特征性，故常用作检测细胞凋亡的指标。核酸内切酶的降解可以在任一条单链上打开缺口，如果双链上在 14 bp 内各有一缺口，则 DNA 双链会在此处断开，形成黏性末端。一般来说，DNA 双链断开处都是在两相邻核小体间游离的 DNA 链处，因而形成大致为单位核小体倍数的多聚(寡)核苷酸片段。此外，由于降解片段的断端为黏性末端，暴露出一些具有化学特异性的分子，也可利用某些标记物检测这些分子，从而达到检测细胞凋亡的目的。例如，用终末脱氧核苷酸转移酶(TdT)标记的末端标记法(TUNEL)和用外源性 DNA 聚合酶标记的 DNA 缺口标记法等。

细胞发生程序性死亡时，其染色质 DNA 的降解过程具有以下特点。

第一，染色质 DNA 的降解是在细胞凋亡的早期，由于内源性核酸内切酶基因的激活和表达而造成的结果。

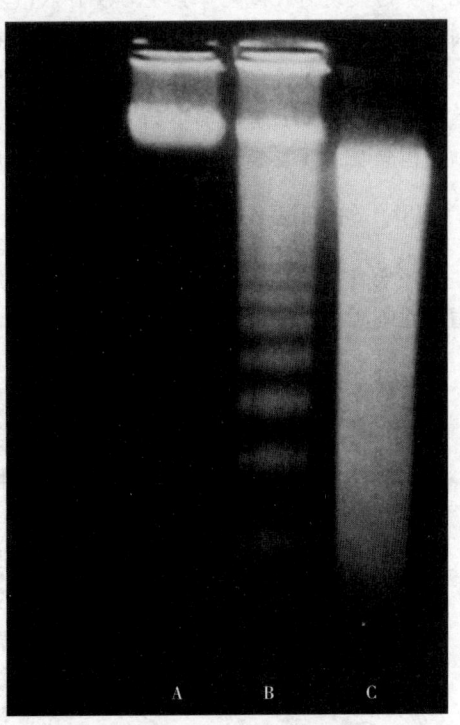

图 4-3 凋亡——DNA 梯状条带(Vinay Kumar，2005)

A. 正常细胞 DNA 条带；B. 凋亡细胞 DNA 条带；
C. 坏死细胞 DNA 条带

第二，细胞凋亡时，染色质 DNA 片段大小是有规律的，均为 200 bp 的倍数，因此，进行琼脂糖凝胶电泳或进行氯化铯溴化乙锭超速离心时，可见特征性的梯形现象。

第三，染色质 DNA 的断裂，大部分为单链断裂，内源性核酸酶仅在一个位置上切割单链，极少有一个位置上同时切割双链的情况。位于双链上不同位点的 DNA 链切口，如果相距不足 14 个核苷酸，则不足以保持完整的双链结构，分离后则带有黏性末端。

第四，染色质 DNA 断裂的位置，大部分位于核小体间的连接部位，因此容易造成核小体间散布着一系列单链切口，这种断裂方式也是应用原缺口翻译技术进行检测和定量检测的理论依据。

第五，染色质 DNA 断片，被细胞膜包裹形成的凋亡小体用吖啶橙/溴化乙啶（AO/EB）双染色后，在荧光显微镜下清晰可见。

【知识卡片】

细胞焦亡、铁死亡和自噬性程序性细胞死亡的特点

细胞焦亡是一种新的促炎程序性细胞死亡方式，由 caspase-1 和 caspase-11/4/5 通过切割 Gasdermin(GSDMD)蛋白而诱发。细胞焦亡伴有大量促炎因子的释放，诱发级联放大的炎症反应。细胞形态上表现为细胞不断胀大直至细胞膜破裂，导致细胞内容物的释放进而激活强烈的炎症反应。

铁死亡是近些年发现的一种程序性细胞死亡新形式，是一种铁依赖性的，以细胞内脂质过氧化物堆积为特征的非细胞凋亡形式的细胞死亡。铁死亡的主要机制是在二价亚铁或酯氧合酶的作用下，催化细胞膜上高表达的不饱和脂肪酸发生脂质过氧化，从而诱导细胞死亡，此外，还表现为抗氧化体系中谷胱甘肽(GSH)和谷胱甘肽过氧化物酶4(GPX4)表达量的降低。细胞形态上表现为线粒体变小，膜密度增高，嵴减少，细胞核变化不明显。

自噬性程序性细胞死亡是指过度的细胞自噬引起的细胞死亡，又称 II 型细胞死亡。自噬性程序性细胞死亡有其典型的形态学特征，如细胞浆内有大量的不同大小囊泡样结构，囊泡融合、双层或多层膜结构囊泡，囊泡内有大量的细胞器。

四、细胞凋亡与坏死的区别

坏死是指动物机体内局部组织细胞的病理性死亡，它是极端的物理、化学因素或严重的病理性刺激引起的细胞损伤和死亡。

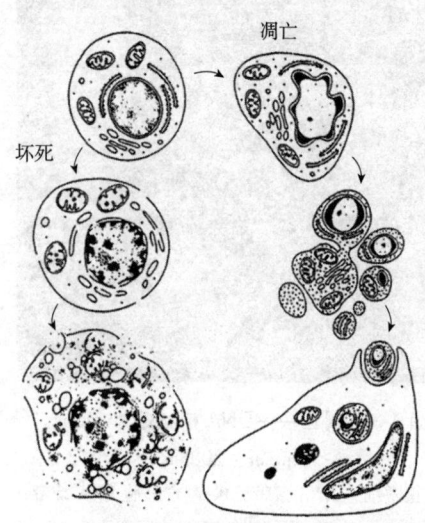

图4-4 凋亡和坏死的区别(Kerr, 1995)

与细胞坏死不同，细胞凋亡或程序性细胞死亡不是一种被动的过程，而是一种主动的细胞自我破坏的过程，它涉及一系列基因的激活、表达和调控等作用。它并不是病理条件下自体损伤的一种现象，而是为更好地适应生存环境而主动采取的一种死亡过程。细胞凋亡与坏死是两种截然不同的细胞学现象，二者的主要区别是：细胞凋亡过程中，细胞膜反折，包裹断裂的染色质片段或细胞器，然后逐渐分离，形成众多的凋亡小体。凋亡小体则为邻近的细胞所吞噬，整个过程中细胞膜的整合性保持良好，死亡细胞的内容物不会逸散到胞外环境中去，因而不引起炎症反应（图4-4）。相反，在细胞坏死时，细胞膜发生渗漏，细胞内容物，包括膨大和破碎的细胞器以及染色质片段，释放到胞外，导致炎症反应。细胞凋亡的机制及

其调控是极其复杂的，是在长期的进化过程中所形成，它对于维持生物体的正常功能是极其重要的。

细胞凋亡和细胞坏死是两种截然不同的过程和生物学现象，在形态学、代谢调节、发生机制、结局和意义等方面都有本质的区别，见表 4-1 所列。

表 4-1　细胞凋亡与细胞坏死的区别

项目	细胞凋亡	细胞坏死
形态	细胞皱缩、片段化	溶解
膜的完整性	能保持	不能保持
线粒体	自身吞噬	膨胀、Ca^{2+}内吞
染色质	致密	分解
自吞噬	常见	缺少
潜伏期	数小时	无
蛋白质合成	有	无
始发因素	胚胎、变态发育	毒素、缺血、酸碱度改变
典型细胞	胚胎神经元	肝细胞+毒素
控制因素	内分泌	毒素
细胞浆生化改变	溶酶体酶增多	溶酶体解体
核生化改变	DNA 片段化	弥散性降解
最初表现	蛋白质合成下降	膨胀

五、细胞凋亡的结局

机体为了保持正常生理功能的需要，正在凋亡的细胞和凋亡小体的最终结局是被邻近的吞噬细胞或正常细胞迅速识别和吞噬，进而被吞噬细胞内的溶酶体彻底消化，其中巨噬细胞是"专职"的吞噬凋亡小体的细胞群。吞噬细胞上有对凋亡细胞进行识别的受体，同时凋亡细胞上也有相应的死亡标志，表明其"可食性"吞噬细胞对凋亡细胞的识别或吞噬机制至少与以下三种因素有关：①凋亡细胞中细胞表面糖蛋白失去唾液酸侧链时，原来处于隐蔽状态的 N-乙酰葡萄糖胺、N-乙酰半乳糖和半乳糖等单糖暴露出来，从而可与吞噬细胞表面的凝集素（lectin），结合并发生相互作用；②吞噬细胞分泌的血小板反应蛋白（thrombospondin, TSP）可介导吞噬细胞上的 victronectin 受体对凋亡细胞的吞噬；③凋亡细胞的细胞膜磷脂酰丝氨酸外翻，从而被巨噬细胞上的磷脂酰丝氨酸受体识别和吞噬。

第二节　细胞凋亡发生的分子机理

一、影响细胞凋亡的因素

影响凋亡的一般因素很多，既有生理性的，又有病理性的。有些因素能诱发凋亡，有些因素可抑制凋亡。能诱导凋亡的主要因素有：生理性因素，如肿瘤坏死因子（tumor necrotic factor, TNF）家族、TGF-β、神经递质、糖皮质激素等；治疗因素，如化疗药物、射线、紫外线、热疗、中草药；损伤因素，如热刺激、病毒感染、细菌毒素、自由基等；毒素，如酒精、淀粉样肽、重金属等（表4-2）。能够抑制凋亡的因素有：生理因素，如细胞生长因子、细胞外基质、CD40L（CD40配体）、性激素等；病毒基因，如 *E1B*、*p53*、*IAP* 等；药物因素，如 calpain 抑制剂、半光氨酸蛋白酶抑制剂等；促癌物，如佛波醇酯、苯巴比妥、六氯化苯等（表4-3）。

表4-2　诱导细胞凋亡的因素

生理性因素	紫外线
肿瘤坏死因子（TNF）家族	热疗
Fas 配体（fas ligand，FasL）	中草药
TNF	**损伤刺激**
转化生长因子（TGF-β）	热刺激
神经递质	病毒感染
谷氨酸	细胞毒素
多巴胺	细胞癌基因 *myc*、*relElA*
N-甲基-D-天冬氨酸	抑癌基因：*p53*
去除细胞生长因子	其他基因：*C. elegans ced-3*、*ced-4*
基质失去黏附特性	细胞毒 T 细胞
Ca^{2+}、Ca^{2+} 载体	自由基
糖皮质激素	营养因素缺乏
治疗因素	**毒素**
化疗药物	酒精
顺铂、阿霉素、争光霉素、氮芥、氨甲喋呤	淀粉样肽
维甲酸、长春新碱、三氧化二砷	重金属
γ射线	Hg、Ni、Cr、Cd、Cu

表4-3　抑制细胞凋亡的因素

生理性因素	牛痘病毒：*CrmA*
细胞生长因子	EB 病毒：*BHRF1*、*LMP-X*
细胞外基质	非洲猩红热病毒：*LMW5-HL*
CD40L（CD40 配体）	**药物因素**
中性氨基酸	calpain 抑制剂
Zn^{2+}	半胱氨酸蛋白酶抑制剂
雌激素	**促癌物**
雄激素	PMA
病毒基因	苯巴比妥
腺病毒：*E1B*	六氯化苯
杆状病毒：*p53*、*IAP*	

另外，细胞凋亡可见于正常组织、老化组织及正常培养细胞中的老化细胞等，这些均表明生理性刺激可以诱发凋亡。

二、调控细胞凋亡的基因

细胞凋亡一旦被诱发启动，细胞将遵循自身既定的程序一步一步地进行下去，直至死亡。自身既定程序主要表现为在信号传递机制的参与下，凋亡相关基因的级联性表达调控，并贯穿于凋亡过程的始终，这就是凋亡的分子机制的特征。

目前，已发现许多原癌基因、抑癌基因、病毒基因、生长因子及其抑制因子基因、细胞受体基因、蛋白激酶基因等与细胞凋亡相关。按其对凋亡的作用大致可分为促进凋亡、抑制凋亡和执行凋亡三种基因。

(一) *Bcl-2* 基因家族

Bcl-2 是 B 细胞淋巴瘤/白血病-2 (B-cell lymphoma/leukemia-2, Bcl-2) 的缩写，它是一种原癌基因，是 *ced-9* 在哺乳类中的同源物。和一般的癌基因不同，*Bcl-2* 能延长细胞的生存，而不是促进细胞的增殖。总体上说与 *ced-9* 一样，*Bcl-2* 具有抑制细胞凋亡的作用。已经证实 Bcl-2 蛋白存在于线粒体外膜、核膜和内质网膜上，并通过阻止线粒体细胞色素 c 释放而发挥抗凋亡作用。

自 1985 年首次发现 *Bcl-2* 基因以来，又陆续发现了其他与之高度同源的分子，这些分子都归为 Bcl-2 家族分子。*Bcl-2* 基因家族是目前广泛研究的一类细胞凋亡相关基因，其表达和调控是影响细胞凋亡的关键因素之一，在细胞凋亡信号转导途径中发挥重要作用。Bcl-2 家族蛋白的一个显著特征是具有 Bcl-2 同源结构域 (Bcl-2 homology domain, BH)，包括具有四个保守的 Bcl-2 同源结构域，即 BH1、BH2、BH3、BH4 结构域，并且通常有一个羧基端跨膜结构域 (transmembrane region, TM)。其中，BH4 是抗凋亡蛋白所特有的结构域，BH3 是与促凋亡有关的结构域。目前，在哺乳动物中发现的 Bcl-2 家组蛋白有 20 余种，其成员中有些促进细胞凋亡，如 Bax、Bak、Bad 等，有些成员抑制细胞凋亡，如 Bcl-2、Mcl-1、Bcl-w 等。表 4-4 为常见的 Bcl-2 家族主要成员及功能。

表 4-4 Bcl-2 家族主要成员及功能

基因产物	功能
Bcl-2	凋亡抑制剂，可与 Bax、Bak 结合
Bcl-x	其 L 型抑制凋亡，S 型促进凋亡，与 Bax 及 Bak 结合
Bcl-w	凋亡抑制剂
Bax	凋亡促进剂，可与 Bcl-2、Bcl-xL、Mcl-1 结合
Bak	凋亡促进剂，也可作抑制剂，可与 Bcl-2、Bcl-xL、Mcl-1 结合
Mcl-1	凋亡抑制剂
Bad	凋亡促进剂，与 Bcl-2 和 Bcl-xL 结合
CED9	线虫中的凋亡抑制剂，Bcl-2 的同源物
E1B19K	腺病毒凋亡抑制剂，与 Bax、Bak 结合

Bcl-2 家族内部各成员之间可以形成同源或异源二聚体，这种二聚体反应是决定细胞存亡的关键。Bcl-2 家族成员间异源二聚体的形成具有特异性，如 Bax 能与 Bcl-2、Bcl-xL、Mcl-1 发生结合，而使它们失去抑制细胞凋亡的能力。Bak 与 Bcl-xL 形成二聚体的能力比 Bcl-2 强，这种选择性结合，目前认为与 BH 区有关。在一个特定细胞中，每个成员存在的浓度就决定了占优势的二聚体的类别，最终决定细胞的命运。

(二) *p53* 基因

p53 是一种抗癌基因，因其编码分子质量为 53 u 的蛋白质而得名，其产物主要存在于细胞核内。*p53* 基因是人肿瘤有关基因中突变频率最高的基因。人类肿瘤有 50% 以上是由 *p53* 基因的缺失造成的。如将 *p53* 基因重新导入已转化的细胞中，则可能产生两种不同的结果：生长阻遏和细胞凋亡。前者是可逆的，后者则不可逆。两种结果的导向取决于生理条件及细胞类型。在皮肤、胸腺及肠上皮细胞中，DNA 的损伤导致 p53 蛋白的积累并伴随着细胞凋亡，说明在这些细胞中，细胞凋亡是依赖于 p53 蛋白的。然而在另一些条件下，p53 蛋白并不是细胞凋亡的必要条件，如糖皮质激素诱导胸腺的凋亡就与 p53 蛋白无关。缺少 *p53* 基因的小鼠发育过程基本正常，说明正常发育过程中出现的各种细胞凋亡并不需要 *p53* 的参与。

在依赖于 p53 蛋白的细胞凋亡中，*p53* 基因是通过调节 *Bcl-2* 和 *Bax* 基因的表达来影响细胞凋亡的。p53 蛋白能特异性抑制 Bcl-2 的表达，而对 Bax 的表达则有明显的促进作用。研究表明，p53 蛋白是 *Bax* 基因直接的转录活化因子。在这些细胞中，p53 蛋白的积累和活动引起了细胞凋亡。

野生型 *p53*(wild type p53，wt-p53)具有诱导(促进)细胞凋亡的作用。将野生型 *p53* 导入癌细胞可诱导癌细胞凋亡。在射线等损伤 DNA 引起的细胞凋亡中，野生型 *p53* 起重要的诱导作用。一般认为，p53 蛋白起转录因子作用，调节细胞周期 G_1-S 阶段的转化，是监视细胞 DNA 状态的"分子警察"。如 DNA 受损伤，p53 蛋白可使细胞周期暂停于 G_1 期等待损伤的 DNA 修复；如 DNA 修复失败，p53 蛋白可诱导细胞凋亡以清除 DNA 损伤的细胞。突变型 *p53*(mutation type p53，mt-p53)则作用相反，在所有恶性肿瘤中，50% 以上会出现该基因的突变。

(三) *c-myc*

c-myc 对细胞凋亡的影响取决于刺激因子、细胞种类和细胞生长的环境。在多种肿瘤细胞中发现，*c-myc* 的扩增及高表达，既能促进细胞的增殖与恶性转化，又可促进细胞凋亡。目前，认为这种双重作用是由于 myc 蛋白(转录因子)中的促进凋亡活性区、转化区和自身调节区是同一个区域，它的表达只提供一个启动信号作用，至于向哪个方向调节取决于第二个信号的刺激，如果加入生长因子则抑制细胞凋亡，使细胞进入增生状态；如果去除生长因子，细胞则进入凋亡过程。

(四) 细胞凋亡执行基因

细胞凋亡执行基因是指在细胞凋亡过程中表达的基因，与细胞死亡关系密切，故又称死亡基因。已在线虫体内发现三个此类基因：*ced-3*、*ced-4* 和 *ced-9*，前二者的表达可导致细胞凋亡，后者的表达可阻断前二者的作用(负调控基因)。此外，还发现人和鼠等哺乳动物的白细胞介素-1β 转化酶(interleukin 1β converting enzyme，ICE)的蛋白质氨基酸编码顺序，与 *ced-3* 编码的蛋白有 30% 的同源性。白细胞介素-1β 转化酶在其于纤维母细胞中高表达时，可引起细胞凋亡。这些基因执行细胞凋亡的具体机制尚有待于深入研究。

三、caspase 家族与细胞凋亡

(一) caspase 家族成员

caspases 是近年来发现的一组存在于细胞浆溶胶中结构相关的半胱氨酸蛋白酶，它们的一个重要共同点是特异地断开天冬氨酸残基后的肽键。caspase 一词是从 cysteine aspartic acic specific protease 的词头和词尾缩写衍生而来，反映了这个特征。由于这种特异性，使 caspase 能够高度选择性地切割某些蛋白质，这种切割只在少数（通常只有 1 个）位点上发生，主要是在结构域间的位点上，切割的结果可能是活化某种蛋白，也可能是使某种蛋白失活，但从不会完全降解一种蛋白质。

caspase 的研究始于线虫（*Caenorhabditis elegans*）细胞程序性死亡的研究。线虫在发育过程中，有 131 个细胞将进入程序化死亡。研究发现有 11 个基因与细胞程序性死亡有关，其中 *ced-3* 和 *ced-4* 基因是决定细胞凋亡所必需的，*ced-9* 基因抑制细胞程序性死亡。线虫细胞程序化死亡的研究促进了其他动物特别是哺乳类动物中细胞凋亡的研究。人们发现哺乳类细胞中存在着 *ced-3* 的同源物 ICE，它催化白介素 1β（IL-1β）的活化，即从其前体上将 IL-1β 切割下来。在大鼠成纤维细胞中过量表达 ICE 和 ced-3 都会引起细胞凋亡，表明了 ICE 和 ced-3 在结构和功能上的相似性；然而敲除 ICE 的基因小鼠其表型正常，并未发现细胞凋亡发生明显的改变。进一步的研究发现，另一个 ICE 成员，后来被称为 apopain、CPP32 或 Yama 的半胱氨酸蛋白酶，催化多聚腺苷二磷酸核糖聚合酶 poly(ADP ribose polymerase，PARP)，即聚（ADP 核糖）聚合酶的裂解，结果导致细胞的凋亡，因而认为 apopain 执行着与线虫中的 ced-3 相同的功能。apopain 被称为是"死亡酶"，而 PARP 被认为是"死亡底物"。apopain/CPP32/Yama 是在 1995 年由两个实验室分别报道，时间上只差两周。ced-4 的哺乳类同源物则迟迟未能发现，直到 1997 年，才被证明是 Apaf-1（即一种细胞凋亡蛋白酶活化因子，apoptosis protease activating factor）。而 ced-9 的哺乳类对应物则较早地被证明是 Bcl-2。

至今为止，在哺乳动物中已经证实有 15 种 caspase 家族成员，在人类中已经发现了 13 种 caspase，在小鼠中有 11 种 caspase。根据结构和功能的差异，caspase 可以分为凋亡类和炎症类。其中，凋亡 caspase 包括 caspase-2/3/6/7/8/9/10。参与执行细胞凋亡的是 caspase-3、caspase-6 和 caspase-7，其中 caspase-3 和 7 具有相近的底物和抑制剂特异性，它们降解 PARP、DFF-45(DNA fragmentation factor 45)，导致 DNA 修复的抑制并启动 DNA 的降解。而 caspase-6 的底物是 lamin A 和 keratin 18，它们的降解导致核纤层和细胞骨架的崩解。炎性 caspase 包括 caspase-1/4/5/11，介导炎性反应。其中，caspase-11 来源于小鼠，caspase-4、5 来源于人。caspase-1/4/5/11 主要参与白介素前体的活化，进而诱导细胞焦亡的发生。caspase 超家族成员及其相应底物见表 4-5 所列。

表 4-5 caspase 超家族成员及其相应底物

名称及其别名	底物
caspase-1(ICE)	Pro-IL-1β；GSDMD；Pro-caspase-3,7
caspase-2(Nedd-2/ICH1)	—
caspase-3(apopain/CPP32/Yama)	PARP；SREBP；DFF；DNA-PK
caspase-4(Tx/ICH2/ICErel-Ⅱ)	GSDMD
caspase-5(ICErel-Ⅲ/TY)	GSDMD

(续)

名称及其别名	底物
caspase-6(Mch2)	Lamin A；Keratinl8
caspase-7(ICE-LAP3/Mch3/CMH-1)	PARP；pro-caspase-6；DFF
caspase-8(FLICE/MACH/Meh5)	—
caspase-9(ICE-LAP6/Mch6)	—
caspase-10(Mch4/FLICE2)	—
caspase-11(ICH3)	GSDMD

(二)caspase的活化

细胞中合成的caspase以无活性的酶原状态存在，经活化后方能执行其功能。caspase的活化是有顺序的多步水解过程，caspase分子各异，但其活化过程相似。首先在caspase前体的N端前肽和大亚基之间的特定位点被水解去除N端前肽，然后在大小亚基之间切割释放大小亚基，由大亚基和小亚基组成异源二聚体，再由两个二聚体形成有活性的四聚体。去除N端前肽是caspase活化的第一步，也是必需的，但caspase-9的活化无须去除N端前肽。caspase的活化机制有两种，即同源活化和异源活化，这两种活化方式密切相关，一般来说后者是前者的结果。

凋亡起始者(如caspase-2、8、9和10)的活化属于同源活化。凋亡被诱导后，起始caspase被募集到特定的起始活化复合体，形成同源二聚体构象改变，导致同源分子之间的酶切而自身活化。caspase-8和10含有串联重复的死亡效应子结构域(death effector domain, DED)，而caspase-2和9则含有不同但类似的caspase募集结构域(caspase recruitment domain, CARD)，这两种结构域是募集caspase-2、8、9和10所必需的。

通常caspase-2、8、10介导死亡受体通路的细胞凋亡，分别被募集到Fas和TNFR1死亡受体复合物。而caspase-9参与线粒体通路的细胞凋亡，则被募集到cyt-c/Apaf-1组成凋亡体。同源活化是细胞凋亡过程中最早发生的caspase水解活化事件，启动caspase活化后，即开启细胞内的死亡程序，进而通过异源活化方式水解下游caspase而将凋亡信号放大，同时将死亡信号向下传递。

异源活化即由一种caspase活化另外一种caspase，是凋亡蛋白酶酶原被活化的经典途径。被异源活化的caspase又称执行caspase，包括caspase-3、6、7。不像启动caspase，执行caspase不能被募集到或结合起始活化复合体，它们必须依赖启动caspase才能活化。

(三)天然的caspase抑制剂

动物体是高度有序的细胞群体，细胞的增殖和死亡都受到严格的信号控制。细胞中存在的caspase酶原分子就像埋藏的炸弹，随时准备被外界信号点燃引发，摧毁细胞。因此，与caspase酶原活化相关的信号分子和caspase本身的活性在细胞中均受到严格的调控，以保证在必要的情况下才启动凋亡程序。

细胞中存在能够与caspase直接结合的抑制剂，阻止其对底物的切割作用。目前，已知的细胞内源的caspase抑制剂包括哺乳类凋亡抑制因子(inhibitor of apoptosis, IAP)家族的七个成员、c-FLIP(FADD-like ICE-inhibitory protein)、BAR(bifunctional apoptosis regulator)和ARC(apoptosis repressor with CARD)。这些抑制因子的一些基本特性见表4-6所列。所有的IAP家族成员都具有由70个氨基酸残基组成的BIR(baculoviral IAP repeat)结构域，这一结构域对抑制凋亡的作用是必需的。除了 XIAP、cIAP1 和 cIAP2，其他 caspase 抑制因子表达均有组织特异性。所有的 IAP（除了 ILP-2）均能够特异性地与 caspase-3 和 caspase-7 的活化形式结合，发挥抑制作用。而 XIAP、ILP-2 和 Livin 能抑制起始 caspase-9，c-FLIP、BAR 和 ARC 能够抑制死亡受体 caspase-8 的激活。

表 4-6　内源性 caspase 抑制因子

名称及其别名	底物	名称及其别名	底物
NIAP(BIRC1)	caspase-3、7	Livin(BIRC7)	caspase-3、7、9
cIAP1(BIRC2)	caspase-3、7	ILP-2(BIRC8)	caspase-9
cIAP2(BIRC3)	caspase-3、7	c-FLIP(I-FLICE)	caspase-8、10
XIAP(BIRC 4)	caspase-3、7、9	ARC	caspase-2、8
Survivin(BIRC5)	caspase-3、7	BAR	caspase-8

如前所述，细胞凋亡是生物体用来清除病毒、防止病毒进一步侵染其他细胞的一种机制，而病毒也发展出一种对抗机制，来逃避或阻止凋亡的发生，即抑制 caspase 的活性。痘病毒蛋白 CrmA 和杆病毒蛋白 p35 就是这种天然的 caspase 抑制剂。CrmA 能有效地抑制 caspase-1 和 8，但对 caspase-3、7 和 9 的抑制作用很弱。p35 则对大多数 caspase 有较强的抑制作用。此外，病毒还发展出其他的凋亡抑制机制。例如，v-FLIPs 是一组受体介导的细胞凋亡抑制剂，它们被发现于 γ 疱疹病毒中。v-FLIPs 在人细胞中的同源物称为 FLIP，和 v-FLIPs 一样，它也含有两个死亡效应子结构域，可与 FADD 发生相互作用，从而阻止了 caspase-8 和 10 与连接器蛋白的结合及活化。

四、细胞凋亡过程中的蛋白质合成

细胞凋亡需要细胞死亡特异蛋白的表达，涉及一系列的 RNA/蛋白质等生物大分子的合成，具有基因的激活及表达参与。因此，某些 mRNA 和蛋白质的合成仍在进行，整个过程常需 ATP 供能。例如，在培养的胸腺细胞中检测不到核酸内切酶的活性，当加入糖皮质激素引起胸腺细胞凋亡时，则有该酶的表达，提示该酶可能是在凋亡过程中新合成的。但是关于这方面的报道尚不多，有待于深入研究。

五、细胞凋亡的信号传导

参与凋亡信号传递的主要分子物质有蛋白酶、蛋白激酶、核酸内切酶、蛋白酪氨酸磷脂酶、神经酰胺及 Ca^{2+} 等。但传递机制是复杂多样的，有研究表明：①不同诱导凋亡的因素往往通过不同的信号传递诱导凋亡；②不同种类的细胞及不同发育阶段的细胞常需特异性信号分子或信号传递途径介导凋亡；③不同的信号传递途径常诱导不同的级联性凋亡相关基因表达，最终均能导致细胞凋亡。

目前认为，细胞凋亡通过外源性通路（extrinsic pathway）和内源性通路（intrinsic pathway）执行。目前比较清楚的外源性通路是通过细胞膜表面死亡受体介导的，各种外界因素是细胞凋亡的启动剂，它们可以通过死亡受体介导的信号传递系统传导凋亡信号，引起细胞凋亡；在内源性通路方面，目前研究比较清楚的是线粒体细胞色素 c 释放和 caspase 激活的生物化学通路和内质网应激通路。除了上述通路外，还存在着其他与细胞凋亡有关的信号传导通路，如 PI3K/Akt 抗细胞凋亡通路。

(一)外源性通路

外源性通路又称死亡受体介导的凋亡通路(death receptor mediated apoptosis pathway)，当外源性凋亡信号分子与细胞膜上的死亡受体(death receptor, DR)结合后，激活细胞凋亡信号通路，引发细胞凋亡。死亡受体为一类跨膜蛋白，属肿瘤坏死因子受体(tumor necrosis facter receptor, TNFR)基因超家族。其胞外部分都含有一富含半胱氨酸的区域，细胞浆区有一由同源氨基酸残基构成的结构，有蛋白水解功能，称为"死亡区域"。已知的死亡受体有五种，TNFR-1(又称CD120a或p55)、Fas(CD95或Apo1)、DR3(死亡受体3，又称Apo3、WSL-1、TRAMP、LARD)、DR4和DR5(Apo2、TRAIL-R2、TRICK2、KILLER)。前三种受体相应的配体分别为TNF、FasL(CD95L)、Apo-3L(DR3L)，后两种均为Apo-2L(TRAIL)。例如，配体FasL可首先诱导Fas三聚体化，三聚化的Fas和FasL结合后，使三个Fas分子的死亡结构域相聚成簇，吸引了细胞浆中另一种带有相同死亡结构域的蛋白FADD，在细胞膜上形成凋亡诱导复合物，从而使pro-caspase-8发生自身裂解，成熟并释放其活性亚单位直接激活下游效应因子caspase-3、caspase-6和caspase-7，使细胞发生凋亡。

(二)线粒体通路

线粒体介导的凋亡通路(mitochondrial mediated apoptosis pathway)，即通过线粒体释放凋亡酶激活因子激活caspase。线粒体是细胞生命活动控制中心，它不仅是细胞呼吸链和氧化磷酸化的中心，还是细胞凋亡调控中心。线粒体通透性转换孔(permeability transition pore, PTP)是线粒体内膜和外膜在接触部位协同组成的一条通道，在正常情况下，绝大多数PTP处于关闭状态。当线粒体跨膜电位($\Delta\psi m$)在各种凋亡诱导信号(如DNA损伤、氧化剂等)的作用下降低时，PTP开放，导致线粒体膜通透性增大，使凋亡物质释放，凋亡发生。线粒体中释放的凋亡蛋白包括细胞色素c、凋亡诱导因子(AIF)、半胱氨酸蛋白水解酶激活剂(Smac/DIABLO)、线粒体丝氨酸蛋白酶(Omi/HtrA2)、线粒体核酸内切酶G(Endo G)。

在哺乳动物细胞中，Bcl-2多分布在细胞内膜系统，其中在线粒体外膜上分布最多，它们的变化调节着膜通道的开放和促凋亡物质的流动，是信号转导的关键步骤。关于Bcl-2家族调控线粒体外膜通透性的机制，研究发现细胞受到凋亡信号刺激后促凋亡因子Bax和Bak发生寡聚化，从细胞浆中转移到线粒体外膜上，并与膜上的电压依赖性阴离子通道(voltage-dependent anion channel, VDAC)相互作用，使通道开放到足以使线粒体内的凋亡因子释放到细胞浆基质中，引发细胞凋亡。实验证明，如果细胞中Bax和Bak的基因均被突变，细胞能够抵抗大多数凋亡诱导因素的刺激，说明二者是凋亡信号通路中的正调控因子。而抗凋亡因子Bcl-2和Bcl-xL能够与Bax/Bak形成异二聚体，通过抑制Bax和Bak的寡聚化来抑制线粒体膜通道的开启。

细胞色素c的释放是线粒体通路的关键步骤。释放到细胞浆的细胞色素c在脱氧腺苷三磷酸(dATP)存在的条件下能与凋亡蛋白酶激活因子-1(apoptotic protease activating factor-1, Apaf-1)结合，使其形成多聚体，而后通过Apaf-1氨基端的caspase募集结构域(caspase recruitment domain, CARD)募集细胞浆中的caspase-9前体，并促使caspase-9与其结合形成凋亡小体，被激活的caspase-9能激活其他的caspase(如caspase-3和caspase-7等)，从而诱导细胞凋亡。Smac/DIABLO和Omi/HtrA2受到凋亡刺激时线粒体定位信号肽被切除，能够从线粒体释放到细胞浆，与凋亡抑制蛋白(IAP)分子特异性地结合，解除凋亡抑制因子对caspase的阻碍作用，激活各级caspase引起级联反应，从而促进细胞凋亡。

AIF是1999年克隆的第一个能够诱导caspase非依赖性细胞凋亡的因子，位于线粒体外膜。在凋亡过程中，AIF 从线粒体转移到细胞浆中，进而直接进入细胞核并独立作用于染色质，引起核内 DNA 凝集并断裂成 50 kb 大小的片段。

线粒体释放的另一个因子 EndoG 也能引发 caspase 非依赖性的细胞凋亡。EndoG 属于 Mg^{2+} 依赖性的核酸酶家族，定位于线粒体。在线粒体中，它的主要功能是负责线粒体 DNA 的修复和复制。受到凋亡信号的刺激后，EndoG 从线粒体中释放出来进入细胞核，对 DNA 进行切割，使细胞发生凋亡。

活性氧（reactive oxygen species，ROS）是细胞内有氧代谢过程中产生的具有很高生物活性的氧分子，如过氧化氢、一氧化氮、超氧阴离子等，线粒体则是生成 ROS 的主要场所。当死亡信号到达线粒体后，由于通透性转化孔造成电子传递脱偶联等使线粒体产生大量 ROS。在细胞凋亡过程中，ROS 可作为第二信使，通过以下途径导致细胞凋亡：①促进线粒体通透性转化孔开放，通透性转化孔有两个氧化还原敏感位点，一个是还原型或氧化型尼克酰胺腺嘌呤二核苷酸（NAD^+ 或 NADH）和尼克酰胺腺嘌呤二核苷酸磷酸（$NADP^+$ 或 NADPH）；另一个是二硫键部位，ROS 可使通透性转化孔上这些位点氧化，而使通透性转化孔开放。②促进 Ca^{2+} 内流，通透性转化孔开放可导致线粒体膜产生膜间隙，Ca^{2+} 释放至细胞浆。③上调 bax 基因的表达，bax 基因是 B 细胞淋巴瘤白血病-2 基因家族的成员，其作用是促进细胞凋亡。④激活半胱天冬蛋白酶系统，某些信号（如 TNF-α）作用于细胞时，可通过提高 ROS 水平激活半胱天冬蛋白酶系统，导致凋亡。

细胞内有一类 Ca^{2+}/Mg^{2+} 依赖性的核酸内切酶，当细胞内 Ca^{2+} 浓度升高时被激活。正常时，细胞内的 Ca^{2+} 浓度主要受细胞膜电压依赖性钙通道和钙泵在消耗能量的基础上来维持。当线粒体功能障碍时，能量供应不足，钙泵不能主动地将细胞内的 Ca^{2+} 泵出细胞外，同时由于 ROS 增多导致细胞膜通透性增高，使 Ca^{2+} 顺着浓度梯度进入细胞内，这些因素单独或协同作用导致细胞内 Ca^{2+} 浓度增高，激活 Ca^{2+}/Mg^{2+} 依赖性核酸内切酶，从而导致细胞凋亡。例如，糖皮质激素在体内外能诱导胸腺细胞凋亡，就是由于细胞内 Ca^{2+} 浓度的持续升高激活了 Ca^{2+}/Mg^{2+} 依赖性核酸内切酶的结果，用 Ca^{2+} 螯合剂乙二胺四乙酸（EDTA）则能防止该酶的激活和细胞凋亡的发生。

（三）内质网通路

内质网是哺乳动物体内最大、最重要的膜性细胞器，参与包括细胞内蛋白质合成后折叠、细胞对应激的反应等活动，同时也是 Ca^{2+} 的主要贮存场所。内质网介导细胞凋亡的机制主要包括内质网应激诱导凋亡、内质网 Ca^{2+} 诱导凋亡和内质网凋亡底物介导的凋亡等方面，合称为内质网介导的凋亡通路（endoplasmic reticulum mediated apoptosis pathway）。与其他凋亡机制不同，内质网发出的凋亡信号或 Ca^{2+} 首先特异性地激活位于内质网胞浆面以前体形式存在的 caspase-12。然后，caspase-12 进一步激活 caspase-9，并最终激活下游的 caspase-3，进入细胞凋亡的最终通路。此外，caspase-9 还可以正反馈地激活 caspase-12，放大细胞凋亡作用。在人类细胞中研究显示，caspase-4/5 可能发挥了类似 caspase-12 的功能。

各种生理、病理及外界刺激因素均造成内质网稳态失衡，使内质网腔未折叠蛋白、错误折叠蛋白增加或 Ca^{2+} 浓度紊乱时，可导致内质网应激（ER stress，ERS）。在内质网应激介导的细胞凋亡中，内质网应激感受蛋白 PERK、ATF6 和 IRE-1 发挥重要的作用。内质网应激启动的细胞凋亡，主要的生物学效应包括转录因子 CHOP/GADD153 表达增多、ASK1/JNK 和 caspase 家族成员等凋亡关键分子的激活等，以及随后发生的 caspase-12 激活、Bcl-2 表达下降等凋亡诱导机制。内质网受刺激后，引起内质网中 Ca^{2+} 的释放，相对高浓度的 Ca^{2+} 可以激活细胞浆中的钙依赖性蛋白酶,又可以作用于线粒体,影响其通透性并导致其膜电位的改变,从而促进凋亡。此外,内质网中还存在多种可被caspase切割的底物,如Bap31、固醇调解元件结合蛋白、信号识别颗粒72、三磷酸肌醇受体、Grp94、早老素类和阿尔茨海默病的重要致病物质淀粉样前体蛋白等。被切割产物可以进入细胞核,发挥调控凋亡相关因子表达水平的作用或加强对caspase活化的影响。

(四) PI3K/Akt 抗细胞凋亡通路

PI3K/Akt 信号转导通路在抗凋亡机制中发挥着重要的作用,对这一抗凋亡机制的深入研究,将对多种癌症的治疗及药物筛选产生积极的影响。早在1997年,就有研究表明Akt在多种促细胞存活的生长因子信号途径中起着重要的作用,在细胞承受细胞周期紊乱、DNA损伤等情况时,Akt能够发挥出抑制细胞凋亡的作用。对其中涉及分子机制的深入研究发现,Akt抑制细胞凋亡的机制主要有以下几个方面:①抑制促凋亡因子Bad。Bad属于Bcl-2家族中的促细胞凋亡因子,当Bad处于非磷酸化状态时,Bad与Bcl-xL或Bcl-2结合,使Bcl-xL或Bcl-2丧失维持线粒体外膜完整性的功能,以此诱导细胞凋亡。被激活Akt能够强有力地磷酸化Bad的Ser136位点,使Bad从定位在线粒体膜上的Bcl-2/Bcl-xL复合物中解离,从而有效阻断Bad诱导的细胞凋亡。②抑制caspase-9的活化。Akt能特异性地磷酸化pro-caspase9的Ser196位点,导致pro-caspase9不能被细胞色素c诱导切割形成功能性的caspase-9,抑制细胞凋亡信号的正常传递,从而促进细胞存活。③促进NF-κB通路的活化。Akt能够磷酸化IκB激酶(inhibitor κB kinase, IκK)的Thr23位点,活化的IKK可使IκB发生磷酸化,从而使IκB与NF-κB发生解离,解离后的NF-κB进入细胞核内活化,并促进下游多种抗凋亡相关基因(*Bcl-xL*、*c-Myb*和caspase抑制物)的转录,进而抑制细胞凋亡。④抑制p53的表达。Akt可磷酸化MDM2的丝氨酸166位和188位,磷酸化的MDM2可以更有效地移位到细胞核,行使E3泛蛋白连接酶的功能,促进p53的降解,进而抑制细胞凋亡。⑤调控转录因子Forkhead的表达。活化的Akt能够磷酸化Forkhead蛋白亚型(如FKHR/FoxO1、FoxO2a、FKHRL1/FoxO3a和AFX/FoxO4)的多个丝氨酸和苏氨酸残基,从而抑制Forkhead对下游促凋亡基因的转录,促进细胞的存活。此外,Akt可促进FKHR与抗凋亡结合蛋白14-3-3的结合,使FKHR不能进入细胞核中诱导FasL和Bim的表达,进而抑制细胞凋亡的发生。此外,Akt可直接通过磷酸化ASK1的Ser83位点抑制其活性,进而抑制JNK的活性以阻断细胞凋亡。也有报道称,Akt可使SEK1的Ser78位点发生磷酸化作用,从而抑制由SEK1介导的细胞凋亡。Akt还可以通过调节GSK3β和YAP等的表达和转录活性来调控细胞的凋亡进程。

第三节 细胞凋亡的生物学和病理学意义

细胞凋亡和细胞增生、分化等一样,同时也是维持机体正常形态功能及自身稳定性的重要机制。细胞凋亡规律一旦失常,将导致个体发育障碍,免疫状态失调,进而肿瘤、艾滋病及心脑等多种疾病也应运而生。因此,深入研究这一基本理论,对于阐明许多疾病的发生机制和探索治疗这些疾病的新途径,都具有重大的生物学和病理学意义。

一、细胞凋亡与个体发育和生存

动物和人从胚胎发育开始到衰老死亡,各个时期组织形态结构和功能的变化,都必须有细胞凋亡参与调节,使不该存在的细胞发生细胞凋亡,从而使生长发育中的组织器官适应变换了的形态结构。例如，蝌蚪变成青蛙时尾巴的消失，人指（趾）间无蹼等，都是细胞凋亡参与的结果。对于发育成熟后的机体，细胞凋亡和再生有序地新旧交替，才能保持组织器官形态结构的相对稳定。例如，体内白细胞寿命很短，死亡一批，再生一批，相互交替、严格有序，是凋亡在起调控作用。如果细胞凋亡失常，只生不死，则会发生白细胞堆积，患白血病；相反，不应凋亡的细胞过多地凋亡，也会发生许多疾病。可见，细胞凋亡规律如果失常，个体发育和生存都会受到严重的影响，或发育畸形，或发生各种疾病，甚至死亡。

在生物的生长发育过程中，细胞的有丝分裂固然十分重要，但细胞凋亡也是不可缺少的。细胞凋亡对于多细胞生物个体发育的正常进行、自稳平衡的保持和抵御外界各种因素的干扰方面都起着非常关键的作用。第一，细胞凋亡有利于清除多余细胞。在胚胎发育至某个阶段时，特定区域的细胞（群）就发生细胞凋亡，通过清除这些"多余"细胞可有利于器官的形态发生。在发育过程中和成熟组织中细胞发生凋亡的数量是惊人的。健康的成人体内，在骨髓和肠道中，每小时约有1亿个细胞凋亡。例如，脊髓背根运动神经元开始时数量很多，当支配的肌肉发育相对恒定后，约一半运动神经元相继凋亡，清除多余神经元，以利于神经肌肉间匹配。又如，在肢体发生早、中期的手和足形似浆板，只有指或趾之间的细胞凋亡后，才逐渐发育为成形的手和足。第二，细胞凋亡有利于清除发育不正常的细胞。大鼠视丘突起有精密的空间结构与视神经轴突相联系。在其视觉系统发育中未形成正确神经元连接的细胞，被认为是通过有效识别后启动细胞凋亡机制清除的。人的淋巴细胞成熟过程中的阳性选择和阴性选择都涉及复杂的细胞凋亡过程。第三，细胞凋亡有利于清除有害细胞。在研究自身免疫性疾病、病毒感染和肿瘤机制中发现自身反应性T、B淋巴细胞，某些病毒感染细胞和一些肿瘤细胞可以通过细胞凋亡方式清除，机体也可能通过细胞凋亡的方式保护自身。此外，细胞凋亡还有利于清除完成正常使命的衰老细胞。

二、细胞凋亡与免疫

在淋巴细胞发育分化成熟过程中，约有95%的细胞发生凋亡。T淋巴细胞抗原受体（TCR）基因发生重排时，如果TCR基因发生无意义的点突变，不能产生正确的TCR分子，细胞即发生凋亡，此为阳性选择；产生了正确的TCR分子的细胞，还必须经过一次阴性选择，使可导致自身免疫的细胞也发生凋亡。B淋巴细胞的发育过程与T淋巴细胞相似，编码免疫球蛋白（Ig）的基因片段要经过重排，才能在细胞表面产生个体型免疫球蛋白，如果重排错误，表面免疫球蛋白就不能正确表达，要经过细胞凋亡进行阳性选择；成熟的B淋巴细胞表达表面免疫球蛋白，在抗原刺激下，还要进行阴性选择即克隆消除，把可以引起自身免疫反应的B淋巴细胞克隆通过细胞凋亡清除掉。总之，淋巴细胞谱系发育和"自身或非己"的选择与淘汰，都必须有细胞凋亡的参与。如果细胞凋亡规律失常，该消除的不消除，就会产生自身免疫病或淋巴瘤。在正常的T淋巴细胞免疫激活过程中，机体通过激活诱导的细胞死亡（activation-induced cell death，AICD）来控制激活T淋巴细胞的寿命，以免过强或过长时间的免疫应答。免疫激活以后所产生的细胞毒性T淋巴细胞可以通过细胞凋亡机制杀伤破坏肿瘤细胞、病毒感染细胞等靶细胞。另外，识别特异性抗原分子的T淋巴细胞发生细胞凋亡而受到清除是免疫耐受（immune tolerance）形成的一个重要机制。

三、细胞凋亡失调与疾病

细胞凋亡规律失常，会引起人类许多严重的疾病。现已知，细胞凋亡异常增加，可以导致艾滋病、神经退行性疾病、再生障碍性贫血、缺血性损伤和肝病等。而正常的细胞凋亡受抑制，则可能导致多种恶性肿瘤（如淋巴瘤），以及 p53 突变相关的癌肿、激素依赖性癌和白血病等的发生，也可引起自身免疫性疾病及一些病毒感染性疾病等。

值得强调的是：①对肿瘤无限增生机制的研究，以往只是单纯从瘤细胞如何接受异常增殖信号方面进行的，20 世纪 90 年代以来，逐渐认识到很多肿瘤的发生发展，尤其是进展期，不仅与细胞增生有关，还与细胞凋亡减少有关。许多实验表明，某些原癌基因和肿瘤促进因子，并不是直接引起细胞分裂、增生，而是作为特殊存活因子，通过抑制细胞凋亡的机制而起到促进肿瘤增殖的作用。而许多抗癌药物如拓扑异构酶抑制剂、烷化剂、抗代谢药物及激素拮抗剂等都有诱导细胞凋亡的作用。②人类免疫缺陷病毒（human immunodeficiency virus，HIV）感染引起的艾滋病，也被认为主要是通过细胞凋亡机制实现的，CD4 受体可与 HIV 包膜蛋白 gp120 结合，使 CD4 细胞膜上的 CD4 分子发生交联，释放肿瘤坏死因子等细胞因子，使 T 淋巴细胞 Fas 受体表达上调，在 Fas 与 FasL 的诱导下，使过多的 T 淋巴细胞发生凋亡。开发出的抑制 T 淋巴细胞凋亡的药物对艾滋病有治疗作用。

四、细胞凋亡与衰老

细胞凋亡与衰老的关系是一个相当复杂的问题，两者既有联系，又不相同。以啮齿类动物为研究对象，肌肉、脑、心脏等多种衰老组织中均存在细胞凋亡异常。细胞凋亡参与多种与衰老相关的病理过程，如骨质疏松、阿尔茨海默病等。有一种颇为流行的观点认为衰老是由于细胞凋亡的失调引起的。细胞凋亡通过破坏重要的不可替代的细胞对衰老起负面影响，细胞凋亡以两种形式对衰老起作用：一是清除已经受损和功能障碍的细胞（如肝细胞、成纤维细胞），而被纤维组织替代，继续保持内环境稳态；二是清除不能再生的细胞（如神经元、心肌细胞），因不能被替代，导致病理变化。通过以上机制，细胞凋亡的结果使体细胞，特别是具有重要功能的细胞（如脑细胞）数量减少，造成其所组成的重要器官的萎缩等老年性进行性病理变化。

另外，也有研究发现细胞衰老可以抑制细胞凋亡。有报道称，使用无血清培养基培养鼠及人的成纤维细胞时，衰老细胞同年轻细胞相比，不易发生凋亡。衰老细胞抑制凋亡的特性引起衰老细胞在组织中积累，从而影响组织的功能。例如，老年人皮肤的成纤维细胞过度表达胶原酶，导致胶原被分解断裂，出现皮肤变薄、松弛等皮肤衰老指征。同时，由于衰老细胞 DNA 损伤的积累，易发生突变，导致肿瘤高发。

细胞凋亡是生物学和医学中的一个重大课题，通过对细胞凋亡的启动、发生、发展和抑制规律等的揭示，可以通过调控凋亡等手段，让应该死亡的细胞死亡，使应该活的细胞活好。这不但对生物学和医学理论有新的发展，而且对防治疾病和益寿延年的医疗、保健等实践有重大意义。

第四节　细胞凋亡常用的检测方法

细胞凋亡的检测是基于凋亡细胞所形成的形态学和生物化学特征，特别是 DNA 的断裂。细胞凋亡的检测方法较多，针对凋亡细胞形态特点的检测方法有光学显微镜观察和电子显微镜观察；针对 DNA 降解小片段特征的检测方法有凝胶电泳法、流式细胞技术、酶联免疫吸附法（ELISA）等；针对降解的 DNA 缺口处分子化学特点的检测方法有 DNA 缺口标记（TUNEL 染色法）等。下面简述其中部分常用方法的原理及其评价。

一、光学显微镜观察

在 H. E. 染色组织切片中直接观察凋亡细胞的形态特征,如细胞固缩、嗜酸小体和凋亡小体等。此方法可直接观察凋亡细胞的分布状态及上述形态特点,但放大倍数较低,不易与坏死区别。

应用各种染色法可观察凋亡细胞的各种形态学特征,有些染料如台盼蓝被活细胞排斥,但可使死细胞着色。吉姆萨染色法可观察染色质固缩、皱边、凋亡小体的形成等。有时也有用两种染料进行复染,以便更可靠地确定细胞凋亡的变化。例如,用吖啶橙(AO)和溴化乙锭(EB)进行复染,AO 只进入活细胞,正常的细胞核及处于凋亡早期的细胞核呈绿色;EB 只能进入死细胞,将死细胞及凋亡晚期细胞的核染成橙红色。

二、电子显微镜观察

使用透射和扫描电镜则可观察凋亡细胞核的形态、结构变化(如染色质固缩、凋亡小体的形成、细胞发泡等现象)。特别是超微结构及早期变化,如微绒毛消失,细胞核染色质边集呈半月形,胞膜完整,更可确认凋亡小体(有质膜包裹)及细胞器未破坏等。因此,电镜观察是从形态学方面确认凋亡细胞的可靠方法。但此方法要求必要的设备条件,成本也高。

三、凝胶电泳法

凝胶电泳法原理是细胞发生凋亡时,DNA 发生特征性的核小体间的断裂,产生大小不同的片段,但都是 180~200 bp 的整数倍。凋亡细胞中提取的 DNA 在进行常规的琼脂糖凝胶电泳,并用溴化乙锭进行染色时,这些大小不同的 DNA 片段就呈现出梯状条带。绝大多数凋亡细胞中 DNA 的断裂都表现出这种特征。此方法的优点是特异性强,因而可靠。其不足之处是需要收集较多的凋亡细胞,量太少不易显示出梯状条带。另外,需将细胞破坏,因而不能在原位上观察细胞凋亡。

彗星试验的原理是将单个细胞悬浮于琼脂糖凝胶中,经裂解处理后,在电场中进行短时间的电泳,并用荧光染料染色,凋亡细胞中形成的 DNA 降解片段,在电场中泳动速度较快,使细胞核呈现出一种彗星式的图案。而正常的无 DNA 断裂的核在泳动时保持圆球形,这是一种快速简便的凋亡检测法。

四、TUNEL 染色法

末端脱氧核苷酸转换酶介导的 dUTP 缺口末端标记[terminal deoxynucleotidyl transferase (TdT)-mediated dUTP nick and labeling,TUNEL]测定法也称 TdT 原位标记法。这一方法能对凋亡细胞的核 DNA 中产生的 3′-OH 末端断裂缺口进行原位标记。其原理是利用终末脱氧核苷酸转移酶(TdT)与 DNA 片段断端 3′-OH 结合,并用标记物(酶或荧光素)标记显色等免疫组化技术,使凋亡细胞核显示特殊颜色或荧光,用(荧光)显微镜进行观察。此方法特异性强,敏感性高,可以查出早期凋亡细胞,可在原位显示细胞凋亡并可观察其分布状态,可用作形态上定位、定性和定量的指标。不足之处是相对测定成本较高。

五、流式细胞术

最常用来分析细胞凋亡的流式细胞术是根据凋亡细胞 DNA 断裂和丢失,采用碘化丙啶使 DNA 产生激发荧光,用流式细胞仪检出凋亡的亚二倍体细胞,同时又能观察细胞的周期状态。

同时,还可以利用各种荧光染料染色来检测 caspase 的活化、线粒体膜电位的变化、磷脂酰丝氨酸的细胞膜的暴露,以及细胞浆中 Ca^{2+} 浓度的变化来判断细胞凋亡的情况。

【知识卡片】

流式细胞术

流式细胞分析(flow cytometry,FCM)又称流式细胞术,是以流式细胞仪(flow cytometer)测量悬浮细胞(或微粒)的一种现代细胞分析技术。流式细胞术能在功能水平上对单细胞或其他生物粒子进行定量分析和分选,可以高速分析上万个细胞,并能同时从一个细胞中测得多个参数。流式细胞分析综合运用了现代多种高新技术,包括电子、激光、计算机、流体力学等物理科学技术和荧光标记、分子免疫学、分子遗传学、分子生物学等生物科学技术,可在极短时间内同时分析大量细胞(或微粒)的多种特性与功能,对研究细胞的生理功能、疾病的发生与发展规律等有重要意义,在细胞生物学、血液学、免疫学、肿瘤学等领域有着极其广泛的应用。

随着流式细胞分析技术和方法的迅速发展和临床应用不断拓宽,几乎临床医学各学科都涉及流式细胞分析技术的应用。流式细胞分析几乎可以对各种组织及细胞进行检测,包括各种细胞的相对计数、绝对计数、细胞膜、细胞浆、细胞核中的各种抗原分子的定性及定量分析,细胞中 DNA、RNA 的定量、倍体分析或特异性 DNA、RNA 序列检查,细胞的某一种到多种生物学特性及功能的同时分析。

作业题

1. 简述细胞凋亡与细胞坏死的区别。
2. 简述细胞凋亡的生化特征。
3. 简述细胞凋亡的生物学意义和病理学意义。
4. 简述细胞凋亡的信号转导途径。
5. 简述细胞凋亡异常与疾病发生的关系。
6. 了解并在实践中掌握细胞凋亡的检测方法。

(郭红瑞)

第五章
适应与修复

【本章概述】 为适应改变了的环境条件和新的机能，细胞、组织在生长活动中改变机能、代谢和形态结构。形态结构改变常表现为再生、增生、肥大、萎缩和化生等。一般来说，细胞、组织通过一系列适应性改变，在机能、代谢和形态结构等方面达到一种新的平衡，当去除病因后，发生适应性改变的细胞和组织还有可能逐步恢复正常。当致病因素作用过强或较弱的致病因素作用时间过长，可引起细胞发生不同程度的损伤。损伤可造成机体部分细胞、组织功能发生障碍，甚至死亡。发生损伤后，机体对所形成的缺损进行修补恢复的过程，称为修复。受损组织被修复后可完全或部分恢复原组织的结构和功能。参与修复过程的主要成分包括细胞外基质和各种细胞。修复过程可分为再生和纤维性修复两种不同形式。不完全再生最终由纤维结缔组织进行修复，以后形成瘢痕，所以称为纤维性修复或瘢痕修复。在多数情况下，由于有多种组织发生损伤，因此，完全再生和不完全再生常同时存在，修复对于恢复、维持组织和器官的功能具有重要的意义。

第一节 再生与增生

一、再生

机体内细胞、组织损伤、死亡以后，由邻近健康细胞分裂增殖进行修补的过程，称为再生(regeneration)。

(一)再生的类型
根据再生的原因可分为生理性再生和病理性再生两种类型。

1. 生理性再生

在正常的生命活动过程中，衰老死亡的细胞、组织不断被新生的同种细胞、组织所补充，以保持原有形态结构和功能的过程，称为生理性再生(physiological regeneration)。其特征是新生细胞在形态结构和机能上与原来的细胞完全相同。例如，皮肤的表层角化细胞经常脱落，而表皮的基底层细胞又不断分裂增殖、分化，予以补充，新生的细胞与原来的细胞形态机能完全一致；消化道黏膜上皮1~2 d就更新一次；哺乳动物红细胞寿命平均为120 d，白细胞的寿命长短不一，短的只存活1~3 d，如中性粒细胞需要不断地从淋巴造血器官输出大量新生的细胞进行补充。

2. 病理性再生

细胞、组织受到损伤后，由新生的细胞、组织增殖而进行修补的过程，称为病理性再生(pathological regeneration)。根据新生细胞、组织的特征，可将病理性再生分为两种类型。

(1)完全再生

细胞、组织损伤轻微，再生的细胞、组织的形态结构和机能与原来的完全相同，称为完全再生（complete regeneration）。例如，黏膜上皮组织受到较轻的损伤后，一般都可完全再生而恢复至与受伤前相同的形态结构和功能。

（2）不完全再生

如果细胞、组织损伤严重或受损细胞、组织再生能力差或损伤的细胞种类多，主要由肉芽组织来修复，新生细胞、组织的形态结构和功能与受损伤细胞、组织的结构不完全相同，称为不完全再生（incomplete regeneration）。多见于细胞、组织大量坏死的创伤、化脓性炎症，以及缺乏再生能力的心肌、中枢神经系统等损伤的修复。

（二）再生的影响因素

细胞、组织再生的速度和完善程度，受全身因素和局部因素的影响。

1. 全身因素

（1）动物的种类

一般情况下，越低等的动物，细胞和组织再生能力越强。

（2）年龄

幼龄动物比老龄动物细胞和组织再生能力强。

（3）营养

营养对再生的影响较大。如果长期缺乏蛋白质，特别是含硫氨基酸（如甲硫氨酸、胱氨酸）缺乏，可导致肉芽组织生长和胶原蛋白的合成被抑制，组织再生缓慢；维生素C对再生最为重要，维生素C具有催化羟化酶的作用，可催化α-多肽链中的两个主要氨基酸（脯氨酸和赖氨酸）形成前胶原分子，使赖氨酸生成羟基赖氨酸、脯氨酸生成羟脯氨酸，加速胶原合成，利于组织再生。因此，为了促进创伤愈合，临床上常给动物使用维生素C。

（4）激素

激素对再生有很大的影响。例如，肾上腺皮质激素能抑制创口收缩和蛋白质、多糖合成，影响肉芽组织形成。肾上腺皮质激素还能稳定白细胞的溶酶体膜，阻止蛋白酶与血管通透因子（vascular permeability factor）的释放，影响白细胞的趋化性和炎症的发展。

（5）环境温度

动物生活环境温度低可导致创伤愈合缓慢，因为环境温度低时动物代谢产生的热量主要用于抵御寒冷，因此影响创伤愈合。

2. 局部因素

（1）局部组织特性

不同组织的再生能力各异。在生理条件下，经常更新的组织再生能力较强。例如，被覆上皮、结缔组织、毛细血管、肝细胞、骨髓等再生能力较强；反之，再生能力较弱。又如，软骨、肌肉等组织的再生能力较弱；心肌细胞和中枢神经细胞不能再生。

（2）组织损伤程度

如果损伤范围小、组织破坏少，则可发生完全再生；相反，如果损伤范围大、组织破坏严重，特别是支架结构破坏以后，则发生不完全再生，由肉芽组织修补。

（3）局部感染程度

伤口感染不利于再生。许多化脓菌能产生一些毒素和酶，引起组织坏死和胶原纤维溶解，进一步加重局部组织损伤。此外，过多的坏死组织、异物和消毒剂蓄积在创腔内，也影响组织再生。

（4）局部血液循环

局部血液循环良好，有利于坏死组织的吸收和组织再生；相反，则创伤愈合缓慢。例如，头部创伤比四肢创伤愈合快。

(5)受伤部位活动性

如果受伤部位经常活动,则容易引起继发性损伤,破坏肉芽组织的生长,影响创伤愈合。

(6)电离辐射

X射线影响局部血管和肉芽组织的形成,从而抑制创伤愈合;而紫外线则能加快创伤愈合的速度。

(三)各种组织再生

1. 上皮组织再生

上皮组织再生能力很强,尤其是皮肤和黏膜等被覆上皮。

(1)被覆上皮再生

①皮肤和皮肤型黏膜再生:皮肤和皮肤型黏膜上皮损伤后,由创缘或基底部残存的基底细胞分裂增殖,向缺损中心覆盖(图5-1),损伤的腺上皮由残留的腺上皮细胞增殖、补充。

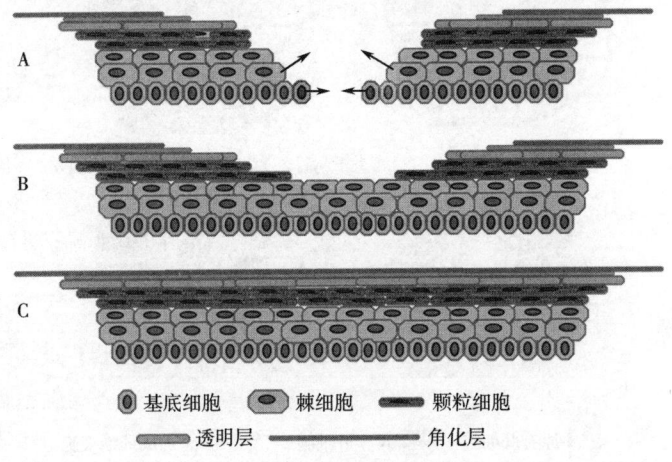

图5-1 皮肤再生模式图

A. 皮肤受损后,基底细胞分裂增殖,向中心和向上生长、分化;B. 逐步填补创腔;C. 完全再生

②黏膜再生:黏膜表面的柱状上皮细胞损伤以后,主要由邻近的健康上皮细胞(残存的隐窝部上皮再生)开始形成立方上皮,然后增高成柱状上皮(并向深处生长形成腺体)。

(2)腺上皮再生

腺上皮的再生能力强,但比被覆上皮的再生能力弱。如果只有腺上皮细胞坏死,而基底膜或腺体支架结构未破坏,可以完全再生(图5-2);如果损伤严重,基底膜或间质网状支架被破坏,则由纤维结缔组织增生修补,发生不完全再生。

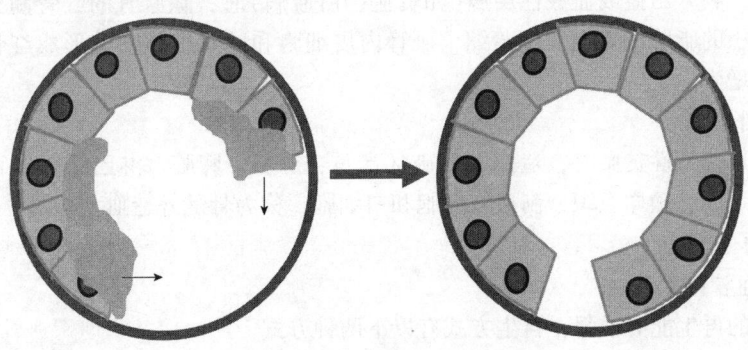

图5-2 腺上皮完全再生模式图

(3) 肝细胞再生

肝细胞具有强大的再生能力，部分肝脏被切除以后，健在的肝细胞可以分裂增殖，使受损的肝脏恢复到原来的大小和质量。

①肝小叶内少量肝细胞坏死，若肝小叶网状支架完整，由肝小叶内邻近的肝细胞分裂增殖，可以达到完全再生（图 5-3A）。

②整个肝小叶或一个肝小叶的大部分肝细胞被毁坏时，特别是在肝小叶纤维支架塌陷、网状纤维转化为胶原纤维，或由于肝细胞反复坏死，刺激肝小叶间隔纤维组织过度增生时，肝细胞再生只能形成无规律的细胞团（假小叶），团块之间及其周围为大量增生的纤维结缔组织和胆小管，这是肝硬化发生的基础（图 5-3B）。

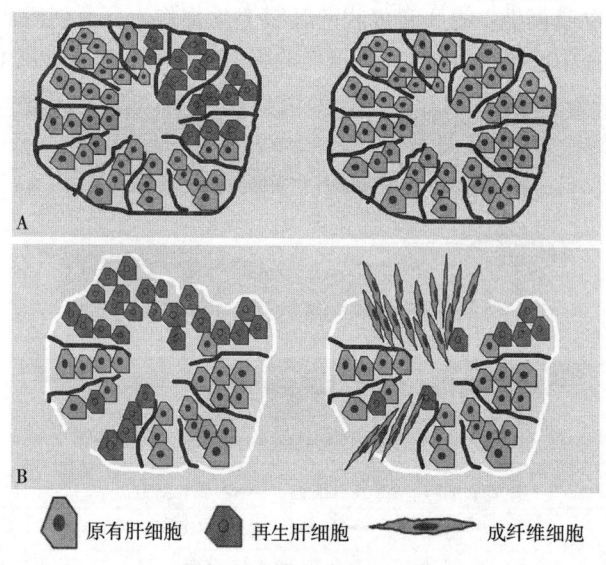

图 5-3　肝细胞再生模式图

A. 肝小叶完全再生；B. 肝小叶不完全再生

2. 血细胞再生

根据损伤程度不同，血细胞再生通过以下途径进行。

(1) 骨髓造血

红细胞、白细胞、血小板都可以在红骨髓里产生。

(2) 红髓增生

当机体发生频繁出血或血液性疾病（如贫血、白血病）时，除原有的红骨髓分裂增殖旺盛以外，黄骨髓中的脂肪组织也发生萎缩，血管内皮细胞和网状细胞增殖形成红骨髓，参与造血，称为红髓增生。

(3) 骨髓外造血

中毒或恶性传染性贫血时，造血器官破坏严重，肝脏、脾脏、淋巴结等器官里的网状细胞和内皮细胞形成红髓样组织，制造红细胞和白细胞，称为骨髓外造血。

3. 血管再生

(1) 毛细血管再生

毛细血管的再生能力很强，再生方式有以下两种方式。

①芽生性再生：在蛋白酶作用下，血管基底膜溶解，血管受损处的原有血管内皮细胞

肿大，形成新的血管母细胞，血管母细胞继续分裂增殖形成血管芽（图5-4A）。血管芽生长、延长，呈实心条索状，彼此平行排列。随后，新生端血管幼芽倾斜，相互靠拢（血管芽延伸）（图5-4B）。随后条索起始部出现空隙，在血液的冲击下，数小时后实心的条索形成管腔，形成新生的毛细血管。许多这样的再生毛细血管芽互相连接构成新的毛细血管网（图5-4C）。

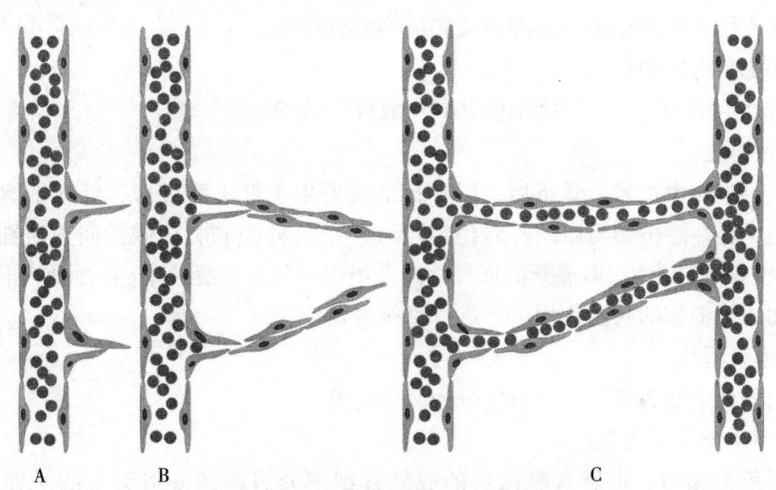

图5-4 毛细血管芽生性再生过程模式图
A. 血管芽生成；B. 血管芽延伸；C. 形成毛细血管网

②自主性生长：即在组织内直接形成新的毛细血管。首先，成体骨髓中内皮前体细胞（类似于纤维母细胞的细胞）被动员，经血流至损伤部位，相互平行排列。随后，在细胞间形成小裂隙，并与邻近的毛细血管相连通，被覆于裂隙内的细胞转化为内皮细胞，即形成新的毛细血管。

再生的血管内皮细胞可分泌Ⅳ型胶原、层粘连蛋白和纤维粘连蛋白，形成基底膜的基板；周围邻近的成纤维细胞分泌Ⅲ型胶原及基质，形成基底膜的网板；成纤维细胞则分化成血管外膜细胞。至此，毛细血管的构筑完成。新生毛细血管基底膜不完整，内皮细胞间的间隙较大，通透性较高。最后，随着功能的需要，毛细血管不断改建，有些毛细血管管壁增厚，发展为小动脉或小静脉，其平滑肌等成分可能由血管外未分化的间叶细胞分化而来。

（2）大血管修复

大血管断离以后不能自行再生愈合，断裂处需要手术吻合，吻合处两侧的内皮细胞分裂增殖，互相连接并恢复至血管的原有结构和光滑性。血管周围断离的肌肉不易再生，由肉芽组织增生、修补予以连接，发生纤维性修复。

4. 纤维结缔组织再生

纤维结缔组织再生能力特别强，不仅见于纤维结缔组织损伤之后，还见于其他组织损伤之后的修复过程。例如，在炎灶及坏死灶的修复、创伤愈合、机化和包囊形成等病理过程都是不可缺少的。

（1）纤维母细胞生成

首先，病理变化部位原有的呈静息状态的纤维细胞、未分化的间叶细胞、血管内皮细胞和外膜细胞增殖分化为大量的纤维母细胞。

(2)成纤维细胞生成

随后,纤维母细胞很快分化成体积大、细胞浆丰富、略嗜碱、细胞核大而淡染的成纤维细胞。

(3)纤维细胞形成

最后,成纤维细胞变为窄长、核呈梭形的纤维细胞。在该过程中,成纤维细胞分泌一些物质,在酶的作用下逐渐在细胞周围形成较细的胶原纤维。

(4)纤维结缔组织形成

胶原纤维逐渐增多,并与纤维细胞共同构成纤维结缔组织。

5. 骨组织再生

骨组织的再生能力很强。骨折后,以骨折部位发生急性炎症反应,巨噬细胞逐步清除纤维素、红细胞、炎性渗出物与组织碎屑(炎症反应)。管外膜和骨内膜的间充质细胞和毛细血管增殖(纤维性骨痂形成),形成新的成骨性肉芽组织,长入血凝块中(骨性骨痂形成)。最后,在破骨细胞和成骨细胞的共同作用下,进行骨痂改建。

6. 软骨组织再生

软骨组织的再生能力很差,其再生分为两种情况。

(1)成软骨细胞分裂增殖

当软骨轻度损伤时,由软骨膜深层的成软骨细胞分裂增殖,与新生的毛细血管共同组成软骨芽,在软骨芽内产生基质,之后一部分成软骨细胞萎缩、消失,另一部分变成软骨细胞。

(2)纤维结缔组织增生修补

如果软骨严重损伤时,则由纤维结缔组织增生修补,最后常形成瘢痕。

7. 肌肉组织再生

(1)骨骼肌再生

骨骼肌的再生因肌膜是否完整及肌纤维是否完全断裂而有所不同。

①如果骨骼肌损伤不严重,肌纤维膜(肌膜)未被破坏时,肌细胞(肌纤维)只发生轻度损伤,仍保持连续性,残存肌细胞仍可产生新的肌质和肌原纤维,恢复正常的骨骼肌结构和功能。首先,由巨噬细胞、中性粒细胞清除坏死组织;其次,残存的肌细胞的细胞核分裂并产生肌细胞浆(肌浆),形成许多圆形、卵圆形、含有明显颗粒的肌母细胞;最后,肌母细胞沿肌纤维膜排列,继而互相融合呈带状,并在机能负重的作用下,可恢复骨骼肌的结构和功能。

②当肌纤维完全断裂,两断端肌浆增多,也可有肌原纤维的新生,使断端膨大如花蕾样,肌浆中出现横纹,即形成类似于正常的肌纤维。但这时肌纤维断端不能直接连接,而靠纤维瘢痕愈合,愈合后的肌纤维仍可以收缩,加强锻炼后可以恢复功能。

③如果肌纤维完全断裂,肌浆膜完全破坏,断端距离较远,此时虽有肌芽形成,但不能使完全断裂的肌纤维相接,一般只能依赖肉芽组织增生连接,形成瘢痕修复。

(2)平滑肌再生

平滑肌的再生能力有限。损伤不严重时,可由残存的平滑肌细胞再生修复;损伤严重时,由肉芽组织修补。

(3)心肌再生

心肌细胞不能再生,损伤或死亡后由肉芽组织修复。

8. 腱再生

腱的再生能力很差，再生过程非常缓慢，而且需要精确地对合，并有一定的张力，否则不能再生，而由肉芽组织连接。

9. 神经组织再生

中枢神经细胞和周围神经节内的神经细胞死亡后不能再生，只能由胶质细胞增生进行修补，形成胶质瘢痕。胶质细胞再生能力很强。

外周神经受损时，如果与其相连的神经细胞仍然存活，则可完全再生。神经纤维受损以后，远侧断端和近侧断端的一段神经纤维和髓鞘变性崩解，变性崩解的物质被吸收，两侧断端的神经膜细胞（施万细胞）分裂增殖，并且将两侧断端连接起来形成神经膜管；近侧的神经轴突向神经膜管生长伸展，直到末梢，并恢复正常结构和机能（图5-5）。若断端相距太远，并且有大量疤痕组织阻断，则近侧断端再生的神经轴突就不能到达远侧断端，可能卷曲成团，形成结节性的神经疙瘩，可引起顽固性神经疼痛。

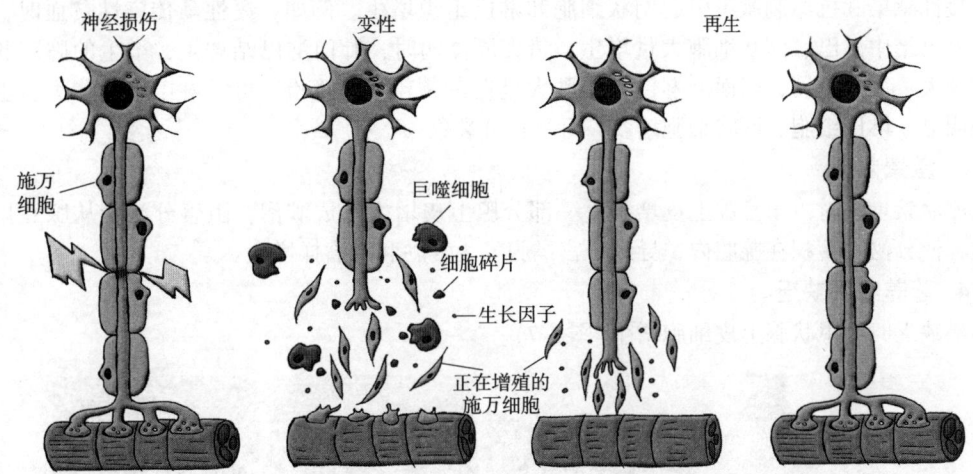

图5-5　神经组织再生过程模式图（Alessandro Faroni，2015）

二、增生

组织、器官的细胞数量增多，称为增生（hyperplasia）。增生的细胞可能是实质细胞，也可能是间质细胞，或二者兼有，而且体积不一定增大。如果在肝脏里可能是肝细胞增生，也可能是结缔组织、血管、胆管增生，或者二者均发生增生。增生可分为生理性增生和病理性增生两大类。

（一）生理性增生

在生理情况下，组织、器官由于生理需求增强而发生增生，称为生理性增生（physiological hyperplasia），如妊娠后期和泌乳期的乳腺增生（图5-6）。

（二）病理性增生

由于病因素作用，引起组织、器官内的细胞增生，称为病理性增生。常见于以下情况。

1. 慢性刺激

皮肤、呼吸道、消化道等有寄生虫寄生时，上皮细胞等由于长期受到刺激而增生。例如，牛、羊患肝片吸虫病时，由于寄生在胆管里的肝片吸虫的慢性刺激，胆管上皮、胆管壁结缔组织增生，引起胆管壁变厚；黄曲霉毒素中毒时，肝脏内的胆管上皮细胞增生，形成大小不

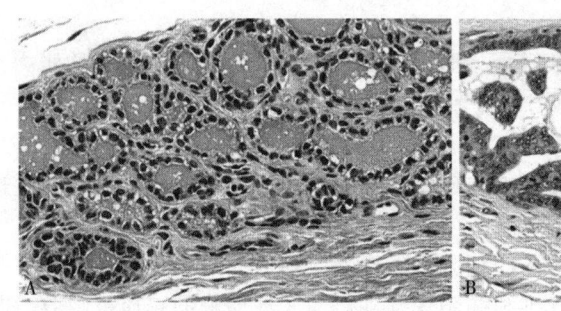
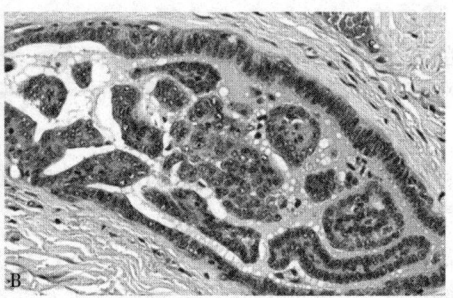

图 5-6　犬乳腺上皮细胞(James F. Zachary, 2017)
A. 正常乳腺上皮细胞(H.E.×400)；B. 增生的乳腺上皮细胞(H.E.×400)

规则的细胞索和胆管。

2. 慢性感染和抗原刺激

慢性感染和抗原刺激可引起网状细胞和淋巴组织增生。例如，慢性马传染性贫血时，脾脏和淋巴结中淋巴、网状细胞大量增生；猪支原体病时，肺门淋巴结增生，增生的脾脏和淋巴结肿大，质地变硬，切面上淋巴小结肿大呈白色颗粒状。镜检：可见淋巴小结增大，生发中心明显，淋巴细胞、网状细胞增多，可见核分裂象。

3. 激素刺激

雌激素增多时，子宫腺上皮增生，一部分腺上皮增生形成皱褶，阻碍分泌物从腺腔排入子宫，使分泌物蓄积在腺腔内，导致子宫黏膜发生囊肿和腺瘤样增生。

4. 营养物质缺乏

碘缺乏时，甲状腺上皮细胞增生(图 5-7)。

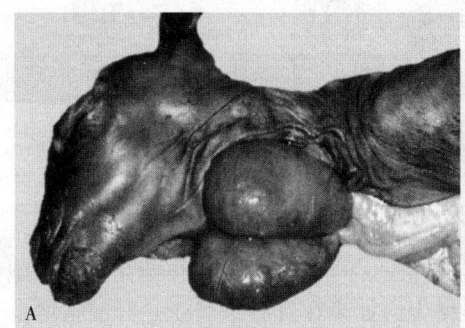
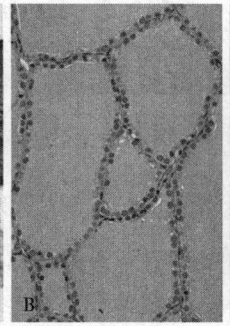
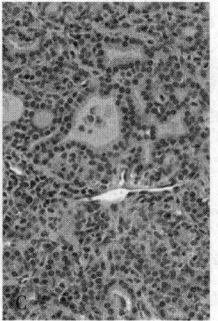

图 5-7　山羊甲状腺增生(James F. Zachary, 2017)
A. 由于母羊碘缺乏导致新生的羊羔甲状腺增生，伴有肥大；B. 正常的甲状腺上皮细胞(H.E.×400)；
C. 增生的甲状腺上皮细胞数量增加、体积增大(H.E.×400)

三、再生与增生的比较

再生与增生都是受到机体某些因素控制的细胞分裂增殖过程，引起再生和增生的因素可能是相同的，并且再生和增生同时出现在同一病理过程中。例如，皮肤创愈合，创伤边缘表现明显的上皮增生，而中心主要发生上皮再生。再生是替代丧失的细胞，可能由与原组织结构和功能相同组织替代(完全再生)，也可能由与原来组织结构和功能不完全相同的组织修补(不完全再生)。而增生则是过多的增殖。

第二节 肉芽组织与创伤愈合

一、肉芽组织

肉芽组织(granulation tissue)是指由新生的成纤维细胞和毛细血管增殖形成的一种多血管、幼稚的结缔组织，伴有炎症细胞浸润。它在各种创伤愈合过程中起着重要的作用。在创面上呈红色颗粒状，类似肉芽，故称肉芽组织。

(一)肉芽组织形成过程

当组织器官受到损伤之后，炎性细胞渗出，以吞噬、溶解、吸收创伤内的坏死组织。毛细血管由创伤边缘和底部呈垂直方向创面生长，当毛细血管接近创面时，则彼此吻合形成弓形毛细血管网，同时在毛细血管的网眼内有多量的成纤维细胞增生和组织液（图5-8C）。肉芽组织随创伤的修复而逐渐成熟，成纤维细胞内的微丝收缩，使创口收缩，创面缩小，形成瘢痕。

生长正常的肉芽组织，表面被覆有一层黄红色黏稠的分泌物，分泌物下面为肉芽，呈鲜红色颗粒状小突起，湿润、幼嫩、易受损出血（图5-8A、B）。

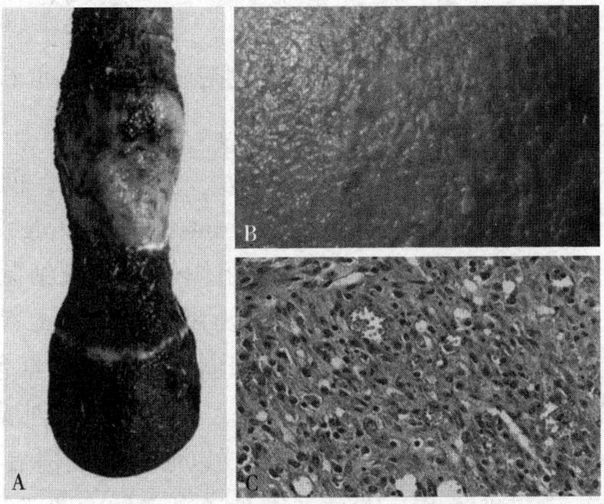

图5-8 肉芽组织(James F. Zachary，2017)
A、B. 马腿部皮肤受伤后形成的肉芽组织；C. 肉芽组织中有大量毛细血管、成纤维细胞和炎症细胞(H.E.×400)

(二)肉芽组织的作用

①抗感染及保护创面。
②机化或包裹坏死组织、血凝块、血栓及异物。
③填补创伤的缺口。

二、创伤愈合

组织、器官受到机械外力作用等因素，造成损伤或断裂后，由周围组织再生而修复和闭合的过程，称为创伤愈合(wound healing)。它是以再生为基础的修复性病理变化。

(一)皮肤创伤的愈合

根据损伤的轻重、创口状态、愈合难易与恢复程度，可将创伤愈合分为三种类型。

1. 第一期愈合(直接愈合)

如果创口小，组织被破坏少，创缘整齐密接，无感染，炎症反应比较轻微，常发生第一期愈合(直接愈合)(first intention healing)。

首先，创口流出的血液和渗出液凝固，使两侧创缘粘合，毛细血管扩张充血，渗出浆液并伴有炎性细胞浸润，借此吞噬、分解、吸收血凝块和坏死组织(创腔净化)。然后，约从第2天起，即有内皮细胞和成纤维细胞分裂增殖，第3天开始，便有新生的肉芽组织将创缘粘合(肉芽组织形成)。与此同时，创缘表面的新生上皮细胞逐渐覆盖伤口。此时，愈合口呈淡红色，稍隆起(上皮细胞再生)。第7天以后，肉芽组织里的毛细血管减少，成纤维细胞成熟，愈合口收缩变干，红色稍退，即变成结缔组织，2~3周后完全愈合(结缔组织成熟、愈合)(图5-9)。

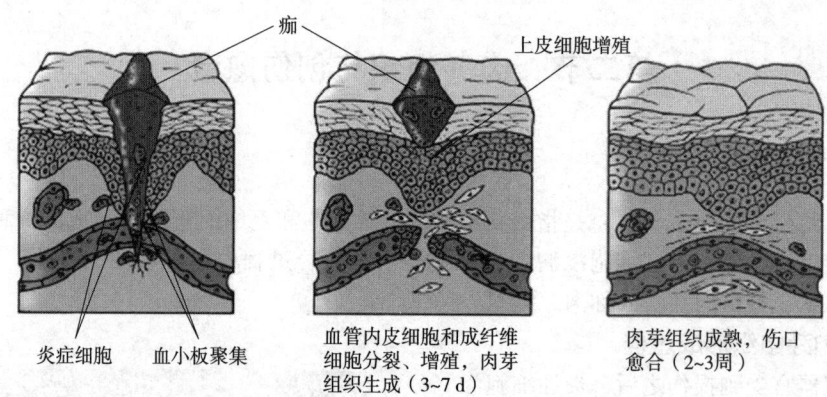

图 5-9　第一期愈合过程模式图（World Union of Wound Healing Societies, 2018）

2. 第二期愈合（间接愈合）

如果组织损伤严重，创口大，发生感染，创腔里有多量坏死组织、异物或脓液，常发生第二期愈合（间接愈合）（second intention healing）。

发生创伤以后，由于坏死组织、异物或细菌作用，出现明显的炎症反应，有大量的浆液和炎症细胞（主要为中性粒细胞）渗出，稀释毒素，吞噬、分解坏死组织和病原微生物（创腔净化）。约一周后，从创腔底部和创壁增生出鲜红色颗粒状的肉芽组织，肉芽组织不断生长，使创腔逐渐填平（肉芽组织生成）。与此同时，创缘表皮生发层的基底细胞也分裂增殖，向创面中央伸展，但由于创面大，故仅以薄层表皮覆盖，且无真皮乳头、被毛、皮脂腺等（上皮细胞再生）。表面光滑，当肉芽完全成熟之后，即成结缔组织，表现为创面高低不平的瘢痕（结缔组织成熟）（图 5-10）。

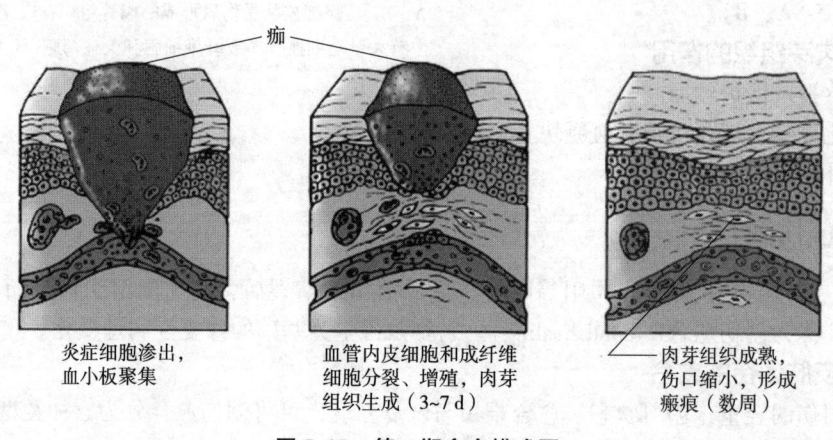

图 5-10　第二期愈合模式图

由此可见，两种愈合没有本质的区别，而且二者可能相互转化。有的创伤虽然创口大，但若做到及时清创处理和治疗，也可转化为直接愈合。

3. 痂皮下愈合

痂皮下愈合多见于皮肤挫伤，开始渗出液与坏死组织凝固，在表面形成干燥硬固的褐色厚痂，在痂皮下同样进行直接或间接愈合，上皮再生完全之后，厚痂脱落。

（二）骨折愈合

骨折愈合需经过净化和修复两个过程，其基础是骨膜细胞的再生，可分为以下四个阶段（图 5-11）。

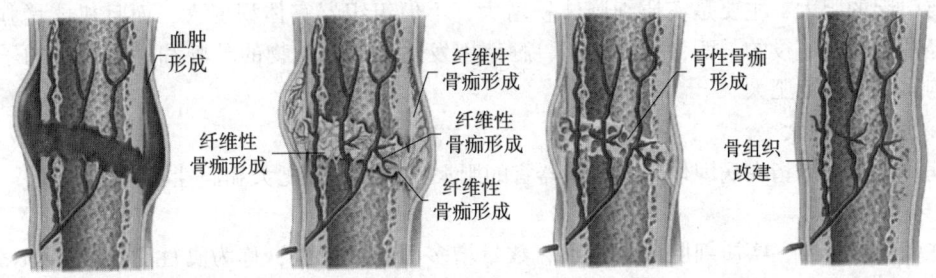

图 5-11　骨折愈合过程模式图(Pearson Education，2018)

1. 血肿形成

骨折处血管断裂出血，在骨折组织周围形成血肿，血肿凝固，使两断端初步粘合，并为下一步肉芽形成提供支架。

2. 纤维性骨痂形成

血肿形成和凝固不久，在坏死组织及其产物的作用下，局部出现炎症反应。在炎症净化的同时，骨内膜和骨外膜处有肉芽组织增生，并向血肿里长入。此种肉芽组织中有许多骨膜细胞和由它转化来的成骨细胞，所以称为成骨性肉芽组织。血肿机化后，形成纤维骨痂，使局部呈梭状膨大。

3. 骨性骨痂形成

纤维骨痂形成以后，成骨细胞分泌骨基质，成骨细胞转化为骨细胞，即成骨样组织。骨样组织钙化后，变成骨性骨痂。骨性骨痂虽使两断端连接比较牢固，但由于结构不致密，骨小梁排列比较紊乱，比正常骨组织脆弱。

4. 骨组织改建

骨性骨痂形成以后，为了适应功能的需要，在破骨细胞吸收骨质、成骨细胞产生骨质的协同作用下，骨质变得更加致密，骨小梁排列逐渐适于力学方向，并将多余的骨痂吸收，逐渐恢复正常骨组织的结构和功能。这种改建过程所需时间较长，往往需几个月乃至几年。

以上是骨折的一般性愈合规律，如果骨折断端错位或两个断端距离较远或局部血液循环不良，纤维骨痂形成之后，需经过软骨性骨痂阶段，才能形成骨性骨痂。即增生的骨膜先分化为软骨细胞，并分泌软骨骨质，变成软骨样组织，同时有钙盐沉着，钙化的软骨组织被破坏吸收并被类骨组织所替代，然后钙化为骨性骨痂，再改建为骨组织；骨膜增生的结缔组织是先变为均质、致密的骨样组织，以后继发钙盐沉着，而转化为骨组织。

第三节　肥大与萎缩

一、肥大

机体内由于细胞体积增大、数量增多而引起组织器官的体积变大，称为肥大(hypertrophy)。

(一)原因和类型

根据发生的原因，可将肥大分为生理性肥大和病理性肥大。

1. 生理性肥大

生理性肥大是指机体为适应生理功能的需要而引起的组织器官肥大。其特点是因生理功能需要引起的肥大，主要是实质细胞体积增大，不但组织器官体积变大，而且机能增强。例如，经常锻炼、使役的马匹，其骨骼肌、腱特别发达；哺乳动物的乳腺和妊娠母畜的子宫肥大，均属于生理性肥大。

2. 病理性肥大

病理性肥大是指在病因作用下组织器官的肥大，包括真性肥大和假性肥大。

（1）真性肥大

在病因作用下，实质细胞体积增大、数量增多引起的肥大，称为真性肥大（true hypertrophy）。其特点是在病因作用下，实质细胞体积增大、数量增多，伴有机能增强，所以又称代偿性肥大。例如，一侧肾脏萎缩或切除之后，机能减退或消失；另一侧肾脏肥大，机能增强。又如，主动脉瓣闭锁不全或瓣孔狭窄时，可引起左心室肥大（图5-12）。再如，肝脏中一部分肝细胞发生坏死时，其余肝细胞发生肥大。

一般认为，真性肥大是器官功能负担加重以后，使相应的器官代谢活动增强、蛋白质合成增多的结果。

（2）假性肥大

在病因的作用下，器官内的实质组织萎缩而间质组织增生引起的器官外形增大，称为假性肥大（pseudo hypertrophy）。其特点是实质细胞萎缩，间质细胞增多，机能减退。例如，一些长期休闲又饲喂过多精料的家畜，心脏纵沟、冠状沟蓄积过多脂肪，同时脂肪组织向心肌纤维之间浸润，心肌纤维萎缩。

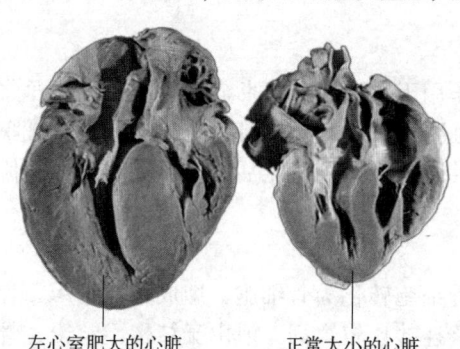

左心室肥大的心脏　　正常大小的心脏

图5-12　心脏肥大（Carolyn Y. Ho., 2010）

（二）肥大与增生的关系

根据定义，肥大与增生是两个不同的过程，但在许多情况下，二者是同时发生的，并且由同一原因引起，如真性肥大病理变化：组织器官体积增大，外形也相应改变，质地变实，细胞的体积变大，细胞浆增多，细胞核也较大。

二、萎缩

已经发育到正常大小的组织、器官，在疾病过程中，由于组成细胞的体积缩小、数量减少而引起组织、器官体积缩小，机能减退，称为萎缩（atrophy）。

萎缩与发育不全不同。发育不全（hypoplasia）是指组织器官由于某些原因而不能发育到正常大小。例如，血液供应不足、营养物质缺乏或先天性缺陷可导致组织器官不能发育到正常大小（图5-13）。

（一）原因和类型

根据发生的原因，可将萎缩分为生理性萎缩和病理性萎缩。

1. 生理性萎缩

在正常生理条件下，随着年龄的增长，某些组织、器官由于生理功能逐渐减退，代谢过程逐渐降低而发生萎缩，称为生理性萎缩（physiological atrophy），也称退化（或年龄性萎缩）。例如，动物成年后，哺乳动物的胸腺、禽类的法氏囊发生萎缩，老龄动物几乎所有的组织器官的体积都比壮年小。生理性萎缩时，细胞数量减少，萎缩大多是通过细胞凋亡实现的。

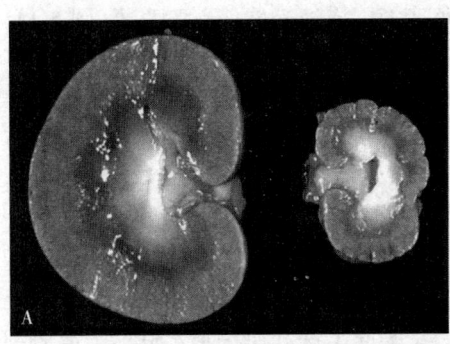
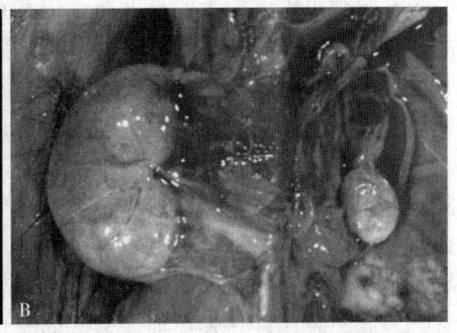

图 5-13 幼犬肾发育不全 (James F. Zachary, 2017)

A、B 中体积较小的肾为发育不全的肾

2. 病理性萎缩

某些组织、器官由于致病因素的作用而发生萎缩，称为病理性萎缩 (pathological atrophy)。可相对地分为全身性萎缩和局部性萎缩。

（1）全身性萎缩

全身性萎缩多见于长期营养不良、慢性消化道疾病、严重的消耗性疾病（如肿瘤）和寄生虫性疾病等。由于机体对脂肪、糖、蛋白质和维生素等营养物质吸收不足或体内营养物质过度消耗，导致全身脂肪减少，肌肉萎缩，称为恶病质 (cachexia)。全身性萎缩时，脂肪组织最早发生萎缩，萎缩也最明显，其次是肌肉、脾脏、肝脏、肾脏等器官，心肌和脑的萎缩发生最晚。由此可见，萎缩发生的顺序具有代偿适应意义。

眼观：组织、器官体积缩小，质量减轻，颜色变深，质地坚实，被膜增厚、皱缩。萎缩的组织器官仍保持其固有形态，仅见体积成比例缩小。胃、肠等管腔器官发生萎缩时内腔扩大，壁变薄甚至呈半透明状，易撕裂。

镜检：萎缩的组织、器官实质细胞体积缩小或/和数量减少，细胞浆深染，细胞核皱缩、深染，间质常见间质结缔组织相对增多。在心肌纤维和肝细胞的细胞浆内常出现脂褐素，脂褐素量多时器官呈褐色，称为褐色萎缩。

①脂肪组织：剖检可见动物全身消瘦，皮下、腹膜下、网膜、肠系膜、心冠状沟及纵沟、肾脏周围及肾脂肪囊内的脂肪分解、消耗，剩余的脂肪呈灰白色或淡灰色的胶冻状，称为脂肪胶样萎缩或脂肪浆液性萎缩（图 5-14）。镜检可见脂肪细胞变小，有时呈多角形，间质中有淡蓝色黏液。

②肌肉组织：镜检可见肌纤维变细，肌浆减少，横纹不明显，细胞核较密集，细胞核两端常有棕色脂褐素沉着，有时候间质水肿，伴有增生。

③血液：眼观可见血液颜色变淡、稀薄。镜检可见白细胞和红细胞数量减少，有时红细胞大小不等，呈贫血现象。

④肝脏：眼观可见体积缩小，边缘变薄，质量减轻，质地变硬，颜色变深。镜检可见肝细胞体积变小，细胞浆致密，有时细胞浆里出现棕色颗粒（脂褐素）。

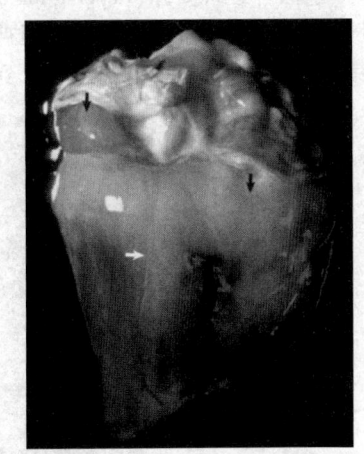

图 5-14 心脏脂肪胶样萎缩 (James F. Zachary, 2017)

心外膜上的脂肪变为灰色，呈胶冻状（箭头）

⑤心脏：眼观可见体积无明显变化，但颜色变淡，质地松软，心壁变薄（图 5-14）。镜检可见心肌纤维变细，细胞核呈短杆状，深染，在细胞核两端常有脂褐素沉着。

⑥肾脏：眼观可见体积略小，皮质变薄，颜色变深，质地变软。镜检可见皮质部肾小管上皮细胞变小，有的发生脱落，细胞浆中也有脂褐素沉着，肾小管管腔扩张，间质有时水肿和增生。

⑦脾脏：眼观可见体积明显缩小，质量减轻，边缘变薄，被膜薄而皱缩，切面干燥。镜检可见白髓和红髓减少，小梁相对增多。

⑧胃肠：眼观可见胃肠壁变薄，呈半透明状，易撕裂。镜检可见黏膜上皮和腺上皮大量脱落，特别是肠黏膜比胃黏膜更加明显。固有层、黏膜下层和肌层均水肿，平滑肌细胞体积变小，有时发生水样变。

全身性萎缩经常不是单纯性出现，而是伴随其他病理变化过程，其中最常见的是水肿、变性、坏死和血液循环障碍。当机体抵抗力降低时，还易导致继发感染。

（2）局部性萎缩

局部性萎缩通常是由局部原因引起，根据发生的原因，局部性萎缩可分以下几种类型。

①营养不良性萎缩（malnutritional atrophy）：当动脉不全阻塞时，由于血液供应不足，蛋白质摄入不足或者血液等消耗过多，可引起相应部位的组织器官萎缩。例如，公畜夹骟引起睾丸萎缩；脑动脉、肾动脉、心脏冠状动脉发生动脉粥样硬化时，局部动脉血管阻塞，血液供应不足，发生营养供应障碍，引起组织、器官萎缩。萎缩的细胞、组织、器官通过调节细胞体积、数量和功能，与降低的血液供应和营养补给之间建立新的平衡。

②废用性萎缩（disuse atrophy）：动物的某侧肢体因骨折或关节疾病，长期不能活动或固定限制活动时，可引起相关的肌肉、软骨、韧带发生萎缩。这主要是由于肢体功能发生障碍，工作负荷减轻，相应器官的神经感受器得不到应有的刺激，向心冲动减弱甚至中断，因此离心性营养冲动减弱，导致局部血液供应不足，物质代谢减少，特别是合成代谢降低而引起的萎缩。临床上常见的是前后肢固定治疗之后，肢体不能活动，导致腿部肌肉萎缩。

③去神经性萎缩（denervation atrophy）：中枢神经或外周神经发炎或损伤时，其神经功能发生障碍，受其支配的组织器官因神经营养调节丧失而发生萎缩（图 5-15）。例如，鸡患马立克病时，因坐骨神经或臂神经丛受到肿瘤侵害，同侧腿部肌肉发生萎缩。

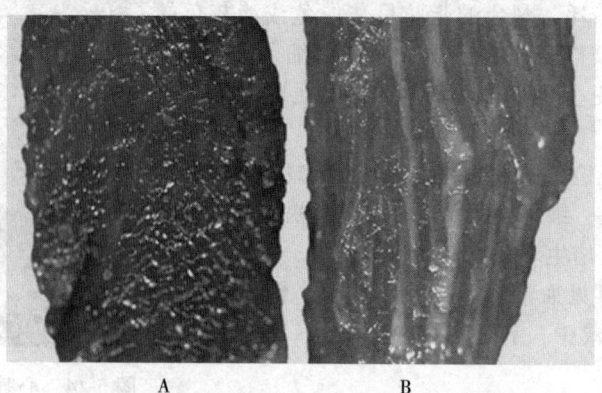

图 5-15　马去神经性萎缩（James F. Zachary，2017）

A. 马正常骨骼肌；B. 马运动神经发生疾病后引起的骨骼肌萎缩

④压迫性萎缩(pressure atrophy)：组织、器官长期受持续的机械性挤压而引起的萎缩。压缩性萎缩是最常见的局部萎缩形式。例如，棘球细颈囊尾蚴压迫肝脏，引起肝脏受压部位发生萎缩；猪囊尾蚴(猪绦虫的幼虫)压迫舌肌、心肌引起萎缩。输尿管阻塞，排尿困难时，肾盂和肾盏积水扩张，压迫肾实质萎缩(图5-16)；间质性肾炎时，由于间质结缔组织大量增生，压迫肾小管和肾小球萎缩。

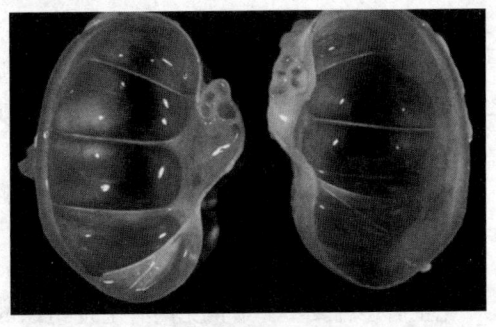

图5-16　慢性肾盂积水(M. D. McGavin, 2017)
皮质变薄，髓质减少

⑤激素性萎缩(hormonal atrophy)：组织器官由于激素产生或分泌减少而发生的萎缩。例如，去势的动物生殖器官因失去性激素刺激而发生萎缩，垂体促甲状腺激素减少时引起甲状腺萎缩。

(二)萎缩的结局与影响

无论是全身性萎缩还是局部性萎缩，都是可复性的，一旦病因除去，萎缩的细胞可以恢复到正常的形态和机能。如果病因不能除去，可引起细胞、组织变性坏死，成为不可逆变化。

萎缩的组织器官实质细胞体积变小、数量减少，机能必然会降低，对机体生命活动肯定产生不利的影响。影响的程度取决于发生部位和萎缩的程度。轻度萎缩可因代偿而不产生明显影响。发生在一般组织器官，则对机体影响不大，如果发生于脑等重要器官，可造成严重后果。

第四节　化　生

已经分化成熟的组织，为了适应改变了的生活环境或理化因素刺激，在形态和机能上变为另一种成熟组织的过程，称为化生(metaplasia)。

一、化生的原因

1. 维生素A缺乏

维生素A缺乏，可引起咽、食道的分泌腺、气管、支气管和泌尿生殖道黏膜上皮，以及唾液腺导管上皮发生鳞状化生。

2. 激素作用

给鼠注射雌激素，可引起子宫黏膜上皮鳞状化生。甲状腺机能亢进，可引起骨的纤维细胞性化生和破骨细胞性化生。

3. 化学物质的作用

博莱霉素引起肺泡上皮细胞化生为纤维细胞，导致肺组织纤维化。

4. 机械刺激作用

膀胱和肾盂在结石的机械刺激作用下，可以引起其变移上皮(移行上皮)发生鳞状化生。

5. 慢性炎症刺激

慢性支气管炎和慢性胆囊炎可引起支气管的纤毛柱状上皮和胆囊黏膜柱状上皮发生鳞状化生。

6. 组织内代谢障碍

软组织发生出血、变性、坏死、瘢痕形成等情况后，常出现结缔组织修补，形成瘢痕，之后结缔组织可形成骨组织和骨样组织，有时也可形成软骨组织，发生骨化生。

7. 机体适应代偿作用

长期慢性出血或溶血，代偿性引起黄骨髓化生为红骨髓，发生髓外造血。

二、化生的类型

化生有多种类型，最常见的有上皮组织的化生和间叶组织的化生。化生通常发生在同源性细胞之间，即上皮细胞之间或间叶细胞之间，一般由特异性较低的细胞类型来取代特异性较高的细胞类型。上皮组织的化生在原因消除后或可恢复，但间叶组织的化生大多不可逆。

(一)上皮组织的化生

1. 鳞状上皮化生

被覆上皮组织的化生以鳞状上皮化生(简称鳞化)最为常见。例如，涎腺、胰腺、肾盂、膀胱和肝胆发生结石或维生素 A 缺乏时，被覆的柱状上皮、立方上皮或移行上皮都可化生为鳞状上皮。气管和支气管黏膜的纤毛柱状上皮，在慢性炎症损害时，可化生为鳞状上皮。虽然鳞状上皮化生可增强局部的抵抗力，但同时也失去了原有上皮的功能。如果鳞状上皮化生持续存在，则可能引起鳞状上皮细胞癌。

2. 柱状上皮化生

慢性胃炎时，胃黏膜上皮化生为小肠或大肠黏膜柱状上皮，称为肠上皮化生(简称肠化)；胃窦、胃体部腺体可化生为幽门腺，称为假幽门腺化生；慢性返流性食管炎时，食管下段鳞状上皮也可化生为胃型或肠型柱状上皮；慢性子宫颈炎时，宫颈鳞状上皮可化生为黏膜柱状上皮，形成子宫颈糜烂。

(二)间叶组织的化生

间叶组织的化生主要表现为骨化生、软骨化生和脂肪化生。间叶组织中幼稚的成纤维细胞在损伤后，可转变为成骨细胞或成软骨细胞，称为骨或软骨化生。这类化生多见于骨化性肌炎等受损软组织，也见于某些肿瘤的间质。

三、化生的发生机理

化生包括直接化生和间接化生两种。直接化生指不经过细胞分裂增殖，直接变为他种组织，如结缔组织直接化生为骨组织。间接化生指细胞增生，产生幼稚的细胞，通过神经体液的调节，分化为另一种细胞。

现在认为，化生发生的机理是贮备细胞的异向分化(divergent differentiation)。成熟的组织各自保持着一定的形态和机能特性，而新生的细胞则尚未获得相应的成熟组织的特性，它可以进一步分化。在更新衰老细胞时，定向分化可以保持原有组织细胞的特定类型。如果异向分化，则可分化为另一种组织。

四、化生对机体的影响

化生对机体既有有利的一面，也有不利的一面。化生的结果虽然可使局部对刺激的抵抗力增强，有积极的适应作用，但是也常常引起局部组织、器官的功能发生障碍。例如，呼吸道黏膜上皮化生为鳞状上皮后，由于细胞层次增多变厚，但因鳞状上皮表面不具有柱状上皮的纤毛结构,故而失去黏液分泌和黏膜纤毛清除作用,易继发感染。再如,骨化性肌炎能妨碍运动。更有甚者,诱发组织化生的因素如果长期存在,化生的细胞可能发生癌变。例如,食道黏膜上皮鳞状化生,常常引起食道癌。

作业题

1. 什么是再生?什么是增生?二者之间有何关系?
2. 试述血管再生的类型及过程。
3. 试述肉芽组织的形态及其主要功能。
4. 试述创伤愈合的类型及愈合过程。
5. 试述骨折愈合的过程。
6. 什么是肥大?肥大的类型有哪些?
7. 什么是萎缩?萎缩与发育不全的区别有哪些?
8. 各组织、器官萎缩的病理变化是什么?
9. 什么是化生?化生对机体的影响有哪些?

(赵晓民)

第六章

炎 症

【本章概述】 炎症在本质上是机体在各种外源性和内源性损伤因子的作用下产生的一种保护性反应,并与组织修复密切相关。炎症反应可驱动一系列旨在修复和重建受损组织的反应。修复在炎症早期即可发生,但通常在损伤因子的作用完全消除后才得以完成。如果没有炎症反应,感染将无法控制、创伤将永不愈合、器官和组织的损伤将会持续发展。但在某些情况下,炎症也可给机体带来危害,严重时甚至危及生命。例如,药物和毒物所致的超敏反应可危及生命;喉部急性炎症水肿可引起窒息;心包腔内纤维素性渗出物的机化可形成缩窄性心包炎,限制心脏搏动;纤维化修复所形成的瘢痕可导致肠梗阻或关节活动受限等。

按照病程,将炎症分为急性炎症(acute inflammation)和慢性炎症(chronic inflammation)两种类型。急性炎症发生迅速,在损伤性因子作用几秒或数分钟后即可发生,持续时间短,从几分钟到几天不等,主要特征是血浆液体成分和蛋白渗出及白细胞(主要为中性粒细胞)游出。慢性炎症持续时间较长,病程可达数月到数年,其特征为细胞和血管增生、组织纤维化和炎性细胞浸润。

第一节 炎症的概念和发生原因

一、炎症的概念

炎症(inflammation)是机体对致炎因子和局部损伤所发生的以防御为主的全身性、综合性、适应性反应。炎症也是致炎因子对机体的损伤与机体抗损伤反应的斗争过程,在此过程中,既有致炎因子引起的损伤反应,包括局部组织细胞结构的破坏、代谢的紊乱和功能的减退或丧失,也有机体为清除致炎因子及修复损伤所产生的抗损伤反应答。炎症可发生在机体的任何部位和组织,表现为局部细胞组织的变质、渗出和增生。

变质是由内、外源性致炎因素所引起的细胞、组织的变性和坏死,是炎症的损伤过程。渗出和增生是局部组织发生的抗损伤性防御反应。渗出是炎症的重要标志,其发生依赖于血管反应,渗出物中含有来自血液的液体和细胞成分,其中抗体、补体、溶菌酶等血浆蛋白能中和、溶解、杀灭病原微生物,氨基酸和磷脂等是修复损伤组织细胞的原料,纤维蛋白可阻止病原扩散,单核-巨噬细胞系统细胞的吞噬作用则有更为重要的生物学意义,是机体清除病原和病理产物的基础。增生主要是对损伤组织进行修复的过程。

二、炎症的发生原因

凡是能引起组织和细胞损伤的外源性和内源性因素都能引起炎症反应,可归纳为以下几类。

1. 生物性因子

病毒、细菌、立克次体、原虫、真菌、螺旋体和寄生虫等生物性因子是引起炎症的最常见的原因。由生物病原体引起的炎症又称感染(infection)。病毒的致炎作用在于它们能在细胞内复制，导致感染细胞坏死。细菌及其释放的内毒素和外毒素及分泌的某些酶可激发炎症反应。某些病原体则通过其抗原性诱发免疫反应而损伤组织，如寄生虫和结核分枝杆菌。

2. 物理性因子

高温、低温、机械性创伤、紫外线和放射线等均可引起炎症反应。物理性因素的作用时间往往短暂，炎症的发生则是组织受到损伤后出现的复杂的变化结果。

3. 化学性因子

化学性因子包括外源性和内源性化学物质。外源性化学物质有强酸、强碱、强氧化剂和芥子气等。内源性化学物质有坏死组织的分解产物，也包括病理条件下堆积于体内的代谢产物，如尿素、尿酸和胆酸盐等。药物和其他生物制剂使用不当也可引起炎症反应。

4. 组织坏死

任何原因引起的组织坏死都是潜在的致炎因子。例如，在缺血引起的新鲜梗死灶的边缘所出现的充血、出血带和炎性细胞浸润，便是炎症的表现。

5. 变态反应

当机体免疫反应状态异常时，可引起不适当或过度的免疫反应，造成组织损伤，引发炎症反应，如过敏性鼻炎和肾小球肾炎。

6. 异物

手术缝线、二氧化硅晶体或物质碎片等异物残留在机体组织内可导致炎症。

第二节　炎症介质

一、炎症介质的概念

炎症的血管反应和细胞反应由一系列化学因子介导，参与介导炎症反应的化学因子称为炎症介质(inflammatory mediator)或化学介质。炎症介质种类繁多，作用机制复杂。目前，除了人们比较熟悉的组胺、5-羟色胺、前列腺素、白细胞三烯和补体等外，一些新的炎症介质还在不断被发现。

炎症介质可来源于血浆，也可由细胞产生。血浆源性的炎症介质(如补体、激肽)在血液中以无活性的前体形式存在，在炎症过程中经蛋白酶裂解后被激活，发挥生物学效应。细胞源性的炎症介质贮存于某些细胞内的颗粒中(如贮存于肥大细胞颗粒中的组胺)，在需要的时候被释放出来。一些细胞也可在致炎因子的诱导下新合成炎症介质。血小板、中性粒细胞、单核巨噬细胞和肥大细胞是炎症介质的主要来源，除此之外，间质细胞(如内皮细胞、平滑肌细胞、成纤维细胞)和许多上皮细胞也可以产生炎症介质。

二、炎症介质的一般特点

第一，绝大多数炎症介质通过与靶细胞表面的受体结合而发挥其生物学效应，而某些炎症介质(如溶酶体酶)则具有酶活性或可诱导氧化损伤。

第二，一种炎症介质可刺激靶细胞释放其他炎症介质，这种继发性炎症介质的作用可能与原炎症介质相同或相似，或者与原炎症介质的作用截然相反，从而放大或拮抗原炎症介质的效应。

第三，一种炎症介质可作用于一种或多种靶细胞，在不同的细胞和组织中发挥不同的作用。

第四，炎症介质被激活或分泌到细胞外后，半衰期十分短暂，很快被相应的酶降解而灭活，或被抑制或被清除。

第五，许多炎症介质具有潜在的致组织损伤的作用。

三、主要炎症介质及其作用（表6-1）

表6-1　主要炎症介质及其作用

名称	来源	血管通透性	趋化作用	其他作用
组胺、5-羟色胺	肥大细胞、血小板	+	-	水肿
缓激肽	血浆蛋白	+		疼痛
C3a	血浆蛋白	+	-	调理化片段（C3b）
C5a	巨噬细胞	+	+	白细胞黏附、活化
前列腺素	肥大细胞	+	-	舒张血管、疼痛、发热
白细胞三烯 B4	白细胞	-	+	白细胞黏附、活化
白细胞三烯 C4、D4、E4	白细胞、肥大细胞	+	-	支气管收缩、血管收缩
氧自由基	白细胞	+	-	内皮损伤、组织损伤
血小板活化因子（PAF）	白细胞、血小板	促进其他炎症介质的作用	+	支气管收缩、白细胞致敏
白细胞介素-1（IL-1）、肿瘤坏死因子（TNF）	巨噬细胞、其他	-	+	急性期反应、内皮细胞活化
趋化因子	白细胞、其他		+	白细胞活化
一氧化氮	巨噬细胞、血管内皮	+	-	血管扩张、细胞毒性

注：+表示具有该功能；-表示不具有该功能。

（一）细胞源性炎症介质

1. 血管活性胺

血管活性胺包括组胺（histamine）和5-羟色胺（serotonin，5-HT），它们贮存在细胞的分泌颗粒中，在急性炎症反应时最先被释放出来。

（1）组胺

组胺在组织中广泛存在。位于血管附近的结缔组织中的肥大细胞是主要的产组胺细胞（嗜碱性粒细胞和血小板也可产生组胺）。组胺贮存于肥大细胞的异染颗粒中，受到致炎因子的刺激时，迅速以脱颗粒的方式释放出来。引起肥大细胞脱颗粒的刺激因子包括：①创伤、冷、热等物理刺激；②免疫反应过程中IgE抗体与肥大细胞表面的Fc受体结合；③过敏毒素（anaphylatoxin），如C3a和C5a补体片段；④白细胞来源的组胺释放蛋白（histamine-releasing protein）；⑤某些神经肽，如P物质；⑥细胞因子，如IL-1和IL-8。

组胺通过血管内皮细胞的H1受体起作用，可使小动脉扩张（但大动脉收缩）和小静脉通透性增加，是导致急性短暂性血管通透性升高的主要炎症介质。肺脏、胃肠和皮肤组织的小血管周围分布较多的肥大细胞，故当这些部位发生损伤时，组胺释放较多，这也是这些部位易于发生炎性水肿的原因之一。

(2) 5-羟色胺

5-羟色胺主要存在于血小板、肠黏膜嗜铬细胞和啮齿类动物的肥大细胞中，其血管活性作用与组胺相似。受胶原纤维、凝血酶、二磷酸腺苷免疫复合物刺激后，血小板凝集并释放 5-羟色胺和组胺，引起血管收缩。在 IgE 介导的超敏反应中，肥大细胞释放的血小板激活因子(platelet activating factor，PAF)也可诱导血小板凝集并释放 5-羟色胺和组胺，导致血管通透性升高。

2. 花生四烯酸代谢产物

花生四烯酸(arachidonic acid，AA)是二十碳不饱和脂肪酸，结合在细胞膜磷脂(如肌醇磷脂、卵磷脂)上。正常细胞内无游离的花生四烯酸，其本身也无炎症介质的作用。在细胞受损时，磷脂酶被激活，促使花生四烯酸从细胞膜释放出来，通过环氧合酶(cyclooxygenases，COX)途径代谢为前列腺素(prostaglandins，PG)和血栓素(thromboxanes，TxA)；通过脂质氧合酶(lipoxygenase)途径代谢为白细胞三烯(leukotriene，LT)和脂质素(lipoxins，LX)。

(1) 前列腺素

花生四烯酸通过 COX-1(固有表达)和 COX-2(诱导表达)两种酶途径代谢为 PG。根据 PG 的分子特点，可将前列腺素分为 PGD、PGE、PGF、PGG 和 PGH 等类型；与炎症过程关系密切的有 PGE2、PGD2、PGF2α、PGI2(前列环素)和血栓素 A2(TxA2)，它们分别由不同的酶作用于花生四烯酸中间代谢产物而产生。因为这些酶有严格的组织分布特性，所以花生四烯酸在不同细胞中的代谢产物不同。例如，血小板中含有血栓素合成酶，因而，TxA2 主要由血小板产生；TxA2 主要作用是使血小板凝集和血管收缩，由于其本身并不稳定，可迅速转变为 TxB2 而失活。血管内皮细胞缺乏血栓素合成酶，但表达前列环素合成酶，故能合成 PGI2。PGI2 是一种强大的舒血管物质，可抑制血小板聚集，并能促进其他炎症介质介导的血管渗漏和化学趋化性。

前列腺素还与炎症致热和致痛有关。PGE2 可显著放大皮内注射组胺和缓激肽所引起的疼痛，并在感染过程中与细胞因子相互作用而引起发热。PGD2 主要由肥大细胞产生，与 PGE2 和 PGF2a 一起引起后微静脉扩张和血管渗透压升高，促进水肿形成。

(2) 白细胞三烯

白细胞三烯是花生四烯酸通过脂质氧合酶途径产生的。体内有三种类型的脂质氧合酶，它们只在极少数细胞中表达。中性粒细胞中主要含有 5-脂质氧合酶，这种酶可将花生四烯酸转变为对中性粒细胞具有趋化作用的 5-羟基二十碳四烯酸(5-HETE)，随后再转化为白细胞三烯(LTA4、LTB4、LTC4、LTD4 和 LTE4)。LTB4 对中性粒细胞具有极强的趋化作用，并可促进中性粒细胞黏附、呼吸爆发和释放溶酶体酶。LTC4、LTD4、LTE4 主要由肥大细胞产生，可引起血管收缩、支气管痉挛和小静脉通透性增加。

(3) 脂质素

脂质素也是花生四烯酸通过脂质氧合酶途径产生的。花生四烯酸是在中性粒细胞中代谢形成的中间产物，并在来自血小板的酶作用下被转化为脂质素。例如，脂质素 A4 和 B4(LXA4 和 LXB4)就是血小板 12-脂质氧合酶(12-lipoxygenase)作用于来自中性粒细胞的 LTA4 所形成的代谢产物，若阻断中性粒细胞和血小板之间的接触则可抑制脂质素的产生。

脂质素的主要作用是抑制中性粒细胞的趋化反应及其与内皮细胞的黏附，阻止中性粒细胞向炎区组织募集。脂质素的产生与白细胞三烯的产生呈负相关，提示脂质素可能是白细胞三烯的内源性抑制剂,并且可能与炎症的消退有关。

很多抗炎药物通过抑制花生四烯酸的代谢而发挥作用。非甾体抗炎药物(如阿司匹林和吲哚美辛)可抑制环氧合酶活性,抑制前列腺素的产生,用于治疗疼痛和发热。齐留通(zileukm)可抑制脂质氧合酶,抑制白细胞三烯的产生,用于治疗哮喘。糖皮质激素可抑制磷脂酶A2、环氧合酶-2(COX-2)、细胞因子(如IL-1和TNF-α)等基因的转录,发挥抗炎作用。

3. 血小板激活因子

血小板激活因子是另一类磷脂源性的炎症介质,其化学成分为乙酰甘油醚磷酰胆碱。血小板、嗜碱性粒细胞、肥大细胞、中性粒细胞、单核巨噬细胞和内皮细胞等均可释放血小板激活因子。血小板激活因子通过G蛋白偶联受体发挥生物学效应,并受未活化的血小板激活因子乙酰水解酶调控。血小板激活因子具有激活血小板、增加血管通透性和诱导支气管收缩等作用。血小板激活因子在极低浓度下即可引起血管扩张和小静脉通透性增加,其作用比组胺作用强100~10 000倍。血小板激活因子还可促进整合素介导的白细胞黏附、趋化、脱颗粒和呼吸爆发功能。

4. 溶酶体成分

中性粒细胞和单核细胞中含有溶酶体颗粒,这些颗粒被释放后参与炎症反应。中性粒细胞中含有两种颗粒:次级颗粒(细小的特有颗粒)和初级颗粒(较大的嗜天青颗粒)。这些颗粒既可被释放进入吞噬泡中,也可被释放到细胞外。通常情况下,小颗粒更容易被释放到细胞外,而大颗粒则主要进入吞噬体中。

次级颗粒中含有溶菌酶、胶原酶、明胶酶、乳铁蛋白、纤溶酶原、组胺和碱性磷酸酶。初级颗粒中含有髓过氧化物酶、抗菌因子(溶菌酶、防御素)、酸性水解酶和各种中性蛋白酶(弹性蛋白酶、组织蛋白酶G、非特异性胶原酶、蛋白酶)。酸性水解酶在吞噬溶酶体(酸性环境)内降解细菌及其产物。中性蛋白酶可降解各种细胞外基质成分,包括胶原纤维、基底膜、纤维素、弹力蛋白和软骨基质等,造成组织破坏。中性蛋白酶还能直接剪切补体C3和C5而产生致敏毒素,并促进激肽原产生缓激肽样多肽。

5. 细胞因子

细胞因子(cytokines)是由多种细胞产生的多肽类物质,其种类繁多、功能广泛、来源复杂,与激素、神经肽、神经递质共同构成细胞间信号分子系统。主要参与调节机体的免疫应答、炎症反应、损伤修复、细胞生长与分化等过程。绝大多数细胞因子为分子质量小于25 ku的糖蛋白,且以单体形式存在。

细胞因子通过旁分泌(paracrine)、自分泌(autocrine)或内分泌(endocrine)的方式发挥作用。例如,T淋巴细胞产生的白细胞介素-2(IL-2)刺激T淋巴细胞本身增殖;树突状细胞产生的IL-12支持T淋巴细胞增殖及分化。少数细胞因子(如TNF、IL-1)在高浓度时可作用于远处的靶细胞,表现内分泌效应。

细胞因子具有多效性、重叠性、拮抗性和协同性。某一种细胞因子可作用于多种靶细胞,产生多种生物学效应,如γ-干扰素上调有核细胞表达MHC I类分子,也激活巨噬细胞;几种不同的细胞因子可作用于同一种靶细胞,产生相同或相似的生物学效应,如IL-6和IL-13均可刺激B淋巴细胞增殖;有的细胞因子可抑制其他细胞因子的功能,如IL-4抑制γ-干扰素(INF-γ)刺激辅助性T细胞(Th)向Th1细胞分化;一种细胞因子促进另一种细胞因子的功能,两者表现协同效应,如IL-3和IL-11共同刺激造血干细胞的分化成熟。

TNF-α和IL-1它们是介导炎症反应的两个重要细胞因子,主要由活化后的巨噬细胞产生，也可由内皮细胞、上皮细胞和结缔组织细胞等产生。淋巴细胞产生的肿瘤坏死因子命名为 TNF-β。内毒素等细菌产物、免疫复合物和物理性因子等均可刺激肿瘤坏死因子和 IL-1 的分泌。在炎症过程中，肿瘤坏死因子和 IL-1 对内皮细胞、白细胞和成纤维细胞的功能产生重要影响：①促进内皮细胞合成黏附分子、化学介质及与细胞外基质重构有关的酶活化。②肿瘤坏死因子可致敏中性粒细胞，放大中性粒细胞对其他因子的反应性；在感染性休克过程中，肿瘤坏死因子还可降低外周血管阻力，使心率加快、血液 pH 值降低。某些传染性疾病和肿瘤疾病引起的恶病质伴随肿瘤坏死因子持续升高、体重减轻和厌食。③诱导全身性急性期反应，如引起发热、嗜睡、骨髓中性粒细胞释放进入血液、促肾上腺皮质激素和皮质类固醇释放等。

6. 趋化因子

趋化因子（chemokines）是一类结构和功能相似、分子质量为 8~10 ku、对白细胞具有激活和趋化作用的小分子细胞因子。目前，已发现 40 多种趋化因子和 20 余种趋化因子受体。根据趋化因子成熟肽中半胱氨酸残基的位置和排列方式，可将其分为四个家族：①C-X-C 趋化因子家族（α 趋化因子家族）。这一家族的近氨基端存在半胱氨酸-其他氨基酸-半胱氨酸（C-X-C）基序，其代表为 IL-8。IL-8 由活化的巨噬细胞和内皮细胞产生，可由细菌产物、IL-1 和肿瘤坏死因子诱导生成，对中性粒细胞起趋化作用，而对单核细胞和嗜酸性粒细胞的作用有限。②C-C 趋化因子家族（β 趋化因子家族）。其近氨基端存在两个相邻的半胱氨酸（C-C），这类趋化因子包括单核细胞趋化蛋白（MCP-1）、嗜酸性粒细胞趋化因子（eotaxin）、巨噬细胞炎症蛋白-1α（MIP-1α）和 T 细胞激活分泌调节因子（regulated and normal T cell expressed and secreted, RANTES）。除嗜酸性粒细胞趋化因子只对嗜酸性粒细胞起趋化作用外，其余因子对单核细胞、嗜碱性粒细胞和淋巴细胞均具有趋化作用，但对中性粒细胞无作用。③C 趋化因子家族（γ 趋化因子家族）。这一家族的趋化因子缺乏第一和第三个半胱氨酸残基。淋巴细胞趋化蛋白（lymphotactin）是该家族的一员，它仅对 T 细胞有强烈的激活和趋化作用。④CX_3C 家族。在两个半胱氨酸残基之间间隔有三个其他氨基酸。Fractalkine（neurotactin）是 CX_3C 家族的唯一成员，主要表达于肺脏、心脏和脑。这一趋化因子以细胞膜结合形式和可溶性蛋白形式存在，前者在内皮细胞上表达，对单核细胞和 T 细胞有强烈的黏附作用；后者由膜结合蛋白水解产生，对上述细胞有强大的趋化作用。

趋化因子的作用受趋化因子受体介导。趋化因子受体为 G 蛋白偶联受体，包括 C-X-C 受体（CXCR，5 种）、C-C 受体（CCR，10 种）、C 受体（CR，1 种）和 CX_3C 受体（CX_3CR，1 种）。白细胞通常同时表达一种以上的受体。目前发现，CXCR-4 和 CCR-5 是人类免疫缺陷病毒（HIV-1）外壳糖蛋白的辅助受体，参与 HIV-1 黏附并进入靶细胞（$CD4^+$ T 细胞）的过程。

需要指出的是，有的趋化因子在炎症刺激下才能发生短暂表达，有些趋化因子则在组织中持续表达。前者的作用在于诱导白细胞向炎区组织募集，后者则主要调控正常细胞迁移，以促使构成组织的各类细胞到达合适的伤口部位。

7. 一氧化氮

一氧化氮（NO）是一种可溶性气体分子，由内皮细胞、巨噬细胞和脑内某些神经细胞产生。一氧化氮由一氧化氮合酶（NOS）催化精氨酸而生成，这种酶具有三种类型，即内皮型（eNOS）、诱生型（iNOS）和神经型（nNOS）。内皮型和神经型在组织中持续表达，但表达量较低，可被胞浆 Ca^{2+} 迅速激活；诱生型则由细胞因子（TNF 和 IFN-γ）及其他因素诱导生成。

一氧化氮在炎症血管反应和细胞反应中发挥重要作用。一方面，一氧化氮可引起血管平滑肌细胞松弛，导致小血管扩张；另一方面，一氧化氮可抑制炎症过程中的细胞反应，抑制血小板黏附、聚集和脱颗粒，抑制肥大细胞引起的炎症反应，并且抑制白细胞渗出。有研究发现，阻断一氧化氮合成可促进后微静脉中白细胞翻滚和黏附，而外源性给予一氧化氮则可减少白细胞募集。因此，一氧化氮生成增多可能是体内一种旨在减轻炎症反应的代偿反应。此外，一氧化氮及其衍生物对细菌、蠕虫、原虫和病毒具有杀灭作用。

8. 氧自由基

白细胞在微生物、免疫复合物、趋化因子等激活过程中和吞噬过程中均可产生大量氧自由基（如 O_2^-、H_2O_2、·OH），其主要作用是杀灭吞噬溶酶体中的病原微生物。氧自由基也可被释放到细胞外，并与一氧化氮迅速反应，在短时间内生成大量过氧亚硝基阴离子（peroxynitrite，$ONOO^-$）。$ONOO^-$ 具有异常活跃的生物学特性，既是强氧化剂，又是硝化剂，可与蛋白质、脂质、核酸等生物大分子反应。少量的氧自由基和 $ONOO^-$ 可促进趋化因子（如 IL-8）、细胞因子和内皮黏附分子等的表达，放大炎症级联反应。如果自由基和 $ONOO^-$ 产生过多，超过了机体的清除能力，则可对宿主造成损伤，表现在：①损伤内皮细胞，导致血管通透性升高；②使抗蛋白水解酶（α-抗胰蛋白酶）失活，其结果导致蛋白水解酶活性增强，引起细胞外基质降解；③造成实质细胞、红细胞等损伤。

9. 神经肽

神经肽（如 P 物质和神经激肽 A）在炎症中的作用与血管活性胺和花生酸代谢产物相似。神经肽具有多种生物学活性，可传导疼痛，引起血管扩张和血管通透性增加。含有神经肽的神经纤维主要分布于肺脏和胃肠道。

(二)血浆源性炎症介质

血浆中存在着四种相互关联的系统，即激肽系统、凝血系统、纤维蛋白溶解系统和补体系统，炎症反应过程中出现的所有现象均与这些系统的激活有关。

1. 激肽系统

缓激肽（bradykinin）是一种血管活性肽，由激肽释放酶（kallikrein）作用于血浆中的激肽原（kininogen）而产生。缓激肽可以使小动脉扩张、血管通透性增加、支气管平滑肌收缩，并可引起疼痛。缓激肽形成的中心环节是内源性凝血系统中的Ⅻ因子的激活。Ⅻ因子被组织损伤处暴露的胶原、基底膜等激活后，使激肽释放酶原转变为有活性的激肽释放酶，后者将激肽原裂解为有活性的激肽。同时，激肽释放酶又反过来激活Ⅻ因子，从而使原始刺激效应得以放大。激肽释放酶本身还具有趋化作用，并能将补体 C5 裂解为 C5a 片段。

2. 补体系统

补体系统由 20 多种蛋白质（包括其裂解产物）组成，是血浆中含量最高的一类蛋白质，以 C1~C9 命名。它们不仅参与天然免疫和获得性免疫，还是重要的炎症介质。补体可通过经典途径（抗原-抗体复合物）、替代途径（病原微生物表面分子，如 LPS）和凝集素途径激活。三种途径均可激活 C3 转化酶，将 C3 裂解为 C3a 和 C3b 片段。C3b 进一步激活 C5 转化酶，使 C5 转化为 C5a 和 C5b。

补体系统参与如下反应：①血管反应。C3a 和 C5a 可刺激肥大细胞释放组胺，导致血管扩张和血管通透性增加。由于它们的作用类似于过敏反应中肥大细胞释放的介质，故又称过敏毒素。C5a 还可激活中性粒细胞和单核细胞中花生四烯酸的脂质氧合酶途径,引起前列腺素释放,进一步促进血管反应。②白细胞激活、黏附、趋化作用。C5a 可激活白细胞,增加白细胞表面整合素的亲和力(促进白细胞与血管内皮黏附)。此外,C5a 对中性粒细胞、嗜酸性粒细胞、嗜碱性粒细胞和单核细胞具有趋化作用。③促进白细胞吞噬。C3b 和灭活 C3b(inactivated C3b)可与细菌的细胞壁结合,通过其调理素化作用促进中性粒细胞和单核细胞对细菌的吞噬(中性粒细胞和单核细胞均具有 C3b 和 iC3b 受体)。④细菌杀伤作用。补体激活可以产生膜攻击复合物(membrane attack complex,MAC),在入侵病原的细胞膜上打孔,从而杀死病原。

3. 凝血系统/纤维蛋白溶解系统

激活的凝血因子Ⅻ可发生构象改变而转变成Ⅻα,后者通过一系列反应导致凝血酶(thrombin)激活。凝血酶结合于血小板、血管内皮细胞和平滑肌细胞上的蛋白酶激活受体(protease-activated receptor),引起一系列炎症反应,包括 P-选择素动员、趋化因子产生、内皮黏附分子表达、前列腺素合成、血小板激活因子和一氧化氮生成等。

在激活凝血系统的同时,Ⅻα 还可激活纤维蛋白溶解系统(简称纤溶系统),使纤维蛋白凝块溶解而对抗凝血作用。纤溶系统活化通过以下方式引起血管反应:①白细胞和内皮细胞释放的纤溶酶原激活物裂解纤溶酶原(plasminogen),形成有活性的纤溶酶(plasmin),使纤维蛋白溶解,其产物具有增加血管通透性和趋化白细胞的作用;②纤溶酶剪切 C3 产生 C3a,使血管通透性增加;③纤溶酶还可活化凝血因子Ⅻ,启动多个级联反应(图 6-1),使炎症反应得以放大。

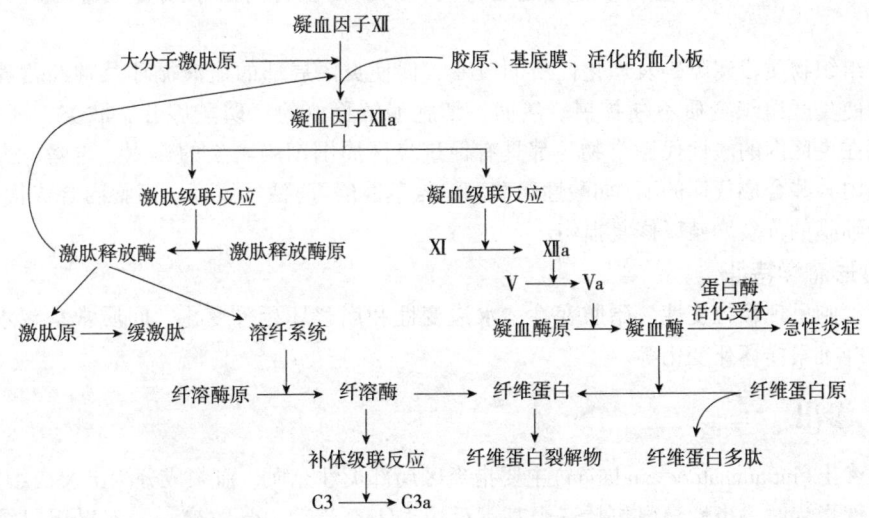

图 6-1 凝血因子Ⅻ活化触发血浆炎症介导系统激活的过程及其相互关系示意图

第三节 炎症反应的基本病理变化

炎症在临床上有多种多样的表现形式,但不管其发生在什么组织,也不管由什么原因引起,其局部都有变质、渗出和增生三种基本病理变化,这三种变化是同时存在而又彼此密切相关。一般来说,变质以损伤变化为主,而渗出和增生则以抗损伤为主。

一、变质

变质(alteration)是指炎区局部细胞、组织发生变性、坏死等损伤性病变。其经常是炎症发生的始动环节，它的发生，一方面是致炎因子对组织细胞的直接损伤；另一方面也可因致炎因子造成局部组织循环障碍、代谢紊乱及理化性质改变或阻碍局部组织神经营养功能的结果。而损伤组织细胞释放溶酶体酶类、钾离子等各种生物活性物质，又可促进炎区组织溶解坏死，从而造成恶性循环，使炎区组织细胞的损伤不断扩展。变质组织的主要特征有以下几点。

(一)变质组织物质代谢特征及理化性质

1. 炎区组织的分解代谢旺盛，氧化不全产物堆积

因炎区组织内糖、脂肪、蛋白质的分解代谢加强，使乳酸、丙酮酸、脂肪酸和酮体、游离氨基酸、核苷酸及腺苷等酸性代谢产物在炎区内堆积，故炎区局部发生酸中毒。炎症越急剧，炎区pH值下降越明显。例如，急性化脓性炎症时，炎区中心pH值可降至5.0~6.0。但在某些渗出性炎症过程中，由于组织自溶及蛋白质碱性分解产物(如NH_4^+)在炎区内堆积，炎区也可能发生碱中毒。

2. 炎区组织的渗透压升高

因炎区内氢离子浓度增高，盐类解离加强；组织细胞崩解，细胞内K^+和蛋白质释放；炎区内分解代谢亢进，糖、蛋白质、脂肪分解成小分子微粒；加之血管通透性增高、血浆蛋白渗出等因素，都能使炎区组织渗透压显著升高，从而使血管内血浆成分大量渗出引起炎性水肿。

炎区组织物质代谢障碍及理化性质的改变，促使炎区局部的血液循环及神经营养功能障碍，从而使炎区组织变质不断扩展。然而，细胞崩解释放的三磷酸腺苷、肽类、钾离子等，以及蓄积在炎区内的酸性代谢产物，都具有促进炎区周围细胞增生的作用。再者，炎区周围增殖细胞内某些合成代谢的酶(如酸性磷酸酶、氨基肽酶等)活性增高，细胞内合成代谢增强，又有利于细胞的分裂增殖以修复损伤。

(二)形态学特征

变质细胞呈现颗粒变性、脂肪变性、水泡变性和崩解坏死等变化，间质常呈现水肿、黏液样变和纤维素样坏死变化等。

二、渗出

炎性渗出(inflammatory exudation)主要指炎区局部炎性充血、血浆成分渗出及白细胞游出。特别是急性炎症时，炎性渗出包括三个基本反应：①血流动力学改变，引起局部组织血流量增加；②微血管通透性增加，以允许血浆蛋白成分和白细胞(主要为中性粒细胞)进入损伤组织；③白细胞从微循环中游出并向损伤组织聚集，以杀灭和清除损伤因子。

(一)血管反应

1. 血液动力学改变

血液动力学改变在组织损伤后迅速发生，其反应的程度取决于组织损伤的严重程度。血液动力学改变通常按以下顺序发生。

(1)微小动脉短暂收缩

损伤发生后立即出现，仅持续几秒时间，是肾上腺素使神经兴奋的直接结果。

(2) 血管扩张

血管扩张首先表现为微小动脉扩张，进而出现毛细血管床开放，导致局部血流量增加、血流加快，引起炎症局部组织发红和发热。血管扩张的发生与组胺、一氧化氮等化学介质引起血管平滑肌舒张有关。

(3) 血流减慢或停滞

血管扩张后很快发生微循环血管通透性升高，引起血浆成分外渗，导致血液黏稠度增加、血流阻力增大、小血管内红细胞充盈、血流速度减慢，这一现象称为血液淤滞(stasis)。血液淤滞有利于白细胞(主要是中性粒细胞)沿着血管内皮聚集并黏附于血管内皮上，随后向炎区组织游出。在刺激温和时，血液淤滞的形成可能需要15~30 min，而在损伤严重时，血流淤滞在几分钟内即可出现。

2. 血管通透性增加

血管通透性增加导致富含蛋白的液体成分向血管外渗出是炎症的主要特征之一。血浆蛋白丢失导致血液渗透压降低和组织间液渗透压升高，同时，局部血液流速加快使流体静压升高，最终引起血液中液体成分渗出并在组织间隙中蓄积，导致局部炎性水肿。表现为皮下浮肿，各体腔积水。其水肿液含蛋白成分高，混浊不清，在体外易凝固。血管内外液体成分交换和微血管的通透性依赖于血管内皮的完整性。在炎症过程中，下列机制可引起血管通透性增加。

(1) 内皮细胞收缩

组胺、缓激肽、白三烯和神经肽类P物质等炎症介质通过特异性受体作用于内皮细胞，使内皮细胞迅速发生收缩，在细胞间形成0.5~1.0 μm的缝隙。此过程发生迅速，持续时间较短(15~30 min)且可逆，因而称为速发短暂反应(immediate transient response)。一般情况下，这种类型的血管通透性升高主要发生于管径在20~60 μm的小静脉，一般不影响毛细血管和小动脉。其准确的机制尚不清楚，可能与上述炎症介质的受体在小静脉内皮上的分布较为丰富有关。随后的白细胞黏附和游出也主要发生于小静脉。炎症介质与内皮细胞上的特异性受体结合后，激活细胞内一系列信号转导通路，引起收缩蛋白和骨架蛋白(如肌球蛋白)磷酸化，进而引起内皮细胞收缩和细胞连接分离。

肿瘤坏死因子、白介素-1和γ-干扰素(IFN-γ)等细胞因子可引起内皮细胞的细胞骨架重构，使内皮细胞收缩，细胞间隙变大，血管通透性增高。该反应出现较晚，在损伤4~6 h发生，但持续时间长，一般超过24 h。

(2) 内皮细胞损伤

严重烧伤和化脓菌感染等可直接损伤血管内皮细胞，使之坏死脱落。这种类型的血管通透性升高发生非常迅速，可持续至损伤血管处形成血栓或内皮被修复为止，称为速发持续性反应(immediate sustained response)。在此过程中，所有微循环血管、包括小静脉、毛细血管和小动脉均受波及。

(3) 延迟性血管渗漏

延迟性血管渗漏的血管通透性升高通常在损伤刺激作用2~12 h发生，可持续几小时到几天，累及毛细血管和细小静脉。引起延迟性血管渗漏的原因包括轻度和中度热损伤、X射线和紫外线损伤及某些细菌毒素，其机制尚不清楚，可能与这些因素直接作用于内皮细胞而引起延迟性细胞损伤(如凋亡)或通过炎症介质造成内皮损伤有关。

(4) 白细胞介导的内皮损伤

在炎症早期，白细胞黏附于内皮细胞并被激活，随后释放具有细胞毒性的氧代谢产物和蛋白水解酶，造成内皮细胞损伤和脱落。这种类型的内皮损伤具有血管选择性，主要发生于小静脉、肺泡壁毛细血管和肾小球毛细血管。因为在这些部位，白细胞与内皮细胞可发生长时间的黏附。

(5)穿胞作用增强

富含蛋白质的液体通过穿胞通道穿越内皮细胞的现象称为穿胞作用(transcytosis)。穿胞通道由细胞浆中的小囊泡器(vesiculor-vacuolar organelle)构成，这一结构位于内皮连接处附近。某些细胞因子如血管内皮生长因子(VEGF)可引起内皮细胞穿胞通道数量增加和口径增大，组胺和其他一些炎症介质也可通过这一机制引起内皮通透性升高。

(6)新生毛细血管的高通透性

在炎症修复过程中，内皮细胞增生形成新的毛细血管。新生毛细血管内皮具有高通透性，这是因为：①新生毛细血管内皮不成熟、细胞连接不健全；②血管内皮生长因子促进内皮增生的同时，可使血管通透性升高；③组胺、P物质和血管内皮生长因子等炎症介质的受体在新生毛细血管内皮细胞上呈高表达，进一步放大了上述物质的作用。

虽然上述机制单独发挥作用，但同一炎症刺激引起的血管渗透性升高可涉及上述所有机制。例如，烧伤可通过内皮细胞收缩、内皮细胞直接损伤和白细胞介导的内皮细胞损伤等机制而引起液体外渗。

(二)细胞反应

急性炎症反应的作用是将中性粒细胞输送到受损部位，以吞噬和杀灭病原微生物、清除坏死组织和异物。需要注意的是，白细胞在发挥正常免疫功能的同时，也能导致组织损伤。白细胞从血管内到达炎区组织(白细胞渗出)需经历以下连续过程：①白细胞边集(margination)、翻滚并黏附在内皮细胞上；②白细胞穿过血管壁，即白细胞游出(transmigration)；③白细胞在趋化因子作用下向炎灶中心迁移(migration)(图6-2)。

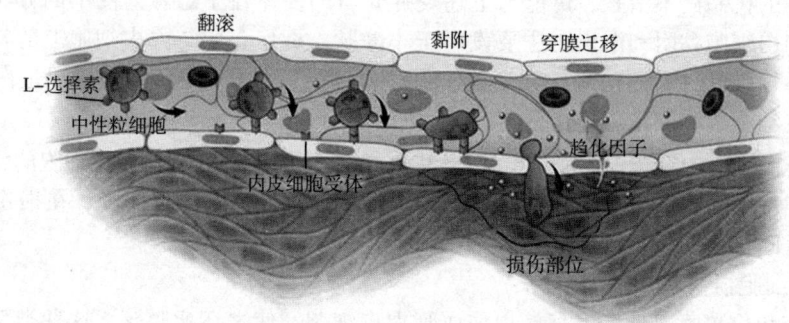

图6-2　中性粒细胞渗出示意图

1. 白细胞渗出

在正常静脉血流中，红细胞向血流的中心部(轴流)聚集，把白细胞挤向血流的边缘(边流)。在炎症早期，由于血液淤滞和作用于管壁的剪切应力降低(血液动力学改变)等原因，促进更多的白细胞向血管壁边集。随后，白细胞沿血管内皮缓慢滚动，与血管内皮细胞发生短暂的黏附。一旦白细胞在某个部位与内皮细胞形成紧密黏附后，它们则停止运动，并在内皮细胞连接处伸出伪足，通过阿米巴样运动穿过血管内皮和基底膜，进入管外组织。血液中的白细胞，如中性粒细胞、单核细胞、淋巴细胞、嗜碱性粒细胞和嗜酸性粒细胞均采用上述方式从血管内游出到血管外。

白细胞渗出过程受白细胞和内皮细胞表面的黏附分子和一系列化学介质(趋化因子和细胞因子)的调控。黏附分子分为四大家族：选择素家族(selectin family)、免疫球蛋白超家族(immunoglobulin superfamily)、整合素家族(intergrin family)和黏液素样糖蛋白家族(mucin-like glycoprotein family)。参与调控白细胞渗出的一些重要的分子及其作用见表 6-2 所列。

表 6-2　白细胞/内皮细胞黏附分子

内皮分子	白细胞受体	主要作用
P-选择素	路易斯寡糖 X(Lewis X)、P-选择素糖蛋白配体-1(PSGL-1)	翻滚(中性粒细胞、单核细胞、淋巴细胞)
E-选择素	路易斯寡糖 X	翻滚,黏附于活化的内皮细胞(中性粒细胞、单核细胞、T 细胞)
细胞间黏附分子(ICAM-1)	CD11/CD18(整合素)(LFA-1,Mac-1)	黏附、静止、穿膜(所有白细胞)
血管细胞黏附分子(VCAM-1)	α4β1(VLA4)(整合素)、α4β7(LPAM-1)	黏附(嗜酸性粒细胞、单核细胞、淋巴细胞)
GlyCam-1	L-选择素	游出于高内皮微静脉(淋巴细胞)
CD31(PECAM)	CD31	白细胞穿膜

注：ICAM-1、VCAM-1 和 CD31 属于免疫球蛋白超家族。

(1) 白细胞翻滚

白细胞翻滚过程受内皮细胞表面的选择素及其位于白细胞表面的受体介导。目前,已发现三种选择素：①E-选择素(E-selectin),表达于内皮细胞；②P-选择素(P-selectin),表达于内皮细胞和血小板；③L-选择素(L-selectin),表达于白细胞。内皮细胞的 P-选择素和 E-选择素通过与白细胞表面各种糖蛋白的唾液酸化的路易斯寡糖 X(Sialyl Lewis X,sLe~X)相结合,介导中性粒细胞、单核细胞、T 淋巴细胞等在内皮细胞表面翻滚。

(2) 白细胞黏附

白细胞与内皮细胞之间形成紧密黏附是白细胞从血管中游出的前提,该过程受白细胞表面的整合素与内皮细胞表达的免疫球蛋白超家族分子介导。免疫球蛋白超家族包括细胞间黏附分子(intercellular adhesion molecule-1,ICAM-1)和血管细胞黏附分子(vascular cell adhesion molecule-1,VCAM-1)两种分子,它们分别与白细胞表面的整合素(intergrins)结合。整合素分子是由 α 和 β 亚单位组成的异二聚体,与 ICAM-1 结合的是 LFA-1 和 MAC-1(CD11a/CD18 和 CD11b/CD18),与 VCAM-1 结合的是 VLA4 和 α4β7。

正常情况下,白细胞表面的整合素以低亲和力的形式存在,不与其特异的配体结合。在炎症部位,内皮细胞、巨噬细胞和成纤维细胞等释放的化学趋化因子可激活附着于内皮细胞的白细胞,使白细胞表面的整合素发生构象改变,转变为具有高亲和力的整合素分子。与此同时,内皮细胞被巨噬细胞释放的肿瘤坏死因子和 IL-1 等细胞因子激活,整合素配体表达增加。白细胞表面的整合素与其配体结合后,白细胞的细胞骨架发生改变,导致其紧密黏附于内皮细胞上。

(3) 白细胞游出

白细胞穿过血管壁进入管外组织的过程,称为白细胞游出,白细胞游出主要受炎症病灶产生的化学趋化因子介导,这些化学趋化因子作用于黏附在血管内皮上的白细胞,刺激白细胞以阿米巴样运动的方式从内皮细胞连接处游出,并顺着趋化因子的浓度差向炎灶中心集聚。

内皮连接处还存在一些同种亲嗜性黏附分子(homophilic adhesion molecule)，这些分子也参与调控白细胞游出过程。血小板内皮细胞黏附分子(platelet endothelial cell adhesion molecule，PECAM-1，又称CD31)就是这一类型的分子，CD31既在内皮细胞上表达，也在白细胞表面表达，内皮细胞上的CD31与白细胞表面的CD31结合，促使白细胞穿过血管内皮连接。穿过内皮连接的白细胞可通过分泌胶原酶而降解血管基底膜，有利于白细胞穿过基底膜到达管外组织。

组织内出现炎性细胞则称为炎性细胞浸润。不同原因引起的炎症或不同炎症阶段所渗出的炎性细胞的种类不同。

(4) 趋化作用

白细胞游出血管后，通过趋化作用向炎症病灶聚集。趋化作用(chemotaxis)是指白细胞沿化学刺激物浓度梯度向炎症病灶做定向迁移。具有吸引白细胞定向迁移的化学刺激物称为趋化因子(chemotactic agents)。趋化因子在炎区周围呈梯度分布，越靠近炎症病灶中心，趋化因子的浓度越高。白细胞则沿趋化因子形成的浓度梯度由低向高运动，最终到炎症病灶发挥作用。

趋化因子可以是外源性的，也可以是内源性的。细菌产物(如 N-甲酰甲硫氨酸末端的多肽)是最常见的外源性趋化因子。内源性趋化因子包括补体裂解产物(特别是C5a)、白三烯(主要是LTB4)和细胞因子(特别是IL-8等)。趋化因子具有特异性，有些趋化因子只对中性粒细胞起趋化作用，而另一些趋化因子则主要趋化单核细胞或嗜酸性粒细胞。不同白细胞对趋化因子的反应也不同，粒细胞和单核细胞对趋化因子的反应较强，而淋巴细胞对趋化因子的反应则较弱。

2. 吞噬作用

白细胞的主要作用是吞噬和杀灭入侵病原，并清除坏死组织或异物。具有吞噬功能的细胞主要为中性粒细胞和巨噬细胞。在非酸性条件下，中性粒细胞可吞噬大多数细菌和较小的细胞碎片。巨噬细胞的吞噬能力较中性粒细胞强，可吞噬中性粒细胞不能吞噬的病原体(如结核分枝杆菌、伤寒杆菌)、寄生虫及其虫卵、较大的组织碎片和其他异物，并且在酸性或非酸性条件下都能发挥作用。吞噬过程包括识别和黏附(recognition and attachment)、吞入(engulfment)、杀灭和降解(killing and degradation)三个基本阶段(图6-3)。

(1) 识别和黏附

一般情况下，中性粒细胞和巨噬细胞的吞噬过程起始于对病原微生物和死亡细胞的识别和黏附，这一过程受许多受体介导。

①识别病原相关分子模式(pathogen-associated molecular patterns，PAMPs)：是某一大类病原微生物所共有的高度保守的分子基序，如革兰阴性菌的内毒素脂多糖、细菌鞭毛、革兰阳性菌脂磷壁酸、肽聚糖等，它们可被白细胞表面的Toll样受体(Toll-like receptors，TLRs)和其他模式识别受体(pattern recognition receptors，PRR)所识别。损伤相关模式分子(damage-associated molecular patterns，DAMPs)是细胞坏死过程中释放的一类物质(主要为核蛋白和胞浆蛋白)，它们也可被单核细胞和中性粒细胞表面的受体识别。DAMPs可通过激活TLRs而放大炎症反应。

②G蛋白偶联受体介导的识别：G蛋白偶联受体表达于中性粒细胞和巨噬细胞等多种白细胞，能识别含有 N-甲酰甲硫氨酸末端的细菌短肽。

③调理素受体介导的识别：调理素(opsonin)是指一类通过包裹微生物而增强吞噬细胞吞噬功能的血清蛋白质，包括抗体IgG的Fc段、补体C3b和凝集素(lectins)。调理素包裹微生物而提高吞噬作用的过程，称为调理素化(opsonization)。调理素化的微生物与白细胞的调理

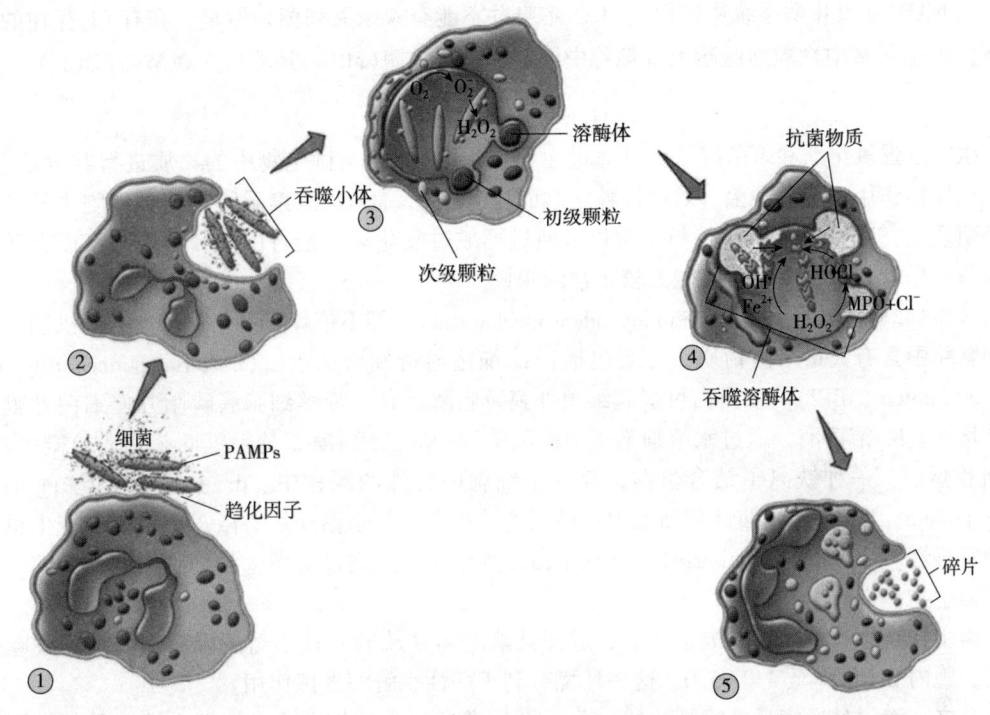

图 6-3 白细胞吞噬过程

素受体(Fc 受体、C3b 受体)结合后黏附在白细胞表面。吞噬细胞表面的整合素,尤其是 Mac-1(CD11b/CD18)也可结合和黏附病原微生物颗粒。

(2)吞入

细菌等小粒子与白细胞表面的受体结合后即可触发白细胞的吞噬(phagocytosis)过程。白细胞在被吞噬物周围伸出伪足将其包裹,并摄入胞浆内形成吞噬体(phagosome)。然后,吞噬体的一部分包膜与初级溶酶体的一部分包膜融合,形成吞噬溶酶体(phagolysosome),此时溶酶体颗粒中的溶酶体酶释放。在这一过程中,中性粒细胞和巨噬细胞中的颗粒进行性减少(脱颗粒)。

吞噬过程中的胞膜重构和细胞骨架改变是多种受体介导的信号转导共同作用的结果,这一过程依赖于肌动蛋白纤丝的聚合。许多激发趋化作用的信号实际上也可激发吞噬过程。

(3)杀灭和降解

中性粒细胞和巨噬细胞清除入侵病原和坏死细胞的最后一个环节是对其进行杀灭和降解(killing and degradation),这一过程涉及两种机制,即赖氧杀伤机制和非赖氧杀伤机制,但以赖氧杀伤机制为主。

①赖氧杀伤机制(oxygen-dependent mechanisms):在吞噬活动刺激下,吞噬细胞的耗氧量急剧增加,糖原分解和通过己糖-磷酸盐支路的葡萄糖氧化过程增强,产生大量活性氧,这一现象称为呼吸爆发(respiratory burst)。

活性氧的产生是由 NADPH 氧化酶活化所致。NADPH 氧化酶使还原型辅酶Ⅱ(NADPH)氧化而产生超氧阴离子(O_2^{-}):

$$2O_2+e^- \xrightarrow{\text{NADPH 氧化酶}} 2O_2^{-}+NADP^{-}+H^{+}$$

大多数超氧阴离子经自发歧化作用转变为 H_2O_2:

$$2O_2^{-}+2H^{+} \longrightarrow H_2O_2+O_2$$

在 NADPH 氧化酶系统中产生的 H_2O_2 本身并不能有效杀灭细菌。但是,在有 Cl^- 存在的情况下,H_2O_2 可被中性粒细胞嗜天青颗粒中的髓过氧化物酶(MPO)还原成次氯酸盐(OCl^-)。

$$H_2O_2 + Cl^- \xrightarrow{MPO} OCl^- + H_2O$$

OCl^- 是强氧化剂和杀菌因子,可通过卤化作用(卤化物与微生物中的物质进行共价结合)或氧化损伤作用而杀灭细菌。对中性粒细胞而言,H_2O_2-MPO-卤素系统是这类细胞中最有效的杀菌系统,MPO 缺陷的中性粒细胞仍可通过形成过氧化氢、羟自由基和单线态氧而有效杀灭细菌,尽管其对细菌的清除能力较正常细胞慢。

②非赖氧杀伤机制(oxygen-independent mechanism):即不依赖于氧化损伤的杀菌机制。白细胞颗粒中含有大量杀菌物质,主要包括:a. 细菌通透性增加蛋白(bacterial permeabilily-increasing protein,BPI)。该蛋白可引起细菌外膜磷脂酶活化,降解细胞膜磷脂并使细菌外膜通透性增加。b. 溶菌酶。通过水解细胞壁中的胞壁酸-N-乙酰-氨基葡糖键而杀伤病原微生物。c. 乳铁蛋白。一种铁离子结合蛋白,存在于细胞内特殊的颗粒中。d. 主要碱性蛋白(major basic protein,MBP)。嗜酸性粒细胞中一种阳离子蛋白,其杀菌作用有限,但对许多寄生虫具有细胞毒性。e. 防御素(defensin)。存在于白细胞颗粒中,通过对微生物细胞膜的损伤而杀伤病原微生物。

微生物在吞噬溶酶体内被杀死后,进而被溶酶体释放的酸性水解酶降解。白细胞吞噬病原后,胞内 pH 值降至 4.0~5.0,这一环境有利于酸性水解酶发挥作用。

总之,渗出是炎症最具特征性的变化,也是炎症反应的核心。炎性渗出液在局部发挥的防御作用是:①稀释和中和毒素,减轻毒素对局部组织的损伤作用。②为局部浸润的白细胞带来营养物质和运走代谢产物。③渗出液中所含的抗体和补体有利于消灭病原体。④渗出液中的纤维蛋白原可转变为纤维蛋白,并构成网架,不仅可限制病原微生物的扩散,还有利于白细胞吞噬消灭病原体;在炎症后期,纤维素网架可成为组织修复的支架,并有利于成纤维细胞产生胶原纤维。⑤渗出液中的白细胞吞噬和杀灭病原微生物,清除坏死组织。⑥炎症局部的病原微生物和毒素随渗出液的淋巴回流而到达局部淋巴结,刺激细胞免疫和体液免疫的产生。

同时,炎性渗出液过多也会给机体带来不利影响。例如,肺泡内渗出液过多可影响换气功能;过多的心包或胸膜腔积液可压迫心脏或肺脏;严重的喉头水肿可引起窒息。另外,渗出物中的纤维素吸收不良可引起机化,如大叶性肺炎的肺肉变、纤维素性心包炎的心包粘连、纤维素性胸膜炎引起的胸膜粘连。

3. 游出的白细胞及其主要功能

游出到血管外的白细胞称为炎性细胞。炎症过程中主要的炎性细胞如图 6-4 所示。

(1)中性粒细胞

中性粒细胞(neutrophilic leukocyte)来源于血液,细胞浆内含有丰富的嗜中性颗粒,细胞核呈分叶状,常分为 2~5 叶。具有活跃的运动能力和较强的吞噬作用,最常见于急性炎症的早期和化脓性炎症,主要吞噬细菌、坏死组织碎片和抗原抗体复合物等较小的物质,故称小吞噬细胞。

中性粒细胞细胞浆内的嗜中性颗粒实质上是溶酶体,含有多种酶类,其中最主要的是碱性磷酸酶、胰蛋白酶、组织蛋白酶、去氧核糖核酸酶、脂酶、过氧化酶和溶菌酶等。

(2)嗜酸性粒细胞

嗜酸性粒细胞(eosinophilic leukocyte)来源于血液,细胞浆内含有许多较大的球形嗜酸性颗

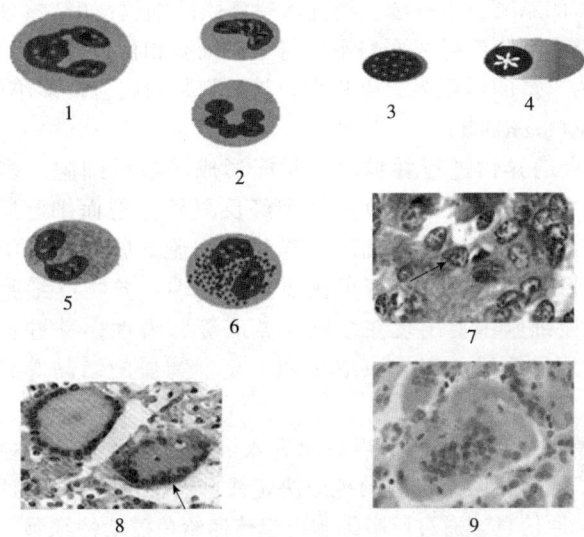

图6-4 炎症过程中主要的炎性细胞
1. 中性粒细胞；2. 巨噬细胞；3. 淋巴细胞；4. 浆细胞；5. 嗜酸性粒细胞；6. 嗜碱性粒细胞；
7. 上皮样细胞；8. 郎罕氏巨细胞；9. 异物巨细胞

粒。颗粒内含有蛋白酶、过氧化酶，但不含溶菌酶。电子显微镜观察，颗粒呈层板状或均质性结晶状结构。嗜酸性粒细胞的运动能力较弱，能吞噬抗原抗体复合物、补体成分（如C3a、C5a）、过敏反应性嗜酸性粒细胞趋化因子（ECF-A）和组织胺等物质，这些物质对嗜酸性粒细胞都有趋化作用。嗜酸性粒细胞能够释放5-羟色胺、缓激肽、组织胺等物质。

嗜酸性粒细胞增多主要见于寄生虫病和某些变态反应性疾病。此外，在一般非特异性的炎灶内，嗜酸性粒细胞的出现较中性粒细胞晚，在炎灶内出现嗜酸性粒细胞一般是炎症消退和病灶痊愈的标志。

肾上腺皮质激素能阻止骨髓释放嗜酸性粒细胞入血，并加速其在末梢血液中消失，这说明炎症发生时嗜酸性粒细胞渗出还与激素有关。

(3) 嗜碱性粒细胞和肥大细胞

嗜碱性粒细胞和肥大细胞（basophilic leukocyte and mast cell）的形态与功能很相似。其细胞浆中均含较大的嗜碱性颗粒，颗粒内含有肝素、组织胺和5-羟色胺。嗜碱性粒细胞来自血液，其核常不规则，有的呈二叶或三叶；肥大细胞主要分布在全身结缔组织和血管周围，这两种细胞在某些类型的变态反应中起重要作用。例如，人和动物初次接触某种抗原物质（如青霉素、花粉、皮毛等）后浆细胞产生相应的IgE抗体，IgE抗体即与嗜碱性粒细胞膜表面的特异受体结合，使机体处于过敏状态。当同类抗原第二次进入机体时，此抗原即与嗜碱性粒细胞表面的IgE结合，激活细胞脱颗粒过程而释放出组织胺、5-羟色胺等活性物质而使机体发生变态反应。

(4) 巨噬细胞

炎灶内的巨噬细胞（monocyte）主要由血管中单核细胞渗出而来，在肝脏内称为枯否氏细胞，在肺泡内称为尘细胞。巨噬细胞体积大，细胞浆丰富并存有微细颗粒；核呈肾形或椭圆形。巨噬细胞常出现在急性炎症的后期、慢性炎症和非化脓性炎症（如结核）、病毒性疾病（如马传染性贫血）、原虫感染（如弓形体病）等，能吞噬非化脓菌、原虫、异物、组织碎片等较大的异物，故又称大吞噬细胞。

巨噬细胞含有较多的脂酶，当吞噬、消化含蜡质膜的细菌（如结核分枝杆菌）时，其细胞浆增多，染色变浅，整个细胞变得大而扁平，与上皮细胞相似，故称为上皮样细胞。如果巨噬细胞吞噬含脂质较为丰富的坏死组织碎片后，其细胞浆内因含许多小的脂滴，细胞浆呈空泡状，故称为泡沫细胞（foam cell）。

巨噬细胞在对较大的异物进行吞噬时，常能形成多核巨细胞。多核巨细胞可由几个单核细胞互相融合而成，也可由一个单核细胞经反复核分裂而细胞浆不分裂形成。这种多核巨细胞主要有两型，即郎罕氏巨细胞和异物巨细胞。郎罕氏巨细胞的核一般分布在细胞浆的周边，呈环形或马蹄形，或密集在细胞的一端；异物巨细胞的核不规则地散在于细胞浆中。郎罕氏巨细胞主要出现在结核、鼻疽等感染性肉芽肿；异物巨细胞则主要出现在残留于体内的外科缝线、寄生虫或虫卵、化学物质的结晶等异物引起的异物性肉芽肿之中。

巨噬细胞还参与特异性免疫反应。当病原进入机体后，巨噬细胞对其进行吞噬和处理，在消化过程中分离出病原体化学结构中的抗原决定簇，这种抗原部分与巨噬细胞细胞浆内的核糖核酸结合，形成抗原信息，通过巨噬细胞突起传递给免疫活性细胞（指受抗原刺激后能参与免疫反应的 T 淋巴细胞和 B 淋巴细胞），后者在抗原信息的刺激下进行分化和繁殖，当再遇到相应的抗原时，则产生淋巴因子和抗体，而呈特异的免疫反应。

(5) 淋巴细胞

淋巴细胞（lymphocyte）体积小，核呈圆形，浓染，细胞浆较少。淋巴细胞分 T 淋巴细胞和 B 淋巴细胞两大类。被抗原致敏的 T 淋巴细胞再次与相应的抗原接触时，可释放多种淋巴因子，发挥特异的免疫作用。B 淋巴细胞在抗原的刺激下，能分化繁殖成浆细胞，产生各种类型的免疫球蛋白。

(6) 浆细胞

浆细胞（plasma cell）主要来自 B 淋巴细胞，其形状特殊，核呈圆形位于细胞的一端，染色质呈车轮状排列，细胞浆丰富，略带嗜碱性。

浆细胞的细胞浆内含有发育良好的粗面内质网，表明该细胞具有制造和分泌蛋白质的能力。浆细胞是产生抗体的重要场所，用荧光显微镜等方法，可证明在浆细胞内有抗体的存在。浆细胞和淋巴细胞多见于慢性炎症，两者均无吞噬作用，运动能力微弱，主要参与细胞免疫和体液免疫过程。

三、增生

增生是炎症后期的主要变化，是通过巨噬细胞、血管内皮及外膜细胞，以及炎区周围成纤维细胞的增生，使炎症局限化，并使损伤组织得到修复的过程。在炎症过程中，最早参与增生的细胞有血管外膜细胞、血窦窦壁细胞和淋巴窦壁细胞、神经胶质细胞等。这些细胞在致炎因子刺激下，肿大变圆，并与血液单核细胞一起参与吞噬活动。在炎症晚期，增生细胞以成纤维细胞为主，与毛细血管内皮增生一起，形成肉芽组织，最后转变成瘢痕组织。

炎症过程中，细胞增生的机制十分复杂。一般认为，在炎症早期许多组织崩解产物及某些炎症介质，具有刺激细胞增殖的作用。例如，细胞崩解释放的腺嘌呤核苷、钾离子、氢离子、白细胞释放的白细胞介素，都有刺激各种细胞增殖的作用。炎症后期，有许多白细胞因子具有促进成纤维细胞分裂增殖作用，如中性粒细胞释放的溶酶分解的组织细胞产物，淋巴细胞释放的促分裂因子等，都能促进血管内皮细胞的增殖及肉芽组织的生成。

炎症过程中，局部组织的变质、渗出和增生变化常同时存在，但一般急性炎症早期以变质、渗出为主，而随着病程的发展，增生变化渐趋明显。后期，尤其当机体抵抗力增强的情况下，炎症处于修复阶段，或转变为慢性炎症时，则增生成为主要变化。

炎症局部变质、渗出、增生变化，彼此间相互依存、互为制约，但又是相互转化的，充分反映了机体以防御适应为主的损伤、抗损伤斗争过程(图6-5)。例如，致炎因子引起局部组织变质，一方面是组织细胞的损伤性变化；另一方面，变质组织释放的崩解产物又可促使血浆成分的渗出和白细胞游出，并具有刺激组织细胞增殖的作用。血浆成分渗出，可以稀释和冲洗炎区有害物质，并向炎区输送抗体及药物，渗出的纤维蛋白则有利于局限炎区，阻止病原体扩散的作用。白细胞游出，则进一步对炎区病原体及异物进行清除，以上这些都有利于局部组织的抗损伤和修复过程。如果渗出过多，可压迫组织，造成组织缺血、缺氧而促进变质。体腔内渗出过多，则阻碍脏器的功能活动，白细胞游出过多，崩解释放大量溶酶，对正常组织具有溶解破坏作用。此外，增殖的肉芽组织，可以在炎区周围与健康组织之间筑成一道防线，防止炎症的扩散，而到后期起着明显的修复损伤作用。但是如果过度增生，又会影响组织器官的功能，甚至妨碍修复。例如，皮下肉芽组织增生过多、过快，形成赘肉，则阻碍上皮的覆盖，影响愈合；关节周围肉芽过多增生，瘢痕化后则引起关节强直；鼻疽、结核引起大面积肺泡被肉芽填塞而丧失呼吸功能。总之，炎症过程的各项基本病变，对机体的影响是一分为二的。

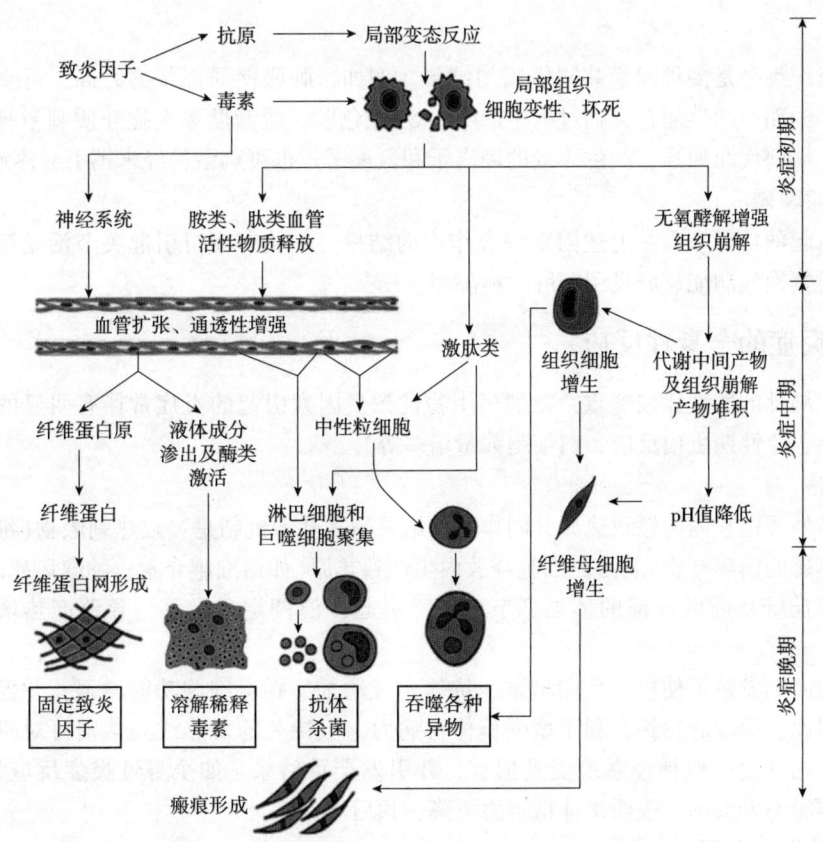

图 6-5　炎症过程中变质、渗出和增生的相互关系

第四节　炎症的局部表现和全身性反应

在临床诊断上，炎症局部常表现为红、肿、热、痛和功能障碍，发生于体表的急性炎症表现得尤为显著。炎症虽然发生在机体局部，但严重时常伴有不同程度的全身反应，如发热、白细胞增多等。

一、炎症的局部表现

炎症的局部表现有以下几种。

1. 红

在炎症早期，由于局部发生动脉性充血，血液中氧合血红蛋白含量增多，局部组织呈鲜红色。炎性充血转变为血液淤滞后，局部颜色则转变为暗红色。

2. 肿

急性炎症的血管反应导致液体和细胞成分渗出，引起局部水肿；慢性炎症则由于细胞增生，导致体积增大。

3. 热

由于动脉充血，局部代谢加强，产热增加，故有发热症状。但转变为血液淤滞后，局部温度则下降。

4. 痛

炎区组织疼痛是多种因素共同作用的结果。例如，肿胀使局部张力升高，可牵拉或压迫感觉神经末梢而引起疼痛；炎症过程中产生的5-羟色胺、缓激肽等炎症介质刺激神经末梢可引起疼痛；局部代谢加强，产生大量的钾离子和氢离子，也可刺激神经末梢引起疼痛。

5. 功能障碍

炎症引起的功能障碍是上述因素综合作用的结果，如关节炎可引起关节活动障碍、肺炎影响肺的通气换气功能、肝炎引起肝功能障碍。

二、炎症的全身性反应

当炎症局部的病变比较严重，特别是生物性致炎因素引起的炎症常伴有明显的全身性反应，如发热、急性期蛋白反应、白细胞数量增多等。

1. 发热

发热是外源性和内源性致热原共同作用的结果。其基本机制是：致热刺激物（细菌及其产物、组织坏死的崩解产物）刺激白细胞释放内生性致热原（如白细胞介素、肿瘤坏死因子），后者作用于下丘脑视前区前部的体温调节中枢，引起体温调定点上移，导致产热增多、散热减少。

一定程度的发热可使机体代谢增强、抗体生成增加、吞噬细胞功能增强，并促进淋巴组织增生。因此，适度的发热有利于增强机体抗病力，但持久的发热或高热则可对机体造成不利的影响，尤其使中枢神经系统受到损害，并引发严重后果。如全身性炎症反应程度较重，而机体的体温不升反降，表明机体抵抗力下降，预后不良。

2. 急性期蛋白反应

急性期蛋白（acute phase proteins）是一组血浆蛋白，主要由肝脏合成。目前，研究得较为清楚的急性期蛋白有 C-反应蛋白(C-reactive protein, CRP)、血清淀粉样蛋白 A(serum amyloid A protein, SAA)和纤维蛋白原(fibrinogen)等。在炎症过程中,白介素-6(IL-6)、IL-1 和肿瘤坏死因子等细胞因子刺激肝脏合成急性期蛋白,可引起血浆中急性期蛋白含量升高数百倍。急性期蛋白的产生有助于机体清除病原和坏死组织,如 C-反应蛋白和血清淀粉样蛋白 A 具有调理细菌的作用,它们还可结合核染色质,参与坏死细胞的清除。但血清淀粉样蛋白 A 增多也可引起淀粉样变性。纤维蛋白原增多可促使红细胞聚集,致使血沉加快,这一变化可用于建立全身性炎症反应的诊断。

3. 白细胞数量增多

循环血液中白细胞增多是炎症最为常见的全身性反应,尤以细菌感染最为明显。外周血白细胞计数是临床上诊断感染性疾病的重要依据。一般而言,急性炎症或化脓性炎症以中性粒细胞增多为主,而且往往呈现"核左移",即不成熟的杆状核中性粒细胞所占比例增加。如果感染持续存在,还可能通过促进集落刺激因子的产生,引起骨髓造血前体细胞增殖。寄生虫感染和过敏反应引起嗜酸性粒细胞增加,一些病毒感染则选择性地引起单核细胞或淋巴细胞比例增加(如单核细胞增多症)。多数病毒(如流感病毒、猪瘟病毒)、立克次体和原虫感染,甚至极少数细菌(如伤寒杆菌)感染则引起外周血白细胞计数减少。

在严重性炎症疾病过程中,如果外周血白细胞没有明显增多甚至发生减少,则提示机体抵抗力较低,预后不良。

4. 其他反应

其他反应如脉搏加快、血压升高;出汗减少(流经体表的血液减少);寒战、厌食、精神沉郁等(可能因致炎因子作用于中枢神经系统而引起)。

5. 休克

严重的细菌感染引起败血症时,进入血液中的细菌和内毒素脂多糖(LPS)刺激肿瘤坏死因子、IL-1 和一氧化氮等细胞因子大量生成,可引起败血性休克(septic shock),出现弥散性血管内凝血(disseminated intravascular coagulation, DIC)、低血糖(hypoglycemia)、低灌注压和全身多个器官功能衰竭。

第五节 炎症的类型

炎症是一个复杂的病理过程,根据其病程,可分为急性、亚急性和慢性三种类型,无论哪一类型炎症,均包含变质、渗出和增生三种基本病变。但由于炎症的原因、发炎器官组织的结构和功能特点、机体的免疫状态以及病程的长短不同,有的炎症以变质变化为主,有的以渗出或增生变化为主。一般而言,急性炎症以变质及渗出性变化较为突出,而慢性炎症以增生变化占优势。根据炎症过程中三种基本病变发展程度的不同,将其分为下述三种类型。

一、变质性炎

变质性炎(alterative inflammation)是发炎器官的实质细胞呈明显的变性、坏死,而渗出和增生变化较轻微的一种炎症。多发生于心脏、肝脏、肾脏、脑和脊髓等实质器官,故又称实质性炎(parenchymatous inflammation)。变质性炎常由各种毒物中毒、重症感染或过敏反应等所引起。

心脏的变质性炎:主要表现心肌纤维呈颗粒变性和脂肪变性,有时发生坏死;肌间毛细血管扩张充血和水肿,有少量炎性细胞浸润。呈慢性经过时,可导致间质结缔组织增生。

肝脏的变质性炎：多发生于急性中毒性疾病、急性病毒感染性肝炎（犬传染性肝炎等）等疾病，主要病变为肝细胞呈不同程度的变性及坏死（灶状乃至广泛性坏死），同时在汇管区有轻度的炎性细胞浸润和肝脏的星状细胞轻度增生。眼观：肝脏呈急性肿胀，质地脆弱，表面和切面均呈淡黄褐色。

肾脏的变质性炎：肾脏肿大，肾表面呈灰黄褐色，实质脆弱。组织学观察可见肾小管上皮细胞呈现颗粒变性、脂肪变性或坏死，肾小管上皮从基底膜上脱落。肾脏间质毛细血管轻度充血，间质有轻微的水肿和炎性细胞浸润。肾小球毛细血管内皮细胞及间质细胞轻度增生。

脑和脊髓等神经组织的变质性炎：神经细胞变性，血管充血，有时可见胶质细胞轻度增生。外周神经发炎时，常见轴突与髓鞘崩解。渗出性变化见于神经内膜与神经束膜；有时见施万细胞增生。

变质性炎在临床上常呈急性经过，但有时也可长期迁延，经久不愈。其结局视不同情况而异。轻者转归痊愈，损伤的组织细胞可经再生而修复。损伤严重时可造成不良后果，甚至威胁患畜生命（如中毒性肝营养不良）。

二、渗出性炎

渗出性炎（exudative inflammation）是以渗出性变化占优势，并在炎灶内形成大量渗出液，而组织细胞的变性、坏死及增生性变化较轻微的炎症过程。

因致炎因子和机体组织反应性不同，血管壁的受损程度也不同，因而炎性渗出液的成分和性状各异。根据渗出液和病变的特点，可将渗出性炎分为浆液性炎、纤维素性炎、卡他性炎、化脓性炎、出血性炎和腐败性炎等，现分述如下。

（一）浆液性炎

浆液性炎（serous inflammation）以浆液渗出为特征的炎症，其中含有少量白蛋白、少量中性粒细胞和纤维素。渗出的浆液主要来源于血浆，也可由浆膜的间皮细胞分泌。浆液性炎是一种程度较轻的炎症，易于消退。如果浆液性渗出物过多，则可能造成严重后果；如喉头浆液性炎造成的喉头水肿可引起窒息，胸膜和心包腔大量浆液渗出可影响心脏、肺脏功能。

浆液性炎多发生于浆膜、黏膜、滑膜、皮肤、疏松结缔组织和肺脏等部位。

1. 浆膜

浆液性炎发生于浆膜时，可见浆膜腔内积聚有大量淡黄色透明或稍浑浊的液体，通常称为积液，如心包积液、胸腔积液、腹腔积液等。

2. 黏膜

发生于黏膜的浆液性炎又称浆液性卡他性炎。如果浆液性炎发生于黏膜下层，则表现为胶冻样水肿。例如，仔猪水肿病时的胃大弯水肿，切开肿胀部位可见半透明胶冻样水肿液。

3. 滑膜

滑膜的浆液性炎（如风湿性关节炎）即为滑膜的浆液性炎，可引起关节腔积液。

4. 皮肤

浆液性渗出物积聚在表皮内和表皮下可形成水疱，常见于烧伤、冻伤、猪口蹄疫、猪水疱病等。

5. 疏松结缔组织

浆液性渗出物在疏松结缔组织内积聚，局部可出现炎性水肿，如扭伤引起的局部炎性水肿。

6. 肺脏

肺脏的浆液性炎比较常见，眼观明显肿大，切面可流出泡沫样液体。镜下可见肺泡壁毛细血管淤血、肺泡内充满淡红染浆液，其中有数量不等的白细胞及少量红细胞和纤维素（图6-6）。

(二) 纤维素性炎

纤维素性炎(fibrinous inflammation)是指渗出物中含有大量纤维素为特征的炎症。纤维素即

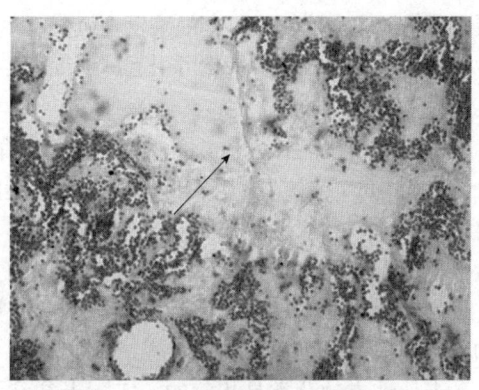

图6-6　浆液性肺炎(引自谭勋，2020)
(H.E.×100)

纤维蛋白，源于血浆中的纤维蛋白原。纤维蛋白原从血浆中渗出后，受凝血酶的作用转变为不溶的纤维蛋白。在H.E.染色切片中，纤维素呈红染的颗粒状、条索状或网状，常混有中性粒细胞和坏死细胞碎片。

纤维素性炎易发生于浆膜、黏膜和肺脏等部位。

1. 浆膜的纤维素性炎

浆膜的纤维素性炎多见于胸膜、腹膜和心包膜。渗出的纤维素常附着在浆膜表面，形成一层灰黄色或灰白色假膜。发生纤维素性心包炎时，在心包腔内出现大量纤维素渗出，由于心脏不断搏动，心包的脏层和壁层相互摩擦，使附着在心包脏层和壁层面的纤维素形成绒毛状，故称绒毛心。

2. 黏膜的纤维素性炎

黏膜的纤维素性炎常见于喉头、气管、胃肠、子宫和膀胱。渗出的纤维素、中性粒细胞和坏死脱落的黏膜上皮细胞凝集在一起，在黏膜表面形成一层灰白色膜状物，称为假膜。因此，黏膜的纤维素性炎又称假膜性炎(pseudomembranous inflammation)。如果覆盖于黏膜表面的假膜易于剥离，且剥离后黏膜下层组织无明显损伤，则称为浮膜性炎(croupous inflammation)；如果黏膜坏死严重，纤维素性假膜与黏膜深层坏死组织发生牢固结合，难以剥离，则称为固膜性炎(diphtheritic inflammation)，此种情况主要见于猪瘟、慢性仔猪副伤寒和鸡新城疫时的肠炎。仔猪副伤寒多表现为弥散性固膜性肠炎，而猪瘟则呈局灶性固膜性肠炎，称为扣状肿。

3. 肺脏的纤维素性炎

肺脏的纤维素性炎称为纤维素性肺炎或大叶性肺炎，临床上较为常见，其特点是在肺泡腔内出现大量纤维素性渗出物（图6-7），肺脏外观呈肝变样病变。

少量的纤维素渗出物可被纤维蛋白水解酶降解，细胞碎片可被巨噬细胞吞噬，病变组织得以恢复。若渗出的纤维蛋白过多而渗出的中性粒细

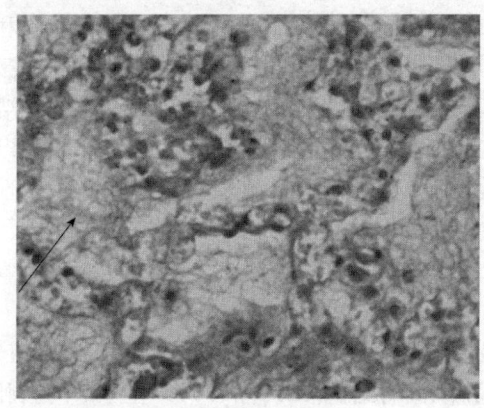

图6-7　纤维素性肺炎(H.E.×400)

胞(含蛋白水解酶)较少，或组织内抗胰蛋白酶(抑制蛋白水解酶活性)含量过多时，渗出的纤维蛋白不能被完全溶解吸收，最终发生机化。浆膜的纤维素渗出物被机化后可形成纤维性粘连，大叶性肺炎过程中纤维素机化可引起肺肉变。

(三)卡他性炎

卡他性炎(catarrhal inflammation)是黏膜的一种渗出性炎症。卡他(catarrh)一词源于希腊语，意为"向下滴流"，用来形容渗出液沿黏膜表面流淌。因渗出物性质不同，卡他性炎又分浆液性卡他、黏液性卡他和脓性卡他等多种类型。以浆液渗出为主的称为浆液性卡他。浆液性卡他即黏膜的浆液性炎，如禽流感早期的鼻黏膜浆液性炎。黏液性卡他是黏膜的黏液分泌亢进的炎症，如支气管卡他和胃肠卡他等。脓性卡他是黏膜的化脓性炎，如化脓性上颌窦炎和化脓性尿道炎等。

卡他性炎的分类是相对的，实际上往往是同一炎症过程的不同发展阶段，有时也可几种类型同时混合发生，如浆液黏液性卡他。

(四)化脓性炎

化脓性炎(suppurative or purulent inflammation)是以中性粒细胞大量渗出并伴有不同程度的组织坏死和脓液形成为特点的一类炎症。它也是临床上最常见的一种炎症。

化脓性炎多由化脓菌(如葡萄球菌、链球菌、脑膜炎双球菌、大肠埃希菌、绿脓杆菌、化脓棒状球菌等)感染所致，也可由组织坏死继发感染引起。

脓液中的中性粒细胞除极少数仍具有吞噬能力外，大多数细胞已发生死亡和崩解。中性粒细胞崩解后释放出溶酶体酶，导致局部坏死组织和纤维素等渗出物溶解液化，所以化脓性炎以形成脓液为特征。脓液(pus)是一种浑浊的凝乳状液体，呈灰黄色或黄绿色。葡萄球菌引起的脓液较为浓稠，链球菌引起的脓液较为稀薄。H.E.染色时，化脓病灶常被深染。脓液中除含有中性粒细胞外，还含有细菌、坏死组织碎片和少量浆液。

因病因和发生部位不同，化脓性炎有多种表现形式，常见的有以下几种。

1. 表面化脓和积脓

表面化脓和积脓是指发生在黏膜和浆膜表面的化脓性炎。黏膜表面的化脓性炎又称脓性卡他性炎，炎症过程中脓液从黏膜表面渗出，深部组织炎症不明显。例如，化脓性尿道炎和化脓性支气管炎，渗出的脓液可沿尿道、支气管排出体外。当化脓性炎发生于浆膜、胆囊和输卵管等部位时，脓液积存于浆膜腔、胆囊和输卵管腔内，称为积脓(empyema)。

2. 蜂窝织炎

蜂窝织炎(cellulitis)是指发生于疏松结缔组织的弥散性化脓性炎，常发生于皮下、肌膜和肌间(以及人的阑尾)。蜂窝织炎主要由溶血性链球菌引起，链球菌可分泌透明质酸酶和链激酶，前者能降解疏松结缔组织中的透明质酸，使基质溶解；后者能激活从血浆中渗出的纤溶酶原，使之转变为纤溶酶，进而溶解纤维蛋白。这些变化均有利于细菌沿着组织间隙和淋巴管向周围蔓延，因此，蜂窝织炎发展迅速、波及范围广、水肿严重，在病变组织内大量中性粒细胞弥散性浸润，与周围组织界限不清(图6-8)。但单纯蜂窝织炎一般不发生明显的组织坏死和溶解，痊愈后一般不留痕迹，严重者可引发全身中毒。

3. 脓肿

脓肿(abscess)是指发生在器官或组织内的局限性化脓性炎症，可发生于皮下组织和内脏。在脓肿早期，病变部位可见大量中性粒细胞浸润，组织固有结构消失(图6-9)。在陈旧的脓肿灶周围可见由肉芽组织包裹而形成的包囊，其作用是限制炎症扩散。

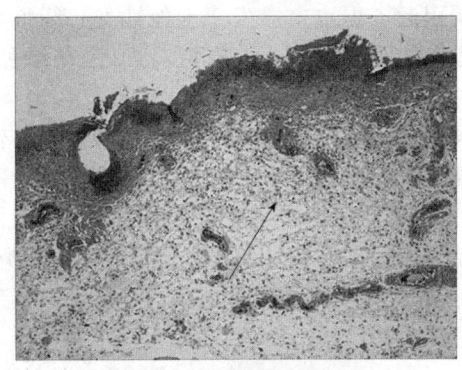

图 6-8　家禽蜂窝织炎
皮下疏松结缔组织高度水肿，伴有大量
异嗜性粒细胞浸润（H.E.×100）

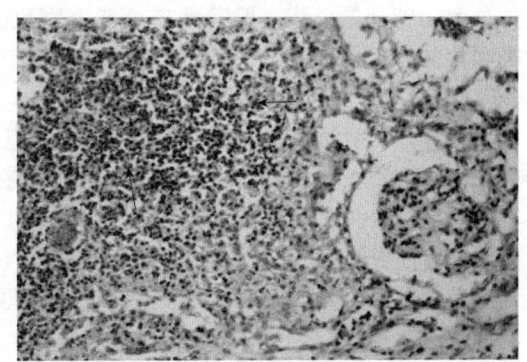

图 6-9　化脓性肾炎
在肾组织中形成的脓肿灶，病变局部有大量中性粒细胞
浸润并发生死亡崩解，肾脏固有组织消失（H.E.×400）

脓肿主要由金黄色葡萄球菌引起，细菌可产生毒素使局部组织坏死，继而吸引大量中性粒细胞浸润，之后中性粒细胞死亡形成脓细胞，并释放蛋白溶解酶使坏死组织液化，形成含有脓液的空腔。同时，金黄色葡萄球菌还可产生凝血酶，使渗出的纤维蛋白原转变成纤维素，限制炎症蔓延。金黄色葡萄球菌具有层粘连蛋白受体，使其容易通过血管壁而向远部产生迁徙性脓肿。

发生于皮肤的脓肿常以疖和痈的形式表现出来。疖是单个毛囊、所属皮脂腺及其临近组织发生的脓肿，常发于毛囊和皮脂腺丰富的部位。疖中心部分液化变软后，脓液便可破出。痈是多个疖的融合，在皮下脂肪和筋膜组织中形成多个相互沟通的脓肿，在皮肤表面有多个开口，需在多处切开引流排脓后方可愈合。

发生在皮肤或黏膜的脓肿，由于伴有皮肤或黏膜坏死、脱落，局部缺损形成溃疡（ulcer）。位于机体深部的脓肿可向体表或自然管道破溃，形成只有一个开口的病理性盲管，称为窦道（sinus），而形成两个以上开口的排脓通道则称为瘘管（fistula）。窦道和瘘管因长期排脓，一般不易愈合。

小脓肿可以吸收消散。较大脓肿因脓液过多，吸收困难，常需切开排脓或穿刺抽脓。脓腔局部常由肉芽组织修复，最后形成瘢痕。

（五）出血性炎

出血性炎（hemorrhagic inflammation）是指炎性渗出物中含有大量红细胞为特征的一种炎症（图6-10）。它多半与其他类型炎症混合发生，如浆液性出血性炎、纤维素性出血性炎、化脓性出血性炎等。此种类型的炎症血管损伤严重、病情也较重。出血性炎时渗出液呈红色，炎区的变化和单纯的出血相似。在镜下，炎区组织中除了可见大量红细胞外，还伴有水肿和炎性细胞浸润等变化。动物的出血性炎常见于各种严重的传染病和中毒性疾病，如炭疽、猪瘟、巴氏杆菌病和马传染性贫血等。

（六）腐败性炎

腐败性炎（gangrenous inflammation）是指发炎组织感染腐败菌后，引起炎灶组织和炎性渗出物

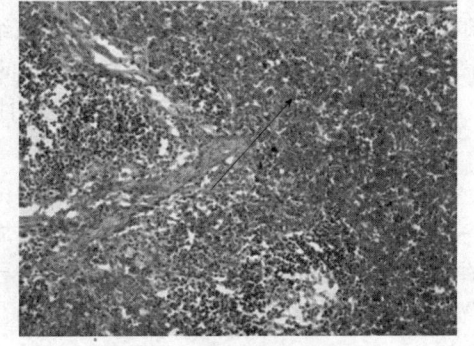

图 6-10　出血性淋巴结炎
淋巴细胞坏死，有大量红细胞渗出（H.E.×100）

腐败分解为特征的炎症。腐败性炎可能由腐败菌所引起，但也常并发于卡他性炎、纤维素性炎和化脓性炎，多发生于肺脏、肠管和子宫。发炎组织多坏死、溶解和腐败，呈灰绿色、恶臭。

上述各种类型的渗出性炎，是根据病变特点和炎性渗出物的性质划分的。从各型渗出性炎的发生、发展来看，它们之间既有区别，又有联系，而且常是同一炎症过程的不同发展阶段。例如，浆液性炎经常是卡他性炎、纤维素性炎和化脓性炎的初期变化，出血性炎常伴发于各型渗出性炎的经过中。另外，即使是同一个炎症病灶，往往病灶中心为化脓或坏死性炎，其外周为纤维素性炎，再外围为浆液性炎。因此，在剖检时应特别注意观察，才能做出正确的病理学诊断。

三、增生性炎

增生性炎（productive inflammation）是以细胞或结缔组织大量增生为特征，而变质和渗出变化表现轻微的一种炎症。根据增生的病变特征，可分为以下两种。

(一)非特异性增生性炎

非特异性增生性炎（nonspecific productive inflammation）是指无特异病原而引起相同组织增生的一种病变。根据增生组织的成分，分为急性和慢性两种。

1. 急性增生性炎

急性增生性炎（acute productive inflammation）是以细胞增生为主、渗出和变质变化为次的炎症。例如，急性和亚急性肾小球肾炎时，肾小球毛细血管内皮细胞与球囊上皮显著增生，肾小球体积增大；猪副伤寒时，肝小叶内因网状细胞大量增生，形成灰白色针尖大的细胞性结节。

2. 慢性增生性炎

慢性增生性炎（chronic productive inflammation）是以结缔组织的成纤维细胞、血管内皮细胞和组织细胞增生形成非特异性肉芽组织为特征的炎症，这是一般增生性炎的共同表现。慢性增生性炎常从间质开始，故又称间质性炎。如慢性间质性肾炎、慢性间质性肝炎等。外科临床上多见的慢性关节周围炎，也属于慢性增生性炎。发生慢性增生性炎的器官多半体积缩小，质地变硬，表面因增生的结缔组织衰老、收缩而呈现凹凸不平。

(二)特异性增生性炎

特异性增生性炎（specific productive inflammation）是指由某些特异病原微生物感染或异物刺激引起的特异性肉芽组织增生，又称肉芽肿性炎（granulomatous inflammation）。形成的增生物即肉芽肿。肉芽肿（granuloma）是指由单核细胞和局部增生的巨噬细胞形成的界限清楚的结节状病灶。肉芽肿性炎仅见于少数免疫介导的感染性或非感染性疾病。

根据病因不同，可将肉芽肿分为免疫性肉芽肿和异物性肉芽肿。

1. 免疫性肉芽肿

免疫性肉芽肿（immune granulomas）指由某些可诱导细胞免疫的微生物所引起的肉芽肿。一般情况下，细胞免疫并不引起肉芽肿形成。但是，如果入侵的病原微生物很难被降解或被吞噬细胞处理后形成不溶性颗粒，它们诱导的细胞免疫则可导致肉芽肿形成。此类病原微生物包括结核分枝杆菌、鼻疽杆菌、放线菌、某些真菌和寄生虫。巨噬细胞吞噬和处理这些病原微生物后，将一部分抗原递呈给合适的T淋巴细胞，使之激活并产生细胞因子IL-2和IFN-γ等。IL-2可进一步激活其他T淋巴细胞，IFN-γ则可使巨噬细胞转变成上皮样细胞和多核巨细胞。

结核结节是由结核分枝杆菌引起的免疫性肉芽肿，具有典型的形态特征。显微镜下，结核结节中央为干酪样坏死灶（有时可见钙盐沉积），在其周围为上皮样细胞，并可见郎罕氏巨细胞（Langhans giant cell）掺杂于其中，再向外为大量淋巴细胞浸润，最外层为纤维结缔组织（图6-11）。抗酸染色可见结核分枝杆菌。

其他原因引起的免疫性肉芽肿的形态特点与结核结节基本相同，但在中心部位很少见到干酪样坏死。

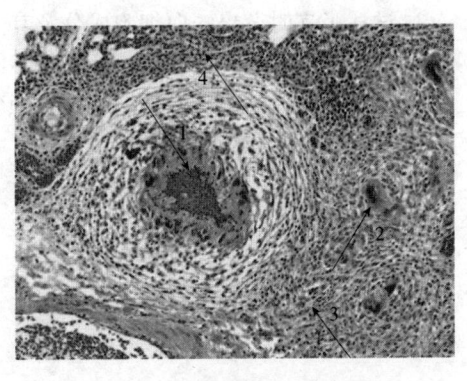

图6-11　家禽结核肉芽肿
1. 干酪样坏死；2. 郎罕氏巨细胞；3. 上皮样细胞；4. 淋巴细胞浸润，外周有纤维结缔组织包裹（H.E.×100）

2. 异物性肉芽肿

异物性肉芽肿可由手术缝线、石棉、滑石粉等异物及一些较大且不溶的代谢产物（如尿酸盐结晶、类脂质）所引起，皮下注射油乳剂疫苗也可引起肉芽肿性炎。这些异物难以被巨噬细胞所吞噬，不能引发典型的炎症或免疫反应。巨噬细胞转变为上皮样细胞和异物巨细胞后将异物包围在病灶中央。

异物性肉芽肿的形态学特征与免疫性肉芽肿基本相似，中心部位为异物（在偏振光显微镜下具有折光性），在异物周围可见数量不等的上皮样细胞和异物巨细胞，最外围为结缔组织包膜。

【知识卡片】

炎症的认识

炎症是疾病过程中普遍存在的一种现象，公元前30—公元45年，罗马百科全书编纂者Aulus Celsus将炎症归纳成红、肿、热、痛四种症候，对应于炎症过程中的血管扩张、水肿和组织损伤。公元18世纪，被世人尊为"实验医学之父"的英国外科医生John Hunter（1728—1793）观察到炎症过程中存在血管反应，为现代炎症理论的形成奠定了基础。至19世纪，德国病理学家Rudolf Virchow（1821—1905）提出炎症反应是组织损伤的结果，并给炎症补充了第五条症候，即机能障碍。随后，Virchow的门生Julius Cohnheim（1839—1884）将炎症的形成与血液中白细胞游出联系起来。19世纪末，俄国动物学家Elie Metchnikoff（1845—1916）发现了炎症过程中白细胞的吞噬现象。1927年，Sir Thomas Lewis在《人类皮肤的血管及其反应》一书中阐述了组胺介导的炎症血管反应，由此揭示出血管活性物质在炎症反应中的重要作用。近年来，炎症的分子机制不断得到揭示，进一步推动了人们对炎症本质的认识。

作业题

1. 名词解释：炎症介质、炎症、变质、渗出、增生、白细胞游出、吞噬作用、浮膜性炎、蜂窝织炎、脓肿、肉芽肿、积脓、急性期蛋白、趋化作用、疖。
2. 炎症的基本病理变化包括哪几方面？简述其发生机制。
3. 试述渗出性炎的类型及每类渗出炎症的病理变化。
4. 试述参与炎症反应的主要炎症介质及其作用。
5. 试述炎症时白细胞渗出的过程。
6. 试述白细胞的吞噬过程。

7. 试述炎症时游出的白细胞成分及其主要功能。
8. 简述炎症不同时期增生成分有何不同。
9. 简述光学显微镜下结核结节的病理变化。
10. 试述炎症的本质及生物学意义。
11. 简述炎性渗出液的作用。

(王龙涛)

第七章

肿　瘤

【本章概述】 肿瘤已成为危害人类和动物健康最严重的疾病之一，在医学领域受到高度重视。近年来，由于动物肿瘤性疾病的发病率逐年增长，如奶牛白血病、鸡马立克氏病和猪肝癌、鸭肝癌等已成为一些地区畜禽的常见疾病，引起了兽医学领域的高度重视。随着动物肿瘤学研究的不断发展，研究人员发现动物肿瘤与人类肿瘤有着密切联系，例如，人原发性肝癌高发地区，鸡、鸭肝癌的发病率也高；人食管癌高发地区，鸡咽食管癌和山羊食管癌的发病率也高；人鼻咽癌病毒接种新生小鼠也可使其致癌。因此，开展对动物肿瘤的研究具有重要意义。本章主要从肿瘤的生物学特性、分类与命名、病因学、发生机理及畜禽常见肿瘤等方面进行论述。

第一节　肿瘤的概念

肿瘤（tumor）是机体在各种致瘤因素作用下，局部组织细胞在基因水平上失去对其生长的正常调控，导致单克隆性异常增生而形成的新生物（neoplasma），常表现为局部肿块。根据肿瘤的生物学特性及其对机体危害性的不同，将肿瘤分为良性与恶性两种类型，后者常见的为癌与肉瘤。

一、肿瘤细胞的生物学特性

肿瘤细胞是由正常细胞转变而来的，但与正常细胞有着本质的区别，其形态、结构、代谢和功能均表现异常，并获得了某些新的生物学特征，具体表现在以下几个方面。

1. 旺盛增殖和自主性生长

肿瘤细胞的生长力旺盛，不受机体控制，具有相对的自主性，当致瘤因素去除后仍能继续增殖生长，对机体有害无益，破坏组织器官并影响其功能。

2. 分化不成熟

正常组织细胞是分化成熟的细胞，肿瘤细胞由于形态、结构、代谢和功能异常，在不同程度上失去了分化成熟的能力。例如，恶性肿瘤通常成熟度比较低（分化程度低），肿瘤细胞与正常细胞在结构和功能上有很大差异，在形态上表现为不同程度的异型性、功能异常甚至丧失。

3. 浸润和转移

良性肿瘤细胞一般不具有浸润和转移能力，而恶性肿瘤细胞通常具备局部浸润和远处转移的能力，能够进一步向周围组织扩散蔓延，破坏并影响组织器官的结构和功能。

4. 可移植性

恶性肿瘤能够发生浸润和转移的原因是恶性肿瘤细胞具有可移植性，而正常细胞则没有，恶性肿瘤细胞可以通过移植到其他组织而继续增殖与生长。例如，肺癌细胞可以移植到淋巴结、骨和脑等不同组织中生存。

二、肿瘤性增生与非肿瘤性增生

机体在正常的生理状态下及在炎症、损伤修复等病理状态下发生的细胞增生，称为非肿瘤性增生。此类增生具有一定的限度，一旦增生的原因消除后则细胞不再继续增殖，而且增生的细胞和组织可分化成熟，并能恢复正常组织的结构和功能。但肿瘤性增生却与此不同，二者有着本质的区别。一旦形成肿瘤，其生长不受机体的约束，相对独立自主性发展，有些良性肿瘤如果不及时治疗，可转变为恶性肿瘤。在恶性肿瘤的发展过程中，其生物学特征有助于肿瘤细胞的浸润、蔓延和扩散。

肿瘤性增生与非肿瘤性增生的区别见表 7-1 所列。

表 7-1 肿瘤性增生与非肿瘤性增生的区别

区分点	肿瘤性增生	非肿瘤性增生
增生	单克隆性	多克隆性
分化程度	失去分化成熟能力	具有分化成熟能力
与机体协调性	相对自主性	具有自限性
病因去除	持续生长	停止生长
形态、结构、功能	异常	正常
对机体影响	有害	有利

第二节 肿瘤的病因和发生机理

一、肿瘤的病因

肿瘤的种类繁多，肿瘤发生的因素也不尽相同，但总体上可概括为外在因素和内在因素。

（一）肿瘤发生的外在因素

1. 化学因素

据估计，外界环境中的致癌因素约 90% 以上属于化学物质。化学致癌物种类繁多，根据其化学结构可分为以下几种类型。

（1）芳香胺类

芳香胺类化合物致癌的特点是诱发的肿瘤往往发生在远离致癌物进入的部位，其中代表性化合物如 α-乙酰氨基氟，可以引起多种动物发生膀胱癌和肝癌。

（2）多环芳香烃类

多环芳香烃类化合物不溶于水，易溶于脂肪或有机溶剂，在环境中分布极广。其中，典型代表有 3,4-苯并芘、1,2,5,6-二苯蒽及甲基胆蒽等，尤其是 3,4-苯并芘，可由煤焦油、烟草燃烧物、沥青燃烧物、煤、石油不完全燃烧及烟熏食品中产生。烟草燃烧物的长期吸入可导致动物发生肺癌，环境中多环芳香烃类致癌物的增多与伴侣动物（如犬、猫）肿瘤的发生可能也有一定关系。

(3) 亚硝胺类

亚硝胺类化合物在环境中分布广泛，存在于土壤、水及饲料中的亚硝胺前体物（如硝酸盐、亚硝酸盐）在一定条件下可转化为亚硝胺化合物，这类化合物进入动物体内可诱发多种脏器发生肿瘤，常见的有肝癌和食管癌。

2. 物理因素

目前，已经证实的物理性致癌因素主要是离子辐射，包括 X 射线、γ 射线、亚原子微粒辐射及紫外线照射。研究证明，长期接触 X 射线及镭、铀、氡、钴等放射性元素，可诱发机体各种类型的恶性肿瘤，常见的有白血病、骨肉瘤及皮肤癌等。例如，用 X 射线、铀及氡等辐射大鼠和猴，可引起皮肤、骨、肺组织发生肿瘤。皮肤长期暴露于紫外线下可引起鳞状细胞癌，例如，我国高原地区的山羊因长期受紫外线强烈照射，部分羊只耳朵发生顽固性花椰菜样肿块，镜检为鳞状细胞癌。

3. 生物性因素

病毒、霉菌、寄生虫等在肿瘤的发生上具有重要意义。

(1) 病毒

目前，已知动物病毒中约 1/4 以上具有致瘤性，其中，1/3 是 DNA 病毒，2/3 是 RNA 病毒。对畜禽危害较大的 DNA 病毒主要包括乳多空病毒科（Papovaviridae）、疱疹病毒科（Herpesviridae）、腺病毒科（Adenoviridae）及痘病毒科（Poxviridae），其中，典型代表有乳头瘤病毒、鸡马立克氏病病毒、兔纤维瘤病毒等。RNA 致瘤病毒主要为反转录病毒科，包括禽白血病病毒、鼠乳腺瘤病毒、牛白血病病毒等。

(2) 霉菌及其毒素

自然界中的霉菌种类繁多，有些霉菌的代谢产物具有极高的致癌性。例如，黄曲霉和寄生曲霉产生的黄曲霉毒素是目前已知致癌性最强的。黄曲霉毒素及其产生菌株分布广泛，特别是在谷物（如大豆、玉米和花生等）及贮藏饲料中经常被发现，一旦进入动物体内不但可引起中毒性肝炎，而且还可引发肝癌。

(3) 寄生虫

国内外已有研究报告指出寄生虫致瘤的可能性。例如，华枝睾吸虫与人类肝内胆管细胞癌的发生密切相关；非洲和亚洲地区血吸虫病流行较广，人的大肠癌并发日本血吸虫感染的比率较高；埃及血吸虫与膀胱癌的并发率也比较高；大口柔线虫可在马胃壁内引发肿瘤；旋尾线虫可引起犬的食管肉瘤，以及筒线虫可在大鼠食管壁上形成癌肿。

【知识卡片】

致癌说

癌症是威胁人类和动物健康的主要疾病之一，人类一直未放弃过同癌症的斗争。自 1901 年诺贝尔生理或医学奖首次颁发以来，与癌症相关的研究不断取得进展和突破。

1926 年，丹麦医学家约翰尼斯·菲比格提出"寄生虫致癌说"。1907 年，约翰尼斯·菲比格在科研中发现了一种称为螺旋体癌（Spiroptera carcinoma）的生物，并发现这种生物能够引起小鼠的癌症，因此，他提出了"寄生虫致癌说"，并于 1926 年获得了诺贝尔生理或医学奖。然而在约翰尼斯·菲比格去世后的数年里，其他科学家却不能重复他的实验结果，并发现螺旋体癌并非是造成小鼠癌症的原因，菲比格所描述的癌变实质上是小鼠胃黏膜上皮细胞的化生现象。

1966年，美国科学家裴顿·劳斯提出"病毒致癌说"。1901年，裴顿·劳斯将鸡的结缔组织瘤的无细胞滤液注射于健康鸡后，发现健康鸡同样发生肿瘤，籍此提出了"病毒致癌说"。裴顿·劳斯因此于1966年获得诺贝尔生理或医学奖。在随后的研究中，科学家们不断发现病毒与癌症相关的例证，如EB病毒与鼻咽癌、单纯疱疹病毒与宫颈癌、肝炎病毒与肝癌等。

1970年，美国科学家戴维·巴尔的摩、罗纳托·杜尔贝科以及霍华德·马丁·特明对引发"劳斯肉瘤"的病毒研究后，证实该病毒是单链RNA病毒，并发现了逆转录酶，该病毒通过逆转录酶将RNA逆转录形成互补DNA(cDNA)，然后整合到宿主细胞染色体中，进而触发细胞的非正常增殖而转化为癌细胞。这三位科学家于1975年共同获得诺贝尔生理或医学奖。

(二)肿瘤发生的内在因素

肿瘤的发生、发展是一个十分复杂的过程，除了外界致瘤因素以外，机体的内部因素也起着重要作用，主要分为以下几个方面。

1. 遗传因素

在畜禽肿瘤研究中先后发现许多具有遗传倾向的证据。例如，日本引入汉普夏和杜洛克猪与本地猪杂交，结果猪群中出现大批黑色素瘤病例；大白猪的一种淋巴肉瘤，经血源分析和育种研究，认为这种淋巴肉瘤具有遗传性。

2. 品种和品系

不同种属的动物对肿瘤的易感性表现出一定差异，即使是同一种动物，其品种或者品系不同，肿瘤发生的概率也会有较大差异。例如，牛的眼癌常发生于海福特牛，黑色素瘤多发于阿拉伯马，犬的甲状腺癌多见于金猎犬和垂耳矮犬。

3. 年龄因素

年龄对于肿瘤的发生与生长也有一定相关性。一般来说，老龄动物发生肿瘤的概率更高，这可能与老龄动物暴露于致癌因子的时间较长，免疫监视功能的减弱有关。例如，肥大细胞瘤最常见于7岁左右的犬，膀胱肿瘤通常在6~7岁的牛较为高发，而3岁以下基本不会发生。

4. 激素因素

内分泌功能失调在肿瘤的发生上具有一定意义。例如，雌激素、促性腺激素、促甲状腺激素、泌乳素等均有致癌作用。切除幼年高癌族群雌鼠的卵巢，能防止乳腺癌的发生。

5. 性别因素

性别对肿瘤的发生也有影响。例如，雌性动物多发子宫和乳腺肿瘤，一方面因为局部器官的差别，另一方面可能与性激素刺激有关。

6. 免疫状态

机体的免疫监视机制对肿瘤的生成具有抑制作用。当免疫监视功能不足时，即有可能发生肿瘤。例如，动物出生时摘除胸腺后，其肿瘤发生的概率增高；人在幼年或老年时易发生肿瘤，这可能与免疫监视功能不成熟和减退有关。

二、肿瘤的发生机理

肿瘤的发生机理十分复杂，涉及增生过度、凋亡不足、细胞信号转导障碍等多个环节，因此，阐明肿瘤的发生机理对预防肿瘤具有重要意义。随着分子生物学的不断发展，通过对癌基因和肿瘤抑制基因的深入研究，初步揭示了某些肿瘤的发生机理。从本质上讲肿瘤是基因病，机体在各种致瘤因素(外在因素和内在因素)的协同作用下，引起DNA损伤，进而激活原癌基因和/或失活肿瘤抑制基因，加之凋亡调节基因和/或DNA修复基因的改变，导致基因表达异常，使正常细胞转化为肿瘤细胞。被转化的细胞先呈现多克隆性增生，经过一个漫长的多阶段的演变过程后，其中一个克隆相对无限制地扩增，通过附加突变，选择性形成具有不同特点的亚克隆(异质化)，从而获得浸润和转移的能力，形成恶性肿瘤。

(一)癌基因

1. 原癌基因、癌基因及其产物

癌基因(oncogene)是指能引起细胞癌变的一类基因。第一个癌基因是来源于鸟类 Rous 肉瘤病毒的 V-src 基因，并于1976年首次提出细胞癌基因的概念。细胞癌基因是指存在于正常的细胞基因组中，与病毒癌基因有几乎完全相同的 DNA 序列，具有促进正常细胞生长、增殖、分化和发育等生理功能。由于细胞癌基因在正常细胞中以非激活的形式存在，又称原癌基因(proto-oncogene)。大多数原癌基因处于低表达或不表达状态，有些原癌基因编码的蛋白是正常细胞生长十分重要的细胞生长因子和生长因子受体。例如，血小板生长因子(PGF)、纤维母细胞生长因子(FGF)、表皮生长因子(EGF)、重要信号转导蛋白质(如酪氨酸激酶)和核调节蛋白质等，其主要功能是控制细胞的生长、发育和分化等。

2. 原癌基因的激活

原癌基因的激活主要包括点突变、启动子插入、染色体易位、基因扩增四种方式。点突变和启动子插入改变了 DNA 序列，结果改变了蛋白质的关键功能，使细胞生长异常或发生癌变；染色体易位后，其调节环境发生改变，使原癌基因从静止状态变为激活状态，染色体易位是T、B淋巴细胞瘤的常见特征之一；通过基因扩增，正常的原癌基因拷贝数增加，导致癌蛋白量增多，从而使正常细胞功能紊乱并发生转化。

【知识卡片】

原癌基因的发现

在原癌基因发现之前，科学界一直认为癌症是由病毒基因所致。1989年，来自美国的迈克尔·毕晓普和哈罗德·法姆斯研究发现，肉瘤病毒所含有的致癌基因在鸡和其他哺乳动物正常细胞的基因组都能找到，因此，他们认为不是由于病毒的侵入才导致癌基因进入细胞，而是由于正常细胞的基因发生变异所致，这种基因称为原癌基因。原癌基因的发现为癌症的早期诊断和预测开辟了一条新的途径，从而使癌症真正进入分子研究时代。

(二)抑癌基因

抑癌基因(antioncogene)又称肿瘤抑制基因(tumor suppressor genes)，是指一类在细胞生长与增殖过程中起重要调控作用，可抑制细胞生长并能潜在抑制癌变的基因。这些基因的产物能够抑制细胞生长，其功能丧失后可导致细胞的肿瘤性转化。因此，肿瘤的发生可能是癌基因的激活与肿瘤抑制基因的失活共同作用的结果。

常见的抑癌基因有 Rb、p53、神经纤维瘤病-1(NF-1)基因等。目前，了解最多的两种抑癌基因是 Rb 和 p53 基因，其产物都是以转录调节因子的方式来控制细胞生长的核蛋白。Rb 基因定位于13q14，其两个等位基因必须都发生突变或缺失才能产生肿瘤，因此，Rb 基因也称隐性癌基因。Rb 基因的纯合子性缺失见于所有的视网膜母细胞瘤及部分骨肉瘤、乳腺癌和小细胞肺癌等肿瘤。p53 基因定位于染色体17p13.1，是一种核结合蛋白，编码的 p53 蛋白存在于核内。p53 基因异常或缺失包括纯合性缺失和点突变，在超过50%的人类肿瘤中均发现 p53 基因的突变，尤其是结肠癌、肺癌、乳腺癌、胰腺癌中的突变更为多见。

(三)凋亡调节基因

除了原癌基因的激活和肿瘤抑制基因的失活外，还发现肿瘤的发生与细胞凋亡异常有

关,其中与凋亡相关的调节基因及其产物在肿瘤的发生上也起着重要作用。Bcl-2蛋白是重要的抑制肿瘤细胞凋亡的基因,Bcl-2的过度表达可以延长肿瘤细胞的生存,阻止细胞凋亡的发生。例如,鸡马立克病肿瘤组织中存在Bcl-2蛋白的高表达,而Bax蛋白可以促进细胞凋亡。

(四)DNA修复调节基因

在细胞遗传物质复制过程中,常会发生碱基错配、缺失等。在正常情况下,DNA修复基因可进行自我修复。如果DNA修复基因不能正常发挥作用,这些遗传错误就会累积,最终发生癌变。

(五)端粒和肿瘤

端粒(telomere)位于染色体末端,是控制细胞DNA复制的一段DNA重复序列,细胞每复制一次,端粒就缩短一些,细胞复制一定次数后,端粒缩短造成染色体融合,导致细胞死亡。因此,端粒又被称为生命的计时器。端粒酶(telomerase)是一种自身携带RNA模板的核糖核蛋白,它能以自身RNA为模板,用反转录方式复制端粒序列,保持端粒长度。正常情况下,端粒酶在生殖细胞、早期胚胎细胞、干细胞和许多癌症细胞中有很高的活性,在正常体细胞中,端粒酶活性很低或处于无法检测的水平。而恶性肿瘤细胞的端粒酶表达明显上调,使其端粒始终维持一定长度,肿瘤细胞就会增殖、永生化,避免衰老。

第三节 肿瘤的特性

一、肿瘤的一般形态

肿瘤的形态多种多样,可在一定程度上反映出肿瘤的良性与恶性。

(一)肿瘤的形态

1. 肿瘤的形状

肿瘤形状一般与其发生部位、组织来源、生长方式和肿瘤的良恶性密切相关。其形状有乳头状、息肉状、结节状、溃疡状和浸润性包块状等(图7-1)。

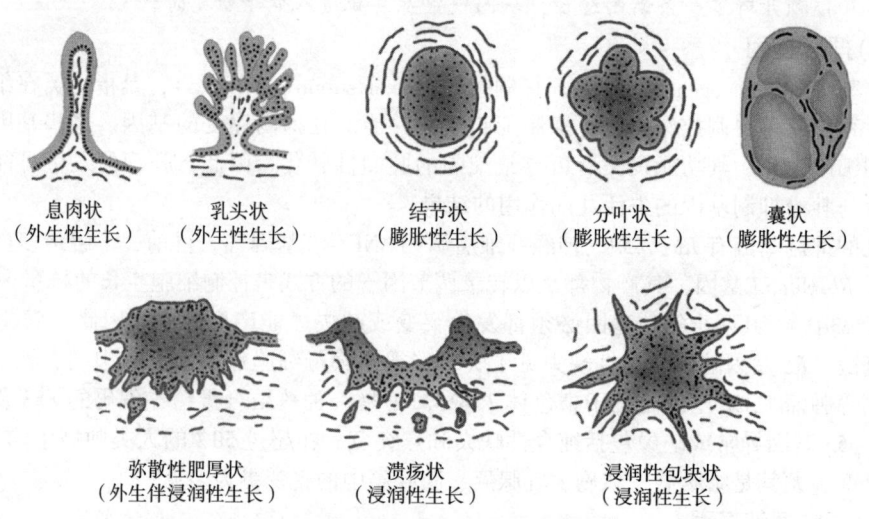

图7-1 肿瘤的外形和生长方式模式图

2. 肿瘤的大小和数量

肿瘤的大小不一，有的极小，在显微镜下才能发现（如原位癌）。有的则较大，其质量可达逾 10 kg（如猪子宫平滑肌瘤）。肿瘤的大小与肿瘤的性质（良性、恶性）、生长时间和发生部位有一定的关系。肿瘤通常为一个，称为单发瘤；有时也可多个，称为多发瘤。

3. 肿瘤的颜色

肿瘤的切面多呈灰白色或灰红色，可因含血量的多寡，有无变性、坏死、出血和是否含有色素等而呈现出各种不同的颜色。有时可从肿瘤的色泽大致推测其为何种肿瘤，例如，血管瘤多呈红色或暗红色，脂肪瘤呈黄色，黑色素瘤呈黑色，绿色瘤呈绿色等。

4. 肿瘤的质地

肿瘤的硬度与肿瘤的种类、瘤实质和间质的比例以及有无变性坏死等有关。例如，骨瘤的质地较硬，脂肪瘤则质软；实质多于间质的肿瘤一般较软，反之则较硬；瘤组织发生坏死时变软，有钙质沉着（钙化）或骨质形成（骨化）时则变硬。

5. 肿瘤的包膜

肿瘤分为良性肿瘤和恶性肿瘤，良性肿瘤生长速度比较缓慢，边界较清楚，一般具备完整的包膜。恶性肿瘤的生长速度较快，一般呈浸润性生长，不具备完整的包膜。

（二）肿瘤结构

肿瘤的结构组成多种多样，从组织学上可概括为实质和间质两部分。

1. 肿瘤的实质

肿瘤的实质就是瘤细胞，是肿瘤的主要成分，决定肿瘤的生物学特征及每种肿瘤的特殊性。机体的任何器官、组织都有可能发生肿瘤，因此，肿瘤实质的形态也是多种多样的。根据肿瘤的实质形态可以识别不同肿瘤的组织来源，可进一步对肿瘤进行分类、命名及组织学诊断，并根据其分化程度和异型性大小判定肿瘤的良性和恶性。通常良性肿瘤的分化程度高，肿瘤实质与原发组织相似，异型性小；恶性肿瘤的分化程度低，异型性较大。

2. 肿瘤的间质

肿瘤的间质一般由结缔组织和血管构成，有时还有淋巴管。间质成分不具有特异性，对肿瘤的实质起着支持和营养作用。通常生长旺盛的肿瘤，其间质血管较多且丰富；生长缓慢的肿瘤，其间质血管较少。此外，肿瘤间质中通常或多或少有淋巴细胞浸润，一般认为是机体对肿瘤组织的免疫反应。

（三）肿瘤的异型性

肿瘤组织在细胞形态和组织结构上与其起源的正常组织都有不同程度的差异，这种差异称为异型性（atypia）。异型性大小是肿瘤组织分化程度和成熟程度的主要标志，分化和成熟程度高，异型性小者为良性肿瘤；分化成熟程度低，异型性大者为恶性肿瘤。识别异型性是诊断肿瘤，确定其良性与恶性的主要组织学依据。

1. 肿瘤细胞的异型性

肿瘤细胞的异型性是指肿瘤细胞与原发正常细胞的差异。良性肿瘤细胞和原发正常细胞相似，异型性小。恶性肿瘤细胞具有高度的异型性，常表现为如下特征。

（1）瘤细胞的多形性

瘤细胞大小不一，一般比正常细胞大，有时甚至出现瘤巨细胞，但有些分化程度较低的恶性肿瘤细胞往往体积很小、圆形、大小较一致。

(2)细胞核的多形性

瘤细胞核体积增大,细胞核与细胞浆的比例增大(正常细胞为1:4~6,恶性肿瘤细胞接近1:1),核数量及形状不一,并可出现巨核、双核、多核或奇异形核;核染色深(由于核内DNA增多),染色质呈粗颗粒状,分布不均匀,常堆积在核膜下,使核膜显得增厚;核仁肥大,数量常增多(可达3~5个);核分裂象常增多,特别是出现不对称性、多极性及顿挫性等病理性分裂象时,对诊断恶性肿瘤具有重要意义。恶性肿瘤细胞核异常改变多与染色体呈多倍体或非整倍体有关。

(3)细胞浆的改变

瘤细胞由于胞浆内核蛋白体增多而多呈嗜碱性,一些瘤细胞可产生异常分泌物或代谢产物(如激素、黏液、糖原、脂质、角质和色素等)而具有不同特点,有助于对肿瘤进行区别。

2. 肿瘤组织结构的异型性

肿瘤组织结构的异型性是指肿瘤组织与其起源的正常组织在空间排列方式上的差异。良性肿瘤组织结构与原发正常组织相似,异型性不明显。例如,皮肤乳头状瘤是由皮肤鳞状上皮细胞转化而来,其组织结构近似于表皮结构。恶性肿瘤的组织结构异型性明显,瘤细胞排列紊乱,失去正常的排列结构和层次。例如,鳞状上皮细胞癌的组织细胞排列层次、实质与间质的比例等均与正常表皮完全相反。因此,这些肿瘤的诊断有赖于组织结构的异型性。

二、肿瘤组织的物质代谢

肿瘤组织的物质代谢往往和正常组织无多大差别,但肿瘤作为一种异常增生的组织,具有旺盛的生长能力,因而,又具有自己物质代谢的特点。

(一)核酸代谢

相较于正常组织而言,肿瘤组织合成DNA和RNA的能力较强,特别是在恶性肿瘤细胞中DNA和RNA的含量明显增高。由于DNA与细胞分裂增殖有关,RNA与蛋白质的合成相关,因此,核酸(DNA和RNA)含量的增多进一步为肿瘤的迅速生长提供了物质基础。瘤细胞中DNA结构与正常细胞不同,所以合成的蛋白质、酶等也和正常组织存在一定差异,这些变化正是正常细胞转化为肿瘤细胞的物质基础。

(二)蛋白质代谢

肿瘤组织的蛋白质合成与分解代谢均增强,但以合成代谢占优势。肿瘤组织不仅能利用和吸收食物中的营养,还能夺取正常组织的蛋白质分解产物,合成肿瘤本身所需要的蛋白质。因此,在恶性肿瘤后期,机体处于严重消耗的恶病质状态。肿瘤分解代谢的特征表现为蛋白质分解为氨基酸的过程增强,而氨基酸的分解代谢则减弱,导致氨基酸重新被利用并合成蛋白质,这可能与肿瘤生长旺盛有关。

(三)糖代谢

肿瘤组织糖代谢特点主要表现在以下几个方面。

1. 糖酵解增强,主要以糖酵解获得能量

正常组织糖的分解过程分为两步。首先,葡萄糖分解为丙酮酸。然后,丙酮酸在有氧条件下经过三羧酸循环氧化为CO_2和H_2O并产生能量,在无氧条件下酵解为乳酸和酮体。大多数正常组织是通过有氧氧化获得能量。然而,随着肿瘤细胞的快速生长,常导致肿瘤实质区供氧不足,在其内部出现低氧区(氧含量仅为1%,而正常组织为3%~15%),肿瘤低氧区的存在形成了一个天然的厌氧环境,使肿瘤组织内糖无氧酵解增强,即使在氧供应充足的情况下也主要依赖无氧酵解获得能量。这种现象与线粒体功能障碍、缺乏氧化呼吸酶有关。

2. 乳酸产生增多，引起机体中毒

肿瘤组织糖无氧酵解十分旺盛，产生的大量乳酸进入血液，常导致机体酸中毒。良性肿瘤和恶性肿瘤在糖酵解方面只有量的差异，没有本质不同。据测定，有的恶性肿瘤在 12 h 之内产生的乳酸相当肿瘤本身的质量，相当血液形成乳酸量的 100 倍、肌肉静止时的 200 倍。

3. 利用糖代谢中间产物合成自身物质

肿瘤组织不仅能主要依赖糖酵解获取能量，而且能利用糖酵解的中间产物合成自身的蛋白质、类脂质和核酸等，从而保证肿瘤迅速生长和增殖的物质需要。

4. 糖分解代谢大于合成代谢

肿瘤组织中糖的分解代谢大于合成代谢，这与肿瘤组织中糖代谢分解酶活性升高，而糖代谢合成酶活性降低有关。如果肿瘤组织糖酵解降低时，糖不能被分解，在肿瘤细胞内可见合成的糖原沉积。

(四) 脂肪代谢

肿瘤组织中的脂肪种类与正常组织相似，除中性脂肪以外，还有磷脂、胆固醇等。但肿瘤中卵磷脂、脑磷脂的含量较多。肿瘤恶性程度越高，则磷脂的含量越丰富。

(五) 酶系统改变

肿瘤组织酶活性的改变较为复杂，一般除了在恶性肿瘤组织内的氧化酶(如细胞色素氧化酶及琥珀酸脱氢酶)减少和蛋白分解酶增加外，其他酶的改变在各种肿瘤间缺乏共性，而且与正常组织比较只是含量或活性的改变，并非是质的改变。各种不同组织来源的恶性肿瘤特别是细胞分化原始幼稚者，其酶变化特点主要表现为某些特殊功能的酶部分或完全消失，并导致酶谱的一致性。例如，分化差的肝癌组织中有关尿素合成的特殊酶系几乎完全消失，因而其酶谱与其他癌组织的酶谱趋于一致，与胚胎细胞的酶谱相似。甚至有时还可出现正常情况下所没有的酶。

三、肿瘤的生长速度与生长方式

(一) 肿瘤的生长速度

各种肿瘤的生长速度有较大的差别。一般来说，良性肿瘤由于成熟度高、分化好，生长速度缓慢，可长达几年甚至几十年。如果短期内肿瘤生长速度突然加快，应考虑有发生恶性转变的可能。恶性肿瘤成熟度低、分化差，生长速度较快，短期内可形成明显的肿块，由于血管及营养供应相对不足，肿瘤容易发生坏死、出血等继发变化。

(二) 肿瘤的生长方式

肿瘤的生长方式可分为以下几种类型。

1. 膨胀性生长

膨胀性生长是大多数良性肿瘤所表现的生长方式。随着肿瘤体积的逐渐增大，犹如逐渐膨胀的气球，挤压推开周围组织，但不侵入邻近组织，呈结节状、囊状、分叶状，通常有完整的包膜，与周围组织界限清楚。位于皮下者临床触诊时可以推动，通过手术容易摘除，且术后不易复发。这种生长方式的肿瘤对局部组织、器官的影响主要是挤压和堵塞，一般不会明显破坏器官的结构和功能。

2. 浸润性生长

浸润性生长是大多数恶性肿瘤的生长方式。瘤细胞分裂增生，侵入周围组织间隙、淋巴管或血管内，如树根长入泥土，浸润并破坏周围组织。因此，这类肿瘤通常没有包膜，与周围正常组织界限不清，手术难以切除干净，术后极易复发和转移。

3. 外生性生长

外生性生长又称外突性生长或突出性生长。发生在体表、体腔表面或管道器官内表面。常向表面生长，形成突起的乳头状、息肉状、蕈状或菜花状的肿物，有明显的根蒂。良性肿瘤和恶性肿瘤都可呈外生性生长，恶性肿瘤在外生性生长的同时，其基底部往往也呈浸润性生长，但由于其生长迅速，肿瘤中央部的血液供应相对不足，肿瘤细胞发生坏死，脱落后形成底部高低不平、边缘隆起的溃疡性肿瘤。家畜皮肤上突出性生长的肿瘤多为良性肿瘤，手术易切除干净，术后不复发也不转移。

4. 弥散性生长

瘤细胞分裂增殖但不聚集成肿块，而是分散在组织间隙里使其组织器官体积增大，或分散在血液里破坏血细胞。各种白血病均为恶性肿瘤，不能手术切除，经常转移扩散。

四、肿瘤扩散

肿瘤细胞通过直接蔓延或转移播散到其他部位，形成新的肿瘤的过程，称为肿瘤扩散。肿瘤扩散方式有直接蔓延和转移两种类型。

(一)直接蔓延

随着肿瘤的不断长大，肿瘤细胞不仅在原发部位继续生长，而且常沿着组织间隙、淋巴管、血管或神经束连续浸润性生长，侵入并破坏邻近正常器官或组织，称为直接蔓延。例如，晚期乳腺癌能通过胸壁和胸肌侵入胸膜甚至肺脏；晚期子宫颈癌可蔓延到直肠和膀胱。

(二)转移

肿瘤细胞由原发部位脱落，经淋巴管、血管或浆膜腔等途径，向机体其他部位迁徙并继续增殖而形成与原发肿瘤同类型的新肿瘤的过程，称为转移(metastasis)。所形成的肿瘤称为转移瘤或继发瘤。良性肿瘤不转移，只有恶性肿瘤才可能发生转移。常见的转移途径有以下几种：

1. 淋巴道转移

癌通常经淋巴道转移。癌细胞侵入淋巴管后，随淋巴液首先到达局部淋巴结，在此生长增殖，并可继续转移到其他淋巴结。例如，乳腺癌首先到达同侧腋窝淋巴结，形成淋巴结的转移性乳腺癌；肺癌首先到达肺门淋巴结，随后向其他部位转移。

2. 血道转移

肿瘤细胞侵入血管后，随血流到达远处器官继续生长、增殖，形成转移瘤。肉瘤通常经血道转移，少数也可经淋巴管间接入血。血道转移的运行途径与血栓栓塞过程相同，侵入体循环静脉的肿瘤细胞经右心到肺脏，在肺脏内形成转移瘤。例如，纤维肉瘤等的肺转移；侵入门静脉系统的肿瘤细胞，首先形成肝内转移。又如，肠癌和胃癌的肝转移等；侵入肺静脉的肿瘤细胞或肺内转移瘤通过肺毛细血管进入肺静脉的肿瘤细胞，可经左心随主动脉血流到达全身各器官，常见转移到脑、脾脏、骨髓及肾脏等处，形成肿瘤的全身化。血道转移虽然见于很多器官，但最常见的还是肺脏，其次是肝脏。故临床上判断有无血道转移，以确定患病动物的临床分期和治疗方案时，肺部X线检查及肝超声等影像学探查是非常必要的。

3. 种植性转移

当一些位于浆膜腔内的肿瘤细胞发生脱落时，如同播种一样，种植在体腔内的其他器官表面，形成多个转移瘤。这种播散方式称为种植性转移。常见于腹腔器官的恶性肿瘤，例如，鸡卵巢癌癌细胞脱落后，可在腹腔器官的浆膜面发生广泛的种植性转移，并伴发腹水增多等临床症状；牛膀胱癌破坏膀胱壁侵入浆膜，脱落后可种植性转移到大网膜、腹膜及腹膜内器官表面。

第四节 肿瘤的命名和分类

一、肿瘤的命名

机体的任何部位、任何器官、任何组织几乎都有可能发生肿瘤，因此，肿瘤的种类繁多，命名也比较复杂。一般根据其组织来源、良性和恶性进行命名。

(一)良性肿瘤

不同组织来源的良性肿瘤均称为瘤(-oma)，命名时通常在来源组织名称后加"瘤"字。例如，纤维结缔组织的良性瘤称为纤维瘤(fibroma)；脂肪组织的良性瘤称为脂肪瘤(lipoma)。有时也会结合肿瘤的形态特征命名，例如，被覆上皮的良性肿瘤外观呈乳头状，称为乳头状瘤(papilloma)；腺瘤呈乳头状生长并有囊腔形成，称为乳头状囊腺瘤(papillary cystadenoma)。

(二)恶性肿瘤

1. 癌

来源于上皮组织的恶性肿瘤称为癌(carcinoma)，命名时通常在其来源组织名称之后加"癌"字。例如，鳞状上皮的恶性肿瘤称为鳞状细胞癌(squamous cell carcinoma)；腺上皮的恶性肿瘤称为腺癌(adenocarcinoma)。

2. 肉瘤

来源于间叶组织(包括纤维结缔组织、脂肪、肌肉、脉管、骨、软组织等)的恶性肿瘤称为肉瘤(sarcoma)，命名时在其来源组织名称之后加"肉瘤"。如纤维肉瘤(fibrosarcoma)、横纹肌肉瘤(rhabdomyosarcoma)、骨肉瘤(osteosarcoma)等。

3. 癌肉瘤

如果一个肿瘤中既有癌的成分也有肉瘤的成分，则称为癌肉瘤(carcinosarcoma)。

(三)肿瘤的特殊命名

有少数肿瘤不按上述命名，例如，幼稚组织的肿瘤称为母细胞瘤(blastoma)，其中的大多数为恶性，如视网膜母细胞瘤(retinoblastoma)、髓母细胞瘤(medulloblastoma)和肾母细胞瘤(nephroblastoma)等；也有良性者如骨母细胞瘤、软骨母细胞瘤和脂肪母细胞瘤等。有些恶性肿瘤因成分复杂或由于习惯沿袭，则在肿瘤的名称前加"恶性"，如恶性畸胎瘤(malignant teratoma)、恶性神经鞘瘤(malignant schwannoma)和恶性脑膜瘤(malignant meningioma)等。有些恶性肿瘤冠以发现者的人名，如马立克氏病(Marek's disease)和尤文肉瘤(Ewing's sarcoma)。

二、肿瘤的分类

肿瘤的分类通常是以组织来源为依据，同时每一类别又可分为良性与恶性。具体分类见表7-2所列。

表 7-2 肿瘤的分类

组织来源	良性肿瘤	恶性肿瘤
(一) 上皮组织		
鳞状上皮	乳头状瘤	鳞状细胞癌
腺上皮	腺瘤	腺癌
移行上皮	乳头状瘤	移行上皮癌
(二) 间叶组织		
纤维组织	纤维瘤	纤维肉瘤
脂肪组织	脂肪瘤	脂肪肉瘤
黏液结缔组织	黏液瘤	黏液肉瘤
平滑肌组织	平滑肌瘤	平滑肌肉瘤
横纹肌组织	横纹肌瘤	横纹肌肉瘤
血管	血管瘤	血管肉瘤
淋巴管	淋巴管瘤	淋巴管肉瘤
骨组织	骨瘤	骨肉瘤
滑膜组织	滑膜瘤	滑膜肉瘤
间皮组织	间皮瘤	恶性间皮瘤
(三) 淋巴造血组织		
淋巴组织	淋巴瘤	淋巴肉瘤
造血组织	—	白血病、骨髓瘤
(四) 神经组织		
神经节细胞	神经节细胞瘤	神经节细胞肉瘤
室管膜上皮	室管膜瘤	室管膜母细胞瘤
胶质细胞	胶质细胞瘤	多形性胶质母细胞瘤
神经鞘膜组织	神经纤维瘤	神经纤维肉瘤
脑膜组织	脑膜瘤	恶性脑膜瘤
(五) 其他		
黑色素瘤细胞	黑色素瘤	恶性黑色素瘤
三个胚叶组织	畸胎瘤	恶性畸胎瘤
多种组织	混合瘤	恶性混合瘤、癌肉瘤
生殖细胞	—	精原细胞瘤、胚胎性癌

第五节 良性肿瘤与恶性肿瘤的特征

良性肿瘤与恶性肿瘤的生物学特点明显不同，因而对机体的影响各异。

良性肿瘤的生长和发育缓慢，多呈膨胀性生长或外生性生长，肿瘤细胞的分化程度高，组织结构和原发组织相似,异型性小,核分裂象少或无,通常停留于局部,不易转移和复发,对机体的影响相对较小,主要表现为局部压迫和阻塞。例如,消化道良性肿瘤(如突入肠腔的平滑肌瘤),有时引起肠梗阻或肠套叠;颅内的良性肿瘤(如脑膜瘤、星形胶质细胞瘤)可压迫脑组织,阻塞脑脊液循环,引进颅内高压和相应的神经系统症状。良性肿瘤有时可发生继发性改变,例如,膀胱的乳头状瘤等表面可发生溃疡而引起出血和感染;甲状腺瘤可以发生囊性变,使肿瘤明显增大,压迫呼吸道而引起呼吸困难。

恶性肿瘤生长迅速,呈浸润性生长,破坏组织的结构和功能,易转移和复发,肿瘤细胞的分化程度低,与原发组织差异较大,核分裂象多,因而对机体的影响严重。恶性肿瘤除可引起与良性肿瘤相似的局部压迫和阻塞之外,发生于消化道时更容易并发溃疡、出血,甚至穿孔,导致腹膜炎,后果更为严重,有时肿瘤产物或合并感染可引起发热,可致患病动物死亡。恶性肿瘤晚期临床特征主要表现为食欲减退、机体严重消瘦、无力、贫血和全身衰竭的状态。区别良性肿瘤和恶性肿瘤对于早期的正确诊断和治疗具有重要意义。

良性肿瘤和恶性肿瘤的区别见表7-3所列。

表7-3 良性肿瘤和恶性肿瘤的区别

区分点	良性肿瘤	恶性肿瘤
外形	多呈结节状或乳头状,有包膜	呈多种形态,无包膜
生长速度	缓慢	迅速,不停止生长
生长方式	膨胀性生长或外生性生长	多呈浸润性生长
分化程度	分化良好,异型性小	分化程度低,异型性较大
转移	不转移	常有转移
复发	手术摘除后不易复发	术后常有复发
核分裂象	极少	较多
对机体影响	影响较小	引起机体出血、感染及恶病质等

第六节 畜禽的常见肿瘤

一、良性肿瘤

(一)乳头状瘤

被覆上皮向表面突起性生长,结缔组织、血管、淋巴管和神经也随着向上增生,呈乳头状,称为乳头状瘤。可发生于各种动物的头颈、胸腹部、外阴、乳房、口唇等部位(图7-2)。

剖检:肿瘤呈细指状或乳头状突起于表面,基底部可宽广也可纤细。皮肤乳头状瘤与周围组织界限清楚,根部比较细长的部位称为蒂。

镜检:每个大小乳头状突起均以结缔组织、血管为轴心,表面覆盖着较厚且排列不规则的增生上皮,棘上皮细胞呈中度增生(图7-3)。

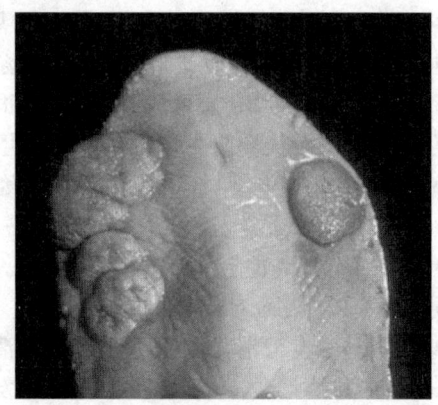

图 7-2　牛舌乳头状瘤（M. D. McGavin）
牛舌腹侧上皮细胞过度生长形成乳头状
突起，呈圆形或椭圆形

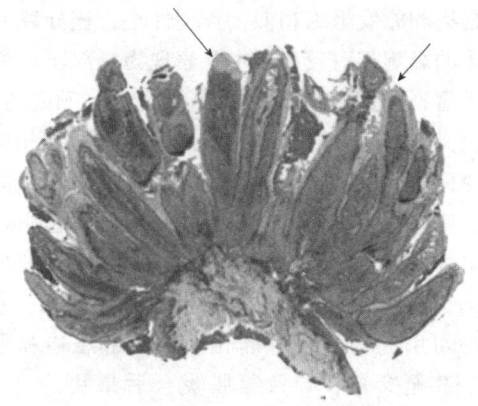

图 7-3　皮肤乳头状瘤（M. D. McGavin）
乳头状突起（箭头）由过度角化的表皮构成，
表皮中有胶原中心（H. E. ×40）

（二）腺瘤

由腺上皮转化来的良性肿瘤称为腺瘤（adenoma）。可发生于各种动物的各种腺体，常见于卵巢、甲状腺、肾上腺、乳腺和唾液腺等。

剖检：腺瘤常呈球状或结节状，外有包膜，与周围组织界限清楚（图7-4）。胃肠道黏膜腺瘤多突出于黏膜表面呈乳头状或息肉状，有明显的根蒂，实体腺腺瘤呈结节状、包膜完整；腺瘤内腺上皮浆液或黏液分泌多时，则形成单房或多房的囊腔，囊腔内面可形成乳头。

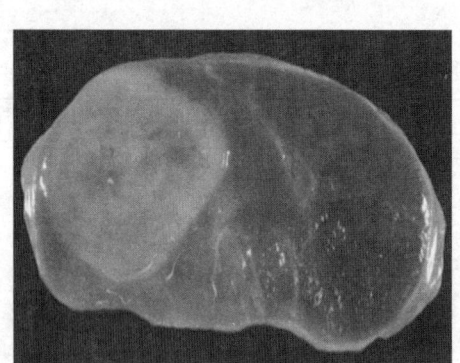

图 7-4　马甲状腺腺瘤（M. A. Miller）
腺瘤呈淡灰色至粉红色，与正常甲状腺组织界限明显

镜检：肿瘤由分化良好的腺上皮形成腺体样结构，但腺体大小、形态不规则。一般腺瘤由腺泡和腺管构成，腺泡壁为生长旺盛的柱状或立方上皮。由内分泌腺转化来的腺瘤，通常没有腺泡而是由很多大小较为一致的多角形或球状细胞团构成。

（三）纤维瘤

纤维瘤（fibroma）是指源于纤维结缔组织的一种良性肿瘤。凡有结缔组织的部位均可发生，多见于皮下、黏膜下、肌肉间隙、肌膜和骨膜等。在马、牛、羊、猪、犬、猫等十分常见。

剖检：纤维瘤多呈结节状或团块状，有包膜，界限明显（图7-5），大小和数量不一。一般为单发，也有多发，质地比较坚韧。切面白色或淡红色，常有排列不规则的条纹状结构。

镜检：纤维瘤细胞形态和染色与成纤维细胞及其胶原纤维相似，但数量、比例、结构和排列不同。瘤细胞分布不均匀，瘤细胞和纤维细胞排列紊乱，常呈束状相互交错或漩涡状排列，纤维结缔组织粗细不一致（图7-6）。

纤维瘤根据所含肿瘤细胞和纤维细胞的比例不同，可分为两种类型：①硬纤维瘤。胶原纤维多而细胞成分少，纤维排列致密，质地坚硬。②软纤维瘤。细胞成分多而胶原纤维少，纤维排列松散，质地较软。

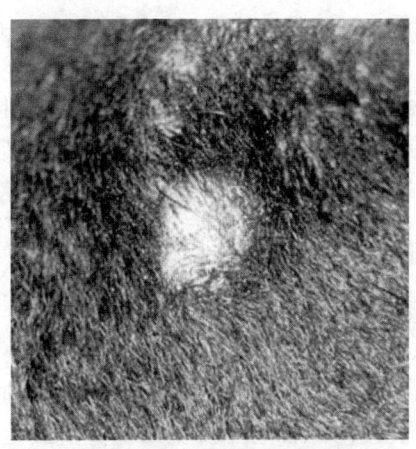

图7-5 犬皮肤纤维瘤(Ann M. Hargis)
皮肤纤维瘤呈圆形突起的无毛褐色
结节，常可自发恢复

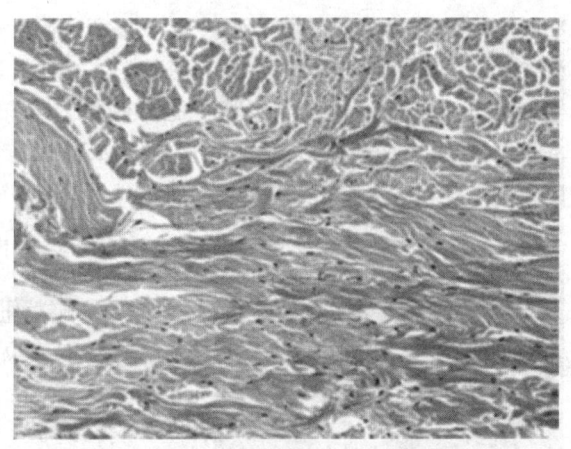

图7-6 犬皮下组织纤维瘤(美国田纳西大学兽医学院提供)
纤维结缔组织排列成条索状，结构致密(H.E.×400)

(四)脂肪瘤

脂肪瘤(lipoma)是指源于脂肪组织的一种常见良性肿瘤。常见于双峰驼、马、牛、绵羊、猪、犬猫等，多发生于皮下，有时也见于大网膜、肠系膜、肠壁等部位。

剖检：呈结节或分叶状，有包膜，能移动，与周围组织界限清楚。有时呈息肉状，有一根蒂与正常组织相连接。质地柔软，颜色淡黄，切面有油腻感。

镜检：可见瘤组织结构与正常脂肪组织相似，但脂肪细胞大小不等，有少量不均的间质(结缔组织和血管等)将肿瘤组织分割成许多大小不等的小叶，周围有明显的包膜(图7-7)。

(五)平滑肌瘤

平滑肌瘤(leiomyoma)是指源于平滑肌组织的良性肿瘤，常见于犬、牛、绵羊、猪、马、鸡等。多发生于动物的消化道和泌尿生殖道，其中以子宫最为多见。

剖检：呈结节状，有包膜，质地较硬，大小形状不一，切面呈淡灰红色。一般单发，也可多发(图7-8)。

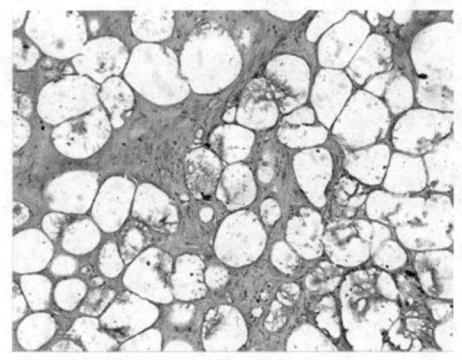

图7-7 脂肪瘤(西北农林科技大学动物病理学实验室提供)
肿瘤细胞大小不一，细胞浆中可见淡蓝色钙盐沉着，细胞间有少量胶原纤维(H.E.×400)

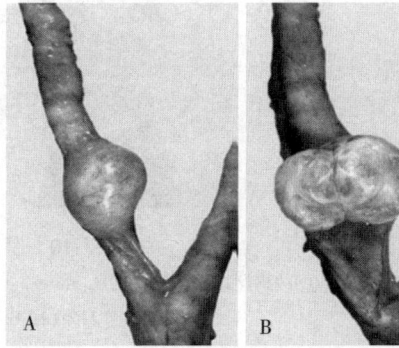

图7-8 犬子宫平滑肌瘤(D.D. Harrington et al.)
A. 左侧子宫角可见边界清晰，硬实的平滑肌瘤；
B. 平滑肌瘤体切面，可见平滑肌和
结缔组织条纹以及胶状内容物

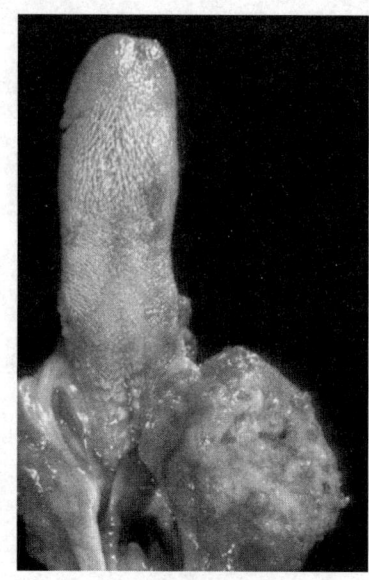

图7-9 猫扁桃体鳞状细胞癌
(R. Storts)
左侧为正常的扁桃体，右侧扁桃体被较大的膨胀性肿瘤所替代

镜检：肿瘤组织的实质为平滑肌瘤细胞，肿瘤细胞呈长梭形，细胞浆明显，细胞核呈棒状，染色质细而均匀，细胞间有多少不等的纤维结缔组织，组织排列不规则。有时，其肌肉成分几乎被纤维结缔组织所取代，变为纤维平滑肌瘤（fibror-leiomyoma）。有的平滑肌瘤可发生囊肿或钙化。

二、恶性肿瘤

（一）鳞状细胞癌

鳞状细胞癌（spuamous cell carcinoma）也称鳞状上皮癌或表皮样癌，简称鳞癌。它是由鳞状上皮转化来的恶性肿瘤，鳞状上皮被覆的部位均可发生鳞癌，多发生于各种动物的皮肤和皮肤型黏膜。例如，口腔、舌、扁桃体（图7-9）、乳房、阴道、阴茎（图7-10A）等处。

非鳞状上皮组织（如鼻咽、支气管、子宫体等）黏膜虽可出现鳞癌，但必须在鳞状上皮化生之后才能发生。

剖检：鳞状细胞癌主要向深层组织浸润性生长，导致组织肿大、结构破坏，可呈菜花状、溃疡状或浸润型，表面常发生出血、坏死、溃疡。肿瘤切面灰白色、质硬、边界不清。

镜检：初期表皮组织恶变，棘细胞出现进行性非典型性增生，表现细胞异型性和不规则有丝分裂。但这些细胞在尚未突破基底膜时，称为原位癌或上皮内癌。继续发展，如果癌细胞突破基底膜向深层浸润性生长，形成圆形、梭状或条索状细胞团，即成为典型的鳞癌，细胞团块称为癌巢（cancer nests）。凡分化程度好的癌巢中心发生角化，中央环状红染的角化物称为角化珠（keratin pearls）（图7-10B）。

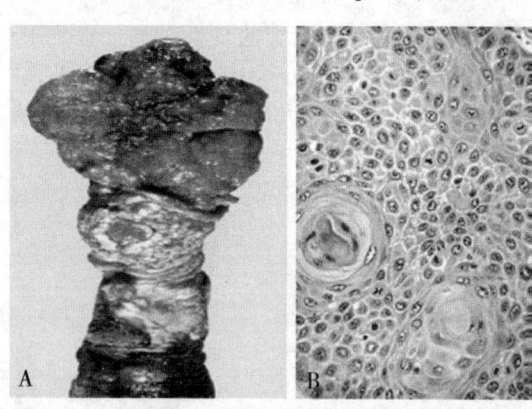

图7-10 马阴茎鳞状细胞癌
A. 龟头处有溃疡块突出（R. A. Foster）；B. 肿瘤鳞状上皮细胞排列在"角化珠"周围，可见核分裂象（H. E.×400）（M. J. Abdy et al.）

（二）腺癌

由黏膜上皮和腺上皮转化来的恶性肿瘤称为腺癌（adenocarcinoma）。多发生于动物的胃肠道、支气管、胸腺、甲状腺、卵巢、乳腺和肝脏等腺器官。卵巢癌是母鸡中比较多见的一种腺癌，其原发于卵巢，极易以种植性转移方式扩散到腹腔其他器官，如肌胃、腺胃、肠浆膜、肠系膜和肝脏等部位(图 7-11)。另外，动物乳腺癌多发生于母犬和母猫(图 7-12A)，其他家畜罕见。腺癌多发生于乳腺等部位的柱状上皮，生长迅速，侵袭性强，常发生转移。肿瘤组织常侵袭皮肤及周围淋巴管，腺腔内常有中性粒细胞、腺管周围有淋巴细胞和浆细胞浸润(图 7-12B)。与正常腺上皮相比，腺癌细胞呈明显的异型性，瘤体呈多形态。

(三)肝癌

肝癌(hepatoma)是指发生于肝脏的恶性肿瘤，包括原发性肝癌和转移性肝癌两种。这种肿瘤常独立存在，往往波及整个肝叶。

剖检：肝癌呈结节状或弥漫性生长，癌灶切面稍下陷而呈黄褐色(图 7-13A)。

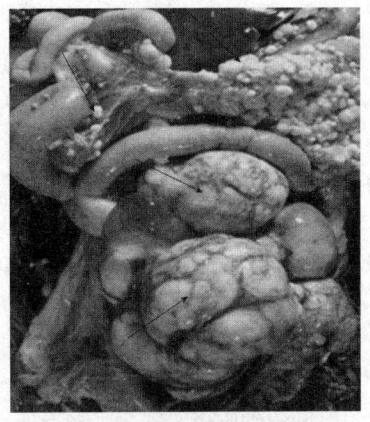

图 7-11　鸡卵巢癌(美国田纳西
大学兽医学院提供)
卵巢癌经体腔扩散，形成主要肿瘤以及
多个肿瘤结节(黑色箭头)

镜检：肝癌实质细胞类似肝细胞，但肝小叶构造极度紊乱，汇管区不清晰。恶性肝癌细胞形成不规则的三层或更多层细胞厚度的小梁，小梁间有血管腔隙(图 7-13B)。癌细胞比正常细胞着色淡，如果分化程度低，则看不出肝细胞的形状。有时肝硬变可导致肝组织癌变，常见于牛、马及犬等。

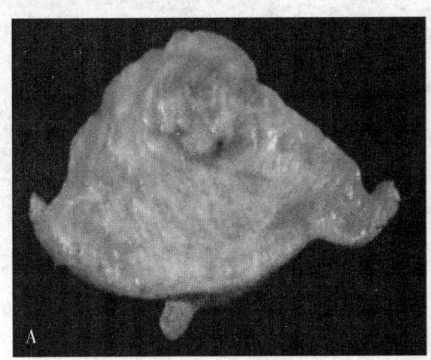 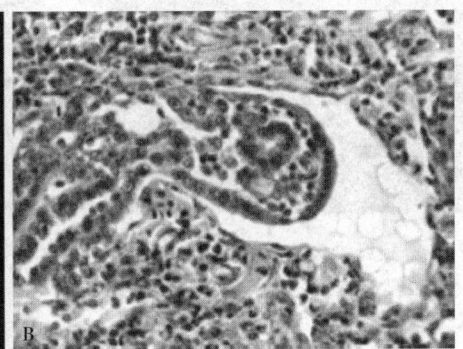

图 7-12　犬乳腺癌
A. 乳腺癌侵入并代替了正常的乳腺及临近的软组织(R. A. Foster)；B. 乳腺癌细胞进入淋巴管，
淋巴细胞和浆细胞存在于外淋巴组织中(H. E. ×400)(M. Domingo et al.)

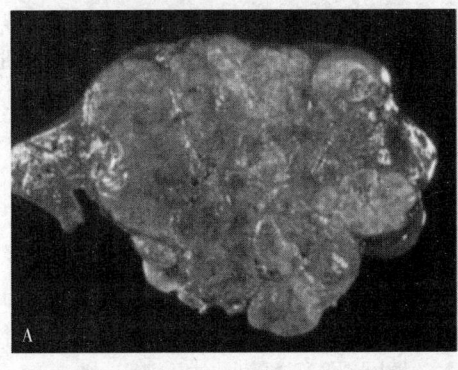 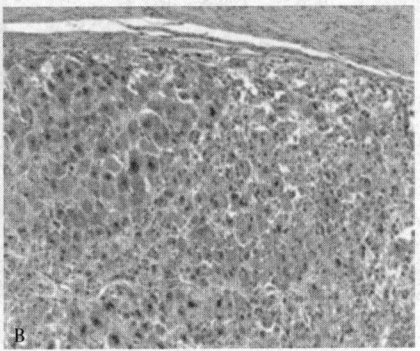

图 7-13　犬肝癌
A. 肿瘤由质脆、色灰白的组织构成，波及整个肝叶，界限明显(北卡罗莱纳州立大学兽医学院提供)；
B. 肝癌细胞中包含多种形态的肝细胞，形成小梁状、腺样或实体细胞片(H. E. ×400)(J. M. Cullen)

(四)纤维肉瘤

纤维肉瘤(fibrosarcoma)是指源于纤维结缔组织的一种恶性肿瘤,可见于多种动物,发生部位与纤维瘤相似。纤维肉瘤虽为恶性肿瘤,但家畜纤维肉瘤恶性程度都不高,生长缓慢,很少转移,切除后也少见复发,通常不会造成严重后果。只有极少数分化程度低,生长速度快,易转移,可复发。

剖检:纤维肉瘤为大小不同的球形,瘤体呈结节状、分叶状或不规则形,与周围组织界限较清楚,有时还见有包膜,质地比正常组织稍硬。如果呈浸润性生长,则与周围组织界限不清(图7-14)。

镜检:纤维肉瘤之间差异较大。分化程度高、恶性程度低的纤维肉瘤与纤维瘤相似,而分化程度低,恶性程度高的纤维肉瘤与纤维瘤有明显差异,表现为肿瘤细胞大小不等,肿瘤巨细胞多见。肿瘤细胞形态不一,多形性显著,瘤细胞核深染,常有核分裂象,瘤细胞多而胶原纤维很少。异型性较大的纤维肉瘤,肿瘤细胞呈梭形、圆形或比较矮胖,无胶原纤维(图7-15)。

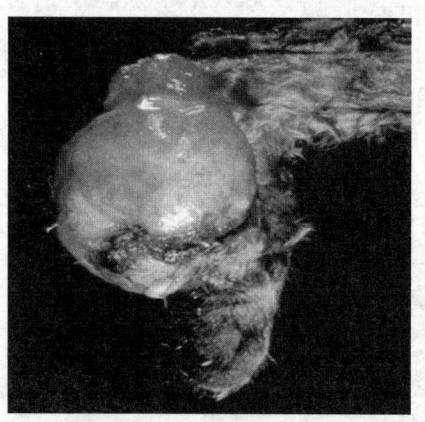

图7-14 猫纤维肉瘤(Ann M. Hargis)
发生于猫腿部皮肤的纤维肉瘤,呈局部浸润性生长

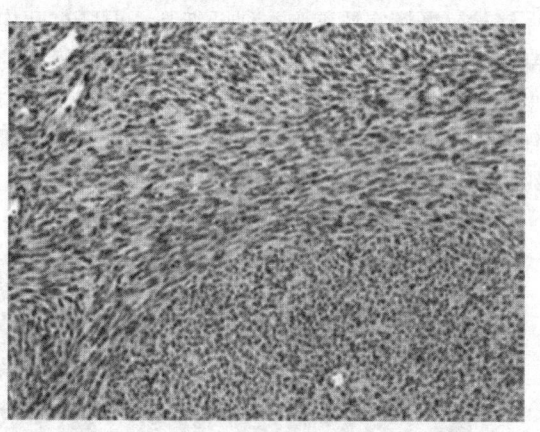

图7-15 犬皮下组织纤维肉瘤(美国田纳西大学兽医学院提供)
肿瘤细胞排列致密、核质深染,呈涡旋状或栅栏状
(H.E.×200)

(五)脂肪肉瘤

脂肪肉瘤(liposarcoma)是指源于原始间叶组织的恶性肿瘤,比较少见,一般发生在股部、腹股沟等部位的深部肌肉或肌间。犬最常发生于皮下脂肪,并可转移至肝脏和肺脏。

剖检:脂肪肉瘤不像良性脂肪瘤那样轮廓明显,表面常有一层假包膜,呈浸润性生长,质地比脂肪瘤坚实。

镜检:肿瘤细胞在形态上表现出显著的异型性,分化程度低,细胞核多形性,有时可见形状怪异的肿瘤巨细胞(图7-16)。

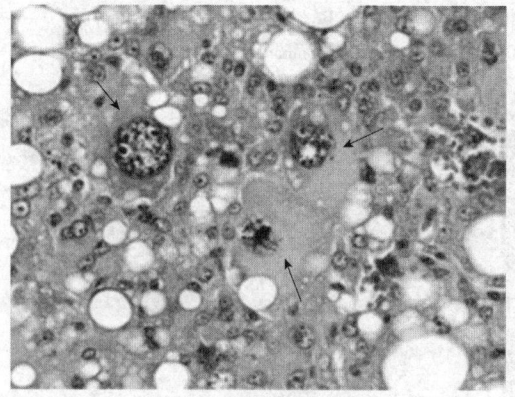

图7-16 犬皮下退行性脂肪肉瘤(美国伊利诺伊大学兽医学院提供)
可见形状怪异的肿瘤巨细胞(箭头),还可见含有丰富颗粒状染色质和多个核仁的巨大细胞核(H.E.×400)

(六)恶性黑色素瘤

由成黑色素细胞演变来的一种恶性肿瘤

称为恶性黑色素瘤(maligmant melanoma)。人黑色素瘤一般为良性，而家畜多为恶性。可见于多种动物，但以马属动物为主，尤以白色或浅色马多见，常发生于尾根、会阴部和肛门周围。开始肿瘤生长较为缓慢，可在较长时间内不转移。转移后的新子瘤可见于淋巴结、肝脏、脾脏、肺脏、肾脏、骨髓、肌肉、脑膜、松果体、神经纤维等部位。

剖检：瘤体大小不等，小者豆粒大，大者可达数斤；原发小肿瘤呈结节状，转移肿瘤可使组织弥散性肿大；质地不一，原发瘤较坚硬，转移瘤较柔软，切面干燥，呈黑色或棕黑色(图7-17)。

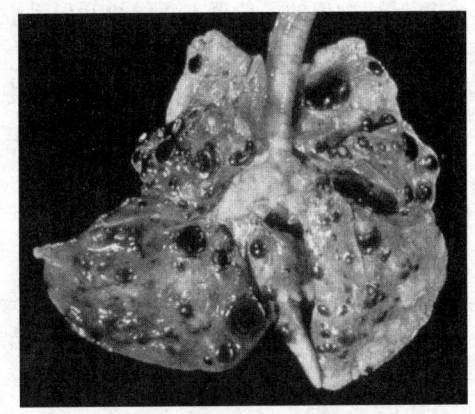

图7-17　转移至肺组织的犬黑色素瘤(美国田纳西大学兽医学院提供)
肿瘤结节在整个肺部的分布呈现血行转移的特征

镜检：瘤细胞大小不等，形态不一，呈圆形、椭圆形、梭形、不规则形。瘤细胞中黑色素颗粒少时，还可见到细胞核和嗜碱性细胞浆；黑色素颗粒多时，细胞核和细胞浆常被掩盖，极似一点墨滴，肿瘤细胞排列较为紧密，间质成分很少。

(七)淋巴肉瘤

淋巴肉瘤(lymphosarcoma)是淋巴组织较为常见的一种恶性肿瘤，家畜大部分病例的肿瘤细胞表现为一种形式，偶尔也可表现出多种细胞成分。淋巴肉瘤可发生于多种动物，但侵害的部位常常各异。心脏的恶性淋巴肉瘤最常见于牛，严重时可因心力衰竭而死亡。

剖检：肿瘤细胞呈弥散性浸润或结节样侵入心肌、心内膜及心包膜，淋巴瘤样组织呈白色团块，与脂肪沉着的外观相似(图7-18)。

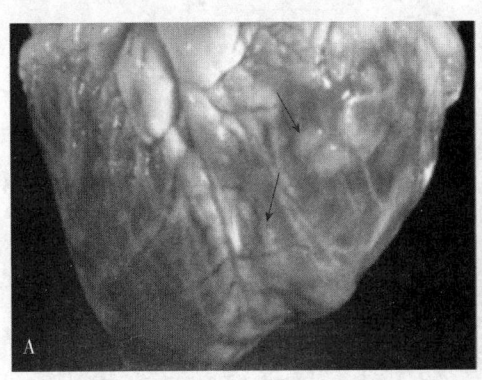 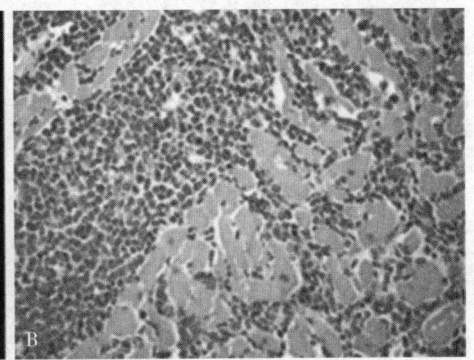

图7-18　母牛心脏淋巴肉瘤
A. 心室肌内有明显的肿瘤性淋巴细胞浸润，形成大量白斑和结节(箭头)(美国伊利诺伊大学兽医学院提供)；
B. 心肌细胞间可见大量肿瘤性淋巴细胞浸润，导致心肌细胞萎缩(H.E.×200)(美国普渡大学兽医学院提供)

镜检：心肌细胞间出现大量浸润的肿瘤性淋巴细胞。其他肿瘤的转移性病灶偶发于心脏，如恶性黑色素瘤。

作业题

1. 什么是肿瘤？如何认识肿瘤？肿瘤与炎症性疾病的区别？

2. 试述肿瘤的一般形态、结构和异型性。
3. 简述肿瘤的生长方式。
4. 试述肿瘤的核酸代谢、糖代谢和蛋白质代谢。
5. 什么是肿瘤的扩散？肿瘤的扩散方式有哪些？
6. 试述肿瘤的病因学及其发生机制。
7. 良性肿瘤和恶性肿瘤有何区别？
8. 试述肿瘤的分类和命名。
9. 常见的畜禽肿瘤有哪些？
10. 如何预防肿瘤的发生？

（黄　勇）

第八章 分子病理与免疫病理

【本章概述】分子病理是将病理学与细胞生物学和分子生物学结合起来，在蛋白质和核酸等生物大分子水平上，应用分子生物学理论、技术及方法研究疾病发生发展过程。

分子病理是在研究生命现象的分子基础上，探索疾病状态及其恢复过程中出现的细胞生物学和分子生物学现象。任何一种病因都可以追溯到由于一种单一分子（通常是某种蛋白质）的非正常结构或数量改变所引起的疾病。基因突变和DNA修复是导致疾病发生的两个重要过程，DNA修复缺陷可导致多种遗传性疾病发生。

免疫病理是机体在进化过程中所获得的"识别自身、排斥异己"的一种重要生理功能。在正常情况下，免疫系统通过细胞和/或体液免疫机制以抵抗外界入侵的病原生物，维持自身生理平衡，以及消除突变细胞，发挥对机体的保护作用。免疫反应异常时，无论是反应过高（变态反应）或过低（免疫缺陷）均可引起组织损害，导致免疫损伤性疾病。机体无法准确地识别自我抗原时，往往对自身抗原发生免疫反应，使自身组织损害而引起疾病，从而引起某些器官或者全身性损伤，即器官特异性自身免疫病和系统性自身免疫病。免疫耐受、反应调节异常、病毒感染和遗传因素影响等均可以引起自身免疫性疾病。反之，当免疫功能缺陷时也会引起疾病的发生。

第一节 基因突变

在生物学中，突变是指生物体、病毒或染色体DNA基因组中的核苷酸序列发生了变化，除遗传分离和遗传重组外，遗传物质的各种遗传性质的改变都称为突变（mutation）。基因突变（gene mutation）是指DNA分子中发生碱基对的增加、缺失或排列顺序的改变，而引起结构变化的变异现象。突变可以发生在编码序列，也可以发生在启动子、内含子和剪切位点等非编码序列，包括单个碱基改变所引起的点突变，或多个碱基的缺失、重复和插入。基因突变可以是自然发生的，如生物进化过程中细胞分裂时遗传基因的复制发生错误，也可以由外来因素诱发，如外界环境因素、电离辐射、化学物质、药物或病毒等。自发和诱发产生的基因突变型之间没有本质上的区别，基因诱变剂的作用也只是提高了基因的突变率。基因突变可以发生在发育的任何时期，但大多发生在DNA复制时期，即细胞分裂间期。突变的实质是核苷酸的增加、缺失、替代、颠倒或转位，通常影响遗传信息载体（DNA）的理化结构、复制、表型功能或重组。

一、基因突变的类型

1. 遗传性状

在进化上通常提到的突变一般指发生在生殖细胞中的突变，可以通过遗传影响后代的性状。发生在体细胞中的突变一般不会影响后代性状。根据遗传性状是否发生改变可将突变分为野生型和突变型。野生型即为自然界中普遍存在的性状，遗传性状发生了改变的则为突变型。

2. 基因序列

根据基因序列长短可分为点突变和片段突变。点突变（point mutation）是指贮存遗传信息的 DNA 序列或 RNA 序列中某一个碱基或者核苷酸发生的基因突变类型。片段突变（fragment mutation）是指基因中某些小片段核苷酸序列发生改变，这种改变有时可以跨越两个或两个以上基因。

3. 基因结构

（1）碱基置换突变

碱基置换突变是指 DNA 分子中一个碱基对被另一个不同的碱基对取代所引起的点突变。点突变分为转换和颠换两种形式。如果一种嘌呤被另一种嘌呤取代或一种嘧啶被另一种嘧啶取代则称为转换（transition）。嘌呤取代嘧啶或嘧啶取代嘌呤的突变则称为颠换（transversion）。因 DNA 分子中有四种碱基，故可能出现四种转换和八种颠换。在自然发生的突变中，转换多于颠换。

（2）移码突变

移码突变是指 DNA 片段中某一位点插入或丢失一个或几个（非 3 或 3 的倍数）碱基对时，造成插入或丢失位点以后的一系列编码顺序发生错位的一种突变。它可引起该位点以后的遗传信息都出现异常。发生了移码突变的基因在表达时可使组成多肽链的氨基酸序列发生改变，从而严重影响蛋白质或酶的结构与功能。吖啶类诱变剂（如原黄素、吖黄素、吖啶橙等）由于分子比较扁平，能插入 DNA 分子的相邻碱基对之间。

（3）缺失突变

缺失突变是指基因由于较长片段的 DNA 缺失而发生的突变。缺失的范围如果包括两个基因，就如同两个基因同时发生突变，又称多位点突变。由缺失造成的突变不会发生回复突变。所以，严格来讲，缺失应属于染色体畸变。

（4）插入突变

插入突变是指一个基因的 DNA 中插入一段外来的 DNA，导致其结构被破坏所引起的突变。大肠埃希菌的噬菌体 Mu-1 和一些插入顺序（IS）及转座子都是能够转移位置的遗传因子，当它们转移到某一基因中时，便使这一基因发生突变。例如，许多转座子上带有抗药性基因，当插入突变时，一方面引起突变，另一方面在这一位置上出现一个抗药性基因。插入的 DNA 分子可以通过切离而失去，准确地切离可以使突变基因回复成为野生型基因。插入突变的出现频率并不会因为诱变剂的处理而提高。

4. 蛋白质结构

（1）同义突变

同义突变（synonymous mutation）是由于遗传密码子存在简并性，碱基置换后密码子虽然发生改变，但不会影响所编码的氨基酸，仅会影响编码效率。简并性最初来源于描述量子力学中波的状态和能级的关系，表示多种状态对应一种现象。

（2）错义突变

错义突变（missense mutation）是指编码某种氨基酸的密码子经碱基替换成另一种氨基酸的密码子，从而使多肽链的氨基酸种类和序列发生改变。错义突变的结果通常使多肽链丧失原有的功能，许多蛋白质的异常就是由错义突变引起的。

（3）无义突变

无义突变（nonsense mutation）是指由于某个碱基的改变使代表某种氨基酸的密码子突变为

终止密码子,也称无义密码子(包括 UAA、UAG、UGA),从而使肽链合成提前终止。无义突变是导致终止密码子提前或在转录 mRNA 中产生无义密码子的点突变,因此,获得的蛋白质变短或无功能。

(4)终止密码子突变

与无义突变相反,碱基替换后改变了终止密码子,使其变成具有氨基酸编码功能的遗传密码子,使本应终止延伸的多肽链合成异常得以持续进行。终止密码子突变(terminator mutation)会使多肽链长度延长,其结果也必然形成功能异常的蛋白质结构分子。

(5)经典剪切位点突变

剪切是指 DNA 转录成 RNA 后,去掉内含子的过程。经典剪切位点突变(classical splice site mutation)过程中,内含子与外显子连接区域的碱基序列为外显子+GT+内含子+AG 时,GT…AG 某一位点发生突变时,会造成剪切异常。

(6)动态突变

动态突变(dynamic mutation)又称不稳定三核苷酸重复序列,在基因的编码区、3′或 5′-UTR、启动子区、内含子区出现三核苷酸重复,以及其他长短不等的小卫星、微卫星序列的重复拷贝数,在减数分裂或体细胞的有丝分裂过程中发生扩增而造成遗传物质的不稳定状态。三核苷酸重复的次数可随着世代的传递而呈现逐代递增的累加突变效应,因而称为动态突变。已知的动态突变性疾病已超过 30 种,如 Huntington 病、脆性 X 综合征、脊髓小脑共济失调、强直性肌营养不良等。

二、基因突变的特点

无论是真核生物还是原核生物的突变,也无论是什么类型的突变,都具有随机性、稀有性和可逆性等共同的特性。

1. 普遍性

基因突变是自然界生物进化的基础,在自然界各物种中普遍存在。

2. 随机性

T. H. 摩尔根在饲养的许多红色复眼果蝇中偶然发现了一只白色复眼果蝇。这一事实说明基因突变的发生在时间、个体、基因等方面都是随机的。以后在高等植物中所发现的无数例子都说明基因突变的随机性。在细菌中则情况更为复杂,例如,在含有某一种药物的培养基中培养细菌时,往往可以得到对于这一药物具有抗性的细菌,因此,有人认为细菌的抗药性的产生是药物引起的,是定向的适应而不是随机的突变。

3. 稀有性

T. H. 摩尔根发现白色复眼果蝇的过程中,在发现第一个突变基因时,并不是发现若干白色复眼而是仅一只,说明突变是极为稀有的,也就是说野生型基因以极低的突变率发生突变。在有性生殖的生物中,突变率用每个配子发生突变的概率表示,也就是用一定数量配子中的突变型配子数。在无性生殖的细菌中,突变率用每一细胞世代中每一细菌发生突变的概率表示,也就是用一定数量的细菌在分裂一次过程中发生突变的次数。据估计,在高等生物中,$10^5 \sim 10^8$ 个生殖细胞中,才会有一个生殖细胞发生基因突变。虽然基因突变的频率很低,但是当一个种群内有许多个体时,就有可能产生各种各样的随机突变,足以提供丰富的可遗传的变异。

4. 可逆性

野生型基因经过突变成为突变型基因的过程称为正向突变。正向突变的稀有性说明野生型基因是一个比较稳定的结构。突变基因又可以通过突变而成为野生型基因，这一过程称为回复突变。回复突变是难得发生的，说明突变基因也是一个比较稳定的结构。不过，正向突变率总是高于回复突变率，这是因为一个野生型基因内部的许多位置上的结构改变都可以导致基因突变，但是一个突变基因内部只有一个位置上的结构改变才能使它恢复原状。

5. 有害性

大多数基因的突变，对动物的生长与发育往往是有害的，可能会导致基因原有功能丧失；基因间及相关代谢过程的协调关系被破坏；性状变异，个体发育异常，生存竞争与生殖能力下降，甚至死亡(致死突变)，被淘汰。突变的有害性和有利性是相对的，在某些情况下，基因突变的有害性与有利性可以转化，抗逆性突变是有利的，使物种增强适应性。例如，一只鸟的嘴巴很短，突然突变后，嘴巴会变长，这样会容易捕捉食物或利于饮水。也有极少数的基因突变不仅对生物无害，还对其生存有利，如微生物的抗病性、动物的抗病性。也有一些突变不影响生物的正常生理功能。

6. 不定向性

不定向性是指基因突变可以向多个方向发生，即基因内部多个突变部位分别改变后，会产生多种等位基因形式。

7. 独立性

独立性是指某一基因位点的一个等位基因发生突变，不影响另一个等位基因，即等位基因中的两个基因不会同时发生突变。

(1) 隐性突变

隐性突变是指当代不表现，第二代表现。

(2) 显性突变

显性突变是指当代表现，与原性状并存，形成镶嵌现象或嵌合体。

【知识卡片】

基因突变的随机性

S. 卢里亚和 M. 德尔布吕克在 1943 年首先用波动测验方法证明在大肠埃希菌中的抗噬菌体细菌的出现与噬菌体的存在无关。J. 莱德伯格等在 1952 年又用印影接种方法证实了这一论点。

实验方法是将大量对药物敏感的细菌涂布在不含药物的培养基表面，将上面生长起来的菌落用一块灭菌的丝绒作为接种工具印影接种含有某种药物的培养基表面，使两个培养皿上的菌落位置一一对应。根据后一培养基表面生长的个别菌落的位置，可以在前一培养皿上找到相对应的菌落。在许多情况下可以看到这些菌落具有抗药性。由于前一培养基是不含药的，因此，这一实验结果非常直观地说明抗药性的出现不依赖于药物的存在，而是随机突变的结果，只不过是通过药物将它们检出而已，从而证实了基因突变的随机性。

第二节 DNA 损伤与修复

DNA 存储着生物体赖以生存和繁衍的遗传信息，因此，维持 DNA 分子的完整性对细胞至关紧要。DNA 分子结构的异常改变称为 DNA 损伤，DNA 损伤是复制过程中发生的 DNA 核苷酸序列永久性改变，并导致遗传特征改变的现象。DNA 的特殊结构决定其稳定性，DNA 非常脆弱，一个细胞的 DNA 平均每天遭受 74 000 次以上的损伤。外界环境和生物体内部的因素都会导致 DNA 分子的损伤或改变，而且与 RNA 及蛋白质可以在细胞内大量合成不同，一般在一个原核细胞中只有一份 DNA，在真核二倍体细胞中相同的 DNA 也只有一对，如果 DNA 的损伤或遗传信息的改变不能修复，对体细胞就可能影响其功能或生存，对生殖细胞则可能影响后代。所以，在进化过程中生物细胞所获得的修复 DNA 损伤的能力就显得十分重要，也是生物体能够保持遗传稳定性之所在。在细胞中，可进行修复的生物大分子只有 DNA，这也反映出 DNA 对生命的重要性。另外，在生物进化中突变又是与遗传相对立统一的普遍现象，DNA 分子的变化并不是全部都能被修复成原样的，正因为如此生物才会有变异和进化。人在成长过程中也会遇到各种顺境和逆境，当身处逆境时，只有积极面对，改变自身的不足，才能破茧成蝶。

一、DNA 损伤的原因和发生机理

1. 自发性损伤

（1）DNA 复制中的错误

以 DNA 为模板按碱基配对进行 DNA 复制是一个严格而精准的过程，但也不是完全不发生错误。碱基配对的错误频率为 $10^{-2} \sim 10^{-1}$，在 DNA 复制酶的作用下碱基错误配对频率可降至 $10^{-6} \sim 10^{-5}$，复制过程中如有错误的核苷酸插入，DNA 聚合酶还会暂停催化作用，以其 $3'-5'$ 外切核酸酶切除错误接上的核苷酸，然后继续正确的复制，这种校正作用广泛存在于原核和真核的 DNA 聚合酶中，可以说是一种对 DNA 复制错误的修复形式，从而保证了复制的准确性。但校正后的错误配对频率约为 10^{-10}。

（2）DNA 的自发性化学变化

生物体内 DNA 分子可以由于各种原因发生变化，至少有以下几种类型。

①碱基的异构互变：DNA 中的四种碱基各自的异构体间都可以自发地相互变化（如烯醇式与酮式碱基间的互变），这种变化就会使碱基配对间的氢键发生改变，可使腺嘌呤能配上胞嘧啶、胸腺嘧啶能配上鸟嘌呤等，如果这些配对发生在 DNA 复制时，就会造成子代 DNA 序列与亲代不同的错误性损伤。

②碱基的脱氨基作用：碱基的环外氨基有时会自发脱落，从而胞嘧啶会变成尿嘧啶、腺嘌呤会变成次黄嘌呤（H）、鸟嘌呤会变成黄嘌呤（X）等。复制时，U 与 A 配对、H 和 X 都可与 C 配对，就会导致子代 DNA 序列发生错误。胞嘧啶自发脱氨基的频率约为每个细胞 190 个/d。

③脱嘌呤与脱嘧啶：自发的水解可使嘌呤和嘧啶从 DNA 链的核糖磷酸骨架上脱落下来。一个哺乳类动物细胞在 37℃ 条件下，20 h 内 DNA 链上自发脱落的嘌呤约 1 000 个、嘧啶约 500 个。估计一个长寿命不复制繁殖的哺乳类细胞（如神经细胞）在整个生活期间中自发脱的嘌呤数约为 10^8 个，约占细胞 DNA 中总嘌呤数的 3%。

④碱基修饰与链断裂：细胞呼吸的副产物 O^{2-}、H_2O_2 等会造成 DNA 损伤，可产生胸腺嘧啶乙二醇、羟甲基尿嘧啶等碱基修饰物，还可引起 DNA 单链断裂等损伤，每个哺乳类动物细胞 DNA 单链断裂发生的频率约为 50 000 次/d。此外，体内还可以发生 DNA 的甲基化，以及 DNA 结构的其他变化等，这些损伤的积累可能导致老化。

由此可见，如果细胞不具备高效率的修复系统，生物的突变率将大大提高。

2. 化学性因素

化学性因素对 DNA 损伤的认识最早来自对化学武器杀伤力的研究，后来对癌症化疗和化学致癌作用的研究使人们更重视突变剂或致癌剂对 DNA 的损伤作用。

(1) 烷化剂

烷化剂是一类亲电子的化合物，很容易与生物体中大分子的亲核位点发生反应。烷化剂的作用可导致 DNA 发生各种类型的损伤。

①碱基烷基化：烷化剂很容易将烷基加到 DNA 链中嘌呤或嘧啶的 N 或 O 上，其中，鸟嘌呤的 N7 和腺嘌呤的 N3 最容易受到攻击，烷基化的嘌呤碱基配对会发生变化，例如，鸟嘌呤 N7 被烷化后就不再与胞嘧啶配对，而改与胸腺嘧啶配对，结果会使 G-C 转变成 A-T。

②碱基脱落：烷化鸟嘌呤的糖苷键不稳定，容易脱落形成 DNA 上无碱基的位点，复制时可以插入任何核苷酸，造成序列的改变。

③断链：DNA 链的磷酸二酯键上的氧也容易被烷化，结果形成不稳定的磷酸三酯键，易在糖与磷酸间发生水解，使 DNA 链断裂。

④交联：烷化剂有两类，一类是单功能基烷化剂（如甲基甲烷碘酸），只能使一个位点烷基化；另一类是双功能基烷化剂，如化学武器（如氮芥、硫芥等）、一些抗癌药物（如环磷酰胺、苯丁酸氮芥、丝裂霉素等）、某些致癌物（如二乙基亚硝胺等）均属此类，其两个功能基可同时使两处烷基化，结果就能造成 DNA 链内、DNA 链间、DNA 与蛋白质间的交联。

(2) 碱基类似物和修饰剂

人工可以合成一些碱基类似物用作促突变剂或抗癌药物，如 5-溴尿嘧啶（5-BU）、5-氟尿嘧啶（5-FU）、2-氨基腺嘌呤（2-AP）等。由于其结构与正常的碱基相似，进入细胞能替代正常的碱基掺入 DNA 链中，从而干扰 DNA 复制与合成，例如，5-BU 结构与胸腺嘧啶十分相近，在酮式结构时与 A 配对，却又更容易成为烯醇式结构而与 G 配对，在 DNA 复制时导致 A-T 转换为 G-C。

还有一些人工合成或环境中存在的化学物质能专一修饰 DNA 链上的碱基或通过影响 DNA 复制而改变碱基序列，例如，亚硝酸盐能使 C 脱氨变成 U，经过复制就可使 DNA 上的 G-C 变成 A-T 对；羟胺能使 T 变成 C，结果使 A-T 改成 C-G 对；黄曲霉素 B 也能专一攻击 DNA 上的碱基导致序列的变化，这些都是诱发突变的化学物质或致癌剂。

3. 物理性因素

(1) 紫外线引起的 DNA 损伤

DNA 损伤最早就是从研究紫外线的效应开始的。当 DNA 受到最易被其吸收的 260 nm 波长紫外线照射时，主要是使同一条 DNA 链上相邻的嘧啶以共价键连成二聚体，相邻的两个 T 或两个 C 或 C 与 T 间都可以环丁基环（cyclobutane ring）连成二聚体，其中，最容易形成的是 TT 二聚体。

动物皮肤因受紫外线照射而形成二聚体的频率可达每小时 5×10^4 次/细胞，因为紫外线不能穿透皮肤，所以上述突变只局限在皮肤中，但微生物受紫外线照射后，则会影响其生存。紫外线照射还能引起 DNA 链断裂等损伤。

(2) 电离辐射引起的 DNA 损伤

电离辐射损伤 DNA 有直接和间接两种效应，直接效应是 DNA 直接吸收射线的能量而受到损伤；间接效应是指 DNA 周围其他分子（主要是水分子）吸收射线的能量，产生具有很高反应活性的自由基而损伤 DNA。电离辐射可导致 DNA 分子的多种变化。

①碱基变化：主要是由羟基引起，包括 DNA 链上的碱基氧化修饰、过氧化物的形成、碱基环的破坏和脱落等。一般嘧啶比嘌呤更敏感。

②脱氧核糖变化：脱氧核糖上的每个碳原子和羟基上的 H 都能与 OH⁻ 反应，导致脱氧核

糖分解，可引起 DNA 链断裂。

③DNA 链断裂：这是电离辐射引起的严重损伤事件，断链数随辐射剂量的增加而增加。射线的直接和间接作用都可能使脱氧核糖破坏或磷酸二酯键断开，导致 DNA 链断裂。DNA 双链中一条链断裂称为单链断裂(single strand broken)；DNA 双链在同一处或相近处断裂称为双链断裂(double strand broken)。虽然单链断裂发生频率为双链断裂的 10~20 倍，但其比较容易修复。但对单倍体细胞(如细菌)一次双链断裂就是致死事件。

④交联：包括 DNA 链交联和 DNA-蛋白质交联。同一条 DNA 链上或两条 DNA 链上的碱基间可以共价键结合，DNA 与蛋白质之间也会以共价键相连，组蛋白、染色质中的非组蛋白、调控蛋白、与复制和转录有关的酶都会与 DNA 共价键连接。这些交联是细胞受电离辐射后在显微镜下看到的染色体畸变的分子基础，可影响细胞的功能和 DNA 复制。

二、DNA 损伤修复的类型和发生机理

DNA 损伤修复(repair of DNA damage)是指在多种酶的作用下，生物细胞内的 DNA 分子受到损伤以后恢复结构的现象。DNA 接触诱变剂以后，能使 DNA 发生局部损伤，这些损伤如果未及时修复，便会阻碍 DNA 的复制、转录，从而加速细胞的老化甚至造成死亡。DNA 修复损伤的机制有两类：一类称为无误修复，它可以使 DNA 恢复原状但不带来突变；另一类称为易误修复或错误倾向修复，它使 DNA 复制继续进行，但并非完全消除 DNA 损伤，只是使细胞能够耐受这种损伤而继续生存，因此，经常会同时引起基因突变。对于不同的 DNA 损伤，细胞可以有不同的修复反应。目前，发现的 DNA 损伤修复方式主要有以下五种。

1. 光修复

光修复又称光逆转或直接修复，是最简单的 DNA 修复机制。紫外线可造成彼此相邻的嘧啶碱基形成二聚体，嘧啶二聚体会减弱双链之间氢键的作用，引起 DNA 变形。在可见光(波长 300~600 nm)照射下，由光复活酶识别并作用于二聚体，利用光提供的能量使环丁酰环打开而完成的修复过程称为光修复。光复活酶已在细菌、酵母菌、原生动物、藻类、蛙、鸟类、哺乳动物中的有袋类和高等哺乳类，以及人类的淋巴细胞和皮肤成纤维细胞中发现。此种修复功能虽然普遍存在，但主要是低等生物的一种修复方式，随着生物的进化，它所起的作用也随之削弱。这种光反应修复只能在单链或双链 DNA 上发生，对 RNA 是无效的。

光修复过程并不是光复活酶吸收可见光，而是光复活酶先与 DNA 链上的胸腺嘧啶二聚体结合成复合物，这种复合物以某种方式吸收可见光，并利用光能切断胸腺嘧啶二聚体间的 C—C 键，使胸腺嘧啶二聚体变成单体，光复活酶就从 DNA 上解离下来。这一反应即使在黑暗的环境中也能够完成。

2. 重组修复

重组修复又称复制后修复，是指 DNA 复制完成之后进行修复的一种方式。即受损伤的 DNA 没有被修复时，复制仍能继续进行，只是遇到受损的位置时先被越过，在下一个相应的正确位置上，再重新合成引物和 DNA 链。这样在合成的新链中会留下一个对应于损伤部位的缺口，这个缺口就由 DNA 重组进行填补修复。首先，从同源 DNA 母链上将相对应的核苷酸序列片段移到子链形成的缺口处，通过连接酶进行连接。然后，母链上产生的空缺就用新合成的序列来填补。修复过程中原损伤没有被去除，但经过若干代的复制可以逐渐稀释，降低或消除损伤带来的影响。重组修复主要发生在细胞的减数分裂和有丝分裂期，例如在减数分裂前期，会导致遗传物质发生局部互换，这样可能会造成 DNA 结构的改变从而引起突变。

3. 切除修复

切除修复又称核苷酸外切修复，是取代紫外线灯、辐射物质造成的损伤部位的暗修复。首先，在多种酶参与的协同作用下，在损伤部位的任一端打开磷酸二酯键，将受到损伤的部位从 DNA 分子中切除；随后，用完整的那条链作模板，合成填补被切除部分留下的缺口；最后，经连接酶连接，将 DNA 双螺旋恢复至正常水平。在切除修复过程中，对 DNA 的多种损伤（如碱基脱落形成的无碱基点、嘧啶二聚体、碱基烷基化、单链断裂等）起到修复作用，不同的 DNA 损伤需要不同的核酸内切酶来识别和切割，主要通过两种方式完成修复。

（1）碱基切除修复

碱基切除修复是指针对 DNA 分子中只有单个碱基发生损伤、DNA 单链断裂和氧化性损伤时采用的修复方式。在细胞内各种 DNA 糖苷酶的作用下，识别 DNA 损伤部位，催化 N-糖苷键水解，在受损部位附近将 DNA 单链切开，切除受损伤的小片段 DNA，由 DNA 聚合酶 I 以完整链为模板合成新的片段，最后由 DNA 连接酶连接封口。

（2）核苷酸切除修复

核苷酸切除修复是体内识别 DNA 损伤最多的修复方式，主要修复造成扭曲的双螺旋结构发生形状改变的 DNA 损伤和阻断基因转录，但不识别任何特殊碱基损伤。当 DNA 核苷酸受到损伤时，双链之间不能形成氢链，从而导致 DNA 的双螺旋结构发生变形。核酸酶识别受损部位，切割酶结合到损伤位点，在错配位点上下游几个碱基的位置（上游 5′端和下游 3′端）由 5′-3′核酸外切酶切除含有损伤碱基的那一段 DNA，由 DNA 聚合酶 I 以完整链为模板合成新的片段，最后，由 DNA 连接酶将新合成的 DNA 片段与原来的 DNA 断链连接起来。核苷酸切除修复在已经研究过的真核生物中都很相似，说明其在生物进化过程中具有高度的保守性。

4. 错配修复

错配修复是校正 DNA 在复制或重组过程中发生的碱基插入或缺失时引起的碱基错配的一种修复方式。细胞在分裂过程中，DNA 复制时常常自发性地发生碱基错配，错配的碱基可以被 DNA 错配修复酶识别修复。DNA 复制过程中，Dam 甲基化酶促使刚复制的 DNA 母链 GATC 序列上的腺苷酸 N6 位甲基化，而新合成的新链有甲基化梯度，靠近复制叉部位的甲基化程度最低，新合成的 DNA 双链分子就是半甲基化状态。修复系统通过识别母链和子链的甲基化状态来辨别并切除子链，以母链为模板继续合成新的子链。

5. SOS 修复

SOS 修复也称应急修复或诱导修复，是 DNA 受到严重损伤，细胞处于危急状态的环境时，为求得生存而诱导的一系列复杂的 DNA 修复反应。保持基因组的完整性是细胞生存和发挥功能的必要条件。SOS 修复主要通过辅蛋白酶（RecA）和基因的阻遏物（LexA）进行调控。RecA 与损伤的 DNA 结合，进而激活 LexA 的活性，激活后的 LexA 发生自身断裂，促使一系列基因表达。在无模板的情况下进行 DNA 修复再合成，将 DNA 片段插入受损的 DNA 空隙处。由于 SOS 修复是在紧急情况下发生的一种随机反应，修复的结果只能是维持基因组的完整性，提高细胞的生存概率，校对系统松懈和错误潜伏，导致细胞的突变率增加。

第三节　组织损伤的免疫机制

当动物机体受到"非己"抗原物质（微生物和非微生物）作用后，其免疫反应发生改变，使机体对同一抗原物质的再次作用产生两种不同的应答反应。一种是有利于机体的防御反应，使机体抵抗力增强，即产生免疫保护作用；另一种是对机体组织造成损伤（即免疫损伤）。免疫损伤（immune injury）是指由内源性或外源性抗原导致的细胞或体液免疫应答介导的组织损伤，通常又称变态反应（allergic reaction）或超敏反应（hypersensitivity reaction）。引起免疫损伤的抗原可以是内源和/或外源的，同种和/或自体的。凡是能选择性地激活 $CD4^+T$ 淋巴细胞和 B 淋巴细胞，诱导机体产生特异性抗体或致敏淋巴细胞，诱发变态反应的一切抗原物质均称为过敏原（anaphylactogen）或变应原（allergen）。由变态反应引起的疾病称为变态反应性疾病。其中，部分来自外环境的外源性抗原所致的变态反应性疾病是可以预防的，例如，接触性皮炎等可通过避免接触抗原加以预防；部分同种抗原所致的过敏反应（如输血反应），通过受体和供体血液的交叉配型检测也可以避免。

免疫应答具有两面性，可能产生有益效应，也可能产生有害效应。超敏反应被定性为不恰当的或者错误的免疫应答，分为致敏阶段和效应阶段。致敏阶段要求机体必须曾经暴露或者长时间暴露于某种抗原下，使其能够对刺激原产生免疫应答。与超敏反应相关的症状发生于效应阶段，最常见的是炎症或细胞溶解。根据介导疾病发生的免疫机制，变态反应可分为四个类型，即Ⅰ、Ⅱ、Ⅲ、Ⅳ型。许多疾病的发生机制不仅涉及一种超敏反应，某些疾病由于抗原特性、机体反应性和疾病发展的阶段性不同，可同时或先后出现不同类型的变态反应，首先从速发型超敏反应开始，然后逐渐发展成迟发型超敏反应。

一、Ⅰ型变态反应

Ⅰ型变态反应又称过敏反应（anaphylaxis），因反应迅速，故又有速发型超敏反应（immediate hypersensitivity）之称。主要针对环境抗原和寄生虫抗原产生的 IgE 类抗体介导的免疫应答。IgE 介导的针对环境中有害抗原应答产生的过敏反应称为超敏反应。而相似的 IgE 介导的针对寄生虫抗原的保护性应答则称为免疫力（immunity）。Ⅰ型变态反应是通过抗原（过敏原）进入机体后与附着在肥大细胞和嗜碱性粒细胞上的 IgE 分子结合，并触发该细胞释放生物活性物质，引起平滑肌收缩、血管通透性增加、腺体分泌增加等一系列临床表现和病理变化。

（一）原因和发生机理

1. 原因

引起Ⅰ型变态反应的过敏原比较广泛，根据来源不同可分为吸入性和食源性两种。吸入性过敏原常见的有花粉、动物脱落的上皮、毛发、唾液和尘埃等。食源性过敏原常见的有：①异种蛋白质，如异种动物血清、蜂毒、昆虫毒液、疫苗、寄生虫、食物等；②药物和激素，如各种抗生素、有机碘、汞剂、胰岛素等。

2. 发生机理

Ⅰ型变态反应主要由 IgE 抗体所介导，但动物种属不同，参与反应的免疫球蛋白类型存在一定差异。例如，兔、犬、豚鼠、小鼠有 IgG，大鼠还有 IgA。当机体首次接触过敏原后，刺激扁桃体、肠的集合淋巴结或呼吸道黏膜中的淋巴细胞、巨噬细胞，在辅助性 T 淋巴细胞的协同作用下，产生针对该抗原的特异性 IgE 应答（在正常情况下，这一过程受抑制性 T 淋巴细胞的抑制），引起致敏反应。通过抗原特异性 IgE 与肥大细胞 Fcε 受体相结合，使机体处于致敏状态。这一阶段机体已经被致敏，当机体再次接触相同的过敏原或延长对初次诱导 IgE 特异性抗原的接触时，可以使肥大细胞表面相邻的两个或两个以上的 IgE 分子发生交联，引起细胞活化，从而激发两个平行但又独立的过程：肥大细胞的脱颗粒、颗粒中介质（原发性介质）的释放及细胞膜中原位介质的合成和释放，启动效应阶段的反应。肥大细胞活化是Ⅰ型变态反应发病机制的核心。

除了通过抗原和细胞膜上的 IgE 交联能够活化肥大细胞外，其他物质和刺激也能活化肥大细胞。肥大细胞还可以不依赖于 Fcε 受体的机制进行活化，包括细胞因子(IL-8)、补体成分(过敏毒素 C3a 和 C5a)、药物(非类固醇类抗炎性反应物、可待因和吗啡)和物理刺激(热、冷和创伤)。非 IgE 介导的肥大细胞活化称为过敏样反应，而由 IgE 介导的活化称为 I 型超敏反应。

I 型变态反应的基本发生机理包括致敏阶段和效应阶段。

(1) 致敏阶段

过敏原第一次进入机体后，刺激机体产生 IgE。该抗体属亲细胞性，可以在不结合抗原的情况下，以其 Fc 端与肥大细胞和嗜碱性粒细胞表面相应的高亲和性 IgE 的 Fc 受体结合，使机体处于对该抗原的致敏状态。一般在接触过敏原后 2 周左右开始形成，可维持较长时间(半年至数年)。如果动物机体长时间不接触相同抗原，则致敏状态可逐渐减弱，甚至减退或消失。肥大细胞和嗜碱性粒细胞表面结合了特异性 IgE 后，分别被称作致敏肥大细胞和致敏嗜碱性粒细胞，总称为致敏靶细胞。

(2) 效应阶段

当上述致敏机体再次或反复、持续接触抗原时，通过与致敏靶细胞 IgE 的 Fab 端上的抗原结合位点发生特异性结合，从而使细胞膜上两个相邻的 IgE 重链 Fc 端受体发生互相连接。此时，存在于肥大细胞的颗粒中原发性介质通过脱颗粒而释放，主要包括：①组胺，可引起强烈的支气管平滑肌收缩，血管扩张，通透性增加，黏液分泌增加；②趋化因子，其中嗜酸性粒细胞趋化因子和中性粒细胞趋化因子分别引起嗜酸性粒细胞和中性粒细胞浸润；③中性蛋白酶，可裂解补体及激肽原而产生其他炎症介质。

激活的肥大细胞所产生的继发性介质，则主要通过磷脂酶 A2 的激活，作用于膜磷脂而产生花生四烯酸，进而通过 5-脂氧化酶和环氧化酶途径分别产生白细胞三烯和前列腺素。白细胞三烯是最强烈的血管活性和致痉挛物质，其效应较组胺高数千倍，而白细胞三烯 B4 对中性和嗜酸性粒细胞及单核细胞具有很强的趋化性；前列腺素 D2 多产生于肺脏的肥大细胞，可引起强烈的支气管痉挛和黏液分泌增多；血小板激活因子可引起血小板聚集和组胺释放，该因子的产生也是磷脂 A2 激活所致，但并非花生四烯酸的代谢产物。

此外，肥大细胞尚可分泌多种细胞因子(如 TNF-α)，对促进炎细胞浸润也发挥重要作用。

(二) 类型

动物可以发生全身性和局部性的 I 型变态反应。许多传染性和非传染性疾病的发生机理都涉及 IgE 的产生，并可发展为 I 型变态反应。

1. 全身性 I 型变态反应

全身性 I 型变态反应是指由 IgE 介导的针对某抗原的急性超敏反应，并涉及肥大细胞的活化，通常能引起多种器官系统的类休克状态，甚至死亡。全身性过敏反应的临床特征和病理变化根据物种的不同而有所差异，通常与原发性休克器官相关。这种差异表现在肥大细胞的分布、特异性物质颗粒活性介质成分和主要靶组织的差异，其中，主要的靶组织包括血管和平滑肌。不同类型的抗原可以诱导产生不同的全身性过敏反应，但最常见的抗原包括药物(特别是青霉素类的抗生素)、疫苗、昆虫的毒液及特种血清。虽然非消化道给药产生过敏反应的风险最大，但在某些情况下，对高致敏的机体即便是极小剂量的抗原也能产生全身性过敏反应。

2. 局部性 I 型变态反应

在局部性 I 型变态反应中，仅在特定的组织或器官可以观察到相应的临床症状和病理变化。局部性反应常表现为局部组织水肿、嗜酸性粒细胞浸润、黏液分泌增加或支气管平滑肌痉挛等病理变化。通常发生于上皮细胞表面，如皮肤表面、呼吸器官和胃肠道。常见病例有皮肤荨麻疹（食物过敏），过敏性鼻炎（枯草热引起）及支气管哮喘等。局部变态反应的发生部位与变应原进入机体的途径有关，接触抗原的途径可以是吸入、食入或经皮肤吸收。发生在犬和猫最常见的食入性变态反应是皮肤病而不是胃肠道疾病。吸入性变应原常引起呼吸系统和皮肤症状，如霉菌孢子和花粉等会引起皮肤瘙痒的变态反应性皮炎。

【知识卡片】

不同动物休克时的临床表现

血管和平滑肌的组胺受体成分不同，且比其他组织对组胺的敏感性更高。在不同的动物会有不同的表现，例如，牛、羊休克时多累及肺脏，表现为肺气肿、水肿、淤血和呼吸困难等；马休克器官为肺脏和肠道，常呈现肺气肿（呼吸困难）和肠道出血（下痢）；猪休克器官为呼吸道和肠道，表现为呼吸困难、血压下降和虚脱；兔休克器官为心脏，呈现充血性心力衰竭；犬休克器官为肝脏，最常见的是严重的肝充血和内脏出血；鸡休克器官主要为肺脏，呈现肺脏水肿、呼吸困难和惊厥。

二、Ⅱ型变态反应

Ⅱ型变态反应又称细胞毒性抗体反应，被定义为抗体介导的细胞毒性超敏反应。通常是由所生成的抗体直接与靶细胞表面或组织中的抗原结合而介导，引起细胞或组织的损伤。抗原可以是内源性的（如正常细胞或者组织蛋白），也可以是药物或吸附在细胞表面的外源性抗原或半抗原。在某些情况下，抗原可能是细胞表面的受体，其抗体可能激活或阻断细胞活化，而不引起细胞毒性反应。Ⅱ型变态反应主要由IgM或IgG类抗体介导，并在致敏机体暴露于抗原后数小时内发生。

1. 病因

Ⅱ型变态反应的变应原包括自身组织细胞表面抗原，如血型抗原、自身细胞变性抗原、暴露的免疫特异部位抗原、与病原微生物含有的共同抗原等，以及吸附在组织细胞上的外来抗原或半抗原（如药物、细菌成分、病毒蛋白）等。

2. 发生机理

三种基本的抗体介导机制可以引起Ⅱ型变态反应的发生。

（1）补体依赖型反应

IgM和IgG具有补体活化的功能，特异性抗体（IgM或IgG）与细胞表面抗原相结合，通过形成可以引起细胞膜溶解的溶膜复合物，或通过将C3b片段固定于细胞表面，并激活补体，直接引起细胞膜的损害与溶解。血细胞和细胞外组织（如肾小球基底膜）极易遭受细胞毒性作用的攻击。红细胞有两个极易受损伤的特性。首先，其表面含有一系列复杂的可作为抗体应答靶标的血型抗原，这在输血反应或免疫介导的新生儿溶血病中较为常见。其次，红细胞的生化特性使其易吸收药物、感染原或肿瘤的抗原成分等物质。由于一些物质可以在一定程度上改变红细胞表面蛋白使其被识别为外源性物质，所以红细胞可直接成为作用靶标；或者如果抗体应答针对的是这些物质本身，就会将红细胞作为间接靶标。最后，多数情况都会导致细胞数量的减少或损失，如贫血或血小板减少症。

临床上此类Ⅱ型变态反应常见于以下几种情况。

①血型不符的输血反应：是由于供者红细胞抗原与受者血清中的相应抗体相结合，导致

溶血。

②新生幼畜的溶血性贫血（幼畜有核红细胞增多症）：是由于母体和胎儿抗原性差异所致，母体产生的抗体（IgG）被幼畜经母乳摄入后，与幼畜红细胞发生反应，导致溶血。

③自身免疫性溶血性贫血、粒细胞减少症、血小板减少性紫癜等疾病：是由于不明原因形成自身血细胞抗体而导致相应血细胞的破坏。

④药物作为半抗原与血细胞表面成分结合形成新抗原，激发抗体形成，后者针对血细胞-药物复合物（抗原）而引起血细胞的破坏。

(2) 抗体依赖型反应

抗体依赖型反应是通过抗体依赖性细胞的细胞毒性作用调节、促进吞噬或引起靶细胞溶解。靶细胞被低浓度的 IgG 抗体所包绕，IgG 的 Fc 片段可与一些具有 Fc 受体的细胞（自然杀伤细胞、中性粒细胞、嗜酸性粒细胞、单核细胞）相接触而引起靶细胞的功能改变或溶解。依赖抗体介导的细胞毒性反应主要与寄生虫或肿瘤细胞的消灭和移植排斥有关。

(3) 抗体介导型反应

抗体可直接作用于表面受体并引起细胞或组织的功能改变。抗体-受体结合物可以作为激活剂，刺激细胞的功能；也可以作为颉颃剂，阻断受体的功能。患畜体内存在抗某种受体的自身抗体，抗体通过与靶细胞表面的特异性受体结合，从而导致靶细胞的功能异常。由于该型反应不结合补体，因而不破坏靶细胞也无炎症反应。例如，重症肌无力是由于患者体内存在抗乙酰胆碱受体的自身抗体，此抗体可与骨骼肌运动终板突触后膜的乙酰胆碱受体结合，削弱神经肌冲动的传导而导致肌肉无力。

非细胞毒性型Ⅱ型变态反应最初是通过激活或抑制细胞或组织功能，随后伴随炎症反应，并可引起靶器官的炎性损伤。通常最起始反应为细胞表面抗原引起抗体反应，抗体能够与细胞结合，并使细胞溶解或巨噬细胞吸引补体成分，通过释放蛋白水解酶引起组织损伤。

三、Ⅲ型变态反应

Ⅲ型变态反应又称免疫复合物介导的超敏反应（immune complex mediated hypersensitivity），是指通过形成抗原-抗体复合物激活补体而引起的组织损伤。虽然参与Ⅲ型变态反应和Ⅱ型变态反应的抗体都是 IgG 和 IgM，可以引起相似的细胞和组织损伤，但是其根本的发生机理不同。在Ⅲ型变态反应中并不是由抗体直接作用于细胞或组织引起相应的损伤，而是由于免疫复合物附着于细胞上或沉淀于组织中而引起的细胞与组织损伤。免疫复合物是抗原和抗体相结合的产物，在生理情况下它能及时被吞噬系统所清除。当抗原数量多于抗体时，这些可溶性复合物即可沉积于组织并激活补体系统，从而引起细胞或组织损伤。

(一) 病因和发生机理

1. 病因

引起免疫复合物疾病的抗原种类繁多，有微生物（细菌、病毒等）、寄生虫、异体蛋白（食物、血清等）、药物（青霉素、普鲁卡因酰胺等）、自身抗原（变性 IgG、核酸等）、肿瘤抗原（肿瘤相关抗原、癌胚抗原等）及其他原因不明性抗原。

2. 发生机理

靶组织并不是免疫应答的直接目标，其病理机制始于免疫复合物的形成，随后复合物汇聚、形成或沉淀于组织中，并进一步激活补体。补体活化后产生的生物活性介质（如过敏毒素和趋化因子）进一步导致中性粒细胞的浸润和活化，进而引起组织损伤及炎症反应。与Ⅱ型变态反应相似，Ⅲ型变态反应也是在致敏机体暴露于过敏原后数小时内发生。

抗原-抗体复合物的形成是正常免疫应答的一部分，通常可以促进清除系统清除抗原，不会引起变态反应。由于抗原与抗体分子的结合价及二者的比例不同，所形成的复合物大小不等。当抗体数量远多于抗原时，可以形成大量的不溶性复合物，极易被单核-巨噬细胞系统吞噬清除，故两者均无致病作用；当抗原数量远胜于抗体时，形成的复合物太小，难以沉积于组织或激活补体系统，最后通过肾小球滤过作用排出体外；只有当抗原的量略多于抗体时，形成中等大小的复合物可以在循环过程中沉积于组织并激活补体系统。在某些情况下，免疫复合物型超敏反应可能是正常吞噬系统被抑制的结果。复合物沉积引起的组织损伤主要由补体、血小板和中性粒细胞引起。

(1) 补体激活

补体激活所产生的生物学效应有：①通过释放 C3b 促进吞噬作用；②提供趋化因子，诱导中性粒细胞和单核细胞游走；③释放过敏毒素，增加血管通透性和引起平滑肌收缩；④攻击细胞膜，造成细胞膜损伤甚至溶解。

(2) 血小板聚集和Ⅻ因子激活

免疫复合物可引起血小板聚集和Ⅻ因子激活，释放血管活性胺类，导致血管扩张，血管通透性增强，引起充血和水肿。同时，两者激活凝血机制导致微血栓形成，从而引起局部组织缺血和坏死。

(3) 中性粒细胞浸润

局部浸润聚集的中性粒细胞吞噬抗原-抗体复合物后，可释放多种炎症介质，包括前列腺素、扩张血管的肽类物质、阳性趋化物质和多种溶解体酶，其中，蛋白酶能消化基底膜、胶原、弹力纤维及软骨。此外，激活的中性粒细胞产生的氧自由基也可引起组织损害。

(二) 类型

Ⅲ型变态反应因复合物沉积部位的不同，导致的免疫复合物病分为局限性与全身性两类。血管、滑膜、肾小球及脉络丛都是极易沉积的部位，复合物的浓度和大小也决定了其沉积的位置。

1. 局限性Ⅲ型变态反应

局部免疫复合物沉积所引起的变态反应又称阿瑟斯反应(Arthus reaction)，是局限性Ⅲ型反应的例证。对动物进行非消化道途径注射抗原时，在循环系统产生特异性抗体，从而引起局部急性炎症反应。抗原和抗体向血管壁扩散时，抗原抗体复合物沉积于血管内，中性粒细胞在最初几个小时内发生边集和游走，造成血管和组织损伤。抗原抗体复合物在血管内的沉积决定了组织的损伤程度。少量复合物可引起血管充血和组织水肿，大量复合物在某些情况下，可诱导中性粒细胞释放颗粒，严重破坏血管壁，导致血栓形成和局部缺血，造成组织坏死。

犬的蓝眼病是由于自然感染或接种犬腺病毒Ⅰ型疫苗引起的局限性Ⅲ型变态反应。由干草小多孢菌引起的牛、马过敏性肺炎和犬的葡萄球菌性嗜中性粒细胞性皮肤脉管炎也属于该类型。

2. 全身性Ⅲ型变态反应

全身性免疫复合物沉积引起的疾病又称血清病。当动物注射异种血清时，异种血清作为抗原物质，刺激机体产生抗体，与初次注入而未完全排出的异种血清结合，随血液循环至全身特定部位沉积，主要累及肾脏、心血管、关节滑膜、皮肤等血管丰富的组织。这些部位并不是免疫应答的目标，而是由于复合物沉积于此，激活了补体继而引发炎症，引起全身性Ⅲ

型变态反应。一次性大量免疫复合物形成并在多器官沉积，可引起急性血清病；而反复持续沉积则引起慢性血清病。

急性血清病的临床表现因免疫复合物的量和形成速度不同而异。当大量异体蛋白注入含有大量相应抗体的血液时，可迅速形成高浓度的免疫复合物，复合物与中性粒细胞表面的补体分子及 Fc 受体结合，激活补体，活化中性粒细胞和巨噬细胞，产生大量蛋白水解酶和毒素自由基，从而吸引和活化其他炎性细胞，导致血管和组织的损伤。血小板通过释放血管活性胺和其他炎性成分来促进炎症的发生，其临床表现与过敏性休克相似。经典的血清病是在首次注射异体蛋白 7~10 d(产生抗体)后出现，临床上表现为短暂的发热、皮肤荨麻疹、周围关节肿胀、淋巴结肿大和蛋白尿等，血清补体含量明显降低。免疫复合物沉积所致的血管病变表现为管壁纤维素样坏死伴有大量中性粒细胞浸润，管壁有抗体和补体存在。

慢性血清病是由于持久性的接触少量抗原，免疫复合物形成和沉积所致。慢性免疫复合物病最常累及肾脏，引起膜性肾小球肾炎。

【知识卡片】

阿瑟斯反应

实验性阿瑟斯反应是通过对动物进行皮下途径注射抗原，可在循环系统产生特异性抗体，当抗原和抗体向血管壁方向扩散时，结合并形成免疫复合物沉积于血管壁。最初几个小时以中性粒细胞的边集和游走为特点，逐渐造成组织和血管的损伤。复合物在血管壁内沉积的数量决定了组织的损伤程度，少量复合物仅引起局部轻度的充血和水肿，大量复合物可引起中性粒细胞释放颗粒成分，导致出血和坏死，血管壁纤维素样坏死明显，常伴有血栓形成，局部的缺血更加重了组织的损害。

四、Ⅳ型变态反应

Ⅳ型变态反应又称细胞介导型变态反应，是由致敏 T 淋巴细胞与特异性抗原互相作用引起的。由 $CD8^+$ 淋巴细胞的直接细胞毒性作用或 $CD4^+$ 淋巴细胞释放的可溶性细胞因子，通过巨噬细胞产生的一种慢性炎症反应，分别受到主要组织相容性复合体Ⅰ(major histicompatibility complexⅠ，MHC-Ⅰ)类和Ⅱ(MHC-Ⅱ)类抗原的限制。因为需要依赖致敏的 T 淋巴细胞，且发生比较缓慢(通常需要 24~48 h)，因此，又称迟发型变态反应。

1. 病因

引起Ⅳ型变态反应的变应原主要是一些胞内寄生菌(如结核分枝杆菌、布鲁菌等)、某些真菌(如荚膜组织胞浆菌、新型隐球菌等)、某些病毒、寄生虫(如血吸虫的虫卵)及与体内蛋白质结合的简单的化学物质。另外，器官移植排斥反应和肿瘤免疫等也常出现明显的Ⅳ型变态反应。

2. 发生机理

与Ⅰ型、Ⅱ型和Ⅲ型变态反应的发生需要抗体不同是，Ⅳ型变态反应不依赖于抗体。Ⅳ型变态反应具有免疫特异性，和其他类型的变态反应一样具有致敏阶段和效应阶段。

(1) $CD4^+$ 淋巴细胞介导的反应

致敏阶段，机体初次接触抗原并形成抗原特异性记忆 T 淋巴细胞。$CD4^+$ 淋巴细胞识别抗原提呈表面的 MHC-Ⅱ，随后幼稚 $CD4^+$ 淋巴细胞被激活形成 TH1 淋巴细胞。宿主一旦致敏后，持续或重复接触抗原后进入效应阶段。致敏 $CD4^+$TH1 细胞受刺激释放各种生物活性物质，主要是细胞因子(IL-2、IL-3、IFN-γ和IFN-β)和趋化因子(IL-8、巨噬细胞趋化因子和活化因子、巨噬细胞抑制因子)。通过三种方式产生效应，引起迟发型超敏反应的发生。

①自分泌机制：CD4$^+$淋巴细胞分泌的IL-2作用于CD4$^+$细胞表面的IL-2受体，使CD4$^+$细胞进一步激活、增生并分泌IL-2。

②旁分泌机制：CD4$^+$细胞分泌的IFN-γ作用于邻近的巨噬细胞，将其激活、聚集并分泌单核因子(如IL-1、血小板源性生长因子等)，导致肉芽肿性炎症的形成和发展。

③内分泌机制：使远处或系统细胞产生效应。例如，CD4$^+$细胞等分泌的TNF-α和淋巴毒性因子可作用于血管内皮细胞，前者增加其前列腺素的分泌，使血管扩张；后者表达的淋巴细胞黏附分子有利于淋巴、单核细胞黏附并游出。

结核菌素反应是典型的迟发型变态反应。结核菌素是结核菌的蛋白脂多糖成分，经皮下注射后，先前已致敏的个体将在24~72 h后局部出现迟发型变态反应，局部出现硬结，这种皮下抗原被树突状细胞捕捉和处理后，活化了具有该抗原的CD4$^+$淋巴细胞，活化后的CD4$^+$淋巴细胞分泌的细胞因子募集和活化其他炎性细胞。镜检可见表皮和真皮浅部有多量单核细胞聚集和多少不等的中性粒细胞浸润，血管通透性明显增高，间质有水肿液和较多的纤维蛋白沉积。由于接种浓度小，一般在1~3 d达到高峰，5~7 d即可消退。相反，如果机体被感染的是胞内微生物或受到难以降解的抗原持续刺激，就会形成特殊类型的慢性炎症反应。

(2) CD8$^+$淋巴细胞介导的反应

由CD8$^+$淋巴细胞介导而发生的细胞毒性反应，通常与病毒感染有关。CD8$^+$淋巴细胞具有病毒抗原受体TCRS，可以与MHC-Ⅰ结合而辅助TCRS感染靶细胞表面抗原的识别、结合，通过CD8$^+$淋巴细胞与靶细胞的直接接触进而传递毒性蛋白，或者通过细胞膜表面Fas配体与靶细胞表面的Fas受体的互相作用两种机制介导细胞凋亡。这两种介导机制都依赖于caspases酶的活化。CD8$^+$淋巴细胞与靶细胞结合会释放出穿孔素，在Ca^{2+}的作用下，穿孔素聚集并在靶细胞表面形成孔道，从而引起细胞溶解或颗粒酶的传递，颗粒酶可进一步激活caspase酶，最终导致靶细胞膜的溶解或凋亡。

第四节 自身免疫性疾病

正常情况下，机体免疫系统具有识别自身和非自身组织成分的功能。机体对自身组织有天然耐受性，故不发生免疫反应，这种现象称为免疫耐受。在病理情况下，由于细胞基因突变等原因，导致自身免疫耐受被破坏，产生自身免疫应答，形成自身免疫。自身免疫病(autoimmune diseases)是指机体免疫系统对自身抗原发生免疫反应，产生的抗体或致敏淋巴细胞破坏和损伤自身的组织和细胞成分，导致自身组织损害和器官功能障碍的原发性免疫性疾病。自从Donath与Landsteiner提出此概念以来，许多疾病相继被列为自身免疫性疾病。例如，鸡神经型马立克氏病、犬全身性红斑狼疮病、水貂阿留申病、类风湿性关节炎、鸡自发性甲状腺炎和马传染性贫血等。值得提出的是，自身抗体的存在与自身免疫性疾病并非两个等同的概念，自身抗体可存在于无自身免疫性疾病的正常动物特别是老龄动物，如抗甲状腺球蛋白、甲状腺上皮细胞、胃壁细胞、细胞核DNA抗体等。有时，受损或抗原性发生变化的组织可激发自身抗体的产生。例如，心肌缺血时，坏死的心肌可导致抗心肌自身抗体形成，但此抗体并无致病作用，是一种继发性免疫反应。自身免疫在正常动物体内参与维持机体生理自稳作用，血清中可以测得多种针对自身抗原的自身抗体即生理性抗体，其效价一般比较低。该类抗体对自身正常组织不但不起破坏作用，还可以清除衰老、蜕变的自身组织成分。因此，要确定自身免疫性疾病的存在一般需要根据：①有自身免疫反应的存在；②排除继发性免疫反应的可能；③排除其他病因的存在。

一、自身免疫性疾病的发生机理

自身免疫耐受发生于幼稚淋巴细胞在胸腺中的发生过程（称为中枢免疫耐受），以及成熟的效应细胞在外周组织对抗原刺激的反应过程中（称为外周免疫耐受）。免疫耐受的形成是对维持自身耐受机制的逃避反应。虽然自身抗原能够引起一系列的自身免疫性疾病，但对启动抗原的机制仍然不清楚。参与破坏免疫耐受的因素多种多样，相互影响，相互制约，可能与下列因素有关。

1. 外周免疫耐受失败

对特异性抗原不产生免疫应答的状态称为免疫耐受。通常机体对自身抗原是耐受的，下列情况可导致失耐受。

（1）抗原性质变异

机体对于原本耐受的自身抗原，由于物理、化学药物、微生物等因素的影响而发生变性、降解，暴露了新的抗原决定簇。例如，变性的γ-球蛋白因暴露新的抗原决定簇而获得抗原性，从而诱发自身抗体（类风湿因子）；或通过修饰原本耐受抗原的载体部分，进而回避了对辅助性T淋巴细胞的耐受，导致免疫应答。这是由于大部分的自身抗原属于一种半抗原和载体的复合体，其中，B淋巴细胞识别的是半抗原的决定簇，T淋巴细胞识别的是载体的决定簇，引起免疫应答时两种信号缺一不可，而一般机体对自身抗原的耐受性往往仅限于T淋巴细胞，当载体的抗原决定簇经过修饰，即可为T淋巴细胞识别，而具有对该抗原发生反应潜能的B淋巴细胞一旦获得辅助性T淋巴细胞，就会分化、增殖，产生大量自身抗体。

（2）交叉免疫反应

与机体某些组织抗原成分相同的外来抗原称为共同抗原。由共同抗原刺激机体产生的共同抗体，可与有关组织发生交叉免疫反应，引起免疫损伤。例如，溶血性链球菌细胞壁的M蛋白与心肌纤维的肌膜有共同抗原，发生链球菌感染后，抗链球菌抗体可与心肌纤维发生交叉反应，引起损害，导致风湿性心肌炎。

2. 免疫反应调节异常

辅助性T淋巴细胞和抑制性T淋巴细胞对自身反应性B淋巴细胞的调控作用十分重要，是维持免疫耐受的重要因素之一，抑制性T淋巴细胞能抑制自身反应细胞的激活。当抑制性T淋巴细胞功能过低或辅助性T淋巴细胞功能过强时，则可形成多量自身抗体。已知在NZB/WF1狼疮模型小鼠中，随着鼠龄的增长，抑制性T淋巴细胞明显减少，由于抑制性T淋巴细胞功能的过早降低，出现过量自身抗体，诱发与人类系统性红斑狼疮类似的自身免疫性疾病。

3. 遗传性因素

大多数自身免疫病与遗传因素密切相关。关于遗传组成方面研究最多的是围绕MHC分子展开的，MHC分子在淋巴细胞的发育和外周效应淋巴细胞的调节中起着重要作用。研究表明，很多犬的自身免疫性疾病具有很强的遗传倾向性，其机制可以归因于特定的MHC等位基因。这些特异性自身免疫性疾病和MHC分子的关系被认为仅限于一些特定的品种。

4. 微生物性因素

某些感染可能会导致一种自身免疫性疾病的发生发展。实验表明，某些病毒毒株感染可以诱导特定品系小鼠发生自身免疫性疾病。病毒诱发自身免疫病的机制尚不完全清楚，可能是通过改变自身抗原的决定簇而回避了T淋巴细胞的耐受作用；也可能作为B淋巴细胞的佐剂促进自身抗体形成；或感染、灭活抑制性T淋巴细胞，使自身反应B淋巴细胞失去控制，产生大量自身抗体。此外，有些病毒基因可整合到宿主细胞的DNA中，从而引起体细胞变异（不能被识别）而发生自身免疫反应。

任何免疫介导的疾病，抗原的持续存在对于保持免疫反应的功能都是必要的。在自身免疫性疾病中，持续性抗原被认为部分与抗原发生表位扩展有关。表位扩展的免疫反应过程，使免疫反应从一个抗原分子的抗原表位或者是从具有较大复合体的不同多肽的抗原表位传递到另一个没有交叉反应的相同抗原分子的表位上。其原因是没有被足够浓度的MHC分子的递呈，免疫反应通常不能产生针对这些相关表位的耐受反应。这些隐蔽表位通常不能表达出足够的浓度，或者隐蔽在淋巴细胞的分化和发展阶段。而在感染或炎症反应中，有可能是组织或细胞的损伤导致自身抗原隐蔽抗原表位的释放或表达，成为免疫反应的目标，因为这些表位被隐蔽，免疫系统对其没有耐受性。抗原表位的扩展被认为是通过不断补充对正常隐蔽的自体多肽具有特异性的自身反应性T淋巴细胞来维持先前的免疫反应。

自身免疫性疾病往往具有以下共同特点：①明显的遗传性；②血液中存在高滴度自身抗体和/或能与自身组织成分起反应的致敏淋巴细胞；③疾病常呈现反复发作和慢性迁延的过程；④病因大多不明，少数由药物（免疫性溶血性贫血、血小板减少性紫癜）、外伤（交感性眼炎）等所致。

二、自身免疫性疾病的类型

自身免疫可以是器官特异性、局部或者全身的。根据病变组织涉及的范围可分为两大类。

（一）器官特异性自身免疫病

病变比较局限，组织器官的病理损伤和功能障碍仅限于抗体或致敏淋巴细胞所针对的某一器官，而抗原一般局限于某一部位。例如，慢性淋巴性甲状腺炎、甲状腺功能亢进、重症肌无力、慢性溃疡性结肠炎、恶性贫血伴慢性萎缩性胃炎、肺出血-肾炎综合征、原发性胆汁性肝硬变、多发性脑脊髓硬化症、急性特发性多神经炎等。

（二）系统性自身免疫病

病变多是分散的，常累及多个系统，由于抗原-抗体复合物广泛沉积于血管壁等原因，可导致全身多器官损害，称为系统性自身免疫病。抗原可与同种或不同抗体发生反应，正常情况下免疫系统对它们是耐受的。习惯上又称胶原病或结缔组织病。这是由于免疫损伤导致血管壁和间质的纤维素样坏死性炎及随后产生的多器官胶原纤维增生所致。事实上无论从超微结构及生化代谢看，胶原纤维大多并无原发性改变，如类风湿性关节炎、系统性红斑狼疮。

自身免疫性疾病按发生速度可以分为急性型和慢性型。急性型如特发性血小板减少性紫癜、自身免疫性溶血性贫血；慢性型如类风湿性关节炎、系统性红斑狼疮和重症肌无力等。

第五节 免疫缺陷病

机体免疫功能呈现缺乏或严重不足的状态，称为免疫缺陷。免疫缺陷病（immunodeficiency diseases）是一种免疫系统先天发育不全或后天遭受破坏所致的免疫成分缺失、免疫功能缺陷所引起的临床诊断综合征。

按照病因可分为原发性（先天性）免疫缺陷病和继发性（获得性）免疫缺陷病两大类；按照免疫缺陷性质不同可分为体液免疫缺陷（B淋巴细胞缺陷）、细胞免疫缺陷（T淋巴细胞缺陷）、联合免疫缺陷(T细胞和B细胞都缺陷)、吞噬细胞缺陷和补体系统缺陷。

免疫缺陷病的临床表现因其性质不同而异。其中，体液免疫缺陷的动物产生抗体的能力低下，因而发生连绵不断的细菌感染，淋巴组织中无生发中心，也无浆细胞存在，血清免疫球蛋白定量测定有助于这类疾病的诊断；细胞免疫缺陷在临床上可表现为严重的病毒、真菌、胞内寄生菌(如结核分枝杆菌等)及某些原虫的感染。动物的淋巴结、脾及扁桃体等淋巴样组织发育不良或萎缩，胸腺依赖区和外周血中淋巴细胞减少，功能下降，迟发性变态反应微弱或缺失。免疫缺陷患病动物除表现难以控制的感染外，自身免疫病及恶性肿瘤的发病率也明显增高，并具有明显的遗传倾向。区分原发性和继发性免疫缺陷病对于疾病的治疗和预后具有非常重要的意义。

一、原发性免疫缺陷病

原发性免疫缺陷病又称先天性免疫缺陷病，是由免疫系统先天不足(胚胎期感染、母体影响等)或基因缺陷导致的免疫系统不同部分受损而引起的，从而影响特异性免疫(如体液和细胞介导的获得性免疫反应)或非特异性免疫(组成固有免疫系统的因素，如补体、吞噬作用、NK细胞等)。获得性免疫反应中特异性的缺失可以按其对细胞的影响不同分为体液免疫缺陷(B淋巴细胞缺陷)或细胞免疫缺陷(T淋巴细胞缺陷)为主，以及两者兼有的联合免疫缺陷(T淋巴细胞和B淋巴细胞都缺陷)。B淋巴细胞与T淋巴细胞的相互作用对许多免疫反应的发生是非常必要的。对体液免疫来说，某些情况下从临床表现很难区分原始B淋巴细胞缺失和T淋巴细胞缺失的情况。另外，吞噬细胞缺陷和补体系统缺陷等非特异性免疫缺陷均属于该大类。虽然这种缺陷可能出生时就有，但在后天的生活中并非一定会表现出来。

(一)特异性免疫缺陷病

1. 原发性体液免疫(B淋巴细胞)缺陷病

由于B淋巴细胞缺陷或缺乏，使免疫球蛋白生物合成不足，主要表现为血清免疫球蛋白的减少或缺失。全身淋巴结、扁桃体等淋巴组织生发中心发育不全或呈原始状态；脾和淋巴结的非胸腺依赖区淋巴细胞稀少；全身各处浆细胞缺乏，T淋巴细胞系统及细胞免疫反应正常。部分病例有辅助性T淋巴细胞减少、抑制性T淋巴细胞过多，有抗T淋巴细胞和B淋巴细胞的自身抗体，或巨噬细胞功能障碍。机体细菌感染频发，但细胞免疫正常。例如，小型腊肠犬中曾被报道过低丙种球蛋白血症，淋巴组织中缺乏B淋巴细胞，几乎没有血清免疫球蛋白。马主要是雄马的无丙种球蛋白血症，因为缺乏B淋巴细胞和浆细胞，不能产生免疫球蛋白，普遍存在关节和呼吸系统的胞外菌感染，可能是由于X染色体上编码酪氨酸激酶的基因突变造成了前B淋巴细胞阶段抑制了B淋巴细胞发育导致的。马和犬中曾发生的选择性免疫球蛋白M和A缺乏症，血清中IgM和IgA的含量低至少两个标准方差，而其他类别的免疫球蛋白和NK淋巴细胞数量正常，患免疫球蛋白M缺乏症的马驹活不过10个月，少数活过10个月也会因为呼吸系统感染活不到成年，也有一些马直到成年也未表现出症状；而免疫球蛋白A缺乏症的犬主要表现出呼吸道、胃肠道和皮肤感染。

2. 细胞免疫(T淋巴细胞)缺陷病

该病的发生与胸腺发育不良有关，故又称胸腺发育不良或Di George综合征。主要由于胸腺功能不全而引起的以T淋巴细胞缺乏为特征的免疫缺陷病。常同时伴有不同程度的体液免疫缺陷，这是由于正常抗体形成需要T、B淋巴细胞的协作。细胞免疫(T淋巴细胞)缺陷病动物容易发生病毒、真菌和胞内菌的感染，不呈现迟发型变态反应，容易发生恶性肿瘤。例如，牛的先天性胸腺发育不全、淋巴细胞减少性免疫缺陷等。

3. 联合性免疫缺陷病

该病是一种体液免疫、细胞免疫同时有缺陷的疾病，是由于普通淋巴干细胞缺失不能分化为T淋巴细胞和B淋巴细胞，故体液免疫和细胞免疫丧失。T淋巴细胞缺失在临床上通常有联合性免疫缺陷的表现。因为T淋巴细胞在正常情况下能为B淋巴细胞激活提供必要的信号，在T淋巴细胞缺失时，则会失去这种能力，导致继发性的体液免疫功能障碍。这些缺失使得特异性免疫反应丧失，而且引起伴X染色体或散发性常染色体隐性遗传。患畜血液循环中淋巴细胞数明显减少，成熟的T淋巴细胞缺失，可出现少数表达CD2抗原的幼稚T淋巴细胞。另外，免疫功能丧失，无同种异体排斥反应和迟发型过敏反应，也无抗体形成。例如，新生驹重症联合免疫缺陷病是一种常见的染色体隐性遗传病，新生马驹通过初乳获得母源抗体之前，患病动物血清中没有IgM。在被动接受的母源抗体分解之后，就会发生无丙种球蛋白血症。

(二)非特异性免疫缺陷病

1. 吞噬细胞缺陷病

该病是由于吞噬细胞数量减少、游走功能障碍，虽然吞噬能力正常，但细胞内缺乏杀灭病原微生物的酶而丧失了杀灭和清除病原的能力。动物对致病与非致病微生物均易感，因而易发生反复感染。例如，犬的中性粒细胞减少症、巨噬细胞减少症，牛粒细胞脱颗粒异常综合征等。

2. 补体缺陷病

补体系统包含30种参与免疫和炎症反应的可溶性或者细胞结合蛋白，经典补体途径成分的缺乏与自身免疫性疾病的发病率升高密切相关。常见的动物补体缺陷有C3缺乏或C3抑制物缺乏，后者使C3过度消耗同样使血清中C3水平下降，导致细菌反复感染。布列塔尼猎犬中曾出现过常染色体隐性遗传性基因决定的C3缺乏现象。纯合子犬的C3血清浓度和活性均明显降低，但C3血清浓度为正常犬50%的纯合子犬却表现正常。补体缺陷病的主要临床表现是反复化脓感染及自身免疫病。

二、继发性免疫缺陷病

继发性免疫缺陷病又称获得性免疫缺陷病，是指后天免疫功能丧失，许多疾病可伴发继发性免疫缺陷病。例如，感染并发症、营养不良、老龄化或免疫抑制的副作用、辐射、癌症化疗，以及自身免疫性疾病等都可以导致该病的发生，较原发性免疫缺陷病更为常见。发病原因主要分为感染性因素和非感染性因素。

(一)感染性因素

各种微生物感染，病毒如猪繁殖与呼吸障碍综合征病毒、圆环病毒、流感病毒、禽白血病病毒、马立克氏病病毒、网状内皮组织增生症病毒、传染性贫血病毒、牛白血病病毒、传染性鼻气管炎病毒、恶性卡他热病毒等，这些病毒可以直接损害免疫器官、抑制免疫细胞活性，甚至诱导淋巴细胞形成恶性肿瘤导致淋巴细胞丢失；寄生虫如弓形虫、锥虫、旋毛虫、肝片吸虫、焦虫等，可以通过释放抑制因子或淋巴细胞毒性因子，使淋巴细胞活性丧失，或诱导免疫抑制细胞增多，损伤B淋巴细胞。

(二)非感染性因素

1. 发育缺陷

由于先天和后天因素引起的免疫器官发育缺陷，削弱了免疫器官的功能，导致免疫球蛋白合成不足，引起自身免疫性疾病，如类风湿性关节炎等。

2. 营养不良

营养不良是引起继发性免疫缺陷病常见的因素之一，蛋白质、脂类、维生素和微量元素摄入不足均可以影响免疫细胞的成熟。

3. 药物

免疫抑制剂、抗肿瘤药物等可以杀死或灭活淋巴细胞。

4. 应激

大手术、严重创伤等应激因素也会引起继发性免疫抑制。

继发性免疫缺陷病可以是暂时性的，当原发疾病得到治疗后，免疫缺陷可恢复正常；也可以是持久性的，原发病得到治疗，免疫缺陷也无法恢复。继发性免疫缺陷常由多因素参与引起，其具体机制也复杂多样。

作业题

1. 简述基因突变的概念。
2. 简述基因突变的类型。
3. 简述基因突变的特点。
4. 简述造成 DNA 损伤的因素。
5. 简述 DNA 损伤修复的基本类型和发生机理。
6. 简述免疫损伤的概念和变态反应的类型。

（王桂花）

第九章

心血管系统病理

【本章概述】心血管系统是由心脏和血管构成的一个密闭的管道系统,通过血液循环承担动物机体的血液供应,为外周组织提供氧气和营养物质,排出二氧化碳和其他代谢废物,维持正常的体温。心血管系统发生结构和功能变化而无法代偿时,不仅导致心血管本身的疾病,还可引起全身性的血液循环障碍和组织器官的损伤。心血管系统疾病以心脏和动脉的疾病最为常见。本章将重点介绍心脏和血管病理,并对其引起的全身性变化进行阐述。

第一节 心脏病理

一、心包炎

心包炎(pericarditis)是指发生在心包壁层和脏层(即心外膜)的炎症。主要由感染和创伤引起,以心包腔蓄积大量炎性渗出物、心包浆膜面附着纤维素性或纤维素化脓性炎性渗出物为特征。心包炎常伴发于其他疾病过程,但有时也可作为一种独立的疾病(如牛的创伤性心包炎)。

(一)病因

感染和创伤是引起心包炎的主要原因,而根据炎性渗出物的性质,可将心包炎分为浆液性、纤维素性、化脓性、出血性、腐败性和混合型等类型,通常以浆液纤维素性心包炎最为常见。

1. 感染

感染包括病原微生物感染和寄生虫感染。病原微生物引起的心包炎,其病原主要是细菌,其次是支原体和病毒等。常见于以下传染病:牛的巴氏杆菌病、气肿疽、结核病、产气荚膜梭菌感染、传染性胸膜肺炎、犊牛大肠埃希菌病和沙门菌病,猪的巴氏杆菌病、败血型链球菌病、猪丹毒、支原体性肺炎、沙门菌病、猪瘟及流感,绵羊的巴氏杆菌病、链球菌病,马的链球菌病,鸡和鸭的沙门菌病、大肠埃希菌败血病、禽霍乱、鸭传染性浆膜炎、鸡慢性呼吸道病等。寄生虫性心包炎常见于由猪浆膜丝虫的成虫寄生在心外膜淋巴管内引起的猪浆膜丝虫病。

细菌和病毒引起的心包炎是由于病原侵入血流,形成败血症(菌血症、病毒血症)所致,或由邻近发炎的器官、组织直接蔓延至心包引起。支原体引起的心包炎均为呼吸道感染,一般先引起肺炎、胸膜炎,然后蔓延到心包引起炎症。此外,饲养不当、受凉和过劳等应激因素可降低机体抵抗力,对心包炎的发生有一定的促进作用。

2. 创伤

创伤性心包炎常发生在牛,偶尔见于羊,是心包受到机械性损伤引起。本病的发生主要是由于饲草料加工粗放,饲养管理不当,对饲草料中的金属异物检查和处理不细所致。

牛采食时咀嚼粗糙，对饲草料中的金属异物（主要是铁丝、钢丝、铁钉等尖锐物体）感觉较迟钝，金属异物很容易随饲草误食进入胃中。因网胃的前部仅以薄层的横膈与心包相邻，当网胃收缩时，混入饲草中的尖锐物体刺破网胃壁和横膈而刺穿心包、心脏，此时胃内微生物和异物上污染的细菌也随之侵入，从而引发创伤性心包炎，严重时可能伴发胸膜炎、心肌炎、肺炎等。

(二) 病理变化

1. 传染性心包炎

常呈急性经过，炎症初期表现为浆液性炎，随炎症发展，毛细血管通透性增加，纤维素渗出，发展为浆液纤维素性炎或纤维素性炎。

剖检：心包表面血管扩张充血，心包水肿增厚，渗出物较多时心包明显扩张而紧张。剖开心包可见心包腔内蓄积有大量浆液性、浆液纤维素性或纤维素性渗出物，心外膜小血管扩张充血，有时有点状出血。心包腔内浆液性渗出液常呈淡黄色，初期透明清亮，后期因含有较多白细胞和脱落的间皮细胞稍混浊。浆液纤维素性渗出液中因混有絮状的纤维素及较多的白细胞和红细胞而常呈灰黄色或灰红色，混浊不清。随着炎症的发展，大量纤维素渗出。附着在心包壁层内面和心外膜表面的纤维素，形成黄白色容易剥离的薄膜。病程稍长，覆盖在心外膜表面的纤维素逐渐增厚，并因心脏跳动摩擦形成绒毛状，称为绒毛心（shaggy heart）（图 9-1）。慢性经过时，被覆于心包壁层和脏层上的纤维素常发生机化，致使心包脏层和壁层发生粘连。例如，在牛结核性心包炎，其心包腔中的渗出物可继发干酪化，若经时较久，可见心包膜特异性与非特异性组织增生形成较厚的增生物，形似盔甲，称为盔甲心（armor heart）（图 9-2）。

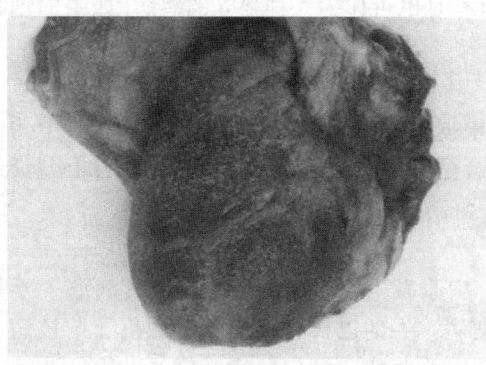

图 9-1 绒毛心（吴斌，2008）
心外膜附着大量纤维素渗出物，呈绒毛心外观

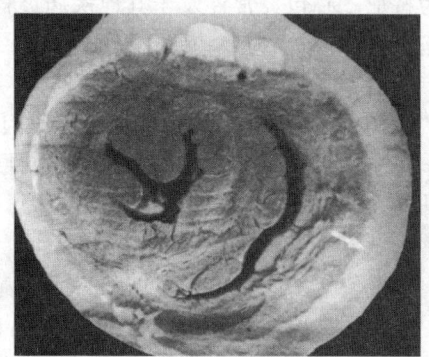

图 9-2 盔甲心（陈怀涛，2008）
心外膜渗出的纤维素被肉芽组织取代，形成灰白色、质地致密的机化层，称为"盔甲心"

镜检：初期心外膜发生充血、出血、水肿和中性粒细胞浸润，间皮变性、肿胀。心外膜表面附有少许浆液纤维素性渗出物。之后，间皮细胞坏死、脱落，心外膜充血、渗出加重，炎症细胞增多，组织间隙可见大量纤维素。心外膜表面可见条索状或团块状的纤维素，其中含有一定数量的炎性细胞。心外膜相邻心肌发生颗粒变性和脂肪变性，心肌间质可见充血、水肿、炎性细胞浸润。

2. 创伤性心包炎

初期多为浆液纤维素性心包炎，后期随细菌的侵入，可形成浆液纤维素化脓性心包炎。当心包腔内的渗出物发生腐败分解并产生气体时，可转变为腐败性心包炎。

剖检：心包混浊无光泽，心包腔蓄积有大量污秽的浆液纤维素化脓性渗出物，其中混有气泡，恶臭。心外膜被覆厚层污秽的纤维素性化脓性渗出物。在心包腔渗出物中在心尖、心脏左侧或后缘常见尖锐异物，异物穿刺经过的组织，由于肉芽组织增生，可形成含有脓汁的管道。异物有时也可转移到胸腔、肺、肋间、皮下组织，甚至返回网胃。创伤严重时，尖锐异物可刺入心肌而导致创伤性心肌炎，在损伤局部呈现出血性浸润，心包积有大量血液，随即出现纤维素性化脓性渗出物，最后转变为腐败性脓肿，所形成的腐败性化脓性碎屑物若被血流带走，则成为败血性栓子而引起其他器官的转移性脓肿。此外，创伤性心包炎还常伴发创伤性网胃炎、膈肌炎和胸膜炎，病程久者，可发生心包与膈、网胃与膈的粘连。

镜检：心外膜上的渗出物由纤维素、中性粒细胞、脓细胞、巨噬细胞、红细胞与脱落的间皮细胞等组成。炎症后期，渗出物往往浓缩成干酪样，并发生机化。若心肌和心内膜受损，还可看到化脓性心肌炎、化脓性心内膜炎等变化（图9-3）。

3. 寄生虫性心包炎

猪浆膜丝虫可寄生在心脏（心内膜、心外膜）、肝脏、胃、膈肌肌膜等多种器官组织的浆膜淋巴管内，但主要寄生于心外膜，并引起慢性心外膜炎。

剖检：心外膜淋巴管有虫体寄生而发生扩张、淋巴液淤积，在心外膜表面，尤其纵沟附近常见灰白色稍隆起于表面，呈绿豆大小的小泡状乳斑或长短不一的条索状病灶散在分布，数量从一个到数个不等（图9-4）。后期，病灶多发生钙化，形成砂砾状坚硬的灰白色结节，或形成纤曲的灰白色坚硬的索状病灶。严重病例，还可见有纤维素性心外膜炎变化。

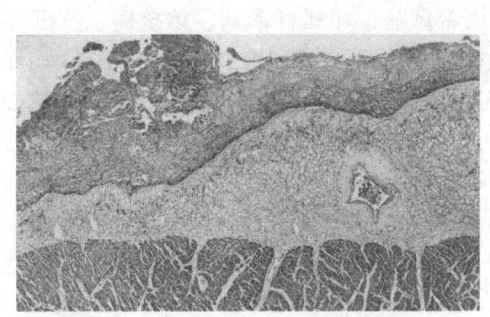

图9-3 创伤性心包炎（陈怀涛，2008）
心外膜附着厚层炎症渗出物，其中有大量中性粒细胞浸润，心外膜结缔组织增生

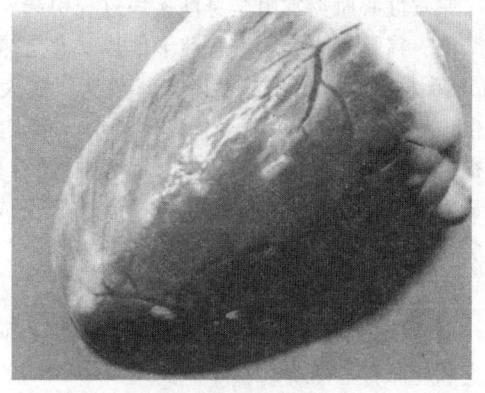

图9-4 寄生虫性心包炎（周诗其，2008）
猪浆膜丝虫病，在心外膜可见乳白色水泡样、杆状或条索状病灶

镜检：根据不同发展阶段，浆膜丝虫性肉芽肿可分别表现为细胞性肉芽肿、纤维性肉芽肿和钙化性结节。

淋巴管病变是最早期的变化，主要表现高度扩张，管腔中有较多丝虫，其周围和间皮下结缔组织中有较多嗜酸性粒细胞、淋巴细胞浸润。

细胞性肉芽肿为早期病变，病变部位心外膜增厚，结节中心为虫体，虫体周围有大量嗜酸性粒细胞浸润，偶见多核巨细胞，最外围由大量淋巴细胞、巨噬细胞和少量成纤维细胞和胶原纤维构成。随着病变的发展，细胞性肉芽肿发展成为纤维性肉芽肿，结节中心的虫体死亡，结构模糊不清，虫体周围是嗜酸性粒细胞和淋巴细胞。

除上述变化外，心外膜病灶局部还因结缔组织增生而明显增厚，在肉芽肿邻近组织中，常见淋巴组织显著增生，并形成密布的淋巴小结(多有明显的生发中心)。经时较久，结节中央的虫体残骸发生钙化，钙化灶周围有较多的淋巴细胞浸润，周围环绕厚层的结缔组织包囊。

(三)结局和对机体的影响

心包腔中炎性渗出物较少时，可被溶解、吸收，损伤的间皮细胞经再生修复，炎症即可消散。但渗出物较多时，则发生机化，造成心包脏层与壁层发生广泛纤维性粘连，心包腔可完全闭合，心脏的活动受限。创伤性心包炎常因伴发胸膜炎、肺炎、心肌炎、心内膜炎，或因吸收渗出物中的腐败降解产物和微生物毒素引起败血症而导致动物死亡。

心包炎对机体的影响主要表现在两个方面：一是心包腔内的渗出物对心脏的压迫作用；二是心包浆膜粘连所致的影响。一般在炎症初期，渗出物量少，对心脏没有显著影响，血液循环障碍不明显。但当心包积液逐渐增多，对心脏造成明显的压迫作用时，心脏的舒张受到限制，尤其右心房内的压力升高，使静脉血回流差变小，易造成静脉血回流受阻，进而出现全身性淤血和皮下明显水肿。而后期造成的心包壁层和脏层广泛粘连，心脏的收缩和舒张受限而发生心功能不全。

二、心肌炎

心肌炎(myocarditis)是指发生在心肌的炎症，以变质性炎为主，多呈急性经过，常见于病毒性传染病。

(一)病因

原发性心肌炎常由全身性疾病过程引起，在兽医临床比较少见。例如，病毒性传染病(如口蹄疫、猪脑心肌炎、牛恶性卡他热、犬瘟热、犬细小病毒病、鸡新城疫等)；细菌性传染病(如巴氏杆菌病、猪丹毒、猪链球菌病、禽大肠埃希菌病、坏死杆菌病、结核病、鼻疽等)；寄生虫病(如肉孢子虫病、猪囊尾蚴病、猪浆膜丝虫病、弓形虫病和锥虫病等)；中毒病(如马的霉玉米中毒以及磷、砷、汞、镉等中毒)；变态反应性疾病等。其中，病毒感染引起的心肌炎最为常见。此外，心肌炎也可由心内膜炎或心外膜炎直接蔓延所致，或由消化道而来的异物刺伤心肌引起，如牛创伤性心包炎。

(二)病理变化

通常依据炎症发生的部位和性质，将心肌炎分为三种类型，即实质性心肌炎、间质性心肌炎和化脓性心肌炎。

1. 实质性心肌炎

实质性心肌炎(parenchymatous myocarditis)多呈急性经过，伴有明显的心肌纤维变性和坏死，常见于病毒性传染病、急性败血症、中毒病等。

剖检：心脏扩张，尤以右心室扩张明显，质地松软。炎症呈多灶状分布，因而在心脏内外膜和切面上可见许多灰白色或灰黄色斑点状和条纹状病变(图9-5)。有时，在心肌横切面上，病变围绕心腔呈条纹状分布，外观类似虎皮的斑纹，称为"虎斑心"。

镜检：轻度实质性心肌炎，仅见心肌纤维发生颗粒变性和脂肪变性。重症病例，心肌纤维呈现水泡变性、坏死，甚至溶解、断裂和钙化。炎灶间质轻度充血、水肿以及中性粒细胞、巨噬细胞和淋巴细胞浸润(图9-6)。若由寄生虫或变态反应所致，则见较多嗜酸性粒细胞。

2. 间质性心肌炎

间质性心肌炎(interstitial myocarditis)以心肌间质水肿和炎性细胞浸润为主，而心肌纤维的变性、坏死轻微。常见于病毒和细菌性传染病及中毒病等。

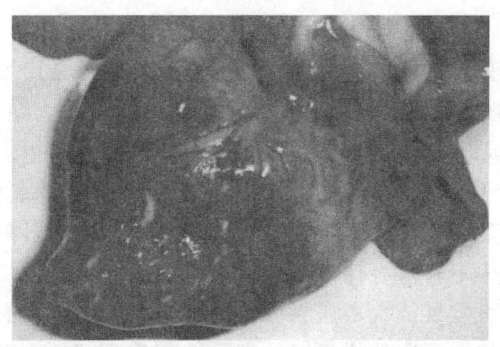

图 9-5　实质性心肌炎（吴斌，2008）
猪恶性口蹄疫，在心外膜上可见许多灰白色或
灰黄色斑点和条纹状病变

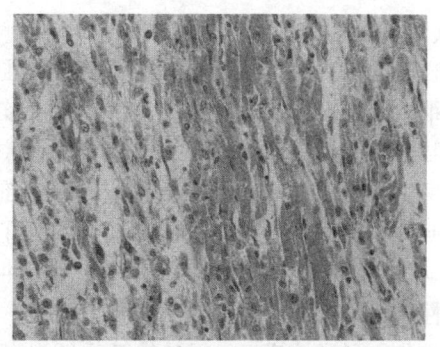

图 9-6　实质性心肌炎、坏死（陈怀涛，2008）
心肌纤维变性、坏死，纤维间中性粒细胞
和单核细胞浸润

剖检：间质性心肌炎的变化和实质性心肌炎十分相似，难以区分，可通过镜检进行鉴别。

镜检：初期主要表现局灶性心肌纤维变性、坏死，之后间质的水肿、炎性细胞浸润和增生变化占主导地位，可见间质发生水肿，巨噬细胞、淋巴细胞、浆细胞浸润和成纤维细胞增生。间质的病变呈局灶性或弥散性，多位于大血管的周围。炎症若呈慢性经过，则见间质结缔组织明显增生，并伴有不同程度的巨噬细胞浸润，而邻近的心肌纤维发生变性、坏死或萎缩，甚至溶解、消失（图 9-7）。严重者，可使心脏体积缩小，质地变硬，心脏表面可见灰白色的斑状凹陷，冠状动脉弯曲成蛇行状。

3. 化脓性心肌炎

化脓性心肌炎（suppurative myocarditis）是以大量中性粒细胞渗出并伴有心肌坏死和脓性分解为特征的炎症。常由子宫、乳房、关节、肺脏等处化脓灶的化脓性细菌栓子经血流转运到心肌引起，或由带菌的异物损伤心肌所致，有时是邻近组织化脓性炎症蔓延的结果。

剖检：在心肌内常见大小不等的化脓灶或脓肿。新形成的脓肿周围有红色炎性反应带，而陈旧性脓肿的外周常有包囊形成。较大的脓肿中含有脓汁。

镜检：脓肿部位含有大量的脓细胞，心肌纤维坏死溶解，其周围是由充血、出血和中性粒细胞组成的炎性反应带。化脓灶附近的心肌纤维发生变性、坏死。经时较久者，可见外围纤维结缔组织增生（图 9-8）。

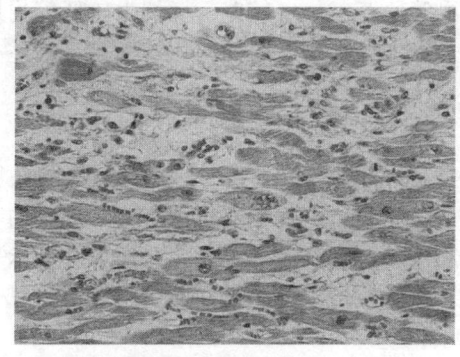

图 9-7　间质性心肌炎（陈怀涛，2008）
心肌纤维间单核细胞浸润和结缔组织增生，
有的纤维有萎缩、坏死

图 9-8　化脓性心肌炎（陈怀涛，2008）
心肌中脓肿的一部分，下部为脓肿，中为肉芽组织
包囊，上为心肌，靠近脓肿部位的心肌纤维
大多坏死消失

(三) 结局和对机体的影响

轻微的心肌炎可以痊愈，但因心肌纤维没有再生能力，所以坏死的心肌纤维通常由增生的纤维结缔组织修补而形成疤痕。因此，实质性心肌炎和间质性心肌炎常以纤维化为结局，而化脓性心肌炎常以化脓灶的包囊形成、钙化或纤维化为结局。

发生心肌炎时，心肌纤维和传导系统都会受到不同程度的损伤，加之炎症介质的刺激，使心肌的兴奋性、传导性和收缩性受到不同程度的影响，从而导致心脏发生明显的功能障碍。患病动物在临床上出现窦性心动过速、窦性心律不齐等心律紊乱症状。若心肌纤维发生广泛性变性、坏死以及传导系统出现严重障碍，则可发展成为心脏扩张和心力衰竭。此外，心肌炎纤维化所形成的疤痕，因其缺乏弹性，当心腔内压突然增高时，有可能使病变部的心壁向外侧突出，形成所谓的心脏动脉瘤。

三、心内膜炎

心内膜炎（endocarditis）是指发生在心内膜的炎症。

(一) 病因和发生机理

细菌、病毒和寄生虫等均可引发心内膜炎，但以细菌感染引起的心内膜炎最为常见。猪主要是伴发于慢性猪丹毒、链球菌病的急性心内膜炎。牛、羊心内膜炎的主要病原菌为化脓棒状杆菌、链球菌和葡萄球菌。马的心内膜炎常伴发于马腺疫和放线菌病。

动物心内膜炎的发病机理因病原不同而异。急性心内膜炎常常是病原菌在引起败血症或菌血症时，细菌及其毒性产物直接作用的结果。慢性心内膜炎的发生可能与变态反应和自身免疫有关。用链球菌与兔的心肌或结缔组织混悬液，反复给兔注射，可使部分兔诱发心内膜炎或心肌炎。用猪丹毒杆菌培养物多次注射健康猪后可实验性地引起猪丹毒心内膜炎，其病灶呈现胶原纤维纤维素样变、嗜酸性粒细胞和浆细胞浸润等变态反应性炎症；进一步证实，猪丹毒杆菌抗原与瓣膜和心肌抗原之间存有交叉免疫反应。因此有人认为，细菌性心内膜炎是机体遭受猪丹毒杆菌和链球菌感染后，其菌体蛋白可与机体胶原纤维的黏多糖结合，形成复合性自身抗原并刺激机体产生相应的抗体，这种抗自身抗体在心内膜的胶原纤维上结合并沉积下来，在补体的作用下，使胶原纤维发生纤维素样坏死。由于这种变态反应损伤了心内膜，成为血栓的形成基础，也为局部细菌繁殖创造了条件，导致心内膜炎的发展。此外，心瓣膜不停运动、机能负荷较大以及瓣膜游离缘缺乏血管、营养供应较差、抵抗力较低等均易造成心内膜病变的发生。所以，病变常发生于瓣膜边缘，特别是瓣膜的向血流面。又因左心二尖瓣的负荷高于右心三尖瓣，所以心内膜炎的发病率上二尖瓣高于三尖瓣。

(二) 病理变化

根据心内膜炎发生的部位，可将其分为四种类型，即瓣膜性、心壁性、腱索性和乳头肌性心内膜炎。其中，以瓣膜性心内膜炎（心瓣膜炎）最为常见，但好发部位因病因和动物的不同而有所差异。猪和马的心内膜炎常发生在二尖瓣和主动脉瓣，而牛则在三尖瓣、肺动脉瓣和心室内壁。动脉瓣的炎症常起始于瓣膜的心室面，房室瓣的炎症则在心房面。

根据病变特点，可将瓣膜性心内膜炎分为以下两种类型。

1. 疣性心内膜炎

疣性心内膜炎（verrucous endocarditis）特征性变化为心瓣膜受损轻微和形成疣状赘生物。

剖检：炎症初期，由于心瓣膜内皮细胞受损及结缔组织变性水肿，造成瓣膜增厚，失去光泽，在心瓣膜游离缘表面出现多少不等的呈串珠状或散在的灰黄色或灰红色疣状赘生物，容易剥离。随着病程发展,瓣膜上的赘生物不断增大,表面粗糙,缺乏光泽,灰黄色或黄褐色,质脆易碎(图9-9)。炎症后期,赘生物变硬实,灰白色,与瓣膜紧密粘连。

镜检:炎症初期,瓣膜内皮细胞变性肿胀或坏死、脱落,心内膜下充血、出血,伴有淋巴细胞和巨噬细胞浸润,胶原纤维发生肿胀或坏死、崩解。肉眼所见的疣状赘生物为血栓,主要为血小板、纤维素、少量细菌和少量中性粒细胞组成的白血栓,附着在心内膜弹性膜上。随着炎症的发展,血栓不断增大,瓣膜中成纤维细胞和毛细血管增生,并向血栓性疣状赘生物生长,使赘生物不断被机化(图9-10)。

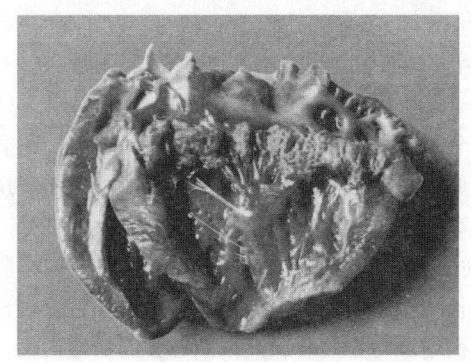

图9-9 疣性心内膜炎(剖检病变)
(胡薛英,2008)
慢性猪丹毒时在二尖瓣上形成的疣状赘生物

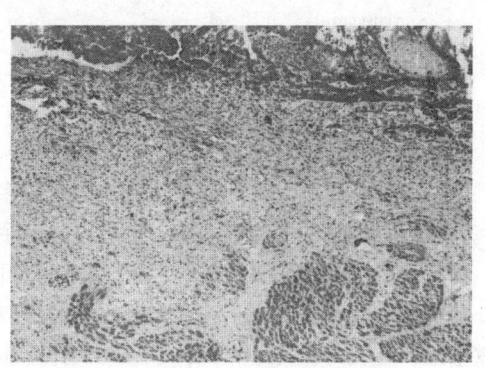

图9-10 疣性心内膜炎(镜检病变)
(王雯慧,2008)
上为血栓,中间为血栓被机化部分,
下为横切心肌纤维

2. 溃疡性心内膜炎

溃疡性心内膜炎(ulcerative endocarditis)常伴发于败血症过程,故又称败血性心内膜炎。多见于化脓菌或致病力较强的细菌感染,呈急性经过,炎症发展迅速。特征为瓣膜受损严重,波及深层组织,有明显的坏死形成。

剖检:炎症初期,瓣膜表面出现形态不规则的淡黄色的坏死斑点,进而病灶迅速扩展、融合、发生脓性分解,形成溃疡(疣状心内膜炎的疣状赘生物破溃、脱落也可形成溃疡)。溃疡面上常附着血栓,周围有出血和炎性反应带,并有肉芽组织形成,使溃疡的边缘隆起于表面。瓣膜溃疡向深层发展可继发瓣膜穿孔、破裂,进而损伤腱索和乳头肌,造成严重的心功能障碍。从瓣膜溃疡面脱落的含有细菌碎片的坏死组织,可成为败血性栓子,随血流运行至其他器官形成转移性脓肿。

镜检:心内膜坏死,坏死组织边缘可见中性粒细胞、巨噬细胞浸润以及肉芽组织增生(图9-11)。坏死组织表面附着的血栓由大量纤维素和少量血小板构成,其中含有脓细胞及细菌团块,有时也见钙化斑。

(三)结局和对机体的影响

心瓣膜上的赘生物与瓣膜变性坏死,以肉芽组织修复,最终形成疤痕发生纤维化,导致瓣膜变形或瓣膜彼此粘连,造成瓣膜闭锁不全和瓣口狭窄,引发心瓣膜病。此时,心腔内血流动力学

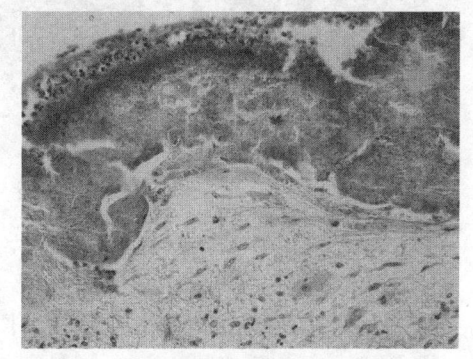

图9-11 溃疡性心内膜炎(陈怀涛,2008)
溃疡性心内膜炎表面组织坏死,附有血栓和
炎性细胞浸润,下部结缔组织增生

发生障碍，进一步引发心脏肥大与扩张，最终导致心功能不全和充血性心力衰竭。

血栓在血流冲击下脱落形成栓子，随血流运行，造成栓塞，引发相应器官局部组织梗死，如果血栓内含有化脓菌则在栓塞部位形成转移性化脓灶，对机体造成严重后果，甚至死亡。

四、心肌肥大与心脏扩张

心脏具有强大的适应代偿能力，当损伤作用超过心代偿能力时会发生心功能不全，在形态上的变化主要有心肌肥大和心脏扩张。

(一) 心肌肥大

心肌肥大（cardiac hypertrophy）是指心脏体积增大、质量增加及心壁增厚的病理现象。

心肌肥大在生理状态和病理条件下均可发生。发生于前者时，称为生理性肥大或工作性肥大，常见于赛马和猎犬等，其特点是心脏各部分成比例地肥大，外形仍保持正常。在病理条件下发生的心肌肥大称为病理性肥大，可由多种原因引起，肥大一般发生在功能增强的心房或心室，可以是心脏的单侧或两侧，也可以是一个心室或一个心房，但以左心室肥大最为多见。

根据心腔的变化，又将病理性肥大分为离心性肥大和向心性肥大。前者伴有明显的心腔扩张，即容量负荷增加时，心腔增大，心肌纤维以增长为主；而后者不伴有心腔扩张，主要表现为心壁增厚，在阻力负荷增加时，心肌肥大比容量负荷增加时更显著，其早期心脏无明显扩大。

1. 病因和发生机理

病理性肥大是由心腔血容量增多或循环阻力增大所致。一般左心室肥大多源于主动脉瓣狭窄与闭锁不全或外周小动脉阻力增大等，而右心室肥大多由肺动脉瓣狭窄、慢性肺气肿和肺性高血压等引起。

2. 病理变化

剖检：心脏体积增大，质量增加，心壁增厚，心肌硬实，乳头肌和肉柱变粗，心脏外形也有所改变。当右心肥大时，常见心尖部横径增宽（图9-12）；而左心肥大时，则见心脏纵径增长（图9-13）；若左、右心室均发生肥大，心脏则变得比正常圆。

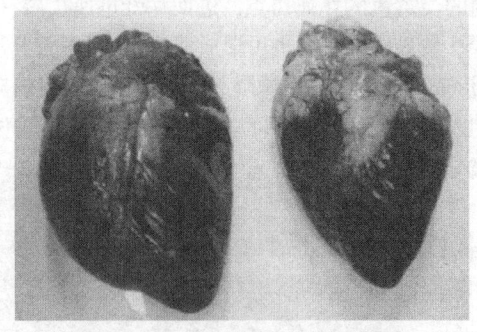

图9-12　心脏扩张（王雯慧，2008）
左侧为右心室扩张的山羊心脏，其体积增大，横径增宽；右侧为正常心脏

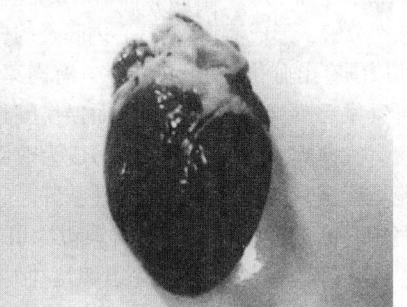

图9-13　心脏肥大（王雯慧，2008）
山羊左心肥大，可见心脏体积增大，外形改变，纵径增长

镜检：肥大的心肌纤维普遍增粗、增长，且增粗的心肌纤维常粗细不均。

3. 结局

心肌肥大是心脏功能长期代偿性增强的结果，但经过长时期的稳定代偿后，若病理性负荷没有解除或不断加重，心脏功能则会逐渐减弱而失去代偿作用，转化为心力衰竭。

(二)心脏扩张

心脏扩张(cardiac dilatation)是指心腔容积扩大的现象。它是心血管疾患的继发现象,也是心脏功能不全的表现,常起因于心脏血容量超负荷,一般呈慢性发展,可发生在整个心脏,也可发生在一个或2~3个心房、心室,但以右心室扩张最为常见。

1. 病因和发生机理

根据心脏扩张的机理和病变特点,将其分为以下两种类型。

①紧张源性心扩张:也称机能性心扩张。其特点是心腔横径和纵径都增加,常伴有心肌肥大,心肌纤维变长、变粗,紧张性增高,心收缩力增强。这是对血容量负荷过重的代偿性功能增强的表现,发生于心脏功能不全的代偿期,见于各种心血管疾患引起的心腔排空受阻、心脏排出的血液部分反流及部分心肌收缩力减弱。

②肌源性心扩张:也称结构性心扩张。由紧张源性心扩张发展而来。其特点是心腔横径增加,心室壁变薄(图9-14),心肌收缩力降低,心脏收缩时血液不能被排空而积留在心腔。肌源性心扩张是心肌功能不全和衰竭的表现,发生于心脏功能不全的失代偿期,常见于一些急性传染病(如牛传染性胸膜肺炎、恶性口蹄疫等)所伴发的心肌炎、心肌病、心内膜炎以及中毒等经过,有时呈急性发作。

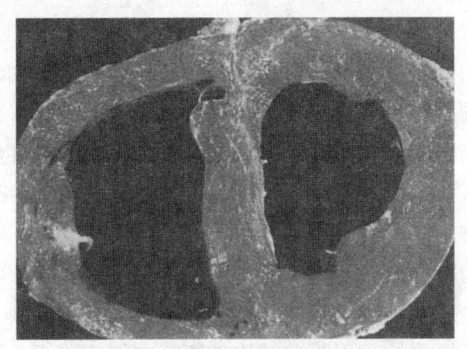

图9-14 乳牛冠状沟下横切面
(张旭静,2008)
显示左、右心室高度扩张,心室壁变薄

2. 病理变化

心脏扩张多发生在右心室,因心脏的横径大于纵径,心脏的外形呈卵圆形。若心脏扩张仅局限于心腔的某一部分,则可形成心脏动脉瘤。扩张的心腔内常积有血液或血凝块。心壁薄而柔软,切开时心室壁自行塌陷。心肌往往表现贫血、变性,乳头肌和肉柱变得平展。左心扩张时的肺脏,右心扩张时的肝脏、脾脏、肾脏等器官伴有明显淤血,皮下和肌间水肿,心包腔、腹腔和胸腔积液。在慢性病例,常伴有相应心房、心室的肥大。

第二节 血管病理

一、动脉炎

动脉炎(arteritis)是指动脉管壁的炎症。依据发生部位可将动脉炎分为动脉内膜炎(endoarteritis)、动脉中膜炎(mesarteritis)、动脉周围炎(periarteritis),以及全动脉炎(panarteritis)四种类型。依据动脉炎发生的时间和发展规律来划分,可分为急性动脉炎、慢性动脉炎和结节性动脉周围炎三种类型。

1. 急性动脉炎

急性动脉炎(acute arteritis)常由细菌、病毒、霉菌、理化因子和创伤引起,主要表现为浆液性炎、化脓性炎和化脓坏死性炎等变化。若同时伴有血栓形成,称为血栓性动脉炎;若炎症波及动脉管壁各层,则称为全动脉炎。

(1)病因和发生机理

急性动脉炎通过以下三种途径引发:①经血流入侵。发生败血症时,病原微生物由局部感染处侵入血流，在血液中大量繁殖并产生毒素，同时侵害血管内膜引起动脉内膜炎。例如，在发生化脓性子宫炎、关节炎和脐静脉炎时，化脓菌可进入血流，经右心进入肺，在肺动脉分支中形成细菌性栓塞，从而引起血栓性动脉内膜炎。②通过血管壁内的滋养血管引起动脉中膜炎和动脉外膜炎。③由动脉血管周围组织的炎症蔓延而来，首先引起动脉外膜炎，然后由外向内逐渐波及动脉的中膜和内膜。发生牛坏死杆菌病时的子宫和牛肺疫时肺脏动脉炎便是通过该途径引起的。

（2）病理变化

剖检：动脉管壁变硬、增粗，内膜表面粗糙不平，管腔变狭窄，有时可见血栓。

镜检：血管内皮细胞肿胀、变性和坏死，管腔内有血栓形成，内膜和中膜可见水肿、中性粒细胞浸润、弹性纤维断裂溶解，中膜平滑肌细胞发生变性、坏死，血管外膜充血、出血、水肿、胶原纤维肿胀和炎性细胞浸润。

2. 慢性动脉炎

慢性动脉炎(chronic arteritis)多由急性炎症发展而来，伴有淋巴细胞、浆细胞和嗜酸性粒细胞等炎症细胞浸润。此外，寄生虫(如普通圆虫、圈形盘尾丝虫、犬狼旋尾线虫等)寄生于动物的前肠系膜动脉、主动脉或其他动脉也引起本病。

剖检：寄生部位初期表现为很小的硬结，之后逐渐增大，一般呈梭形，质地坚硬，通常称为蠕虫性动脉瘤，切开动脉瘤，可见血管壁异常增厚，动脉内膜粗糙不平，附有红黄相间的混合血栓，其中常见数量不等的淡红色线状虫体(图9-15)。后期血栓机化并与血管壁牢固粘连，纤维组织均质化，甚至发生钙化。

镜检：血管壁结构破坏、白细胞浸润、结缔组织增生、血栓形成及其机化等变化(图9-16)。

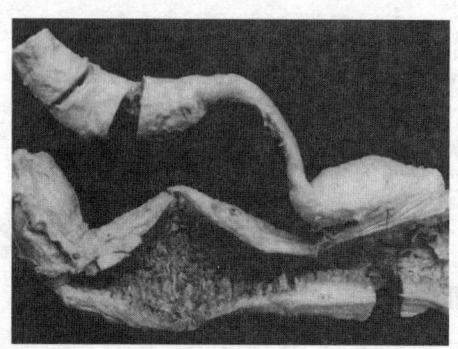

图9-15　动脉炎(剖检病变)(陈怀涛，2008)
马圆线虫病慢性动脉炎，前肠系膜动脉壁因结缔组织增生而增厚变粗，外观似动脉瘤，内膜粗糙，有血栓形成并有虫体附着

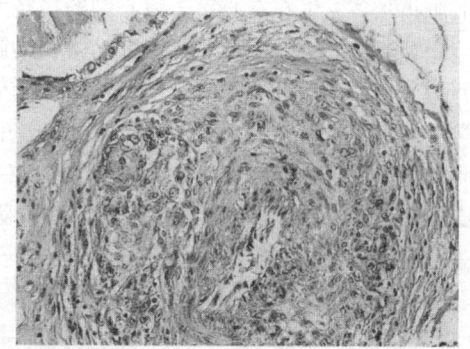

图9-16　动脉炎(镜检病变)(陈怀涛，2008)
慢性动脉炎时，动脉中膜结缔组织明显增生，致使动脉壁增厚

3. 结节性动脉周围炎

结节性动脉周围炎(nodular periarteritis)在牛、马、猪、绵羊、犬、猫、水貂、鹿等均可发生，发病部位主要在血管分支处的中、小动脉。其特点是多种器官组织内的中、小动脉同时或先后发生坏死性全动脉炎，并伴有血栓形成，引起病变器官发生出血和坏死，同时血管周围结缔组织增生，使血管呈结节状增厚。

剖检：多数器官组织，尤其是心、脑膜和肾脏的中、小动脉沿线(特别是血管分支处)处散布有不同大小和形状的结节。结节处的血管壁显著增厚，内壁常附有血栓，管腔狭窄甚至闭塞。局部组织可见有出血和梗死。小动脉的病变通常在镜检方可观察到。

镜检：早期炎症始于动脉的内膜和中膜，管壁发生水肿、中性粒细胞浸润和纤维素样坏死（图 9-17），并伴有血栓形成。随后，血管壁纤维结缔组织显著增生，可见嗜酸性粒细胞、淋巴细胞和浆细胞浸润。炎症后期，增生的纤维组织均质化和血栓机化，形成闭塞性动脉瘤样结构。

二、静脉炎

静脉炎（phlebitis）是指静脉壁的炎症，常伴有血栓形成，而出血较少发生。其病理过程的发展方式与动脉炎相似，但不如动脉炎多见。

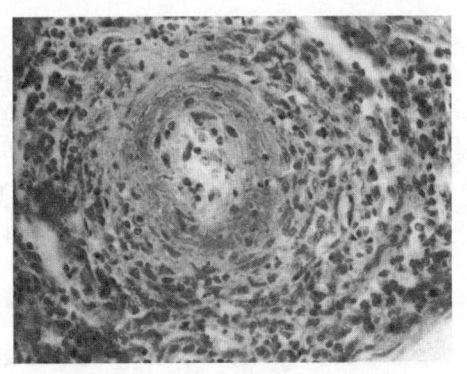

图 9-17　动脉炎（陈怀涛，2008）
犬结节性动脉周围炎，动脉中膜纤维素样坏死，
外膜大量浸润中性粒细胞和单核细胞

根据炎症经过，可将静脉炎分为急性和慢性两种类型。

1. 急性静脉炎

急性静脉炎（acute phlebitis）常见于感染和中毒过程。病原若经血流侵入，可引起静脉内膜炎。静脉内膜炎严重时，可向中膜和外膜扩展。急性静脉炎若由静脉周围组织的炎症蔓延而来，则先引起静脉周围炎，然后发展为中膜炎和内膜炎，且多伴有血栓形成。外伤感染引起的急性静脉炎在临床较为多见，例如，新生动物的脐带感染导致的脐静脉炎、颈静脉穿刺或反复静脉注射引起的颈静脉炎。

剖检：发生静脉炎部位明显肿胀、变硬，管壁和血管周围有胶样水肿，管腔中充满污秽脓液，通常还有血栓。

镜检：病变波及静脉壁各层组织，管壁有大量中性粒细胞浸润（图 9-18），严重时发生脓性崩解。病程较久时，血管内膜坏死，内含多量细菌，坏死区外围有白细胞浸润和肉芽组织增生。急性静脉炎在败血症的发生上有着十分重要的意义。

2. 慢性静脉炎

慢性静脉炎（chronic phlebitis）常由急性静脉炎发展而来，常继发于邻近组织的慢性炎症。

剖检：眼观变化和结节性动脉周围炎相似。

镜检：静脉壁结缔组织增生明显，伴有炎症细胞浸润和肌层肥大，静脉各层正常结构消失（图 9-19）。

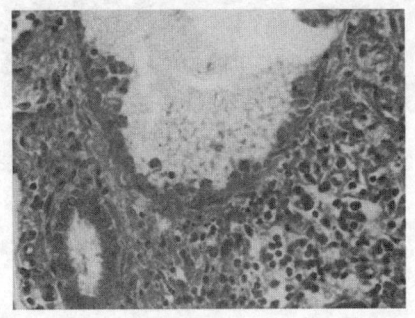

图 9-18　猪静脉炎（王雯慧，2008）
猪肝脏急性静脉内膜炎，内膜粗糙，
可见中性粒细胞附着，静脉周围
也见中性粒细胞浸润

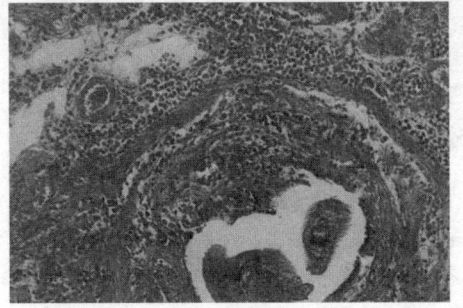

图 9-19　羊静脉炎（陈怀涛，2008）
羊血吸虫病，肠壁慢性静脉炎，静脉血管
内皮增生明显，血管壁结缔组织增生

三、动脉硬化

动脉硬化(arteriosclerosis)泛指动脉内膜或中膜非炎性变性及增生,使动脉壁发生弥散性或局限性增厚变硬,并逐渐失去弹性,同时伴有血管管腔变狭窄的一类动脉疾病,包括老龄性动脉硬化、动脉粥样硬化(atherosclerosis)、动脉钙化(arteriosteogenesis)等。

1. 老龄性动脉硬化

老龄性动脉硬化见于老龄反刍动物、马属动物和肉食动物。任何部位的动脉均可发生,但腹主动脉及其分支最常见,其次为冠状动脉、脑动脉、肺动脉和胸主动脉。

剖检:血管硬化部位常形成白色、卵圆形或线状隆起的硬化斑。

镜检:最初动脉内膜出现富含黏多糖的水肿液,内弹性膜重叠或崩解,中膜平滑肌穿过弹性膜的缺损在内皮下增生,并有胶原纤维和致密的弹性纤维形成,而内皮通常完整无损,最终成为所谓肌弹性层(musculoelastic layer)。

2. 动脉粥样硬化

动脉粥样硬化见于老龄猪、犬、兔、鸡和鹦鹉等,主动脉、髂动脉、臂头动脉、冠状动脉、肾动脉和颈动脉等大、中型动脉较易发生,一般呈良性经过。病变特点为动脉内膜和中膜有脂质沉积并伴有坏死,二者共同形成粥样病灶,同时还伴有内膜纤维组织增生的硬化性病变。

剖检:血管内膜有针尖至数厘米大的黄白色隆起,内含粥样物质,称为粥样瘤或纤维脂肪斑(图9-20)。

镜检:脂质(胆固醇、中性脂肪)沉积于血管内膜和中膜,或存在于泡沫细胞(吞噬脂质的巨噬细胞)和平滑肌细胞内,或以小滴或结晶的形式游离于间质中,随后,血管中膜发生变性、坏死,内膜、中膜纤维组织增生。后期,纤维组织发生均质化,病灶内还见细胞碎片、脂质、钙化颗粒和许多泡沫细胞与淋巴细胞(图9-21)。动物自发性动脉粥样硬化的病因和发病机理尚不清楚。实验表明,喂饲高脂质尤其高胆固醇的饲料可以促发动脉粥样硬化,饲料中胆碱缺乏而脂质过高也可引起。

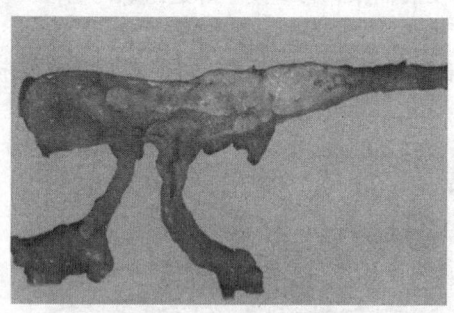

图9-20 猫动脉硬化(陈怀涛,2008)
猫动脉粥样硬化,在腹主动脉及其分支血管内表面,可见淡黄色动脉粥样斑块突入动脉腔

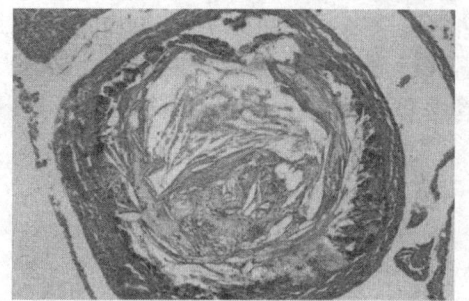

图9-21 犬动脉硬化(陈怀涛,2008)
犬动脉粥样硬化病变由脂质和典型胆固醇裂隙、泡沫细胞、细胞碎片与纤维组织组成

3. 动脉钙化

在动脉炎后期、动脉坏死和寄生虫感染时,动脉内膜或中膜常可发生营养不良性钙化或转移性钙化,其中以中膜钙化更为多见。

动脉中膜钙化的原因和机理尚不清楚。一般老龄动物易发,也常见于肾功能不全、维生素 D 中毒及营养耗竭和慢性疾病过程。牛和马的动脉中膜钙化易发部位均为腹主动脉，牛常发生在 3~4 岁，而马在 15~16 岁多见；犬的中膜钙化与年龄无关，主动脉起始部为常发部位。

剖检：发病部位动脉壁坚硬，内膜不平整，透过内膜可见管壁内有不规则的黄白色钙化颗粒或斑块（图 9-22）。

镜检：初期平滑肌细胞间有细小钙盐颗粒沉着，之后平滑肌萎缩，有大量钙盐沉积，H.E. 染色呈蓝色颗粒状或块状（图 9-23）。

图 9-22　乳牛动脉钙化（张旭静，2008）
乳牛动脉内膜钙化，主动脉和全身动脉内膜牢固附着一层钙盐，导致动脉内膜表面粗糙不平，质硬

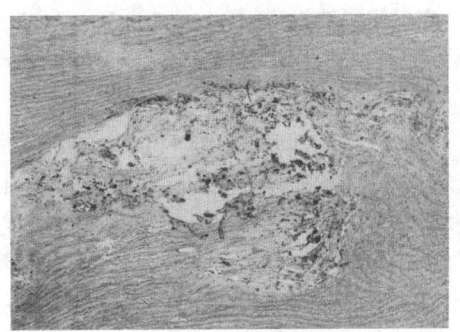

图 9-23　动脉钙化（陈怀涛，2008）
动脉中膜有钙盐沉积，呈蓝色颗粒或块状，中膜局部平滑肌组织结构破坏

寄生虫感染和病毒感染均可引起动脉内膜钙化，常发生在牛、马的胸主动脉。例如，马普通圆线虫幼虫在主动脉移行时，引起内膜损伤，可导致内膜肥厚和钙化；犬瘟热时，动脉常因发生慢性肥厚性内膜炎而导致内膜钙化。

剖检：动脉内膜可见各种形状、质地坚硬的灰白色条纹，若为寄生虫引起，则见大小和数量不等的结节状钙化灶，或呈条纹状、网状的钙化灶，在新形成的出血灶或大的结节内常可发现普通圆线虫的幼虫。

镜检：与中膜钙化相似，但有时伴有结缔组织增生，导致动脉内腔显著狭窄。

第三节　心血管系统先天性缺陷

心血管先天性缺陷或异常（cardiovascular congenital anomalies）是指胎儿的心脏和大血管在母体内的发育异常，其原因和机理尚不十分明确，一般认为可能与胎儿的周围环境、母体的因素及遗传等有关。涉及心脏和大血管的胚胎发育是一个复杂过程，为动物先天性异常的发生提供了很多机会。发育异常在功能上的表现相差极大。存在重大缺陷的动物可在子宫内死亡，而仅有轻微缺陷的动物可能一生中都不会出现临床症状，但存在中等程度缺陷的动物，由于其心力衰竭的临床症状逐渐加重，就诊时可被发现。大多数患心血管缺损病的动物，在出生后会表现逐步加重的心脏功能障碍并导致心脏结构改变，严重者出现生长障碍、无力、呼吸困难、心杂音、紫绀乃至晕厥等症状。但也有一些患心血管缺损的病畜，因心脏的代偿作用而不表现症状。

心血管先天性缺陷和异常的种类复杂，以下仅介绍较为常见的几种。

1. 心室间隔缺损

心室间隔缺损(ventricular septal defect, VSD)见于牛、绵羊、马和猪，是一种较为常见和影响严重的心脏缺损病，可与其他类型的心血管缺损并发。缺损多发生在心室间隔膜部，孔径可达 5 mm。轻症动物一般无明显症状，严重时可导致小肺动脉硬化，肺循环阻力增大，导致右心室肥大，因而出现右心室血压逐渐增高。当其收缩时血液自右心室向左心室分流，输入主动脉的血液成为混合血，此时可表现紫绀症状。

2. 心房间隔缺损

心房间隔缺损(atrial septal defect, ASD)比较常见的是卵圆孔开放，见于驹和羔羊等多种动物。小的缺损在牛较为普遍，对心脏功能活动影响不大。较大的缺损很少见。

3. 法洛四联症

法洛四联症(tetralogy of fallot)可能与动脉球、动脉干及动脉隔的发育障碍有关，见于牛、猪、绵羊、犬和猫，是一种复合的心脏缺损病，包括肺动脉狭窄、主动脉右位、心室间隔缺损和右心室肥大，其中，以肺动脉狭窄造成的影响最为严重。肺动脉狭窄时，右心室收缩力增强，右心室的血压升高，从而导致血液自右心室向左心室分流，使输入主动脉的血液成为混合血，因而动物表现紫绀症状，严重时发生脑部缺血。由于血液分流，致使肺循环血量减少，同时右心室因长期机能代偿而逐渐发生肥大，久之则发生失代偿而出现功能衰竭。

4. 动脉导管开放

动脉导管开放(patent ductus arteriosus, PDA)见于马、牛、猪和绵羊，可单独出现，也可与其他心脏缺损并发生。动脉导管是胎儿期间连接主动脉和肺动脉的一条动脉短管，肺动脉中的大部分血液可由此管流入主动脉，以供后躯组织的需要。胎儿出生后，该管因失去作用而闭锁成为动脉韧带。某些品种猪和绵羊的动脉导管于出生后一周内未闭锁属于正常现象，但若始终不闭锁，即形成动脉导管开放。严重的动脉导管开放可导致右心或左心扩张、衰竭及肺动脉硬化。

5. 大血管易位

大血管易位(transposition of the great arteries, TGA)是指主动脉和肺动脉在胚胎发育转位过程中出现的异常，可分为纠正型和非纠正型两种，常见于牛。纠正型是主动脉位于前方，肺动脉移向后侧，但因常伴有左右心室相互移位，故主动脉和肺动脉与心室连接以及血液循环均保持正常，胎儿出生后一般可健康存活。非纠正型是指主动脉和肺动脉相互移位，从而使主动脉出自右心室，而肺动脉出自左心室，由此导致右心室血液不能进入肺脏，左心室血液不能注入大循环，在胎儿出生后，因大循环血液不流过肺脏，没有换气机会，此时若无其他血液通路(异常通路)，出生后一般很快死亡。

作业题

1. 试述心肌病理性肥大的原因、发生机理、病理特征及结局。
2. 试述心脏扩张的常发部位及眼观病变特征。
3. 试述心内膜炎的常发部位及分类。
4. 试述疣性心内膜炎的病理变化特点和发生机理。
5. 试述溃疡性心内膜炎的病理变化特点和发生机理。
6. 试述心内膜炎的结局和对机体的影响。

(张勤文)

第十章

造血与免疫系统病理

【本章概述】 血液中的红、白细胞均来源于骨髓造血干细胞，对维持机体生命活动起着重要作用。免疫系统的各种淋巴细胞均来源于骨髓造血干细胞。造血与免疫系统主要器官组织包括骨髓、淋巴结、胸腺、脾脏、腔上囊、扁桃体和黏膜相关淋巴组织，主要参与机体的免疫功能，所以在疾病过程中，造血与免疫器官组织最容易受到伤害，如发生变质、渗出、坏死等变化。造血与免疫器官最常见的病理过程有骨髓炎、脾炎和淋巴结炎。

第一节　骨髓炎

骨髓炎（osteomyelitis）是指骨髓的炎症，多由感染或中毒引起。骨髓炎按炎症经过可分为急性骨髓炎和慢性骨髓炎两种类型。

一、急性骨髓炎

急性骨髓炎（acute osteornyelitis）是骨髓的一种弥散性炎症，按病变性质可分为浆液性、纤维素性、出血性和化脓性骨髓炎，但以急性化脓性骨髓炎最为重要。

（一）急性化脓性骨髓炎

急性化脓性骨髓炎主要由化脓性细菌感染所引起。感染路径可以是血源性的，即细菌多由机体某处的病灶（如化脓性子宫炎、脐静脉炎和败血病灶）经血流转移至骨髓；此外，复杂性骨折、弹伤等损伤可导致骨髓直接感染；也有先发生化脓性骨膜炎，然后再波及骨髓的。急性骨髓炎多发生于管状骨，特别是富有血管的海绵骨或骨骺端。急性化脓性骨髓炎的初期，在骨骺端或骨干的骨髓中形成灶性脓肿，脓汁逐渐增多，向上下蔓延，并流至骨皮质与骨膜之间，发展成为骨膜下脓肿。继而骨质与骨膜分离，遂使骨质失去来自骨膜的血液供给而坏死。有时由于感染及脓汁压迫动脉而形成血栓，以致整个骨干在短时间内发生坏死。从周围组织脱离后，称为死骨（sequestrum），死骨大小不等，表面光滑，或呈虫蚀状并表现疏松。小的死骨碎片往往由瘘管排出。若死骨较大不能排出时，则在死骨与被剥离的骨膜处，自骨膜新生出粗糙的骨质，将死骨包绕，称为包壳（involucrum）。包壳常有小孔，称为骨瘘孔，由此孔向外排脓。化脓性骨髓炎可经骨骺端侵及关节，引起化脓性关节炎。如果大量化脓菌进入血液，则可导致脓毒败血症。

（二）急性非化脓性骨髓炎

急性非化脓性骨髓炎主要由病毒（如马传贫）、中毒（如苯、蕨类植物）和辐射性损伤等引起，是以骨髓各系血细胞变性、坏死以及发育障碍为主要表现的急性骨髓炎。剖检可见长骨红髓区质地稀软、污浊。镜检可见细胞成分减少，各系血细胞明显变性、坏死、崩解，小血管内皮细胞肿胀、变性，可见不同程度的浆液、纤维蛋白渗出和出血。

二、慢性骨髓炎

慢性化脓性骨髓炎通常是由难治愈的急性化脓性骨髓炎转变而来。慢性骨髓炎由于时间长不易治愈，海绵骨常增殖成为致密骨，可将其分为化脓性骨髓炎和非化脓性骨髓炎。

(一)慢性化脓性骨髓炎

急性化脓性骨髓炎迁延不愈而转变为慢性炎症的过程，即慢性化脓性骨髓炎。病变特征是形成脓肿，骨组织和结缔组织增生。脓肿壁的肉芽组织发生纤维化，其周围骨质常硬化成壳状，故变成封闭性脓肿，不向外破坏。骨膜下形成的脓肿常导致病理性骨折、骨坏死甚至骨缺损。另外，猪感染布鲁菌及牛感染化脓棒状杆菌时，常可引起慢性化脓性骨髓炎，此时，全身骨髓均受到侵害，但以腰椎的病变最为严重。慢性化脓性骨髓炎蔓延到椎间联合或侵入椎管时，可导致椎骨体破坏、骨折、腰椎脱位、椎管内脓肿形成及局部炎性增生而压迫骨髓。

(二)慢性非化脓性骨髓炎

慢性非化脓性骨髓炎常见于慢性马传染性贫血、J-亚型白血病、慢性中毒等疾病。剖检可见红骨髓逐渐变成黄骨髓，甚至变成灰白色，质地变硬。镜检可见红细胞、粒细胞等均有不同程度的坏死、消失，淋巴细胞、巨噬细胞、成纤维细胞增生，实质细胞被脂肪组织取代。

慢性非化脓性骨髓炎有不同的结局，如病变范围小而机体抵抗力又强，则死骨游离后可经瘘管排出；如及时治疗感染被控制时，可逐渐痊愈，否则转为慢性。另外，急性骨髓炎可蔓延至关节，引起化脓性关节炎，如有大量细菌侵入血液，可导致脓毒败血症。

第二节 脾 炎

脾脏是体内最大的淋巴器官，除具有造血、储血、滤血功能外，还参与铁、胆红素、胆固醇、蛋白质、糖等代谢过程，在机体发生疾病(特别是传染病)时，往往发生炎症变化，将发生在脾脏的炎症称为脾炎(splenitis)。脾炎按其病理变化特点和病程可分为急性脾肿、坏死性脾炎、化脓性脾炎和慢性脾炎四种类型。

一、急性脾肿

急性脾肿(acute inflammatory splenotmegaly)是指伴有脾脏明显肿大的急性脾炎(acute splenitis)。多见于炭疽、急性猪丹毒、急性猪链球菌、急性猪副伤寒、急性马传染性贫血、锥虫病、焦虫病和败血症等。

眼观：脾脏体积增大，一般较正常大2~3倍，有时甚至可达5~10倍；被膜紧张，边缘钝圆，质地变软，切开时流出血样液体，切面隆突并富有暗红色血液(图10-1)；脾小梁和脾小体模糊，用刀轻刮切面时，可刮下大量富含血液而软化的煤焦油样脾髓。

镜检：脾脏静脉窦扩张，内含多量血液。严重时，脾脏犹如血肿，脾脏含血量增多是急性炎性脾肿最突出的病理变化，也是脾脏体积增大的

图10-1 牛炭疽(脾)(James F. Zachary, 2017)

主要病理组织学基础。脾小体几乎完全消失，有时仅在小梁或被膜附近见有少量被血液排挤而残留的淋巴组织。同时，还可见中性粒细胞浸润和浆液性水肿，脾实质细胞（如网状内皮细胞、淋巴细胞）、血管和支持组织发生变性或坏死，并与病原微生物混杂在一起。此外，被膜和小梁中的平滑肌、胶原纤维和弹性纤维肿胀、溶解，排列疏松。

结局：脾急性炎性肿大的主要原因是脾脏的血液和炎性渗出，当病因被消除，传染病呈痊愈经过时，脾脏的充血现象逐渐消失，局部血液循环恢复正常；变性细胞有的恢复正常，有的发生崩解，并随同已坏死液化的物质和渗出物逐渐被吸收。此时脾脏实质成分减少，体积逐渐缩小，被膜出现皱褶，切面干燥，质地松弛，呈褐红色，但支持组织通常恢复较慢，以后脾脏可以完全恢复正常形态，但也可能发生萎缩。

二、坏死性脾炎

坏死性脾炎（necrotic splenitis）是指以脾脏实质坏死为主要特征的急性脾炎，多见于牛出血性败血病、鸡新城疫、禽霍乱、结核病、弓形虫病、马鼻肺炎等。

眼观：脾脏不肿大或轻度肿大，其外形、颜色、质地与正常脾脏差异不明显，透过被膜可见分布不均的灰白色坏死点。

镜检：脾脏充血现象不明显，但实质细胞坏死特别突出。在白髓和红髓均可见散在的坏死灶，尤其多数淋巴细胞和网状细胞坏死，细胞核溶解或破碎，胞浆肿胀、崩解；坏死灶内同时可见中性粒细胞浸润，浆液渗出。例如，牛出血性败血病时，在脾小体和红髓内均可见散在性的小坏死灶和中性粒细胞浸润，坏死区域内的网状细胞与淋巴细胞除少数尚具有肿胀而淡染的胞核外，大多数细胞核溶解消失；细胞浆肿胀、崩解。鸡新城疫和禽霍乱的鸡脾脏表现坏死性脾炎时，坏死主要发生于鞘动脉周围的网状细胞，可波及周围的淋巴组织。镜检可见此部位网状细胞肿胀、崩解，严重时坏死细胞与渗出的浆液相互融合。

其他部位的网状细胞也可发生变性和坏死。有的坏死性脾炎会发生较明显的出血。例如，有些猪瘟病例，由于血管壁被破坏，导致脾脏白髓出现灶状出血。鸡患结核时，有80%的脾脏受侵害，镜检脾脏常见有干酪样坏死，坏死性脾炎中增生过程通常不明显。

结局：坏死性脾炎病因被消除后，炎症反应消失，随着坏死液化物质和渗出物被吸收，淋巴细胞和网状细胞再生，一般可以完全恢复脾脏的结构和功能。当脾实质和支持组织遭受损伤时，脾脏不能完全恢复，其实质成分减少，出现纤维化，结缔组织明显增生从而导致小梁增粗和被膜增厚。

三、化脓性脾炎

化脓性脾炎（suppurative splenitis）是化脓性细菌从机体其他部位的化脓灶经血源转移而引起，见于马腺疫、犊牛脐带感染等；也有因直接感染而引起的，见于外伤或脾脏周围组织和器官化脓而波及。血源性转移多为细菌栓子移行至脾动脉分支处栓塞，继而形成脓肿。

眼观：脾脏肿大，脾组织的表面和切面可见大小不等的单发或发生多发性黄白色脓肿灶，也可见到弥散性化脓性炎症。

镜检：初期脾组织化脓灶内可见大量中性粒细胞聚集、浸润。随后，中性粒细胞发生变性、坏死和崩解，局部组织因坏死而形成脓汁；后期化脓灶周围常见结缔组织增生、包绕。

四、慢性脾炎

慢性脾炎（chronic splenitis）是指伴有脾脏肿大的慢性增生性脾炎，多见于马亚急性和慢性传染性贫血、牛传染性胸膜肺炎、血孢子虫病、结核、鼻疽、慢性猪丹毒和布鲁菌病等病程较长的传染病。

眼观：脾脏不肿大或肿大1~2倍，质地坚实，边缘稍钝圆，切面稍隆突或平整，在深红色背景上可见颗粒状的灰白色或灰黄色的脾小体，此时称为细胞增生性脾炎。结核和鼻疽的脾脏病灶较大时，肉眼可见结核结节和鼻疽结节。

镜检：脾脏增生过程明显，此时巨噬细胞和淋巴细胞均可见分裂增殖。有的以淋巴细胞增殖为主，有的以巨噬细胞增殖为主，或二者兼有。淋巴细胞增殖使脾小体扩大并有明显的生发中心。在鼻疽、结核和布鲁菌病的脾脏内，除以上增殖过程外，由于病原微生物的特异性作用，还见有特殊性肉芽肿的增殖，即出现上皮样细胞和多核巨细胞。慢性脾炎过程中，还可见支持组织内结缔组织增生，导致被膜增厚和小梁变粗。同时，脾髓中也见散在的细胞变性和坏死。

结局：慢性脾炎通常以不同程度的纤维化为结局。随着慢性传染病过程的结束，由于结缔组织增生以及炎症过程中增生的细胞成分（如网状细胞、上皮样细胞）转变为成纤维细胞，而使脾脏的结缔组织成分增多，被膜增厚，小梁变粗，网状纤维胶原化，导致脾脏体积缩小，质地变硬。

第三节　淋巴结炎

淋巴结炎（lymphadenitis）即淋巴结的炎症，是由各种致炎因素经血液和淋巴液进入淋巴结而引起的炎症过程。淋巴结是动物机体的外周免疫器官，由于淋巴结本身的结构特点，细胞免疫和体液免疫反应在淋巴结内结构上的表现形式各异。所以，临床上通过检查淋巴结的病理变化，对于发现疾病、确定疾病的发展过程是十分重要的。按淋巴结炎的发展过程可将其分为急性淋巴结炎和慢性淋巴结炎。

一、急性淋巴结炎

急性淋巴结炎（acute lymphadenitis）多伴发于各种急性传染病，此时全身淋巴结均可发生急性炎症。例如，炭疽、巴氏杆菌病、猪瘟、猪丹毒、气肿疽、恶性水肿、马腺疫、急性马传染性贫血等。当机体的个别器官局部发生急性炎症时，相应的或附近的淋巴结也可发生急性淋巴结炎。急性淋巴结炎按其病变特点可分为以下四种类型。

（一）浆液性淋巴结炎

浆液性淋巴结炎（serous lymphadenitis）又称单纯性淋巴结炎（simple lymphadenitis），多发生于某些传染病初期或某一器官或身体某一部位发生急性炎症时，其附近的淋巴结常发生浆液性淋巴结炎。

眼观：淋巴结肿大，被膜紧张，质地柔软，切面隆突，潮红，湿润多汁。

镜检：淋巴组织内的淋巴小结增大，毛细血管扩张、充血；淋巴窦扩张，内含浆液并混有多量的巨噬细胞、淋巴细胞、中性粒细胞和部分红细胞；淋巴窦的网状内皮细胞明显增生、脱落，淋巴窦内出现大量巨噬细胞，称为卡他性淋巴结炎或窦卡他。淋巴小结和髓索在炎症早期通常变化不明显，在炎症后期可见淋巴组织的增生性变化，此时淋巴小结的生发中心扩大，外周因副皮质区和髓索的淋巴细胞增生，淋巴细胞密集而扩大。此时，淋巴结的充血和水肿均较前一阶段减轻，故眼观淋巴结的切面呈均匀一致的淡红色。

结局：浆液性淋巴结炎的初期表现为急性淋巴结炎，通常病因消除后，充血逐渐减退乃至消失，渗出的浆液被吸收，炎症消退，淋巴结完全再生并恢复至正常状态；如果致病因素造成的损伤加剧，可发展成出血性淋巴结炎或坏死性淋巴结炎；如果致病因素长期作用，则可转变为慢性淋巴结炎。

(二) 出血性淋巴结炎

出血性淋巴结炎（hemorrhagic lymphadenitis）是指伴有严重出血的淋巴结炎，多由急性浆液性淋巴结炎发展而来，多见于伴有较严重的败血型传染病和某些急性原虫病，如猪丹毒、猪瘟等。

眼观：淋巴结肿大，呈暗红色或灰红色，被膜紧张，切面湿润，隆突，含血量多，有的呈暗红色与灰白色相间的大理石样花纹（图10-2）。

镜检：除见有一般炎症反应外，淋巴组织可见充血和散在红细胞或灶状出血，淋巴窦内出现大量的红细胞。在出血较严重的病例，扩张的淋巴窦内充盈着大量的血液，邻近的组织被红细胞挤压、取代而残缺不全，呈血肿样外观。

图 10-2　牛淋巴结肿大、出血（James F. Zachary, 2017）

结局：出血性淋巴结的结局取决于原发疾病的性质和机体状态。如果淋巴结损伤较小，出血量较轻时，病因消除后炎症可消散，红细胞被吞噬、溶解，疾病痊愈；如果淋巴结在出血的基础上发生坏死，转变为坏死性淋巴结炎。

(三) 坏死性淋巴结炎

坏死性淋巴结炎（necrotic lymphadenitis）是以淋巴结的实质发生坏死性变化为特征的炎症过程。例如，坏死杆菌病、炭疽、牛泰勒焦虫病、猪弓形虫病、猪副伤寒等。

眼观：淋巴结肿大，其周围结缔组织水肿或呈黄色胶样浸润，切面湿润，隆突，散在大小不等的灰黄色或灰白色的坏死灶和暗红色的出血灶，淋巴结出血性坏死灶呈砖红色。

镜检：淋巴组织结构被破坏，实质细胞坏死、崩解，形成形状不一，大小不等的坏死灶，细胞核崩解呈细颗粒状。有的坏死灶内含大量红细胞，其周围血管扩张、充血、出血，并可见中性粒细胞和巨噬细胞浸润，淋巴窦扩张，其中有多量巨噬细胞，出血明显时有大量红细胞，也可见白细胞和组织崩解产物。在坏死性淋巴结炎过程中，常同时发生淋巴结周围炎，镜检可见明显的水肿和白细胞浸润。

结局：坏死性淋巴结炎的结局主要取决于病变的坏死程度。小坏死灶可被溶解、吸收，组织缺损可通过再生修复；较大坏死灶多被新生肉芽组织机化或包囊形成。如果淋巴组织广泛坏死，可被肉芽组织取代或包裹，常导致淋巴结纤维化。

(四) 化脓性淋巴结炎

化脓性淋巴结炎（suppurative lymphadenitis）是指淋巴结的化脓过程，特征是有大量中性粒细胞渗出并发生变性、坏死和组织脓性溶解，多继发于所属组织器官的化脓性炎症，是由于化脓菌经淋巴或血液进入淋巴结所致。

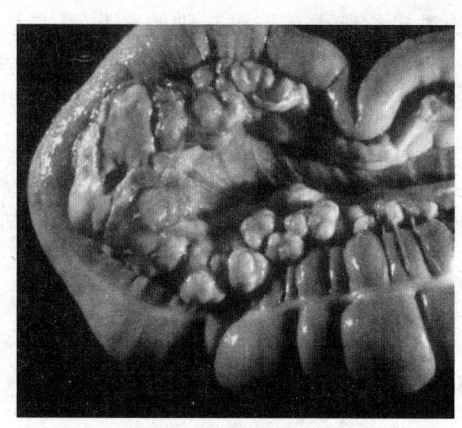

图 10-3 马结肠淋巴结化脓性肿大(James F. Zachary, 2017)

眼观：淋巴结肿大，呈半透明，在被膜下或切面上可见到黄白色的化脓灶，压挤时有脓汁流出。临床上见于马腺疫、鼻疽、猪颌下淋巴结的链球菌感染等病例，有时整个淋巴结成为脓肿（图10-3）。

镜检：淋巴结内出现化脓灶，有大量中性粒细胞浸润，其中多数已发生核碎裂，淋巴组织坏死溶解；脓肿周围组织充血、出血、中性粒细胞浸润，淋巴窦内也可见多量脓性渗出物。脓性溶解范围逐渐扩大，小脓肿互相融合形成大脓肿。

结局：化脓性淋巴结炎的结局取决于化脓菌的性质、毒力和机体的状态。当炎症在脓性浸润期停止发展时，渗出物被吸收，淋巴结可恢复正常状态；小化脓灶通常被肉芽组织取代而形成疤痕；大化脓灶通常由结缔组织包围，其中脓汁逐渐浓缩成干酪样物质，进而发生钙化。化脓性淋巴结炎常经淋巴管蔓延至相邻的淋巴结，体表淋巴结脓肿可引起化脓性炎症，甚至引起脓毒败血症。

二、慢性淋巴结炎

慢性淋巴结炎(chronic lymphadenitis)是由病原体反复或持续作用所引起的以细胞显著增生为主要表现的淋巴结炎，因此，又称为增生性淋巴结炎。有时由急性淋巴结炎转变而来，常发生于某些慢性传染病，如结核、鼻疽、猪支原体肺炎、布鲁菌病、慢性马传染性贫血等。根据其病理变化不同，慢性淋巴结炎可分为细胞增生性淋巴结炎和纤维性淋巴结炎。

(一)细胞增生性淋巴结炎

细胞增生性淋巴结炎(cellular protiferative lymphadenitis)是以淋巴组织显著增生为特征，伴随淋巴小结的扩张，反映机体在应对感染、炎症或其他刺激时的免疫反应。

眼观：淋巴结肿大，质地变硬，类似脊髓或脑组织的切面，故有髓样肿胀之称，常因淋巴小结增生而呈细颗粒状隆起。

镜检：淋巴细胞和网状细胞显著增生，肿大的淋巴小结有明显的生发中心。淋巴小结与髓索以及淋巴窦之间界限消失。可见淋巴细胞弥散地分布于淋巴结内。增生的网状细胞分布于增生的淋巴细胞之间。在结核、副结核、马鼻疽、布鲁菌病时的慢性淋巴结炎及霉菌性淋巴结炎，通常可见在淋巴细胞增生的同时还有波样细胞及郎罕氏细胞增生。

结局：在结核、鼻疽和布鲁菌病的过程中，慢性淋巴结炎表现为特殊肉芽组织增生，当疾病加剧而继续发展时，上皮细胞往往发生坏死，崩解，淋巴结内可出现坏死灶，最后发生钙化；如果疾病向痊愈方向发展，则上皮细胞逐渐消失，成纤维细胞增生而使淋巴结发生纤维性硬化。

(二)纤维性淋巴结炎

纤维性淋巴结炎(fibrous lymhadenitis)是以淋巴结内结缔组织增生和网状纤维胶原化为特征的炎症过程。多数情况是某些浆液性淋巴结炎的或化脓性淋巴结炎的转归，也可见于某些非病原因子的长期作用(如尘埃等)。

眼观：淋巴结小于正常体积，质地坚硬，切面上可见增生的结缔组织呈不规则的交错于淋巴结内，淋巴结固有结构消失。

镜检：被膜增厚，小梁和血管外膜的结缔组织增生，网状纤维胶原化。血管壁也因结缔组织增生而硬化，最后整个淋巴结可变成纤维结缔组织，在此淋巴结纤维化的基础上还可发生玻璃样变。

结局：慢性增生性淋巴结炎可以保持很长时间，随着致病因素的消除，增生过程停止。淋巴细胞数量逐渐减少，由于网状纤维胶原化和小梁、被膜的结缔组织增生导致淋巴结内实质细胞减少，支持组织相应增多。上皮细胞增生明显的淋巴结炎，在清除病原后，上皮细胞转变为成纤维细胞，从而使淋巴结内结缔组织成分增多，实质成分减少，发生纤维化。

第四节　鸡传染性法氏囊炎（病）

法氏囊即腔上囊，是禽类中枢免疫器官。来自骨髓的造血干细胞在法氏囊内诱导、分化成为 B 淋巴细胞，经淋巴和血液循环转移到周围淋巴器官。法氏囊的炎症通常是鸡传染性法氏囊炎（病）的特征性病理变化。

鸡传染性法氏囊炎（病）（infectious bursal disease，IBD）是由传染性法氏囊炎病毒（infectious bursal disease virus，IBDV）引起的法氏囊炎症。其病变性质包括卡他性炎、出血性炎及坏死性炎。

病因：IBDV 是一种 RNA 病毒，以侵害雏鸡及幼龄鸡的法氏囊为主要特征，尤以 3~6 周龄的小鸡最易感。

眼观：病鸡脱水，腿肌和胸肌出血，早期法氏囊肿大 1~3 倍以上，质量增加，浆膜水肿呈黄色胶冻样。切开法氏囊见黏膜潮红，散在点状出血，病情严重的整个法氏囊呈紫红色，黏膜呈弥散性出血（图 10-4）。有的病例黏膜皱褶浑浊不清，有的可见黏性分泌物和黄白色干酪样栓子。后期法氏囊萎缩，壁变薄，黏膜皱褶消失，色变暗淡无光泽。

镜检：发病初期，法氏囊黏膜上皮细胞变性、坏死脱落。浆膜下及淋巴滤泡之间发生水肿，部分淋巴滤泡髓质区出现以核浓缩为特征的淋巴细

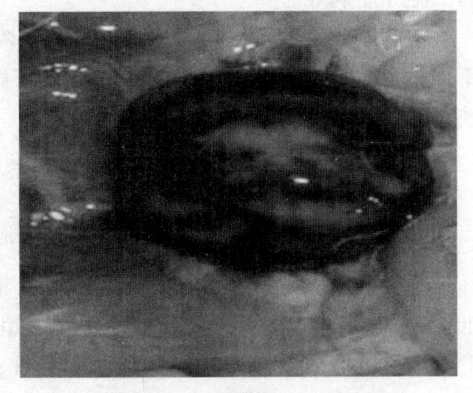

图 10-4　法氏囊肿大、出血

胞变性、坏死，以及异嗜性粒细胞浸润和红细胞渗出；重症病例淋巴滤泡结构被破坏，淋巴细胞坏死、崩解、空腔化；部分病变的淋巴滤泡髓质部、网状细胞和未分化的上皮细胞增生并形成腺管状结构。后期法氏囊严重萎缩，淋巴滤泡消失，残留的淋巴滤泡几乎无淋巴细胞，只见网状细胞和结缔组织大量增生，黏膜上皮细胞大量增殖，皱褶内陷。重症病例的淋巴滤泡不能恢复，轻症病例的淋巴滤泡可以恢复，新形成的淋巴滤泡体积增大，淋巴细胞聚在滤泡边缘。

【知识卡片】

法氏囊萎缩

法氏囊是产生 B 淋巴细胞的初级器官，来自骨髓的造血干细胞随血液进入法氏囊。在法氏囊分泌的激素影响下，迅速增殖并转化为 B 淋巴细胞，B 淋巴细胞在淋巴组织中受到抗原刺激后，可迅速增殖，转化为浆细胞并产生抗体。法氏囊是禽类体液免疫的主要效应器官，所以法氏囊的萎缩会导致禽类体液免疫功能的下降。按照法氏囊萎缩的原因可分为生理性萎缩和病理性萎缩。

①生理性萎缩：随着年龄的增长，禽类的法氏囊体积逐渐缩小，几乎完全不见痕迹。法氏囊萎缩退化过程的迟早和快慢与禽类的品种、性别和饲养方法等有关。

②病理性萎缩：禽类的多种疾病可导致法氏囊的萎缩，疫苗的不合理使用以及针对法氏囊的不同生物制剂的使用、长期营养缺乏等都可导致法氏囊萎缩。萎缩的法氏囊体积变小，颜色苍白，壁变薄，黏膜皱褶消失，色变暗无光泽。

第五节　造血与免疫系统的常见肿瘤

一、马立克氏病

马立克氏病（Marek's disease）是由马立克氏病病毒引起的一种淋巴组织肿瘤性增生性疾病。其特征是外周神经、性腺、内脏器官、虹膜、肌肉及皮肤发生淋巴样细胞浸润和形成多形态的细胞肿瘤病灶。

本病主要发生于鸡、火鸡、野鸡和鹌鹑等，本病主要侵害 3~5 月龄的鸡，发病率和死亡率均很高，对养鸡业危害很大。根据临床症状和病变部位，可将其分为神经型、内脏型、皮肤型和眼型。

（一）病原

马立克氏病病原属于 B 型疱疹病毒的马立克病毒（Marek's disease virus，MDV），病毒以细胞结合型和非细胞结合型两种形式存在于鸡体内。细胞结合病毒是一种无囊膜的裸病毒粒子，称为不完全病毒，对外界环境抵抗力弱；非细胞结合病毒是一种有囊膜的完全病毒，对外界抵抗力强。根据 MDV 的毒力可将其分为超强毒株、强毒株、弱毒株和无毒株以及三个血清型，Ⅰ型包括超强毒株、强毒株、弱毒株；Ⅱ型为无毒株；Ⅲ型为火鸡疱疹病毒株（HVT-FC126 株），对鸡无致病性。

（二）眼观变化

①神经型：神经型马立克氏病在其周围神经有特别明显的病理变化，其他型也有不同程度的神经病变，但不具有特征性。神经型马立克氏病常侵害腰荐神经丛、坐骨神经、臂神经丛、颈迷走神经、腰腹迷走神经和肋间神经。通常在神经周围及其脊神经根和根神经节可见到病变，神经呈局限性或弥散性增粗，达正常的 2~3 倍，半透明水肿样，呈灰白色或黄色，横纹消失。多为单侧病变，对称者少见，因此，当病变轻微时将两侧进行对比观察，即可发现病变。神经的近侧端受害比例最高，同时伴有该脊神经根的病变，多数背根变化显著。受侵害的神经根和神经节增大。

②内脏型：常见一种或多种器官发生淋巴瘤性病灶，如肝脏、脾脏、肺脏、肾脏、胰腺、

肠道、肾上腺、骨骼肌等。增生的淋巴瘤组织呈结节状肿块或在器官的实质内弥散性浸润。结节型病变表现为在器官表面或实质内形成灰白色的肿瘤结节，切面平滑。弥散型病变表现为器官弥散肿大，器官色泽变淡。睾丸可全部变成一个大肿瘤，多为单侧性；胸腺严重的可全部被肿瘤所取代；马立克氏病时卵巢为最常见的病变器官，雏鸡卵巢一侧的一端见有质软、致密、闪光的灰白区，或者大的硬而黄的分叶菜花状肿瘤，卵巢叶结构消失。性成熟的卵巢可见孤立的肿瘤肿块，但残余的成熟卵巢仍保有其功能。

③皮肤型：病变表现为皮肤上形成肿瘤结节，主要在毛囊部分，肿瘤直径可达3~5 mm。皮肤病灶外面如疥癣状，表面有结痂形成，遍布皮肤各处。

④眼型：特征为虹膜发生环状或斑点状褪色，以致呈弥散性灰白色，混浊不透明。瞳孔病初边缘不整齐，严重时瞳孔变成细针孔状。

(三) 镜检变化

马立克氏病时，各器官肿瘤病变表现形式各异，但组织学检查其变化基本相同，特点是肿瘤性淋巴-网状细胞(或称淋巴细胞样细胞)的增生浸润，其中，包含有大、中、小淋巴细胞、马立克氏病细胞、网状细胞、浆细胞等。马立克氏病细胞体积较大、胞浆嗜碱性强、核浓染，形状不定。胸腺皮质和髓质萎缩，血管周围有淋巴样细胞浸润；法氏囊滤泡呈退行性变化，在滤泡间出现淋巴样细胞浸润或淋巴细胞瘤块。睾丸白膜和白膜下有灶性淋巴细胞浸润，精细管间有多形态的淋巴细胞浸润。严重者精细管呈现压迫性萎缩和消失。

兽医临床将上述四种类型均具有的称为混合型。

二、淋巴细胞性白血病

淋巴细胞性白血病(lymphoid leukemia，LL)是最常见的一种白血病类型，家畜中的牛、马、猪等均有发生，禽类以鸡发生较多。本病特点是血液中白细胞数量剧增，其中，淋巴细胞总数相对增多，主要是异型的大、小淋巴细胞，成淋巴细胞和网状细胞。

(一)禽淋巴细胞性白血病

禽淋巴细胞性白血病是由淋巴细胞性白血病病毒(Avian leukosis virus，ALV)引起的以淋巴组织增生为特征的恶性肿瘤，发病鸡通常呈死亡经过，多数感染鸡无特征性临床症状。通常4个月龄雏鸡开始发病，到产卵前后的5~6月龄至1岁龄鸡发病率最高，以后逐渐降低，1岁半以上成年鸡很少发病。

眼观：肿瘤病变常广泛侵犯肝脏，其次是脾脏、法氏囊和肾脏。在肺脏、性腺、心脏、骨髓、肠系膜等部位也可见到肿瘤，肝脏、脾脏上的肿瘤可呈结节型、粟粒型或弥散型。结节型肿瘤可单个散在或大量分布，呈半球状或扁平状突出于器官表面，结节与周围组织界限清楚；粟粒型肿瘤呈点状均匀分布在器官实质中；弥散型肿瘤可使器官显著肿大到几倍，呈灰黄色，质脆，尤其是肝脏，可达正常肝脏的5~10倍，常称为"大肝病"。肾脏肿大2~3倍，呈淡黄褐色，肿瘤主要为结节型，在表面和切面上均可见到大小不等的灰白色脂肪样圆形肿块，有时呈颗粒型，均匀散布于肾实质内。法氏囊肿大，约蚕豆大小，质地变硬，黏膜皱褶灰白色脂肪样增厚，这与马立克氏病病鸡的腔上囊萎缩相区别。

镜检：肿瘤病变肿块多由多中心性的小病灶聚集融合组成，瘤细胞由形态、大小比较一致的呈成淋巴细胞构成。随肿瘤病灶的扩大，压迫周围组织，发生萎缩或消失，病灶周围组织因纤维膜而与周围组织界限清楚。弥散型肿瘤细胞则表现为浸润性生长，构成肿瘤的细胞是淋巴细胞，病例不同，其成熟度不等，病灶中可见核分裂象和坏死的核崩解颗粒。脾脏淋巴滤泡增生肿大；法氏囊滤泡的皮质和髓质结构消失，淋巴细胞增生，核分裂象明显。

(二)牛淋巴细胞性白血病

临床上将牛淋巴细胞性白血病(Bovine lymphocytic leukemia,BLL)分为胸腺型、幼年型、成年型和皮肤型。

眼观:全身淋巴结肿大3~5倍,切面如鱼肉样,呈灰白色或乳白色,有时见有出血和坏死。脾、肾、心肌、肝、肺、子宫等器官组织上,也可见肿瘤病变呈结节型或浸润型生长(图10-5)。

镜检:肿瘤细胞大量增生,受侵害器官组织的正常结构被破坏,肿瘤细胞分化程度不一致。

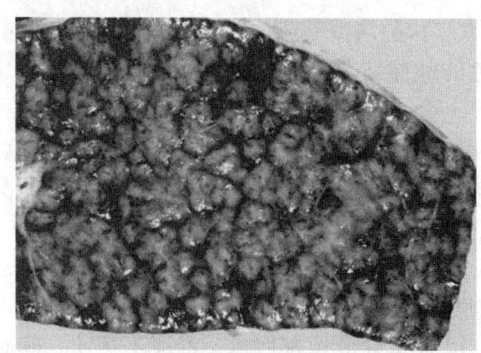

图10-5 牛肺淋巴瘤(James F. Zachary,2017)

作业题

1. 试述骨髓炎的分类和病理变化。
2. 试述急性浆液性、出血性淋巴结炎的眼观及组织病理学变化。
3. 试述脾炎的分类、眼观及组织病理学变化。
4. 试述禽法氏囊炎的组织病理学变化。
5. 试述马立克氏病的分类、眼观及组织病理学变化。
6. 试述禽淋巴细胞性白血病的眼观及组织病理学变化。

(苗丽娟)

第十一章

呼吸系统病理

【本章概述】呼吸系统包括鼻、咽喉、气管、支气管和肺脏等器官，因其在呼吸过程中与外界环境直接相通，易受空气中一些病原微生物、尘埃或有毒气体的侵害，导致呼吸系统疾病的出现。呼吸系统疾病绝大多数是由传染性和非传染性致病因子经气源性或血源性途径所致。损伤的部位主要取决于致病因子侵入门户、致病因子的性质和数量，以及组织对致病因子的敏感性。一般而言，气源性致病因子易侵犯肺内细支气管肺泡上皮细胞，而血源性致病因子通常损伤肺泡中隔和肺间质。在临床和病理实践中，肺脏的原发性疾病主要包括上呼吸道感染（鼻炎、支气管炎）、肺炎（支气管肺炎、纤维素性肺炎、间质性肺炎、化脓性肺炎、肉芽肿性肺炎、坏疽性肺炎），以及肺脏阻塞性或通气性疾病（肺气肿、肺水肿、肺萎陷、肺扩张不全）、限制性疾病（呼吸中枢损伤、呼吸肌麻痹、胸膜炎）。另外，许多肺部疾病同时具有感染、阻塞、限制等多种因素，因此在疾病诊断过程中应注意原发病因、因果关系的分析。本章重点论述上呼吸道、肺脏、胸膜常见的原发性疾病的临床症状及其组织病理学变化。

第一节 上呼吸道炎症和气管支气管炎症

一、鼻炎

鼻炎（rhinitis）是指鼻腔黏膜的炎症。鼻炎可单独发生，或与其他呼吸道炎症合并发生。

(一)病因

病毒、细菌、变应原、刺激性气体、寄生虫等多种病因都可以引起鼻炎。

①感染因素：感染是常见病因。例如，流感病毒引起上呼吸道感染；犬瘟热病毒、犬副流感病毒均能引起卡他性鼻炎；巨细胞病毒引起猪包涵体鼻炎；恶性卡他热病毒引起牛上呼吸道、口腔、胃肠道黏膜的坏死性炎症；副鸡嗜血杆菌引起鸡传染性鼻炎；支气管败血波氏杆菌引起猪传染性萎缩性鼻炎；羊鼻蝇幼虫寄生于羊的鼻腔及鼻窦内，引起慢性鼻炎等。

②物理因素：寒冷、粉尘、异物等因素刺激鼻黏膜引起鼻炎。

③化学因素：氨气、二氧化硫等刺激及家禽维生素A缺乏等可引起鼻炎。

④变态反应：花粉等变应原可引起过敏性鼻炎（allergic rhinitis）。过敏性鼻炎是发生在鼻黏膜的变态反应性疾病，属Ⅰ型变态反应。常见于牛，多发生在牧草开花的夏季。

(二)病理变化

鼻炎与一般黏膜的炎症病变基本相同。根据病程，鼻炎可分为急性鼻炎和慢性鼻炎。

1. 急性鼻炎

急性鼻炎（acute rhinitis）发病急促，病程短，以渗出性为主。根据渗出物性质不同，可分为卡他性炎、化脓性炎和纤维素性炎。

鼻炎初期鼻黏膜红肿，表面被覆稀薄、透明的液体，呈浆液性卡他。镜检可见鼻黏膜充血、水肿，黏膜上皮细胞变性、坏死脱落，固有层中可见少量炎性细胞浸润。随着炎症的发展，黏膜表面的渗出物变为灰白色黏稠的液体，进而变为黄白色脓性渗出物，即发展为化脓性鼻炎。镜检可见渗出物中有大量中性粒细胞，黏膜上皮坏死。若纤维蛋白原大量渗出，纤维素在鼻黏膜表面形成一层假膜，即发展为纤维素性炎。变态反应性鼻炎时，鼻腔分泌物和鼻黏膜内可见嗜酸性粒细胞渗出。

鼻炎可继发鼻窦炎，此时鼻窦内充满浆液或脓性渗出物。例如，鸡传染性鼻炎主要病变为急性卡他性鼻炎、鼻窦炎，鼻腔、鼻窦内有浆液和黏液性分泌物，因黏膜固有层水肿导致面部肿胀。

鼻炎沿呼吸道蔓延，可引起咽炎、喉炎、支气管炎。

2. 慢性鼻炎

慢性鼻炎(chronic rhinitis)多由急性鼻炎转变而来，病程较长，可分为肥厚性鼻炎和萎缩性鼻炎两种类型。

肥厚性鼻炎(hypertrophic rhinitis)的鼻黏膜肥厚，黏膜表面凹凸不平，呈结节状或息肉样，有少量黏液性渗出物，鼻道变狭窄。镜检可见黏膜固有层血管充血、水肿、淋巴细胞和浆细胞浸润。后期黏膜、黏膜下层纤维结缔组织增生。

萎缩性鼻炎(atrophic rhinitis)的鼻黏膜上皮细胞变性萎缩，黏膜、腺体、骨质萎缩及纤维化，动静脉血管壁结缔组织增生，血管管腔变小或闭塞。猪传染性萎缩性鼻炎早期鼻黏膜发生卡他性炎症，后期鼻甲骨逐渐萎缩，鼻中隔弯曲，导致鼻部变形。

二、喉炎

喉炎(laryngitis)是喉黏膜的炎症，可以单独发生，也可以伴发于鼻炎或咽炎。

(一)病因

1. 理化因素

吸入寒冷空气、粉尘、刺激性化学气体，误入喉头中异物的机械性刺激，剧烈咳嗽以及高声嚎叫等。

2. 感染因素

喉炎是某些传染病的主要病变，如鸡传染性喉气管炎、鸡痘等。

3. 其他炎症

由鼻腔、口、咽的炎症蔓延引起。

(二)病理变化

根据炎症性质，喉炎可分为急性卡他性喉炎、纤维素性喉炎和慢性喉炎。

1. 急性卡他性喉炎

急性卡他性喉炎(actue catarrhal laryngitis)主要表现为喉黏膜弥散性充血、肿胀，黏膜表面有浆液性、黏液性或脓性渗出物为特征的炎症过程。黏膜上皮脱落，黏膜下层水肿。咽喉部黏膜肿胀可导致呼吸困难甚至窒息。例如，鸡发生传染性喉气管炎时，喉和气管黏膜充血、出血、坏死，气管内有含血黏液或血凝块，呈卡他性或卡他性出血性炎症。

2. 纤维素性喉炎

纤维素性喉炎(fibrinous laryngitis)主要表现为喉头黏膜充血、肿胀，黏膜表面被覆灰白色纤维素性渗出物，形成一层纤维素性假膜为特征的炎症过程。假膜或易剥离(浮膜性炎)，或不易剥离(固膜性炎)。例如，黏膜型禽痘患病动物的咽喉、气管黏膜坏死，纤维素渗出，形成固膜性炎(禽白喉)；鸡发生传染性喉气管炎时，喉头和气管的病变表现为出血性、纤维素性炎症。

3. 慢性喉炎

慢性喉炎（chronic laryngitis）主要表现为喉黏膜充血、肥厚，表面凹凸不平。镜检可见黏膜毛细血管充血，黏液腺分泌增多，黏膜下淋巴细胞浸润，结缔组织广泛增生。

三、气管支气管炎

气管支气管炎（tracheobronchitis）指气管和支气管黏膜的炎症。根据病程长短，可将其分为急性气管支气管炎和慢性气管支气管炎两种类型。

(一)急性气管支气管炎

1. 病因

急性气管支气管炎主要由细菌、病毒、寄生虫感染引起。例如，鸡传染性喉气管炎病毒、鸡传染性支气管炎病毒、鸡新城疫病毒、绵羊痘病毒等感染均可引起气管支气管炎。鼻炎、喉炎等邻近组织的炎症可蔓延至气管，引起气管支气管炎。寒冷空气、粉尘等使呼吸道黏膜防御机能降低，呼吸道常在菌趁机繁殖，引起气管炎。

2. 病理变化

剖检：病变支气管黏膜充血、肿胀，支气管腔内有多量渗出物。渗出物初为浆液或黏液，随后中性粒细胞大量渗出，变为脓性渗出物(图11-1)。

镜检：黏膜上皮细胞脱落，固有层及黏膜下层大量中性粒细胞浸润，气管腔内充满炎性渗出物及脱落上皮细胞。例如，鸡发生传染性支气管炎时，气管、支气管内有浆液性、黏液性渗出物，病程稍长时渗出物变为干酪样。

图11-1 支气管炎
气管黏膜增厚、充血、黏膜表面附着
纤维素炎性渗出物

(二)慢性气管支气管炎

1. 病因

慢性气管支气管炎常由急性气管支气管炎转变而来。鸡毒支原体常引起慢性呼吸道感染，当气管受到长期慢性刺激时也发生慢性气管支气管炎。羊肺线虫、猪肺线虫、羊网尾线虫、牛网尾线虫均寄生在支气管和细支气管内，引起管腔阻塞或局部炎症。

2. 病理变化

剖检：病变气管、支气管黏膜充血、增厚，黏膜表面有黏液性、脓性渗出物，支气管壁增厚，管腔狭窄。由寄生虫引起的慢性气管支气管炎，支气管腔内可见多量虫体，支气管内的渗出物或寄生虫虫体可阻塞管腔，进而引起肺气肿。

镜检：黏膜上皮细胞变性、坏死、脱落，上皮细胞纤毛消失或支气管黏膜上皮细胞不规则的增生，常见大量淋巴细胞浸润。寄生虫感染时，可见嗜酸性粒细胞浸润。炎症向支气管管壁周围组织蔓延时，引起支气管周围炎症细胞浸润(图11-2)。

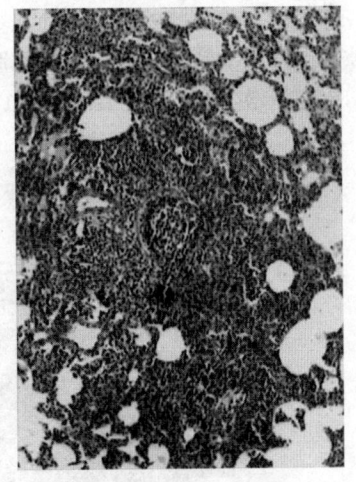

图11-2 慢性支气管炎
支气管管腔内充满炎性物质，炎症向
周围肺组织蔓延，病变肺泡腔内充满
大量炎性细胞(H.E.×10)

第二节 肺萎陷与肺膨胀不全

一、肺萎陷

肺萎陷(collapse of lung)又称肺泡塌陷(alveolar collapse)，是指曾充过气的肺组织的塌陷，使肺实质出现相对无空气的区域。根据病因和发病机理不同，肺萎陷可分为阻塞型、压迫型和坠积型三种类型。

(一)病因和发生机理

1. 阻塞型肺萎陷

阻塞型肺萎陷(obstructive pulmonary collapse)是肺萎陷最常见的一种类型，主要是由较小的支气管分泌物过多或小支气管内炎性渗出物所引起。常见于慢性支气管炎、支气管肺炎病原微生物感染(如呼吸道合胞病毒)、有害气体与异物吸入。绝大多数病例可引起末梢气道完全阻塞，肺塌陷，导致大叶性肺萎陷。

2. 压迫型肺萎陷

压迫型肺萎陷(compression pulmonary collapse)是由肺胸膜和肺内占位性病变以及气胸所引起。常见于胸腔积水、胸腔积血、渗出性胸膜炎、气胸纵膈与肺肿瘤等疾病过程。气胸时，几乎全肺发生萎陷，多见于犬和猫等。

3. 坠积型肺萎陷

坠积型肺萎陷(hypostatic pulmonary collapse)见于虚弱大动物长期躺卧一侧的肺下部。

(二)病理变化

剖检：由阻塞引起的肺萎陷，其萎陷区呈均匀的暗红色，质地柔软，小块肺组织在水中易沉没，如肺内仍保留一定量的气体，投入水中则不下沉。小支气管可见被渗出物、寄生虫、吸入的异物或肿瘤细胞所阻塞(图11-3)。

镜检：单纯肺萎陷可见肺泡壁轻度充血，肺泡壁呈紧密的平行排列，残留的肺泡腔呈缝隙样，两端呈锐角。萎陷的肺泡腔内可见脱落的肺泡上皮细胞。病程较长时，病变部位可因结缔组织增生而发生纤维化(图11-4)。

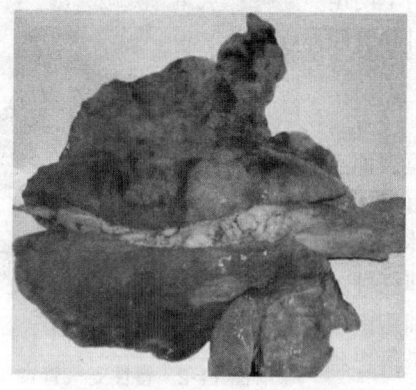

图11-3 肺萎陷(剖检病变)
肺隔叶肺组织淤血、塌陷，周围组织代偿性肺泡气肿

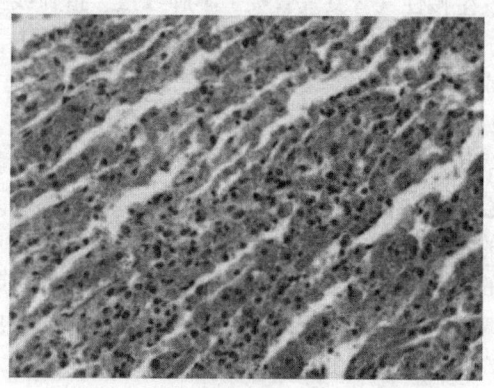

图11-4 肺萎陷(镜检病变)
肺泡塌陷、肺泡腔狭窄，肺泡壁增宽且平行排列
(H.E.×20)

(三)结局和对机体的影响

肺萎陷是一种可逆性的病理过程,特别是阻塞性肺萎陷。除去病因后,病变部肺组织可恢复通气。但持续性肺萎陷可引起肺通气障碍、肺泡表面活性物质丧失活性及下呼吸道分泌物淤积,甚至危及生命。长期肺萎陷可引起肺纤维化,当有感染性因素存在时还可引发萎陷性肺炎。

二、肺膨胀不全

肺膨胀不全(atelectasis of lung)又称先天性肺萎陷、肺不张或胎儿肺萎陷,见于从未呼吸过的死产动物和不完全充气的动物肺脏。

(一)病因和发生机理

主要病因是胎儿生前全身虚弱、营养不良、脑干呼吸中枢受损或喉部功能紊乱、气道阻塞、肺和胸结构异常,造成呼吸无力或呼吸受阻。如果在肺泡液中见到从口鼻处脱落的上皮细胞鳞屑、羊水、亮黄色的胎粪颗粒,表明胎儿在子宫内窒息前曾有过呼吸。

(二)病理变化

剖检:肺脏呈紫红色、肉质样、质量增加、常有水肿,切面常流出奶酪色或血样泡沫,大支气管内也有这种泡沫,肺组织在水中呈沉下或半沉半浮。

镜检:肺泡壁毛细血管扩张,肺泡中隔充血,有不同程度的肺泡塌陷或肺泡内含有水肿液。肺泡管和终末细支气管表面附着嗜酸性透明膜,常见局灶性出血和间质性水肿。

第三节 肺气肿

肺气肿(emphysema)是由于局部肺组织内空气含量过多,导致肺体积膨大。根据发生部位和发生机理,可将其分为肺泡性肺气肿和间质性肺气肿两种类型。

一、肺泡性肺气肿

肺泡性肺气肿(alveolar emphysema)是指肺泡管或肺泡异常扩张,气体含量过多,并伴发肺泡管壁和肺泡壁破坏的一种病理过程。

1. 病因和发生机理

大多数肺泡性肺气肿是由于气道阻塞或痉挛,肺泡不能正常地排出气体所致。多见于马慢性细支气管炎-肺气肿综合征、犬先天性大叶性或大泡性肺气肿、肺炎、支气管炎、支气管痉挛、肺丝虫病以及老龄动物。以慢性支气管炎和细支气管炎为例,当小气道发生阻塞或狭窄,吸气时,引起肺被动性扩张,小气道随之扩张,造成气体的吸入;而呼气时,由于肺被动回缩,小气道阻塞,造成气体排出不畅或排出受阻,引起肺泡腔内气体含量增多。

根据扩张肺泡腔的分布,可分为局灶性肺泡性肺气肿和弥散性肺泡性肺气肿。前者多发生于支气管肺炎病灶的周围肺泡,是健康肺泡呼吸机能加强的形态表现;后者多见于摄入外源性蛋白酶、化学药物(如 $CdCl_2$)、氧化剂(如空气污染物中的 NO_2、SO_2、O_3)等情况,其发生机理与肺内蛋白酶-抗蛋白酶失衡(protease-antiprotease imbalance),造成肺内蛋白质过度溶解有关。

2. 病理变化

(1)局灶性肺泡性肺气肿

剖检:病变肺表面不平整,气肿部位膨大,高出于肺表面,色泽不均,病变部呈淡红黄色或灰白色，弹性减弱，触压或刀切时常发生捻发音，切面比较干燥，病变周围常有萎陷区。

镜检：肺泡腔增大，肺泡膈毛细血管因空气压迫而闭锁，严重病例可见肺泡明显扩张，甚至破裂。继发于局部瘢痕的肺气肿，其特征是肺表面出现大气泡，这些病变区可压迫肺内呼吸性细支气管和血管，使其变形。

（2）弥散性肺泡性肺气肿

剖检：病变肺体积显著膨大，充满整个胸腔，有时肺表面遗留肋骨压迹。肺边缘钝圆，质地柔软而缺乏弹性，肺组织密度减小。由于肺组织受气体压迫而相对贫血，故呈灰白色，切割时常可听到捻发音，切面上肺组织呈海绵状，可见到扩张的肺泡腔。在一些严重病例，肺泡腔融合成直径达数厘米的充满空气的大空泡（图 11-5）。

镜检：在中度至重度的病例，易发现扩张和融合的肺泡腔（图 11-6）。

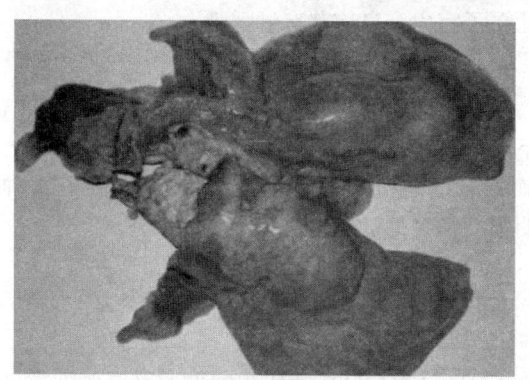

图 11-5　弥散性肺泡性肺气肿（剖检病变）
气肿组织突出肺脏表面，色泽变淡

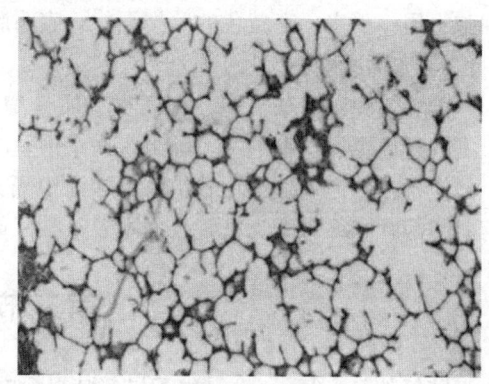

图 11-6　弥散性肺泡性肺气肿（镜检病变）
肺泡壁破裂、肺泡相互融合、肺泡体积扩张（H. E. ×100）

3. 结局和对机体的影响

轻微的局灶性肺泡性肺气肿一般不引起明显的肺功能改变，在病因消除后，肺内过多的气体随着肺泡功能的恢复而逐渐被排除或吸收，可完全康复。急性弥散性肺泡性肺气肿的动物可死于急性呼吸窘迫综合征；慢性肺泡性肺气肿的动物仅在剧烈运动时，才表现出呼吸窘迫等症状。严重时，动物可因呼吸性酸中毒、右心衰竭而死亡。

二、间质性肺气肿

间质性肺气肿（interstitial emphysema）是指肺小叶间、肺胸膜下以及肺其他间质区内出现气体，多见于牛。

1. 病因和发生机理

凡能引起强力呼气行为的病因均可导致肺泡内压力剧增，肺泡破裂。当缺乏空气流通的旁路时，气体强行进入间质，引发间质性肺气肿。常见于剧烈而持久的深呼吸、胸部外伤、濒死期呼吸、硫磷农药中毒、牛黑斑病甘薯中毒和牛急性间质性肺炎等疾病过程。

2. 病理变化

剖检：可见肺胸膜下和小叶间的结缔组织内，有大量大小不等呈串珠样的气泡，有时可波及全肺叶的间质。由于牛和猪的间质较宽而疏松，故上述病变甚为明显。严重时，肺间质中的小气泡可汇集成直径 1~2 cm 的大气泡，并直接压迫周围的肺组织而引起肺萎缩。如果肺胸膜下和肺间质中的大气泡发生破裂，则可导致气胸。肺间质的气体有时可由肺根部进入纵隔，再到达颈部、肩部或背部皮下，引起这些部位的皮下气肿（图 11-7）。

镜检：初期见肺泡膈、支气管周围、动脉周围、小叶间质及胸膜下淋巴细胞、巨噬细胞浸润和轻度结缔组织增生，间质增宽。后期见上述部位的结缔组织明显增生，肺组织正常结构遭破坏，并伴有由支气管壁和肺泡管增生而来的肥大平滑肌束，形成肌性纤维性硬结。

图 11-7　间质性肺气肿
肺间质增宽明显、间质内可见串珠状气体

第四节　肺水肿

肺水肿（pulmonary edema）是指肺泡、支气管和小叶间质内蓄积多量浆液的现象。常发生于左心衰竭和一些化学试剂如光气（$COCl_2$）、双光气（$ClCOOCCl_3$）和滴滴涕等中毒以及肺炎过程中。肺水肿主要是在肺脏淤血的基础上发展而来，此时，由于肺泡壁毛细血管的通透性增大，血液的液体成分可从毛细血管中大量渗出到肺泡、肺间质和支气管内，因而使肺组织内液体成分逐渐增多而形成肺水肿。

剖检：当发生肺水肿时，由于肺组织的血管扩张充血，在肺胸膜下、支气管、肺泡和间质内都充满大量的浆液，故肺脏体积增大，质量增加，色泽加深，呈暗红色，肺胸膜湿润而富有光泽，指压留痕。切开肺脏时，可见肺间质明显增宽，呈淡红色，从支气管和细支气管的断端流出多量泡沫样液体（图 11-8）。

镜检：非炎性肺水肿时，可见肺泡壁毛细血管高度扩张，其内含多量红细胞，肺泡腔中充满多量淡红色液体，其中混有少量脱落的肺泡上皮细胞。肺泡间质因水肿液蓄积而增宽，结缔组织呈疏松状，淋巴管也扩张。炎性肺水肿除有上述变化外，因肺泡腔内蓄积的水肿液中含有较多的蛋白质，故着色较深，并混有大量炎性细胞（图 11-9）。

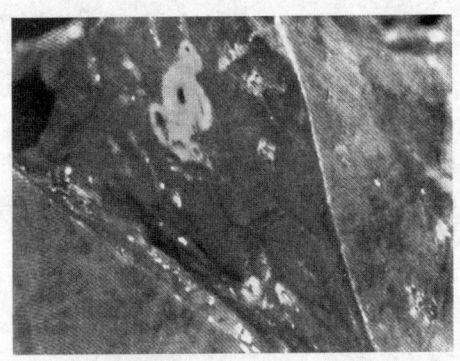

图 11-8　肺水肿（剖检病变）
肺脏体积增大、颜色暗红，切口外翻，
切面富有光泽

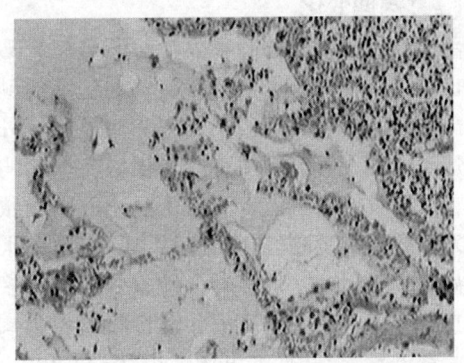

图 11-9　肺水肿（镜检病变）
肺泡腔内充满粉红色浆液以及大量的
炎性细胞（H.E.×100）

第五节　肺　炎

肺炎(pneumonia)是指细支气管、肺泡和肺间质的炎症。肺炎的分类不尽相间，根据发病机理和病变特点，主要分为支气管肺炎、纤维素性肺炎、间质性肺炎、肉芽肿性肺炎、化脓性肺炎、坏疽性肺炎等。

一、支气管肺炎

支气管肺炎(bronchopneumonia)是指肺小叶范围内的支气管及其肺泡的急性浆液性和细胞渗出性炎症，其病变发生过程一般由支气管开始，继而蔓延到细支气管，再沿管腔直达肺泡；或者是向细支气管周围发展，引起细支气管周围炎及其邻近肺泡的炎症。由于这种炎症多半局限于小叶内，故又称小叶性肺炎(lobular pneumonia)。

支气管肺炎是家畜肺炎的一种常见形式，多见于马、牛、羊、猪，尤其是幼年动物。在机体抵抗力继续下降时，小叶性病变可相互融合形成融合性支气管肺炎。

(一)病因和发生机理

动物支气管肺炎的病因主要是病原微生物。常见的有多杀性巴氏杆菌、猪霍乱沙门菌、胸膜肺炎放线杆菌、嗜血杆菌、链球菌、葡萄球菌、大肠埃希菌等。当肺防御机能低下或受损时，病原微生物大量繁殖而导致动物发病。

环境变化和其他因素引起的应激反应是支气管肺炎的主要诱因。密集饲养、微量元素和维生素缺乏、长途运输、脱水、受寒、饥饿、病毒感染、有毒气体和颗粒吸入、代谢紊乱(尿毒症与酸中毒等)等，都可致动物抵抗力下降而有利于病原微生物增殖，诱发支气管肺炎。

呼吸性细支气管最易受到吸入病原微生物的损害，因为呼吸性细支气管上皮细胞缺乏黏液保护层和肺泡巨噬细胞系统的有效保护；同时，从受损肺泡中被清除的大量细胞性(主要是巨噬细胞)和非细胞性物质，在通过呼吸性细支气管时，极易堵塞该处呈漏斗状或瓶颈状的管腔，妨碍渗出物的进一步排出。

动物绝大多数呼吸性细支气管的原发性感染都是由气道播散引起的。在少数情况下，病原微生物可从血液到达支气管周围的血管引起支气管肺炎。动物支气管肺炎多发生在肺叶前下部，这与病原微生物在此容易沉积以及此区域血液循环和通气不良有关。

(二)病理变化

剖检：肺尖叶、心叶和膈叶前下部有不规则的实变区，常累及一侧肺或局限于一个肺叶，有时也呈局灶性分布于两肺各叶。病变区的颜色从暗红色、粉红灰色到灰白色不等。病变区中央部位呈灰白色到黄色，周围为暗红色，外为正常色彩，有时甚至呈苍白色。其中，灰白色病灶是以细支气管为中心的渗出区，呈岛屿状或三叶草样分布，触摸肺组织坚实。用手按压时，从支气管断端流出灰白色混浊的黏液脓性或脓性分泌物，有时支气管可被栓子样渗出物堵塞。病灶周围暗红色的区域，是充血、水肿和肺萎陷区；苍白色部位是肺气肿区。有时几个病灶发生融合，形成融合性支气管肺炎，甚至侵犯整个大叶。病变较轻病例，胸膜面正常，富有光泽；而病变严重并继发胸膜炎的病例，可见胸膜潮红、粗糙，表面有灰黄色纤维素性或纤维素-化脓性渗出物沉积(图11-10)。

镜检：在支气管肺炎初期，常见病灶中央的细支气管管壁充血、水肿及中性粒细胞浸润，管腔内充满不等量的细胞碎屑、黏液、纤维蛋白、脱落的上皮细胞和大量中性粒细胞；细支气管上皮细胞出现从坏死至增生不等的病变；支气管、细支气管周围结缔组织也有轻度的急性炎症。肺泡壁充血，肺泡腔内也充满浆液和中性粒细胞，严重者肺泡壁可发生坏死；病灶周边肺组织常出现代偿性肺气肿和肺萎陷，在萎陷的肺泡内含有水肿液或浆液-纤维素性渗出物、红细胞、巨噬细胞以及少量脱落的上皮细胞。急性炎症初期，炎症细胞以中性粒细胞占优势，随着病程的发展，巨噬细胞不断增多，中性粒细胞减少，并发生变性、坏死和崩解(图11-11)。

(三)结局和对机体的影响

1. 完全康复

如果采用合理疗法使机体抵抗力增强，肺泡巨噬细胞则成为优势细胞，它们可吞噬病原微生物、细胞碎屑，并借助于咳嗽，经气道清除各种病理产物。巨噬细胞分泌的细胞因子、肺泡表面液体中 IgG 等免疫球蛋白也有重要的抗菌作用。随着炎症渗出物被清除，炎症开始消退，病畜逐渐康复。

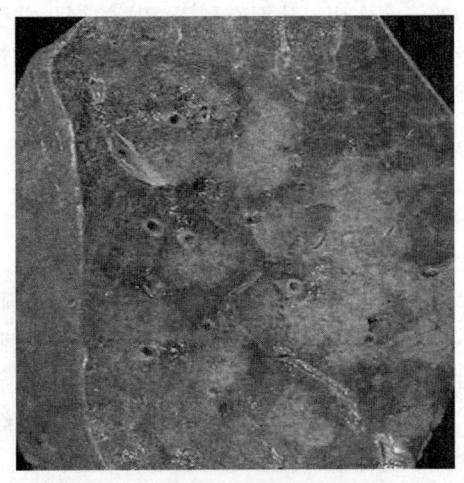

图 11-10　支气管肺炎(剖检病变)
支气管周围炎症蔓延，并相互融合成大范围病灶

2. 死亡

严重的支气管肺炎是死亡的直接病因，这是由于肺泡基底膜被破坏，渗出物不能及时清除以及不能迅速杀死传染性病原微生物所引起低血氧症和毒血症所致。

3. 转为慢性

急性支气管肺炎可转为慢性，最常见于牛和绵羊，猪次之。慢性支气管肺炎主要病变是肺萎陷、慢性化脓与纤维化。反刍动物和猪的化脓性

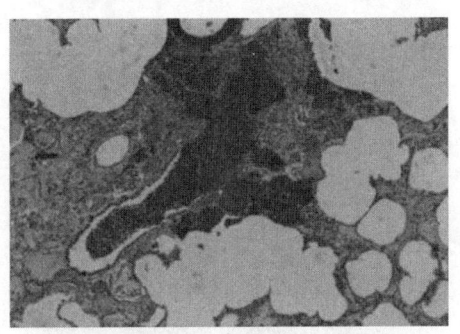

图 11-11　支气管肺炎(镜检病变)
支气管周围肺泡内充满浆液和炎症细胞，
肺泡壁增宽(H.E.×100)

病变可波及整个气道，尤其是牛还可见支气管扩张与脓肿形成。

二、纤维素性肺炎

纤维素性肺炎(fibrinous pneumonia)是指整个或大部分肺叶发生的以纤维素性渗出为特征的一种肺炎，故又称大叶性肺炎(lobar pneumonia)。纤维素性肺炎多见于牛传染性胸膜肺炎、猪巴氏杆菌病、马传染性胸膜肺炎，或继发于马腺疫、山羊传染性胸膜肺炎、鸡和兔的出血性败血症等疾病。

(一)病因和发生机理

纤维素性肺炎主要由病原微生物引起。常见的病原有支原体、嗜血杆菌、胸膜肺炎放线杆菌、多杀性巴氏杆菌、链球菌、红球菌等。目前认为，引起动物纤维素性肺炎的病原微生物多属于动物鼻咽部正常微生物系的常在(共生)菌。

应激因素是动物纤维素性肺炎发生的重要诱因。例如，长途运输、呼吸道病毒感染、其他细菌的协同作用、空气污染、受寒受潮、过劳、微量元素与维生素缺乏等，均可使机体反应性改变，免疫应答能力降低，损伤正常呼吸道黏膜的防御功能，尤其是纤毛运动及其分泌

物的清除作用，从而有利于病原的侵入并引发疾病。致病因子在上述应激条件下易侵入下呼吸道，并在短时间内通过直接蔓延和淋巴流、血流途径扩散，迅速波及至大部分肺叶或整个肺叶，引起大叶性肺炎。

(二)病理变化

纤维素性肺炎是一个复杂的病理过程，根据其发生发展进程，一般可分为四个互相联系的发展阶段，现分述如下。

1. 充血水肿期

充血水肿期(congestion and edema)以肺泡壁毛细血管充血与浆液性水肿为特征。病畜大多不在此期内死亡，故此期临床病变不易见到。但在一些急性的猪肺疫病例，死亡极快，剖检时可见整个肺脏发生充血水肿，引起病畜窒息死亡。

剖检：病变肺组织充血、水肿，呈暗红色，质地稍变实。切面呈红色，按压时流出大量含泡沫血样液体(图11-12)。

镜检：肺泡壁毛细血管扩张、充血，肺泡腔内有大量浆液性渗出物、红细胞和少数白细胞(图11-13)。

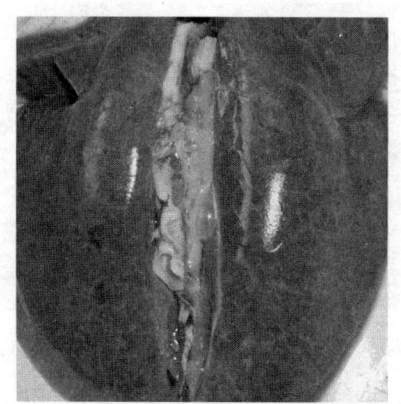

图11-12　纤维素性肺炎(剖检病变)
肺体积肿大、颜色暗红，肺表明可见
局灶性出血斑

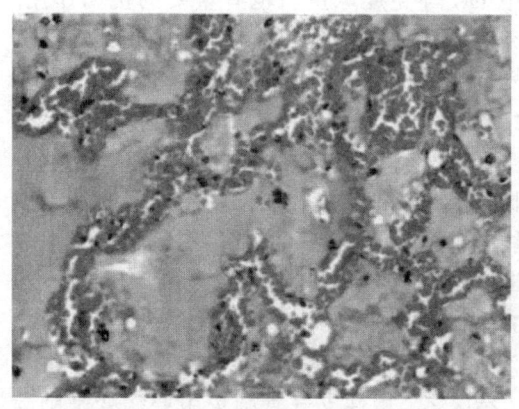

图11-13　纤维素性肺炎(镜检病变)
肺泡腔内充满粉红色浆液(H. E. ×400)

2. 红色肝变期

红色肝变期(red hepatization)一般发生于病后的第3~4天，肿大的肺叶充血呈暗红色，质地变实，切面灰红，似肝脏外观，故称红色肝样变期。

剖检：病变肺脏体积增大，肺组织致密、坚实，表面和切面均为紫红色，切面稍干燥而呈细颗粒状突出。由于此时肺脏的色泽和硬度与肝脏相似，故称为红色肝变。肝变部位的间质增宽，充积有半透明胶样渗出物，外观呈灰白色条索状，间质内淋巴管扩张，其中常含有纤维蛋白凝栓，切面呈圆形或椭圆形的薄壁管腔状。切一小块病变组织投入水中，则下沉至底(图11-14)。

镜检：肺泡壁中毛细血管高度扩张、充血，在肺泡腔内有多量红细胞和凝结成网状的纤维蛋白，以及少量中性粒细胞。肺组织被渗出的浆液浸润而呈疏松细网状，间质内淋巴管扩张，含有多量细网状的纤维蛋白，有时纤维蛋白形成栓子而堵塞淋巴管(图11-15)。

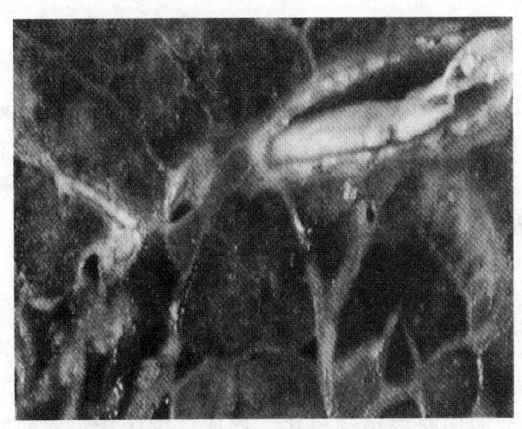

图11-14 红色肝变期(剖检病变)
肺脏切面呈灰红色,支气管内可见灰白色纤维蛋白渗出

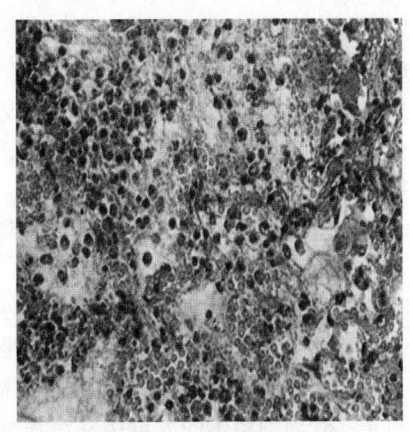

图11-15 红色肝变期(镜检病变)
肺泡壁血管扩张、红细胞聚集,肺泡内可见纤维蛋白渗出,以及红细胞和炎性细胞(H.E.×400)

在红色肝变期,胸膜也常伴发纤维素性炎。眼观胸膜脏层和壁层均增厚,被覆黄白色网状纤维蛋白假膜。如果炎症重剧而渗出的纤维蛋白多时,则被覆于胸膜的纤维蛋白呈黄白色厚层的凝卵样膜状物。剥离膜样渗出物后,胸膜肿胀、粗糙而无光泽,小血管充血或出血。胸膜腔内含有多量混有淡黄色蛋花样纤维蛋白凝块的渗出物,有时肺与肋胸膜发生粘连。

3. 灰色肝变期

灰色肝变期(grey hepatization)是红色肝变期的进一步发展。

剖检:发炎肺组织由紫红色转变为灰白色,质地坚实,切面干燥,呈细颗粒状。此时,间质和胸膜的病变与红色肝变期相似(图11-16)。

镜检:肺泡内渗出的红细胞逐渐溶解消失,而渗出的纤维蛋白和中性粒细胞增多,肺泡壁毛细血管充血现象因受到炎性渗出物压迫而减退(图11-17)。

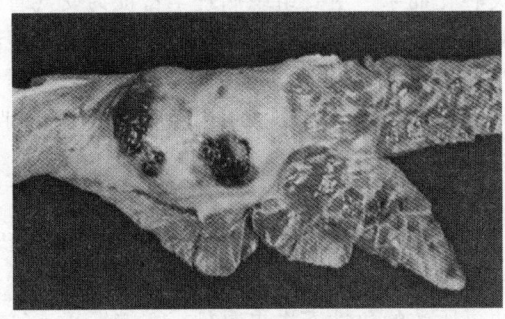

图11-16 灰色肝变期(剖检病变)
肺组织呈灰白色大理石样外观,肺表明可见深处的纤维素膜

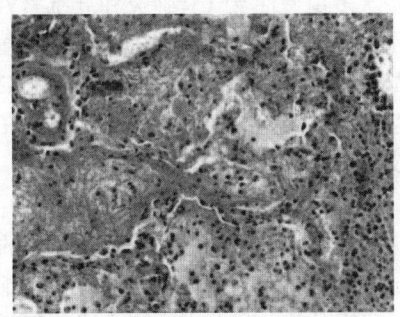

图11-17 灰色肝变期(镜检病变)
肺泡腔充满大量纤维蛋白及少量炎性细胞(H.E.×400)

由于以上各期病变在同一病例的肺脏内呈交叉性发展,因此,病畜肺脏会同时存在以上各期病变,所以,大叶性肺炎的肺脏切面呈现色泽不一的大理石样花纹。

4. 结局期

纤维素性肺炎可因原发疾病的种类、机体抵抗力的强弱、治疗是否及时和护理是否精心而不同，结局期(completion)有以下几种。

(1) 溶解消散

多见于机体抵抗力较强和由一般原因(如感染肺炎双球菌等)引起的纤维素性肺炎病例。其特点为肺泡内渗出的中性粒细胞崩解，释放出蛋白溶解酶，使纤维蛋白被溶解、液化和吸收，损伤的肺组织经再生而修复。此时，肺组织逐渐恢复正常大小，色泽变为淡红色，质地变软，肺泡壁毛细血管重新扩张，空气重新进入肺泡腔。

(2) 机化

有些病例因机体反应性较弱，在灰色肝变期的白细胞渗出数量较少，纤维素性渗出物未被完全溶解和吸收，或者因肺间质内的淋巴管和血管受损比较严重，常常造成淋巴管和血管栓塞，因此，肺泡内渗出的纤维蛋白虽被溶解但难以达到完全吸收，结果由间质、肺泡壁、血管和支气管周围增生的大量肉芽组织伸入肺泡而将渗出物机化，形成纤维组织。此时肺组织变得致密、坚实，其色泽呈"肉"样，故称此为肺肉变(pulmonary sarcoidosis)。

(3) 肺梗死与包裹形成

在发生纤维素性肺炎的同时，若伴发支气管动脉炎而引起血管内有血栓形成，则在血栓部下方所属的肺炎组织发生局灶性坏死(梗死)，坏死灶周边增生大量肉芽组织而将其包围。

(4) 肺脓肿与坏疽性肺炎

若机体抵抗力低下或炎症未能及时治疗，则炎灶常继发化脓菌或腐败菌感染而形成大小不等的脓肿，或使炎灶组织腐败分解，形成坏疽性肺炎。此时病畜往往因继发脓毒败血症而危及生命。但应指出的是，纤维素性肺炎的上述四期变化不是在每个病例中都可以看到，在一些病程较急的病例，通常病变在水肿期或发展到红色肝变期动物就因缺氧窒息而死亡；也有的病例常在同一肺切面上存有几个不同时期的变化，因此，病灶部色彩不一，具有一种多色性的大理石样外观，这在牛肺疫时表现得最为明显。

三、间质性肺炎

间质性肺炎(interstitial pneumonia)是以肺间质结缔组织呈局灶性或弥散性增生为特征的一种肺炎，多由慢性支气管肺炎和纤维素性肺炎转化而来。主要组织病理学特征为支气管和血管周围的肺小叶间和肺泡壁的结缔组织显著增生，并有较多的组织细胞、淋巴细胞、浆细胞或嗜酸性粒细胞(肺丝虫、酵母样真菌感染时)浸润，常伴有代偿性肺气肿。病变严重时，大量增生的结缔组织可使肺组织纤维化。在较大的支气管周围，增生的结缔组织发生瘢痕收缩，导致支气管扩张。

(一) 病因和发生机理

许多病因可引起间质性肺炎，常见的有：①病毒、细菌、支原体、衣原体、立克次氏体、真菌或寄生虫感染。例如，猪蓝耳病、绵羊进行性肺炎、犊瘟热、犊牛与仔猪的败血性沙门菌病、弓形体病，以及由肺蠕虫或移行蛔虫幼虫所致的急性寄生虫感染。②继发于支气管肺炎、大叶性肺炎、慢性支气管炎、肺脏慢性淤血及胸膜炎等疾病。③摄入毒素或毒素前体，如双苯基异喹啉类生物碱等。④吸入化学剂或无机尘埃，如二氧化氮、工业粉尘。⑤药物异常反应，如过敏性肺炎等。

病原可通过气源性或血源性途径引发肺的感染。由气源性进入的病原微生物主要引起肺泡管的中心性损伤，而由血源性进入的刺激物可引起弥散性或随机性损伤。在大多数情况下，肺泡中膈损伤是血源性的。无论是血源性还是气源性感染，引起肺损伤之后出现的形态学变化具有许多共同的特征，主要是造成肺泡毛细血管内皮细胞和Ⅰ型肺泡上皮细胞的损伤。Ⅰ

型肺泡上皮细胞损伤时，如果基底膜完好，可通过Ⅱ型肺泡上皮细胞增生并转化成Ⅰ型肺泡上皮细胞，使肺泡壁完全修复。如果基底膜受损且出现纤维增生，则会导致肺泡和肺间质不可逆的纤维化。当间质出现明显水肿和浆液纤维素性渗出时，则间质纤维化发展迅速。肺泡与间质纤维化的发生机理可能与胶原蛋白结构变化和影响胶原蛋白合成与降解等因素有关。

（二）病理变化

剖检：间质性肺炎可以是弥散性的，也可以是局灶性的。病变部位呈灰红色（急性）或黄白色、灰白色（慢性），病变区质地较实，切面致密、湿润、平整。病灶周围肺组织常见肺气肿，有的病灶可发生纤维化，或继发化脓细菌感染而有包囊形成。胸膜光滑，胸膜炎和胸膜渗漏并不常见（图11-18）。

镜检：急性间质性肺炎初期，肺泡内充满浆液纤维素性渗出物，肺泡壁充血、水肿。纤维蛋白、其他血浆蛋白以及细胞碎屑凝结成透明膜，附着在肺泡腔的表面。肺泡渗出物内混有白细胞和红细胞，肺泡中膈变宽、水肿，通常伴有以淋巴细胞和巨噬细胞为主、间杂少量浆细胞的炎性细胞浸润。支气管和血管周围、小叶间质及胸膜下淋巴细胞、巨噬细胞浸润以及结缔组织轻度增生（图11-19）。

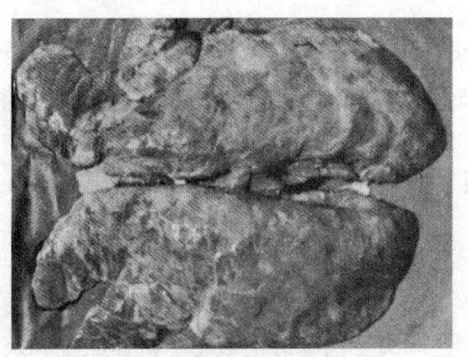

图11-18　间质性肺炎（剖检病变）
肺脏局灶性肺组织塌陷、颜色暗红、质地
坚实，周围肺组织气肿、颜色变淡

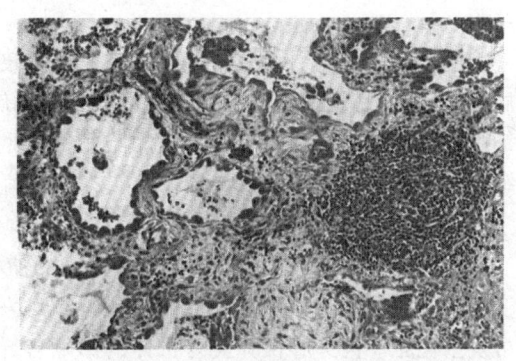

图11-19　间质性肺炎（镜检病变）
支气管周围淋巴滤泡增生，肺间质增宽，肺泡
上皮立方化生（H.E.×100）

亚急性至慢性间质性肺炎的一个共同特征是肺泡上皮细胞增生，呈立方形排列，有时向肺泡腔突起形成乳头状或腺瘤样结构。慢性间质性肺炎表现为肺泡腔内有巨噬细胞积聚、Ⅱ型肺泡上皮细胞持续增生，以及间质因淋巴样细胞积聚和纤维组织增生而增厚，肺泡腔变形呈蜂窝状。猪喘气病和绵羊进行性肺炎时，常见支气管和血管周围有增生浸润的淋巴细胞及巨噬细胞围绕形成"血管套"，有时形成淋巴滤泡结构，生发中心明显。

急性间质性肺炎如未破坏肺泡基底膜和肺泡隔，可以自行消散。大多数急性间质性肺炎消散不完全，病变部发生不同程度的纤维化；慢性间质性肺炎很难消散，病变部发生纤维化，呈橡皮样，不易切开，切面可见纤维束的走向。有些急性间质性肺炎发展很快，几周就能引起纤维化，导致呼吸衰竭而死亡。伴发纤维化的存活病例，常显示轻重不一的呼吸功能障碍的临床症状。还应特别指出，特异性肺炎是动物肺炎的重要类型。特异性肺炎是由特定的病原微生物感染引起的肺炎，例如，结核性肺炎、鼻疽性肺炎等。

四、肉芽肿性肺炎

肉芽肿性肺炎（granulomatous pneumonia）是指在肺中形成结节状的特异性肉芽肿。其界限明显，大小不等，质地坚实。剖检时，肺脏的这种肉芽肿易于肿瘤混淆。

(一)病因和发生机理

引起肉芽肿性肺炎的病因很多，例如，禽霉菌性肺炎（曲霉菌等）、芽生菌病（皮肤芽生菌）、隐球菌病（新生隐球菌）、球孢子菌病（粗球孢子菌）、组织细胞浆菌病（荚膜组织细胞浆菌）、结核病（分枝杆菌）、鼻疽（鼻疽杆菌）、放线菌病、迷路寄生虫（如牛、羊肝片形吸虫），异物吸入偶尔也可引起肉芽肿性肺炎。另外，猫传染性腹膜炎病毒也能引起猫肉芽肿性肺炎。

肉芽肿性肺炎的病原微生物常由气源性或血源性途径入侵肺脏，由于这种肺炎在发生机理的有些方面与间质性或栓塞性肺炎相似，因此，有人将肉芽肿性肺炎与上述某种肺炎归在一起（如肉芽肿性间质性肺炎）。一般来说，引起肉芽肿性肺炎的致病因子能抵抗细胞吞噬作用和急性炎症反应，并可在受害组织中长期生长。

(二)病理变化

剖检：病变肺脏形成大小不等的灰白色或灰黄色肉芽肿结节，质地坚实或较软，如发生钙化则坚硬。结节中心常发生坏死或化脓，如发生干酪样坏死，外围多有包囊，切面可见分层结构。

镜检：各种疾病引起的肺肉芽肿有一定程度的区别。但一般来说，其中心多为坏死组织或病原微生物（如结核结节为干酪样坏死，其外层是上皮样细胞和巨细胞，最外层被浸润的淋巴细胞和浆细胞的结缔组织所包裹。与其他类型的肺炎不同，肉芽肿性肺炎的病原微生物在组织切片上常可用一定的方法加以证明，如真菌用 PAS 或银染色，结核分枝杆菌用抗酸染色。

(三)结局和对机体的影响

肉芽肿结节如果个体很小，有可能吸收消散，但最常见的结局是包囊形成或纤维化，进而变为瘢痕组织。肉芽肿中心部的坏死组织可发生干涸或钙化。如继发化脓菌感染，则肉芽肿可发生化脓。肉芽肿性肺炎对机体的影响各异，这取决于肉芽肿的数量、机体状况和疾病的发展变化等因素。例如，牛结核病肉芽肿性肺炎，当发生广泛干酪样坏死并伴有全身化时，不仅给机体带来营养消耗，最终多导致动物死亡。

五、化脓性肺炎

化脓性肺炎（suppurative pneumonia）是由化脓性病原微生物经呼吸道或血流侵入肺脏引起的炎症。化脓性炎症多发生在幼畜，可以是支气管肺炎、纤维素性坏死性肺炎、出血性肺炎以及间质性肺炎的一个不良结局。

(一)病因和发生机理

大多数化脓性肺炎首先是在病毒或支原体感染肺脏或肺脏的防御体系受到破坏之后，再由不同的化脓性细菌单独或混合感染引起，有些病例也可由毒力较强的或能严重损害机体防御体系的病原微生物直接所致。虽然在不同的动物之间存在不同细菌的交叉感染，但是由于被感染的动物和地理位置不同，侵入的细菌及其相对重要性也有差异。化脓性细菌尤其是链球菌、葡萄球菌、化脓性放线杆菌、铜绿假单胞菌、肺炎克雷伯氏菌及大肠埃希菌等，通常与幼畜的化脓性支气管肺炎和肺脓肿，以及间质性肺炎败血症或脓毒败血症有关。

(二)病理变化

剖检：化脓性支气管肺炎的肺脏质地坚实，呈灰黄色。病灶以细支气管为中心，呈岛屿状或三叶草状散在分布于肺组织中。切面也可见到散在的灰黄色、粗糙的病灶，微突出于切面，用手挤压可从细支气管断面流出灰白色或灰黄色脓性渗出物。随后，肺脏出现面积大小不等的融合性奶油样实变区，或出现易碎的多发性化脓性坏死灶。化脓性坏死灶数量不一、直径约为 1 cm 的结节，散在分布于肺实质中。当肺发生脓肿时，在肺脏表面和切面有粟粒大至核桃大散在的脓肿灶。新鲜脓肿周围常常有一薄层脓肿膜，并有红晕包绕，脓肿内含有灰白色、灰黄色、灰绿色的脓汁。陈旧的脓肿有较厚的结缔组织包囊。位于肺胸膜下的脓肿往往突出于肺脏表面，破溃时可引起化脓性胸膜炎和脓胸。

镜检：化脓性支气管肺炎的支气管水肿，支气管壁和支气管腔内可见大量中性粒细胞核碎裂，支气管周围也有大量中性粒细胞浸润，支气管周围的肺泡腔周界不清，融合成片。病变后期，大量巨噬细胞和淋巴细胞浸润。急性弥散性间质性肺炎病灶多侵犯小血管，表现为血管内白细胞集聚，肺泡壁有坏死灶，以及肺泡腔内可见有弥散性的纤维蛋白、红细胞和中性粒细胞。继发化脓性病变时，有大量变性中性粒细胞及巨噬细胞聚集，肺泡结构消失，内含大量散在分布的细菌菌落。

六、坏疽性肺炎

坏疽性肺炎（gangrenous pneumonia）是指肺实质发生广泛性坏死后，由腐败菌和化脓菌感染所引起的肺组织渐进性溶解的一种特殊性肺炎，也是其他类型肺炎的一种并发症，偶见于牛、马、猪和羊。

(一)病因和发生机理

引起坏疽性肺炎的腐败菌和化脓菌可经气道和血液途径到达肺脏，但在兽医临床上常见病例多是因网胃异物穿透、灌药不当、手术麻醉后护理不当所致。

(二)病理变化

剖检：坏疽性肺炎的特征是肺组织呈浅黄色至黑灰色，并带有恶臭，可迅速发展成为泛发性边缘不齐的空洞。坏疽性肺炎的基本病理变化为纤维素性或卡他性肺炎，肝变区内发生腐败分解，呈灰绿色粟粒大或互相融合的结节性病灶，内含绿色腐败内容物，形成液化区。这些液化区可侵害整个肺叶或一群小叶，液化区的轮廓不整，发出恶臭气味(图11-20)。

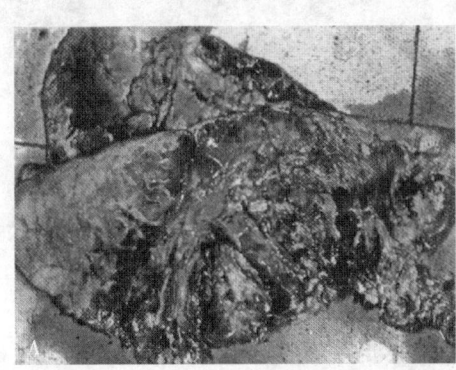

图11-20　坏疽性肺炎
A. 肺组织大面积坏死、颜色呈暗黑色；B. 病变组织颜色变深，肺组织呈液化、脱落

镜检：最初呈明显的化脓性支气管炎，以后这种炎性病灶由支气管向肺实质呈放射状蔓延，产生很多相似的炎性病灶，后者互相融合而发生液化。

(三)结局和对机体的影响

如果坏疽腔扩散到胸膜，会引起带有恶臭的脓胸和腐败性气胸（putrid pneumothorax），导致动物死亡。若动物不死，则小叶间和大支气管周围发生机化而偶有治愈。

第六节　胸膜炎

胸膜炎(pleuritis)是指胸膜腔脏层和壁层的炎症，为临床常见病变之一，主要见于马、牛、羊、猪、犬，其次是猫。

一、病因和发生机理

胸膜炎根据病因可分为原发性胸膜炎和继发性胸膜炎；根据病程可分为急性胸膜炎和慢性胸膜炎。引起胸膜炎的病因通常是病原微生物，主要包括细菌、病毒、衣原体、支原体，但在不同种属动物中，存在病原上的差异，也存在单病原感染和多病原混合感染的区别。这些致病因子侵入胸膜的主要途径有：①继发于肺炎；②通过血液、淋巴液渗透；③相邻器官的外伤性渗透和病原的直接扩散。例如，胸腔、腹腔脏器等的外伤(肋骨骨折、牛网胃创伤)、纵膈脓肿与食道炎症的直接扩散。

二、病理变化

1. 急性胸膜炎

根据渗出物的性质不同，急性胸膜炎(acute pleuritis)可分为浆液性、纤维素性、出血性和化脓性胸膜炎，其中，以浆液性、浆液纤维素性最为常见，其次是纤维素性化脓性炎，出血性胸膜炎较少发生(图 11-21)。病初胸膜潮红，胸膜血管和淋巴管扩张、充血，间皮细胞肿胀、变性，故胸膜失去固有光泽，胸膜腔蓄积多量淡黄色渗出液。如果此时病因消除，渗出较少的浆液会被迅速吸收，则称为干性胸膜炎(dry plastic pleurisy)。

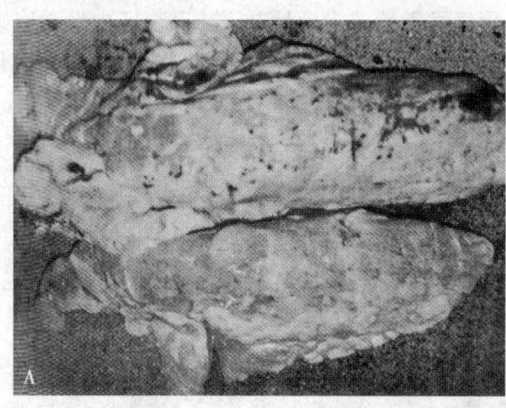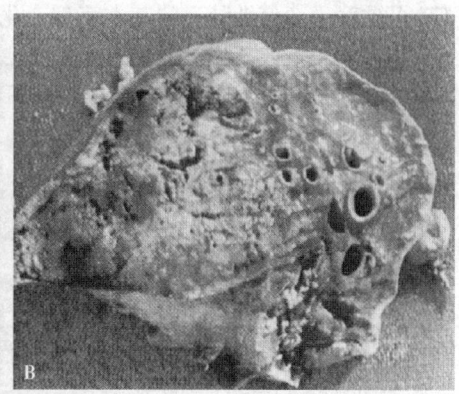

图 11-21　化脓性胸膜炎
A. 肺脏表面凹凸不平、颜色变浅，肺脏边缘可见弥散性出血点和出血斑；B. 肺脏切面肺组织大面积坏死、病变组织融合成片，并有部分组织液化、脱落

随着炎症的发展，胸膜血管损伤加重，纤维素渗出。渗出的纤维素通常为灰白色，当混有少量血液或渗出物中含有大量白细胞时则呈黄色。此时，胸膜混浊，表面被覆一层疏松、容易撕碎的淡黄色网状假膜，胸膜腔内有大量的浆液纤维素聚集。如果此时病情向良性发展，就会出现纤维素溶解、消散或机化，以及间皮细胞再生。在胸膜最深部出现形成完好的纤维组织，其上为幼稚的肉芽组织和混有白细胞的成纤维细胞层，表层为有白细胞浸润的纤维素

凝块。当有化脓菌存在时，炎性渗出物很快就会从浆液纤维素性转为化脓性，导致大量的脓汁蓄积在胸膜腔，又称为脓胸（pyothorax）。由于动物的种属和侵入的细菌不同，脓胸的好发部位、脓汁的颜色和性质也不同。马脓胸的渗出液通常稀薄呈污浊的黄色，见于单侧或双侧，多由链球菌引起；犬的脓胸多为双侧，脓汁通常被血染，黏稠，并带有絮状物，致病菌多为放线菌、诺卡氏菌和类杆菌。猫的脓胸少见，脓汁通常是奶油黄色或棕灰色，双侧脓胸多于单侧，常为多种不同细菌的混合感染。

2. 慢性胸膜炎

动物大多数慢性胸膜炎（chronic pleuritis）由急性胸膜炎转变而来，少数病例一开始就取慢性经过，如牛结核性胸膜炎和放线菌性胸膜。

慢性胸膜炎以胸膜增生变化为特征，主要表现为胸膜呈局灶性或弥散性的结缔组织增生，胸膜增厚，胸膜腔脏层和壁层的粘连，或胸膜表面的局灶性和弥散性纤维素性粘连，使胸膜腔部分或完全闭塞。有的病例可出现瘢痕和形成特异性肉芽肿。牛结核性胸膜炎发生时，感染的脏层和壁层均为增厚的纤维性肉芽组织，一般不侵犯胸膜下的组织。增生性胸膜炎的特征性病变是结节状，经常融合形成菜花样团块。在初期，结核结节由柔软、红色的肉芽组织所组成。此后重度钙化，又称珍珠病。干酪性渗出性胸膜炎的胸膜增厚，表面覆盖着大片的干酪性渗出，在片状干酪性渗出之间有纤维素沉着。放线菌性胸膜炎的表面呈弥散性增厚，并可见到大小不等的结节状病灶，结节中心可见黏稠的脓性内容物和淡黄色的硫黄颗粒。

三、结局和对机体的影响

胸膜炎早期会出现明显的胸部痛觉敏感，当出现胸腔积液后，可压迫肺组织，导致呼吸困难、缺氧等症状，如不及时治疗，易引发胸膜粘连增厚，甚至整个胸廓会塌陷，对肺功能的影响较大。化脓性胸膜炎患者会形成脓毒血症，甚至危及生命，影响预后。因此，当患畜确诊胸膜炎后，及时治疗，病情都会得到控制，预后都较理想。

【知识卡片】

结核性胸膜炎

结核性胸膜炎是结核分枝杆菌由近胸膜的原发病灶直接侵入胸膜，或经淋巴管血行播散至胸膜而引起的渗出性炎症。临床上常分为干性胸膜炎、渗出性胸膜炎、结核性脓胸三种类型。

1. 病因

结核性胸膜炎是结核分枝杆菌首次侵入机体所引起的疾病。结核分枝杆菌有四型：人型、牛型、鸟型和鼠型。而对人体有致病力者为人型结核分枝杆菌和牛型结核分枝杆菌。结核分枝杆菌的抵抗力较强，除有耐酸、耐碱、耐酒精的特性外，对于冷、热、干燥、光线以及化学物质等都有较强的耐受力。引起结核性胸膜炎的途径有：①肺门淋巴结核的细菌经淋巴管逆流至胸膜。②邻近胸膜的肺结核病灶破溃，使结核分枝杆菌或结核感染的产物直接进入胸膜腔内。③急性或亚急性血行播散性结核引致胸膜炎。④机体的变态反应性较高，胸膜对结核毒素出现高度反应引起渗出。⑤胸椎结核和肋骨结核向胸膜腔溃破。因为针式胸膜活检或胸腔镜活检已经证实80%结核性胸膜炎壁层胸膜有典型的结核病理改变。因此，结核分枝杆菌直接遍及胸膜是结核性胸膜炎的主要发病机理。

2. 症状

大多数结核性胸膜炎是急性病。其症状主要表现为结核的全身中毒症状和胸腔积液所致的局部症状。人结核症状主要表现为发热、畏寒、出汗、乏力、食欲不振、盗汗。局部症状有胸痛、干咳和呼吸困难。胸痛多位于胸廓呼吸运动幅度最大的腋前线或腋后线下方，呈锐痛，随深呼吸或咳嗽而加重。由于胸腔内积液逐渐增多，几天后胸痛逐渐减轻或消失。积液对胸膜的刺激可引起反射性干咳，体位转动时更为明显。积液量少时仅有胸闷、气促，大量积液压迫肺、心和纵隔，则可发生呼吸困难。积液产生和聚集越快、越多，呼吸困难越明显，甚至可有端坐呼吸和发绀。

体征与积液量和积聚部位有关。积液量少者或叶间胸膜积液的胸部体征不明显，或早期可听到胸膜摩擦音。积液中等量以上者患侧胸廓稍凸，肋间隙饱满，呼吸运动受限。气管、纵隔和心脏向健侧移位。患侧语音震颤减弱或消失，叩诊浊音或实音。听诊呼吸音减弱或消失，语音传导减弱。由于接近胸腔积液上界的肺被压缩，在该部听诊时可发现呼吸音不减弱反而增强。如有胸膜粘连与胸膜增厚时，可见患侧胸廓下陷，肋间隙变窄，呼吸运动受限，语音震颤增强，叩诊浊音，呼吸音减弱。

3. 鉴别

(1) 细菌性肺炎：结核性胸膜炎的急性期常有发热、胸痛、咳嗽、气促，血白细胞计数增多，胸片X线表现高密度均匀阴影，易误诊为肺炎。但肺炎时咳嗽多有痰，常呈铁锈色痰。肺部为实变体征，痰涂片或培养常可发现致病菌。结核性胸膜炎则以干咳为主，胸部为积液体征，结核菌素皮内试验(PPD试验)可阳性。

(2) 类肺炎性胸腔积液：发生于细菌性肺炎、肺脓肿和支气管扩张伴有胸腔积液者，患者多有肺部病变的病史，积液量不多，见于病变的同侧。胸液白细胞计数明显增多，以中性粒细胞为主，胸液培养可有致病菌生长。

(3) 恶性胸腔积液：肺部恶性肿瘤、乳腺癌、淋巴瘤的胸膜直接侵犯或转移、胸膜间皮瘤等均可产生胸腔积液，而以肺部肿瘤伴发胸腔积液最为常见。结核性胸膜炎有时须与系统性红斑狼疮性胸膜炎、类风湿性胸膜炎等伴有胸腔积液者鉴别，这些疾病均有各自的临床特点，鉴别不难。

作业题

1. 名词解释：肺萎陷、肺气肿、肺水肿、支气管肺炎、纤维素性肺炎、胸膜炎。
2. 简述支气管肺炎病理变化特点。
3. 简述纤维素性肺炎的病理发展过程。
4. 简述化脓性肺炎的病因及病理变化。
5. 简述间质性肺炎的病理变化。
6. 简述胸膜炎的病因及病理变化。

（翟少华）

第十二章

消化系统病理

【本章概述】 动物机体在其整个生命活动过程中，要不断地从外界获取营养物质，以供新陈代谢的需要。消化系统在神经和体液的调节下完成对食物的消化、吸收、转化及排泄。消化系统包括消化管和消化腺两部分，消化管包括食管、胃、十二指肠、空肠、回肠、盲肠、结肠及直肠；消化腺包括唾液腺、胰腺和肝胆系统等。当受到不同致病因素的作用时，均可引起这两部分器官的疾病。消化系统疾病涉及临床多种症状、病理过程或疾病的发生、发展。

本章对消化系统中急性胃扩张、胃炎、肠炎、肠阻塞、传染性肝炎、中毒性肝炎、肝坏死及肝硬变等疾病的主要病理变化进行介绍。

第一节 胃肠病理

本节着重介绍急性胃扩张、胃炎和肠炎。

一、急性胃扩张

由于病因作用导致的消化障碍和排泄紊乱而引起胃体积的异常增大。反刍动物又称瘤胃臌气（bloat），单胃动物多呈急性经过，又称急性胃扩张（acute gastric dilatation）。根据病因可将其分为原发性胃扩张和继发性胃扩张。

（一）病因和发生机理

急性胃扩张病因较多，一般认为与动物的暴饮暴食有一定关系。另外，也与某些疾病因素，尤其是胃扭转、食管裂孔疝、肠道疾病等有关。急性瘤胃臌气可由游离气体、泡沫性食物或采食过量易发酵的饲料引起，如青绿多汁苜蓿、精料过多等。该病常见于牛、羊等反刍动物，奶牛的泡沫性臌气与原因不明的消化不良或突然食入多汁的青饲料有关；慢性瘤胃臌气大部分是由饲喂不当引起。

急性瘤胃臌气的发生常与低血钙、咽部损伤（波及控制嗳气的迷走神经）、食管阻塞、腹膜炎、肠梗阻、肠变位、消化不良等因素有关。

（二）病理变化

剖检胃体积扩张增大，内有大量酸臭味的气体和泡沫样内容物，因胃的挤压肠管容积减少。肺脏淤血，切开血液凝固不良。严重的急性胃扩张可导致胃壁和膈肌的破裂。

二、胃炎

胃炎（gastritis）是指胃壁表层和深层组织的炎症。根据病程可将其分为急性胃炎和慢性胃炎。急性胃炎病程短、发病急、症状重、渗出明显；慢性胃炎病情缓和病程长，有的伴有增生，常常是由急性胃炎转化而来。按渗出物的性质和病理变化特点，胃炎又可分为浆液性、卡他性、出血性、纤维素性、化脓性、坏死性等胃炎。

(一)急性浆液性胃炎

急性浆液性胃炎(acute serous gastritis)是最常见的一种胃炎,症状较轻,多见于其他胃炎的开始,其特征是胃黏膜表面渗出多量的浆液。

1. 病因

常见的病因有理化因素、微生物感染(细菌、真菌、病毒、寄生虫等微生物感染)和饲养管理不当,如暴饮暴食、饲料或饮水质量恶劣(饲料发霉、过硬、刺激性过强及饮水污染等)、饲喂方式的改变(饲料类型或饲喂时间突然变化)等原因。

2. 病理变化

剖检:胃黏膜肿胀、潮红、充血,被覆较多稀薄黏液,尤以胃底腺部黏膜较为严重(图12-1),炎症灶偶尔见少量出血点。

镜检:胃黏膜上皮细胞变性,严重时坏死、脱落,固有层和黏膜下层毛细血管扩张、充血,组织间隙可见淡红色的浆液(图12-2),偶尔出血和炎性细胞浸润。

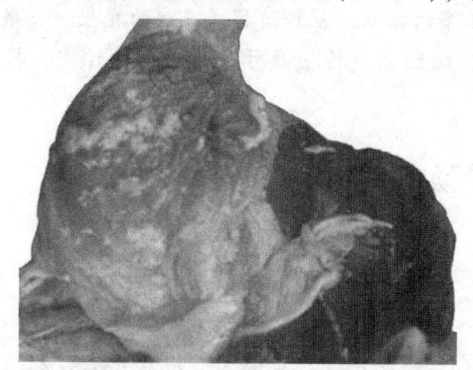

图12-1　急性浆液性胃炎(剖检病变)
胃黏膜充血、肿胀

图12-2　急性浆液性胃炎(镜检病变)
(刘彦威,2018)
黏膜下层毛细血管扩张、充血(H.E.×200)

(二)急性卡他性胃炎

急性卡他性胃炎(acute catarrhal gastritis)是一种胃炎类型,以胃黏膜表面被覆多量黏液和脱落的上皮组织为特征。

1. 病因

常见的病因包括化学性因素(酸、碱及化学药物)、物理性因素(冷、热刺激)、机械性因素(饲料过硬及尖锐异物刺激)、饲养管理因素等。例如,暴饮暴食、饲料或饮水质量恶劣、饲喂管理的改变以及生物性因素等原因。其中,以生物性因素最为常见,损伤最为严重。例如,大肠埃希菌引起的仔猪水肿病、猪传染性胃肠炎、猪流行性腹泻、猪轮状病毒病、猪瘟、犬瘟热、犬细小病毒病、鸡新城疫等传染性疾病均可引起急性卡他性胃炎。

2. 病理变化

剖检:发炎部位胃黏膜尤其是胃底部呈现弥散性肿胀、充血、潮红,黏膜可被覆大量浆液性、黏液性、脓性甚至血液性分泌物。例如,猪瘟病毒感染,猪胃常有出血斑和糜烂,以胃底部黏膜病变最为严重(图12-3)。

镜检:胃腔内有多量的黏液,胃上皮细胞变性、坏死、脱落。固有膜及黏膜下层毛细血管扩张、充血,甚至出血,组织间隙有渗出物和炎性细胞浸润(图12-4),固有膜内淋巴小结肿胀,生发中心增大或可见新生淋巴小结。

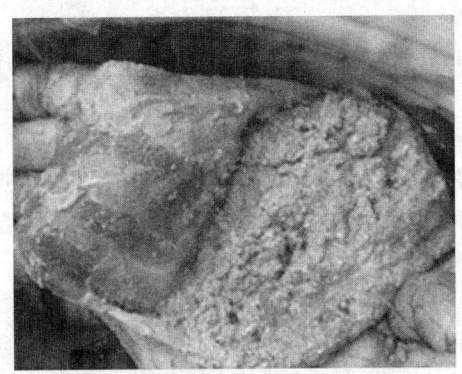 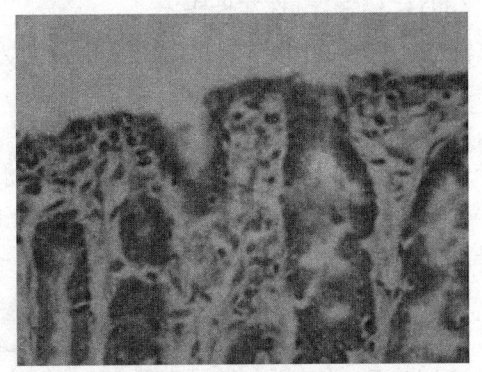

图 12-3　猪急性卡他性胃炎（剖检病变）
胃黏膜充血、血液性分泌物和渗出

图 12-4　猪急性卡他性胃炎（镜检病变）
胃黏膜上皮细胞变性和炎性细胞浸润（H.E.×400）

（三）出血性胃炎

出血性胃炎（hemorrhagic gastritis）是指以胃黏膜弥散性、斑块状或点状出血为特征的胃炎。

1. 病因

出血性胃炎的病因包括剧烈呕吐、强烈的机械性刺激、中毒、传染病和寄生虫病等。例如，猪瘟、犬瘟热、猪传染性胃肠炎、猪流行性腹泻、猪轮状病毒腹泻、兔瘟、兔巴氏杆菌病等均可引起胃黏膜出血。

2. 病理变化

剖检：胃黏膜呈深红色的弥散性、斑块性或点状出血，炎灶组织充血、出血，呈红色或暗红色，渗出液呈血样外观。时间稍久，血液渐呈棕黑色，与黏液混在一起成为一种淡棕色的黏稠物，附着于胃黏膜表面，严重者从胃壁的浆膜表面可透见胃内的出血斑。例如，猪瘟胃底黏膜出血（图 12-5）。

镜检：炎性渗出液中有多量红细胞，同时，也有一定量的中性粒细胞；黏膜上皮细胞变性、坏死、脱落，固有膜和黏膜下层血管扩张、充血、出血和中性粒细胞浸润。例如，猪瘟患畜胃黏膜的固有层、黏膜下层见红细胞呈局灶性或弥散性分布于整个黏膜层，胃底腺及周围血管充血、出血（图 12-6）。

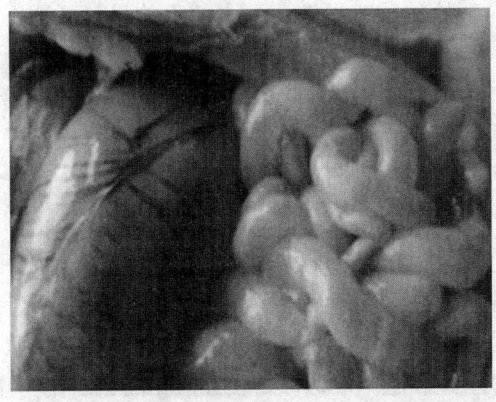 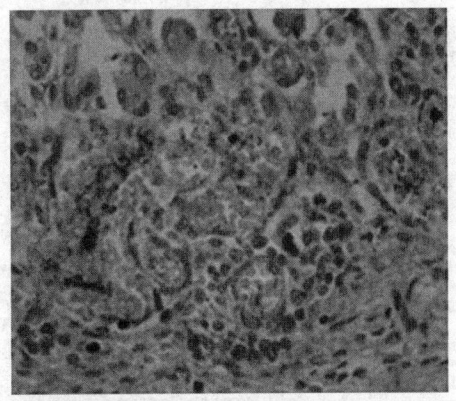

图 12-5　猪急性出血性胃炎（剖检病变）

图 12-6　猪急性出血性胃炎（镜检病变）
黏膜层充血、出血（H.E.×400）

(四)纤维素性-坏死性胃炎

纤维素性-坏死性胃炎(fibrinous-necrotic gastritis)是以黏膜表面覆盖大量纤维素性渗出物为特征的胃炎。

1. 病因

由强烈的致病刺激物(误咽腐蚀性药物)和应激(运输、打斗、天气突变)等引起,也见于某些传染病,如猪瘟、鸡新城疫、副猪嗜血杆菌病、沙门菌病、坏死杆菌病、化脓性细菌等感染过程中。

2. 病理变化

剖检:胃黏膜表面被覆一层灰白色、灰红色的纤维素性薄膜。浮膜性炎形成的纤维素膜(假膜)易剥离,剥离后,黏膜表面充血、肿胀、出血,黏膜光滑无损伤;固膜性炎形成的纤维素膜与组织结合牢固,不易剥离,强行剥离则可见溃疡和糜烂。

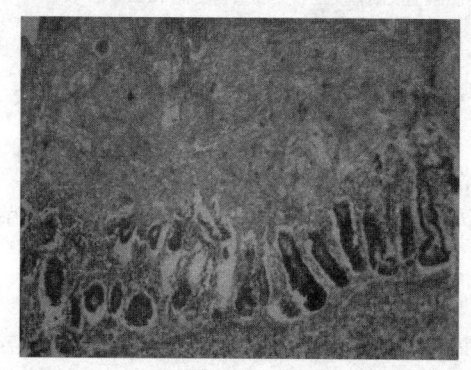

图 12-7 猪纤维素性-坏死性胃炎
胃黏膜表面见大量纤维素渗出(H. E. ×100)

镜检:胃黏膜上皮有不同程度受损,黏膜表层、固有层甚至黏膜下层有大量纤维素渗出(图 12-7)。若继发化脓性细菌感染,则转为化脓性胃炎,此时,黏膜表面覆盖大量的黄白色的脓性分泌物,黏膜固有层和黏膜下层有大量中性粒细胞浸润,浸润部组织常发生脓性坏死。

(五)慢性卡他性胃炎

慢性卡他性胃炎(chronic catarrhal gastritis)是指以黏膜固有层和黏膜下层结缔组织显著增生或萎缩为特征的炎症。

1. 病因

多数由急性胃炎发展转化而来,也与其他病因有关。例如,由幽门螺杆菌感染、寄生虫寄生(牛羊真胃捻转血矛线虫、马胃蝇的幼虫、猪蛔虫等)所致肉芽肿病变、恶性贫血所致的特异性炎症、长期的毒性物质刺激、胃运转功能障碍等。幽门螺杆菌感染被认为有重要的致病作用,该细菌感染胃部会导致胃炎、胃溃疡和十二指肠溃疡。而且幽门螺杆菌可在已被其他病原所破坏的胃黏膜上增殖,延缓受损胃黏膜的愈合,进而引起更严重的炎症蔓延。因此,胃内环境的改变,细菌毒素的释放,都可诱发宿主炎症反应。

慢性卡他性胃炎多见于猪、狗、猫和马等,可发生在胃的不同区域,黏膜受损程度各异。例如,由环境病因(包括幽门螺杆菌)引起的胃炎主要侵犯幽门窦处的黏膜或呈泛胃性;慢性自身免疫性胃炎主要发病部位在胃底和胃体黏膜,呈弥散性炎症过程。

2. 病理变化

剖检:胃黏膜表面被覆大量灰白色、灰黄色的黏稠的渗出物。胃黏膜表面常凹凸不平,黏膜变薄或增厚。有些病例因胃黏膜及黏膜下层腺体和结缔组织增生,使黏膜皱襞增多增厚,称为慢性肥厚性胃炎(chronic hypertrophic gastritis);有些病例黏膜上皮或胃腺发生萎缩,腺体减少甚至消失,使胃黏膜变薄和平坦,称为萎缩性胃卡他;常见胃黏膜红白相间,以白为主,皱襞减少,甚至可透见黏膜下血管网(图 12-8),称为萎缩性胃炎(atrophic gastritis)。

镜检:肥厚性胃卡他时,初期病变主要位于黏膜浅层,呈灶状或弥散分布,胃黏膜充血、水肿。严重时,炎症反应遍布整个胃黏膜,上皮细胞脱落,黏膜固有层腺体肥大、增生,腺管延长，有时增生的腺体可穿过黏膜肌层。固有层淋巴组织增生，生发中心明显，伴有炎性细胞浸润，以淋巴细胞和浆细胞居多。胃腺颈部区域上皮细胞分裂增生，黏膜内出现不成熟的上皮细胞，体积较大，核深染以及黏蛋白小泡数量减少或消失。有时局部胃黏膜被增生的杯状细胞和化生的柱状上皮细胞取代，同时伴发轻度结缔组织增生。

萎缩性胃卡他时，随炎症的发展，有的胃腺上皮细胞萎缩，腺体减少，胃黏膜上皮出现柱状细胞化生为肠杯状细胞（图12-9），胃壁细胞及腺体结构明显丧失，整个黏膜内炎症细胞弥散性浸润及结缔组织瘢痕形成。黏膜和黏膜下层由淋巴细胞和少量中性粒细胞浸润，偶见新生淋巴小结形成。

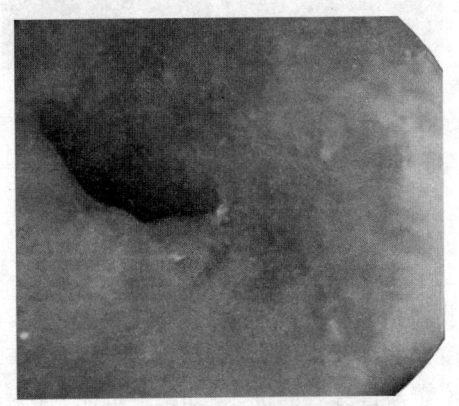

图 12-8 人慢性萎缩性胃炎
胃黏膜萎缩变薄呈红白相间

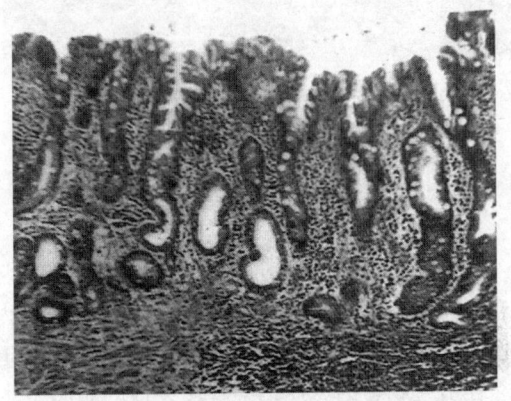

图 12-9 慢性萎缩性胃炎（苏敏，2005）
胃黏膜上皮细胞化生为肠型腺上皮细胞（H.E.×200）

（六）坏死性胃炎

坏死性胃炎（necrotic gastritis）又称胃溃疡是指胃壁的坏死性炎症。通常表现为溃疡，可单发或多发，有时累及食道与十二指肠，严重的溃疡可造成胃穿孔。坏死性胃炎既可作为单独的一种疾病，也可以是其他疾病的一种并发症。在动物中以狗、猫、猪、牛和马多见。

1. 病因

坏死性胃炎的主要病因是胃液的消化作用以及神经-内分泌功能失调。由于神经内分泌紊乱，导致胃黏膜屏障被破坏，食物的刺激作用导致消化液的异常分泌，胃黏膜完整性与保护功能受损，胃黏膜血流量也随之减少。另外，由于寄生虫的寄生直接导致黏膜的破坏；有时也可继发于其他胃炎以及生物学致病因素。

2. 病理变化

剖检：坏死性胃炎的病灶部位因动物种类的不同而有一定差异，犬、牛多发于幽门，少数见于贲门；猪、马则多发于食管区，偶见胃底区和幽门区。溃疡灶多少不定，大小不一。多为椭圆或圆形，溃疡中心凹陷（图12-10）或突起，粗糙不平，呈红褐色，周围因组织增生而隆起。

镜检：典型病理变化是溃疡处胃壁的凝固性坏死，溃疡灶周围有炎性细胞浸润和纤维素渗出，坏死灶基部可见单核细胞浸润和肉芽组织。溃疡底部由内向外依次为：黏膜最表层为少量炎性渗出物、坏死组织层、肉芽组织层。例如，猪坏死杆菌感染后，胃部溃疡灶可见三层结构，上层为无结构的坏死、中层为发生凝固性坏死的胃组织、底层为肉芽组织（图12-11）。

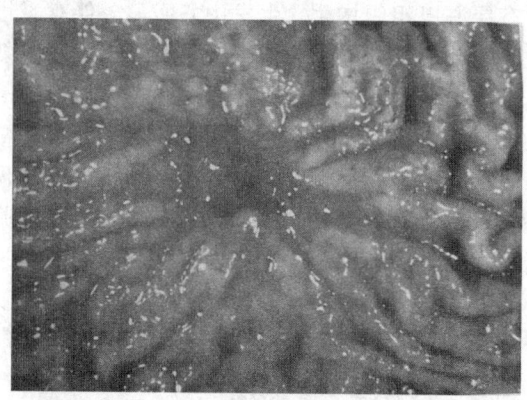
图12-10 坏死性胃炎(剖检病变)(苏敏，2005)
溃疡中心呈圆形凹陷

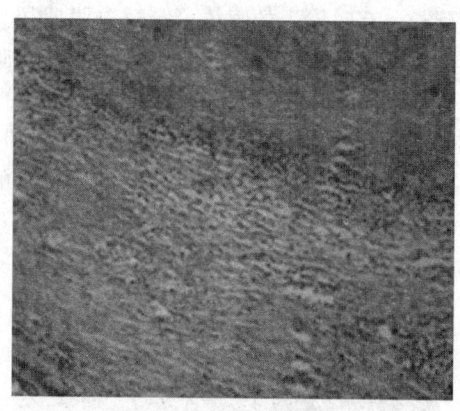
图12-11 坏死性胃炎(镜检病变)
上层为坏死灶，下层为肉芽组织增生(H.E.×100)

三、肠炎

肠炎是指肠道的某段或整个肠道的炎症。常见的病因有肠道内正常菌群失调，肠液、胰液和胆汁分泌排泄障碍，营养过剩或不足，肠内容物滞留，条件致病菌的增殖及有害物质的损伤。其中，以微生物感染及其毒素引起的肠道病变最为常见。肠道内致病菌可通过以下几种途径引起肠道的炎症，某些侵袭性的病原微生物依靠其自身表面抗原(如菌毛抗原)黏附于肠上皮细胞，通过多种活化酶、调节蛋白等生物活性物质干扰或破坏肠上皮细胞的正常代谢，或直接溶解细胞膜，或直接寄生于肠上皮细胞内，导致肠上皮细胞变性、坏死、脱落；有些病原微生物，如冠状病毒、轮状病毒和腺病毒等，可直接损伤肠上皮的微绒毛，使纹状缘变钝，影响肠上皮的吸收功能，引起病毒性腹泻；有些病原微生物在肠道内寄生并分泌毒素，如产气荚膜杆菌、志贺菌等，引起肠黏膜的急性炎症；有些寄生虫和少数细菌(弯曲菌、红球菌)可直接穿透肠黏膜上皮，在黏膜固有层、黏膜下层、肌层、浆膜层，甚至进入肠系膜淋巴结内繁殖，引起肠炎及肠系膜淋巴结炎。

根据渗出物的性质和病理变化特点可将其分为卡他性肠炎、出血性肠炎和纤维素性肠炎。

(一)卡他性肠炎

卡他性肠炎(catarrhal enteritis)是指肠黏膜被覆大量浆液和黏液为特征的炎症。卡他性肠炎有急性和慢性之分。

1. 急性卡他性肠炎

急性卡他性肠炎(acute catarrhal enteritis)为临床上最常见的一种肠炎类型，多为各种肠炎的早期变化，以充血和渗出为主，可呈局部阶段性或弥散性，主要以肠黏膜表面渗出大量浆液和黏液为特征。急性卡他性肠炎往往是其他肠炎的早期发展阶段。

(1)病因

病因包括：①饲养管理不善。饲料粗糙、搭配不合理、饮水过冷或不洁。②中毒和滥用药物。乱用抗生素导致的菌群失调，霉菌毒素中毒。③生物因素。病原微生物感染和寄生虫寄生所致。

(2)病理变化

剖检：发炎肠段色红，肠壁及肠系膜血管充血，肠系膜淋巴结肿大(图12-12)。肠壁变

 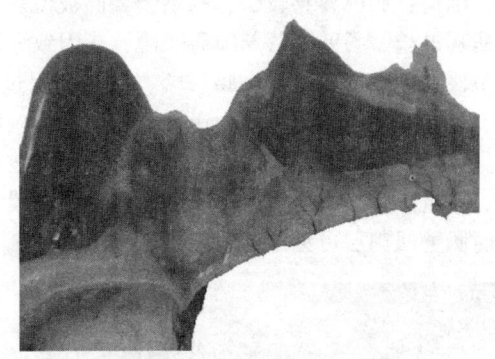

图 12-12　猪急性卡他性肠炎
肠系膜血管充血，淋巴结肿大

图 12-13　鸡急性卡他性肠炎
肠黏膜有大量灰黄色黏液

薄，肠黏膜表面有大量半透明无色浆液或灰白色、灰黄色黏稠黏液（图 12-13），不含血液，刮取覆盖物可见肠黏膜潮红、充血、肿胀。淋巴小结肿大，呈灰白色颗粒状。

镜检：肠绒毛通常变短，黏膜上皮细胞变性、脱落，上皮细胞纹状缘有明显的空泡形成和缺损，肠腺增生，杯状细胞显著增多（图 12-14）。黏膜固有层毛细血管扩张、充血，并有大量浆液渗出和大量中性粒细胞及数量不等的炎性细胞浸润，有时可见出血性变化（图 12-15）。当有化脓杆菌感染时，可形成大量脓性分泌物被覆于肠黏膜表面，黏膜上皮坏死变化严重，大量中性粒细胞浸润；病毒感染时，多以淋巴细胞浸润为主；寄生虫感染时，表现为嗜酸性粒细胞明显增多。

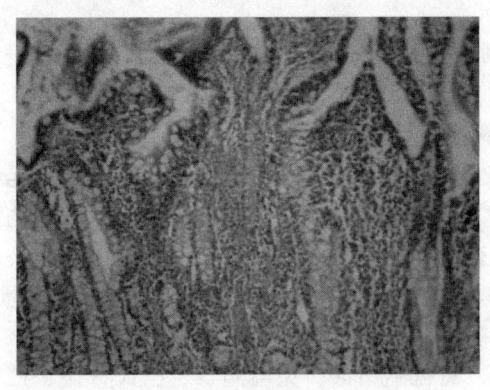 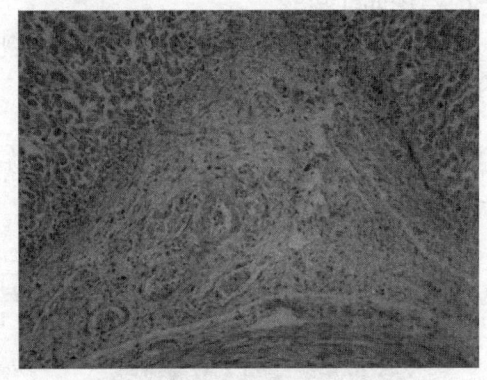

图 12-14　猪急性卡他性肠炎（黏膜表层病变）
黏膜上皮脱落，杯状细胞增多（H.E.×200）

图 12-15　猪急性卡他性肠炎（黏膜固有层病变）
固有层毛细血管扩张、充血和炎性细胞
浸润（H.E.×200）

2. 慢性卡他性肠炎

慢性卡他性肠炎（chronic catarrhal enteritis）多数由急性卡他性肠炎发展转化而来，以肠黏膜表面被覆黏液样组织增生为特征。

（1）病因

由于病因刺激较轻，持续时间较长，在这些致病因素长期作用下，会导致慢性炎症。多见于长期饲喂不当和寄生虫、微生物的慢性感染以及慢性心脏病与肝病等。

(2)病理变化

剖检：肠内容物较少，肠黏膜表面被覆灰黄色、黄绿色、黑褐色的黏稠黏液，黏膜平滑。如病程过长，肠壁因营养障碍变薄，或因致病因素的持续刺激而增厚(图 12-16)，此型肠炎多呈节段性，一般多见于小肠后端。如果病程过久，肠壁可出现代偿性肥厚或因营养障碍而萎缩，使肠壁变薄，此时称为慢性萎缩性肠炎(chronic atrophic enteritis)。

镜检：肠绒毛变短或变平、消失，肠上皮细胞不同程度变性、萎缩或脱落。肠腺体积减小，数量减少，间质增生。黏膜固有层、黏膜下层有淋巴细胞、浆细胞、嗜酸性粒细胞浸润，有时肠壁肌肉层可见结缔组织增生(图 12-17)。

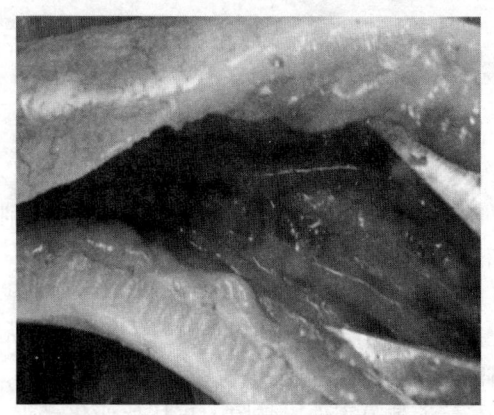

图 12-16　猪慢性卡他性肠炎(剖检病变)
肠黏膜增生不均呈凹凸不平的脑回样外观

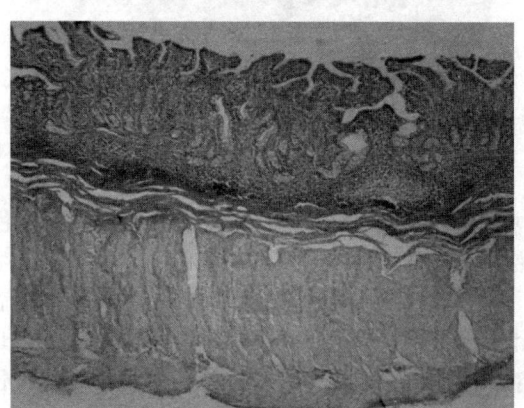

图 12-17　慢性卡他性肠炎(镜检病变)
回肠肌层明显增厚(H.E.×100)

(二)出血性肠炎

出血性肠炎(hemorrhagic enteritis)是由强烈刺激物引起的以肠黏膜明显出血为特征，一种较为严重的肠炎类型。

1. 病因

主要是由烈性化学毒物(如砷等)、过食某种有毒植物(夹竹桃叶中毒等)、病原微生物感染以及寄生虫感染(鸡球虫等)引起。其中，以病原微生物感染居多。某些病原微生物能造成血管严重损伤，导致红细胞随同渗出物被动地从血管内逸出。常见毒性较强的病原微生物包括炭疽杆菌、猪瘟病毒、猪丹毒杆菌、鸡新城疫病毒、禽流感病毒、兔瘟病毒、巴氏杆菌、产气荚膜梭菌、痢疾杆菌、鸡传染性法氏囊病病毒等。

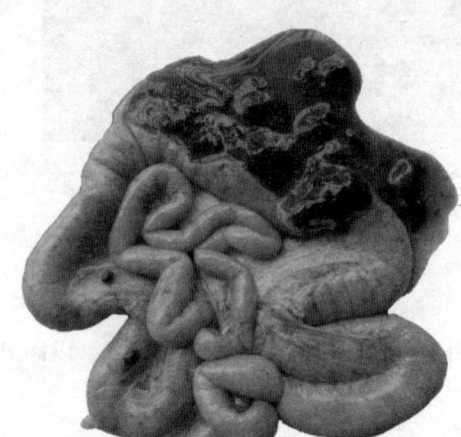

图 12-18　鹅出血性肠炎
肠管肿胀，切面流出暗红色血凝块

2. 病理变化

剖检：肠壁水肿、增厚。严重出血时，可见肠壁呈节段性或弥散性紫红色或暗红色。肠黏膜表面出血、肿胀，有的呈点状、斑块状或弥散性出血，黏膜表面覆盖多量红褐色黏液，肠内容物与血液混杂，呈淡红色或暗红色，甚至肠管内充满暗红色血凝块(图 12-18)。有的肠壁出血(如犬细小病毒感染)始发于浆膜下,可向内扩散至肌层与黏膜下层,而黏膜上皮受损较轻,肠内容物稀薄混有暗红色血凝块。

镜检:肠绒毛不同程度的破坏、脱落,黏膜表面附有上皮的碎屑和渗出物,黏膜表面附有脱落的上皮和渗出物。黏膜固有层和黏膜下层血管明显扩张、充血、出血,炎性渗出液中有多量红细胞。在肠腺之间的黏膜固有层中有中性粒细胞、淋巴细胞浸润,也可扩散至肠腺腔内。有的黏膜肌层水肿,有红细胞、炎性细胞浸润。

(三)纤维素性肠炎

纤维素性肠炎(fibrinous enteritis)是以肠黏膜表面被覆纤维素性渗出物为特征的炎症,纤维素来源于血浆中纤维蛋白原,渗出后转换为纤维蛋白。根据炎灶组织的坏死程度,纤维素性肠炎可分为浮膜性肠炎和固膜性肠炎。

1. 病因

病毒细菌、中毒等因素导致血管壁损伤较重,通透性增高,使血浆中较大分子质量的纤维蛋白原得以渗出,继而转变为纤维蛋白。该病理变化常发生于患仔猪副伤寒、猪瘟和鸡新城疫等畜禽的肠黏膜上。

2. 病理变化

剖检:肠集合与孤立淋巴结肿大,常呈结节状突起。初期,肠黏膜充血、出血和水肿,黏膜表面有大量灰白色、灰黄色絮状、片状、糠麸样的纤维素性渗出物,多量渗出物形成薄膜被覆于黏膜表面。如果薄膜易于剥离,则称为浮膜性肠炎(图12-19A),剥离后黏膜充血、水肿,表面光滑,有时可见轻度的糜烂;如果肠黏膜发生坏死,渗出的纤维蛋白与黏膜深层组织紧密相连,则称为固膜性肠炎,其特点是渗出的纤维素与坏死的黏膜组织牢固地结合在一起,不易剥离。若强行剥离后,可见黏膜出血、糜烂和溃疡。发生固膜性肠炎的黏膜可见圆形隆起的结痂,呈灰黄色或灰白色,表面粗糙不平,直径大小不一。例如,猪瘟回盲瓣和结肠上段见纽扣状溃疡灶(图12-19B),即为纤维素性坏死肠炎的典型病理变化。

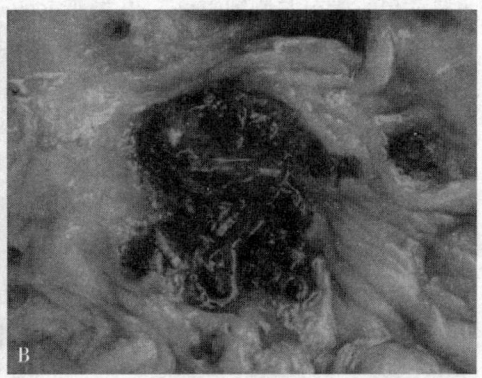

图 12-19 纤维素性肠炎
A. 鸡空肠浮膜性肠炎;B. 猪结肠部形成不易剥离的纽扣状溃疡

镜检:H.E.染色可见大量红染的纤维素蛋白交织成网状或片状,其间隙有中性粒细胞和数量不等的红细胞以及坏死的细胞碎片。浮膜性肠炎:病变部位的肠黏膜上皮细胞脱落,渗出物中有大量的纤维素和黏液、中性粒细胞,黏膜层、黏膜下层血管充血、水肿和炎性细胞浸润。固膜性肠炎的病变部位黏膜表面呈无结构的嗜酸性坏死区,内含细菌,其下有浸润的炎性细胞将其与组织隔离，炎性细胞主要为中性粒细胞、浆细胞和淋巴细胞，以及部分红细胞。有的炎症反应深达肌层，常见小血管栓塞。

四、胃肠炎的结局

急性胃肠炎时，若能消除病因，及时治疗，则患病动物很快恢复健康。若病因长期持续存在，治疗不当，则可转化为慢性而治愈困难，往往以结缔组织增生，胃肠壁变薄为结局，严重者导致死亡。

(一)呕吐、腹泻和消化不良

急性胃肠炎时，由于病因强烈刺激，胃肠蠕动加强，分泌增多，引起剧烈的呕吐、腹泻；慢性胃肠炎时，因胃肠道腺体受到压迫而引起萎缩，肌层被结缔组织取代，使分泌和运动功能减弱，可导致消化不良、便秘及肠臌气。

(二)脱水和酸碱平衡紊乱

剧烈呕吐和腹泻可导致大量的酸性胃液或碱性的肠液丢失，K^+、Na^+丢失增多，重吸收减少，引起脱水，电解质和酸碱平衡紊乱，导致代谢性酸碱中毒或低K^+、Na^+血症。

(三)肠管的屏障功能障碍和自体中毒

胃肠炎时，由于肠壁肿胀，胆汁不能排入肠道，细菌大量繁殖，产生大量毒素，加之黏膜损伤，毒素吸收进入血液，导致自体中毒。慢性胃肠炎时，胃肠蠕动功能减弱，异常发酵、腐败产物吸收进入血液引起肠管的屏障功能障碍和自体中毒。

五、肠阻塞

肠阻塞(intestinal obstruction)是指肠管生理性位置的改变，使肠系膜血管受到挤压，引起相应的肠壁局部循环障碍和肠腔不通。动物表现剧烈的腹痛，一般可分为肠扭转和肠套叠两种类型。急性肠阻塞时，在阻塞处前段小肠开始出现一过性蠕动增强，随后则肠管麻痹、扩张。肠壁变薄，肠腔内含有大量内容物，厌氧菌大量繁殖，产气增多，肠管臌胀。若阻塞发生于小肠前段，常引起剧烈呕吐，引起严重的水及电解质丧失。由于肠内容物停滞及细菌感染，导致肠黏膜有炎症反应，偶见溃疡形成甚至发生肠穿孔。如阻塞时间较长，因血液循环障碍，可导致肠出血和坏死，坏死穿孔后一起弥散性腹膜炎。

(一)肠扭转

肠扭转(volvulus)的特征是肠管以肠系膜为轴，发生不同角度的扭转。多发生于小肠中的空肠和回肠，马属动物最常见。因肠系膜上的血管发生闭塞，使肠管的血液供应断绝和静脉回流障碍，导致肠壁高度淤血，随时间的延长，可发生渗出性出血、水肿和出血性梗死。

剖检：可见肠管位置异常，扭转的肠管积气，呈紫红色或黑紫色，并伴有大面积坏死；肠内容物呈血样(图12-20)，腹水增多呈暗红色。

镜检：病理变化的程度随肠扭转发生时间逐渐加重，开始肠黏膜发生炎症反应，随扭转时间

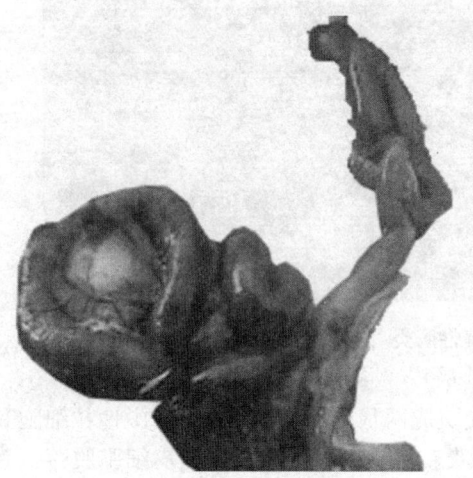

图 12-20　鸡肠扭转
发生扭转肠管呈暗红色

延长，因血液循环障碍，可导致肠出血和坏死，尤以黏膜下层最明显（图12-21），严重者甚至发生肠穿孔。

（二）肠套叠

肠套叠（intestinal intussusception）是指一段肠管及其附着的肠系膜套入其邻接的另一段肠管管腔内的肠变位。

剖检：套入部肠管呈青紫色，高度水肿，出血性梗死（图12-22）。肠腔内含有血样的黏稠内容物。

镜检：病理变化与肠扭转类似。

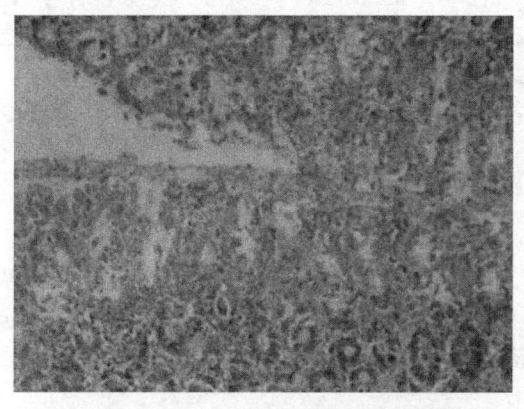

图12-21 肠扭转（刘彦威，2018）（H.E.×200）

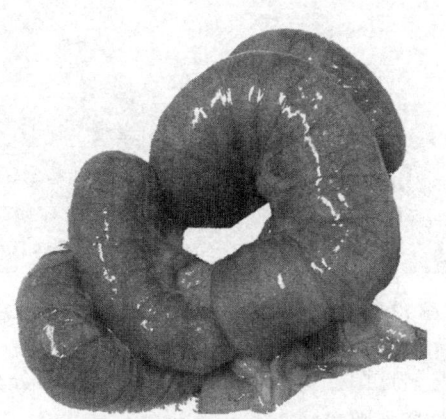

图12-22 犬肠套叠（栾奇）

第二节 肝 炎

肝炎（hepatitis）是指肝脏的炎症，是畜禽常见的一种肝脏病变。根据病程可将肝炎分为急性肝炎和慢性肝炎；根据发病部位又可分为实质性肝炎和间质性肝炎；根据发生原因可分为传染性肝炎和中毒性肝炎。

一、传染性肝炎

传染性肝炎由生物性致病因素引起，分别引起细菌性肝炎、病毒性肝炎和寄生虫性肝炎。

（一）细菌性肝炎

很多细菌可以引起肝脏的炎症，如沙门菌、坏死杆菌、结核分枝杆菌、巴氏杆菌、化脓棒状杆菌、链球菌、葡萄球菌、弯曲杆菌、钩端螺旋体等都可引起肝炎。细菌性肝炎主要以变质、化脓和形成肉芽肿为特征。根据形态学特征，可将其分为变质性肝炎、化脓性肝炎和肉芽肿性肝炎。

1. 变质性肝炎

变质性肝炎以炎灶组织细胞变质变化明显，而渗出和增生轻微，主要形态病变为组织器官的实质细胞出现明显的变性和坏死，通常表现为局灶性坏死。变质是炎症的始动环节，主要原因包括：①致炎因子的直接作用。例如，沙门菌等对肝脏的直接损伤；②炎症应答的副作用，如炎症时血管充血、血栓形成、炎性水肿、溶酶体酶释放等。病原菌可以通过门静脉、肝动脉、脐静脉、胆道系统以及外伤或直接经邻近病灶蔓延等途径侵袭肝脏，引起变质性肝炎。

剖检：肝脏体积肿大，充血明显，呈暗红色。黄疸时呈黄褐色或土黄色，质地脆弱。伴有出血时，还可看到出血点。表面或切面散在有针尖大至粟粒大的黄白色或灰白色坏死灶。例如，禽大肠埃希菌、沙门菌感染时，在肝脏表面常有纤维素性渗出物。

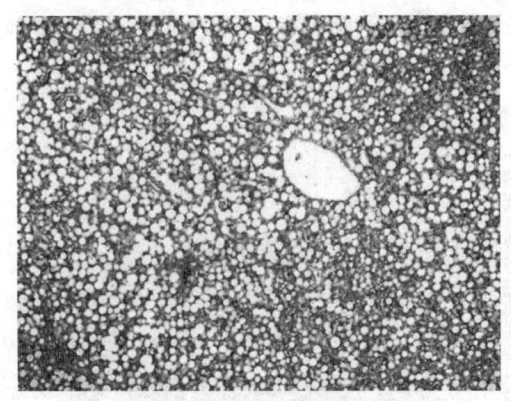

镜检：中央静脉和窦状隙扩张、肝窦充血，坏死灶呈局灶性或弥散性。肝细胞不同程度变性（如颗粒变性、空泡变性、脂肪变性等，图12-23）、坏死，甚至溶解；窦状隙、中央静脉充血，汇管区和肝细胞索之间有炎性细胞浸润，窦状隙枯否细胞增多。坏死灶多位于肝小叶内，大小不一，也可发生弥散性坏死，但多与感染细菌的种类有关。坏死灶周围有炎性细胞浸润。

2. 化脓性肝炎

图12-23　鸡变质性肝炎(脂肪变性)(H.E.×200)

化脓性肝炎以脓肿为其特征，常由化脓菌引起，多见于牛、兔和禽。例如，化脓棒状杆菌、链球菌、葡萄球菌、念珠菌以及部分真菌等。化脓菌可来自门静脉、附近的化脓灶或全身性脓毒败血症。

剖检：肝脏肿大，表面有许多灰白色、灰黄色小脓肿，切开内有脓液或一些干酪样物质。例如，鸡白色念珠菌系统感染时，肝脏肿大，表面有多个稍隆起的小化脓灶（图12-24）。

镜检：脓肿中心有变性、坏死的肝细胞和中性粒细胞，有时可见菌体。例如，鸡白色念珠菌感染时，肝化脓灶内肝细胞变性、坏死，且伴有大量中性粒细胞浸润，同时见有大量的白色念珠菌聚集在病灶区（图12-25）。

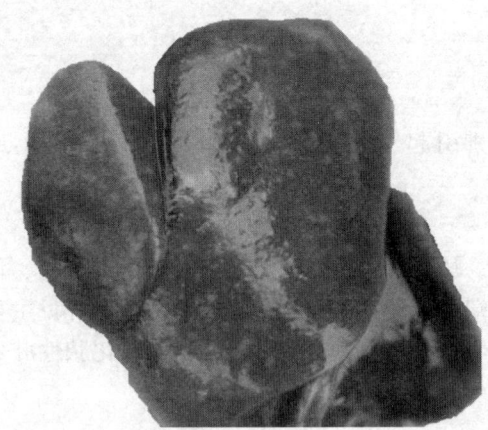

图12-24　鸡化脓性肝炎
肝表面见多个化脓灶

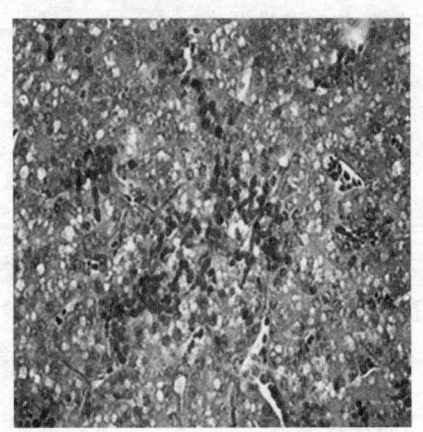

图12-25　化脓灶见菌丝(H.E.×400)

3. 肉芽肿性肝炎

肉芽肿性肝炎以形成肉芽肿为特征，常由某些慢性传染病的病原体引起，如结核分枝杆菌、鼻疽杆菌、放线菌、黄曲霉菌、灰绿曲霉、烟曲霉菌等。

剖检：肝脏表面和切面上形成大小不等的增生结节，结节中心为灰白色干酪样坏死或化脓（图12-26）。发生钙化时，结节钙化后较硬，刀切有砂砾感，结节与周围组织分界清楚。

镜检：结节中心为无结构的坏死灶，周围有上皮样细胞浸润，其中夹杂着多核巨细胞，外层淋巴细胞浸润，最外层为结缔组织包膜。例如，鸡曲霉菌感染后，肝脏出现肉芽肿性结节。

图12-26　肉芽肿性肝炎

(二)病毒性肝炎

病毒性肝炎的病原为嗜肝性病毒（如马传染性贫血病毒、牛恶性卡他热病毒、水牛热病毒、鸭瘟病毒、牛羊裂谷热病毒等）和泛嗜性病毒（如鸡腺病毒、雏鸭病毒性肝炎病毒、犬传染性肝炎病毒、兔病毒性出血症等）。

剖检：肝脏肿大，边缘钝圆，被膜紧张，质量增加，切面外翻。呈暗红色或土黄色或红黄相间的斑驳状，有时可见灰白色或灰黄色坏死点以及出血斑点，胆囊肿大或缩小。例如，禽腺病毒4型感染鸡后，表现心包积液肝炎综合征，肝脏肿大、边缘钝圆、质脆易碎、呈暗红色，表面见灰黄色坏死灶（图12-27）。

镜检：中央静脉和窦状隙扩张、充血，出现以淋巴细胞为主的炎性细胞浸润，肝细胞发生广泛性颗粒变性、水泡变性、脂肪变性等，肝细胞肿大变圆形成气球样变，小叶间组织和胆小管增生，部分病毒性肝炎在肝细胞的胞浆或胞核内出现特异性的包涵体。例如，鸡腺病毒感染，在肝细胞的胞浆或胞核内出现特异性的包涵体（图12-28）。

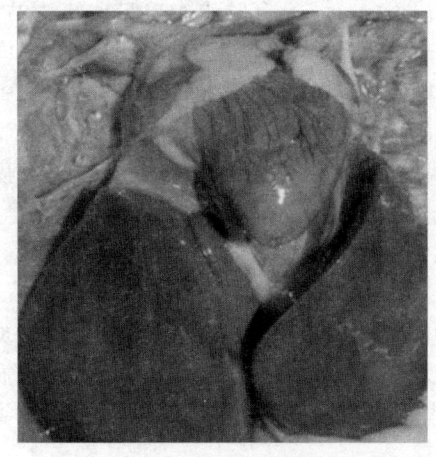

图12-27　鸡病毒性肝炎
肝脏肿大呈暗红色

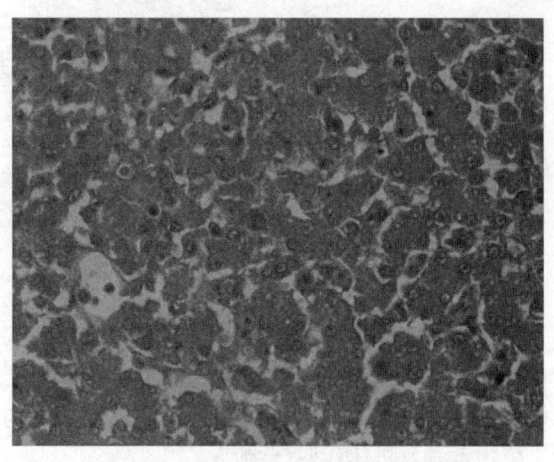

图12-28　病毒性肝炎（崔国林）
肝细胞内见包涵体

(三)寄生虫性肝炎

寄生虫性肝炎多由原虫感染和某些寄生虫在肝实质中或胆管寄生繁殖，或某些寄生虫的幼虫移行于肝脏时引起的炎症。例如，弓形虫、兔球虫、鸡组织滴虫感染以及动物蛔虫的移行等均可引起肝炎，是畜禽最常见的一种以侵犯肝脏间质为主的炎症，有时寄生虫结节也存在于肝实质内。主要特征病变是有可见虫体或虫卵。

剖检：肝脏表面有许多大小基本一致的灰黄色寄生虫结节或坏死灶，结节与周围界限清楚，有时可发生钙化。例如，鸡盲肠肝炎时，在肝脏表面形成中央凹陷的菊花样坏死灶，与周围界限清楚（图12-29）；肝型兔球虫病时，肝脏呈花斑样外观，肝实质和肝表面有许多白色或淡黄色的圆形结节，外观粟粒大至豌豆大（图12-30）。

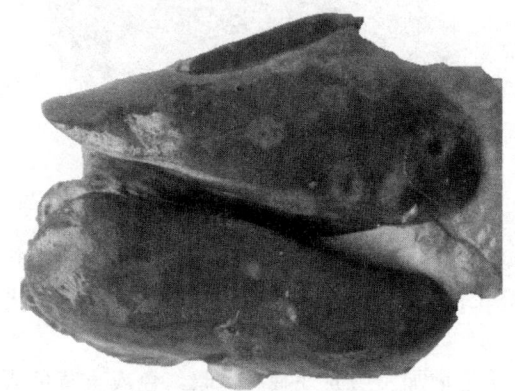

图12-29　鸡寄生虫性肝炎

图12-30　兔寄生虫性肝炎（焦海宏）
肝表面结节明显

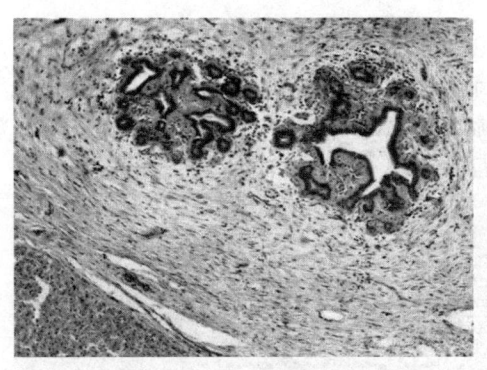

图12-31　寄生虫性肝炎（焦海宏）
肝小叶间结缔组织和胆管上皮明显增生（H.E.×200）

镜检：肝小叶的结构被破坏，呈灶状增生性病变。例如，球虫性肝炎，常伴有大量嗜酸性粒细胞浸润。随着感染时间的延长，胆管壁及肝小叶间大量结缔组织增生，包裹坏死灶或寄生虫结节，甚至可见孢子囊内的子孢子（图12-31）。肝脏组织可见卵囊结节，有的卵囊散在组织间隙，肝球虫卵囊为长卵圆形或椭圆形。随着感染时间的延长，胆管上皮明显增生，有时呈腺瘤结构。胆管黏膜卡他性炎，胆汁浓稠，内含许多崩解的上皮细胞。

二、中毒性肝炎

中毒性肝炎又称肝中毒，是指在多种致病因素作用下，肝细胞发生变性和坏死，缺乏炎症反应的急性或慢性病理过程。它可作为一种独立的疾病或为其他疾病的并发症，通常由病原微生物以外的其他毒性物质引起的肝炎，主要是一些对肝脏有亲嗜性的化学物质、霉菌毒素、植物毒素及机体代谢产物。

(一)病因

1. 化学物质

化学物质包括农药、驱虫用药等，常见的有有机磷及其化合物、四氯化碳、氯仿、硫酸亚铁、铜、砷以及某些抗生素等长期使用，均可使肝脏受到损害，引起中毒性肝炎。不同毒物引起的肝脏病变差异很大。

2. 霉菌毒素

一些霉菌(如黄曲霉菌、杂色曲霉菌、镰刀菌、红青霉菌等)及其产生的毒素,尤其是黄曲霉素 B1 可严重损害肝脏,发生中毒性肝炎。

3. 植物毒素

许多有毒植物能引起肝脏损伤。常见的含吡咯烷生物碱的有毒植物(如野百合属、千里光属、天芥菜属、玻璃草属、毛束草属以及野豌豆和小花棘豆等有毒植物或花、果等),可引起中毒性肝炎。

4. 代谢产物

机体代谢障碍可导致大量中间产物蓄积,造成自体中毒,常引起肝炎。例如,肝脑病,肝肾功能衰竭,肠道胺类、酚类、硫化氢、甲烷等有毒代谢产物中毒。

(二)发生机理

中毒性肝炎的发生机理比较复杂,取决于多种因素,尤其是与机体的免疫状态有直接关系。通常归纳为以下两个方面。

1. 直接损伤

毒素对肝细胞的直接损伤。

2. 间接损伤

无毒或毒性较小的化合物在肝脏生物转化过程中,产生出比原毒性更大的中间产物(代谢毒)。在肝脏的正常生物转化过程中,脂溶性化合物被转化为水溶性化合物之后,才被排出体外。这是依靠肝细胞内的混合功能氧化酶(mix-function oxidase,MFO)系统或细胞色素 P450 系统(cytochrome P450 system,Cyt P450),将细胞内极性基团结合到化合物上或将化合物上存在的极性基团通过氧化、水解、还原作用暴露出来后,与肝细胞内的葡萄糖醛酸脂、磺酸盐或其他基团结合,转变成水溶性化合物,经胆汁、尿道排出体外的结果。MFO系统位于肝细胞滑面内质网内,它很少表现出对底物的特异性,但具有很强的诱发性。当该系统代谢产物增多时,肝脏内这些酶的含量增多。胞质酶也参与这些物质的生物转化与脱毒过程。但在生物转化中,一种化合物可通过一种或几种酶代谢途径,产生有毒的代谢中间体,造成肝细胞的原发性损伤。由于肝细胞的 MFO 系统、Cyt P450 系统以及胞质酶的分布区域不同,肝细胞变性、坏死发生的区域也有差异。例如,四氯化碳可被肝细胞滑面内质网中的 MFO 代谢为三氯化碳自由基,由四氯化碳引起的肝细胞病变在小叶中央带最为严重,这是因为此处的滑面内质网最为丰富,也是三氯化碳自由基活化浓度最高的部位。相反,丙烯醇被小叶周边带最为丰富的乙醇脱氢酶活化,因此,丙烯醇所致的肝细胞损伤在小叶周边带最为严重。

(三)病理变化

1. 急性肝中毒

虽然急性肝中毒的病因各异,但临床表现和病理学变化基本相似。病畜在短暂的沉郁、厌食、腹痛、肝性脑病所致的神经紊乱(如抽搐)之后死亡。

剖检:尸体腹水增多,呈黄色,含有絮状纤维素或团块。肝脏肿大,呈红紫色,胆囊壁水肿、粘连,胆囊和门脉区浆膜上的淋巴管扩张。组织广泛出血,浆膜点状或斑状出血,尤其是心外膜和心内膜。肠道内、胆囊内弥散性出血,尤以反刍动物的十二指肠最为严重。肝脏的特征性病变主要是肝细胞发生颗粒变性、脂肪变性和凝固性坏死。由于动物的种属、年龄与毒物类型、剂量以及病程不同，疾病的严重程度有所差异。病理变化较轻者多为小叶内病变，即肝细胞局部坏死或肝细胞带状变性和/或坏死，尤其是小叶周边带或小叶中间带变性和/或坏死；病理变化较重者多为小叶性病变，即肝细胞的弥散性变性和/或坏死。小叶内病变的肝脏色泽变浅，呈黄色（脂肪变性）、白色（坏死）、红色（肝淤血使肝细胞变性、坏死）或杂斑状（红、灰、黄色相间）（图12-32）。肝脏轻度肿大，边缘钝圆，质地变脆。肝切面上出现体积增大、轮廓清晰的三种特征性的肝小叶结构：①小叶中心带淤血，呈红色，而小叶中间带与周边带色泽苍白或呈黄色；②小叶中心带色泽苍白，周边部分仍保留正常色泽；③小叶中间带苍白，而小叶中央带与周边带保留正常色泽。当肝脏大部分实质受损时，肝脏可能呈中度肿大，表面光滑，肝实质因淤血呈暗红色。如果此过程是局灶性/或多灶性病变，肝脏因小叶性变性和/或坏死而体积变小、塌陷、边缘变薄、质地柔软，甚至可以折叠，肝被膜皱缩，呈棕黄色，过去曾被称为急性黄色肝萎缩。若此时有严重淤血和出血掩盖了黄色的肝细胞变性和坏死，则称为急性红色肝萎缩。若此阶段病畜存活下来，则在出血、坏死、凹陷区出现皱缩并形成疤痕。

镜检：急性肝中毒性营养不良的组织学变化是相对恒定的。从单个细胞坏死至融合性皱缩性带状坏死、弥散性出血性坏死和肝窦内皮细胞坏死不等。但通常的特征是严重的肝小叶中央带（图12-33）或中间带坏死，而周边带坏死较少发生，绝大多数的肝细胞坏死为凝固性坏死。此后，坏死细胞崩解、消失。当小叶中央带的肝细胞坏死、崩解后，可被淤血或出血所取代，并逐渐向周围扩散，小叶中间带的部分肝细胞表现典型的脂肪变性或水泡变性，小叶周边带呈颗粒变性。有的病例则相反，周边带肝细胞严重坏死、崩解，肝小叶塌陷，呈红色，而小叶中间带与中央带肝细胞呈不同程度变性。严重时，坏死可突然波及整个肝小叶，呈弥散性坏死，无细胞变性痕迹，只有充满血液的或间杂一定数量的细胞碎屑、脂肪小滴和胆色素的结缔组织基质，看不见肝细胞。如果此时病畜能存活下来，出现的病理变化或许是急性弥散性坏死和坏死后肝硬变的混合体。由于病因的持续作用或疤痕的影响，疤痕内的肝细胞坏死仍在继续，此时的肝小叶结构被完全破坏。

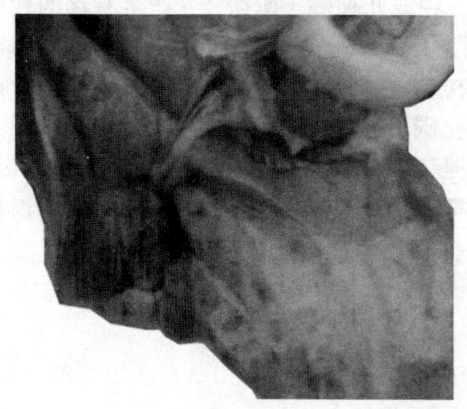

图 12-32　中毒性肝炎（剖检病变）
肝脏肿大淤血，布满出血斑

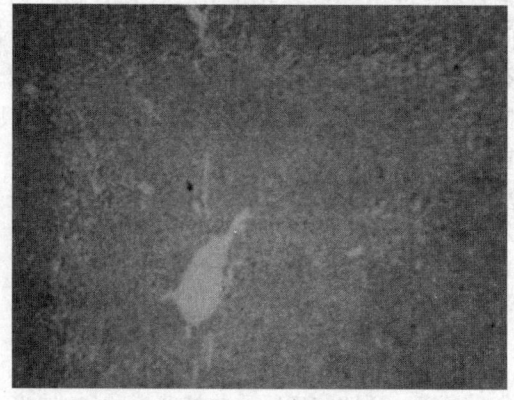

图 12-33　中毒性肝炎（镜检病变）
肝小叶中央带坏死，无结构（H.E.×100）

2. 慢性肝中毒

引起慢性肝中毒的毒素可能是致瘤毒素或致畸毒素。在兽医临床上，慢性中毒性肝病以黄曲霉毒素中毒较多见。黄曲霉毒素中毒(aflatoxincosis)主要是由黄曲霉、寄生曲霉、软毛青霉的代谢产物所构成的一组双香豆素化合物引起的肝中毒。根据光谱性质可将这些主要代谢产物命名为 B1、B2、G1、G2 四种类型。在黄曲霉毒素中，研究最深的、最有临床意义的毒素是 B1。

黄曲霉毒素通过肝脏多功能氧化系统分解成不同的有毒和无毒的代谢产物。所产生的有毒和无毒代谢产物的比值以及对毒素的敏感性都与采食动物的种属和年龄有关。黄曲霉素 B1 的毒性作用主要与毒性代谢产物和大分子，尤其是核酸和核蛋白的结合有关，主要包括致癌作用、致畸作用、有丝分裂抑制以及免疫抑制。

剖检：当动物长时间低剂量接触毒素时，肝脏可发生轻度肿大。若大剂量接触时，可见肝脏肿大、苍白，出现局灶性坏死及其再生的小结节。严重的病例，可见胆囊肿大，腹水增多。有的因长期持续性接触毒物而使肝脏萎缩，质地变硬，体积缩小，变薄，边缘薄锐，质量减轻，被膜增厚、皱缩，颜色加深，最终死于肝功能衰竭。

镜检：部分肝细胞体积增大，细胞核明显变大，形成巨肝细胞(megalocytosis)，胆管增生，整个肝窦内有网硬蛋白纤维和胶原纤维沉着及细胞碎屑，有的肝区出现不同程度的脂肪变性。肝脏损伤较重时，毛细胆管和肝细胞内有胆色素聚集。肝小叶周边区的绝大多数肝细胞消失，被混合性的炎性细胞、成纤维细胞以及新生的血管通道所取代。此时，幼畜的肝脏可能是有丝分裂抑制的缘故，导致体积缩小。局灶性肝细胞坏死明显或小叶周边带状坏死，肝细胞严重脂肪变性。

肝窦状隙和中央静脉扩张、淤血、出血，小叶间质轻度水肿、出血，有少量炎性细胞浸润，肝细胞严重颗粒变性和脂肪变性，肝小叶边缘（图12-34）、中央静脉周围散在或局灶性肝细胞变性坏死、炎性细胞浸润和结缔组织增生。

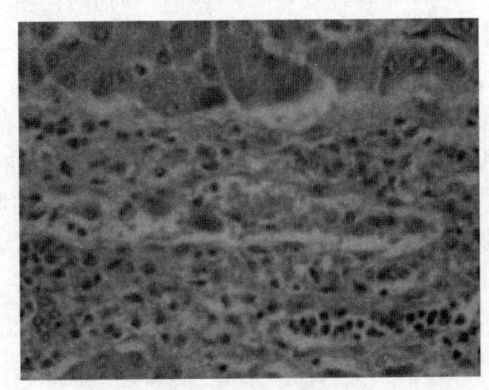

图 12-34　中毒性肝炎
肝小叶边缘结缔组织增生明显(H.E.×400)

第三节　肝坏死

肝坏死(hepatic necrosis)是以肝细胞坏死为主要特征的肝脏病变。是肝脏的一种不可逆病理变化。肝坏死通常分为嗜酸性坏死和溶解坏死两种形式。

一、病因和发生机理

任何一种对肝脏损伤的因素持续到一定时间，或者作用到一定强度，都会造成肝细胞坏死。

1. 物理性因素

射线长时间作用能破坏 DNA 和 DNA 有关的酶系，从而导致肝细胞坏死；高热使蛋白质变性、凝固；过低温度可破坏细胞浆胶体结构和酶活性，均可引起肝细胞坏死。

2. 代谢产物

机体代谢障碍可造成大量中间产物蓄积，导致自体中毒，常引起细胞坏死炎。例如，肝脑病，肝肾功能衰竭，肠道胺类、酚类、硫化氢、甲烷等有毒产物中毒。

3. 霉菌毒素

一些霉菌（如黄曲霉菌、杂色曲霉菌、镰刀菌、红青霉菌等）产生的毒素，尤其是黄曲霉素 B1 可严重损害肝脏，引起中毒性肝细胞坏死。

4. 生物性因素

病原微生物产生的毒素能直接破坏酶系统、物质代谢过程和膜结构，或者菌体蛋白引起的变态反应，导致肝细胞坏死。

5. 血管性因素

动脉痉挛、受压迫或血栓、栓塞等引起局部缺血、缺氧，导致氧化功能障碍，引起肝细胞坏死。

6. 神经营养因素

当中枢神经或外周神经系统损伤时，相应部位的组织细胞因缺乏神经的兴奋性作用而致肝细胞萎缩、变性、坏死。

7. 引起肝损伤的物质

引起肝损伤的物质指能引起变态反应而招致组织、细胞坏死的各种抗原。例如，异烟肼、甲基多巴、单胺氧化酶抑制剂、苯妥英钠及麻醉剂氟烷等。

上述病因的主要作用机制是：①影响细胞膜的完整性；②阻碍有氧呼吸和 ATP 的产生；③抑制酶和结构蛋白的合成；④遗传物质改变。

二、肝坏死的类型

1. 嗜酸性坏死

嗜酸性坏死（acidophilic necrosis）是由嗜酸性变发展而来的，为单个细胞坏死。嗜酸性变进一步发展，胞浆更加浓缩，细胞核浓缩以至消失，最后只剩下均一红染的细胞浆，聚集成圆形小体，即嗜酸性小体（acidophilic body）。电子显微镜下，可见在浓缩的细胞浆内尚有互相挤在一起的细胞器轮廓。

2. 溶解坏死

溶解坏死（lytic necrosis）是由严重的细胞水肿发展而来，最多见。肝细胞核固缩、溶解或消失，最后细胞解体。

剖检：肝脏表面或周边有大小不等、形态不一的坏死点或坏死灶。以沙门菌为例，在肝脏肿大，表面有散在灰白色粟粒状坏死灶（图 12-35A），呈绿色或青铜色，质脆。

镜检：溶解坏死包括以下几种类型。①点状坏死（spotty necrosis）：由单个或数个肝细胞坏死造成的肝坏死（图 12-35B），常见于急性普通型肝炎。②碎片状坏死（piecmeal necrosis）：指肝小叶周边部界板肝细胞的灶性坏死和崩解（图 12-35C），常见于慢性肝炎。③桥接坏死（bridging necrosis）：指中央静脉与汇管区之间、两个汇管区之间，或两个中央静脉之间出现的互相连接的坏死带（图 12-35D），常见于中度与重度慢性炎症。④亚大块坏死（submassive necrosis）：累及数个肝小叶的大部分或全部的融合性肝细胞坏死。⑤大块坏死（massive necrosis）：累及大部分肝脏的大范围融合性肝细胞坏死，常见于重型肝炎。

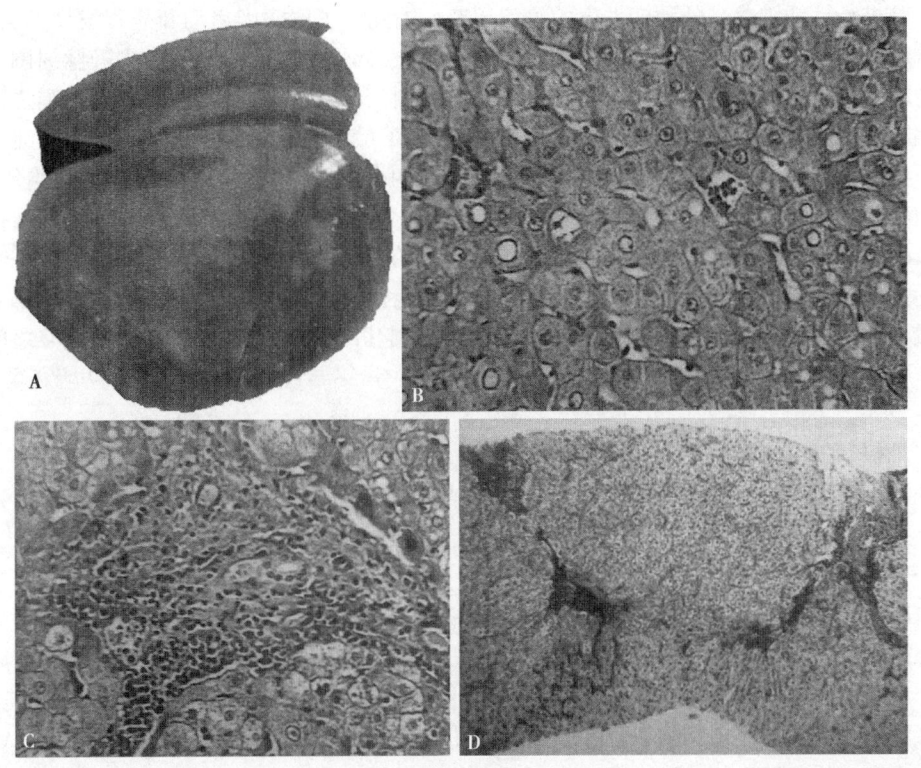

图 12-35　肝坏死(苏敏，2005)
A. 肝表面可见坏死点和坏死灶；B. 点状坏死(H. E. ×400)；C. 碎片状坏死(H. E. ×400)；
D. 桥接坏死伴早期纤维化(H. E. ×200)

第四节　肝硬变

肝硬变(hepatic cirrhosis)是由多种原因引起的以肝组织严重损伤和结缔组织增生为特征的慢性肝脏疾病。肝脏实质细胞严重变性、坏死，残存的肝细胞结节性再生，间质结缔组织和胆管显著增生，使正常肝小叶结构被破坏和改建，逐渐变形，肝脏质地变硬及纤维化，故称为肝硬变。一旦肝脏发生纤维化则是不可逆转的病理过程。这里需要强调的是：①肝实质的损伤和随后发生的纤维化是弥散性，常波及整个肝脏，带有疤痕的局部损伤不能构成肝硬变；②肝再生性结节是诊断肝硬变的依据，是再生作用与收缩愈合之间的一种平衡反应；③肝血管的正常分布和构型被实质损伤和疤痕形成所改建，血管动静脉吻合形成异常互通。

一、病因和发生机理

肝硬变不是一种独立的疾病，而是多种疾病导致的一种不可逆的晚期肝病。凡是能致肝细胞进行性坏死且超过肝细胞再生能力的病因都可引起肝硬变。常见的病因有肝急性中毒(如农药、重金属、除草剂)、生物性致病因素感染、药源性肝损伤、肝细胞代谢紊乱(如半乳糖血症、酪氨酸代谢紊乱)、各种能引起慢性肝炎的因素、慢性胆囊炎、肝外胆道阻塞、心源性肝淤血、肿瘤性病变以及一些不能界定的疾病，如隐源性肝硬化(cryptogenic cirrhosis)等。因此，依据病因可将肝硬变分为门脉性、坏死性、淤血性、寄生虫性和胆汁性等类型。

肝脏进行性纤维化是肝硬变发生的关键环节。因此，了解病因启动和病程发展尤为重要。在正常肝脏内，Ⅰ型、Ⅱ型胶原主要集中于门脉区，偶见于狄氏间隙和中央静脉周围。狄氏间隙内的Ⅳ型胶原微丝构成了肝细胞之间的胶原网状支架，肝细胞与血窦内皮细胞之间有透明膜相隔。当肝脏轻度受损而恢复时，不成熟的胶原可以被酶降解、清除。虽然肝细胞有合成胶原的能力，但在肝硬变发生时，过多的胶原是由存在于狄氏间隙内的贮脂细胞所产生。由于细胞外基质的异变、炎性细胞释放的细胞因子（如TNFα、TNFβ、IL-1等）、有毒代谢产物可激活贮脂细胞，使其失去原有的贮存维生素A的功能而变成纤维细胞样的细胞，分泌Ⅰ型和Ⅲ型胶原。与此同时，贮脂细胞也获得了与肌细胞相似的功能，具有收缩能力。随着Ⅰ型和Ⅲ型胶原不断在狄氏间隙内沉着以及胶原化形成，引起肝脏血流紊乱和肝细胞与血浆之间溶质弥散作用受阻（如白蛋白、凝血因子、脂蛋白的转运），最终导致肝脏纤维化与肝功能衰竭。

二、肝硬变的主要类型

肝硬变包括门脉间质、静脉周围间质和肝被膜在内的肝脏结缔组织病理变化，可分以下几种类型。

（一）门脉性肝硬变

门脉性肝硬变（portal cirrhosis）是由于肝细胞的变性和坏死，后期结缔组织大量增生，导致的肝硬变。门脉压力增高的原因包括：肝内广泛的结缔组织增生，肝血窦闭塞或窦周纤维化，使静脉循环受阻（窦性阻塞）；假小叶压迫小叶下静脉，使肝窦内血液流出受阻，进而影响门静脉血液流入肝血窦（窦后性阻塞）；肝内肝动脉小分支与门静脉小分支在汇入肝窦前形成异常吻合，使高压力的动脉血液流入门静脉内。其特点是肝细胞排列紊乱，再生的肝细胞体积大，核大且深染，或有双核；包绕假小叶的纤维间隔宽窄比较一致，内有少量淋巴细胞和单核细胞浸润，并可见小胆管增生。

剖检：肝表面可见大小相似的颗粒突起，肝被膜增生。切面可见许多圆形或类圆形岛屿状结构，其大小与表面的结节一致，周围有灰白色纤维组织条索或间隔包绕（图12-36）。

镜检：肝正常组织结构破坏，小叶间和汇管区大量增生的结缔组织将肝组织分割为大小不等的区域，形成假小叶。假小叶是指由广泛增生的纤维组织分割原来的肝小叶并包绕成大小不等的圆形或类圆形的肝细胞团。假小叶内的肝细胞排

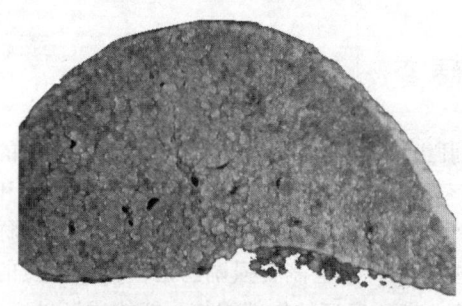

图12-36　门脉性肝硬变（苏敏，2005）

列紊乱，可见变性，坏死及再生的肝细胞。中央静脉常缺少、偏位或两个以上。也可见再生的肝细胞结节（也可形成假小叶）。

（二）坏死性肝硬变

坏死性肝硬变（postnecrotic cirrhosis）是指肝实质弥散性坏死基础上，同时伴有大量结缔组织增生所致。其特点是肝脏表面可见大小不等的结节。

剖检：肝脏体积缩小，质量减轻，质地较硬。肝脏的表面有大小不等的结节状突起（图12-37），与门脉性肝硬化不同之处在肝脏变形明显，结节大小悬殊，切面纤维结缔组织间隔宽，且厚薄

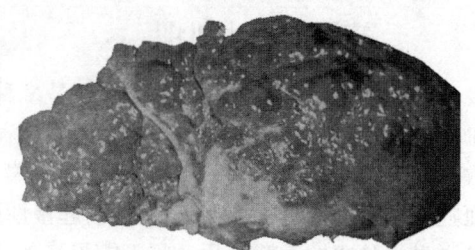

图12-37　坏死性肝硬变（苏敏，2005）
肝表面结节突起

不均。

镜检：肝组织局灶性和/或大片坏死，坏死小叶被结缔组织取代，形成假小叶。当肝细胞坏死、溶解后，构成其支架的网状纤维则相互融合而发生胶原化，残存的肝细胞集团也呈各种形态，如不规则形、圆形等。肝细胞坏死范围及其形状不规则，故假小叶形态大小不一，可呈半月形、地图形，也可见圆形及类圆形(图12-38)。有时几个肝小叶同时坏死或消失，因此，可见几个汇管区呈"集中"现象。若由病毒性肝炎引起，常可见肝细胞水肿，嗜酸性变或有嗜酸小体形成。纤维间隔较宽，其内有多量炎细胞浸润及小胆管增生。

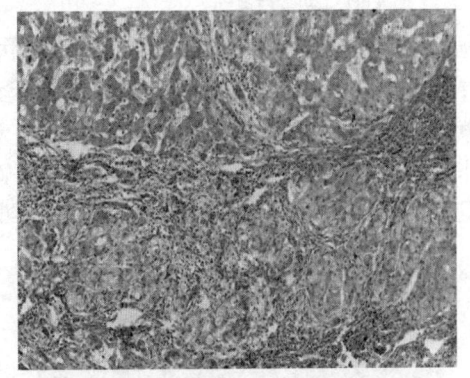

图 12-38　坏死性肝硬变(镜检病变)
假小叶形态大小不一(H.E.×200)

(三)淤血性肝硬变

淤血性肝硬变(congestive cirrhosis)主要是由于心脏功能不全，肝脏长期淤血、缺氧，引起肝细胞变性、坏死，网状纤维胶原化，间质由于缺氧及代谢产物的刺激，导致结缔组织增生。其特点是肝体积稍缩小，呈红褐色，表面有细颗粒，小叶中心区纤维化较明显。

剖检：肝脏体积稍缩小，肝表面有细颗粒，质地硬，呈红褐色(图12-39)。

镜检：肝小叶中心纤维化程度明显，小叶间结缔组织、汇管区、小胆管增生，但肝细胞再生不明显。

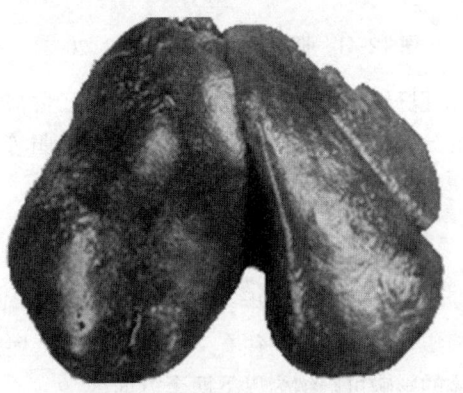

图 12-39　淤血性肝硬变(刘彦威)
肝脏体积稍缩小呈红褐色，质地硬

(四)寄生虫性肝硬变

寄生虫性肝硬变(verminous cirrhosis)在动物肝硬变中也较常见。寄生虫导致肝细胞坏死见于下面几种情况：寄生虫的幼虫移行时破坏肝脏(如猪蛔虫)；虫卵沉着在肝内(牛、羊血吸虫)；成虫寄生于胆管内(牛、羊肝片吸虫)；原虫寄生于肝细胞内(兔球虫)等，在肝内形成大量相应的寄生虫结节。寄生虫首先引起肝细胞变性、坏死，进而引起胆管上皮和间结缔组织增生，使肝细胞萎缩，肝脏体积缩小，导致肝硬变。其特点是有嗜酸性粒细胞浸润。

图 12-40　寄生虫性肝硬变(刘彦威)

剖检：肝脏体积稍缩小，肝表面可见寄生虫结节(图12-40)。

镜检：寄生虫可引起肝细胞损伤和坏死，坏死灶的中心或边缘可见虫卵或虫体以及组织碎屑，周围出现凝固性坏死和嗜酸性细胞浸润为主的炎性反应。随着感染时间的延长，小叶间有大量结缔组织增生而瘢痕化，导致肝硬变。例如，兔慢性肝型球虫病小叶间有大量结缔组织增生，同时引起胆管上皮细胞增生，有时呈腺瘤结构。

(五)胆汁性肝硬变

胆汁性肝硬变(biliary cirrhosis)是由于胆道慢性阻塞,胆汁淤积引起的肝硬变。其特点是肝体积增大,表面平滑或呈细颗粒状,肝组织常被胆汁染成黄绿色,胆小管增生。根据发病原因可将其分为原发性胆汁性肝硬化和继发性胆汁性肝硬化,前者一般由肝内小胆管的慢性非化脓性胆管炎引起;后者与长期肝外胆管阻塞和胆道上行性感染两种因素有关。长期胆管阻塞,胆汁淤积,使肝细胞变性、坏死,继发结缔组织增生而导致肝硬化。

剖检:由于胆汁淤积,肝脏缩小不明显,中等硬度,表面较光滑呈细小结节或无明显结节,外观呈深绿色或绿褐色(图12-41)。

镜检:早期原发性胆汁性肝硬化,小叶间胆管上皮细胞水肿、坏死,周围有淋巴细胞浸润,最后由小胆管破坏而致结缔组织增生并伸入肝小叶内,假小叶呈不完全分割型。继发性胆汁性肝硬化,镜下可见肝细胞因胆汁淤滞而变性坏死,坏死肝细胞肿大,胞浆疏松呈网状,核消失,称为网状或羽毛状坏死,假小叶周围结缔组织的分割包绕不完全。胆管慢性炎症使胆管壁增厚,胆汁淤积区的肝细胞变性、坏死,胆小管增生、阻塞,间质结缔组织弥散性增生。

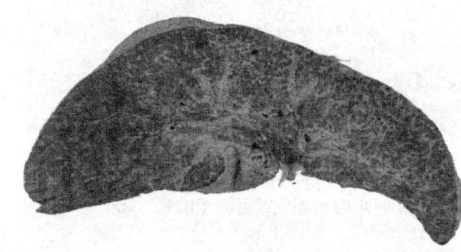

图12-41 胆汁性肝硬变(苏敏,2005)

三、结局和对机体的影响

从肝硬变的发生到出现明显的临床症状,表现为非特异性临床表现,例如,食欲不振、消瘦、虚弱等,往往有一个相当长的发展过程。这个过程短则几周、数月,长达几年。对机体的影响可归纳为以下两个方面。

(一)门脉高压

门脉高压(portal hyperension)是指由各种原因导致的门静脉压力升高所引起的一组临床综合征。引起门脉高压最主要的原因是肝脏的正常结构被改建。当门脉压升高之后,可引起门静脉所属器官(脾脏、胃、肠道)的血流受阻。初期,可因代偿作用而不出现明显的临床症状;后期,因失代偿而出现一系列明显的临床症状。

1. 脾脏肿大

门脉压力升高后,机体常出现一系列的症状。例如,脾脏淤血性肿大,脾窦扩张,窦内皮增生、肿大,脾小体萎缩,红髓内纤维组织增生,部分可见含铁结节。

2. 腹水

门静脉压力升高使门静脉系统的毛细血管、淋巴管流体静压升高,管壁通透性增大,液体漏入腹腔,或出现低蛋白血症,使血浆胶体渗透压降低,也与腹水形成有关;肝功能障碍,醛固酮、抗利尿激素灭活减少,血中水含量升高。水钠潴留而促使腹水形成。多见于肝硬变的晚期,在大家畜的腹水体积可达几十升,而蛋白质成分却较一般漏出液多,这是肝性腹水的一个特征性病理变化。

3. 消化功能障碍

消化功能障碍是由于门脉压升高而引起的胆汁分泌和排出减少,尤其是胃肠严重淤血,导致胃酸及各种消化酶的生成和分泌大为减少,从而引起胃肠道的消化和吸收障碍。病畜表现食欲不振等临床症状。

(二)肝功能不全

肝功能不全(hepatic insufficiency)是由肝硬变引起的肝脏病变,是肝实质严重破坏的结果,其主要表现包括以下几种。

1. 肝脏合成功能障碍

肝硬变时,肝脏合成蛋白质、糖原、凝血物质和尿素减少,导致患畜出现血浆胶体渗透压降低,血糖浓度降低,呈现明显的出血性倾向及血氨浓度升高等变化。

2. 灭活功能降低

肝硬变时,本应在肝脏灭活的物质得不到灭活,继续在体内存留,可引起水、电解质代谢障碍,导致水肿和腹水。

3. 胆色素代谢障碍

肝细胞和毛细胆管受损、胆汁排出受阻,血中直接胆红素及间接胆红素均增加。

4. 酶活性改变

肝细胞受损,有些酶(如谷丙转氨酶、谷草转氨酶等)进入血液,因而肝功能检查时,这些酶活性升高。

5. 肝性脑病

肝性脑病(hepatic encephalopathy)是指肝功能衰竭的一种表现。肝硬变时,脑屏障及肝脏解毒功能降低,不能有效地清除血液中有毒代谢产物(如血氨及酚类),造成自体中毒。氨中毒是肝硬变最严重的并发症,也是导致患畜迅速死亡的重要原因。

急性肝功能衰竭常见于马,慢性肝功能衰竭主要发生于牛、羊以及患门脉-动脉吻合的犬和猫。但各种动物的表现有所不同,羊以沉郁、反应淡漠、不愿运动、强迫性咀嚼以及痉挛为特征;牛、马以狂躁为主,定向运动障碍,具有攻击性;犬和猫等肉食动物表现为行为异常、厌食与呕吐。在该病后期,所有动物的生理反射活动消失,甚至昏迷,故又称肝性昏迷(hepatic coma)或门脉系统脑病(portosystemic encephalopathy)。

肝功能不全时,由于氨基酸代谢障碍,血液和脑脊液中氨含量增高是肝脑病的主要原因。血氨主要干扰脑的能量代谢,可与脑内三羧酸循环中的 α-酮戊二酸结合,形成谷氨酸和谷氨酰胺或干扰脑内苹果酸穿梭系统。这些过程要消耗大量 ATP。如果此时大量的血氨进入脑,ATP 严重减少,脑细胞缺乏足够能量供应,则功能受到抑制。GABA(gamma-aminobutyric acid)是脑内一种异常的神经递质,肝功能衰竭时,不仅血液中 GABA 升高,穿透血脑屏障的能力增加,而且脑内 GABA 受体的数量相应增加。当 GABA 穿过血脑屏障后,可竞争性地取代脑内正常的神经递质,降低神经传导功能。另外,其他穿过血脑屏障的氨和短链脂肪酸也是竞争性的异常神经递质。

6. 肝肾综合征

肝肾综合征(hepatorenal syndrome)是指患急性肝功能衰竭的病畜所伴发的肾功能衰竭,但病畜没有肾功能衰竭所固有的形态学或功能上的改变。此综合征出现的典型先兆是肾脏尿液形成减少,血液中脲氮和肌酸酐升高,肾脏尚有浓缩尿的功能。肾脏病理变化为体积增大、湿润,被胆汁色素浸染。镜下,肾小管上皮细胞完好无损,细胞内和管型内有胆汁色素,故称为胆汁性肾病(biliary nephropathy)。肝肾综合征是由于血液中醛固酮和抗利尿激素浓度升高,肾血管收缩导致进入肾脏的血流量减少(尤其是肾皮质部)或因肾皮质与髓质部血液吻合所致,伴发肾小球滤过率降低以及肾保钠功能增加。随着肝功能的恢复,此型肾功能衰弱能得到明显改善。

作业题

1. 按渗出物的性质和病理变化特点,胃炎可分为哪几种类型?
2. 简述急性卡他性胃炎的主要病理变化。
3. 简述肥厚性胃卡他和萎缩性胃卡他区别。
4. 根据渗出物性质和病理变化特点,肠炎可分为哪几种类型?
5. 简述引起急性卡他性肠炎的原因。
6. 简述纤维素性肠炎的主要病理变化。
7. 根据形态学特征,可将细菌性肝炎分为哪几种类型?
8. 简述病毒性肝炎的主要病理变化。
9. 简述肝硬变的病因和类型。
10. 简述肝硬变的病理变化特点。

(刘建钗)

第十三章 泌尿系统病理

【本章概述】 泌尿系统由肾脏、输尿管、膀胱和尿道四部分组成。肾脏是动物生命活动的重要器官，主要发挥排泄代谢物、调节机体内环境和分泌活性物质等功能。泌尿系统疾病或病理变化种类较多，包括肾炎、肾病、肾功能不全、尿毒症、膀胱炎、尿石病、囊肿肾、肾脏和膀胱肿瘤等。肾炎根据病理变化累及的主要部位分为肾小球肾炎、间质性肾炎和化脓性肾炎。肾小球肾炎是一种免疫性疾病，以肾小球受到损伤为主；间质性肾炎多由中毒或感染引起；化脓性肾炎是化脓菌经尿路上行性传播或血源性播散所致，病理变化部位在肾盂和肾实质。肾病表现为肾小管上皮细胞损伤且无炎症反应。多种内外因素可引发肾功能不全，严重时可引起尿毒症。膀胱炎和尿石症也是引发肾炎的重要原因。肾脏肿瘤和膀胱癌是泌尿系统常发的肿瘤疾病。

第一节 肾　炎

肾炎（nephritis）是一种以肾小球和间质的炎症性变化为特征的疾病。根据发生部位和病理变化特征，通常可将肾炎分为肾小球肾炎、间质性肾炎和化脓性肾炎等。肾炎多伴发于中毒和感染及自身免疫疾病过程中，原发性肾炎比较少见。

一、肾小球肾炎

肾小球肾炎（glomerulonephritis）是指以原发于肾小球炎症为主的肾炎，其发病过程始于肾小球血管丛，然后波及肾小囊，最后累及肾小管及其间质。肾小球肾炎可为原发性，也可为继发性，一般所指肾小球肾炎多为原发于肾脏的独立性疾病。因病理变化常呈双侧弥散性分布，故又称弥散性肾小球肾炎（diffuse glomerulonephritis）。

（一）病因和发生机理

动物的肾小球肾炎常伴发于某些传染病，如猪丹毒、羊和猪链球菌病、猪瘟、鸡新城疫、马传染性贫血、马腺疫及牛病毒性腹泻/黏膜病等，炎症发生在传染病发展过程中或传染病发生之后，从感染到发生肾炎之间有一段间隔时间（1~3周），此间隔可能是发生变态反应性致敏所需的时间。因此，一般认为肾小球肾炎与感染有关，是一种免疫性疾病。此外，药物、外源性凝集素和异体血清等也可引起肾小球肾炎。机体受寒、感冒或过劳，也对该病发生具有促进作用。

随着对肾脏结构和功能认识的提高以及免疫学的研究进展，对肾小球肾炎的病因和发生机理的认识也有了进一步的提高。90%以上肾小球肾炎的发生都与免疫反应有关，主要机制是由于抗原-抗体复合物在肾小球毛细血管沉积所引起的变态反应。

1. 免疫复合物型肾小球肾炎

免疫复合物型肾小球性肾炎（immune complex glomerulonephritis）是指机体在外源性抗原（如

链球菌的多糖抗原和表面抗原)或内源性抗原(如感染致自身组织破坏而产生的变性物质)刺激下产生相应的抗体,抗原和抗体在血液循环内形成抗原-抗体复合物并在肾小球滤过膜的一定部位沉积而引起肾小球损伤的病理过程。当抗原与抗体在血液循环中形成抗原-抗体复合物时,大的复合物常被吞噬细胞清除而不对肾脏造成损伤;小的复合物容易通过肾小球而排出体外,也不会引起肾小球损伤;而中等大小的可溶性复合物(分子质量在10 ku,沉降系数19 s左右)在血液循环中可存留较长时间,随血液流经肾小球时可沉积在肾小球血管内皮,或血管间质内和肾小囊脏层的上皮细胞,通过激活补体(如 C_{3a}、C_{5a} 和 C_{567}),刺激肥大细胞释放组胺,使血管通透性升高;同时吸引中性粒细胞在肾小球内聚集,促使毛细血管内形成血栓以及内皮细胞、上皮细胞和系膜细胞增生,引起肾小球肾炎。利用免疫荧光技术,可见在毛细血管基底膜与肾小囊脏层上皮细胞(即足细胞)间出现大小不等、不连续的颗粒状物质,其中含有 IgG 和补体(主要为 C_3)。此型肾小球肾炎的发病机理属Ⅲ型变态反应。

2. 抗肾小球基底膜抗体型肾小球肾炎

抗肾小球基底膜抗体型肾小球肾炎(anti-glomerular basement membrane glomerulonephritis)是指某些抗原物质刺激机体产生抗自身肾小球基底膜抗体,并沿基底膜内侧沉积所致的肾小球损伤的病理过程。在感染或其他因素作用下,细菌或病毒的某种成分与肾小球基底膜相结合,形成自身抗原,刺激机体产生抗自身肾小球基底膜抗原的抗体;或某些菌体成分与肾小球毛细血管基底膜有相同抗原性,这些抗原刺激机体产生的抗体,既可与菌体成分起反应,也可与肾小球基底膜起反应(即交叉免疫反应)。当此类抗体与肾小球基底膜发生结合后,可激活补体等炎症介质引起肾小球的损伤和炎症反应。用免疫荧光技术检查时,抗肾小球基底膜抗体呈均匀连续的线状分布于基底膜与肾小球血管内皮细胞之间,称为线型荧光型肾炎。此型肾小球肾炎的发病机理属于Ⅱ型变态反应。

3. 原位免疫复合物肾小球肾炎

原位免疫复合物肾小球肾炎(*in situ* immune complex glomerulonephritis)是指外界抗原植入基底膜,或穿过基底膜滞留于上皮细胞下间隙,继而刺激机体产生相应抗体,并在局部发生抗原抗体反应而导致的肾小球损伤的病理过程。另外,由肾小球基底膜蛋白或胶原蛋白刺激产生的抗体,也可与相应抗原成分在局部发生反应而引起肾小球病理变化。

4. 不溶性或难溶性免疫复合物肾小球肾炎

多价抗原与高亲和力的抗体作用,当抗体处于过剩情况下,则可形成大分子的不溶性复合物,并沉积于内皮下或系膜内,此时若巨噬细胞清除能力降低,则引起膜性增生性肾炎。

此外,T淋巴细胞、单核细胞等均在肾小球肾炎的发病过程中起重要作用。例如,将少量兔抗鼠肾基底膜血清注入大鼠体内,则兔 γ-球蛋白可结合在鼠肾基底膜上,但此时组织并无损伤;如果再从静脉注入兔 γ-球蛋白致敏的鼠 T 淋巴细胞,则可导致肾小球肾炎。有研究证明,在抗基底膜型肾小球肾炎动物模型的肾小球内可见明显巨噬细胞浸润,表明单核细胞在肾小球肾炎的发病机理中也起一定的作用。

(二)病理变化

肾小球肾炎的分类方法很多,分类的基础和依据各不相同。根据病程和肾小球的病理变化,可分为急性肾小球肾炎、亚急性肾小球肾炎和慢性肾小球肾炎。

1. 急性肾小球肾炎

急性肾小球肾炎(acute glomerulonephritis)通常发病急,病程短。病理变化主要发生在毛细血管球及肾小囊内,炎症变化主要表现为渗出或增生。通常开始以肾小球毛细血管变化为主,以后在肾小囊内也出现病理变化。

剖检：早期变化不明显，随着病理变化发展，肾脏轻度肿大、充血，质地柔软，被膜紧张，容易剥离。表面与切面光滑潮红，皮质部略显增厚，纹理不清，俗称"大红肾"。若为出血性肾小球肾炎，则可在肾表面和切面皮质部见到分布均匀、大小一致的针尖大小出血点，形如蚤咬，称为"蚤咬肾"或"雀斑肾"。肾切面皮质因炎性水肿而变宽，纹理模糊，与髓质分界清楚。

镜检：急性期病理变化见于肾小球毛细血管丛和肾小囊内。肾小球内的细胞成分明显增多，肾小球毛细血管内皮细胞和系膜细胞肿胀、增生，毛细血管通透性增加，血浆蛋白滤入肾小囊内，中性粒细胞或单核细胞等炎性细胞从毛细血管内渗出，导致肾小球体积增大、细胞数量显著增多，膨大的肾小球毛细血管网几乎占据整个肾小囊腔。病理变化较严重者，毛细血管腔内有血栓形成，导致毛细血管发生纤维素样坏死，坏死的毛细血管破裂出血，致使大量红细胞进入肾小囊腔。随后肾小球内系膜细胞严重增生，由于肾小球毛细血管受压，管腔狭窄甚至闭塞，使肾小球缺血。肾小球毛细血管内偶有纤维素性血栓形成并引起局部坏死和出血。当肾小球渗出变化明显时，则在肾小囊囊腔内出现多量的白细胞、红细胞、浆液和纤维素，挤压肾小球，使其体积缩小和贫血（图13-1）。肾小管上皮细胞发生颗粒变性和脂肪变性，管腔内出现由肾小球滤过的蛋白、红细胞、白细胞和脱落的上皮细胞成分所形成的各种管型（图13-2）。由蛋白凝固而成的称为透明管型，由许多细胞聚集而成的称为细胞管型。急性肾小球肾炎时，肾小管及间质的变化不明显，仅表现为肾小管上皮细胞颗粒变性或脂肪变性，肾小管管腔轻度扩张，内含蛋白液透明管型或细胞管型，这些管型从肾排出而在尿中出现，称为管型尿；肾脏间质内常有不同程度的充血、水肿及少量淋巴细胞和中性粒细胞浸润。

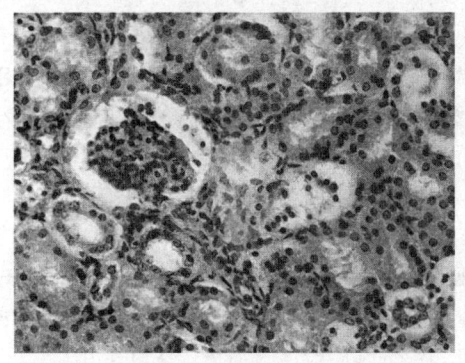 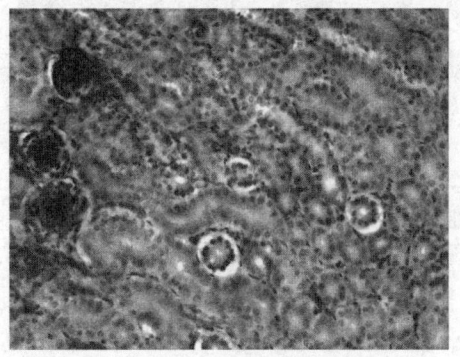

图13-1　猪急性肾小球肾炎
肾小囊内有红细胞渗出，含有蛋白样物质，肾小囊和间质中淋巴细胞浸润；肾小球体积缩小，肾小管管腔轻度扩张，内含大量蛋白样物质；部分肾小管上皮细胞变性、坏死、脱落，形成细胞管型（H.E.×400）

图13-2　鸡急性增生性肾小球肾炎
肾小球体积增加，细胞数量增多，肾小球毛细血管内皮细胞和系膜细胞肥大、增生；肾小球囊腔狭窄；肾小管细胞水肿，腔隙变窄；部分肾小管上皮细胞脱落，形成细胞管型（H.E.×400）

不同病例病理变化表现各不相同，急性肾小球肾炎除主要表现为急性增生性变化外，还有的以渗出为主，表现为肾小球充血或出血，肾小囊内蓄积有多量浆液、纤维蛋白和红细胞，因而肾小囊显著扩张，称为急性渗出性肾小球肾炎；当伴有大量出血时，表现为肾小球毛细血管强烈充血、出血，毛细血管腔内透明血栓形成，称为急性出血性肾小球肾炎。

电镜：肾小球基底膜因电子致密物沉积呈不规则增厚，沉积物的直径通常小于 $1\mu m$，沉积物可位于内皮细胞下（呈线状，一般引起抗基底膜型肾小球肾炎）；但也有较大的，位于足细胞下(呈驼峰状或小丘状,一般引起抗原-抗体免疫复合物型肾小球肾炎)。此外,沉积物还可偶见于基底膜侧以及间膜内。

2. 亚急性肾小球肾炎

亚急性肾小球肾炎(subacute glomerulonephritis)又称新月型肾小球肾炎(crescent glomerulonephritis),是介于急性与慢性肾小球肾炎之间的病理类型,可由急性肾小球肾炎转化而来,或由于病因作用较弱,疾病一开始就呈亚急性经过。

剖检:肾脏肿胀、柔软、轻度出血、色泽苍白或灰黄,有"大白肾"之称。肾脏被膜紧张,易于剥离,有时可发生粘连。表面光滑,散布有多量出血点。切面膨隆,皮质区增宽,苍白浑浊,有时可见散在出血点。若皮质有较多淤点,表示曾有急性发作。

镜检:显著变化是肾小囊上皮细胞增生。在肾小囊壁层上皮细胞增生堆积成层,呈新月形增厚,称为新月体,有时甚至呈环状包绕整个肾小囊壁层形成环状体。新月体主要由增生的肾小囊壁层上皮细胞和渗出的单核细胞组成。新月体的上皮细胞间可见纤维蛋白、中性粒细胞及红细胞。早期新月体主要由细胞构成,称为细胞性新月体。随着病程的发展,上皮细胞之间逐渐出现新生的纤维细胞,纤维细胞逐渐增多形成纤维-细胞性新月体。时间较久的病例,新月体内上皮细胞和渗出物被纤维组织替代,演变成纤维性新月体或环状体(图13-3)。

此外,肾小球毛细血管内皮细胞和间膜细胞常见增生,致使毛细血管管腔狭窄,同时伴有中性粒细胞浸润。随着病理变化继续发展,新月体形成后,一方面压迫肾小球的毛细血管丛,另一方面使肾小球囊壁明显增厚,与肾小球粘连,致使肾小囊闭塞,肾小球的结构和功能严重破坏,影响了血浆从肾小球滤过,毛细血管丛也相继萎缩和纤维化,继而整个肾小球呈纤维化透明变性。肾小管上皮细胞广泛颗粒变性,由于蛋白的吸收障碍而形成细胞内玻璃样变性,发生病理变化的肾单位所连接的肾小管上皮细胞萎缩甚至消失,肾小管管腔内有由蛋白质、白细胞和坏死脱落的上皮细胞组成的管型。间质水肿,炎性细胞浸润,后期发生纤维化。

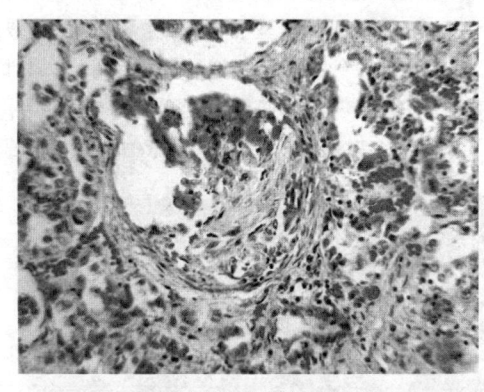

图13-3 亚急性肾小球肾炎(陈怀涛,2008)
肾小囊上皮细胞增生,形成新月体;毛细血管丛受压,肾小球与囊壁粘连,肾小管上皮细胞变性,间质炎性细胞浸润(H.E.×400)

电镜:肾小球基底膜呈不规则增厚,部分变薄、断裂,有时在基底膜上、膜下或膜内可见电子高密度物质沉积。肾小球毛细血管内皮细胞及间膜细胞增大、肿胀,部分肾小囊的脏层上皮细胞的足突融合消失,粗面内质网及核蛋白体增多,线粒体肿胀。在增生的上皮细胞性新月体内,可见纤维蛋白条索。

3. 慢性肾小球肾炎

慢性肾小球肾炎(chronic glomerulonephritis)可由急性和亚急性肾小球肾炎转变而来,也可单独发生。通常发展缓慢,病程为数月至数年,甚至持续终生,常反复发作,症状常不明显,是各型肾小球肾炎发展到晚期的一种综合性病理类型。根据病理形态特点,可分为膜性肾小球肾炎、膜性增生性肾小球肾炎、慢性硬化性肾小球肾炎等类型。

(1)膜性肾小球肾炎

膜性肾小球肾炎(membranous glomerulonephritis)主要表现为肾小球毛细血管基底膜外侧有免疫复合物沉积,毛细血管壁呈均匀一致的增厚。这种肾炎常见于雌性动物子宫积脓、绵羊妊娠毒血症、犬糖尿病和慢性病毒感染等疾病。

剖检：由于肾组织纤维化、瘢痕收缩和残存肾单位的代偿性肥大，导致肾脏体积增大，色泽苍白；后期肾脏体积缩小，质地变硬，表面高低不平，呈弥散性细颗粒状。

镜检：H.E.染色见肾小球毛细血管壁呈均匀一致性增厚，PAS染色或银浸染色则病变更容易观察。荧光显微镜观察可见，沿肾小球毛细血管周围有均匀一致的颗粒状荧光，这是沉积的免疫复合物。由于免疫复合物对基底膜的损伤，毛细血管壁通透性增高，故引起严重的蛋白尿和肾病综合征。肾小球内通常缺乏炎性细胞，但有IgG和C_3沉积。肾小球毛细血管壁损伤，导致通透性增高，蛋白尿渗出。近曲小管上皮细胞内可见类似脂质的小泡。晚期，肾小球毛细血管基底膜高度增厚，毛细血管腔也可闭塞，因而导致严重的肾功能不全。

电镜：足细胞肿胀，足突消失，在足细胞下沉积有大量的电子致密物，沉积物之间形成的钉状突起可向致密物表面延伸，覆盖沉积物使基底膜增厚，在基底膜内的沉积物逐渐溶解后，局部呈虫蚀状，虫蚀状空隙由基底膜物质填充后，肾小球逐渐发生透明变性。

(2) 膜性增生性肾小球肾炎

膜性增生性肾小球肾炎(membranoproliferative glomerulonephritis)是以肾小球毛细血管系膜细胞增生和基底膜增厚为主要特征。此种肾炎还可分为两种类型：①免疫球蛋白颗粒沉着在肾小球毛细血管周围和系膜内；②像线状的补体沉积物大多数是在肾小球的基底膜内。

剖检：早期肾脏无明显改变，晚期肾脏缩小，表面呈细颗粒状。

镜检：肾小球体积增大，呈分叶状。肾小球间质内系膜细胞增生，系膜区增宽(图13-4)。荧光显微镜观察，可见沿肾小球毛细血管呈不连接的C_3颗粒状荧光，在系膜内也出现C_3团块状或环形荧光。肾小囊上皮细胞增生较轻，但可出现肾小囊与"小叶"粘连。

电镜：基底膜呈不规则增厚，其内有高致密电子物质沉积。肾小球毛细血管壁增厚，是由沉积物所致。

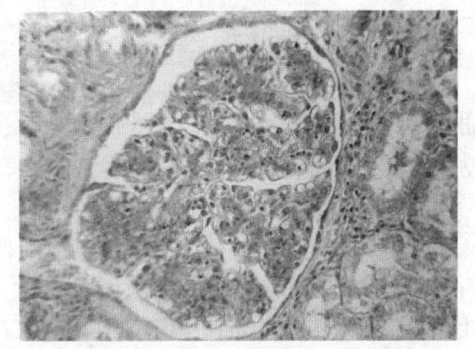

图13-4 膜性肾小球肾炎(陈怀涛，2008)
肾小球体积增大，毛细血管壁弥散性增厚，血管横切面呈明显环形，肾小管上皮细胞变性，管腔中有大量蛋白样物质(H.E.×400)

(3) 慢性硬化性肾小球肾炎

慢性硬化性肾小球肾炎(chronic sclerosing glomerulonephritis)是各类肾小球肾炎发展到晚期的一种病理类型。病理特征是两肾的肾单位呈弥散性损伤，发生纤维化和瘢痕收缩，残留肾单位代偿性肥大。肾缩小、变硬，表面凹凸不平呈颗粒状，称为皱缩肾(contracted kidney)。临床上患畜出现氮质血症、高血压、贫血、衰弱、多尿、低渗尿或等渗尿等综合征。

剖检：两侧肾脏均缩小、苍白、质地变硬，肾脏表面凹凸不平，呈弥散性细颗粒状，被膜粘连不易剥离。切面皮质变窄，纹理模糊不清，因肾小管闭塞有时可见微小囊肿。此时期，肾若缩小严重，肉眼上不易与慢性间质性肾炎区分。

镜检：慢性硬化性肾小球肾炎病理变化呈多样性，且在早期可见不同程度的原肾小球肾炎病理变化。肾小囊壁层因结缔组织增生而变厚。肾小球由于球小囊内新月体和渗出物的纤维化以及毛细血管球本身出现纤维化，使两者互相融合而呈同心轮层状结构，导致球

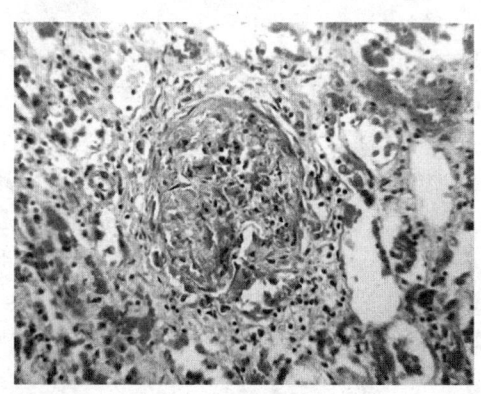

图 13-5　慢性硬化性肾小球肾炎 (陈怀涛, 2008)
肾小球明显纤维化,成为一团纤维结缔组织,毛细血管已经消失,球小囊已经完全闭塞 (H.E. ×400)

小囊完全闭塞(图13-5)。除见少数残存的新月体外,多数肾小球内细胞核消失,发生纤维化和玻璃样变性,成为均质红染无结构的团块,也可进一步缩小甚至消失,与其连接的肾小管因缺血而萎缩、消失。出现明显病理变化肾小球所连接的肾小管继发萎缩,低倍镜下可见上皮细胞变小,致使肾小管轮廓不清,萎缩部的间质呈明显的淋巴细胞浸润和结缔组织增生。后期,肾小球纤维化、玻璃样变性以及相应肾小管萎缩、消失,严重时肾间质的纤维组织显著增生。纤维组织收缩使病理变化肾小球间距缩短,致使该部呈现肾小球相互靠近的密集现象,也称肾小球集中。残存肾单位则呈代偿性肥大,其肾小球体积增大,所属的肾小管代偿性扩张,上皮细胞比正常者高大,并与发生病理变化肾单位交替并存,这既是此型肾炎的特征之一,也是造成肾脏表面凹凸不平呈颗粒状的原因。由于增生的纤维瘢痕压迫代偿的肾小管,引起部分代偿肾单位发生梗阻,梗阻的肾小管明显扩张,形成微小囊肿。扩张的肾小管管腔内常有各种管型,间质纤维组织明显增生,并有大量淋巴细胞和浆细胞浸润。

二、间质性肾炎

间质性肾炎(interstitial nephritis)是指主要发生在肾间质的肾炎,以淋巴细胞、巨噬细胞浸润和结缔组织增生为特征的非化脓性炎症。通常是血源性感染和全身性疾病的一部分。在动物中,常见于牛,也可发生于猪、马、绵羊,偶见于禽类。

(一)病因和发生机理

病因一般认为与感染、中毒及免疫损伤有关。某些细菌性和病毒性传染病,如牛和猪的钩端螺旋体病、布鲁菌病、大肠埃希菌病、牛恶性卡他热和水貂阿留申病等,均可引起间质性肾炎。某些药物,如β-内酰胺类抗生素(如青霉素、头孢菌素)、噻嗪类利尿药和非类固醇抗炎药等,可通过过敏反应引起药源性间质性肾炎,但一般在停药后即可恢复。因有发热、嗜酸性粒细胞增多、蛋白尿及肾间质炎性细胞浸润,提示为急性超敏性反应所致。

间质性肾炎常同时发生于双侧肾,表明致病因子或毒性物质是经血源性途径侵入肾脏。炎症始于肾小管之间的间质,表现为浆细胞、巨噬细胞和中性粒细胞浸润,以及成纤维细胞增生。随着病理变化的发展,浸润的细胞数量增多,但其中的巨噬细胞和中性粒细胞减少甚至消失,而间质结缔组织细胞开始增生,压迫邻近肾小管和肾小球,使其发生萎缩甚至消失。最后,结缔组织纤维化,形成继发性皱缩肾。若大量肾单位被破坏,患病动物往往死于尿毒症。

(二)病理变化

根据间质性肾炎的波及范围可将其分为弥散性间质性肾炎和局灶性间质性肾炎两种类型。

1. 弥散性间质性肾炎

弥散性间质性肾炎(diffuse interstitial nephritis)是幼龄动物常见的一种病理变化,往往是某些全身性感染的一种并发病理变化。通过血源途径感染时,双侧肾均受累。急性弥散性间质性肾炎最常见的病因是钩端螺旋体引起的感染。犬弥散性间质性肾炎在某种程度上和犬钩端螺旋体的分布有关。牛恶性卡他热、马传染性贫血和水貂阿留申病等病毒感染可引起亚急性或慢性弥散性间质性肾炎。

(1)急性弥散性间质性肾炎

剖检：肾脏轻度肿大，被膜紧张，不易剥离，切面间质明显增厚，呈灰白色或苍白色，有时伴有出血斑。皮质与髓质有弥散分布的与周围分界不明显的灰白色斑纹，有时可见红色条纹，皮质纹理不清，呈辐射状，波及整个皮质和髓质，髓质多呈淤血状态。

镜检：病理变化主要集中在肾间质，间质充血、水肿以及炎性细胞浸润。肾小管间、肾小管和肾小球距离增宽，伴有大量以淋巴细胞为主的炎性细胞浸润，其间分布不同数量的浆细胞和巨噬细胞，有时散在中性粒细胞。虽然浸润的炎性细胞显著分布在皮质部和髓质，但实际上已波及整个间质。肾小球变化不明显，肾小管上皮细胞变性甚至坏死、消失，管腔内有细胞管型和蛋白管型(图13-6)。特别是急性钩端螺旋体病，其近曲小管上皮细胞严重变性，可引起急性尿毒症，导致动物死亡。

(2)慢性弥散性间质性肾炎

患慢性弥散性间质性肾炎的病例通常病程迁延，少有死亡发生。

剖检：由于病理变化部位结缔组织增生并形成瘢痕组织，使肾脏质地变硬，体积缩小，肾脏表面呈颗粒状或地图样凹陷斑，皱缩，呈淡灰色或黄褐色，被膜增厚，与皮质粘连，不易剥离。切面皮质部变窄，增生的结缔组织呈灰白色条纹状，皮质和髓质界限不清，有时形成小囊肿。这种类型肾炎的眼观和显微镜下病理变化与慢性肾小球肾炎不易区别。

镜检：肾间质内结缔组织显著增生，并有瘢痕形成。结缔组织增生最先发生于炎性细胞浸润的区域，随着新生结缔组织的成熟，炎性细胞的数量逐渐减少。发生病理变化的肾单位所连接的肾小管逐渐萎缩、消失，部分被增生的纤维组织所取代(图13-7)。残存的肾小管管腔扩张，管壁变薄，上皮细胞呈扁平状，有些管腔内含有透明管型或细胞管型。有的肾小管上皮细胞呈代偿性肥大，有些肾小囊壁纤维性增厚，肾小球变形或萎缩，可继发纤维化与玻璃样变性。相对正常区域的肾单位一般正常或呈代偿性肥大。

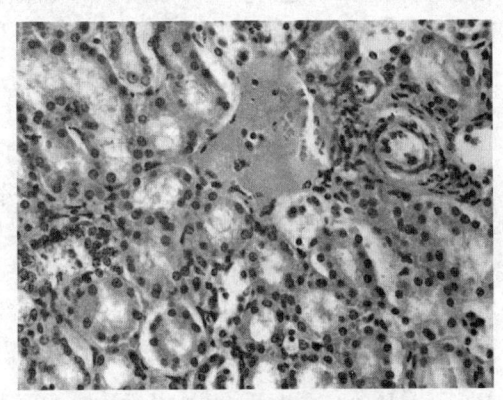

图13-6 急性弥散性间质性肾炎
肾小管间有大量淋巴细胞浸润，肾小管管腔内有大量蛋白样物质，肾小管水肿，部分上皮细胞从管壁脱落，甚至坏死、崩解(H.E.×400)

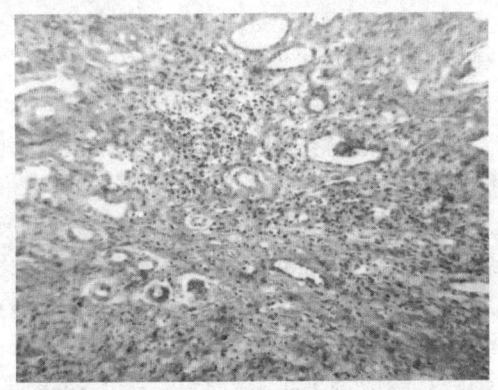

图13-7 慢性弥散性间质性肾炎(王雯慧，2008)
间质中大量结缔组织增生，淋巴细胞和浆细胞浸润；肾小管多数萎缩或消失，偶见有扩张，肾小球萎缩、变小，个别肾小囊扩张(H.E.×100)

患慢性弥散性间质性肾炎时，肾小管受到细胞浸润和增生结缔组织的压迫，致使管腔狭窄或阻塞，临床上呈现少尿。当病理变化严重、多数肾单位损伤时，泌尿机能发生障碍，导致血液中代谢产物和毒性物质蓄积，患病动物呈现水肿、酸中毒、氮质血症等，最后死于尿毒症。

2. 局灶性间质性肾炎（focal interstitial nephritis）

剖检：初期肾脏肿大，被膜紧张，容易剥离。病灶呈结节状，大小不等，界限明显。特征病理变化是发生在肾脏表面或皮质切面，弥散分布灰白色或灰黄色斑点状病灶。较大结节在被膜下隆起，使被膜局部粘连，切面上结节呈楔形，外观似淋巴组织，边缘见充血。如果病灶很多，则皮质呈现斑纹或斑块状。

不同动物发生局灶性间质性肾炎病灶的外观略有差异。尤其在牛，特别是犊牛病灶呈蚕豆大小的油脂样白斑，遍布于皮质内，俗称"白斑肾"；犬局灶性间质性肾炎病灶较小，为圆形或不规则的灰色小结节；马局灶性间质性肾炎病灶更小，通常为灰白色针尖大小的小结节，小病灶可以融合成大病灶，严重者也可发展为弥散性间质性肾炎。

镜检：初期间质水肿，伴有淋巴细胞、巨噬细胞和浆细胞浸润，形成炎性细胞结节。随着病情的发展，成纤维细胞增生逐渐占优势，纤维化形成瘢痕组织。肾小管损伤继发于间质出现病理变化。由于纤维组织增生，肾小管因细胞浸润和结缔组织增生，使管腔受压迫变窄，肾小管上皮细胞颗粒变性或脂肪变性，呈立方形或扁平形，随后，许多肾小管发生萎缩、消失，甚至由结缔组织取代。有的肾小管也可能扩张，其上皮细胞呈扁平状，甚至只残留基底膜。上皮细胞可脱落入扩张的管腔，形成细胞管型。肾小球一般正常。

局灶性间质性肾炎既可见于猪和牛钩端螺旋体病，也可发生于牛恶性卡他热、泰勒焦虫病、绵羊痘和马传染性贫血等，肾脏损伤对病程无重要影响，但在诊断上却有重要意义。例如，灶性肉芽肿均见于猫传染性腹膜炎的肾脏内，严重的坏死性肾炎对幼犬疱疹病毒病具有证病性意义。

三、化脓性肾炎

化脓性肾炎（suppurative nephritis）是指肾实质和肾盂的化脓性炎症。根据感染途径，可分为肾盂肾炎和栓子化脓性肾炎。

（一）肾盂肾炎

肾盂肾炎（pyelonephritis）是指来自尿路的化脓菌上行性感染引起的肾盂和肾组织的化脓性炎症，经常与输尿管、膀胱和尿道的炎症有关，也称尿源性化脓性肾炎。肾盂肾炎可发生于一侧肾或双侧肾，成年母牛、母猪较为常见。

1. 病因和发生机理

化脓性细菌感染是肾盂肾炎发生的主要病因，常见的化脓菌有肾棒状杆菌、化脓放线菌、放线杆菌、葡萄球菌、链球菌、铜绿假单胞菌等，但以混合感染为主。通常诱因也起重要作用，例如，在膀胱炎、泌尿道炎、输尿管及膀胱结石、肿瘤压迫输尿管、瘢痕组织收缩、结石形成、寄生虫的寄生和移动、前列腺炎以及膀胱麻痹等情况下，由于输尿管狭窄或闭塞，使排尿困难或受阻，潴留的尿液发酵分解，其分解产物引起黏膜损伤和脱落；同时，潴留的尿液及炎性渗出物为细菌繁殖创造了适宜的条件。细菌经尿道、膀胱至输尿管或输尿管周围淋巴管逆行进入肾盂引起肾盂肾炎，经由肾乳头集合管侵入肾髓质，甚至肾皮质，导致化脓性肾盂肾炎。另外，雌性动物妊娠后期，因胎儿压迫尿道，引起排尿困难，若此时生殖器官感染，细菌可经尿道逆行侵入肾盂和肾实质，先后引起尿道炎、膀胱炎、输尿管炎和肾盂肾炎。

肾盂肾炎的血源性感染途径，一种为病原体经肾动脉进入肾脏后，引起化脓性肾炎，少数情况下，进入肾脏的细菌并未引起化脓性肾炎，细菌经肾小球滤出后，随原尿进入肾盂，引起肾盂肾炎；另一种为循环血液内的细菌通过肾盂的动脉血管网进入肾盂，正常情况下，经血源性途径进入肾盂的少数细菌，可被不断分泌的尿液冲洗和排出，不至于引起炎症，只有当排尿受阻，肾盂内有尿液潴留时，细菌才得以定植，进而引起肾盂肾炎。

慢性肾盂肾炎可引发高血压、轻度浮肿和慢性肾功能不全，其发生机制与肾小球肾炎基本相似。肾盂肾炎是由细菌直接引起的化脓性肾炎，至慢性阶段，尿液中仍有较多的白细胞、管型甚至细菌，同时腰痛和肾区叩击痛也比较明显，这些都是和肾小球肾炎不同的地方。

2. 病理变化

肾盂肾炎可为单侧性或双侧性，通常与尿路阻塞的部位有关。若为单侧性输尿管阻塞，则肾盂肾炎仅限于该侧肾脏；若尿路阻塞发生于膀胱或其下部尿道，则多引起双侧性肾盂肾炎。发生阻塞的尿路管腔显著扩张，经时久者管壁肥厚变硬，管腔内充满尿液、脓液，黏膜充血肿胀，并有出血点或出血斑，偶见黏膜溃疡或形成瘢痕组织。

剖检：患急性肾盂肾炎时，肾肿大、柔软，被膜易剥离，切面可见肾盂高度扩张，黏膜充血肿胀，并散在出血点，被覆有纤维素性或纤维素性化脓性渗出物，肾盂内充满脓性黏液（图13-8）。肾表面可见结节样灰白色病灶，肾盂黏膜和肾乳头组织化脓、坏死，可形成自肾乳头顶端伸向髓质与皮质的、呈放射状的、灰黄色或灰白色化脓性坏死灶，使肾组织崩溃，形成脓腔，其底部朝向肾表面，尖端位于肾乳头。病灶周围有充血、出血，呈暗红色，与周围健康组织界线清楚。严重时，脓性溶解可波及肾的绝大部分，残存的肾组织受压迫而萎缩，导致整个肾脏成为脓腔。肾盂肾炎晚期，髓质常被严重破坏，在皮质和髓质呈楔形的化脓灶被吸收或机化，形成瘢痕组织，在肾表面出现较大的凹陷，肾体积缩小，成为继发性皱缩肾。

镜检：初期，肾盂黏膜充血、出血、水肿和细胞浸润，浸润的细胞以中性粒细胞为主。黏膜上皮细胞肿胀变性，其后化脓坏死，形成溃疡。自肾乳头伸向皮质的肾小管（主要是集合管）内充满中性粒细胞、坏死碎屑、纤维素，有时可见淋巴细胞、细菌团块、透明管型与细胞管型及红细胞等。肾小管上皮细胞坏死脱落，病灶处间质内也有炎性细胞浸润、血管充血和炎性水肿。当病理变化波及肾小球时，可引起毛细血管扩张充血和炎性细胞浸润（图13-9）。

图13-8 猪肾盂肾炎（葡萄球菌感染引起）（刘建钗）

图13-9 肾盂肾炎（陈怀涛，2008）
髓质肾小管内和局部间质有大量中性粒细胞和脓细胞聚集，部分肾小管上皮细胞坏死，界限不清（H.E.×200）

亚急性肾盂肾炎，肾小管内及间质内以淋巴细胞和浆细胞浸润为主，形成明显的楔形坏死灶。后期除淋巴细胞浸润外，还伴有成纤维细胞增生，增生的结缔组织纤维化和形成瘢痕。病灶内的肾小球发生纤维化和玻璃样变性。

慢性肾盂肾炎，肾实质的楔形化脓灶被机化，形成瘢痕组织。在肾表面出现较大和浅表的凹陷，肾脏体积缩小，质地硬实，即发生继发性固缩肾。肾盂扩张、变形，常有积液或积脓，黏膜增厚、粗糙，可见瘢痕。

(二)栓子化脓性肾炎

栓子化脓性肾炎(embolic suppurative nephritis)是化脓性栓子经血源性播散引起肾实质的炎症，又称血源性化脓性肾炎，其特征性病理变化是肾脏形成多发性脓肿。常见于牛、猪和马。

1. 病因和发生机理

栓子化脓性肾炎多继发于机体其他组织器官的化脓性炎，如化脓性脐带炎、化脓性子宫内膜炎、化脓性肺炎、蜂窝织炎、溃疡性心内膜炎及化脓性乳腺炎等。机体其他组织器官的化脓性细菌团块或败血性栓子侵入血流，随血液循环到达肾脏，在肾小球毛细血管或肾小管周围毛细血管内形成栓塞，随后在肾小球部位形成化脓灶并逐渐向肾小球周围扩大，形成以肾小球为中心形成化脓病灶，引起栓子化脓性肾炎。

栓子化脓性肾炎可发生于马驹、牛、猪等，但以幼畜多见，马驹栓子性化脓性肾炎最常见的病原菌是马肾炎志贺氏菌，通常分娩时，子宫内或出生后短期可通过脐带而感染；成年牛病例中，病菌多为诱发心内膜炎的化脓棒状杆菌；猪栓子性化脓性肾炎最常见的病原菌是猪败血性链球菌。

2. 病理变化

剖检：栓子化脓性肾炎主要是血源性感染所引起的，故多为双侧同时发生。肾肿大，被膜易剥离，常累及肾皮质，尤其是肾小球和肾小球周围的间质。病灶逐渐扩大，破坏邻近组织，并向肾髓质蔓延。在皮质内散布许多小的含有脓汁的灰黄色病灶，周边围以鲜红色或暗红色的炎性反应带。小脓灶如粟粒或米粒大小，较大的脓肿常突起于肾表面，脓肿破溃可引起肾周围组织的化脓性炎。病灶可逐渐融合、扩大或沿血管形成密集的化脓灶。髓质内的脓肿灶较少呈灰黄色条纹状，与髓放线的走向一致，周边也有鲜红色或暗红色的炎性反应带。

镜检：肾小球毛细血管及肾小管间的小血管内可见细菌团块形成的栓塞，其周围大量中性粒细胞浸润，化脓反应可逐渐扩散至整个肾小体。肾组织中有大量中性粒细胞渗出、破碎，局部肾组织坏死、溶解。随病变发展，细胞浸润处的肾组织发生坏死和脓性溶解，形成小脓肿。小脓肿逐渐增大并相互融合，形成大脓肿。周围血管充血、出血、炎性水肿以及中性粒细胞浸润。

第二节 肾 病

肾病(nephrosis)是以肾小管上皮细胞发生弥散性变性、坏死为主要特征而无炎症变化的一类疾病。临床表现以全身水肿、大量蛋白尿、血浆蛋白降低及胆固醇增高为特征。

一、病因和发生机理

肾病的发生主要是外源性或内源性有害物质经血液进入肾所引起。外源性有害物质如氯仿、四氯化碳、新霉素、多黏菌素、磺胺类药物、汞、镉、砷、栎树叶及其籽实等均是高肾毒物质，当用量过大或误食这些毒物时均可引起肾病；内源性有害物质不如外源性毒物那么明确，主要是在某些疾病(如慢性消耗性疾病、传染病、大面积烧伤、蜂窝织炎)或病理过程(如代谢障碍)中产生的有害物质，这些因素对全身物质代谢造成影响，导致代谢障碍，使有毒的代谢产物(如胆色素尿、血红蛋白尿、肌红蛋白尿等)在肾脏蓄积引起肾病。

关于肾病的发生机理，一般认为，当有害物质随尿外排时，可被近曲小管上皮细胞重吸收，引起肾小管损伤，或原尿中水分被重吸收后，使有害物质浓度升高，对肾小管上皮细胞产生强烈的毒害作用，诱发变性甚至坏死。也可能是由于疾病时肾血流降低使肾脏贫血所致。

二、类型和病理变化

肾病的分类比较复杂，常见的有中毒性肾病(如铅肾病)、高血钙性肾病、淀粉样变性肾病和尿酸肾病等。

(一)中毒性肾病

中毒性肾病是由肾毒物质引起的肾脏损伤，常表现为急性肾衰竭。许多物质具有潜在的肾脏毒性，包括内源性物质，如钙、磷、尿酸及草酸等在体内过量蓄积均会引起肾脏间质和肾小管病理损伤；外源性物质，如重金属(如铅、镉、汞等)、化学毒物(如有机溶剂、农药、杀菌剂等)、几乎所有药物(如抗生素、中草药、利尿剂、解热镇痛药等)均有肾毒性。

剖检：肾脏肿大、表面苍白、质地柔软，被膜易剥离，切面稍隆起，皮质色泽不一，通常呈暗红色或灰红色，皮质与髓质界限不明显，肾盂无明显异常。

镜检：主要引起近曲小管上皮细胞坏死和脱落，肾小管管腔内出现颗粒管型或透明管型。早期由于上皮肿胀，使肾小管管腔变窄，晚期则扩张，间质中有少量水肿液和中性粒细胞浸润。经1周左右，肾小管上皮可见再生。坏死的上皮细胞、基底膜和肾小管管腔内的管型常有钙盐沉着。间质充血，可见有少量中性粒细胞和巨噬细胞浸润或无炎症反应。

【知识卡片】

铅肾病

铅肾病是在铅中毒时常发生的慢性肾小管性肾病，特征是肾小管上皮细胞内出现多量核内包含物。铅肾病主要见于人，也见于动物。

用醋酸铅可诱发沙土鼠铅肾病。用含1.0%铅日粮饲喂沙土鼠2周。肾内的铅含量约为日粮含量的3倍。用含0.5%或0.25%铅日粮饲喂12周后，沙土鼠肾中的铅含量是日粮中的4~5倍。

用含0.25%醋酸铅日粮饲喂沙土鼠12周，每隔2周做一次病理学检查，在4周时髓质连接部的近曲小管上皮细胞核内有包含物，随着时间的延长，包含物数量逐渐增多，肾皮质区以空的肾小管为主。12周后，透射电镜可见细胞核含铅包含物的数量与大小都增加。

用含0.25%醋酸铅日粮饲喂30个月沙土鼠，可引起慢性进行性铅肾病，伴有肾小管变性、间质纤维化和肾小管上皮萎缩变平，自深部向皮质表面广泛发展。由于在间质内结缔组织不同程度的增生，使肾表面呈现凹凸不平的外观。病鼠发生小细胞低色素性贫血，红细胞大小不均匀，形状和染色异常，出现大量有核红细胞和网织红细胞，红细胞中还可见嗜碱性颗粒。血红蛋白降低30%。这些变形的红细胞属于幼红细胞和网织红细胞。大多数有效肾单位能迅速广泛地形成细胞核内含铅包含物。

(二)高血钙性肾病

高血钙性肾病见于人和多种动物。人的原发性甲状旁腺功能亢进、肺癌、肾癌、多发性骨髓瘤、变形性骨炎和维生素D中毒等均可造成慢性高血钙症，引起肾小管间质损伤和进行性肾功能不全，进而导致高血钙性肾病。

病理变化最初主要发生于远曲小管、亨利氏袢降支和集合管，呈现局灶性上皮细胞变性、坏死，由于上皮细胞坏死造成肾小管堵塞和尿液在肾脏内滞留，导致钙盐沉淀和病原微生物感染。继而肾小管萎缩和代偿性扩张，肾间质纤维化、巨噬细胞浸润和钙盐沉积（肾钙盐沉积病）。同时，在肾小球和肾动脉管上也可见钙盐沉积。

由于原尿不能充分浓缩，在临床上表现多尿症和夜尿症。肾小球血流量和滤过率减少，远曲小管发生酸中毒，存在大量钾和钠。最终，过多的游离血钙导致肾小管间质严重损伤和明显的肾功能衰竭。

人类和各种动物的高血钙症和钙性肾病有许多相似的发病条件，特别是肿瘤和维生素D的影响。动物试验表明，小鼠患可移植的纤维肉瘤时可发生高血钙症，其机制是由于这种纤维肉瘤产生骨骼再吸收因子——前列腺素 E_2，它的活性可被前列腺素抑制剂减弱。在Fischer344大鼠局部移植睾丸瘤后，可发生有规律的高血钙症和磷清除增多。兔可在移植VX_2癌瘤后3~4周内发生极严重的高血钙症和钙性肾病，但不出现骨变形，并且这种高血钙症可因原发肿瘤的切除而逆转，肿瘤的活性物质也可能是前列腺素 E_2。犬自发性高血钙性肾病较为常见，多伴发有淋巴瘤、恶性肛周腺瘤和甲状旁腺功能亢进等疾病。高血钙性肾病往往导致病犬肾功能衰竭。马采食含有合成维生素D生物活性物质（1,25-二羟基维生素D_3）的植物可诱发高血钙性肾硬化、肾结石。恶性淋巴瘤和原发肾功能衰竭症也可继发高血钙性肾病。

（三）淀粉样变性肾病

淀粉样变性肾病（amyloidosis nephropathy）是指肾组织内有淀粉样物质沉积的病理过程。在淀粉样变性疾病的病例中约90%发生淀粉样变性肾病。该病多见于马、牛、犬和鸡等的慢性消耗性疾病，长期化脓或蛋白代谢障碍等。

根据病理变化分布的特点、淀粉样蛋白的生化组成和前驱性疾病的有无，淀粉样变性病可分为原发性、继发性、多发性骨髓瘤伴发性、家族性、老年性和局灶性等类型。但这些不同类型的淀粉样变性疾病引起的淀粉样变性肾病的变化过程相似。

剖检：淀粉样变性肾病变化轻微时，肾脏稍肿大；变化特别明显时，肾脏肿大，质地坚硬。肾被膜易剥离，表面光滑、颜色变淡，呈淡褐色或黄色。肾脏表面可见黄褐色斑点，切面皮质增宽，呈灰黄色半透明的蜡样或油脂状（大脂肾），也见与肾脏表面相同的黄褐色斑点和条纹。

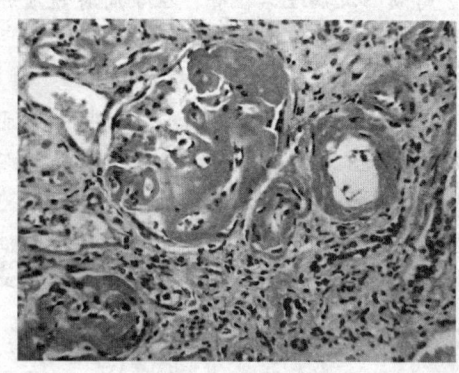

图 13-10　淀粉样变性肾病（陈怀涛，2008）
淀粉样物质呈淡红色，可沉积于肾小球系膜区和毛细血管基底膜，使基底膜弥散性增厚，管腔狭窄或闭塞；肾小动脉和细动脉管壁也有淀粉样物质沉积，导致管壁增厚，均质（H.E.×400）

镜检：淀粉样物呈淡红色，肾小球毛细血管、入球小动脉、小叶间动脉和肾小管的基底膜也有淀粉样物沉积，导致基底膜弥散性增厚，管腔狭窄或闭塞。病程长久时，肾小球沉积大量淀粉样物，严重病变部位的肾小球、肾小管和间质小动脉完全被淀粉样物质所取代（图13-10）。除淀粉样变外，肾小管上皮细胞发生颗粒变性、透明变性、脂肪变性、水泡变性和坏死。管腔内有多量不规整的透明管型，间质结缔组织增生，肾正常结构被破坏，最终导致肾硬化。淀粉样物质经刚果红染色呈砖红色。

淀粉样肾病所呈现的临床症状依肾病变程度而异。病情轻者可不伴发任何特殊症状，常常是在尸体剖检中或屠宰时偶然被发现。在淀粉样肾病的发生过程中，呈现逐渐加重的蛋白尿、少尿、管型尿、显著水肿、低蛋白血症和贫血。此外，还常伴发腹泻和严重的腹腔积液，这些症状可能与同时发生的肠壁和肝的淀粉样变有关。当发展为淀粉样皱缩肾时，多伴有心脏肥大和血压升高、蛋白尿和尿毒症。

(四)尿酸肾病

高尿酸血症是尿酸肾病的发病基础。尿酸为嘌呤类化合物分解代谢产物，正常机体内尿酸的产生和清除维持着动态平衡，尿酸排泄障碍或生成过多均可导致高尿酸血症，从而引起尿中尿酸过高，造成尿酸及其盐类在肾内沉积，引起尿酸肾病。例如，鸡日粮中蛋白含量过高、钙磷比例不当(钙过高)和维生素 A、维生素 D 缺乏等均可引起高尿酸血症，导致尿酸肾病。

高尿酸血症可引起三种类型的尿酸肾病：①急性尿酸肾病。由于大量核蛋白分解，使血液中尿酸含量增高。当这些尿酸经肾排出时，尿酸盐结晶即在肾曲小管、集合管、肾盂等处急剧沉积，使肾小管内压增高，肾小球滤过率下降，导致急性肾功能衰竭。②慢性尿酸肾病或痛风。由于原发性高尿酸血症和肾的排泄功能下降，患痛风动物几乎都发生肾损伤。镜检可见肾小管和肾间质中有大量尿酸盐结晶沉积，特别是在肾髓质和肾乳头处的沉积尤为明显，因为肾乳头处钠离子浓度较高，所以尿酸钠容易在此处沉积。尿酸盐的沉积刺激可引起化学性炎症反应，因而在痛风肾的病理变化中可观察到淋巴细胞、巨噬细胞和异物巨细胞在尿酸盐沉积部位浸润。慢性尿酸肾病后期可发生纤维化。③尿酸结石形成。尿酸盐主要沉积在肾髓质内，特别是在集合管和亨利氏袢。严重者可发生肾实变，出现慢性间质性肾炎、肾小球和肾小管纤维化。尿酸结石时可进一步加重这一过程，可导致慢性肾功能不全、尿毒症。

第三节 尿毒症

尿毒症(uremia)是由于肾衰竭导致大量毒性物质在体内蓄积，所引起的自体中毒的综合征。无论是急性还是慢性肾功能不全，发展到严重阶段均以尿毒症告终。尿毒症也是水、电解质和酸碱平衡发生紊乱以及某些内分泌功能失调所引起的全身性功能障碍和代谢障碍的综合病理过程。

尿毒症时，血液中非蛋白氮含量明显增多，称为真性尿毒症(true uremia)。若肾功能不全时，血液中非蛋白氮含量不升高，而出现一种以神经症状为主的尿毒症，称为假性尿毒症(pseudouremia)。

一、病因和发生机理

一般认为，尿毒症的发生与尿排出的体内许多蛋白质的代谢产物和毒性物质的蓄积量有关。目前认为，多种毒性物质蓄积均可引发尿毒症，常见的毒性物质有尿素、肌酐、尿酸类、胍类化合物、胺类和甲状旁腺激素等。此外，水、电解质和酸碱平衡紊乱及矫枉失衡系统失调也可导致尿毒症的发生。

(一)尿素

多数患尿毒症的动物，血液中尿素含量均升高。尿素经肠壁排入肠腔后，在肠道内细菌尿素酶的作用下，可分解为氨及铵盐(碳酸铵、氨基甲酸铵)，而氨具有毒性作用，若吸收入血，可引起神经系统中毒症状。研究还证实，尿素的毒性作用与其代谢产物氰酸盐有关。氰酸盐与蛋白质作用后产生氨基甲酰衍生物，当其在血中浓度升高时，可抑制酶的活性，导致尿毒症的发生。

(二)胍类化合物

胍类化合物是鸟氨酸循环中精氨酸的代谢产物。正常时，精氨酸生成的尿素、肌酸、肌酐等随尿排出；尿毒症时，这些物质随尿排出发生障碍，使精氨酸通过另外一些途径生成甲基胍和胍基琥珀酸。甲基胍是毒性最强的小分子物质之一，给犬大量注射可引起体重减轻、呕吐、腹泻、便血、痉挛、嗜睡、血中尿素氮增加、红细胞寿命缩短等症状，与尿毒症相似。胍基琥珀酸还可抑制血小板黏着和淋巴细胞的转化作用。

(三)胺类化合物

胺类化合物包括精胺、尸胺和腐胺，它们是赖氨酸、鸟氨酸和 S-腺苷蛋氨酸的代谢产物。正常时，这些胺类物质随尿排出体外；当肾功能严重障碍时，以上多胺排出受阻，发生多胺血症，导致患病动物呈现尿毒症的一些症状。另外，肾功能不全时，肝脏解毒作用降低，来自肠道的有毒物质，如酪胺、苯乙胺等，被吸收入血液后，既不能被肝脏解毒，又不能从肾脏排出，则在血液中蓄积引起尿毒症。

(四)甲状旁腺激素

甲状旁腺激素是一种重要的尿毒症毒素。血浆中甲状旁腺激素增多，可促进钙进入神经膜细胞或神经轴突，造成周围神经损伤；可破坏血脑屏障的完整性，使钙进入脑细胞，造成中枢神经系统功能障碍；引起肾性骨骼营养不良、软组织钙化、坏死和皮肤瘙痒等症状。

(五)肌酐

肌酐是体内正常代谢产物。尿毒症时，由于排出受阻而引起血浆肌酐浓度升高。高浓度的肌酐可引起动物嗜睡，并抑制红细胞对葡萄糖的利用，使红细胞寿命缩短而导致贫血。

(六)酚类化合物

肠道菌可将芳香族氨基酸转变成酚和酚酸，这些酚类化合物可经肝脏解毒后由肠道和肾脏排出。肾功能不全时，由于肝脏解毒功能降低和肾脏排泄功能减弱，使血浆中酚类含量升高。酚类对中枢神经系统有抑制作用，可引起动物昏迷，还能抑制血小板聚集，诱发出血倾向。

(七)酸中毒

尿毒症时，因肾功能不全，常导致酸性代谢产物排出障碍而发生酸中毒，可引起呼吸、心脏活动改变及昏迷症状。

二、对机体的影响

(一)神经系统

1. 尿毒症性脑病

尿毒症时，由于血液中有毒物质蓄积过多，使中枢神经细胞能量代谢障碍，导致细胞膜 Na^+-K^+-ATP 酶失活而引起神经细胞水肿。有些毒素可直接损伤中枢神经细胞，使动物出现精神不振、嗜睡，甚至昏迷。

2. 外周神经病变

甲状旁腺激素和胍基琥珀酸可直接作用于外周神经，使外周神经髓鞘脱失和轴突变性，动物呈现肢体麻木和运动障碍。

(二)消化系统

肾功能不全时,尿素被肠道内细菌尿素酶分解而产生的氨,刺激肠道黏膜引起出血性-坏死性肠炎,进而影响消化系统的机能。动物表现出食欲减退、呕吐和腹泻等症状。剖检可见胃肠道黏膜呈现不同程度的充血、水肿、溃疡、出血和组织坏死。

(三)心血管系统

由于钠、水潴留,代谢性酸中毒,高钾血症和尿毒症毒素的蓄积,可导致心功能不全和心律失常。尿毒症晚期,可出现无菌性心包炎,这种心包炎可能是由于尿毒症毒素(如血液中蓄积的尿酸、草酸盐等)刺激心包引起的。

(四)血液及造血系统

毒性物质(如酚类及其衍生物)可抑制骨髓造血机能。另外,促红细胞生成素减少,可引起患病动物发生贫血。

(五)呼吸系统

酸中毒时,动物呼吸加深、加快,呼出气体有氨味,这是由于尿素在消化道经尿素酶分解形成氨,氨又重新吸收入血,血氨浓度升高并经呼吸道排出,导致呼出气体具有氨的臭味。尿素刺激胸膜还可引起纤维素性胸膜炎。

(六)皮肤变化

尿毒症时,由于血液中含有高浓度的尿素,汗腺可呈现代偿性分泌加强,尿素随汗排出,刺激皮肤感觉神经末梢,引起皮肤发痒;随汗排出的尿素结晶后,呈白色糠麸样粉末可附着于眼、鼻及其他部位皮肤和被毛处。同时,在高浓度甲状旁腺激素等的作用下,动物往往表现出明显的皮肤瘙痒症状。

(七)免疫系统

尿毒症时,动物细胞免疫功能明显降低,而体液免疫功能正常或稍有减弱,尿毒症患畜中性粒细胞的吞噬和杀菌能力减弱,淋巴细胞数量减少,机体容易发生感染,常因不易治愈而死亡。

(八)内分泌系统

由于各种毒素蓄积和肾组织损伤,导致肾脏内分泌功能障碍,肾素、促红细胞生成素、1,25-二羟维生素 D_3 等分泌减少,甲状旁腺激素、生长激素分泌增加。同时,因肾脏功能降低而对各种内分泌激素的灭活能力减弱,肾脏排泄减少,使各种激素在体内蓄积,从而导致严重的内分泌功能紊乱。

(九)物质代谢

1. 蛋白质代谢紊乱

蛋白质代谢障碍主要表现为明显的负氮平衡、动物消瘦和低蛋白血症。引起负氮平衡的因素有消化道损伤使蛋白质摄入和吸收减少;在毒物的作用下,组织蛋白分解加强;尿液丢失和失血使蛋白质丢失增多。低蛋白血症是引起肾性水肿的主要原因之一。

2. 糖代谢紊乱

由于尿毒症动物血液中存在胰岛素拮抗物质,使胰岛素的作用减弱,导致组织利用葡萄糖的能力降低,肝糖原合成酶活性降低,引起肝糖原合成障碍,血糖浓度升高,出现糖尿。

3. 脂肪代谢紊乱

尿毒症时,肝脏合成甘油三酯增多,而清除减少,使血液中甘油三酯浓度升高,引起甘油三酯血症,这种高脂血症可促进动脉粥样硬化的发生。

第四节 膀胱炎和尿石病

一、膀胱炎

膀胱炎(cystitis)是指膀胱的炎症。炎症过程可波及黏膜层,甚至整个膀胱壁。本病多见于牛。

(一)病因和发生机理

膀胱炎多由细菌感染引起,常见的有大肠埃希菌、变形杆菌、葡萄球菌、绿脓杆菌、坏死杆菌与链球菌。此外,膀胱结石的长期机械刺激、某些含有刺激性的植物(毛茛、蕨类)中毒,也常引起膀胱炎。有报道饲料中碘缺乏时,能使毛细血管通透性改变,引起出血性膀胱炎。

正常情况下,膀胱对细菌感染具有强大的抵抗力,外来细菌可很快随尿液排出,故一般不易引起原发性感染。但在结石堵塞、膀胱麻痹及膀胱括约肌痉挛等情况下,尿液潴留,为细菌的停留和繁殖提供了条件。细菌接触膀胱黏膜,同时尿液发酵产物(如氨)刺激和损伤黏膜,结果膀胱黏膜易发生感染并引起炎症,称为上行性(尿源性)感染。在发生肾炎时,病原体可随尿液经输尿管到达膀胱,继发膀胱炎,称为下行性(肾源性)感染。在某些传染病或其他系统疾病时,其病原因子可随血液循环到达膀胱而引起膀胱炎,称为血源性感染。

(二)病理变化

1. 急性膀胱炎

急性膀胱炎(acute cystitis)可表现为卡他性、出血性、纤维素性、化脓性或溃疡性等类型。镜检时黏膜上皮至以下各层组织均有不同程度的损伤和炎性细胞浸润。重度损伤时,溃疡病变可深达膀胱壁肌层和浆膜,甚至引起膀胱破裂。

2. 慢性膀胱炎

慢性膀胱炎(chronic cystitis)可由急性膀胱炎发展而来,也可伴发于膀胱结石。根据病理形态可分为多种类型。

慢性滤泡性膀胱炎(chronic follicular cystitis)多见于犬,其特征病理变化是在黏膜上散布许多约1 mm大小的灰白色小结节。镜检可见,结节由淋巴样细胞增生而成。

慢性息肉状膀胱炎(chronic polypoid cystitis)见于多种动物,其特征病理变化是在黏膜上形成许多皱襞或绒毛样突起,其表面被覆一层上皮,内部为增生的结缔组织,其中有大量巨噬细胞浸润。

当尿石或某些细菌对膀胱黏膜长期作用时,可致膀胱黏膜发生黏液样变性、腺瘤样增生或鳞状上皮化生。猫在肾棒状杆菌感染时,常见膀胱、尿道和肾盂的黏液样变性。慢性膀胱炎时也常见黏膜下层结缔组织增生及膀胱壁肌层肥大。

二、尿石病

尿石病(urolithiasis)是指在泌尿道内出现结石的疾病。动物的尿结石比较常见,尤其多发生于年轻动物。尿结石可发生于泌尿道的各个部位,如肾盂、输尿管、膀胱、尿道等处,是造成尿路阻塞的重要原因之一。

(一)病因和发生机理

尿结石形成的病因包括尿液中晶体浓度增高和尿液理化因素改变两个方面。

1. 尿液中晶体浓度增高

正常尿液中含有多种晶体盐类(如草酸盐、磷酸盐、碳酸盐、尿酸盐等),这些晶体盐类与尿液中的胶体物质(如黏蛋白类和核酸)维持相对平衡。若晶体盐类浓度升高或黏蛋白类发生量或质的异常,造成晶体与胶体的平衡失调,晶体物质即可析出沉淀,逐渐形成结石。实践证明,当脱水、尿量减少、尿浓缩时,尿中晶体盐类浓度升高,尿结石的发生率也增加。

如果体内晶体排出增多,也可使尿液中晶体浓度升高。90%以上的尿结石含钙,而任何能引起骨质脱失的疾病,都可引起尿钙增加,例如,甲状旁腺机能亢进时,可动员骨钙入血。大量肾上腺皮质激素引起溶骨,可使尿钙升高;长期躺卧动物发生废用性萎缩,引起骨质疏松和脱钙,钙经血液由肾排出;长期服用大量含钙抗酸药物,或过量维生素 D 使钙吸收增多等。此时,如果尿液中胶体不能维持钙盐的过饱和状态,则钙盐可析出沉淀,逐渐形成结石。

当代谢障碍引起尿液中其他晶体盐类排泄增加时,也可形成尿结石。例如,嘌呤代谢障碍可并发尿酸结石等。

2. 尿液理化性质改变

尿液中晶体浓度正常,但理化性质发生改变时,也可促使结石形成。例如,尿液 pH 值改变,可影响晶体的溶解度,碱性尿有利于磷酸钙、磷酸铵镁、草酸钙结石的形成,酸性尿内易形成尿酸盐结石和胱氨酸结石。

尿液中胶体物质(黏蛋白)在尿石形成中的作用尚不明确,可能在晶体沉淀时起支架作用。尿潴留时,有利于水分的吸收,使尿液浓缩,晶体易析出,析出的晶体可黏附在细菌表面形成结石,引起感染。尿内异物,如脱落的上皮细胞、血凝块、炎症渗出物和细菌等,可构成结石的核心,尿液中晶体盐类可沉积其上形成结石。

(二)类型

结石的类型取决于其晶体成分,主要有以下几种。

1. 草酸盐结石

草酸盐结石质地坚硬、致密,色白或色黄,表面不平,有时光滑。膀胱内多为大而单个的结石。草酸盐结石的发生与高草酸尿和高钙尿有关。草酸可经食物摄入,尿内尿酸过多可促使草酸盐析出。绵羊啃食谷物收割后的残株有利于草酸盐结石的形成,而摄入高镁饲料或饲草在一定程度上可抑制这种结石的形成。犬也可发生草酸盐结石,但其形成机制不清楚。

2. 磷酸盐结石

磷酸盐结石色灰白,表面光滑或呈颗粒状,质地较脆易碎,在肾盂肾盏内的结石呈突起状。切面常有核心(为细菌或脱落上皮等),呈同心层结构,易在碱性尿液中形成。

3. 碳酸盐结石

碳酸盐结石色白,质地松脆,易在碱性尿液中形成。

4. 尿酸盐结石

尿酸盐结石通常数量较多,质地坚硬,呈同心层状结构,色黄至色褐,半透亮。膀胱内结石多呈球形,直径在 5 cm 以下,主要成分为尿酸钠,也含尿酸铵和磷酸盐。最常见于犬,也发生于猪,但罕见于猫。

5. 胱氨酸结石

胱氨酸结石小而不规则,柔软易碎,色黄,呈蜡样,在日光下可变为绿色。其成分除少量钙质外，几乎全为胱氨酸。胱氨酸结石仅发生于公犬，占犬结石的10%，次于磷酸盐结石的发生率，而罕见于猫。

6. 硅结石

硅结石质坚硬，色白或黑褐，常成层状，直径可达1 cm。在反刍动物膀胱内呈球形、卵圆形或桑葚形，在肾内其形状不规则。"纯的"硅结石含75%的硅石（如二氧化硅），混合性结石还含有草酸钙或碳酸钙。硅结石在放牧的反刍动物中较常见，可能与当地的水土含硅有关，部分病例可出现尿道梗阻。

7. 鸟粪石

鸟粪石白垩样，通常光滑，易碎，色白或灰。主要成分是磷酸铵镁，也含有磷酸钙、尿酸铵、草酸盐或碳酸盐，单个时形体大，数量多时呈砂粒样。鸟粪石多见于犬、猫和反刍动物。其发生常与感染（如葡萄球菌、变形杆菌等）有关，故称为感染性结石。鸟粪石在犬结石中是最常见的类型，母犬特别易发，可能与犬膀胱易感染有关。雌雄猫均可发生鸟粪石，当炎症与结石并发时，猫发生泌尿系统综合征，是猫最常见的泌尿道疾病之一。其特征是排尿困难、血尿及公猫的尿道梗阻。

8. 黄嘌呤结石

黄嘌呤结石常为同心层状结构，易碎，形状不规则，半透亮，色黄或褐红。黄嘌呤是嘌呤的代谢产物，正常时它被嘌呤氧化酶降解为尿酸，故罕见于尿中。黄嘌呤结石偶见于绵羊、犊牛和犬。本病的发生与放牧地铝缺乏有关，因为铝是黄嘌呤氧化酶的一种成分。黄嘌呤在酸性尿中沉淀，结石通常在集合管与肾盏中形成，导致肾盂积水。

（三）对机体的影响

尿结石主要引起泌尿道阻塞和损伤。结石阻塞肾盂和输尿管时可引起肾盂和输尿管积水。结石可损伤肾盂、输尿管和膀胱黏膜引起血尿。尿结石的慢性刺激可引起黏膜慢性炎症、上皮的鳞状化生或白斑。结石还可刺激输尿管引起蠕动和痉挛，产生剧烈的腹部绞痛。尿结石造成的阻塞和损伤还是引发尿路感染的重要因素。

第五节 囊肿肾、肾胚细胞瘤及膀胱癌

一、囊肿肾

囊肿肾（cystic kidney）是指肾脏中形成大小不等的含有液体的囊腔，分为单囊肾（simple cystic kidney）和多囊肾（polycystic kidney）。肾脏的囊肿，在家畜中很常见，猪最易发，牛和兔次之。

1. 单囊肾

单囊肾多为先天性，见于许多动物，尤以犊牛、仔猪和犬易发。囊肿的直径从几毫米至几厘米不等。一般为单侧性的大囊肿，呈圆形或椭圆形，主要位于皮质层。囊内含清亮液体，囊壁光滑，衬以扁平或立方上皮，也可被覆角化上皮或无上皮。囊壁除上皮外，还有致密纤维组织。患病动物无症状，常在尸体剖检时发现。

2. 多囊肾

一般认为，多囊肾是在胚胎发育过程中，多数肾单位和集合管未连通所致的一种先天性畸形。患有多发性囊肿的肾脏体积增大，切面可见皮质和髓质有许多大小不等的囊肿，

囊内为透明液体，如有出血则呈淡红色或暗红色。肾实质多为灰白色的纤维结缔组织。临床上，如两侧肾脏同时损伤，通常会在短时间内发生尿毒症而死亡。在慢性间质性肾炎时，由于结缔组织对肾小管的压迫，受压处前段肾小管可因尿液潴留而扩张，也可导致多囊肾。

二、肾胚细胞瘤

肾胚细胞瘤（nephroblastoma）即肾母细胞瘤，也称 Wilms 瘤。其病理组织特点为同时出现上皮与若干间叶成分。此瘤是未成年动物的一种常见恶性肿瘤，以兔、禽、猪多见，犬和牛次之。

剖检：肾母细胞瘤多为单侧性，少数为双侧性，较多发生在肾的上下两极。肿瘤体积大小不一，但在牛、羊等动物发病时一般较大。肿瘤呈圆形或结节状，质地和颜色多样，瘤组织一般呈灰白色，均质，柔软，与一般肉瘤相似。有的区域硬实，色蓝灰，似透明软骨。有的肿瘤可见钙化，常见出血和坏死，有时形成囊腔。肿瘤较小时，可在其一侧看到正常肾组织；如肿瘤巨大，则肾被全部破坏而消失。有时肿瘤还可穿越肾被膜而侵犯周围软组织。

镜检：肿瘤由两种主要成分组成，一种是肉瘤性梭形细胞，细胞浆稀少，核呈梭形或圆形，色深染。这种细胞呈弥散性、束状或实体团块分布。另一种是一些细胞组成肾小球样和肾小管样结构，分化差，仅见圆形大小不等的未分化细胞团。肾小管样结构可为 1~3 层细胞衬覆的管腔，甚至有基底膜样结构。因其兼有间叶和上皮两种成分，曾被称为腺肉瘤（adenosarcoma）和癌肉瘤（carcinosarcoma）。除上述两种主要成分外，有时还有横纹肌、平滑肌、骨、软骨、脂肪组织、纤维组织、神经纤维等组织。在这些成分中，横纹肌纤维较常看到。

三、膀胱癌

膀胱癌（bladder cancer）是指发生在膀胱黏膜上的恶性肿瘤，是泌尿系统最常见的恶性肿瘤。膀胱癌的病因复杂，既有内在的遗传因素，又有外在的环境因素。根据组织来源可分为膀胱尿路上皮癌、膀胱鳞癌、膀胱腺癌、膀胱肉瘤等。尿路上皮癌是膀胱癌的最常见的病理类型。

（一）临床症状

最初的临床表现是无痛性血尿，通常表现为无痛性、间歇性、肉眼全程血尿，有时也可为镜下血尿。肿瘤乳头的断裂、肿瘤表面坏死和溃疡均可引起血尿。血尿可能仅出现一次或持续一天至数天，可自行减轻或停止。血尿的染色由浅红色至深褐色不等，常为暗红色。出血量与血尿持续时间、恶性程度、大小、范围和数量相关，但不一定成正比。有时发生肉眼血尿时，肿瘤已经很大或已属晚期；有时很小的肿瘤却出现大量血尿。动物常出现排尿困难，这多由于肿瘤坏死、溃疡、膀胱内肿瘤较大或数量较多或膀胱肿瘤弥散性浸润膀胱壁，使膀胱容量减少或并发感染，膀胱三角区及膀胱颈部的肿瘤梗阻膀胱出口所致。肿瘤阻塞输尿管开口时，可引起肾盂积水、肾盂肾炎，甚至肾盂积脓。部分病例因肿瘤侵袭膀胱壁，刺激膀胱黏膜或并发感染，出现尿频、尿急和尿痛等膀胱刺激症状。膀胱移行细胞起源的肿瘤，手术后容易复发。

（二）病理变化

剖检：膀胱癌好发于膀胱侧壁和膀胱三角区近输尿管开口处。肿瘤可呈现单一病灶，也可为多病灶，大小不等，可呈乳头状或息肉状，也可呈扁平斑块状。

镜检：癌细胞核浓染，部分细胞异型性明显，核分裂象较多，可见有病理性核分裂象。细胞排列紊乱，极性消失，有的细胞排列呈乳头状和巢状。

作业题

1. 名词解释：免疫复合物型肾小球性肾炎、新月体、间质性肾炎、肾盂性肾炎、尿毒症、尿结石。
2. 简述肾炎的分类。
3. 简述肾小球肾炎的发生机理及其病理变化。
4. 简述间质性肾炎的病因。
5. 引起急性肾功能不全的因素有哪些？
6. 慢性肾功能不全的代谢变化有哪些？
7. 简述尿毒症的病因和发生机理。
8. 简述膀胱炎的病因和发生机理。
9. 依据结石晶体成分可将尿石症分为哪些种类？
10. 简述囊肿肾的类型及病理变化特点。
11. 简述肾胚细胞瘤的病理变化特点。

（张东超）

第十四章

生殖系统病理

【本章概述】生殖系统可分为雄性生殖系统和雌性生殖系统。雄性生殖系统中,以睾丸的疾病多发,而雌性生殖系统中以卵巢、子宫和乳腺的疾病多见。生殖系统的病变会显著影响动物的繁殖性能,多种病因(如病原微生物、肿瘤等)均可侵害或直接引起动物生殖系统病变,降低动物生产能力,常给畜牧生产造成巨大的经济损失。本章主要对动物生殖系统几种常见疾病进行叙述。

第一节 子宫疾病

一、子宫内膜炎

子宫内膜炎(endometritis)是指主要发生在子宫内膜的炎症,是雌性动物的常见病,也是导致雌性动物不孕的重要原因之一。

(一)病因和发生机理

大多数情况下,子宫内膜炎由细菌感染所致,常见的有链球菌、葡萄球菌和大肠埃希菌等;其次为化脓杆菌、坏死杆菌和胎儿弯曲菌等;结核分枝杆菌、布鲁菌和沙门菌等也可致病。此外,某些原虫、真菌、支原体和病毒也能引起子宫内膜炎。

子宫内膜炎的感染途径可分为上行性感染(阴道源性感染)和下行性感染(血源性和淋巴源性感染)。其中,以产后产道上行性感染为主。下行性感染多见于全身性疾病,特别是某些败血性传染病的病原可经过血道或淋巴道蔓延至子宫引起炎症。

(二)病理变化

根据病程可将子宫内膜炎分为急性子宫内膜炎和慢性子宫内膜炎两种类型。

1. 急性子宫内膜炎

急性子宫内膜炎(acute endometritis)是一种比较常见的子宫炎症,多由病原经上行性感染而发病。该病以渗出性变化为主,并伴有不同程度的变性、坏死或化脓。

剖检:子宫体积常见增大,但浆膜面无明显变化。切开子宫后,可见子宫腔内有多量炎性渗出物。根据炎症种类不同,可将其分为卡他性炎、纤维素性炎和化脓性炎。卡他性炎时,子宫黏膜潮红肿胀、充血和出血,表面有浆液性或黏液性渗出物;纤维素性炎时,病变处覆盖有一层纤维素性假膜,病变严重时,渗出的纤维素与病变组织结合紧密,发展为纤维素性坏死性炎,此时的假膜不易剥离,若强行剥离则易出血、溃疡;化脓性炎时,病变处覆盖有一层黄白色脓性渗出物,病变严重时,易造成子宫蓄脓。炎症可单独发生于一侧子宫角,也可侵害双侧子宫角、子宫体和子宫颈。

镜检:子宫黏膜固有层毛细血管高度扩张,充血、出血,黏膜上皮细胞变性、坏死和脱落。卡他性炎时,还可见黏膜小血管微血栓,黏膜上覆盖脱落的上皮细胞、炎性细胞、浆液

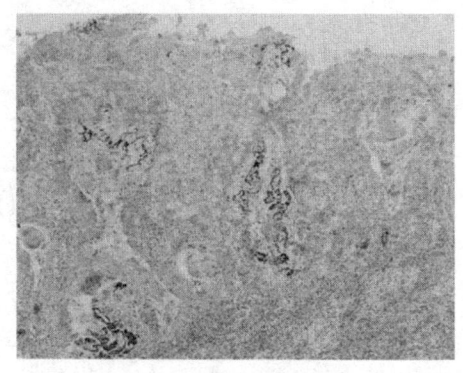

图 14-1　牛急性卡他性子宫内膜炎
（陈怀涛，2008）
子宫内膜上皮细胞变性、坏死、脱落，黏膜
充血、出血、水肿，中性粒细胞浸润，
子宫腺坏死（H.E.×100）

或黏液（图 14-1）；纤维素性炎时，子宫黏膜及腔内可见多量纤维素；化脓性炎时，可见黏膜固有层中的中性粒细胞浸润并发生脓性溶解。

2. 慢性子宫内膜炎

慢性子宫内膜炎（chronic endometritis）常由急性子宫内膜炎转变而来，也可发生在发病初期，呈慢性经过。该病病理变化多样，但多见成纤维细胞增生和淋巴细胞、浆细胞大量浸润。常见以下两种类型。

（1）慢性卡他性子宫内膜炎

剖检：子宫内膜上有多量稀薄或黏稠的分泌物，子宫壁肥厚。子宫内膜因增生不均而导致凹凸不平。

镜检：以成纤维细胞增生，并伴有大量淋巴细胞和浆细胞浸润为主（图 14-2）。由于病变部位增生不均匀，导致黏膜厚度不一，变化显著的部位呈息肉状肥厚，称为慢性息肉性子宫内膜炎（chronic polypoid endometritis）。随着病程延长，大量的增生组织压迫腺体排泄管引起堵塞，分泌物蓄积在黏膜腺腔内，使腺腔扩张形成许多大小不等的囊腔，称为慢性囊状子宫内膜炎（chronic cystic endometritis）。在慢性卡他性子宫内膜炎发展过程中，有些病例的腺管及增生组织萎缩，子宫黏膜变薄，称为慢性萎缩性子宫内膜炎（chronic atrophic endometritis）。

（2）慢性化脓性子宫内膜炎

剖检：由于子宫腔内蓄积大量脓汁导致子宫体积变大，按压有波动感。切开子宫，脓汁因化脓菌种类不同而表现不同的性质和颜色，有的呈水状，有的黏稠或呈干酪样；常见的脓汁颜色有淡黄色、黄白色、灰绿色或褐红色等。子宫黏膜粗糙，子宫壁呈不同程度的增厚。

镜检：黏膜表面有大量坏死崩解的炎性细胞和黏膜组织，固有层可见成纤维细胞增生。子宫腺管多坏死，甚至消失（图 14-3）。

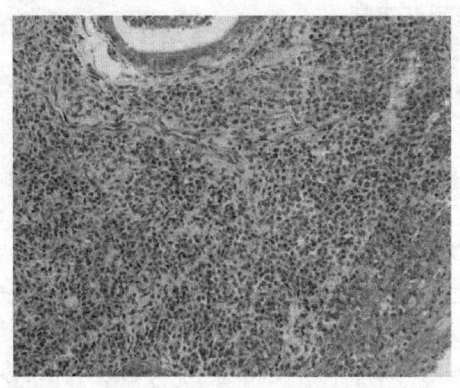

图 14-2　牛慢性卡他性子宫内膜炎
（陈怀涛，2008）
子宫内膜有大量淋巴细胞、浆细胞浸润，少量
结缔组织增生，子宫腺萎缩（H.E.×200）

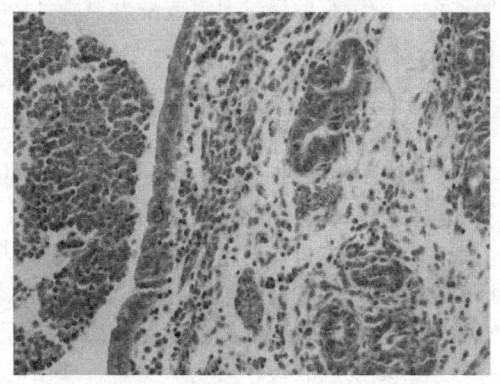

图 14-3　兔慢性化脓性子宫内膜炎
（陈怀涛，2008）
子宫腔内蓄积大量脓细胞（左侧），子宫内膜
增厚，大量淋巴细胞、浆细胞和中性粒
细胞浸润（H.E.×400）

二、子宫肌瘤

子宫肌瘤(uterine myoma)是指发生于子宫平滑肌的一种良性肿瘤，又称子宫平滑肌瘤。常见于犬、牛、羊、猪和马等。

(一)病因和发生机理

病因尚不完全清楚，一般认为与雌激素水平增高有关，同时与动物的品种、年龄和遗传特性等因素密切相关。

(二)病理变化

剖检：子宫肌瘤常为多发，数量不等，大小不一，与周围健康组织界限清晰，无包膜。肿瘤表面光滑，呈白色或粉红色，致密、坚硬，切面呈编织状或漩涡状。生长在浆膜下的子宫肌瘤体积可达数厘米，一般不引起子宫出血，但生长在黏膜下的则易导致子宫出血。

镜检：瘤细胞相互编织呈束状或栅状，细胞核为两端钝圆呈杆状，少见分裂象；细胞浆丰富，稍红染。基质是伴有血管多少不一的结缔组织，结缔组织纤维特别多的，称为纤维平滑肌瘤。

第二节　卵巢疾病

一、卵巢脓肿

卵巢脓肿(ovarian abscess)一般是由病原微生物经上行性感染(阴道源性感染)途径侵害卵巢，导致化脓积液无法排出，浓汁积聚在卵巢内形成的脓肿。临床上单纯的卵巢脓肿并不多见，一般以输卵管卵巢脓肿多见，该病常继发于盆腔炎症。临床上患病动物出现发热及腹部疼痛，部分病例可出现阴道排液，尿频，触诊可触及盆腔包块。镜检可见输卵管壁充血、水肿、增厚，管壁内大量中性粒细胞、巨噬细胞浸润及少量淋巴细胞，输卵管壁周围也可见炎性细胞浸润。

二、卵巢囊肿

卵巢囊肿(ovarian cysts)是指在卵巢内有一个或几个体积较大且含有液体的囊样肿物，可见于一侧或双侧卵巢。该病的病因尚不清楚，一般认为与遗传、下丘脑垂体卵巢轴功能异常、饲养管理不当和某些疾病等因素有关。

根据发生部位和性质，卵巢囊肿可分为卵泡囊肿、黄体囊肿和子宫内膜性囊肿三种类型。

1. 卵泡囊肿

卵泡囊肿(follicular cysts)是最常见的一种卵巢囊肿，多见于猪、牛、老年犬和猫等。

剖检：在卵巢一侧或两侧可见一个或数个较正常成熟卵泡显著增大的囊样肿物，囊壁薄而致密，紧张度较高，囊内充满清亮液体。有时因出血而形成出血性囊肿。此外，子宫壁水肿、增厚，宫颈变大、开放，有灰白色黏液等病变。

镜检：卵泡上皮细胞变性，卵泡壁结缔组织增生变厚，卵细胞坏死消失，卵泡液增多。同时可见子宫内膜肥厚，子宫腺数量增多且腺腔内蓄积多量黏液(图14-4)。

2. 黄体囊肿

黄体囊肿(lutein cysts)是由于未排卵的卵泡壁上皮细胞黄体化而形成的囊肿，多见于猪、

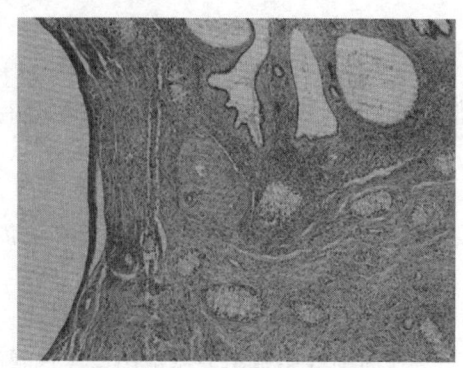

图 14-4 犬卵泡囊肿（赵德明）
卵泡内有大量分泌物，周围可见部分闭锁卵泡（H.E.×100）

马、牛、老年犬和猫等。

剖检：该类型卵巢囊肿多发生于单侧卵巢，囊样肿物呈圆球形，大小不等，囊壁光滑，囊腔内充满清亮透明的液体。囊肿破裂后可引起出血。

镜检：囊壁由多层黄体细胞构成，细胞浆内含有黄体色素颗粒和大量脂质；当囊壁很薄时，可见贴附有一层纤维组织或透明样物质的薄膜。

3. 子宫内膜性囊肿

子宫内膜性囊肿（endometrial cysts）一般是由脱落的子宫内膜上皮细胞经输卵管返流入腹腔，种植在卵巢所引起的囊肿。

剖检：囊肿壁较厚，内壁欠光滑，囊腔内充满大量棕褐色的巧克力状分泌物，故又称"巧克力囊肿"。

镜检：囊壁主要由子宫内膜上皮细胞组成。

【知识卡片】

卵巢脓肿与卵巢囊肿的区别

卵巢脓肿与卵巢囊肿的主要区别：①病因不同。卵巢脓肿一般是病原微生物感染引起的；卵巢囊肿多属于非感染性疾病。②症状不同。卵巢脓肿常伴有腹痛或发烧症状，按压疼痛；卵巢囊肿一般没有腹痛及发热症状，按压无痛感。③治疗不同。卵巢脓肿因含有大量脓液，需要进行抗感染治疗；卵巢囊肿在无继发感染的情况下，可采用手术治疗。

三、卵巢肿瘤

卵巢肿瘤（ovarian tumor）依据其组织发生可分为上皮性肿瘤、生殖细胞肿瘤和性索间质肿瘤三类。

1. 上皮性肿瘤

上皮性肿瘤（epithelial tumor）是最常见的卵巢肿瘤，约占所有卵巢肿瘤的60%，肿瘤细胞主要来源于卵巢的表面上皮。根据疾病程度，可将其分为良性、交界性和恶性上皮性肿瘤。因此，良性的卵巢上皮性肿瘤是一种腺瘤。

剖检：良性上皮性肿瘤表面光滑，多为囊性，囊内充满清亮浆液或浓稠黏液，肿瘤一般无转移性且生长缓慢，外周常具有包膜，与周围组织界线清晰；交界性上皮性肿瘤形态介于良性和恶性上皮性肿瘤之间；恶性上皮性肿瘤常与周围组织粘连，多为囊实性，囊腔内或肿瘤表面有乳头状突起，常伴有出血和坏死，有的病例在囊内可见灰白色的乳头状物和大量黏液。

镜检：良性上皮性肿瘤的组织结构与卵巢组织相似，肿瘤细胞为单层立方上皮或柱状上皮，排列呈管状、腺泡状或实体状，无病理性核分裂象。腺内常积聚浆液性、黏液性或胶样分泌物，导致腺腔极度扩张而呈囊状，故又称囊腺瘤。交界性上皮性肿瘤比良性上皮性肿瘤有较多的上皮性细胞增殖和细胞异型性；恶性上皮性肿瘤的腺体密集，形状多样，癌细胞呈腺样构造，体积较大，细胞浆略呈嗜碱性，细胞核大，染色质多而深染，核分裂象多见。

2. 生殖细胞肿瘤

生殖细胞肿瘤（germ cell tumor）是指肿瘤组织来源于生殖细胞，发病率仅次于上皮性肿瘤。原始生殖细胞具有向不同方向分化的潜能，向胚胎的体壁细胞分化的称为畸胎瘤；向胚外组织分化的称为卵黄囊瘤；向覆盖在胎盘绒毛表面的细胞分化的称为绒毛膜癌。将由单一增生的原始生殖细胞构成的肿瘤称为无性细胞瘤。在卵巢生殖细胞肿瘤中，大约95%为良性的成熟型囊性畸胎瘤，其余均为恶性。

3. 性索间质肿瘤

性索间质肿瘤（sex cord-stromal tumor）是指来源于卵巢的性索和间质组织的一类肿瘤。正常情况下，卵巢性索组织演化为颗粒细胞，间质组织演化为卵泡膜细胞，它们可各自形成单一的颗粒细胞瘤和卵泡膜细胞瘤，也可混合构成颗粒卵泡膜细胞瘤。这类肿瘤多数仍然具有分泌功能，因此，患病动物常表现为与性激素功能失调有关的症状。例如，出现阴道不规则出血，排卵异常，检查时可触及病畜下腹部包块，以及下腹胀痛，且本病常伴有其他器官的病变。

第三节 乳腺疾病

一、乳腺炎

乳腺炎（mastitis）又称乳房炎，是由多种病原微生物感染引起的乳腺炎症。该病是各种雌性动物常见的一种疾病，最常发生于乳用母牛和母羊。乳腺炎常使乳腺小叶的机能丧失，甚至不能产乳而不得不将病畜淘汰，常造成较大的经济损失。同时，引起乳腺炎的病原微生物还能危害人类健康，具有重要的公共卫生意义。例如，化脓性链球菌能引起人的猩红热和脑膜炎，金黄色葡萄球菌可引起食物中毒，结核分枝杆菌和布鲁菌也能使人感染发病。

(一) 病因及发生机理

引起动物乳腺炎的病原微生物主要是细菌，常见的病原菌包括链球菌、金黄色葡萄球菌、大肠埃希菌和溶血性巴氏杆菌等。病原菌主要通过乳头管、破损的乳腺皮肤和血源感染三种途径入侵乳腺，引起发病。

(二) 类型及病理变化

根据病因与发病机制，可将乳腺炎分为以下几种不同类型。

1. 急性乳腺炎

急性乳腺炎（acute mastitis）是雌性动物泌乳期最常见的一种乳腺炎，该病可由葡萄球菌、链球菌和大肠埃希菌等病原单一感染或混合感染而引起，由于无固定特异性的病原，所以属于非特异性乳腺炎。急性乳腺炎以渗出性变化为主要特点，根据渗出物的不同，可分为以下五种类型。

（1）浆液性乳腺炎

剖检：发炎部位肿胀、变硬、发红，切面湿润有光泽，病变乳腺灰黄色，间质增宽、充血。

镜检：可见腺泡及乳管上皮细胞水泡变性或脂肪变性，腺泡腔内有少量的白细胞和脱落的上皮细胞及淡红染的浆液，乳腺小叶及间质有明显的充血和水肿（图14-5）。

(2) 卡他性乳腺炎

剖检：乳腺肿胀，切面干燥，呈淡黄色颗粒状，按压时有浑浊的液体自切口流出。

镜检：可见腺泡、乳管内含有多量白细胞和坏死、脱落的上皮细胞，管腔内充满坏死物和渗出液，间质明显的充血、水肿。

(3) 纤维素性乳腺炎

剖检：乳腺坚实，切面干燥，呈白色或黄色，可见纤维素渗出物。

镜检：腺泡、输乳管上皮细胞变性、坏死、脱落，可见有较多的纤维素渗出和少量的中性粒细胞、巨噬细胞浸润。

(4) 出血性乳腺炎

剖检：乳腺切面光滑，呈暗红色或黑红色，挤压时可流出红色浑浊液体并混有絮状血凝块。

镜检：在腺泡腔及乳管上皮细胞变性、剥脱，内含多量红细胞，间质充血，有时可见微血栓。

(5) 化脓性乳腺炎

剖检：可见皮下及间质出现弥散性化脓性炎，并可蔓延到乳腺实质，引起坏死和化脓。

镜检：在腺泡和乳管中可见多量的脓细胞和中性粒细胞，其与黏膜组织多坏死溶解，腺上皮细胞变性、坏死、脱落 (图 14-6)。

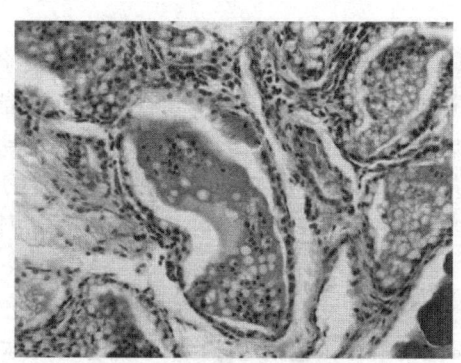

图 14-5　牛浆液性乳腺炎 (陈怀涛, 2008)
乳腺腺泡内有淡红染的浆液、中性粒细胞和
脱落的上皮细胞，腺上皮细胞部分坏死、脱落，
间质水肿，有炎性细胞浸润 (H.E.×400)

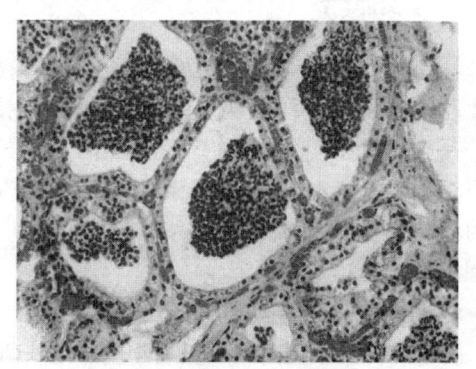

图 14-6　牛化脓性乳腺炎 (陈怀涛, 2008)
乳腺腺泡内有大量的脓细胞和中性粒细胞，
腺上皮细胞变性、坏死、脱落，间质
充血、炎性细胞浸润 (H.E.×400)

以上几种类型的急性乳腺炎，在乳管中大都能观察到白色或黄白色的栓子样物。不同病例可表现为不同性质的渗出物，同一病例的不同腺小叶也可能出现不同性质的渗出性炎，这些变化可能是同一病理过程的不同发展阶段和逐步转化的表现。同时，乳腺炎时经常伴有急性乳腺淋巴结炎，表现为乳房淋巴结肿胀、柔软，切面呈灰白色、多汁。

2. 慢性乳腺炎

慢性乳腺炎 (chronic mastitis) 常由急性乳腺炎转化而来，也可经病原直接感染而发病。由于无固定的特异性病原，所以也属于非特异性乳腺炎。多见于奶牛泌乳后期或干乳期。由于乳腺实质萎缩，间质结缔组织增生，乳腺结构受到严重破坏，所以，此时动物的泌乳功能难以恢复正常。

剖检：病变乳腺体积缩小、硬化，切面有大小不一的结节状脓肿，乳池和乳导管扩张，内含黄绿色黏稠液体，黏膜上皮形状多样，管壁增厚。乳房淋巴结肿胀。

镜检：病变乳腺腺泡数量减少，乳腺上皮细胞萎缩，小叶及腺泡间结缔组织增生，可见巨噬细胞、淋巴细胞和浆细胞浸润（图14-7）。

3. 隐性乳腺炎

隐性乳腺炎（subclinical mastitis）是指乳腺虽然有轻度的病理组织学变化，但无明显临床症状的一种乳腺炎。该型乳腺炎是奶牛乳腺炎中发生最多、危害最严重的一种类型，能引起急性、慢性乳腺炎的病原微生物也能引起隐性乳腺炎。当机体免疫力降低时，隐性乳腺炎极易转变为临床症状明显的乳腺炎。

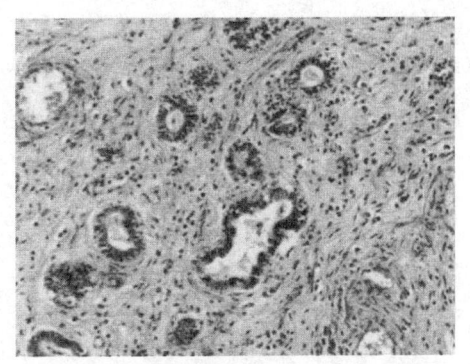

图14-7　牛慢性乳腺炎（陈怀涛，2008）
乳腺腺泡间质结缔组织增生，有淋巴细胞、浆细胞浸润，腺泡多萎缩（H.E.×400）

剖检：乳腺质地柔软，切面湿润、多汁，呈淡灰黄色，挤压时有稀薄乳汁流出；部分病例的乳腺淋巴结轻度肿胀。隐性乳腺炎迁延不愈时可造成轻度的增生性反应，此时乳腺质地柔韧，切面呈淡灰白色，较干燥，小叶间质增宽。

镜检：该病初期表现轻度的渗出性变化。乳池、输乳管黏膜轻度充血，部分腺泡上皮细胞轻度水肿、脂肪变性或胞内有透明滴状物。随着病情发展，部分腺泡腔和乳管中有脱落的上皮细胞及浆液渗出物；间质轻度充血，有少量的中性粒细胞浸润。时间较长时，则出现轻度的增生反应。可见腺泡上皮细胞呈柱状或立方形，部分腺泡腔缩小；间质增宽，结缔组织增生，有少量淋巴细胞浸润；（集）乳管管壁增厚，腔内有少量浆液和脱落的上皮细胞。发病乳腺常以萎缩、硬化为结局。

4. 特异性乳腺炎

区别于上述三种非特异性乳腺炎，特异性乳腺炎（specific mastitis）是指由某些特异性病原菌引起的具有特征性病变的乳腺炎。根据病因及病理组织学变化，主要包括结核性乳腺炎、布鲁菌性乳腺炎和放线菌性乳腺炎。

（1）结核性乳腺炎

结核性乳腺炎由结核分枝杆菌引起，有特征性的结核性肉芽肿病变。该病主要见于牛，为血源性感染。根据病情发展程度的不同，可分为渗出性乳腺结核、增生性乳腺结核和干酪性乳腺结核三种类型。

剖检：在疾病早期，以渗出性乳腺结核为主，病变区可见多个结核结节，切面有湿润或有少量纤维素渗出物；随着病情发展，逐渐变为增生性乳腺结核，可见数个结节融合成粟粒至豌豆大的结节，呈灰白色半透明状；干酪性乳腺结核是在渗出性或增生性乳腺结核的基础上发展而来，常侵害整个乳腺或几个乳区，发病部位可见明显肿胀、质地坚硬，切面中央为干酪样坏死物，结节大小不一，早期周围仅见红晕，后期逐渐由增生的结缔组织包裹。

镜检：渗出性乳腺结核，病变部位可见浆液性或浆液纤维素性渗出物，并有少量中性粒细胞浸润。增生性乳腺结核，病变部位可见特征性的结核结节，即结节主要由巨噬细胞、上皮样细胞、多核巨细胞和聚集在外周的淋巴细胞、成纤维细胞组成（图14-8），病程稍长时，外围可形成普通肉芽组织。干酪性乳腺结核，早期病灶内有大量渗出液，其中有巨噬细胞、淋巴细胞和中性粒细胞浸润；晚期病灶发生干酪样坏死，周围组织血管扩

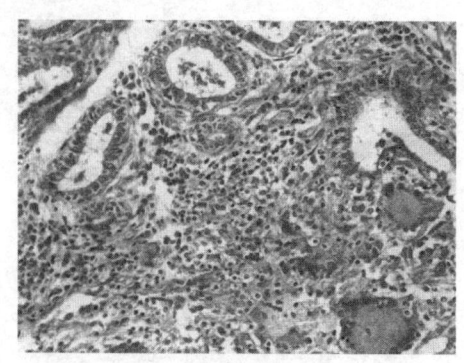

图 14-8　牛结核性乳腺炎(陈怀涛，2008)
乳腺组织中可见上皮样细胞和巨噬细胞
明显增生(H.E.×400)

张充血，形成以巨噬细胞、上皮样细胞、多核巨细胞为主的特殊肉芽肿，外围绕以肉芽组织。

（2）布鲁菌性乳腺炎

布鲁菌性乳腺炎是由布鲁菌引起，能形成特征性的增生性结节。该病常见于牛和羊。

剖检：病变多局灶性，早期剖检不明显，后期可见大小不一的结节，呈灰黄色，质地坚硬。

镜检：在乳腺内可见局灶性炎症，主要由增生的淋巴细胞、上皮样细胞和巨噬细胞组成的小结节，结节中心常见萎缩的腺泡和细胞坏死物；有时可见少量中性粒细胞和结缔组织增生。

（3）放线菌性乳腺炎

放线菌性乳腺炎主要由林氏放线菌引起，能在乳腺皮下或深部形成脓性肉芽肿。该病多见于猪和牛，一般经皮肤感染。

剖检：初期为渗出性炎症，能形成大小不一的结节，后融合成大结节。结节中心坏死化脓，脓汁稀薄或黏稠，无臭，并含有淡黄色硫黄粒样的细颗粒。脓肿及相邻的皮肤可逐渐软化和破裂，形成向外排脓的窦道。

镜检：病灶中心为放线菌块和脓液，菌块中央有相互交织成团的菌丝，以及由巨噬细胞、上皮样细胞、多核巨细胞等组成的特殊肉芽组织，外围是普通肉芽组织。

【知识卡片】

乳腺炎的影响与防控计划

中国乳品业近年经历了显著增长，早在2012年牛奶总产量就达到了世界第3位。在中国，牛乳腺炎是乳品行业最严重的问题，平均发病率约33%，病因除病原微生物感染之外，还包括多种诱因或遗传因素，如挤奶卫生不合格、挤奶设备不完善及不正确的挤奶操作等。这些诱因均可导致奶牛乳房的抵抗力下降，细菌附着或侵入乳房，并在其中大量繁殖。奶牛乳腺炎不仅影响动物自身健康，还会对食品质量安全和畜牧业经济造成较大影响。因此，世界各地采取了多种方法来防控该病，比较经典的有英国国家乳品业研究所(NIRD)在20世纪60年代提出的"五点计划"和美国的"国家乳腺炎行动计划"。

二、乳腺增生

乳腺增生(hyperplasia of mammary glands)是指以乳腺实质和间质增生为主要病理变化的疾病。该病多发于奶牛，常有乳房胀痛现象，用手触摸乳房部位有较硬的肿块，因此，该病又称乳腺瘤，俗称"奶疙瘩"。

剖检：病灶表面光滑，呈黄白色或灰白色，体积增大，有一定硬度，切面呈现质地不同的半透明状态。

镜检：病变区乳腺腺泡数量减少，残存的腺泡体积变小，间质中因多量纤维组织增生而变宽，管腔狭窄，分泌物积聚在腔内。可见有淋巴细胞、浆细胞及巨噬细胞浸润。

第四节 睾丸和附睾疾病

一、睾丸炎

睾丸炎(orchiditis)主要是由葡萄球菌、链球菌、大肠埃希菌和化脓放线菌等病原菌引起的睾丸炎症，常发生于猪、牛、羊和马等。引起睾丸炎的病因除上述病原菌之外，还伴发于某些传染病或寄生虫病，如布鲁菌病、结核病、鼻疽、马腺疫、媾疫和猪日本脑炎等常可引起动物的睾丸炎。通常情况下，病原菌可经睾丸部创伤、尿道源感染和血源感染三种途径引起发病。

根据病因与发生机理，睾丸炎可分为以下两种类型。

1. 急性睾丸炎

急性睾丸炎(acute orchiditis)以渗出、变质为主要特点，伴有不同程度的变性、坏死或化脓。

剖检：病变睾丸发红，因充血、渗出而肿胀、变硬。切面湿润、隆突，常见大小不一的坏死灶或化脓灶。炎症波及固有鞘膜时，可引发鞘膜炎，鞘膜腔内积蓄炎性渗出液。

镜检：初期睾丸实质血管充血，曲细精管上皮细胞变性，间质有浆液渗出及炎性细胞浸润。随着炎症发展，曲细精管上皮细胞出现大量坏死、脱落，管腔内有大量炎性渗出物并压迫血管，引起局部血液循环障碍，造成睾丸实质坏死（图14-9）。

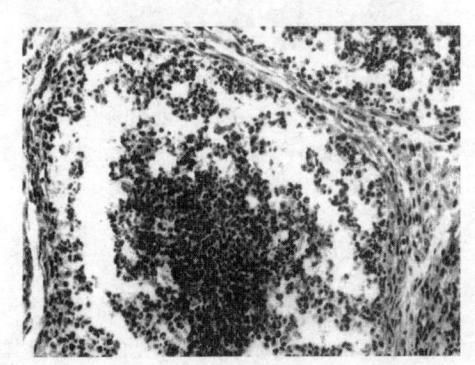

图14-9 猪睾丸炎(陈怀涛，2008)
睾丸曲细精管扩张，上皮细胞大量坏死、脱落，管腔内有大量脓细胞，表现为化脓性睾丸炎
(H.E.×400)

2. 慢性睾丸炎

慢性睾丸炎(chronic orchiditis)多由急性转变而来，也可单独发生。

剖检：病变睾丸出现不同程度的萎缩、变硬。切面干燥致密，也可见大小不一的坏死灶或化脓灶。

镜检：慢性睾丸炎以肉芽组织增生和纤维化为主要特点，伴有不同程度的萎缩、变硬。由结核分枝杆菌、布鲁菌和鼻疽杆菌等引起的慢性睾丸炎，常形成特殊性肉芽肿。

二、附睾炎

附睾炎(epididymitis)与睾丸炎常同时发生，两者的病因及发生机理基本相同。附睾炎可分为急性和慢性两种，常以精子变性和精子肉芽肿为主要病变特征。

1. 急性附睾炎

急性附睾炎(acute epididymitis)可发生于一侧或双侧，以变质、渗出为主要病理特点。

剖检：病变部位肿胀，质地柔软，切面湿润，用力挤压时可见黏液样物质流出，白膜有炎性渗出物附着。炎症波及总鞘膜腔时，可见腔内含有浆液。严重时，附睾可出现弥散性坏死或大小不一的坏死灶。

镜检：早期可见附睾内血管扩张充血，血管周围有浆液渗出和淋巴细胞浸润；部分附睾管上皮细胞水肿、坏死、脱落，管腔内充满渗出的浆液、脱落的上皮细胞、中性粒细胞、淋巴细胞和变性的精子。炎症由布鲁菌引起时，附睾内可见特异性的精子性肉芽肿形成。

2. 慢性附睾炎

慢性附睾炎(chronic epididymitis)多由急性转变而来，也可单独发生，以肉芽组织增生和纤维化为主要特点。

剖检：病变附睾体积略缩小，质地坚硬，间质中的结缔组织呈局灶性或弥散性增生，白膜和固有鞘膜粘连。附睾内有数量不等的囊肿和结缔组织包囊。

镜检：附睾管的上皮细胞发生增生、变性，并伴有小管内囊肿形成；坏死灶周围可见多量纤维组织增生和淋巴细胞及巨噬细胞浸润。组织增生引起附睾管腔变细、变窄甚至闭合，导致其内容物淤滞。附睾管上皮细胞变性坏死，使附睾管破裂，引起精子外渗，外渗的精子可引发精子性肉芽肿(图14-10)，或进入总鞘膜腔，引起严重的总鞘膜腔炎。

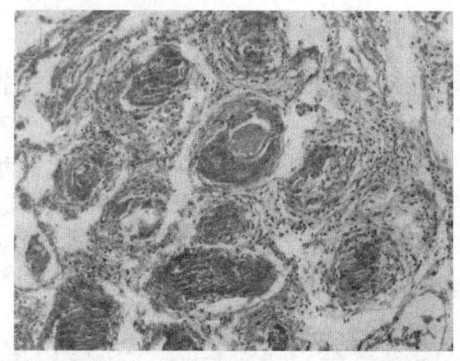

图14-10　山羊精子肉芽肿(陈怀涛，2008)
在曲细精管部位原有精子囊肿，现已出现肉芽肿，管腔中有少量精子，管壁损坏，外围是上皮样细胞、巨噬细胞等(H.E.×100)

三、睾丸肿瘤

睾丸肿瘤(testicular tumor)是动物的常见肿瘤之一，尤以犬、马和猪等多见。绝大多数睾丸肿瘤均为原发性，其中，常见的原发性睾丸肿瘤主要有精原细胞瘤、支持细胞瘤和间质细胞瘤，绝大多数为良性肿瘤。

剖检：病变睾丸肿大、变硬。

镜检：若为精原细胞瘤，则肿瘤细胞体积较大，呈圆形或多边形，边界清晰，细胞核呈水泡样，核仁明显，细胞浆丰富透明；若为支持细胞瘤，则肿瘤细胞呈圆形或细长形，细胞核小，细胞浆内含有液泡或含有嗜酸性脂色素颗粒，肿瘤细胞呈多层线状排列，垂直于基底膜；若为间质细胞瘤，则肿瘤细胞呈圆形或多角形，细胞核小而深染，细胞浆丰富呈嗜酸性，有时含有脂滴，肿瘤细胞可形成腺样结构。

作业题

1. 试述子宫内膜炎的病因、发病机理及主要类型的病变特点。
2. 简述卵巢囊肿的概念、类型和主要的病理组织学特点。
3. 试述乳腺炎的类型和主要病变特点。

(李　宁)

第十五章

内分泌系统病理

【本章概述】内分泌系统主要包括脑垂体、肾上腺、甲状腺、甲状旁腺和松果体等。各个内分泌器官的肿瘤、炎症、血液循环障碍、遗传疾病及其他病变均能引起激素分泌的增多或不足。若激素水平超过了机体的调节能力，或者调节机制异常，机体内的激素水平则会失去平衡，临床表现为相应器官功能亢进或低下。本章主要讲述垂体、甲状腺、肾上腺功能亢进或低下引发的常见疾病及其肿瘤病。

第一节 垂体疾病

垂体是机体最重要的内分泌腺，由腺垂体和神经垂体两部分组成。其中，腺垂体包括远侧部、结节部和中间部；神经垂体包括神经部和漏斗部。通常远侧部称为前叶，中间部和神经部称为后叶。垂体分泌多种激素，控制动物的生长、发育、代谢和生殖等生命活动(表15-1)。

表15-1 垂体的功能

部位及细胞分类		分泌激素	激素的主要功能
垂体前叶	嗜酸性细胞	催乳素(PRL) 生长激素(GH)	促进乳腺发育和乳汁分泌 促进机体生长
	嗜碱性细胞	促甲状腺激素(TSH) 卵泡刺激素(FSH) 黄体生成素(LH) 促肾上腺皮质激素(ACTH)	刺激甲状腺的生长和分泌 促进卵泡的生长发育和精子的生成 刺激排卵或促进黄体形成；促进睾酮分泌 促进肾上腺皮质的生长和激素分泌
	嫌色细胞	无	主要对腺细胞起支持和营养作用
垂体后叶		抗利尿激素(ADH)又称加压素(VP) 催产素(OT)	促进肾远曲小管和集合管重吸收水分，使尿量减少 收缩小动脉平滑肌，升高血压 促进子宫平滑肌收缩，加速分娩 促进乳汁分泌

一、下丘脑、垂体后叶疾病

下丘脑-垂体后叶(神经垂体)任何部位发生功能性或器质性病变，均可引起其内分泌功能异常而出现各种综合征，最典型的例子就是尿崩症。

尿崩症

尿崩症(diabetes insipidus)是由于下丘脑或垂体后叶功能减退，抗利尿激素(ADH)缺乏或减少所致。临床上以多尿、低比重尿、烦渴和多饮为特征。下丘脑视上核的神经内分泌细胞分泌的抗利尿激素，经运输、贮存、释放到垂体后叶发挥功能，可促进肾远曲小管和集合管重吸收水分，使尿量减少。当抗利尿激素分泌不足则会产生尿崩症，本病多发生于大鼠、小鼠、兔、犬和毛猴等。

1. 病因

按病因可分为四种类型。①垂体性尿崩症：因垂体后叶释放抗利尿激素不足引起；②肾性尿崩症：因肾小管对血液正常抗利尿激素水平缺乏反应引起；③继发性尿崩症：因下丘脑-垂体后叶轴的肿瘤、外伤、感染等引起；④原发性或特发性尿崩症：剖检时丘脑下部或神经垂体部均找不到病变的尿崩症，病因不明。

2. 临床表现

动物表现为精神沉郁，喜饮厌食，常发生便秘，皮肤粗干，黏膜分泌物减少和少汗无力等临床症状。主要特征为异常多尿，尿比重低，为 1.002～1.006，呈持续性低比重尿，还可引起高钠血症与严重脱水，常危及生命。

二、垂体前叶功能亢进与低下

（一）垂体前叶功能亢进

垂体前叶功能亢进（hyperpituitarism）是指垂体前叶的某一种或多种激素分泌增加，出现该激素功能亢进症状。最典型的是人类生长激素增多所致的巨人症和肢端肥大症。动物因原发性垂体前叶持久性地分泌生长激素所引起的肢端肥大症极少，多由于防止母畜怀孕使用过量的孕酮制剂而引起的，因为孕酮可使生长激素分泌增多。

医源性肢端肥大症（iatrogenic acromegaly）多发生于母犬、母猫。临床上以面部粗糙、贪食、运动耐力减弱、怕热为特征。患犬骨骼粗大，被毛生长快，眼球轻度突出，呼吸迫促。头、肢体与身体不成比例，门齿间隙增宽，被毛粗厚，躯干和颈部皮肤出现皱褶。

通常患畜骨骼系统变化明显，肢端肥大症的长骨骨骺加宽，骺端软骨肥大，外生骨疣；颅骨两侧鼻旁窦和头颅增大，骨板增厚，颧骨厚大，枕骨粗隆增粗突出，下颌骨向前向下突出；指（趾）端增粗肥大，脊柱软骨增生，骨膜骨化，骨质疏松，腰椎前凸与胸椎后凸引起佝偻。

（二）垂体前叶功能低下

垂体前叶功能低下（anterior pituitary hypofunction）是指垂体前叶激素分泌减少，出现该激素功能减退症状。主要由于肿瘤、外科手术或外伤及血液循环障碍等原因，直接造成垂体前叶破坏，引起各种释放激素的分泌减少。本病可发生于各种动物，尤以犬、绵羊、牛和小鼠多见。

1. 垂体性侏儒

垂体性侏儒（pituitary dwarfism）是由于成年期以前生长激素分泌不足所致的一种发育障碍疾病。患畜表现为矮小，骨骼和躯体生长发育迟缓，掉毛，全身被毛厚薄不均，无光泽，常伴有性器官发育障碍。

2. 席汉综合征

席汉综合征（Sheehan syndrome）又称垂体前叶缺血性坏死，是由于分娩时大出血引起垂体缺血性坏死，垂体前叶各种激素分泌减少所致，多发生于灵猿类和杂交动物。此外，垂体前叶细菌性栓塞、血栓形成或肿瘤压迫，均可导致垂体前叶的缺血性坏死。

垂体前叶缺血性坏死会导致促性腺激素（包括 FSH 和 LH）分泌减少，导致性功能减退；催乳素（PRL）分泌减少，导致分娩后乳腺萎缩，乳汁分泌减少或停止；促甲状腺激素（TSH）和促肾上腺皮质激素（ACTH）等分泌减少，导致甲状腺、肾上腺等萎缩，功能降低，进而引起全身性萎缩和老化。

三、垂体肿瘤

垂体肿瘤常见的有垂体腺瘤和垂体腺癌。

(一)垂体腺瘤

垂体腺瘤(pituitary adenoma)是来源于垂体前叶上皮细胞的良性肿瘤。瘤体可大可小,将直径在1 cm以内的称微腺瘤,直径在1~3 cm的称为大腺瘤,直径在3 cm以上的称为巨大腺瘤。垂体腺瘤会压迫瘤体以外的垂体组织,使其萎缩,造成垂体促激素分泌减少,导致性腺功能低下,甲状腺功能减退,肾上腺皮质功能低下,肿瘤压迫垂体后叶或下丘脑还可产生尿崩症。此外,由于各类垂体腺瘤所分泌的相应激素水平增高,还可出现垂体前叶功能亢进症状,如巨人症与肢端肥大症、皮质醇增多症等。

剖检:肿瘤多数为单个,大小不一,直径数毫米至10 cm。肿瘤一般界限清楚,有的有包膜,质地柔软,呈灰白色、粉红色到棕红色。切面常见出血、坏死、钙盐沉积和囊性变(液化)。

镜检:正常的垂体结构被破坏,瘤细胞核圆形或卵圆形,排列成片状、条索、腺样、巢状或乳头状,瘤细胞巢间为血管丰富的纤维间质。根据瘤细胞形态的不同,常将垂体腺瘤分为嫌色性腺瘤(chromophobe adenoma)、嗜酸性腺瘤(acidophile adenoma)和嗜碱性腺瘤(basophile adenoma)。

1. 嫌色性腺瘤

(1)功能性(促皮质性)嫌色性腺瘤

功能性嫌色性腺瘤来源于垂体前叶分泌促肾上腺皮质激素的嫌色细胞,与皮质醇分泌过多的临床综合征有关。多发生于成年和老龄犬,猫和马偶有发生(图15-1)。

(2)非功能性嫌色性腺瘤

非功能性嫌色性腺瘤无内分泌活性,但可使垂体发生压迫性萎缩并扩展到大脑,导致明显的功能障碍。常发生于犬、猫和马。

2. 嗜酸性腺瘤

嗜酸性腺瘤由嗜酸性细胞演化而来。家畜罕见,曾有犬发生该瘤的报道(图15-2)。

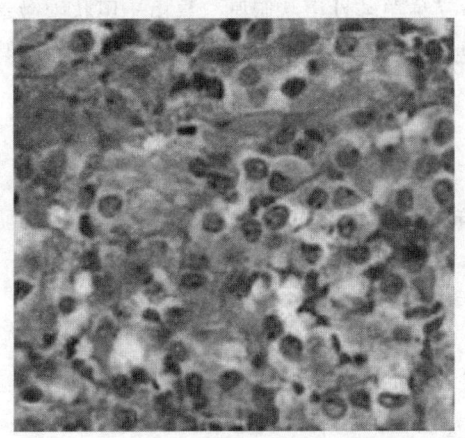

图15-1 功能性嫌色性腺瘤
由嫌色瘤细胞组成,瘤细胞小、圆形,部分瘤细胞含有明显核仁的圆形核,部分瘤细胞在核周的细胞浆区含有淡嗜酸性的纤维小体(即包涵体)(H.E.×400)

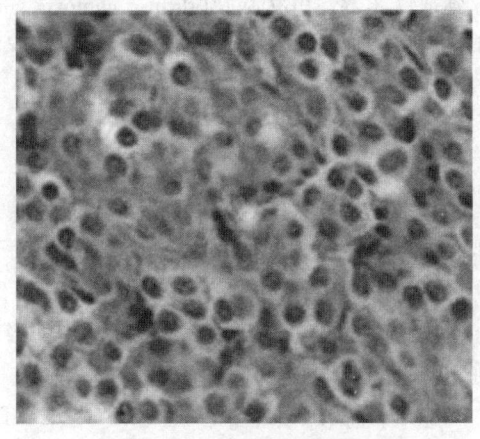

图15-2 嗜酸性腺瘤
瘤细胞主要由中等大小、圆形或多角形嗜酸性瘤细胞构成,细胞浆颗粒状,核圆形,染色松散,核仁明显
(H.E.×400)

3. 嗜碱性腺瘤

嗜碱性腺瘤由嗜碱性细胞组成，是动物垂体肿瘤中最罕见的一种。

但是，上述分类方法不能准确地反映垂体腺瘤功能，如嗜酸性腺瘤有的分泌生长激素，有的分泌催乳素，而嫌色细胞腺瘤大部分是有功能的，现在使用特异性抗体及免疫组化技术，从功能上加以鉴别，提出了新的分类方法。根据激素分泌类型可将垂体腺瘤分为功能性垂体腺瘤和无功能性垂体腺瘤两种类型。功能性垂体腺瘤包括催乳素腺瘤、生长激素腺瘤、促甲状腺激素腺瘤、促肾上腺皮质激素腺瘤、促性腺激素腺瘤及混合性垂体腺瘤。

(二) 垂体腺癌

垂体腺癌(pituitary carcinoma)主要为嫌色性腺癌，比垂体腺瘤罕发，可见于老龄犬。该肿瘤无分泌活性，可破坏垂体远侧部神经垂体而引起明显的功能障碍，导致全垂体功能低下和尿崩症。

剖检：垂体腺癌相对较大，一般肉眼观察很难区分腺瘤和腺癌。腺癌可明显侵犯脑组织，通过脑脊液在脑内扩散转移，或通过血道经颅外转移。根据上述特征，可对腺瘤和腺癌进行区分。

镜检：垂体嫌色性恶性肿瘤的细胞成分很多，常见多形核瘤巨细胞与核分裂象，以及出血、坏死等病变。

第二节 甲状腺疾病

一、甲状腺肿

甲状腺肿(goiter)是由于缺碘或某些致甲状腺肿因子所引起的甲状腺非肿瘤性增生性疾病。可分为弥散性非毒性甲状腺肿和弥散性毒性甲状腺肿。

(一) 弥散性非毒性甲状腺肿

弥散性非毒性甲状腺肿(diffuse nontoxic goiter)又称单纯性甲状腺肿，是由于甲状腺激素分泌不足，垂体促甲状腺激素分泌增多，甲状腺滤泡上皮增生，胶质堆积所引起的甲状腺肿大。一般不伴有甲状腺功能亢进等临床症状。

1. 病因

(1) 缺碘

本病多发生于缺碘地区的新生驹、犊牛、羔羊、仔猪等。机体轻度缺碘主要发生在动物的生长期、妊娠期或创伤的愈合期等。

(2) 致甲状腺肿因子的作用

水体中大量的钙和氟可影响碘在肠道的吸收；某些药物(如硫氰化钾、硫脲嘧啶类、磺胺类等)可抑制甲状腺激素的合成；致甲状腺肿物质还存在于许多植物性饲料(如胡萝卜、卷心菜、大豆饼和菜籽饼等)中，若动物长期过量食入上述饲料，则易引起甲状腺肿。

(3) 高碘

摄入碘过多，使过氧化物酶的功能基团被过多占用，导致碘的有机化过程受阻，甲状腺会代偿性肿大。

(4) 遗传和免疫

甲状腺激素合成过程中部分酶的遗传性缺乏。例如，过氧化物酶和脱碘酶的缺乏，可影响甲状腺激素的合成；缺乏水解酶，使甲状腺激素从甲状腺球蛋白分离和释放入血发生困难，导致甲状腺肿。

2. 发生机理

碘在甲状腺中主要合成甲状腺激素，而甲状腺激素的释放是一个复杂的生物学过程。下丘脑分泌促甲状腺激素释放因子（TRF），促进垂体分泌促甲状腺激素，使甲状腺分泌甲状腺激素。在缺碘时，因甲状腺激素分泌不足，甲状腺的分泌功能代偿性增加，刺激甲状腺腺泡增生，可加速甲状腺对碘的摄取和甲状腺激素的合成与释放。但因机体缺碘，即使甲状腺腺泡增生了，仍不能满足机体对激素的需求，进而又促使甲状腺激素不断地分泌和释放，加剧了甲状腺腺泡进一步增生，形成恶性循环，导致甲状腺肥大。

3. 病理变化

（1）增生期

增生期又称弥散性增生性甲状腺肿。

剖检：甲状腺显著肿大，常呈对称性肿大，表面光滑无结节（图15-3）。

镜检：甲状腺滤泡上皮细胞轻度或极度增生，细胞多呈高柱状（图15-4）。

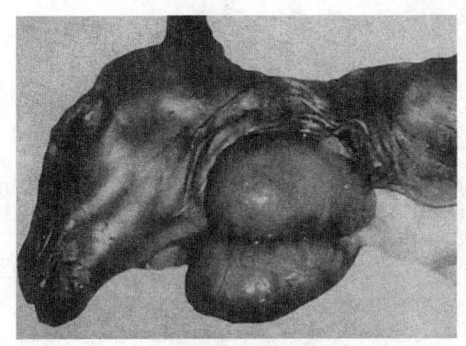

图15-3 弥散性增生性甲状腺肿（剖检病变）
(O. Hedstrom)
妊娠母羊缺碘导致新生羔羊甲状腺肿大，
双侧对称，表面光滑无结节

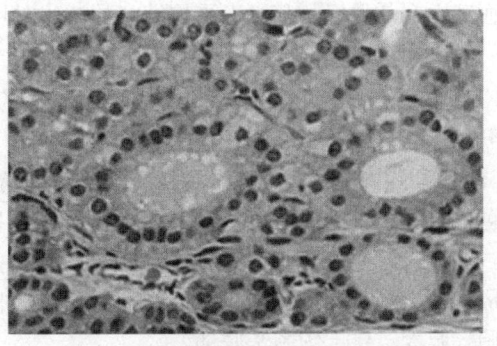

图15-4 弥散性增生性甲状腺肿（镜检病变）
(B. Harmon et al.)
滤泡上皮细胞变为柱状，还有许多收缩变小的
滤泡；滤泡腔内含有淡粉色的胶体，靠近滤泡
细胞处有大量的内吞小泡（H.E.×100）

（2）胶质贮积期

胶质贮积期又称弥散性胶样甲状腺肿，是由于甲状腺滤泡充满大量胶质而扩张，引起甲状腺肿大的病变。

剖检：甲状腺弥散性肿大，表面光滑无结节，色泽淡红，切面隆突，质地较均匀，间质不明显，可见有大小不等呈扩张状的胶质小囊。

镜检：滤泡腔扩张呈大小不等的囊状，其内含大量胶状物，上皮细胞受压变扁平（图15-5）。

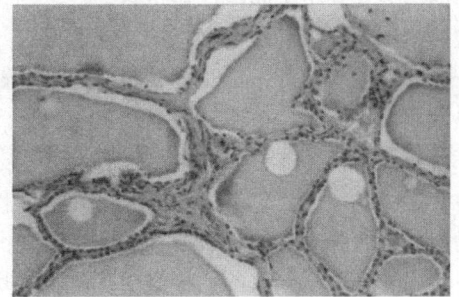

图15-5 弥散性胶样甲状腺肿（H.E.×100）

（3）结节期

结节期又称结节性甲状腺肿。

剖检：多发生于老马、猫和犬，呈多样性，可见白色到褐色大小不一的甲状腺结节，无

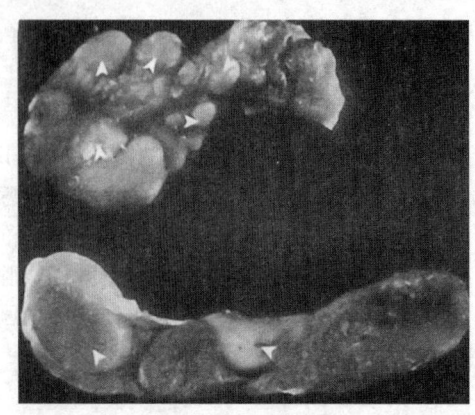

图 15-6　猫结节性甲状腺肿（C. Capen）
增生的滤泡细胞形成多个病灶（箭头），无完整包膜，与甲状腺组织有明显的界限

完整包膜（图 15-6），切面常出现出血、坏死、囊性变、钙化等继发病变。

镜检：大滤泡上皮扁平多胶质，小滤泡上皮呈矮柱状或形成假乳头，间质纤维组织增生，间隔包绕形成结节。

（二）弥散性毒性甲状腺肿

弥散性毒性甲状腺肿（diffuse toxic goiter）是由于血液中的甲状腺激素过多引起的弥散性甲状腺肿，并伴有甲状腺功能亢进（简称甲亢）。常表现为眼球突出，因此，该病又称突眼性甲状腺肿。

1. 病因

弥散性毒性甲状腺肿属于自身免疫性疾病，可发生于许多动物（人也可发生）。例如，血液中球蛋白增高，并有多种抗甲状腺的自身抗体，或血液中有与促甲状腺激素受体结合的抗体时可诱发该病。

2. 病理变化

临床上患病动物具有甲状腺功能亢进的各种表现，或伴有不同程度的眼球突出等症状。

剖检：甲状腺呈弥散性、对称性肿大，一般为正常体积的 2~3 倍。切面较致密，多呈灰白色（胶质丧失，上皮细胞增生所致）。小叶结构清晰可辨，未见结缔组织增生。

镜检：滤泡内胶质丧失，或仅见少量染色极淡的胶质。上皮细胞和胶质之间可见大量排列成行的空泡，称此为胶质吸收。滤泡上皮细胞变为高柱状，并向腔内生长，形成乳头体。细胞核肥大，位于细胞基底部。

二、甲状腺功能低下

甲状腺功能低下（hypothyroidism）是由于甲状腺分泌的甲状腺激素减少而引起的疾病，以机体代谢率降低为特征。多发生于各种纯种或杂种犬，其次是小鼠和豚鼠等实验动物。常见黏液性水肿和呆小病两种临床表现。

（一）黏液性水肿

黏液性水肿（myxoedema）是由于甲状腺功能低下，甲状腺激素减少，组织间质出现大量类黏液积聚。

1. 病因

主要发生于成年动物，根据病因黏液性水肿可为原发性和继发性两种类型。原发性病因是由于甲状腺本身的疾病或损伤而引起的功能减退，如自身免疫引起的特发性黏液性水肿、甲状腺发育不全导致的甲状腺功能减退、甲状腺被肿瘤破坏导致的功能低下，以及长期缺碘导致的甲状腺功能低下等。继发性原因是指伴发于下丘脑-垂体病变所引起的功能减退，如垂体前叶功能低下，促甲状腺激素分泌不足；下丘脑疾患，致促甲状腺激素释放激素（thyrotropin-releasing hormone，TRH）分泌不足等。促甲状腺激素或促甲状腺激素释放激素分泌不足，均可使甲状腺发生继发性萎缩，导致功能减退。

2. 病理变化

原发性病因可导致甲状腺显著萎缩，颜色变浅(图15-7)。镜检时，腺泡大部分被纤维组织所取代，并见大量淋巴细胞浸润。残余的腺泡腔内含有少量胶质，其上皮细胞矮小。继发性病因也可导致甲状腺缩小。但镜检时，腺泡腔内充满胶质，腺泡上皮细胞呈扁平状。除甲状腺外，可见皮肤、胃肠、脑组织及生殖器官等发生萎缩。真皮组织间、内脏细胞间、黏膜下、血管内皮下的结缔组织、肌肉组织和脑组织内有大量亲水性强的黏蛋白沉积，形成黏液性水肿。间质胶原纤维分解、断裂，变疏松，H.E.染色为蓝色胶样液体。

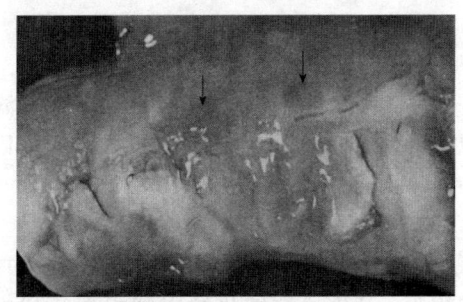

图15-7 犬甲状腺萎缩(W. Crowell)
气管侧面的甲状腺显著变小，呈浅棕色，
显得两个甲状旁腺很突出(箭头)

(二)呆小病

呆小病(cretinism)主要是由于地方性缺碘或遗传性甲状腺肿所引起的，常发生于胎儿或初生畜。主要表现为体躯矮小，面部变畸；毛发稀疏，表皮角化不良；患畜神态呆滞，反应迟钝，怕寒喜热，有明显神经系统抑制症状；骨骼形成和成熟障碍等。

三、甲状腺炎

甲状腺炎(thyroiditis)是指各种原因所引起的甲状腺的炎症，分为以下几类。

(一)急性弥散性甲状腺炎

急性弥散性甲状腺炎(acute diffuse thyroiditis)较少见，多继发于败血症，一般由化脓性细菌侵入所致。牛结核病偶可累及甲状腺，为全身性粟粒性结核病的局部表现。

剖检：甲状腺潮红、肿大，被膜下和切面上均见大小不等的灰白色化脓灶。

镜检：滤泡上皮脱落，间质血管扩张、充血，有大量中性粒细胞浸润。实质和间质中均可见到组织破碎和中性粒细胞聚集所形成的化脓灶。

(二)亚急性甲状腺炎

亚急性甲状腺炎(subacute thyroiditis)又称肉芽肿性甲状腺炎或巨细胞性甲状腺炎。本病是由病毒感染所致，可发生于各种动物。

剖检：甲状腺呈弥散性非对称性肿大，或单侧肿大，或有局限性结节。甲状腺表面光滑，质地坚实，呈灰白色或淡黄色。切面边缘外翻，病变部与周围组织无明显的界限。

镜检：病灶处的滤泡上皮细胞呈不同程度的变性坏死。早期，中性粒细胞浸润，甲状腺滤泡破坏，胶样物外溢引起多核巨细胞反应，形成肉芽肿性炎；后期，残存滤泡萎缩消失，大量纤维组织增生。

(三)慢性甲状腺炎

慢性甲状腺炎(chronic thyroiditis)是指甲状腺组织中有多量淋巴细胞浸润(常伴有淋巴小结形成)或大量结缔组织增生(常伴有瘢痕组织形成)的一类病变。根据病因和病变的不同，可分为淋巴细胞性甲状腺炎和侵袭性纤维性甲状腺炎两种类型。

1. 淋巴细胞性甲状腺炎

淋巴细胞性甲状腺炎是指具有多量淋巴细胞浸润，并引起甲状腺滤泡发生形态改变的甲状腺疾病。为自身免疫性疾病，可发生于犬、猴、鼠和鸡等。

剖检：甲状腺多呈对称性弥散性增大，轮廓无改变或稍呈结节状，包膜完整，与周围组织无粘连。切缘略外翻，呈明显的分叶状，质如橡皮，色泽灰黄或灰白。

镜检：甲状腺滤泡萎缩，胶质减少，滤泡上皮细胞呈嗜酸性病变。小叶间隔中的结缔组织增生，在小叶内常见局灶性或弥散性淋巴细胞浸润，这些淋巴细胞常形成具有明显生发中心的淋巴小结。

2. 侵袭性纤维性甲状腺炎

侵袭性纤维性甲状腺炎是指甲状腺中结缔组织增生并侵及周围组织，并发生粘连的一种病变，又称慢性硬化性甲状腺炎或慢性木样甲状腺炎。病因不明，其特点是病情进展缓慢。

剖检：甲状腺呈一侧或两则肿大，质地坚硬，并常与周围的肌肉、食管和气管等组织器官发生紧密的纤维性粘连。

镜检：甲状腺小叶结构消失，滤泡萎缩，纤维组织显著增生。

四、甲状腺肿瘤

（一）甲状腺腺瘤

甲状腺腺瘤（thyroid adenoma）是指甲状腺滤泡上皮细胞发生的良性肿瘤。见于犬、猫、牛、马等。

剖检：肿瘤体积小，常呈结节状，白色至黄褐色，外有完整的结缔组织包膜。切面多为实性，呈暗红色或棕黄色，囊性变、钙化和纤维化。

镜检：根据腺瘤的组织形态学特点，可分为以下类型。①胚胎型腺瘤（embryonal adenoma），又称梁状或实性腺瘤（trabecular and solid adenoma），瘤细胞小，分化好，大小较一致，多呈立方形，呈片块状或条索状排列，间质疏松呈水肿状，偶见不完整的小滤泡，无胶质。②胎儿型腺瘤（fetal adenoma），又称小滤泡型腺瘤（microfollicular adenoma），是较常见、分化较好的滤泡型腺瘤；主要由小而一致的小滤泡构成，滤泡上皮呈立方状，似胎儿甲状腺组织，间质水肿，黏液样。此型肿瘤易出血、液化或形成囊肿，又称囊腺瘤。③大滤泡型腺瘤（macrofollicular adenoma），又称胶样型腺瘤（colloid adenoma），由充满胶样物而呈高度扩张的大滤泡组成，常发生广泛的出血和滤泡上皮细胞脱落。④单纯型腺瘤（simple adenoma），中滤泡的大小和形状与正常甲状腺的相似。⑤嗜酸细胞型腺瘤（acidophilic cell type adenoma），又称许特莱细胞腺瘤，较少见。瘤细胞体积大，内含嗜酸性颗粒，呈小梁状或条索状。⑥非典型腺瘤（atypical adenoma），瘤细胞丰富，生长活跃，有轻度非典型增生。瘤细胞排列成巢状或索状，间质少。

（二）甲状腺癌

甲状腺癌（thyroid carcinoma）是由甲状腺滤泡上皮细胞或滤泡旁细胞发生的恶性肿瘤。犬的发生率很高，其他动物罕见。不同类型甲状腺癌的生长规律有很大的差异，诊断具有一定困难。

剖检：多为实性肿块，呈灰白色、淡粉红色或红褐色，胶样物含量少，包膜多不完整，质地较硬，常浸润周围组织，伴有出血、坏死、钙化及囊性变。乳头状腺癌可形成囊腔，常见乳头状突起。

镜检：根据生长特性和分化程度可分为四类。①滤泡癌（follicular adenocarcinoma），以具有滤泡结构为特征。可见于不同分化程度的滤泡，高分化者与增生活跃的腺瘤相似，需根据肿瘤包膜、血管侵犯和转移等加以鉴别。分化差的滤泡癌呈实性巢片状，癌细胞异型性明显，滤泡少而不完整（图15-8）。②髓样癌（medullary carcinoma），是来源滤泡旁细胞的恶性肿瘤。癌细胞形态多样，呈圆形、多角形或梭形，大小一致，染色质少。瘤细胞呈实体巢片状或乳头状，呈滤泡状排列，间质常有淀粉样物质和钙盐沉着。③乳头状癌（papillary carcinoma），多见于人类，动物少见。癌组织由具有多级分支的乳头状结构组成，在乳头顶部的癌细胞发生坏死和透明变性，常因钙盐沉着而形成砂粒体，砂粒体是甲状腺癌的证病性特征。④未分化癌（undifferentiated carcinoma），较少见，恶行程度高，生长快。瘤细胞大小、形态、染色深浅不一，核分裂象多见。可分为小细胞型、梭形细胞型、巨细胞型和混合细胞型。

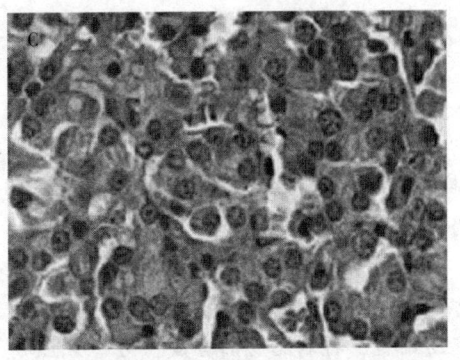

图15-8 犬甲状腺滤泡癌（孟博）
肿瘤细胞浆呈嗜酸性，染色质丰富，细胞核的异型性高，核分裂象多见（H.E.×400）

第三节　肾上腺疾病

一、肾上腺皮质功能亢进

肾上腺皮质主要分泌糖皮质激素、盐皮质激素及肾上腺雄激素和雌激素。每种激素分泌过多时，均可引起相应的临床综合征。常见的有库欣综合征和醛固酮增多症。

(一)库欣综合征

库欣综合征（Cushing's syndrome）又称皮质醇增多症，是由于肾上腺皮质分泌过量的糖皮质激素而引起的，可导致蛋白质异化和脂肪沉积。库欣综合征是成年犬和老年犬最常见的内分泌疾病之一，也可发生于马、牛、绵羊和猫。

1. 病因

引起本病的病因很复杂，一般可分为四种类型。

①垂体源性：由于垂体腺瘤或增生等原因导致促肾上腺皮质激素（ACTH）分泌过多造成的。

②肾上腺源性：由于肾上腺皮质增生或肿瘤所致。例如，皮质腺瘤或皮质癌可自发地、不受垂体控制地产生过多的皮质醇。

③异位性：垂体以外的肿瘤组织分泌过量的促肾上腺皮质激素或皮质激素释放因子引起的。

④医源性：长期使用糖皮质激素引起。

2. 病理变化

库欣综合征的主要病变除各种肿瘤的形态结构外，主要是肾上腺皮质增生。

剖检：双侧肾上腺呈肿大，质量增加。切面可见皮质增宽，皮髓质交界不规则，有结节状增生或束状带呈弥散性增生。

镜检：肾上腺皮质中的束状带增宽，细胞增大，数量增多，胞浆内含有丰富的脂质。增生的束状带向球状带伸展，使球状带受压，萎缩变薄；也可占据网状带并向髓质伸展。

【知识卡片】

库欣综合征的主要表现

库欣综合征是由于肾上腺皮质分泌过量的糖皮质激素(主要是皮质醇)而引起的临床综合征,临床表现包括代谢障碍(向心性肥胖、瘀斑、骨质疏松、继发性糖尿病)和对感染的抵抗力降低等。

患病动物代谢障碍的主要特征是向心性肥胖。向心性肥胖的发生机理,一般认为与两个方面相关:一方面皮质醇动员脂肪,使甘油三酯分解为甘油和脂肪酸,同时阻碍葡萄糖进入脂肪细胞,抑制脂肪的合成;另一方面皮质醇还能促进糖异生,促进蛋白质分解,并抑制蛋白质合成。由蛋白质分解而成的氨基酸进入肝脏,进行脱氨,给糖异生提供原料。糖异生的结果是血糖升高,胰岛素分泌增多,从而又促进了脂肪合成。因此,在皮质醇增多的机体内脂肪的动员和合成均增强,使脂肪重新分布,最终形成向心性肥胖。另外,随着患畜体内蛋白质的分解消耗,患畜脱毛,肌肉无力,皮肤变薄,出现皱褶和色素沉着过多。毛细血管脆性增加,轻微的损伤,即可引起淤斑。病程较久者,四肢肌肉萎缩,骨质疏松,易发生骨折。此外,皮质醇对钠与钾的代谢也有重要影响。皮质醇具有协助醛固酮保钠的作用,故皮质醇过多时,可使肾脏排钠减少,排钾增多,从而引起高血压或水肿。

长期的皮质醇分泌增多,还能造成机体免疫功能减弱。例如,炎灶内的单核细胞减少,巨噬细胞对抗原的吞噬和杀伤能力减弱;中性粒细胞向血管外炎区的移行减少,运动能力和吞噬作用均减弱;抗体的形成也受到抑制;在大量皮质醇的作用下,细胞内的溶菌体膜保持稳定,也不利于消灭病原。因此,患畜对感染的抵抗力减弱,易出现严重的皮肤真菌感染;化脓菌感染不易局限化,常发展为蜂窝织炎、菌血症,甚至败血症。

(二)醛固酮增多症

醛固酮增多症(hyperaldosteronism)是由于醛固酮分泌增多,导致钠潴留、钾排泄,临床表现为高钠血症、低钾血症及高血压、患病动物手足抽搐、肢端麻木等。多发生于猫。

根据病因可分为原发性和继发性两种类型。原发性醛固酮增多症(primary aldosteronism),大多数由功能性肾上腺肿瘤引起,少数为肾上腺皮质增生所致,血清中肾素降低(因钠潴留使血容量增多,抑制肾素的释放)。镜检时主要为球状带细胞增生,少数也可夹杂有束状带细胞。继发性醛固酮增多症(secondary aldosteronism),是指各种疾病(或肾上腺皮质以外的因素)引起肾素-血管紧张素分泌过多,刺激球状带细胞增生,进而引起继发性醛固酮分泌增多的疾病。

二、肾上腺皮质功能低下

肾上腺皮质功能低下(hypoadrenocorticism)又称阿狄森氏病(Addison's disease),是指双侧肾上腺皮质因感染、损伤和萎缩,引起皮质激素分泌减少,临床上以皮肤和黏膜及瘢痕处黑色素沉着增多、低血糖、低血压、食欲不振、体重减轻、血清钠离子浓度下降、钾离子浓度增高为特征。各种动物均可发病,常见于幼龄至中年犬。黑色素沉着增多是由于肾上腺皮质激素减少,促使垂体促肾上腺皮质激素分泌增加,刺激了黑色素细胞的活化。本病常呈出现双侧肾上腺结核或萎缩。

三、肾上腺肿瘤

(一)肾上腺皮质腺瘤

肾上腺皮质腺瘤(adrenocortical adenoma)是指肾上腺皮质细胞发生的一种良性肿瘤。常见于 8 岁以上的老龄犬，偶发于马、牛和绵羊。去势公山羊比未去势的发病率高。

剖检：肿瘤常单侧发生，呈结节状，直径为数毫米至数厘米，多数有完整包膜，切面棕黄色或金黄色，通常相邻皮质实质受挤压、萎缩，肾上腺变形。

镜检：主要由富含类脂质的透明细胞构成。瘤细胞排列成索状、片状或巢状，被内含丰富毛细血管的少量间质分隔。

（二）肾上腺皮质腺癌

肾上腺皮质腺癌（adrenocortical adenocarcinoma）发生率很低，可见于牛和老龄犬，其他动物罕见。

剖检：一般体积较大，直径多在 5 cm 以上，边界不清，呈侵袭性生长，切面棕黄色，可见出血、坏死及囊性变。

镜检：分化好的癌细胞与皮质腺瘤相似，分化差者异型性大，多核瘤巨细胞及核分裂象多见。易发生局部浸润和转移。

（三）肾上腺髓质肿瘤

肾上腺髓质来自神经嵴，可发生神经母细胞瘤、神经节细胞瘤和嗜铬细胞瘤。嗜铬细胞瘤是动物肾上腺髓质最常见的肿瘤，以牛和犬多发，其他动物罕见。患嗜铬细胞瘤的动物常为 6 岁及以上。公牛和人发生嗜铬细胞瘤的同时还常伴发分泌降钙素的甲状腺 C 细胞瘤，表明由神经外胚层起源的内分泌细胞可向多型性肿瘤转化。

剖检：肿瘤常单侧发生，大小不一，有包膜，切面呈灰白色或粉红色，常伴有出血、坏死、囊性变和钙化。

镜检：瘤细胞排列成巢状、梁索状或腺泡状，其间为富含血管的纤维组织或薄壁血窦。瘤细胞体积大，多角形，可出现瘤巨细胞，细胞浆呈嗜碱性，内可见嗜铬颗粒。嗜铬细胞瘤的良恶性仅从形态上很难鉴别，只有广泛浸润邻近脏器、组织或发生转移才能确诊为恶性。

作业题

1. 垂体腺瘤的分类方法包括哪些？根据不同的分类方法可将垂体腺瘤分为哪些类型？
2. 甲状腺肿病因包括哪些方面？
3. 简述甲状腺肿的病理变化。
4. 弥散性非毒性甲状腺肿与毒性甲状腺肿有何区别？
5. 什么是库欣综合征？

（常灵竹）

第十六章

神经系统病理

【本章概述】神经系统病理包括发生在神经元、神经纤维、神经胶质细胞、血管和脉络丛、脑脊液和结缔组织等部位的病理变化。在许多疾病过程中，神经组织的代谢、功能和形态结构均会出现不同程度和类型的变化。脑炎、神经炎是神经系统主要的炎症性疾病。其中，由病毒引起的非化脓性脑炎较常见，病理变化特点是神经元变性和坏死，小胶质细胞增生并形成卫星现象、噬神经元现象，以及形成以淋巴细胞为主要细胞成分的血管周围管套。外周神经的炎症称为神经炎，急性神经炎时以神经纤维变质为主，同时间质伴有轻微的炎性细胞浸润和结缔组织增生；慢性神经炎时神经纤维变质较轻，而间质出现明显的炎性细胞浸润及结缔组织增生。

第一节 神经系统疾病的基本病理变化

神经系统的结构和功能与机体各器官的关系十分密切，神经系统疾病可导致其相应支配部位发生功能障碍和病理变化，而其他系统的疾病也可影响神经系统的功能，但这些变化常具有一些共同的表现，形成神经系统疾病的基本病理变化。

下面介绍几种常见的神经系统疾病的基本病理变化。

一、神经元和神经纤维的基本病理变化

神经元（neuron）又称神经细胞，是中枢神经系统的基本结构和功能单位，也是机体中结构和功能最复杂、最特殊的细胞之一，对缺血、缺氧、感染和中毒等极为敏感。

（一）神经元的基本病理变化

1. 染色质溶解

染色质溶解（chromatolysis）是指神经元细胞浆中尼氏小体（Nissl body）（即粗面内质网和多聚核糖体）发生溶解。尼氏小体溶解是神经元变性的表现形式之一。

尼氏小体溶解发生在细胞核附近称为中央染色质溶解（central chromatolysis）。通常由中毒、病毒感染、缺氧、维生素缺乏及轴突损伤引起，表现为神经元肿大变圆、核偏位、核仁增大、核附近的尼氏小体崩解并逐渐消失，核周围呈空白区，但周边的尼氏小体仍存在（图16-1）。早期病变可逆，若病因持续可致神经元死亡。

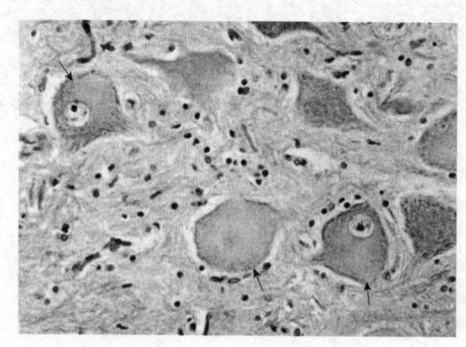

图 16-1 中央染色质溶解
(M. D. McGavin, 2015)
病变的神经元肿大，核偏位，核仁增大，核附近的尼氏小体崩解并逐渐消失，细胞浆中央颜色变浅，尼氏小体散在分布（箭头）(H. E. ×400)

尼氏小体溶解发生在细胞周边称为周边染色质溶解（peripheral chromatolysis）。常见于进行性肌麻痹中的脊髓腹角运动神经元、某些中毒早期和病毒感染时。例如，鸡新城疫病毒感染细胞可见周边染色质溶解的神经元，尼氏小体多聚集于中央，周边消失呈空白区，细胞体常缩小变圆。由于尼氏小体嗜碱性，故 H.E.染色时通常被染成深蓝色斑块状小体。

2. 神经元急性肿胀

神经元急性肿胀（acute neuronal swelling）多见于缺氧、中毒和病毒感染过程。例如，日本脑炎病毒、鸡新城疫病毒和猪瘟病毒等引起非化脓性脑炎时，病变神经元胞体肿大、变圆，树突肿胀、变粗，染色变浅，中央染色质或周边染色质溶解，核肿大、偏位、淡染。早期与颗粒变性类似的一种可逆性病变，若肿胀持续可致神经元死亡。

3. 神经元凝固

神经元凝固（coagulation of neurons）又称神经元缺血性损伤（ischemic neuronal injury），常见于缺血、缺氧、维生素 B_1 缺乏、中毒和外伤等。病变细胞主要表现为胞膜皱缩，微细结构消失，H.E.染色呈红色，在细胞体周围出现空隙。细胞核缩小、深染、界限不清，核仁消失，称为"红色神经元"。早期发生细胞变性，晚期可致神经元死亡。

4. 液化性坏死

液化性坏死（liquefactive necrosis）是指神经元坏死后发生溶解液化的过程，是神经元变性的进一步发展。多见于中毒、感染和营养缺乏（如维生素 E 或硒缺乏）。病变神经元坏死，早期核浓缩、碎裂，胞体肿胀呈圆形，细胞界限不清；后期胞浆染色变淡，内含空泡，坏死物溶解、吞噬，形成软化灶（图 16-2）。液化性坏死是不可逆变化，坏死部位由星形胶质细胞增生而修复。

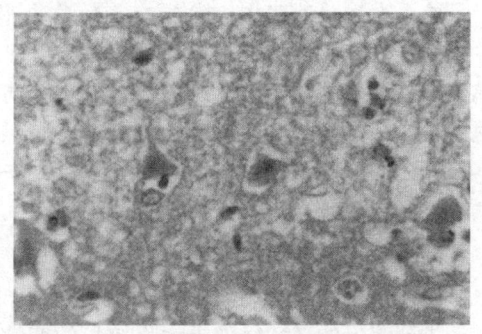

图 16-2　液化性坏死（陈怀涛，2021）
液化性坏死的脑组织结构疏松，其中多个神经元仅存轮廓；核浓缩、破裂，细胞体肿胀呈圆形，细胞界限不清，细胞体周围出现空隙，细胞浆染色变淡，内含空泡（H.E.×400）

5. 包涵体形成

神经元胞浆或胞核内包涵体（inclusion body，IB）可见于某些病毒感染和变性疾病，其形态、大小、染色特性和存在部位有一定规律，对一些疾病具有诊断意义。例如，动物患狂犬病时，海马和大脑皮质锥体细胞细胞浆中出现嗜酸性包涵体，也称内格里小体（Negri body）（图 16-3），该小体对疾病诊断具有重要价值；巨细胞病毒感染时，包涵体可同时出现在细胞核内和细胞浆内。此外，老龄和患慢性疾病动物的神经元细胞浆中可见脂褐素沉积，与全身其他组织一样，脂褐素源于溶酶体的残体。

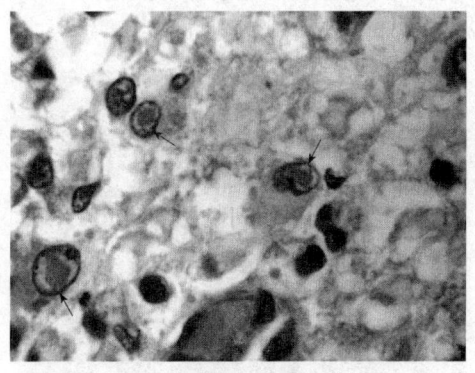

图 16-3　包涵体（M. D. McGavin，2015）
脑血管周围白质中的星形胶质细胞内出现嗜酸性染色（红色）的细胞内包涵体（箭头）（H.E.×400）

【知识卡片】

包涵体

细菌在繁殖过程中，如大肠埃希菌能积累某种特殊的生物大分子，它们致密地集聚在细胞内，由被膜包裹或形成无膜裸露结构，这种水不溶性的结构称为包涵体。包涵体形成过程比较复杂，多与细胞浆内蛋白质生成速率有关，新生成的多肽浓度较高，无充足的时间进行折叠，从而形成非结晶、无定形的蛋白质的聚集体；此外，包涵体的形成还被认为与宿主菌的培养条件，如培养基成分、温度、pH值、离子强度等因素有关。细胞中具有生物学活性的蛋白质常以可溶性或分子复合物的形式存在，功能性的蛋白质总是折叠成特定的三维结构。而包涵体内的蛋白质是非折叠状态的聚集体，因此，不具有生物学活性。包涵体一般含有50%以上的重组蛋白，其余为核糖体元件、RNA聚合酶、外膜蛋白ompC、ompF和ompA等，环状或缺口的质粒DNA，以及脂质体、脂多糖等，大小为0.5~1 μm，难溶于水，只溶于变性剂（如尿素、盐酸胍等）。

病毒在增殖过程中，常使宿主细胞内形成一种蛋白质性质的病变结构，即病毒包涵体。在光学显微镜下，包涵体多呈圆形、卵圆形或不定形，一般由完整的病毒颗粒或尚未装配的病毒亚基聚集而成；少数则是宿主细胞对病毒感染的反应产物，不含病毒粒子。有的位于细胞浆中（如天花病毒包涵体），有的位于细胞核中（如疱疹病毒），或细胞浆、细胞核中都有（如麻疹病毒）。有的还具有特殊名称，如天花病毒包涵体称为顾氏（Guarnieri）小体，狂犬病病毒包涵体称为内格里小体。

6. 单纯性神经元萎缩

单纯性神经元萎缩（simple neuronal atrophy）是神经元慢性渐进性变性直至死亡的过程。常见于进展缓慢的慢性感染或病程较长的变性疾病，表现为神经元胞体及核固缩、消失，细胞浆深染，无明显尼氏小体溶解，一般不伴有炎症反应。早期病理变化很难观察到神经元缺失，晚期局部伴有明显胶质细胞增生。

（二）神经纤维的基本病理变化

当神经纤维受到损伤，如外伤（脑挫伤、外周神经切断）、血液循环障碍（淤血、贫血）、缺氧、病毒感染、维生素B_1或维生素B_6缺乏时，神经纤维的基本病理变化表现为轴突反应和脱髓鞘。

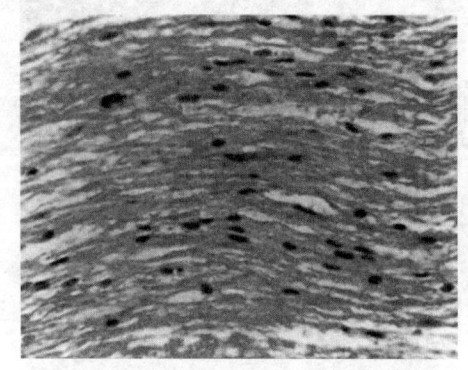

图16-4 脱髓鞘（王雯慧，2021）
外周神经施万细胞肿大，神经纤维脱髓鞘与轴突变性、崩解（H.E.×100）

1. 轴突反应

轴突损伤后，神经元胞体近端和远端的轴突及其所属的髓鞘发生变性、崩解和被吞噬细胞吞噬的过程称为轴突反应（axonal reaction），又称沃勒变性（Wallerian degeneration）。表现为轴突肿胀、断裂、收缩，深染呈球状，又称轴突小球（axonal spheroids）。最后，逐渐被吞噬细胞所吞噬。

2. 脱髓鞘

施万细胞（Schwann cell）变性或髓鞘损伤导致髓鞘板层分离、肿胀、断裂，并崩解成脂滴，进而完全脱失的现象称为脱髓鞘（demyelination）（图16-4）。脂滴成分为脂质和中性脂肪，可被苏丹Ⅱ染成红色，H.E.染色中脂滴溶解呈空泡。此时，轴索相对保留，施万细胞或小胶质细胞游离转变为吞噬细胞，通常将含有脂滴的小胶质细胞称为格子细胞（gitter cell）或泡沫样细胞（foam cell）。它们出现是髓鞘损伤的指征，随后，周围的星状胶质细胞增生，形成瘢痕。

二、神经胶质细胞的基本病理变化

神经胶质细胞（neuroglia cell）分布在神经元之间，包括星形胶质细胞（astrocyte）、小胶质细胞（microglia）、少突胶质细胞（oligodendrocyte）和室管膜细胞（ependymal cell），其数量是神经元的数十倍。

(一)星形胶质细胞的基本病理变化

星形胶质细胞分为原浆型和纤维型两种。原浆型主要位于灰质，细胞体大而细胞浆丰富，淡染，突起和分支较多；纤维型主要位于白质，胞体变小，深染，突起与分支少。在 H.E. 染色切片中，核呈圆形或椭圆形，染色质色浅呈细粒状，细胞浆不显色。经 Cajal 特殊染色（用于神经胶质细胞染色），细胞浆和末端膨大的突起分支附着于毛细血管和软脑膜下层，形成足板。星形胶质细胞对损伤的反应主要有以下几种形式。

1. 转型和肿胀

当脑组织局部缺血、缺氧、水肿、中毒、肿瘤和海绵状脑病时，星形胶质细胞表现为胞体肿胀，细胞浆增多且嗜伊红浓染，细胞核明显增大、偏位；当大脑灰质损伤时，星形胶质细胞由原浆型转变为纤维型，在脑组织损伤处积聚成胶质样瘢痕。电镜下细胞浆中充满线粒体、内质网、高尔基体、溶酶体和胶质纤维。如损伤因子持续存在，肿胀的星形胶质细胞可逐渐皱缩、死亡。

2. 增生

增生是神经系统受到损伤后的修复反应。表现为星形胶质细胞增生，形成大量胶质纤维，最后形成胶质瘢痕或胶质瘤（gliosis）。与纤维瘢痕不同，胶质瘢痕没有胶原纤维，强度较弱。缺氧、感染、中毒等均能引起星形胶质细胞增生。

(二)小胶质细胞的基本病理变化

小胶质细胞（microglia）并不是真正的胶质细胞，属于单核-巨噬细胞系统细胞，是神经组织中的吞噬细胞，各种损伤均可导致其快速活化。小胶质细胞分布在大脑灰质及白质中，核呈杆形、三角形或椭圆形，细胞浆少。小胶质细胞对损伤的反应主要有以下几种形式。

1. 肿胀

损伤早期，小胶质细胞胞体肿大，细胞浆和原浆突肿胀，核变圆而淡染，H.E.染色时细胞浆淡染；损伤后期，肥大的细胞形成杆状细胞，表现为突起回缩，核显著变大，细胞浆聚集在细胞的两极。

2. 格子细胞

当神经组织发生坏死时，小胶质细胞吞噬损伤的神经元和胶质细胞崩解产物后，细胞浆中出现大量脂质小滴，使胞体增大变圆。苏丹Ⅱ染色呈阳性反应，H.E. 染色呈格子状空泡或泡沫状，故称其为格子细胞或泡沫细胞（图16-5）。

3. 卫星现象

神经细胞发生变性时，小胶质细胞和少突胶质细胞移至变性细胞周围积聚，称为卫星现象（satellitosis）。如果上述神经细胞死亡，增生的小胶质细胞或血源性巨噬细胞在死亡的神经细胞周围积聚并将其吞噬,称为噬神经元现象(neuronophagia)。随后,小胶质细胞常呈弥散性或局灶性增生,后者聚集成团,形成小胶质细胞结节(microglial nodule)(图16-6)。

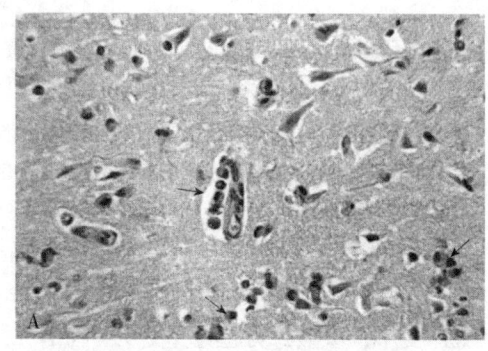

图 16-5　格子细胞(James F. Zachary, 2015)
小胶质细胞(箭头)转变为巨噬细胞,吞噬坏死的富脂神经元和胶质细胞崩解产物后,形成格子细胞或泡沫细胞(H. E. ×400)

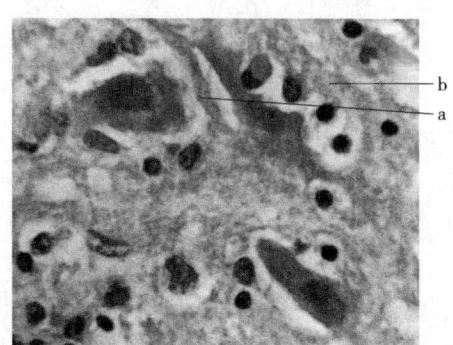

图 16-6　卫星现象及噬神经元现象
(刘宝岩,1990)
a. 卫星现象,少突胶质细胞和小胶质细胞围绕神经元分布; b. 噬神经元现象,小胶质细胞吞噬变性和死亡的神经元(H. E. ×330)

(三)少突胶质细胞的基本病理变化

少突胶质细胞(oligodendroglia)体积小、细胞浆少、突起短而少,核呈圆形、色深染。少突胶质细胞主要存在于神经细胞周围,对神经细胞发挥保护性作用,形成类似小胶质细胞的卫星现象,但非病理变化过程。此外,在神经纤维之间和血管周围也可见少突胶质细胞,形成中枢神经有髓神经纤维的髓鞘,与外周神经的施万细胞相似,在血管周围聚集成丛。少突胶质细胞对损伤的反应主要有以下几种形式。

1. 急性肿胀

中毒、感染和脑水肿时,少突胶质细胞常发生急性肿胀,表现为细胞体肿大,细胞浆内出现空泡、核浓缩、居中或偏位、色深染。当病因(如水肿)消失后细胞仍可恢复正常。脑水肿、狂犬病、破伤风、日本脑炎等过程中,少突胶质细胞增生与急性肿胀并存,形成细胞浆内含有空泡的多核细胞。

2. 增生

增生多见于中毒、感染和脑水肿。急性肿胀表现为细胞体肿大、细胞浆内出现空泡,核浓缩、色深染。若细胞浆内液体积聚过多,细胞体肿胀可致细胞破裂、崩解。当病因消除后,细胞可恢复正常。在慢性增生过程中,少突胶质细胞在神经细胞周围显著增生,围绕神经元形成卫星现象。

3. 黏液样变性

脑水肿时,少突胶质细胞胞体肿胀、核偏位,细胞浆出现黏液样物质,称为黏液样变性(mucoid degeneration)。黏蛋白经 H. E. 染色呈蓝紫色,卡红染色呈鲜红色。

(四)室管膜细胞的基本病理变化

各种致病因素均可引起局部室管膜细胞(ependymal cell)缺失,此时,室管膜下的星形胶质细胞增生,填充缺损,形成众多向脑室面突起的细小颗粒,称为颗粒性室管膜炎(ependymal granulation)。

三、脑血液循环障碍

(一)充血

脑充血包括动脉性充血和静脉性充血两种。

1. 动脉性充血

动脉性充血常见于感染性疾病、日射病和热射病。表现为脑组织色泽红润,有时同时可见小出血点,小动脉和毛细血管扩张,充满红细胞。

2. 静脉性充血

静脉性充血常见于心脏和肺脏疾病引起的全身性淤血。另外,颈部肿瘤、肿大的淋巴结、炎症、颈椎关节变位等均可压迫颈静脉而引起脑淤血。表现为脑及脑膜静脉和毛细血管扩张,充满暗红色血液。在慢性淤血过程中,脑脊髓呈现泛发性的胶质细胞增生。

(二)贫血

脑组织和脊髓的泛发性贫血是全身性贫血的局部表现。在马传染性贫血、寄生虫性贫血、进行性出血,以及铁、铜和维生素B缺乏等引起贫血时,均可发生脑贫血。此外,胸腔液或腹水排出过速,瘤胃臌气时排气过快,均可引起一过性的反射性或代偿性脑贫血。

脑组织贫血时,表现色泽苍白,血管内血液量减少;贫血时间较长而引起脑组织缺氧时,可发生液化性坏死、胶质细胞增生和神经元变性;脑动脉内血栓形成或栓塞、脑积水及动脉痉挛时,均可导致动脉管腔狭窄或堵塞,引起脑组织和脊髓局部贫血。

(三)血栓、栓塞和梗死

1. 血栓

血管内皮受损易形成血栓。常见于猪瘟、颅骨外伤、脓肿或肿瘤细胞进入血管而损伤血管内皮和动脉硬化症等疾病(图16-7)。

2. 栓塞

脑动脉栓塞可由骨髓性栓子、软骨性栓子、组织性栓子、细菌性栓子和血栓性栓子、寄生虫性栓子、肿瘤细胞等引起,其中,细菌性栓子和血栓性栓子最多见,常可引起脑组织局部贫血。

3. 梗死

动脉性栓塞可使局部脑组织血液供给不足,发生梗死。梗死灶内因所含红细胞和血红蛋白量的多少而呈淡红色或红色。早期梗死区肿胀,中心呈液化性坏死,周围脑组织出现轻微的缺血性变化,神经细胞和少突胶质细胞崩解、坏死,增生的小胶质细胞出现噬神经元现象,外围围绕增生的星形胶质细胞。

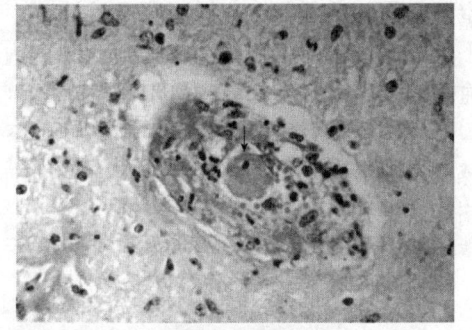

图16-7 脑血栓性脑膜脑炎(M.D. McGavin,2015)
继发于嗜血杆菌病引起的血管炎和血栓形成,表现为急性炎症反应、水肿、纤维蛋白形成和血管壁出血(H.E.×400)

(四)出血

脑出血包括外伤性出血、传染病及中毒引起的多发性出血。

1. 外伤性出血

外伤性出血多见于外伤等引起颅骨骨折时发生的出血。出血一般发生在外伤部位的脑膜,但也常见于受击打部位的对侧。

2. 多发性出血

炭疽、猪瘟、恶性水肿、巴氏杆菌病以及进入脑内的各种化脓菌和麻醉药中毒等均可引起脑出血，一般形成多发性的出血斑。

（五）血管周围管套

在脑组织受到损伤时，血管周围间隙中出现围管性细胞浸润（炎性反应细胞），环绕血管如套袖，称为血管周围管套（perivascular cuffing）。管套的厚薄与浸润细胞的数量有关，有的只有一层细胞，多时可达几层或十几层细胞（图16-8）。血管周围管套的形成通常是机体在某种病原作用于脑组织后，出现的一种抗损伤性应答反应。例如，链球菌感染时，环绕血管的以中性粒细胞为主；李氏杆菌感染时，以单核细胞为主；病毒感染时，以淋巴细胞和浆细胞为主；食盐中毒时，以嗜酸性粒细胞为主。如反应较轻微，管套可逐渐消散。管套严重时，可压迫血管使管腔狭窄甚至闭塞，进一步引起局部缺血性病变。

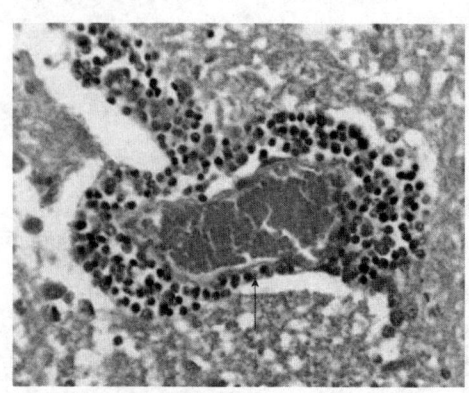

图16-8　血管周围管套（陈怀涛，2021）
大脑皮质内及小血管周围有多量变性坏死的中性粒细胞浸润（H.E.×400）

四、脑脊液循环障碍

在生理状态下，脑脊液是由血管内液体渗出和脉络膜上皮细胞产生，存在于脑室、蛛网膜下腔和脊髓中央管中的透明液体，具有物质交换和润滑中枢神经系统的作用。第四脑室脉络膜的后部顶壁与蛛网膜下腔相通，脊髓中央管与第四脑室相通，脑脊液进入蛛网膜下腔，通过蛛网膜颗粒重吸收到静脉窦内，形成脑脊液循环。紧贴于脑组织表面的软脑膜血管伸入脑内时，软膜和蛛网膜也随之伸入脑内，蛛网膜紧附血管，软脑膜与脑组织密接，因此，在脑血管周围通常存在与蛛网膜下腔连通的腔隙，称为血管周围腔。当脑组织发生感染或脑脊液发生循环障碍时，血管周围腔可见炎性细胞浸润或分泌物，可出现以下几种病理状态。

（一）脑积水

脑积水（hydrocephalus）是指脑室系统内脑脊液含量异常增多，并伴有脑室持续性扩张的病理状态。主要原因包括：①脑脊液循环通路阻塞，如脑囊虫、肿瘤、先天性畸形、脑炎、脑外伤、蛛网膜下腔出血等；②脑脊液产生过多或吸收障碍，如脉络丛乳头状瘤（分泌过多脑脊液）、慢性蛛网膜炎（蛛网膜颗粒或绒毛吸收脑脊液障碍）等。

在多数情况下，脑脊液是分泌物而不是漏出液。当脑脊液聚集于脑室内时称为内部性脑积水（internal hydrocephalus）；当脑脊液聚集于皮质表面和蛛网膜下腔时称为外部性脑积水（external hydrocephalus）。脑积水按其发生可分为先天性和获得性两种类型。其中，先天性脑积水多与胚胎阶段发育畸形有关，可见于牛、马、猪、犬等初生动物；获得性脑积水多因脑膜炎症和大脑导水管受到肿瘤、寄生虫等压迫，致使大脑导水管阻塞。脑积水的病理变化依其部位和程度不同而异，轻度脑积水时，脑室轻度扩张，脑组织轻度萎缩；严重脑积水时，脑室或蛛网膜下腔高度扩张，脑脊液增多，脑组织受压萎缩、变薄，神经组织大部分发生萎缩。

（二）脑水肿

脑水肿（brain edema）是指脑组织中液体过多贮积，导致脑组织体积肿大的病理状态。缺氧、创伤、梗死、炎症、肿瘤和中毒等病理过程均可伴发脑水肿，是颅内压升高的重要原因之一。脑组织易发生脑水肿与其解剖生理特点有关：①血-脑屏障限制了血浆蛋白通过脑毛细血管的渗透性运动；②脑组织无用来运走过多液体的淋巴管。

根据病因和发生机理，脑水肿可分为血管源性脑水肿（vasogenic cerebral edema）和细胞毒性脑水肿（cytotoxic edema）两种类型。

1. 血管源性脑水肿

凡由于感染、出血、外伤、中毒、炎症和占位性病变等引起血管壁通透性升高的病因，均可引起血浆渗出增多，液体蓄积于脑组织，导致血管源性脑水肿。血管源性脑水肿可分为全脑性和局灶性两种类型，一般以白质多见。眼观：脑膜紧张，脑回肿胀，脑沟变平，色泽苍白，表面湿润，质地较软，切面稍隆起，湿润发亮。脑水肿多伴发局部或全身性淤血，也见于休克时的血管渗透性增高。镜检：血管周围间隙和神经元周围增宽，组织疏松，积有大量粉红色浆液性渗出物，有时伴有血浆蛋白渗出或炎性细胞浸润（图16-9）。

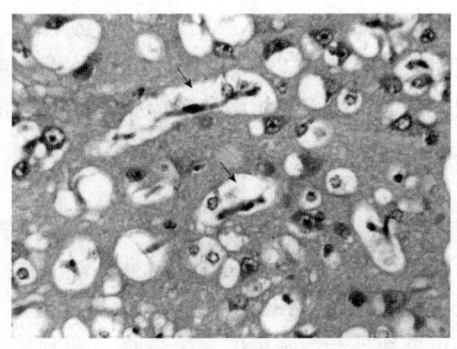

图16-9　血管源性脑水肿（陈怀涛，2021）
血-脑屏障中液体渗出，水肿液蓄积，使血管周围间隙和神经元周围增宽（H. E. ×400）

2. 细胞毒性脑水肿

多由缺血、缺氧、中毒引起细胞损伤，Na^+-K^+-ATP酶失活，细胞内水、钠潴留所致，一般以灰质多见。眼观：病变类似于血管源性脑水肿。镜检：早期星形胶质细胞肿胀变形，突起断裂，糖原颗粒积聚；晚期神经元、星形胶质细胞及血管内皮细胞肥大、增生，形成纤维性胶质疤痕。少突胶质细胞胞体变大，核浓缩变形，细胞浆淡染，呈颗粒状。若肿胀持续，胞核淡染甚至崩解。

第二节　脑　炎

脑炎（encephalitis）是指脑实质的炎症。按病程经过可分为急性脑炎和慢性脑炎。按炎症性质可分为非化脓性脑炎（nonsuppurative encephalitis）、化脓性脑炎（suppurative encephalitis）、嗜酸性粒细胞性脑炎（eosinophilic encephalitis）和变态反应性脑炎（allergic encephalitis）。其中，非化脓性脑炎和化脓性脑炎通常属于急性炎症。

一、非化脓性脑炎

非化脓性脑炎是指脑组织炎症过程中渗出的炎性细胞以淋巴细胞、浆细胞和单核细胞为主，不引起脑组织的分解和破坏，而无化脓的炎症过程。由于非化脓性脑炎多由病毒引起，故又称病毒性脑炎（viral encephalitis）。如果脊髓同时受损，则称为非化脓性脑脊髓炎；如果炎性细胞浸润波及软脑膜，则称为非化脓性脑膜脑脊髓炎；如果炎症发生在白质，则称为非化脓性脑脊髓白质炎；如果炎症发生在灰质，则称为非化脓性脑脊髓灰质炎；如果炎症发生在脑干，则称为非化脓性脑干炎；如果炎症发生在脑脊髓的白质和灰质，则称为非化脓性全脑脊髓炎。

1. 病因

多种病毒均可引起非化脓性脑炎。嗜神经性病毒，如狂犬病病毒、猪传染性脑脊髓炎病毒、禽脑脊髓炎病毒、日本脑炎病毒等；泛嗜性病毒，如伪狂犬病病毒、猪繁殖与呼吸综合征病毒、猪瘟病毒、非洲猪瘟病毒、猪传染性水疱病病毒、马传染性贫血病毒、牛恶性卡他热病毒、鸡新城疫病毒等。

2. 病理变化

非化脓性脑炎的基本病理变化为神经细胞变性和坏死、胶质细胞增生和血管反应等变化。

（1）神经细胞变性和坏死

神经细胞变性时，表现为肿胀或皱缩。肿胀的神经细胞体积增大，淡染，核肿大或消失；皱缩的神经细胞体积缩小，深染，核固缩或胞核与细胞浆界限不清。变性的神经细胞有时出现中央或周边染色质溶解现象，严重时，变性的神经细胞发生坏死并溶解液化，在局部形成软化灶。

（2）胶质细胞增生

非化脓性脑炎过程中的增生以小胶质细胞为主，多呈弥散性或局灶性，增生灶中常混杂有淋巴细胞及少数浆细胞。早期，主要以小胶质细胞增生，围绕并吞噬坏死的神经组织，发生卫星现象或噬神经元现象；后期，主要以星形胶质细胞增生，进而修复损伤组织。此外，还可见到神经细胞胞体发生变性，即胞体皱缩，细胞浆凝固与深染，核固缩或消失。在一些病毒性非化脓性脑炎中，可在其神经细胞、星状胶质细胞、小胶质细胞和其他间叶细胞中出现包涵体。这种包涵体可以是胞浆性、胞核性或胞浆与胞核性，以嗜酸性反应多见。

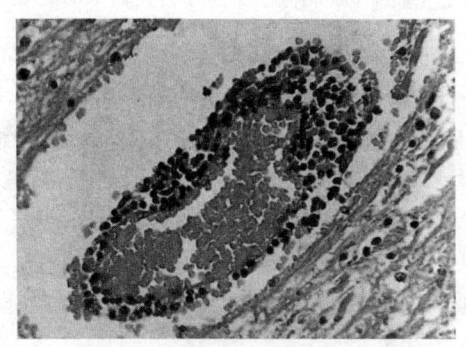

图 16-10　狂犬病非化脓性脑炎
（刘宝岩，1990）
延髓内的小血管充血，周围包围数层淋巴细胞，形成"血管套"（H. E.×100）

（3）血管反应

血管反应主要表现为中枢神经系统出现不同程度的充血和围管性细胞浸润。浸润的细胞主要为淋巴细胞，同时也有数量不等的浆细胞和单核细胞等，它们在血管周围间隙中聚集，包围形成一层甚至十层以上的管套，即"血管套"（图 16-10）。上述细胞主要来源于血液，也可由血管外膜细胞增生形成单核细胞或巨噬细胞。在血管套中，血管壁并不一定发生损伤。例如，牛恶性卡他热和马脑脊髓炎时，可引起血管壁的透明变性和纤维素样变性；猪瘟和犬传染性肝炎时，可引起血管内皮细胞发生变性和坏死；马疱疹病毒感染时，可引起内皮细胞肿胀和增生。

二、化脓性脑炎

化脓性脑炎是指脑组织由于化脓菌感染引起的以大量中性粒细胞渗出，局部脑组织发生液化性坏死，以脓肿为特征的炎症过程。若化脓性脑炎同时伴发化脓性脊髓炎，则称为化脓性脑膜脑脊髓炎。

1. 病因

引起化脓性脑炎的病原主要来自血源性感染或直接蔓延感染的细菌，如李氏杆菌、葡萄球菌、链球菌、巴氏杆菌、棒状杆菌、化脓放线菌、大肠埃希菌等。

血源性感染常继发于其他部位的化脓性炎，可发生在脑组织的任何部位，但以下丘脑和灰白质交界处的大脑皮质多发。化脓灶可单在或多发，通常被一薄层囊壁包围，内含液化性坏死物。

直接蔓延感染多来自筛窦和内耳的化脓性感染，通过直接蔓延引起化脓性脑炎，通常以孤立性脓肿多见；咽炎经咽鼓管蔓延至中耳，引起耳源性脓肿，并从中耳通过筛骨泡或沿天然孔蔓延侵害脑组织；耳源性感染多为双侧性，主要发生在绵羊及猪，少数见于牛。

2. 病理变化

化脓性脑炎早期病灶边缘界限不清，周围脑组织水肿并伴有中性粒细胞浸润。随后，增生的巨噬细胞和小胶质细胞将病灶包裹，使其局限化，形成脓肿。脓肿最外层是由结缔组织增生形成的薄壁，脓肿周围的神经组织常严重水肿，髓鞘与神经纤维变性。此外，可见小胶质细胞弥散性增生，在血管周围的中性粒细胞和淋巴细胞浸润，形成管套。

化脓性脑炎的结局常与脓肿量及发生部位有关。如果脑组织有大量化脓灶时，动物可在短期内迅速死亡；如果仅为孤立性化脓灶时，动物可能存活较久。延脑发生脓肿时，其病程往往短暂，因为脓肿本身或脓肿所引起的水肿常可干扰重要的生命活动中枢，而导致动物死亡；炎症蔓延至室管膜时，发生室管膜炎，并见其周围脑组织水肿和中性粒细胞浸润；下丘脑或大脑内脓肿时，可通过白质扩展到脑室，引起脑室积脓，导致动物迅速死亡；化脓性脑炎伴发化脓性脑膜炎时，常见蛛网膜和软脑膜充血与混浊，蛛网膜腔内有脓性渗出物，渗出物可沿静脉周隙浸润。

不同病原菌引起化脓性脑炎的病理变化特征各异。如李氏杆菌引起的化脓性脑膜脑脊髓炎，病理变化特征为脑实质形成细小化脓灶和血管套，病理变化部位主要存在于延脑、脑桥、丘脑、脊髓颈段。眼观：脑膜充血、水肿，脑脊液增多；脑沟变浅，脑回变平、增宽；脑切面湿润，散在针尖至粟粒大灰白色病灶及小出血点。脑干（尤其脑桥、延脑和脊髓）质软，切面见大小不等的软化灶。镜检：脑膜与上述脑实质血管扩张充血，血管周围单核细胞、中性粒细胞浸润并形成管套。脑实质水肿，可见胶质细胞、单核细胞和中性粒细胞组成的结节，神经组织局灶性坏死崩解，形成小化脓灶（图16-11）。在白质出现化脓性炎时，易出现血管炎，在其外周有浆液和纤维素渗出。

由链球菌引起的脑组织和脑膜的化脓性炎症过程，多见于猪。病变轻者，主要在脑脊髓膜出现化脓性炎。眼观：脑脊髓的蛛网膜及软膜血管充血、出血。镜检：血管内皮细胞肿胀、增生或脱落，其周围有大量中性粒细胞、少量单核细胞及淋巴细胞浸润和增生。病变严重时，在灰质浅层有中性粒细胞呈弥散性或局灶性浸润，甚至在白质也可见血管充血、出血及在血管周围形成以中性粒细胞、淋巴细胞和单核细胞组成的管套。神经细胞呈急性肿胀、空泡变性，甚至坏死、液化，胶质细胞呈弥散性或局灶性增生，形成胶质小结。病变也可见于间脑、中脑、小脑、延脑和

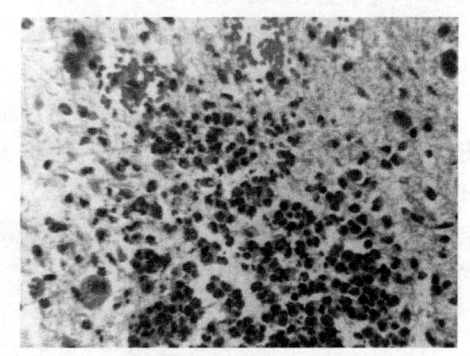

图 16-11　微脓肿（陈怀涛，2021）
脑干组织中有一个由中性粒细胞、单核细胞和胶质细胞组成的微脓肿，附近组织出血（H.E. ×400）

脊髓。有时也出现化脓性室管膜炎，可见室管膜细胞变性脱落，局部充血，中性粒细胞浸润，并可进一步蔓延至脑组织。

三、嗜酸性粒细胞性脑炎

嗜酸性粒细胞性脑炎是由食盐中毒引起的以嗜酸性粒细胞渗出为主的一种特殊类型脑炎。猪食盐中毒初期，食欲废绝、口渴、沉郁、呆立；继而逐渐发展到行走摇摆，阵发性痉挛，

视力减退和狂暴；最后卧地不起，呈现癫痫发作症状。

1. 病因

主要是饲喂含食盐过量的饲料。例如，咸鱼渣、腌肉卤、酱渣或含盐乳清等，有时在饲料中添加的食盐搅拌不均匀，也可使畜禽发生食盐中毒。同时，若饲料中各种营养物质如维生素 E 和含硫氨基酸缺乏时，可增加动物对食盐中毒的易感性。当食盐食入过量时，可使血钠升高，导致脑组织的钠离子浓度升高，在渗透压的作用下，过多的水分进入脑组织，引起颅内压升高。同时，钠离子浓度升高可加快神经细胞内三磷酸腺苷转换为一磷酸腺苷过程，减弱磷酸腺苷的磷酸化作用，结果导致一磷酸腺苷的蓄积，糖的无氧酵解作用受到抑制，神经细胞因物质代谢障碍而发生变性和坏死。但目前，有关钠离子浓度升高和嗜酸性粒细胞渗出的关系尚不清楚。

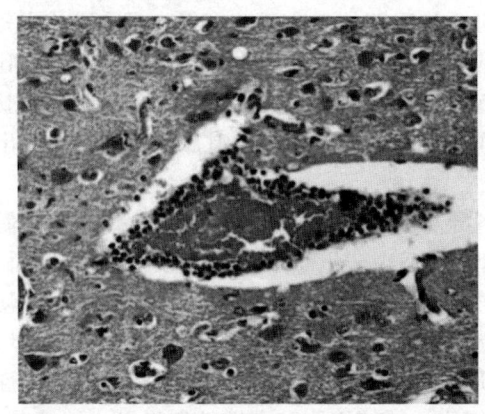

图 16-12 嗜酸性粒细胞性脑炎（陈怀涛，2021）
大脑血管充血、水肿，血管周围大量嗜酸性粒细胞浸润，形成嗜酸性粒细胞性管套；在一些变性的神经细胞周围出现增生的小胶质细胞噬神经元现象（H.E.×400）

2. 病理变化

特征性病理变化为脑软膜显著充血、水肿，脑回变平，脑实质偶有小出血点。脑膜血管壁及其周围有不同程度的幼稚型嗜酸性粒细胞浸润，尤以脑沟深部最为显著。脑组织毛细血管淤血，并伴有透明血栓。血管内皮细胞增生，细胞核肿大，细胞浆增多。血管周围因水肿液聚集而增宽，大量嗜酸性粒细胞浸润，形成嗜酸性粒细胞性管套，少则几层，多则十几层（图 16-12）。同时脑膜充血，血管周围、脑膜下及脑实质中可见多量嗜酸性粒细胞浸润，大脑灰质发生急性板层状坏死和液化。小胶质细胞呈弥散性或局灶性增生，并出现卫星现象和噬神经元现象，也可形成胶质小结。此外，胃底部和小肠可见轻度卡他性炎症。

病情较轻或耐过的动物，嗜酸性粒细胞逐渐减少，最后完全消失。坏死区由大量星形胶质细胞增生并修复，有时可形成肉芽组织包囊。嗜酸性粒细胞性脑膜炎也可见于桑葚心病的白质软化灶，以及其他原因引起的脑炎，但大脑灰质板层状坏死及嗜酸性粒细胞管套是食盐中毒的特征性病理变化，以此可作为鉴别诊断的重要依据。在临床上还可结合饲料及血清中含盐量的测定进行综合分析。

四、变态反应性脑炎

变态反应性脑炎是由病毒感染或接种以后引起的脑炎，又称变应性脑炎或播散性脑炎（disseminated encephalitis）。不同动物的神经组织具有共同的抗原性，其刺激机体产生的抗体与被接种动物的神经组织结合后，可引起神经组织的变态反应性炎症。根据其发生原因可分为两种类型。

1. 疫苗接种后脑炎

疫苗接种后脑炎（postvaccination encephalitis）常见于接种狂犬病疫苗后的动物。眼观：脑脊髓出现灶状病变。镜检：大量淋巴细胞、浆细胞和单核细胞在血管周围形成管套，胶质细胞增生和髓鞘脱失现象。

2. 实验性变态反应性脑炎

用各种动物的脑组织加佐剂后，一次或多次经皮下或皮内注入同种或异种动物，可引起实验性变态反应性脑炎(experimental allergic encephalitis)。其病理变化类似于疫苗接种后脑炎。以兔复制的实验性变态反应性脑炎为例，眼观：在麻痹前期，出现明显的脑膜炎、脉络膜炎和室管膜炎。镜检：软膜下和脑室周围的动脉壁肿胀、疏松、发生纤维素样变，血管周围可见以淋巴细胞为主的管套。在血管和脑室周围出现星形胶质细胞和少突胶质细胞增生，神经髓鞘脱失，在脊髓的软膜和白质也出现淋巴细胞浸润和脱髓鞘现象。

神经系统的结构和功能与机体各器官关系密切。神经系统疾病可导致相应支配部位的功能障碍和病变，而其他系统的疾病也可影响神经系统的功能。神经系统在解剖生理上的特殊性使其在病理学上具有与其他器官不同的特点：①由于神经组织缺乏黏膜，所以不发生卡他性炎和浆液性炎，出血性渗出性炎少见，纤维素性炎仅见于脑膜和穿透性创伤，最常见的是化脓性炎、淋巴细胞性炎和增生性炎，多以急性炎症为主。②许多传染病多以脑炎为特征，其病原包括病毒、支原体、衣原体、细菌、寄生虫等，故病变定位与功能障碍之间关系密切。例如，单侧大脑基底节的病变可引起对侧肢体偏瘫。③同种病变发生在不同部位，可出现不同的临床表现和后果。例如，额叶前皮质区的小梗死灶可无任何症状，但若发生在延髓则可导致严重的后果，甚至死亡。④不同性质的病变可导致相同的后果。例如，颅内出血、炎症及肿瘤均可引起颅内压升高。⑤除了一些共性的病变外，常见一些颅外器官所不具有的特殊病理表现。例如，神经元变性、坏死，髓鞘脱失，胶质细胞增生和肥大等。⑥免疫学特点在于颅内无固有的淋巴组织和淋巴管，免疫活性细胞均来自血液循环。⑦某些解剖生理特征具有双重影响。例如，颅骨虽起保护作用，却也是引发颅内压的重要条件。由血-脑屏障和血管周围间隙构成的天然防线，在一定程度上限制了炎症反应向脑实质扩展，但也影响某些药物进入脑内发挥作用。⑧颅外器官的恶性肿瘤常可发生脑转移，但颅内原发性恶性肿瘤则极少转移至颅外。

作业题

1. 名词解释：格子细胞、卫星现象、噬神经元现象、血管套、尼氏小体、脑软化、脱髓鞘现象。
2. 神经细胞的病理变化主要有哪几类？简述各自特点。
3. 简述神经元和神经纤维的基本病理变化特点。
4. 简述神经胶质细胞的基本病理变化特点。
5. 化脓性脑炎和非化脓性脑炎的病理变化特点有何不同？试举典型病例说明。
6. 从形成机理和病理变化特点，试述脑水肿和脑积水的区别。

（金天明）

第十七章

运动系统和体被系统病理

【本章概述】 运动器官由骨、关节、肌肉、肌腱、腱鞘及蹄等部位组成，其主要功能是支持身体、促进运动和保护重要器官。骨骼系统是钙、磷的主要存储系统，也是包含造血系统的主要功能单位。肌肉则是运动的动力器官。机体其他系统（包括神经系统、心血管系统和体被系统）与肌肉骨骼系统是相互关联的，其中一个系统的功能障碍也可能影响肌肉骨骼系统，使诊断复杂化。体被系统覆盖于动物体表，皮肤是机体重要的天然屏障，可保护体内器官和组织免受外界环境损伤性因素的侵袭。此外，皮肤还具有感觉、防止水分蒸发、调节体温、分泌和排出某些代谢终产物等功能。许多病因可导致动物运动系统和体被系统遭受损害而发生各种病理变化。

本章主要对运动系统中骨炎、关节炎、肌炎、腱鞘炎、肌腱的疾病、蹄炎，体被系统中表皮炎、表皮色素沉着、真皮炎、血管炎、脂膜炎，以及附属结构炎症等疾病的主要病理变化进行介绍。

第一节 骨 炎

骨的炎症又称骨炎（ostitis）。骨和骨膜组织两者紧密相接，任一组织发生炎症，均可蔓延至相邻组织。最易发生炎症的组织是骨膜，骨炎多伴发于骨髓炎。

一、骨膜炎

骨膜炎（periostitis）多由创伤、败血症、慢性机械性刺激等原因引起。按照病程可分为急性骨膜炎（acute periostitis）和慢性骨膜炎（chronic periostitis）两种类型。

(一) 急性骨膜炎

1. 浆液性、纤维素性和出血性骨膜炎

浆液性、纤维素性和出血性骨膜炎多由创伤或邻近炎症波及至骨膜形成的局部炎症，有时可累及全骨膜发炎。病变骨膜充血红润、水肿样肿胀，伴有浆液性、纤维素性渗出物及出血。此类炎症多见于易遭受外伤的腿骨等部位。

2. 化脓性骨膜炎

化脓性骨膜炎多由化脓菌引起的炎症。化脓菌多由创口直接进入骨膜，或由邻近器官和骨髓波及至骨膜，少数可经血源转移而发生。病变初期，骨膜呈浆液性或浆液性出血性炎症，病变不久转为脓性炎症，脓汁呈弥散性浸润或蓄积于骨膜。骨膜下形成的脓肿可向外破溃，形成瘘管或使邻近组织发生蜂窝织炎，导致病变骨膜易被剥离。随后，脓汁可通过营养孔进入骨髓，表面的骨质因被吸收而形成空隙，使骨质变得粗糙疏松，哈氏管被侵蚀，由于营养障碍而发生表层骨坏死。化脓性骨膜炎的结局为治愈、转为脓毒败血症或慢性化脓性炎症。

(二)慢性骨膜炎

慢性骨膜炎多由外伤引起。因挫伤、扭伤、脱臼、骨折等导致的动物慢性骨膜炎较为多见,也可继发于化脓性或浆液性炎症。慢性化脓性骨膜炎则由化脓菌经外伤或复合骨折进入骨膜而发生。另外,当骨营养缺乏时,导致对外伤的抵抗力降低而易发生慢性骨膜炎;当腱和韧带与骨连接部位的骨组织因外力发生轻微的撕裂或者分离时,导致该部位受刺激而引起骨组织增生;当动物日粮中磷缺乏时,动物可群发明显的慢性骨膜炎。

慢性骨膜炎引起慢性浆液性骨膜炎时,骨膜被浆液性渗出物浸润,病变部位的结缔组织和骨组织增生。如果新生组织是由纤维性结缔组织组成时,称为纤维性骨膜炎(fibrous periostitis)。可见白色纤维性结缔组织和邻近组织相互交错而突出于骨表面,并紧密附着于骨组织。但单纯性的纤维性骨膜炎较为少见,多与化脓性骨膜炎并发。新生骨的表面呈颗粒状、斑块状、疣块状突起,称为外骨疣(exostoses)或骨瘤。

骨性骨膜炎以马多发,在马可见有跗骨赘(spavin)。属于跗骨的局部骨膜炎,常发生于跗关节内侧,是由于附着在跗骨上的韧带因扭伤或过劳而引起的。指(趾)骨瘤是指侵害指(趾)骨的局部骨膜炎。管状骨的骨瘤多发生于腓骨或掌骨、跖骨的内骨韧带,使附着部位的骨膜受到损伤而引起的。

二、骨病

骨病通常包括先天性、营养性和创伤性骨病三种类型。

先天性骨病包括子宫内畸形和隔代遗传,如幼驹的多指(趾)畸形或者尺骨、腓骨发育异常;遗传缺陷如阿拉伯马的寰枕畸形或者一些脊髓性共济失调,某些品种犬髋关节发育异常,以及甲状旁腺发育不良引起异常骨的形成和生长。

营养性骨病主要是由于矿物质不平衡或者缺乏而引起的,特别是微量矿物质,如铜、锌、镁缺乏,钙磷比例失调。例如,骨软化是钙磷摄入不平衡或缺乏的典型病症。其他营养失调的病因有育肥动物蛋白质摄入过量、某些维生素(如维生素 A、维生素 D)缺乏或过量都能影响骨的生长发育。

创伤性骨病占骨病相当大的部分,包括骨折、骨裂、损伤引起的骨膜反应、死骨片形成,以及各自附着部位的韧带和肌腱病变。因骨膜炎或骨髓炎蔓延而引起骨炎时,其病灶内的骨组织中矿物质脱失,矿物质脱失的范围依据炎灶的大小各异,脱失矿物质的骨质常形成空洞,称为疏松骨炎(osteoporosis);因炎症导致骨质变得异常坚硬和致密者,称为骨硬化(osteosclerosis)或象牙化(eburnation);因炎症导致增生的骨组织突出于骨髓腔时,称为内骨赘。上述骨的疾病通常可引起患病动物的体重下降、运动受限、站立不稳、局部疼痛、发热和肿胀等。

三、骨髓炎

骨髓炎(osteomyelitis)分为急性和慢性骨髓炎两种类型(详见第十章造血与免疫系统病理)。

第二节 关节炎

关节炎(arthritis)是指关节部位发生的炎症,可能累及一个或几个关节患病。如果几个关节患病则称为多发性关节炎(polyarthritis)。关节炎是一种表示关节炎症的非特异性术语,所有大动物的关节病都有不同程度的炎症。关节炎有三种感染途径:①血源性感染,在幼驹、犊牛、羔羊最为常见（通常通过脐带感染和炎症引起）；②发生局部感染症状的创伤性损伤；③关节内注射或者手术（通常见于马）引起的医源性感染，包括血源性、消化道或肺源性感染。

根据病程和炎性渗出物性质，关节炎可分为以下四种类型。

一、创伤性关节炎

创伤性关节炎（traumatic arthritis）包括创伤性滑膜炎、关节囊炎、关节内碎裂骨折、韧带撕裂伤或扭伤（包括关节周围和关节内韧带、半月板撕裂和骨关节炎）。

创伤性滑膜炎和关节囊炎是由创伤引起的关节滑膜和关节囊的炎症，动物一般表现出关节疼痛和功能异常。在严重病例或急性期，关节滑液大量渗出，周围组织肿胀、温热，触诊关节疼痛；在轻微病例或慢性期，关节滑液浓缩和纤维变性，关节活动度随着关节囊的纤维性增厚而降低，严重者甚至跛行。

二、浆液性关节炎

浆液性关节炎（serous arthritis）多由轻微刺激或外伤引起。一般发生于一个关节，但有时也可能发生于多个关节，也可发生于长时间在混凝土或石子地上奔驰的马匹。

患病动物关节囊内充满大量的稀薄黏液，关节囊扩张，关节滑液膜充血，有时有少量出血点，伴有轻微的滑液膜炎。关节囊血管充血及细胞变性，并有少量中性粒细胞渗出。

三、纤维素性关节炎

纤维素性关节炎（fibrinous arthritis）多由细菌感染引起。新生幼畜菌血症通常继发于脐炎或经口由肠道感染，导致羔羊、犊牛、仔猪和马驹的多发性纤维素性关节炎。刺伤也可使细菌经由关节周围的软组织直接蔓延至关节，或由骨连接进入关节。纤维素性关节炎多见于牛，这是由于产后子宫、乳腺和肠等部位受感染所致。家畜较少发生的风湿性多发性关节炎属于纤维素性关节炎，可同时侵害多个关节，多为链球菌所致的变态反应性炎。

患病动物关节囊内有多量浆液性渗出物，渗出物内除含有纤维蛋白外，还有较多的中性粒细胞混在渗出液内或浸润于关节囊。在慢性纤维素性关节炎病例中，纤维蛋白常被压扁而浮于关节渗出液内，或于关节内面形成纤维素性假膜，从而导致关节活动障碍。历时长久的慢性纤维素性关节炎（如猪丹毒）常伴有关节囊显著增大、变厚，囊内充满大量渗出液，关节面粗糙，在关节面的周缘关节囊增厚的皱襞特别明显，在滑膜上形成灰红色绒毛样结构（图17-1）。其渗出液中的细胞成分是淋巴细胞和巨噬细胞，因没有中性粒细胞的蓄积，故不出现脓汁；关节囊毛细血管充血和淤血，血浆渗出进入关节腔内，析出的纤维素由于关节运动时的转动与压迫可形成均质的团块；关节囊绒毛增生，增殖的细胞主要是结缔组织细胞，从关节囊周围开始生长，一些绒毛变为息肉样，其基部狭小与关节囊连接；关节囊因滑膜细胞增生，故囊增厚；关节腔中的渗出液含有纤维素及凝集的红细胞、炎症细胞和少数脱落的滑膜细胞与绒毛等。

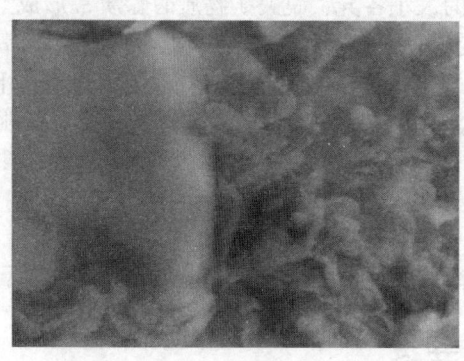

图17-1 纤维素性关节炎（猪丹毒）
（陈怀涛，2021）
关节囊显著增大、变厚，囊内充满大量渗出液，关节面粗糙，在关节面的周缘关节囊增厚的皱襞特别明显，在滑膜上形成灰红色绒毛样结构

四、化脓性关节炎

化脓性关节炎(suppurative arthritis)是由各种细菌,如大肠埃希菌、链球菌、葡萄球菌、棒状杆菌、丹毒杆菌等感染引起。病原菌可由创伤、关节周围皮肤、皮下结缔组织及关节软骨下的骨骼化脓灶侵入。在败血症时,病原菌可经血流进入关节部形成化脓性关节炎。其中,最为多见的是新生仔猪化脓性关节炎,通常是由于子宫内感染或脐感染大肠埃希菌、棒杆菌属、链球菌或葡萄球菌引起。病原菌侵入关节后,虽然有时仅一个关节发炎,但多数情况是多发性关节炎。长时间的化脓性关节炎常破坏关节软骨,导致溃疡,有时波及骨骺部进而破坏骨组织。当化脓波及关节周围组织并穿透关节囊而形成瘘管时,则脓液不断外流。如果化脓时间长,关节周围结缔组织明显增生,可转为慢性化脓性关节炎。

化脓性关节炎一般表现为严重跛行和关节肿大,关节腔内充满白色、黄色或绿色的混浊、脓性的关节滑液。镜检:关节滑膜及关节周围组织中有多量中性粒细胞浸润及感染的化脓性细菌。感染胸膜肺炎放线杆菌时,脓液稀薄水样、无色;感染链球菌或葡萄球菌时,脓液呈白色或黄色稀薄乳状或浓稠状;感染棒状杆菌时,脓液呈黄绿色黏稠状。

此外,严重的关节外伤或脱臼动物易发生出血性关节炎(hemorrhagic arthritis),表现为关节腔的渗出液内含有红细胞和大量炎症细胞。如牛关节感染气肿疽梭菌或腐败梭状芽孢杆菌时,可发生出血性关节炎。动物由于创伤感染腐物(寄生菌等)后,因病原菌寄生在坏死组织内而引起腐败,可诱发坏疽性关节炎(gangrenous arthritis)。此外,栓塞、血栓、冻伤及麦角中毒等也可诱发坏疽性关节炎。

第三节 肌 炎

肌炎(myositis)是指肌纤维及肌纤维之间结缔组织发生的炎症。常因外伤或病原微生物感染所致。根据肌炎发生的性质不同,可分为风湿性肌炎、化脓性肌炎、坏死性肌炎等几种类型。

一、风湿性肌炎

风湿性肌炎(rheumatic myositis)又称肌肉风湿病(muscular rheumatism),多见于马、狗、牛,偶见于绵羊和猪。该病的发生与A型溶血性链球菌的灶状感染有关,是溶血性链球菌引起机体的一种变态反应。A型溶血性链球菌使机体产生与肌肉组织呈交叉反应的抗体,此抗体不仅作用于链球菌,还可作用于心肌等肌肉组织,引起风湿性病变。也可能是链球菌的菌体蛋白与机体的胶原纤维多糖相结合,生成复合抗原,机体对此产生的特异性抗体作用于胶原纤维,引起风湿性病变。但链球菌感染时并不一定发生风湿病,这说明风湿病的发生与链球菌有关,但机体的内因发挥了更重要作用。

动物患风湿性肌炎时,肌肉肿胀,有时见有水肿。轻症病例,眼观无明显变化;重症病例肌肉充血、出血,肌间结缔组织有浆液性渗出,肌肉柔软;慢性病例肌间结缔组织增生。

二、化脓性肌炎

化脓性肌炎(suppurative myositis)是由葡萄球菌、链球菌、大肠埃希菌等化脓菌侵入肌肉组织而引起,常见于开放性损伤部位发生感染、蜂窝织炎、肌肉注射消毒不严或注射刺激性药物等,也可由邻近的骨或软组织感染蔓延或菌血症后经血源性感染所致。

化脓性肌炎如果源于开放性损伤,则形成化脓性感染创;如果源于非开放性损伤,多于横纹肌深部逐渐形成脓肿,严重病例可形成多发性脓肿,炎症部位肿胀,切开后可见脓汁。

三、坏死性肌炎

坏死性肌炎(necrotizing myositis)可见于气肿疽梭菌感染引起的牛气肿疽。典型病变发生于颈、肩、胸、腰等部位,特别易在臀股部肌肉丰满处发生出血性坏死性肌炎,有时病变也见于咬肌、咽肌和舌肌。眼观:病变部干燥呈黑褐色,皮肤肿胀,皮下和肌间结缔组织呈弥散性浆液性出血性炎,并于患部皮下与肌间产生气体,按压有捻发音。切开患部皮肤和肌肉,有多量暗红色的浆液性液体流出,皮下结缔组织和肌膜布满黑红色的出血斑点。肌肉肿胀,呈黑褐色,触之易断裂,肌纤维间充满含气泡的暗红色的酸臭液体,肌肉切面色暗,呈多孔的海绵状,呈现典型的气性坏疽和出血性炎(图17-2)。镜检:肌纤维呈典型的玻璃样变性,蜡样坏死,肌纤维膨胀、崩解和分离,肌浆凝固、均质、红染,肌纤维的纵横纹结构消失(图17-3),肌间质组织出血和水肿,并伴有炎性细胞浸润。

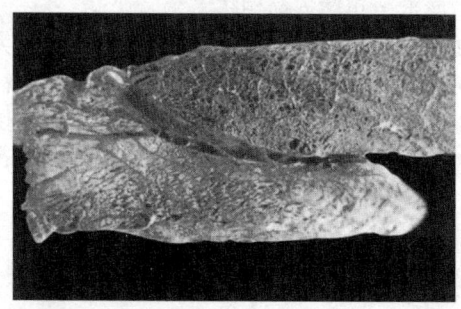

图 17-2 气性坏疽性肌炎(甘肃农业大学病理室,2021)
肌肉切面色暗,呈多孔海绵状

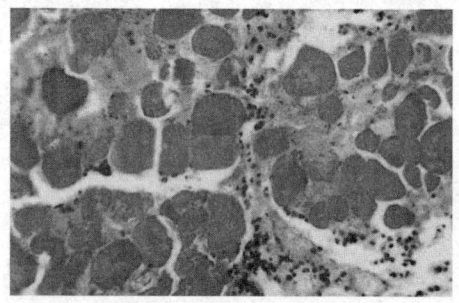

图 17-3 坏死性肌炎(陈怀涛,2021)
肌纤维坏死,呈玻璃样变性,肌间出血、水肿,含有气泡,伴有炎性细胞浸润(H.E.×400)

此外,经长途运输后的屠宰猪也可见到急性浆液性坏死性肌炎,肌肉出现坏死、自溶及炎症变化。眼观肌肉色泽苍白,切面多水,但质地较硬。旋毛虫、肉孢子虫等感染后,寄生部位的肌肉组织也可发生肌炎。

第四节 腱鞘炎与肌腱炎

腱鞘炎(tenosynovitis)是指腱鞘纤维层发生的炎症,以滑膜渗出液导致的腱鞘肿胀为特征,病因和临床症状复杂,多见于乘用马,也可见于刚出生的动物。急性和慢性腱鞘炎多见于创伤,但也可由附近皮肤、关节和骨的炎症而波及。刚出生的动物患败血症时,可经血源性感染,此时常与关节同时发病。成年动物腱鞘炎多继发于各种传染病,如腺疫、副伤寒、败血症、子宫内膜炎等。

一、急性腱鞘炎

急性腱鞘炎(acute tenosynovitis)多由皮肤外伤引起,腱鞘腔内蓄积浆液性或浆液性纤维素性渗出物,诱发浆液性及浆液性纤维素性腱鞘炎。发生急性腱鞘炎时,随着严重程度可出现不同程度的腱鞘肿胀和跛行。例如,马发生败血性腱鞘炎时,表现严重跛行,渗出物经吸收后可完全治愈或者愈着于腱部。

化脓性腱鞘炎可因外伤感染或由腱鞘周围的炎症波及，也可由血源性转移而生成。腱鞘内充满的脓液沿腱鞘蔓延，累及腱部时常发生坏死。

二、慢性腱鞘炎

慢性腱鞘炎（chronic tenosynovitis）多数由急性腱鞘炎转变而来。炎性渗出物长期蓄积在腱鞘内，称为腱鞘水肿。例如，马跗骨腱鞘炎（飞节软肿）和指（趾）骨腱鞘炎（球节软肿）时，常发生慢性腱鞘炎，引起腱鞘腔壁肥厚、粘连。

肌腱是肌肉的桥接结构，一些连接肌腹和骨的肌腱跨度较大，特别是经常超负荷受力，加之其弹性伸缩能力又非常小，因而极易发生损伤。典型例子是马的浅表屈肌腱常发生部分撕裂性损伤，导致肌腱炎。由于肌腱和韧带的血液供应相对较差，愈合缓慢，并且断裂处以无弹性的疤痕组织进行修复，常导致损伤的肌腱无法恢复至原有长度，因此，肌腱和韧带损伤后的护理需要进行长期保守康复疗法。

第五节 蹄 炎

蹄炎（inflammation of hoof）是指有蹄动物蹄部所发生的各种炎症。主要包括蹄叶炎和蹄皮炎。

一、蹄叶炎

蹄叶炎（laminitis）是指由蹄部真皮微观结构的病理生理性紊乱引起的炎症。使用蹄叶炎术语容易使人误解，因为病变不局限于真皮层。蹄叶炎多发生于马，常见于两前蹄，但有时也可发生于全四蹄。蹄叶炎的病因包括：①长途运输、骑乘以及在不平坦的砂石路面上剧烈使役时，可引起负重性蹄叶炎；②给予过多的精饲料，如燕麦、玉米、大豆等可引起饲料性蹄叶炎，也可因饲料中毒及变态反应而发病；③继发于胸疫、流感等传染病，也可诱发转移性蹄叶炎。

马患蹄叶炎时，病变发生于蹄皮膜（角小叶、肉小叶部），呈弥散性无菌性炎症。炎症主要发生于蹄尖壁、蹄侧壁及蹄底。在蹄的肉小叶和角小叶间蓄积浆液性渗出物和出血，结果使两者的连接弛缓、分离，导致蹄骨向下方转移，使蹄骨的尖端下沉，后方因受深屈腱的牵引并不是全部下沉，故蹄底向下方隆突。蹄冠部凹陷，蹄变形，蹄壁生成不正的蹄轮，各蹄轮不相平行。蹄白线明显开张、弛缓、脆弱。蹄尖壁呈块状肥厚，蹄踵高立。最后，蹄叶炎常形成芜蹄。

与马相反，牛患蹄叶炎时多发生于后蹄。尤其多发生于偶蹄的内侧蹄。患蹄的蹄冠部特别是趾间严重肿胀，患部增温，因疼痛而常伏卧。慢性蹄叶炎表现为运步谨慎，白线病和指（趾）部溃疡，蹄呈弯曲蹄、平蹄、方形指（趾）和蹄面严重的皱纹状，造成这种结果是一个长期的过程，由一系列真皮炎性刺激所致，最常见 5 岁以上的奶牛。重症病例和马一样可形成芜蹄。

二、蹄皮炎

1. 化脓性蹄皮炎

化脓性蹄皮炎（suppurative pododermatitis）是因钉伤、裂蹄、白线病、过削蹄等侵入化脓菌而导致的急性炎症。可发生于蹄皮的各个部位，但一般多发生于后部。由蹄皮炎引起弥散性化脓时称为蹄皮的脓性浸润，局限性的蓄脓称为蹄脓肿，生成恶性肉芽肿的慢性病例称为蹄溃疡，化脓呈管状空洞，排出灰白色脓性渗出物时称为蹄瘘。

2. 坏疽性蹄皮炎

坏疽性蹄皮炎（gangrenous pododermatitis）主要表现为蹄皮局部发生坏死，生成腐败性渗出物。坏疽性蹄皮炎一般由化脓菌、坏死杆菌等引起，此病易发生于不洁、潮湿的厩舍或泥泞潮湿的牧场。

第六节　体被系统的疾病

体被系统泛指皮肤。皮肤是机体最大的器官，随动物种类和年龄的不同占动物体重的12%~24%。皮肤具有多种功能，包括提供防护屏障、调节体温、产生色素和维生素 D，以及感知功能等。在解剖学上，皮肤包括表皮、基底膜区、真皮、血管、皮下肌肉和脂肪及附属结构等。

一、表皮炎症

表皮急性炎症一般始于真皮，表现为充血、水肿和白细胞（通常为中性粒细胞）移行。水肿液来源于扩张的静脉，可在细胞间流动并穿过表皮，使表皮细胞间隙增宽，引起棘细胞层水肿。皮肤灼伤时，大量液体以小水泡形式在表皮内部或其下蓄积，当渗透至皮肤表面干燥后，形成大型的非细胞性痂皮。白细胞由浅层真皮血管移行至浅层真皮，经上皮深层细胞间隙到达浅表层。通常将白细胞在表皮中移行和聚集，称为胞吐作用（exocytosis）。若炎症反应继续发展，移行的白细胞将在表皮或角质层内形成脓疱，脓疱通常会迅速变干，形成痂皮（crusts）。移行至表皮的白细胞类型，受发病机理中多种细胞因子间复杂的相互作用和影响，通过对白细胞类型的鉴定有助于对特定疾病进行分类和确诊。例如，表皮内嗜酸性粒细胞的出现与体外寄生虫叮咬有关；表皮内淋巴细胞浸润则常见于免疫介导的疾病（如红斑狼疮），同时也是恶性淋巴瘤在表皮出现的特征之一；表皮内出现红细胞常与创伤或循环紊乱有关（如严重的血管扩张和血管炎）。

二、表皮色素沉着

表皮色素沉着的改变包括色素沉着过度、色素沉着不足和色素失禁。黑色素是由位于表皮基底层、棘细胞层底部、外毛根鞘、毛囊基质和真皮血管周围的黑素细胞产生的，其表面有激素类受体，如黑素细胞的激素能够调节黑色素的生成。基因型、年龄、光照、温度和炎症等也会影响皮肤和毛发中的黑色素含量。

（一）色素沉着过度

色素沉着过度（hyperpigmentation）是由于黑素细胞分泌的黑色素增多或黑素细胞数量增加引起的。如痣（lentigo）是黑素细胞增多而引起的色素沉着过度的实例，痣是一种少见的黑素细胞局限于表皮的非瘤性增生，通常形成直径小于 1 cm 的边界清楚的黑斑。大部分表皮色素沉着过度是由黑素细胞生成的黑色素增加引起的，由于黑色素生成量增加而导致表皮色素沉着过度的疾病包括慢性炎症性疾病（如慢性过敏性皮炎）和内分泌性皮肤病（如肾上腺皮质功能亢进）。色素沉着过度通常为炎症的继发症，一般认为是由于角质细胞释放黑素细胞刺激因子所致。正常情况下，这些细胞因子在表皮细胞中就已经存在，只有在刺激或角化应激时，其水平或活力才会升高。

(二)色素沉着不足

色素沉着不足(hypopigmentation)可以是先天性的,由于黑素细胞缺乏,无法合成黑色素,或不能将黑色素转移至表皮细胞所致;色素沉着不足也可以是获得性的,由于黑色素或黑素细胞的缺失(色素脱失)所致。另外,铜是酪氨酸酶的组成成分,因此,铜也影响黑色素的合成,当铜缺乏时可引起黑色素沉着不足。

(三)色素失禁

色素失禁(pigmentary incontinence)是指基底层细胞或毛囊结构性细胞损伤,或黑色素在真皮上层和毛囊周围的巨噬细胞内聚集,导致表皮基底层或毛囊外毛根鞘和毛球处的黑色素丧失。表皮基底层色素失禁是伴随炎症过程的一种非特异性损伤。例如,毛囊炎时,毛囊周围发生色素失禁;毛囊异常增生或某些类型的毛囊发育不良时,也伴随色素失禁。

三、真皮炎症

皮炎(dermatitis)是指真皮的炎症。急性皮炎时,由于细胞因子及其急性炎症介质的释放,引起真皮充血、水肿、炎性细胞浸润(图17-4)。充血是由于小动脉血管扩张,导致血流量增加,引起毛细血管的血流速度减慢所致。水肿是由于血管通透性增加引起的,血液中的液体成分可通过增宽的血管内皮间隙流出血管。随着血管通透性轻微地增加,水肿渗出液中由于含有少数的血浆蛋白会变得清亮(浆液),随着血管通透性增加或内皮细胞损伤的加重,大分子蛋白质(如纤维蛋白原)可流出血管,因此,水肿液变得更具嗜酸性,且呈现更加明显的纤维状(含纤维素)。急性皮炎

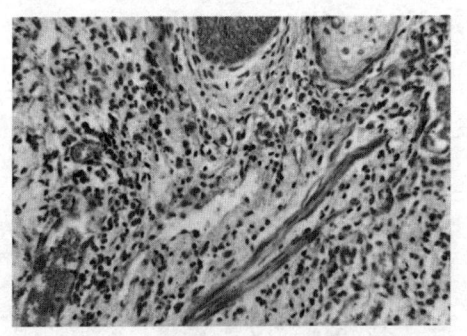

图 17-4 绵羊真皮炎(陈怀涛,2021)
真皮充血、水肿、炎性细胞浸润,有许多"绵羊痘细胞"(呈星形或梭形)(H.E.×400)

进一步发展,白细胞可从血管移行至真皮血管周围。血管内皮细胞表达的可结合白细胞的黏附分子和缓慢的血流为急性炎症中白细胞的移行提供了条件。缓慢的血流同时还使白细胞能够从血流速度快的血管中心移行至血流速度慢的边缘,接触并黏附到活化的内皮细胞上。

在许多急性炎症中,中性粒细胞是最先移行至真皮的炎症细胞之一。在损伤后的6~24 h,以中性粒细胞为主;在24~48 h,则以巨噬细胞为主。炎症细胞渗出的顺序取决于炎症不同阶段黏附分子的类型和趋化因子的活性,如在IgE交联介导的Ⅰ型过敏性反应中,位于真皮血管周围的肥大细胞受到刺激后,在几秒内即释放颗粒,合成并释放炎症介质(前列腺素、白三烯及各种细胞因子等),导致大量嗜酸性粒细胞、嗜碱性粒细胞、$CD4^+$ T2 淋巴细胞以及巨噬细胞渗出。肥大细胞的脱粒作用以及 T2 淋巴细胞的活化,引起大量嗜酸性粒细胞聚集;在抗寄生虫炎症反应和其他过敏反应中,嗜酸性粒细胞通常占白细胞的大多数。

急性皮炎的结局通常有下列四种:①痊愈。在刺激持续时间短且组织损伤范围小的情况下,可完全修复。②形成脓肿。发生在如化脓性细菌感染病例。③形成瘢痕。纤维结缔组织取代损伤区域的愈合形式(即瘢痕)。④急性皮炎转变为慢性皮炎。

慢性皮炎是持续数周或数月的皮肤炎症。其病理组织学特征包括巨噬细胞、淋巴细胞以及浆细胞的聚集,炎性细胞对部分组织造成破坏,以及纤维化和血管再生等宿主修复性反应。慢性皮炎通常由持续性感染所致,常与迟发性超敏反应和肉芽肿形成(如分枝杆菌),皮肤内

存在异物,以及自身抗原引起的自身免疫反应,即免疫系统对宿主组织不断地免疫应答(如红斑狼疮)等相关。巨噬细胞是慢性皮炎中的重要细胞,源于外周血液中的单核细胞。成熟巨噬细胞的主要功能是吞噬作用,巨噬细胞也可被致敏性T淋巴细胞分泌的细胞因子(如γ-干扰素等生化介质)激活,激活的巨噬细胞能够分泌多种组织损伤介质(如有毒氧代谢产物、蛋白酶以及凝血因子等),这些物质均能促进慢性炎症及其纤维化。另外,慢性炎症中出现的淋巴细胞和浆细胞,可作为宿主免疫应答的检测指标。

急性和慢性皮炎发展过程中的炎症环境,如白细胞的分布、炎性细胞类型以及其他形态学变化相结合往往有助于疾病的鉴别诊断和确定特定疾病病因与发生机理。例如,血管周围性皮炎中出现的嗜酸性粒细胞,提示超敏反应与寄生虫或其他抗原有关;界面性皮炎(炎症影响表皮基底层和真皮浅层,往往表皮与真皮界面不清)中出现的淋巴细胞,提示针对表皮细胞的免疫反应,如红斑狼疮或多形性红斑;结节性皮炎中出现的巨噬细胞(肉芽肿性皮炎),提示已持续受到抗酸细菌或真菌的感染。因此,将炎症与浸润细胞成分相结合有助于疾病的微观诊断。

四、血管炎

血管炎(vasculitis)即血管的炎症。在血管炎中,血管是致炎因子损伤的主要对象,引发血管炎的病因有生物感染、免疫损伤、毒素、光敏性化学品,以及弥散性血管内凝血(DIC)等继发性因素,但也可能是原发性的。马和犬是最容易发生血管炎的动物,大多数情况下属于原发性的,但其具体病因还不确定。在血管炎的病理组织学诊断过程中,很难辨别炎症细胞是经血管输送至损伤的表皮或真皮,还是由皮肤实际损伤所致。此外,参与炎症反应的炎性细胞类型的变化,受血管病变时间的影响大于疾病进程本身。血管炎的病理组织学损伤包括血管壁损伤(如出现坏死细胞或纤维素样坏死灶)、白细胞浸润血管壁,血管壁或血管周围水肿、出血或纤维蛋白渗出。血管损伤可导致水肿和出血等临床病理变化,如果损伤严重,还会引起缺血性坏死和梗死,并且可能发生有或无皮肤脱落性溃疡(图17-5)。局部缺血可使皮肤发生萎缩,典型病例包括血管壁免疫复合物的沉积(全身性红斑狼疮

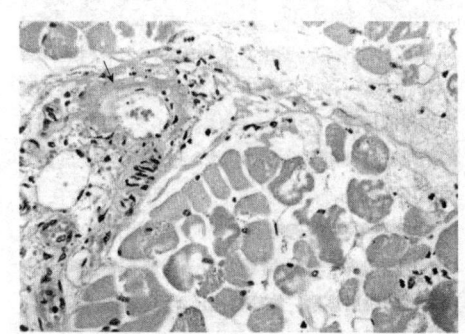

图17-5 血管炎(马骨骼肌横切面)(B. A. Valentine, 2015)

血管壁或血管周围水肿、出血,血管壁内(箭头)呈现环形带状纤维蛋白坏死,白细胞浸润血管壁;许多相邻的肌纤维坏死(中间部分至右下区);部分肌纤维呈碎片状,少部分肌纤维包含微细的嗜碱性矿物质沉积(H. E. ×400)

和马紫癜性出血)、与狂犬病疫苗接种相关的血管炎和缺血性皮肤病、嗜内皮生物感染(立克次体,*Rickettsia rickettsii*),以及猪的细菌性栓塞和梗死性败血症(猪丹毒杆菌,*Erysipelothrix rhusiopathiae*)。

五、脂膜炎

脂膜炎(panniculitis)即皮下脂肪组织的炎症。引发脂膜炎的原因有传染性因子(细菌、真菌)、免疫介导性疾病(全身性红斑狼疮)、物理性伤害(外伤、刺激性药物的注射及异物)、营养性疾病(维生素E缺乏症)及胰腺疾病(胰腺炎、胰腺癌)等。

脂膜炎可以是原发性的,也可以是继发性的。在原发性脂膜炎中,皮下脂肪组织是疾病

过程中的损伤目标。例如，当给猫饲喂不饱和脂肪酸过多和抗氧化剂（如维生素E）过低的日粮时，会发生脂膜炎。维生素E缺乏会导致皮下脂肪组织脂质的氧化（自由基引起的细胞膜脂质的过氧化作用），引发肉芽肿性炎症反应。在继发性脂膜炎中，皮下组织主要受相邻真皮组织原发性炎症的影响，炎症向下可蔓延至皮下组织。例如，疖形成过程中的深层细菌性毛囊炎可引起继发性脂膜炎，并形成一个被微生物或异物感染的穿透性伤口。患脂膜炎的动物，临床表现为触诊有结节，并可形成溃疡，流出一些油腻或含血的物质。病理损伤常见于躯干及四肢基部，可为单发型或多发型病灶。单发型病灶可通过手术切除，而多发型病灶需特殊治疗，最终形成瘢痕。

脂膜炎根据炎症细胞类型、微生物有无还可细分为以下几种类型：中性粒细胞型、淋巴细胞型、感染性因子所致的肉芽肿或化脓性肉芽肿（granulomatous to pyogranulomatous）型、非感染性因子所致的肉芽肿或化脓性肉芽肿型和纤维化型等。

六、附属结构炎症

附属结构（adnexa）是指皮肤的附属物或辅助成分，包括毛囊和腺体。临床与病理组织学变化主要涉及毛囊和腺体的病理损伤。

（一）毛囊炎

毛囊炎（folliculitis）是指毛囊的炎症。根据受影响的解剖部位和浸润的炎性细胞类型，毛囊炎可分为毛囊周围炎、壁性毛囊炎、腔性毛囊炎以及毛球炎（图17-6）。毛囊的炎症起始于毛囊周围的血管，白细胞从毛囊周围的血管至真皮，引发毛囊周围炎（炎症出现在毛囊周围，但不涉及毛囊）。毛囊周围炎并不是某种特定的疾病类型，而是毛囊炎的最初阶段。毛囊周围炎与毛囊炎相同，由多种因素引起。毛囊周围炎的炎症细胞移行至毛囊壁上，导致壁性毛囊炎（仅限于毛囊壁的炎症）。根据炎症反应过程的不同，白细胞可聚集在毛囊壁，也可移行进入毛囊管腔。

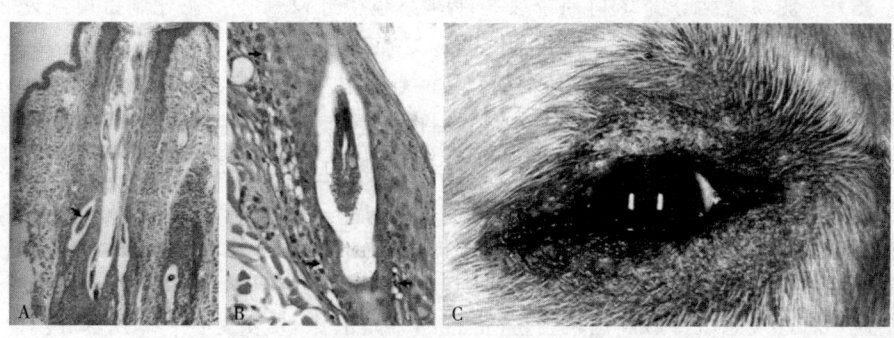

图17-6 犬螨虫，毛囊炎（Ann M. Hargis，2015）

A. 螨虫位于毛囊腔深处（箭头），炎症发生于毛囊壁外侧（表面性壁性毛囊炎）及毛囊周围真皮炎（毛囊周围炎）（H.E.×100）；B. 螨虫位于毛囊腔，少量淋巴细胞分布于毛囊壁周边，毛囊壁基底细胞轻度空泡变性（箭头）（淋巴细胞性界面性壁性毛囊炎）（H.E.×400）；C. 眼周的局限性螨虫病，皮肤脱毛、苔藓样变，色素沉着过度

（二）皮脂腺炎

皮脂腺炎（sebaceous adenitis）是指针对皮脂腺的特异性炎症反应。患病动物多为犬（图17-7），猫和马少见。早期的特征性病理组织学损伤为皮脂腺导管周围淋巴细胞蓄积，后期发生淋巴细胞、中性粒细胞和巨噬细胞浸润，皮脂腺消失。慢性病变导致皮脂腺被彻底破坏（萎缩）、结疤及表皮和毛囊过度角化。皮脂腺炎也可继发于毛囊炎、脂性螨虫病、眼色素层皮肤症候

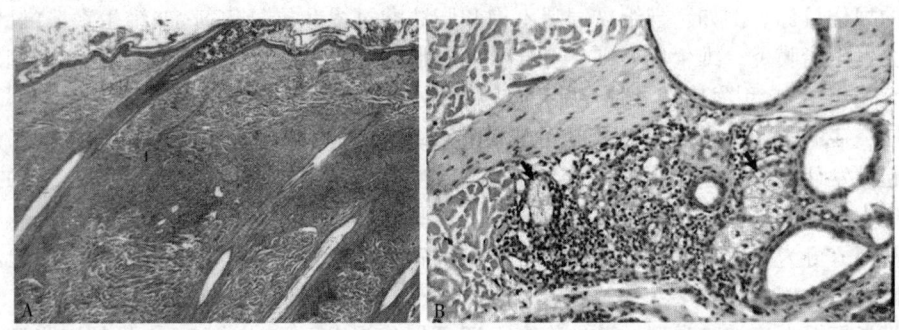

图 17-7 犬皮肤被毛，皮脂腺炎(Ann M. Hargis, 2015)

A. 皮脂腺及其周围的炎症（Ⅰ），在皮肤真皮层环绕皮脂腺形成炎性细胞带(H. E.×100)；B. 皮脂腺炎症开始侵害皮脂腺，淋巴细胞、中性粒细胞和巨噬细胞浸润，可见有少数皮脂腺（箭头）(H. E.×400)

群和利什曼病，这些炎症除可损伤皮肤的其他区域（如毛囊、表皮和真皮等）外，同时也会影响其周围的皮脂腺。

（三）汗腺炎

汗腺炎(hidradenitis)是指汗腺的炎症。犬化脓性汗腺炎伴发于葡萄球菌性毛囊炎和疖，是由于感染引起的毛囊炎经汗腺和毛囊之间的物理性联系并蔓延所致，可影响同一毛囊或其他多个毛囊，在病理组织学上表现为汗腺和真皮周围的化脓性炎症。除细菌性感染引起的汗腺炎之外，该病通常无特定的临床症状。

【知识卡片】

整体皮肤单元的病理反应

很少有皮肤病的过程仅涉及单个皮肤组分。多数情况下，皮肤的多个组分都会参与疾病的过程。此外，损伤通常分为不同的阶段，即部分损伤可以愈合，也可能出现继发性损伤，这使损伤的进展更为复杂。因此，在明确损伤波及范围和诊断时，对皮肤多个区域进行活检样本的采集以明确损伤范围对确诊极为必需。

例如，痘病毒侵袭表皮时，病毒会在棘层细胞内进行复制，引起细胞浆肿胀（气球样变）及一些表皮细胞的破裂（网状变性）。其中，在一些细胞的细胞浆中形成病毒包涵体。受损表皮细胞中释放的细胞成分，能作为引发急性炎症反应的化学介质和白细胞的趋化因子。这些化学介质和趋化因子具有以下作用：①扩张微动脉，增加病毒侵袭处的血流量；②引发真皮毛细血管和毛细血管后静脉中的白细胞移行；③增加血管壁通透性（真皮水肿）；④引发血管中的白细胞移行进入组织，形成斑状损伤(macular lesions)。表皮变性、真皮水肿，以及血管周围炎症能进一步发展为渗出性病变。角质形成细胞发生气球样变及网状变性，导致表皮内形成水泡。血管周围的白细胞在表皮分泌的炎症介质的影响下，移行至表皮，进入水泡后形成脓疱。有些痘病毒可通过刺激宿主细胞 DNA 的合成，引起表皮增生，推测可能是病毒产生类似表皮生长因子的基因产物，从而引发假性癌样增生。脓疱不断扩大，最终破溃，释放渗出液至皮肤表面，干燥后形成痂皮（结痂）。水泡和脓疱引起的原发性损伤较轻，且持续时间短，仅为数小时，因此，难以识别和收集活检样本。继发性病变所形成的结痂和瘢痕的持续时间则较长，皮肤的多组分都参与了损伤的发展过程，且经历了斑疹、丘疹、水泡、脓疱、痂皮及瘢痕等临床阶段。

作业题

1. 名词解释：骨膜炎、关节炎、肌炎、腱鞘炎、蹄叶炎、皮炎。
2. 简述骨膜炎的病因及其分类。
3. 简述骨的疾病种类及其病因。
4. 根据病程经过和炎性渗出物性质，简述关节炎的类型及其发生机理。
5. 根据肌炎发生的性质，简述不同类型的发生机理。
6. 简述急性和慢性腱鞘炎的病理变化特点。
7. 引起蹄叶炎的病因有哪些？
8. 体被系统的炎症有哪些？试述其病理变化特点。
9. 皮肤附属结构有哪些？试述其病理变化特点。
10. 如何从整体皮肤单元的病理反应中确定损伤范围？如何对体被系统疾病进行诊断？

(金天明)

参考文献

步宏，李一雷，2018. 病理学[M]. 9 版. 北京：人民卫生出版社.
陈怀涛，2006. 兽医病理解剖学[M]. 3 版. 北京：中国农业出版社.
陈怀涛，2008. 兽医病理学原色图谱[M]. 北京：中国农业出版社.
陈怀涛，2013. 动物肿瘤彩色图谱[M]. 北京：中国农业出版社.
陈怀涛，2021. 兽医病理剖检技术与疾病诊断彩色图谱[M]. 北京：中国农业出版社.
陈怀涛，许乐仁，2005. 兽医病理学[M]. 北京：中国农业出版社.
陈怀涛，赵德明，2013. 兽医病理学[M]. 2 版. 北京：中国农业出版社.
陈杰，周桥，2015. 病理学[M]. 3 版. 北京：中国医药科技出版社.
成军，贺文琦，陆慧君，等，2018. 动物病理解剖学课程改革与实践[J]. 安徽农业科学，46(25)：224-225，228.
成军，2018. 现代细胞凋亡分子生物学[M]. 3 版. 北京：科学出版社.
崔恒敏，2018. 兽医病理解剖学[M]. 4 版. 北京：中国农业出版社.
翟中和，王喜中，丁明孝，2007. 细胞生物学[M]. 3 版. 北京：高等教育出版社.
高丰，贺文琦，2008. 动物病理解剖学[M]. 北京：科学出版社.
高丰，贺文琦，赵魁，2013. 动物病理解剖学[M]. 2 版. 北京：科学出版社.
黄光明，张丽华，2022. 病理学基础[M]. 3 版. 北京：科学出版社.
金鲁明，尹秀花，2013. 病理学[M]. 2 版. 北京：中国医药科技出版社.
来茂德，申洪，2019. 病理学[M]. 2 版. 北京：高等教育出版社.
李广兴，刘思国，任晓峰，2006. 动物病理解剖学[M]. 2 版. 哈尔滨：黑龙江科学技术出版社.
李玉林，2002. 分子病理学[M]. 北京：人民卫生出版社.
李玉林，2004. 病理学[M]. 6 版. 北京：中国协和医科大学出版社.
李玉林，2013. 病理学[M]. 8 版. 北京：人民卫生出版社.
林曦，1999. 家畜病理学[M]. 3 版. 北京：中国农业出版社.
刘宝岩，邱震东，1990. 动物组织病理学彩色图谱[M]. 长春：吉林科学技术出版社.
刘彦威，刘建钗，刘利强，2018. 普通动物病理学[M]. 北京：科学出版社.
马德星，2011. 兽医病理解剖学[M]. 北京：化学工业出版社.
马学恩，2007. 家畜病理学[M]. 4 版. 北京：中国农业出版社.
马学恩，王凤龙，2019. 兽医病理学[M]. 北京：中国农业出版社.
孟博，贾珊珊，于爽，等，2020. 五种典型肿瘤的病理学诊断[J]. 中国兽医科学，50(7)：898-907.
潘耀谦，2000. 动物病理学的过去、现在和未来[J]. 动物医学进展，21(3)：1-6.
潘耀谦，简子健，1996. 畜禽病理学[M]. 长春：吉林科学技术出版社.
佘锐萍，2018. 动物超微结构及超微病理学[M]. 北京：中国农业大学出版社.
苏敏，2005. 图解病理学[M]. 北京：北京大学出版社.
孙欣，宋志琦，刘春法，等，2016. 犬睾丸原发性特有肿瘤的病理学观察与分析[J]. 实验动物科学，33(3)：1-3.
谭勋，2020. 动物病理学（双语）[M]. 杭州：浙江大学出版社.
唐建武，2017. 病理学[M]. 2 版. 北京：科学出版社.
王恩华，张杰，2018. 临床病理诊断与鉴别诊断[M]. 北京：人民卫生出版社.
王建枝，钱睿哲，2018. 病理生理学[M]. 9 版. 北京：人民卫生出版社.
王雯慧，2016. 兽医病理学[M]. 北京：科学出版社.

吴立玲，2014. 病理生理学［M］. 4版. 北京：北京大学医学出版社.

吴人亮，2004. 基础病理学［M］. 北京：科学出版社.

吴长德，赵德明，韩彩霞，等，2005. 动物病理学的研究现状与展望［J］. 动物医学进展，26（1）：49-50.

徐云生，张忠，2015. 病理学与检验技术［M］. 北京：人民卫生出版社.

许乐仁，2015. 医学病理学的发展与我国近代兽医病理学［J］. 山地农业生物学报，34（2）：1-8.

原冬伟，栾广宇，孙东波，等，2019. 实验课程改革与初探——以动物病理解剖学为例［J］. 中国畜禽种业，15（3）：82-83.

张书霞，2011. 兽医病理生理学［M］. 4版. 北京：中国农业出版社.

张志刚，仇容，2015. 病理学［M］. 3版. 上海：复旦大学出版社.

赵德明，2012. 兽医病理学［M］. 3版. 北京：中国农业大学出版社.

赵德明，周向梅，杨利峰，等，2015. 动物组织病理学彩色图谱［M］. 北京：中国农业大学出版社.

赵其辉，魏昕，2019. 病理学与病理生理学［M］. 北京：北京大学医学出版社.

郑明学，刘思当，2015. 兽医临床病理解剖学［M］. 2版. 北京：中国农业大学出版社.

郑世民，2020. 动物病理学［M］. 2版. 北京：高等教育出版社.

周铁忠，陆桂平，2006. 动物病理［M］. 2版. 北京：中国农业出版社.

周向梅，赵德明，2021. 兽医病理学［M］. 4版. 北京：中国农业出版社.

朱坤熹，2000. 兽医病理解剖学［M］. 2版. 北京：中国农业大学出版社.

ALBERTS B，JOHNSON A，LEWIS J，et al.，2014. Molecular Biology of the Cell［M］. 6th ed. New York：Garland Science.

LEVY M N，STANTO B A，KOEPPEN B M，2008. 生理学原理［M］. 4版. 梅岩艾，王建军，译. 北京：高等教育出版社.

BIGGS A，2015. 牛乳房炎研究与诊疗［M］. 高健，韩博，译. 北京：中国农业科学技术出版社.

FARONI A，MOBASSERI S A，KINGHAM P J，et al.，2015. Peripheral nerve regeneration：experimental strategies and future perspectives［J］. Adv Drug Deliv Rev，82-83：160-167.

GISTELINCK C，KWON R Y，MALFAIT F，et al.，2018. Zebrafish type I collagen mutants faithfully recapitulate human type I collagenopathies［J］. Proc Natl Acad Sci U S A，115（34）：E8037-E8046.

HO C Y，2010. Hypertrophic Cardiomyopathy［J］. Heart Failure Clinics，6（2）：141-159.

KAHN C M，LINE S，2015. 默克兽医手册［M］. 10版. 张仲秋，丁柏良，译. 北京：中国农业出版社.

KERR J F，GOBE G C，WINTERFORD C M，et al.，1995. Anatomical methods in cell death［J］. Methods Cell Biol，46：1-27.

KUMAR V，ABBAS A K，FAUSTO N，2005. Robbins-Pathologic Basis of Disease［M］. 7th ed. Philadelphia：Elsevier Saunders.

LATIMER K S，2021. 兽医实验室临床病理检查手册［M］. 5版. 吴长德，译. 北京：中国农业出版社.

MCLNNES E F，2018. 实验动物背景病变彩色图谱［M］. 孔庆喜，吕建军，王和枚，等译. 北京：北京科学技术出版社.

ZACHARY J F，2017. Pathologic Basis of Veterinary Disease［M］. 6th ed. Saint Louis：Elsevier.

中英文名词对照

阿瑟斯反应	Arthus reaction
埃-当二氏综合征	Ehlers-Danlos syndrome
癌	carcinoma
癌基因	oncogene
癌肉瘤	carcinosarcoma
奥尔波特综合征	Alport syndrome
白色血栓	white thrombus
白细胞边集	margination
白细胞游出	transmigration
败血性梗死	septic infarct
败血性休克	septic shock
包壳	involucrum
包囊形成	encapsulation
胞吐作用	exocytosis
鼻炎	rhinitis
比较病理学	comparative pathology
变态反应	allergic reaction
变态反应性脑炎	allergic encephalitis
变性	degeneration
变应原	allergen
变质	alteration
变质性炎	alterative inflammation
槟榔肝	nutmeg liver
病毒性脑炎	viral encephalitis
病理性钙化	pathological calcification
病理性萎缩	pathological atrophy
玻璃样变性	hyaline degeneration
播散性脑炎	disseminated encephalitis
不完全再生	incomplete regeneration
肠结石	enterolith
肠扭转	volvulus
肠套叠	intestinal intussusception
肠阻塞	intestinal obstruction
超微病理学	ultrastructural pathology
程序性细胞死亡	programmed cell death, PCD
充血	hyperemia
充血水肿期	congestion and edema
出血斑	ecchymosis

出血点	petechiae
出血性肠炎	hemorrhagic enteritis
出血性梗死	hemorrhagic infarct
出血性关节炎	hemorrhagic arthritis
出血性浸润	hemorrhagic infiltration
出血性素质	hemorrhagic diathesis
出血性胃炎	hemorrhagic gastritis
出血性炎	hemorrhagic inflammation
出芽	budding
出血	bleeding
穿胞作用	transcytosis
创伤性关节炎	traumatic arthritis
创伤愈合	wound healing
垂体前叶功能低下	anterior pituitary hypofunction
垂体前叶功能亢进	hyperpituitarism
错义突变	missense mutation
大块坏死	massive necrosis
大叶性肺炎	lobar pneumonia
呆小病	cretinism
单纯性神经元萎缩	simple neuronalatrophy
单链断裂	single strand broken
胆石	cholelith
胆汁性肝硬变	biliary cirrhosis
胆汁性肾病	biliary nephropathy
蛋白酶激活受体	protease-activated receptor
低血糖	hypoglycemia
第二期愈合	second intention healing
第一期愈合	first intention healing
点突变	point mutation
点状坏死	spotty necrosis
电压依赖性阴离子通道	voltage-dependent anion channel, VDAC
淀粉样变性	amyloid degeneration
淀粉样变性肾病	amyloidosis nephropathy
凋亡蛋白酶激活因子-1	apoptotic protease activating factor-1, Apaf-1
凋亡小体	apoptotic body
凋亡抑制因子	inhibitor of apoptosis, IAP
定量病理学	quantitative pathology
动脉性充血	arterial hyperemia
动脉炎	arteritis
动脉硬化	arteriosclerosis
动态突变	dynamic mutation

动物细胞与组织培养	animal cell and tissue culture
窦道	sinus
端粒	telomere
端粒酶	telomerase
多发性关节炎	polyarthritis
恶病质	cachexia
恶性黑色素瘤	maligmant melanoma
发绀	cyanosis
翻滚	rolling
防御素	defensin
非赖氧杀伤机制	oxygen-independent mechanism
非特异性增生性炎	nonspecific productive inflammation
肥大	hypertrophy
肥厚性鼻炎	hypertrophic rhinitis
肺出血肾炎综合征	goodpasture syndrome
肺泡塌陷	alveolar collapse
肺泡性肺气肿	alveolar emphysema
肺膨胀不全	atelectasis of lung
肺气肿	emphysema
肺水肿	pulmonary edema
肺萎陷	collapse of lung
肺炎	pneumonia
分子病理学	molecular pathology
风湿性肌炎	rheumatic myositis
蜂窝织炎	cellulitis
跗骨赘	spavin
浮膜性炎	croupous inflammation
腐败性气胸	putrid pneumothorax
腐败性炎	gangrenous inflammation
附睾炎	epididymitis
附属结构	adnexa
钙化	calcification
干酪样坏死	caseous necrosis
肝癌	hepatoma
肝功能不全	hepatic insufficiency
肝坏死	hepatic necrosis
肝肾综合征	hepatorenal syndrome
肝性昏迷	hepatic coma
肝性脑病	hepatic encephalopathy
肝炎	hepatitis
肝硬变	hepatic cirrhosis

感染	infection
睾丸炎	orchiditis
睾丸肿瘤	testicular tumor
格子细胞	gitter cell
梗死	infarction
骨膜炎	periostitis
骨髓炎	osteomyelitis
骨炎	ostitis
骨硬化	osteosclerosis
固膜性炎	diphtheritic inflammation
关节炎	arthritis
过敏毒素	anaphylatoxin
过敏反应	anaphylaxis
过敏原	anaphylactogen
过氧亚硝基阴离子	peroxynitrite, $ONOO^-$
汗腺炎	hidradenitis
核内包涵体	intranuclear inclusions
核酸内切酶	endonuclease
褐色硬化	brown induration
红色肝变期	red hepatization
红色血栓	red thrombus
喉炎	laryngitis
呼吸爆发	respiratory burst
花生四烯酸	arachidonic acid, AA
化脓性肺炎	suppurative pneumonia
化脓性关节炎	suppurative arthritis
化脓性肌炎	suppurative myositis
化脓性脑炎	suppurative encephalitis
化脓性肉芽肿	granulomatous to pyogranulomatous
化脓性肾炎	suppurative nephritis
化脓性蹄皮炎	suppurative pododermatitis
化脓性心肌炎	suppurative myocarditis
化脓性炎	suppurative or purulent inflammation
化生	metaplasia
坏疽	gangrene
坏疽性肺炎	gangrenous pneumonia
坏疽性关节炎	gangrenous arthritis
坏疽性蹄皮炎	gangrenous pododermatitis
坏死	necrosis
坏死性肝硬变	postnecrotic cirrhosis
坏死性肌炎	necrotizing myositis

坏死性胃炎	necrotic gastritis
环丁基环	cyclobutane ring
环氧合酶	cyclooxygenases，COX
缓激肽	bradykinin
黄曲霉毒素中毒	aflatoxincosis
黄体囊肿	lutein cysts
灰色肝变期	grey hepatization
混合血栓	mixed thrombus
活性氧	reactive oxygen species，ROS
火腿脾	bacon spleen
鸡传染性法氏囊炎(病)	infectious bursal disease，IBD
机化	organization
肌肉风湿病	muscular rheumatism
肌炎	myositis
积脓	empyema
基底膜	basal membrane
基膜	basement membrane
基因突变	gene mutation
基质	matrix
基质积聚	matrix accumulation
基质解聚	matrix depolymerization
基质金属蛋白酶	matrix metalloproteinase，MMPs
激光扫描共聚焦显微镜	confocal laser scanning microscopy，CLSM
激肽释放酶	kallikrein
激肽原	kininogen
急性膀胱炎	acute cystitis
急性鼻炎	acute rhinitis
急性动脉炎	acute arteritis
急性附睾炎	acute epididymitis
急性睾丸炎	acute orchiditis
急性骨膜炎	acute periostitis
急性腱鞘炎	acute tenosynovitis
急性浆液性胃炎	acute serous gastritis
急性静脉炎	acute phlebitis
急性卡他性肠炎	acute catarrhal enteritis
急性卡他性喉炎	acute catarrhal laryngitis
急性卡他性胃炎	acute catarrhal gastritis
急性弥散性甲状腺炎	acute diffuse thyroiditis
急性脾炎	acute splenitis
急性期蛋白	acute phase proteins
急性乳腺炎	acute mastitis

急性肾小球肾炎	acute glomerulonephritis
急性胃扩张	acute gastric dilatation
急性胸膜炎	acute pleuritis
急性脾肿	acute inflammatory splenotmegaly
急性炎症	acute inflammation
急性增生性炎	acute productive inflammation
急性子宫内膜炎	acute endometritis
寄生虫性肝硬变	verminous cirrhosis
甲状腺癌	thyroid carcinoma
甲状腺功能低下	hypothyroidism
甲状腺腺瘤	thyroid adenoma
甲状腺炎	thyroiditis
甲状腺肿	goiter
假膜性炎	pseudomembranous inflammation
假性肥大	pseudo hypertrophy
假性尿毒症	pseudouremia
间质性肺气肿	interstitial emphysema
间质性肺炎	interstitial pneumonia
间质性肾炎	interstitial nephritis
间质性心肌炎	interstitial myocarditis
腱鞘炎	tenosynovitis
浆细胞	plasma cell
浆液性关节炎	serous arthritis
浆液性淋巴结炎	serous lymphadenitis
浆液性炎	serous inflammation
胶样水肿	gelatinous edema
胶原病	collagen disease
胶原蛋白	collagen
胶原纤维	collagenous fiber
胶原纤维玻璃样变	collagenous fiber hyaline degeneration
胶原纤维坏死	collagenous fiber necrosis
胶质瘤	gliosis
结缔组织病	connective tissue disease
结节性动脉周围炎	nodular periarteritis
结局期	completion
结石形成	calculosis
经典剪切位点突变	classical splice site mutation
静脉性充血	venous hyperemia
静脉炎	phlebitis
局部缺血	ischemia
局灶性间质性肾炎	focal interstitial nephritis

巨噬细胞	monocyte
卡他性肠炎	catarrhal enteritis
卡他性炎	catarrhal inflammation
抗肾小球基底膜抗体型肾小球肾炎	anti-glomerular basement membrane glomerulonephritis
颗粒变性	granular degeneration
颗粒性室管膜炎	ependymal granulation
空泡化	blebbing
库欣综合征	Cushing's syndrome
溃疡	ulcer
溃疡性心内膜炎	ulcerative endocarditis
蜡样坏死	waxy necrosis
赖氧杀伤机制	oxygen-dependent mechanisms
郎罕氏巨细胞	Langhans giant cell
淋巴肉瘤	lymphosarcoma
淋巴细胞	lymphocyte
淋巴细胞趋化蛋白	lymphotactin
磷脂酰丝氨酸	phosphatidylserine, PS
鳞状细胞癌	squamous cell carcinoma
流式细胞术	flow cytometry, FCM
瘤胃臌气	bloat
瘘管	fistula
路易斯寡糖 X	Sialyl Lewis X, sLe~X
卵巢囊肿	ovarian cysts
卵巢脓肿	ovarian abscess
卵巢肿瘤	ovarian tumor
卵泡囊肿	follicular cysts
马立克氏病	Marek's disease
慢性膀胱炎	chronic cystitis
慢性鼻炎	chronic rhinitis
慢性动脉炎	chronic arteritis
慢性肥厚性胃炎	chronic hypertrophic gastritis
慢性附睾炎	chronic epididymitis
慢性睾丸炎	chronic orchiditis
慢性骨膜炎	chronic periostitis
慢性喉炎	chronic laryngitis
慢性甲状腺炎	chronic thyroiditis
慢性腱鞘炎	chronic tenosynovitis
慢性静脉炎	chronic phlebitis
慢性卡他性肠炎	chronic catarrhal enteritis
慢性卡他性胃炎	chronic catarrhal gastritis
慢性粒细胞白血病	chronic myelogenous leukemia, CML

慢性滤泡性膀胱炎	chronic follicular cystitis
慢性乳腺炎	chronic mastitis
慢性肾小球肾炎	chronic glomerulonephritis
慢性萎缩性肠炎	chronic atrophic enteritis
慢性囊状子宫内膜炎	chronic cystic endometritis
慢性萎缩性子宫内膜炎	chronic atrophic endometritis
慢性息肉性子宫内膜炎	chronic polypoid endometritis
慢性息肉状膀胱炎	chronic polypoid cystitis
慢性胸膜炎	chronic pleuritis
慢性炎症	chronic inflammation
慢性硬化性肾小球肾炎	chronic sclerosing glomerulonephritis
慢性增生性炎	chronic productive inflammation
慢性子宫内膜炎	chronic endometritis
毛囊炎	folliculitis
门脉高压	portal hyperension
门脉系统脑病	portosystemic encephalopathy
门脉性肝硬变	portal cirrhosis
弥散性毒性甲状腺肿	diffuse toxic goiter
弥散性非毒性甲状腺肿	diffuse nontoxic goiter
弥散性间质性肾炎	diffuse interstitial nephritis
弥散性血管内凝血	disseminated intravascular coagulation，DIC
糜烂	erosion
免疫病理学	immunopathology
免疫复合物介导的超敏反应	immune complex mediated hypersensitivity
免疫复合物型肾小球性肾炎	immune complex glomerulonephritis
免疫力	immunity
免疫球蛋白超家族	immunoglobulin superfamily
免疫缺陷病	immunodeficiency diseases
免疫损伤	immune injury
免疫性肉芽肿	immune granulomas
膜攻击复合物	membrane attack complex，MAC
膜性肾小球肾炎	membranous glomerulonephritis
膜性增生性肾小球肾炎	membranoproliferative glomerulonephritis
母细胞瘤	blastoma
囊肿肾	cystic kidney
脑积水	hydrocephalus
脑水肿	brain edema
脑炎	encephalitis
内部性脑积水	internal hydrocephalus
内分泌	endocrine
内格里小体	Negri body

内源性通路	intrinsic pathway
内质网介导的凋亡通路	endoplasmic reticulum mediated apoptosis pathway
内质网应激	ER stress，ERS
尼氏小体	Nissl body
黏液水肿	myxedema
黏液素样糖蛋白家族	mucin-like glycoprotein family
黏液性水肿	myxoedema
黏液样变性	mucoid degeneration
尿崩症	diabetes insipidus
尿毒症	uremia
尿石	urolith
尿石病	urolithiasis
凝固性坏死	coagulation necrosis
凝血酶	thrombin
脓胸	pyothorax
脓肿	abscess
膀胱癌	bladder cancer
膀胱炎	cystitis
旁分泌	paracrine
泡沫细胞	foam cell
皮炎	dermatitis
皮脂腺炎	sebaceous adenitis
片段突变	fragment mutation
贫血性梗死	anemic infarct
平滑肌瘤	leiomyoma
齐留通	Zileukm
其他模式识别受体	pattern recognition receptors，PRR
气管支气管炎	tracheobronchitis
迁移	migration
桥接坏死	bridging necrosis
亲嗜性黏附分子	homophilic adhesion molecule
趋化因子	chemokines
醛固酮增多症	hyperaldosteronism
染色质凝聚	chromatin condensation
染色质溶解	chromatolysis
人类免疫缺陷病毒	human immunodeficiency virus，HIV
肉瘤	sarcoma
肉芽肿	granuloma
肉芽肿性肺炎	granulomatous pneumonia
肉芽肿性炎	granulomatous inflammation
肉芽组织	granulation tissue

乳头状瘤	papilloma
乳腺炎	mastitis
乳腺增生	hyperplasia of mammary glands
色素沉着不足	hypopigmentation
色素沉着过度	hyperpigmentation
色素失禁	pigmentary incontinence
杀灭和降解	killing and degradation
上皮性肿瘤	epithelial tumor
少突胶质细胞	oligodendrocyte
神经胶质细胞	neuroglia cell
神经元	neuron
神经元急性肿胀	acute neuronal swelling
神经元凝固	coagulation of neurons
神经元缺血性损伤	ischemic neuronal injury
肾病	nephrosis
肾胚细胞瘤	nephroblastoma
肾上腺皮质功能低下	hypoadrenocorticism
肾上腺皮质腺癌	adrenocortical adenocarcinoma
肾上腺皮质腺瘤	adrenocortical adenoma
肾小球肾炎	glomerulonephritis
肾炎	nephritis
渗出性炎	exudative inflammation
生理性萎缩	physiological atrophy
生殖细胞肿瘤	germ cell tumor
施万细胞	Schwann cell
识别病原相关分子模式	pathogen-associated molecular patterns, PAMPs
识别和黏附	recognition and attachment
实验性变态反应性脑炎	experimental allergic encephalitis
实质性心肌炎	parenchymatous myocarditis
实质性炎	parenchymatous inflammation
室管膜细胞	ependymal cell
嗜碱性粒细胞和肥大细胞	basophilic leukocyte and mast cell
嗜酸性坏死	acidophilic necrosis
嗜酸性粒细胞	eosinophilic leukocyte
嗜酸性粒细胞性脑炎	eosinophilic encephalitis
嗜酸性小体	acidophilic body
兽医病理解剖学	veterinary pathological anatomy
疏松骨炎	osteoporosis
数字病理学	digital pathology
栓塞	embolism
栓子	embolus

栓子化脓性肾炎	embolic suppurative nephritis
双链断裂	double strand broken
水泡变性	vacuolar degeneration
水肿	edema
死骨	sequestrum
死亡受体	death receptor, DR
死亡受体介导的细胞凋亡通路	death receptor mediated apoptosis pathway
死亡效应子结构域	death effector domain, DED
苏木精-伊红染色法	hematoxylin-eosin staining, H. E.
速发持续性反应	immediate sustained response
速发短暂反应	immediate transient response
速发型超敏反应	immediate hypersensitivity
碎片状坏死	piecmeal necrosis
损伤相关模式分子	damage-associated molecular patterns, DAMPs
弹性纤维	elastic fiber
弹性纤维变性	elastosis
糖胺聚糖	glycosaminoglycan, GAG
特异性乳腺炎	specific mastitis
特异性增生性炎	specific productive inflammation
蹄炎	inflammation of hoof
调理素	opsonins
调理素化	opsonization
蹄叶炎	laminitis
铁死亡	ferroptosis
同义突变	synonymous mutation
透明化	hyalinization
透明血栓	hyaline thrombus
突变	mutation
途径代谢为前列腺素	prostaglandins, PG
吞入	engulfment
吞噬	phagocytosis
吞噬溶酶体	phagolysosome
吞噬体	phagosome
脱髓鞘	demyelination
唾石	sialith
外部性脑积水	external hydrocephalus
外骨疣	exostoses
外源性通路	extrinsic pathway
完全再生	complete regeneration
网状纤维	reticular fiber
卫星现象	satellitosis

胃炎	gastritis
萎缩	atrophy
萎缩性鼻炎	atrophic rhinitis
萎缩性胃炎	atrophic gastritis
沃勒变性	Wallerian degeneration
无义突变	nonsense mutation
西米脾	sago spleen
细胞毒性脑水肿	cytotoxic edema
细胞化学	cytochemistry
细胞焦亡	pyroptosis
细胞色素 c	cytochrome c，Cyt c
细胞损伤	cell injury
细胞外基质	extracellular matrix，ECM
细胞因子	cytokines
细胞增生性淋巴结炎	productive lymphadenitis
细胞皱缩	cell shrinkage
细菌通透性增加蛋白	bacterial permeabilily-increasing protein，BPI
纤溶酶	plasmin
纤溶酶原	plasminogen
纤维蛋白原	fibrinogen
纤维化	fibrosis
纤维瘤	fibroma
纤维肉瘤	fibrosarcoma
纤维素性-坏死性胃炎	fibrinous-necrotic gastritis
纤维素性肠炎	fibrinous enteritis
纤维素性关节炎	fibrinous arthritis
纤维素性喉炎	fibrinous laryngitis
纤维性淋巴结炎	fibrous lymhadenitis
纤维素性炎	fibrinous inflammation
纤维素样变性	fibrinoid degeneration
纤维素样坏死	fibrinoid necrosis
纤维素性肺炎	fibrinous pneumonia
纤维性骨膜炎	fibrous periostitis
线粒体介导的凋亡通路	mitochondrial mediated apoptosis pathway
线粒体通透性转换孔	permeability transition pore，PTP
腺癌	adenocarcinoma
腺瘤	adenoma
象牙化	eburnation
小胶质细胞	microglia
小囊泡器	vesiculor-vacuolar organelle
小叶性肺炎	lobular pneumonia

心包炎	pericarditis
心肌肥大	hypertrophy
心肌炎	cardiac myocarditis
心力衰竭细胞	heart failure cell
心内膜炎	endocarditis
心脏扩张	cardiac dilatation
星形胶质细胞	astrocyte
性索间质肿瘤	sex cord-stromal tumor
胸膜炎	pleuritis
选择素家族	selectin family
血管炎	vasculitis
血管源性脑水肿	vasogenic cerebral edema
血管周围管套	perivasocular cuffing
血清淀粉样蛋白 A	serum amyloid A
血栓	thrombus
血栓机化	thrombus organization
血栓素	thromboxanes, TxA
血栓形成	thrombosis
血小板活化因子	platelet activating factor, PAF
血小板内皮细胞黏附分子	platelet endothelial cell adhesion molecule, PECAM-1
血液淤滞	stasis
压迫型肺萎陷	compression pulmonary collapse
亚大块坏死	submassive necrosis
亚急性甲状腺炎	subacute thyroiditis
亚急性肾小球肾炎	subacute glomerulonephritis
炎性渗出	inflammatory exudation
炎症	inflammation
炎症介质	inflammatory mediator
遗传病理学	genetic pathology
异型性	atypia
抑癌基因	antioncogene
疫苗接种后脑炎	postvaccination encephalitis
隐性乳腺炎	subclinical mastitis
疣性心内膜炎	verrucous endocarditis
淤血	congestion
淤血性肝硬变	congestive cirrhosis
原癌基因	proto-oncogene
原位免疫复合物肾小球肾炎	*in situ* immune complex glomerulonephritis
远程病理学	telepathology
再生	regeneration
再通	recanalization

增生性炎	productive inflammation
真性肥大	true hypertrophy
真性尿毒症	true uremia
整合素家族	intergrin family
支气管肺炎	bronchopneumonia
脂肪变性	fatty degeneration
脂肪坏死	fat necrosis
脂肪瘤	lipoma
脂肪肉瘤	liposarcoma
脂膜炎	panniculitis
脂质素	lipoxins, LX
脂质氧合酶	lipoxygenase
中性粒细胞	neutrophilic leukocyte
中央染色质溶解	central chromatolysis
终止密码子突变	terminator mutation
肿瘤	tumor
肿瘤坏死因子	tumor necrotic factor, TNF
肿瘤坏死因子受体	tumor necrosis factor receptor, TNFR
周边染色质溶解	peripheral chromatolysis
轴突反应	axonal reaction
轴突小球	axonal spheroids
主要碱性蛋白	major basic protein, MBP
转移	metastasis
坠积型肺萎陷	hypostatic pulmonary collapse
子宫肌瘤	uterine myoma
子宫内膜性囊肿	endometrial cysts
子宫内膜炎	endometritis
自分泌	autocrine
自身免疫病	autoimmune diseases
阻塞型肺萎陷	obstructive pulmonary collapse
组胺	histamine
组胺释放蛋白	histamine-releasing protein
组织化学	histochemistry
组织相容性复合体 I	major histicompatibility complex I, MHC-I
12-脂质氧合酶	12-lipoxygenase
5-羟色胺	serotonin, 5-HT
B 细胞淋巴瘤/白血病-2	B-cell lymphoma/leukemia-2, Bcl-2
C-反应蛋白	C-reactive protein, CRP
caspase 募集结构域	caspase recruitment domain, CARD
DNA 片段化	DNA fragmentation
DNA 损伤修复	repair of DNA damage

DNA 梯状条带	DNA ladder
E-选择素	E-selectin
Fas 配体	Fas ligand,FasL
L-选择素	L-selectin
P-选择素	P-selectin
p53 突变型	mutation type p53,mt-p53
p53 野生型	wild type p53,wt-p53
Toll 样受体	Toll-like receptors,TLRs
T 细胞激活分泌调节因子	regulated and normal T cell expressed and secreted,RANTES